博雅

3rd edition

弹性力学教程（第三版）

A Course in Elastic Mechanics

王敏中 王炜 武际可 编著

北京大学出版社
PEKING UNIVERSITY PRESS

图书在版编目 (CIP) 数据

弹性力学教程 / 王敏中，王炜，武际可编著 . —3 版 . — 北京 ：北京大学出版社，2023. 5

北京大学力学学科规划教材

ISBN 978-7-301-33783-7

Ⅰ. ①弹… Ⅱ. ①王… ②王… ③武… Ⅲ. ①弹性动力学 – 高等学校 – 教材 Ⅳ. ① O343

中国国家版本馆 CIP 数据核字 (2023) 第 035844 号

书　　名	弹性力学教程（第三版） TANXING LIXUE JIAOCHENG（DI–SAN BAN）
著作责任者	王敏中　王　炜　武际可　编著
责 任 编 辑	王剑飞
标 准 书 号	ISBN 978-7-301-33783-7
出 版 发 行	北京大学出版社
地　　址	北京市海淀区成府路 205 号　100871
网　　址	http://www.pup.cn
电 子 信 箱	zpup@pup.cn
新 浪 微 博	@ 北京大学出版社
电　　话	邮购部 010–62752015　发行部 010–62750672　编辑部 010–62765014
印 刷 者	北京圣夫亚美印刷有限公司
经 销 者	新华书店
	730 毫米 ×980 毫米　16 开本　23. 5 印张　474 千字
	2002 年 8 第 1 版　2011 年 5 月修订版
	2023 年 5 月第 3 版　2024 年 4 月第 2 次印刷
定　　价	78. 00 元

内容简介

本书是作者在他们多年来为北京大学本科生讲授"弹性力学"课程的基础上编写而成的.全书共分十一章,即:矢量与张量,应变分析,应力分析,本构关系,弹性力学的边值问题,Saint-Venant 问题,弹性力学平面问题的直角坐标解法、极坐标解法和复变函数解法,Michell 问题和弹性力学的空间问题.书中的附注和书后的参考文献为读者深入掌握有关内容提供了捷径.本书叙述严谨简洁,深入浅出,既注重理论系统、问题的提法和数学物理基础,又突出了讨论弹性力学的解题方法及其工程应用.

本书作为第三版,主体内容和体例上保持不变,在完善了理论的证明、规范了名词术语和人名的同时,积极跟踪前沿动态,增加了一些新近的参考文献,使读者能够了解相应的研究近况.

本书可作为高等学校力学专业的教材,也可作为土木、机械等相关院系和专业的选修课教材,同时也可供从事有关专业教学与研究的教师及科研工作者参考.

第三版前言

《弹性力学教程》第一版自 2002 年 8 月出版以来，作为力学专业本科生教材或教学参考书，一直深得广大读者的厚爱。在多年的教学实践基础上，我们总结了大量一线师生和热心读者的宝贵意见，本书修订版于 2011 年 5 月面世，截至 2020 年已重印 4 次。现应广大读者的迫切要求，本书推出了第三版，再次进行了调整、补充和勘误。第三版在主体内容和体例上保持不变，做了如下修订：一是修改了原书中一些不准确的叙述和明显笔误；二是完善了理论的证明，规范了名词术语和人名；三是追踪前沿动态，增加了一些新近的参考文献，使读者能够了解相应的研究近况。

本书作者之一王炜教授于 2008 年因病离开了我们，此次再版我们对他表示深切的怀念。

黄克服、赵颖涛和高阳等老师对本书提出了许多宝贵意见，王剑飞编辑精编细校了本书第三版，赵福垚提供了本书修订版的多处勘误并承担了第三版的审校工作。对于他们的帮助，我们表示衷心的感谢。

王敏中　武际可

2022 年 10 月 20 日

修订版前言

本书自2002年出版以来，一直是北京大学力学与工程科学系本科生的基本教材，同时也有一些高等学校力学专业将其选为教材或教学参考书.在多年的教学实践中，我们又积累了不少经验，也得到不少校外授课教师的热情指正和建议.为此，我们在保持原书风格的基础上，对本书第一版进行了必要的修改与补充.

首先，这个修订版中，改正了原书中一些叙述不准确、明显的笔误和印刷错误.

其次，在保持原书风格的基础上，对部分章节做了一些增添与改写，同时也增加了一些近年来国内外同行的教学和科研成果.在第七章中共增加了四个方面的内容：关于平面问题的位移场，通常是按 Volterra 积分得到的，而在这次修订版中，我们给出了一个新的确定方法；给出新的弱假设，获得了在 Filon 平均意义下的广义平面应力问题；在"悬臂梁的弯曲"一节中，利用最小二乘法导出了固支边新的边界条件；在本章末还增加了一节，其内容是介绍关于对称情况下弹性板应力场的 Gregory 分解.在第八章中，增加了两节，它们分别介绍关于在极坐标下直接导出 Airy 应力函数和关于圆形夹杂问题.在第九章中，改写了关于应力与位移的复变函数表示的若干节，并且增加了关于"椭圆夹杂"一节. 在第十一章中，增加了关于"弹性通解和应力函数的'算子矩阵'理论"一节.

此外，我们还增加了一些注释和40余条参考文献，它们涉及纯剪、夹杂、Saint-Venant 原理、板中应力的 Gregory 分解和弹性通解的研究近况等.

我们讲授的这门"弹性力学"课程，于2004年又被教育部评为"国家精品课程".

本书修订版的出版，得到了"普通高等教育'十一五'国家级规划教材"基金的资助，作者表示深切的谢意.

作　者

2010年5月4日于北京大学

第一版前言

近二十年来，除1991年的一次以外，北京大学力学与工程科学系的弹性力学课程都由我们轮流讲授，这本《弹性力学教程》就是对我们多年的讲义和讲稿进行修改和补充后写成的.

1981年，武际可和王敏中曾为研究生和进修生编写过一本《弹性力学引论》，该书"着重理论系统的完整性和问题提法的正确性，而把具体解题的技巧放在次要地位；着重问题的数学物理基础，而把工程背景的叙述放在次要地位".现在的这本《弹性力学教程》是为本科生编写的，考虑到他们初次接触弹性力学这门学科，因此我们除了保持原有的特点，既着重理论系统、问题提法和数学物理基础以外，还用了不少篇幅来讨论弹性力学的解题方法及其在工程中的应用.关于公式的书写，《弹性力学教程》仍采用了《弹性力学引论》书中简洁的矢量和并矢形式.

在本书编写过程中，著者们先后得到了许多同志的帮助：王大钧教授一直支持和鼓励本书的写作；在二十来年的教学过程中，陈璞、黄克服、杨健、张恺等人提出的各类问题，使本书增色不少；北大方正技术研究院的王晨工程师为本书绘制了精美的插图；北京大学出版社邱淑清编审为书稿的体例安排提供了宝贵意见.对于他们的帮助，我们一并表示衷心的感谢.

本书中的习题来源于《弹性力学引论习题》，它是由我们收集、编纂和创作的，并曾以"北京大学力学系固体力学教研室"的名义作为内部讲义供学生使用.

由于水平所限，本书定然会有缺点和错误，著者们诚恳地敬请读者不吝赐教.

我们讲授弹性力学课程时，所进行的教学研究被列入教育部"国家理科基地创建名牌课"项目.

我们进行的这门课程的教学研究获得北京大学教务处的资助；本书的出版得到了北京大学教材出版基金的资助，在此一并表示深切的谢意.

王敏中　王　炜　武际可

2002年6月于北京大学

目　　录

绪　论

1. 弹性力学

弹性——外力消失后，物体恢复原状的特性；

弹性体——仅具有弹性性质的一种理想物体；

弹性力学——研究弹性体在外界因素影响下，其内部所生成的位移和应力分布的学科.

人类利用物体的弹性可以追溯到无穷久远的年代，但是弹性力学作为一门科学却是伴随着大工业的兴起而诞生的，并被广泛地应用于土木工程、水利工程、航空工程、船舶工程、机械工程等领域.

弹性力学迄今已有三百余年的发展历史，1678 年胡克（Hooke）提出变形与外力成正比的定律，1821 年纳维（Navier）和 1823 年柯西（Cauchy）建立的应力平衡方程，形成了弹性力学的初步理论.1855 年圣维南（Saint-Venant）关于扭转与弯曲的解答，1933 年穆斯海里什维里（Мусхелишвили）的复变解法是弹性理论发展中的经典之作.20 世纪下半叶，弹性理论进一步深化和扩展，许多基本概念和基本问题被深入和细致地研究.随着生产力的迅速发展，在经典弹性力学的基础之上，出现了许多新的研究领域，如断裂力学、计算力学、损伤力学和复合材料力学等.此外，机械力还与其他物理因素相互耦合出现了许多交叉领域，诸如热弹性力学、黏弹性力学、磁弹性力学、压电介质弹性力学、微孔介质弹性力学、微极弹性力学、非局部弹性力学、准晶弹性力学等，极大地丰富了弹性力学的研究范围.

本书主要介绍弹性力学的基本理论、典型方法、著名问题，以及某些重要结果，希望能反映出这门既古老又年轻、既理论又实用的学科的面貌，使其作为进一步研究弹性力学和固体力学其他分支的出发点.

2. 弹性力学的理论基础

(1) Newton 定律

弹性力学是一门力学，它服从牛顿（Newton）所提出的三大定律，即惯性定律、运动定律、作用与反作用定律.质点力学和刚体力学是从 Newton 定律演绎出来的，而弹性力学不同于理论力学，它还有新假设和新规律.

(2) 连续性假设

所谓连续性假设，就是认定弹性体连续分布于三维欧氏空间的某个区域之内，与此相伴随的，还认定弹性体中的所有物理量都是连续的.于是密度、位移、应变、应力等物理量都是空间点的连续变量，而且空间的点变形前与变形后应该是一一对应的.

当然，真实的物体是由分子、原子组成，不可能是密实连续的.但是，弹性力学是宏观科学，一个宏观空间点的尺度要比分子、原子大得多.因此连续性假设是在宏观条件下关于真实物体状况的极好近似.

在连续性假设之下，微分、积分、微分方程、微分几何、积分方程、变分法等数学工具都成了研究弹性力学的有力手段.而且像集中力、线和面上的不连续现象等特殊问题，也可利用连续量的极限过程，或利用连续条件等数学手段进行处理.我们还做一个约定：如无特别说明，本书中所出现的函数都是连续的且有它所需的各阶连续微商.

以 Newton 定律和连续性假设为基础即可以建立连续介质力学，其范围很广，包括固体力学和流体力学中的许多学科，弹性力学仅是其中的一个分支.

(3) 广义 Hooke 定律

所谓广义 Hooke 定律，就是认为弹性体受外载后其内部所生成的应力和应变具有线性关系.对于大多数真实材料和人造材料，在一定的条件下，都符合这个实验定律.线性关系的 Hooke 定律是弹性力学特有的规律，是弹性力学区别于连续介质力学其他分支的标识.

Newton 定律、连续性假设和广义 Hooke 定律，这三方面构成了弹性力学的理论基础.以这三者为支柱所形成的弹性力学的理论架构，成了连续介质力学众多分支的基本模式.

本书中还作了其他一些假设，例如小变形假设、无初应力假设、各向同性假设、均匀性假设等. 虽然可以用它们来简化问题的处理，但是，这些假设对弹性力学的基本架构并不产生本质的影响.

3. 本书各章内容简介

本书正文由十一章组成.第一章的矢量和张量是必需的数学预备知识；将连续性假设、Newton 定律和广义 Hooke 定律进行展开成为第二、第三和第四章的主要任务；第五章是本书的核心，它将第二、第三、第四章的内容进行综合处理，得到了弹性力学的数学提法，形成了弹性理论的基本架构；其后的关于 Saint-Venant 问题，即第六章，是数学弹性力学解出的第一个著名问题；在第七、第八、第九章中用三种不同的方法来解重要的平面问题；第十章的米切尔(Michell)问题，可以转化成 Saint-Venant 问题和平面问题来求解；第十一章简要叙述了弹性力学的空间问题.需要进一步了解空间问题的读者,请参阅参考文献[55,112,131].

本书还有三个附录,附录A介绍了对弹性力学做出杰出贡献的7位学者的生平事迹;附录B从弹性力学的观点对材料力学的近似程度进行了考查;几个常见坐标系下弹性力学的方程式在附录C给出.

传统的弹性力学教科书中,还有弹性动力学、弹性力学的变分方法、热弹性力学、板壳理论等内容.但近年来这些部分已有长足的进展,各自形成了相对独立的学科,已出版了不少书籍对它们进行了专门论述,各大学中也都有专门的课程进行讲授,因此本书也就不再涉及这些内容了.

本书书末所附参考文献中,列有十余本弹性力学教材,如参考文献[5,8,26,29,35,43,63,66,69,70,128,130,160,200,204]等,供读者参阅.

第一章 矢量与张量

本章介绍矢量与张量的代数运算和分析运算，作为后面章节的数学准备.

§1 矢 量 代 数

1.1 矢量的定义

从几何观点来看，矢量(一般用小写字母黑斜体表示)定义为有向线段.在三维欧氏空间 E^3 中，建立直角坐标系 $Ox_1x_2x_3$，沿坐标轴 x_i 方向的单位矢量为 $\boldsymbol{e}_i(i=1,2,3)$，即其标架为$\{\boldsymbol{e}_1,\boldsymbol{e}_2,\boldsymbol{e}_3\}$.设从坐标原点 O 至点 A 的矢量为 $\boldsymbol{a}$，它在所述坐标系中的坐标为(a_1,a_2,a_3)，那么 $\boldsymbol{a}$ 可写成

$$\boldsymbol{a}=a_1\boldsymbol{e}_1+a_2\boldsymbol{e}_2+a_3\boldsymbol{e}_3. \tag{1.1}$$

设在 E^3 中有另一个坐标系 $Ox'_1x'_2x'_3$，其标架为$\{\boldsymbol{e}'_1,\boldsymbol{e}'_2,\boldsymbol{e}'_3\}$，它与$\{\boldsymbol{e}_1,\boldsymbol{e}_2,\boldsymbol{e}_3\}$之间的关系为

$$\begin{cases}\boldsymbol{e}'_1=C_{11}\boldsymbol{e}_1+C_{12}\boldsymbol{e}_2+C_{13}\boldsymbol{e}_3,\\ \boldsymbol{e}'_2=C_{21}\boldsymbol{e}_1+C_{22}\boldsymbol{e}_2+C_{23}\boldsymbol{e}_3,\\ \boldsymbol{e}'_3=C_{31}\boldsymbol{e}_1+C_{32}\boldsymbol{e}_2+C_{33}\boldsymbol{e}_3.\end{cases} \tag{1.2}$$

由于单位矢量 $\boldsymbol{e}_i(i=1,2,3)$之间互相正交，$\boldsymbol{e}'_i(i=1,2,3)$之间也互相正交，因此矩阵

$$\boldsymbol{C}=\begin{bmatrix}C_{11} & C_{12} & C_{13}\\ C_{21} & C_{22} & C_{23}\\ C_{31} & C_{32} & C_{33}\end{bmatrix} \tag{1.3}$$

是正交矩阵，有 $\boldsymbol{C}^{-1}=\boldsymbol{C}^{\mathrm{T}}$，上标“T”表示转置.从(1.2)式可反解出

$$\begin{cases}\boldsymbol{e}_1=C_{11}\boldsymbol{e}'_1+C_{21}\boldsymbol{e}'_2+C_{31}\boldsymbol{e}'_3,\\ \boldsymbol{e}_2=C_{12}\boldsymbol{e}'_1+C_{22}\boldsymbol{e}'_2+C_{32}\boldsymbol{e}'_3,\\ \boldsymbol{e}_3=C_{13}\boldsymbol{e}'_1+C_{23}\boldsymbol{e}'_2+C_{33}\boldsymbol{e}'_3.\end{cases} \tag{1.4}$$

矢量 $\boldsymbol{a}$ 在新坐标系 $Ox'_1x'_2x'_3$ 中的分解记为

$$\boldsymbol{a}=a'_1\boldsymbol{e}'+a'_2\boldsymbol{e}'_2+a'_3\boldsymbol{e}'_3. \tag{1.5}$$

将(1.4)式代入(1.1)式，得到

$$\begin{cases} a'_1 = C_{11}a_1 + C_{12}a_2 + C_{13}a_3, \\ a'_2 = C_{21}a_1 + C_{22}a_2 + C_{23}a_3, \\ a'_3 = C_{31}a_1 + C_{32}a_2 + C_{33}a_3. \end{cases} \tag{1.6}$$

公式(1.6)是矢量 $\boldsymbol{a}$ 的新坐标 $a'_i(i=1,2,3)$ 和旧坐标 $a_i(i=1,2,3)$ 之间的关系，它是坐标变换系数 $C_{ij}(i,j=1,2,3)$ 的一次齐次式.这个式子应该是有向线段的几何客观性质(如长度、角度等)不随坐标的人为主观选取而变化的一种代数反映.可以说，公式(1.6)表示了矢量在坐标变换下的不变性.

这样，我们就从矢量的几何定义，得到了矢量的代数定义：一个有序数组(a_1,a_2,a_3)，如果在坐标变换下，关于变换系数 $C_{ij}(i,j=1,2,3)$ 为由(1.6)式所示的一次齐次式，则称之为矢量.

1.2　Einstein 约定求和

用求和号，可将(1.1)式写成

$$\boldsymbol{a} = \sum_{i=1}^{3} a_i \boldsymbol{e}_i. \tag{1.7}$$

所谓爱因斯坦(Einstein)约定求和就是略去求和式中的求和号，例如(1.7)式可写成

$$\boldsymbol{a} = a_i \boldsymbol{e}_i. \tag{1.8}$$

在此规则中凡两个指标相同就表示求和，而不管指标是什么字母，例如(1.8)式也可写成

$$\boldsymbol{a} = a_i \boldsymbol{e}_i = a_j \boldsymbol{e}_j = a_k \boldsymbol{e}_k. \tag{1.9}$$

有时亦称求和的指标为“哑指标”.本书以后如无不同的说明，相同的英文指标总表示从 1 至 3 求和.

按约定求和规则，(1.2)与(1.4)式可写成

$$\boldsymbol{e}'_i = C_{ij} \boldsymbol{e}_j, \tag{1.10}$$

$$\boldsymbol{e}_i = C_{ji} \boldsymbol{e}'_j. \tag{1.11}$$

将(1.11)式代入(1.8)式，得

$$\boldsymbol{a} = a_i C_{ji} \boldsymbol{e}'_j = a_j C_{ij} \boldsymbol{e}'_i = a'_i \boldsymbol{e}'_i. \tag{1.12}$$

由此就得到了(1.6)式的约定求和写法：

$$a'_i = C_{ij} a_j \quad (i=1,2,3). \tag{1.13}$$

今引入克罗内克(Kronecker)记号 δ_{ij}：

$$\delta_{ij} = \begin{cases} 1, & i=j, \\ 0, & i \neq j \end{cases} \quad (i,j=1,2,3). \tag{1.14}$$

例如 $\delta_{11}=1, \delta_{12}=0, \cdots$.应用 δ_{ij}，单位矢量之间的内积可写成

$$\boldsymbol{e}_i \cdot \boldsymbol{e}_j = \delta_{ij}. \tag{1.15}$$

矢量 $\boldsymbol{a}=a_i\boldsymbol{e}_i$ 与矢量 $\boldsymbol{b}=b_j\boldsymbol{e}_j$ 之间的内积可写成

$$\boldsymbol{a}\cdot\boldsymbol{b}=a_i\boldsymbol{e}_i\cdot b_j\boldsymbol{e}_j=a_ib_j\boldsymbol{e}_i\cdot\boldsymbol{e}_j=a_ib_j\delta_{ij}=a_ib_i. \tag{1.16}$$

上式中最后一个等号是因为只有 $j=i$ 时,δ_{ij} 才不等于零,在这里 δ_{ij} 的作用似乎是将 j 换成了 i,因而有时也称 δ_{ij} 为"换标记号".

再引入列维-奇维塔(Levi-Civita)记号 ε_{ijk}:

$$\varepsilon_{ijk}=\begin{cases}1, & \text{当 } i,j,k \text{ 为偶排列},\\ -1, & \text{当 } i,j,k \text{ 为奇排列},\\ 0, & \text{当 } i,j,k \text{ 中有相同者},\end{cases} \tag{1.17}$$

其中 i,j,k 分别取 1,2,3 中的某一个值.例如

$$\varepsilon_{123}=\varepsilon_{231}=\varepsilon_{312}=1,\quad \varepsilon_{132}=\varepsilon_{321}=\varepsilon_{213}=-1,\quad \varepsilon_{112}=\cdots=\varepsilon_{333}=0.$$

利用 ε_{ijk},矢量之间的外积可写为

$$\boldsymbol{e}_i\times\boldsymbol{e}_j=\varepsilon_{ijk}\boldsymbol{e}_k, \tag{1.18}$$

$$\boldsymbol{a}\times\boldsymbol{b}=a_i\boldsymbol{e}_i\times b_j\boldsymbol{e}_j=a_ib_j\varepsilon_{ijk}\boldsymbol{e}_k. \tag{1.19}$$

1.3 ε_{ijk} 与 δ_{ij} 之间的关系

Kronecker 记号 δ_{ij} 与 Levi-Civita 记号 ε_{ijk} 之间有如下关系:

$$\varepsilon_{pij}\varepsilon_{pks}=\delta_{ik}\delta_{js}-\delta_{is}\delta_{jk}. \tag{1.20}$$

证明 1 穷举法.先列出 i,j,k,s 所有可能的 81 种取值情况,如表 1.1 所示.

表 1.1

情形	i	j	k	s
1	1	1	1	1
2	1	1	1	2
3	1	1	1	3
⋮	⋮	⋮	⋮	⋮

然后对逐个情形证明,例如,情形 1,

$$\varepsilon_{p11}\varepsilon_{p11}=0,\quad \delta_{11}\delta_{11}-\delta_{11}\delta_{11}=1-1=0,$$

故情形 1 的(1.20)式成立,….证毕.

证明 2 我们有双重外积公式

$$\boldsymbol{a}\times(\boldsymbol{b}\times\boldsymbol{c})=(\boldsymbol{a}\cdot\boldsymbol{c})\boldsymbol{b}-(\boldsymbol{a}\cdot\boldsymbol{b})\boldsymbol{c}. \tag{1.21}$$

将 $\boldsymbol{a}=a_i\boldsymbol{e}_i$, $\boldsymbol{b}=b_k\boldsymbol{e}_k$, $\boldsymbol{c}=c_s\boldsymbol{e}_s$ 代入(1.21)式左右两边,得到

$$\boldsymbol{a}\times(\boldsymbol{b}\times\boldsymbol{c})=a_i\boldsymbol{e}_i\times(b_k\boldsymbol{e}_k\times c_s\boldsymbol{e}_s)=a_ib_kc_s\varepsilon_{ksp}\varepsilon_{ipj}\boldsymbol{e}_j,$$

$$\begin{aligned}(\boldsymbol{a}\cdot\boldsymbol{c})\boldsymbol{b}-(\boldsymbol{a}\cdot\boldsymbol{b})\boldsymbol{c}&=a_ib_kc_s\delta_{is}\boldsymbol{e}_k-a_ib_kc_s\delta_{ik}\boldsymbol{e}_s\\&=a_ib_kc_s(\delta_{is}\delta_{jk}-\delta_{ik}\delta_{js})\boldsymbol{e}_j.\end{aligned}$$

再将上述两式分别代入(1.21)式两边，移项，得

$$a_i b_k c_s [\varepsilon_{pij}\varepsilon_{pks} - (\delta_{ik}\delta_{js} - \delta_{is}\delta_{jk})]\boldsymbol{e}_j = \boldsymbol{0} \quad (j=1,2,3). \tag{1.22}$$

由于 a_i, b_k, c_s 的任意性，从(1.22)式即得欲证之(1.20)式.证毕.

证明 3　利用拉格朗日(Lagrange)公式

$$(\boldsymbol{a}\times\boldsymbol{b})\cdot(\boldsymbol{c}\times\boldsymbol{d}) = (\boldsymbol{a}\cdot\boldsymbol{c})(\boldsymbol{b}\cdot\boldsymbol{d}) - (\boldsymbol{a}\cdot\boldsymbol{d})(\boldsymbol{b}\cdot\boldsymbol{c}), \tag{1.23}$$

按证明 2 类似的步骤，从(1.23)式可导出(1.20)式.证毕.

证明 4　从(1.18)式与矢量混合乘积的行列式表示，有

$$\varepsilon_{pij} = \boldsymbol{e}_p\cdot(\boldsymbol{e}_i\times\boldsymbol{e}_j) = \begin{vmatrix} \alpha_{p1} & \alpha_{p2} & \alpha_{p3} \\ \alpha_{i1} & \alpha_{i2} & \alpha_{i3} \\ \alpha_{j1} & \alpha_{j2} & \alpha_{j3} \end{vmatrix}, \tag{1.24}$$

其中

$$(\alpha_{p1}, \alpha_{p2}, \alpha_{p3})^{\mathrm{T}}, \quad (\alpha_{i1}, \alpha_{i2}, \alpha_{i3})^{\mathrm{T}}, \quad (\alpha_{j1}, \alpha_{j2}, \alpha_{j3})^{\mathrm{T}}$$

分别为矢量 $\boldsymbol{e}_p, \boldsymbol{e}_i, \boldsymbol{e}_j$ 在坐标系 $Ox_1x_2x_3$ 中的坐标.按行列式的乘积法则，有

$$\begin{aligned} \varepsilon_{pij}\varepsilon_{pks} &= \begin{vmatrix} \alpha_{p1} & \alpha_{p2} & \alpha_{p3} \\ \alpha_{i1} & \alpha_{i2} & \alpha_{i3} \\ \alpha_{j1} & \alpha_{j2} & \alpha_{j3} \end{vmatrix} \begin{vmatrix} \alpha_{p1} & \alpha_{k1} & \alpha_{s1} \\ \alpha_{p2} & \alpha_{k2} & \alpha_{s2} \\ \alpha_{p3} & \alpha_{k3} & \alpha_{s3} \end{vmatrix} \\ &= \begin{vmatrix} \delta_{pp} & \delta_{pk} & \delta_{ps} \\ \delta_{ip} & \delta_{ik} & \delta_{is} \\ \delta_{jp} & \delta_{jk} & \delta_{js} \end{vmatrix}, \end{aligned} \tag{1.25}$$

其中第二个等式应用了 $\boldsymbol{e}_i\cdot\boldsymbol{e}_k = \delta_{ik}$ 等关系. 将(1.25)式最后一个行列式展开，得

$$\begin{aligned} \varepsilon_{pij}\varepsilon_{pks} = {} & \delta_{pp}(\delta_{ik}\delta_{js} - \delta_{jk}\delta_{is}) - \delta_{pk}(\delta_{ip}\delta_{js} - \delta_{jp}\delta_{is}) \\ & + \delta_{ps}(\delta_{ip}\delta_{jk} - \delta_{jp}\delta_{ik}). \end{aligned} \tag{1.26}$$

注意到 $\delta_{pp}=3$，以及按换标记号 δ_{pk} 和 δ_{ps} 的意义，从(1.26)式即可得(1.20)式.证毕.

§2　张量代数

2.1　张量的定义

设

$$\mathbf{A} = A_{ij}\,\boldsymbol{e}_i\boldsymbol{e}_j, \tag{2.1}$$

其中 $\boldsymbol{e}_i\boldsymbol{e}_j$ 称为并矢基，它们共有 9 个：

$$\boldsymbol{e}_1\boldsymbol{e}_1,\ \boldsymbol{e}_1\boldsymbol{e}_2,\ \boldsymbol{e}_1\boldsymbol{e}_3,\ \boldsymbol{e}_2\boldsymbol{e}_1,\ \boldsymbol{e}_2\boldsymbol{e}_2,\ \boldsymbol{e}_2\boldsymbol{e}_3,\ \boldsymbol{e}_3\boldsymbol{e}_1,\ \boldsymbol{e}_3\boldsymbol{e}_2,\ \boldsymbol{e}_3\boldsymbol{e}_3. \tag{2.2}$$

在坐标变换(1.11)下,(2.1)式变为

$$\boldsymbol{A}=A_{ij}C_{ki}C_{sj}\boldsymbol{e}'_k\boldsymbol{e}'_s=A'_{ks}\boldsymbol{e}'_k\boldsymbol{e}'_s, \tag{2.3}$$

于是

$$A'_{ij}=C_{ik}C_{js}A_{ks}. \tag{2.4}$$

从(2.4)式可引出张量(用大写字母黑斜体表示)的定义:一个二阶有序数组 $A_{ij}(i,j=1,2,3)$,在坐标变换下,关于变换系数 C_{ij} 为二次齐次式,则称 A_{ij} 为张量,也记作 $\boldsymbol{A}$. A_{ij} 为其指标记号,$\boldsymbol{A}$ 为其整体记号.

张量 $\boldsymbol{A}$ 在并矢基 $\boldsymbol{e}_i\boldsymbol{e}_j$ 下的 9 个分量,有一个矩阵 $\mathbf{A}$ 与之对应,记作

$$\boldsymbol{A}\leftrightarrow\mathbf{A}=\begin{bmatrix}A_{11} & A_{12} & A_{13}\\ A_{21} & A_{22} & A_{23}\\ A_{31} & A_{32} & A_{33}\end{bmatrix}. \tag{2.5}$$

同一个张量 $\boldsymbol{A}$ 在另一组并矢基 $\boldsymbol{e}'_i\boldsymbol{e}'_j$ 下所对应的矩阵为 $\mathbf{A}'$,

$$\boldsymbol{A}\leftrightarrow\mathbf{A}'=\begin{bmatrix}A'_{11} & A'_{12} & A'_{13}\\ A'_{21} & A'_{22} & A'_{23}\\ A'_{31} & A'_{32} & A'_{33}\end{bmatrix}. \tag{2.6}$$

按(2.4)式可知,张量在不同坐标系下所对应的矩阵服从矩阵的合同变换,即

$$\mathbf{A}'=\mathbf{C}\mathbf{A}\mathbf{C}^{\mathrm{T}}, \tag{2.7}$$

其中 $\mathbf{C}$ 为坐标变换矩阵(1.3).

附注 上述张量的定义可以推广为:一个 r 阶有序数组 $\boldsymbol{A}_{j_1j_2\cdots j_r}$,在坐标变换(1.10)下,若服从 C_{ij} 的 r 次齐次式

$$A'_{i_1i_2\cdots i_r}=C_{i_1j_1}C_{i_2j_2}\cdots C_{i_rj_r}A_{j_1j_2\cdots j_r}, \tag{2.8}$$

则称之为 r 阶张量.按照这种定义,标量可认为是零阶张量,矢量可认为是一阶张量,(2.1)式所述的张量为二阶张量,也可证明 Levi-Civita 记号 ε_{ijk} 为三阶张量.(2.8)式中的指标 i_k 和 j_k $(k=1,2,\cdots,r)$ 的取值范围可不必限于从 1 到 3,也可从 1 到 n,那么(2.8)式所定义的张量称为 n 维空间中的 r 阶张量.本书所述张量,以后如不作说明均为三维二阶张量.

2.2 张量的运算

张量 $\boldsymbol{A}=A_{ij}\boldsymbol{e}_i\boldsymbol{e}_j$ 与张量 $\boldsymbol{B}=B_{ij}\boldsymbol{e}_i\boldsymbol{e}_j$ 的和与差记为 $\boldsymbol{A}\pm\boldsymbol{B}$,

$$\boldsymbol{A}\pm\boldsymbol{B}=(A_{ij}\pm B_{ij})\boldsymbol{e}_i\boldsymbol{e}_j. \tag{2.9}$$

张量 $\boldsymbol{A}$ 的转置记为 $\boldsymbol{A}^{\mathrm{T}}$,

$$\boldsymbol{A}^{\mathrm{T}}=A_{ji}\boldsymbol{e}_i\boldsymbol{e}_j. \tag{2.10}$$

不难验证,$\boldsymbol{A}\pm\boldsymbol{B}$ 和 $\boldsymbol{A}^{\mathrm{T}}$ 也是张量.例如,

$$(A^{\mathrm{T}}_{ij})'=A'_{ji}=C_{jk}C_{is}A_{ks}=C_{is}C_{jk}A^{\mathrm{T}}_{sk}. \tag{2.11}$$

一个张量 $\boldsymbol{A}$ 称为对称张量,如果

$$\boldsymbol{A}^{\mathrm{T}}=\boldsymbol{A}. \tag{2.12}$$

与对称张量 $\boldsymbol{A}$ 所对应的矩阵 $\boldsymbol{A}$ 为对称矩阵.

一个张量 $\boldsymbol{A}$ 称为反对称张量，如果

$$\boldsymbol{A}^{\mathrm{T}}=-\boldsymbol{A}. \tag{2.13}$$

与反对称张量 $\boldsymbol{A}$ 所对应的矩阵 $\boldsymbol{A}$ 为反对称矩阵，我们将反对称矩阵 $\boldsymbol{A}$ 记成

$$\boldsymbol{A}=\begin{bmatrix} 0 & -\omega_3 & \omega_2 \\ \omega_3 & 0 & -\omega_1 \\ -\omega_2 & \omega_1 & 0 \end{bmatrix}. \tag{2.14}$$

从(2.14)式可以得出，

$$A_{ij}=-\varepsilon_{ijk}\omega_k, \tag{2.15}$$

$$\omega_i=-\frac{1}{2}\varepsilon_{ijk}A_{jk}. \tag{2.16}$$

不难验证，由(2.16)式所定义的 $\boldsymbol{\omega}=\omega_i\boldsymbol{e}_i$ 为矢量，它称为相应于反对称张量 $\boldsymbol{A}$ 的轴矢量.

由于

$$\delta'_{ij}=\boldsymbol{e}'_i\cdot\boldsymbol{e}'_j=C_{ik}C_{js}\boldsymbol{e}_k\cdot\boldsymbol{e}_s=C_{ik}C_{js}\delta_{ks},$$

所以

$$\boldsymbol{I}=\delta_{ij}\boldsymbol{e}_i\boldsymbol{e}_j=\boldsymbol{e}_i\boldsymbol{e}_i \tag{2.17}$$

为一张量，称之为单位张量.

张量 $\boldsymbol{A}$ 的迹定义为

$$\mathrm{J}(\boldsymbol{A})=A_{ii}. \tag{2.18}$$

2.3　张量与矢量之间的运算

张量 $\boldsymbol{A}=A_{ij}\boldsymbol{e}_i\boldsymbol{e}_j$ 与矢量 $\boldsymbol{a}=a_i\boldsymbol{e}_i$ 有下列左、右两种内积：

$$\boldsymbol{A}\cdot\boldsymbol{a}=A_{ij}\boldsymbol{e}_i\boldsymbol{e}_j\cdot a_k\boldsymbol{e}_k=A_{ij}a_k\boldsymbol{e}_i(\boldsymbol{e}_j\cdot\boldsymbol{e}_k)=A_{ij}a_j\boldsymbol{e}_i, \tag{2.19}$$

$$\boldsymbol{a}\cdot\boldsymbol{A}=a_i\boldsymbol{e}_i\cdot A_{jk}\boldsymbol{e}_j\boldsymbol{e}_k=a_iA_{jk}(\boldsymbol{e}_i\cdot\boldsymbol{e}_j)\boldsymbol{e}_k=a_iA_{ik}\boldsymbol{e}_k. \tag{2.20}$$

从上述两式可得左、右两种内积之间的关系式

$$\boldsymbol{a}\cdot\boldsymbol{A}=\boldsymbol{A}^{\mathrm{T}}\cdot\boldsymbol{a}. \tag{2.21}$$

如果 $\boldsymbol{A}$ 为反对称张量，由(2.19)和(2.15)式，得

$$\boldsymbol{A}\cdot\boldsymbol{a}=-\varepsilon_{ijk}\omega_k a_j\boldsymbol{e}_i=\boldsymbol{\omega}\times\boldsymbol{a}. \tag{2.22}$$

张量 $\boldsymbol{A}=A_{ij}\boldsymbol{e}_i\boldsymbol{e}_j$ 与矢量 $\boldsymbol{a}=a_i\boldsymbol{e}_i$ 有下列左、右两种外积：

$$\boldsymbol{A}\times\boldsymbol{a}=A_{ij}\boldsymbol{e}_i\boldsymbol{e}_j\times a_k\boldsymbol{e}_k=A_{ij}a_k\varepsilon_{jks}\boldsymbol{e}_i\boldsymbol{e}_s, \tag{2.23}$$

$$\boldsymbol{a}\times\boldsymbol{A}=a_i\boldsymbol{e}_i\times A_{jk}\boldsymbol{e}_j\boldsymbol{e}_k=a_iA_{jk}\varepsilon_{ijs}\boldsymbol{e}_s\boldsymbol{e}_k. \tag{2.24}$$

张量 $\boldsymbol{A}$ 与两个矢量 $\boldsymbol{a}$ 和 $\boldsymbol{b}$ 之间有下列 4 种运算：

$$\begin{aligned}\boldsymbol{a}\cdot\boldsymbol{A}\cdot\boldsymbol{b}&=a_i\boldsymbol{e}_i\cdot A_{jk}\boldsymbol{e}_j\boldsymbol{e}_k\cdot b_s\boldsymbol{e}_s=a_iA_{jk}b_s(\boldsymbol{e}_i\cdot\boldsymbol{e}_j)(\boldsymbol{e}_k\cdot\boldsymbol{e}_s)\\&=a_iA_{ik}b_k;\end{aligned}$$

$$\boldsymbol{a}\cdot\boldsymbol{A}\times\boldsymbol{b} = a_iA_{ik}b_s\varepsilon_{ksp}\,\boldsymbol{e}_p;$$
$$\boldsymbol{a}\times\boldsymbol{A}\cdot\boldsymbol{b} = a_iA_{jk}b_k\varepsilon_{ijp}\,\boldsymbol{e}_p;$$
$$\boldsymbol{a}\times\boldsymbol{A}\times\boldsymbol{b} = a_iA_{jk}b_s\varepsilon_{ijp}\varepsilon_{ksq}\,\boldsymbol{e}_p\boldsymbol{e}_q.$$

2.4　张量与张量之间的运算

两个张量 $\boldsymbol{A}$ 与 $\boldsymbol{B}$ 之间有内积和外积：

$$\boldsymbol{A}\cdot\boldsymbol{B} = A_{ij}\,\boldsymbol{e}_i\boldsymbol{e}_j\cdot B_{ks}\,\boldsymbol{e}_k\boldsymbol{e}_s = A_{ij}B_{ks}\,\boldsymbol{e}_i(\boldsymbol{e}_j\cdot\boldsymbol{e}_k)\boldsymbol{e}_s = A_{ij}B_{js}\,\boldsymbol{e}_i\boldsymbol{e}_s,$$

$$\boldsymbol{A}\times\boldsymbol{B} = A_{ij}\,\boldsymbol{e}_i\boldsymbol{e}_j\times B_{ks}\,\boldsymbol{e}_k\boldsymbol{e}_s = A_{ij}B_{ks}\,\boldsymbol{e}_i(\boldsymbol{e}_j\times\boldsymbol{e}_k)\boldsymbol{e}_s = A_{ij}B_{ks}\varepsilon_{jkp}\,\boldsymbol{e}_i\boldsymbol{e}_p\boldsymbol{e}_s.$$

两个张量 $\boldsymbol{A}$ 与 $\boldsymbol{B}$ 之间有下列 4 种双重运算：

$$\boldsymbol{A}:\boldsymbol{B} = A_{ij}\,\boldsymbol{e}_i\boldsymbol{e}_j : B_{ks}\,\boldsymbol{e}_k\boldsymbol{e}_s = A_{ij}B_{ks}(\boldsymbol{e}_i\cdot\boldsymbol{e}_s)(\boldsymbol{e}_j\cdot\boldsymbol{e}_k) = A_{ij}B_{ji};$$

$$\boldsymbol{A}\underset{\times}{\cdot}\boldsymbol{B} = A_{ij}\,\boldsymbol{e}_i\boldsymbol{e}_j \underset{\times}{\cdot} B_{ks}\,\boldsymbol{e}_k\boldsymbol{e}_s = A_{ij}B_{ks}(\boldsymbol{e}_i\times\boldsymbol{e}_s)(\boldsymbol{e}_j\cdot\boldsymbol{e}_k)$$
$$= A_{ij}B_{js}\varepsilon_{isp}\,\boldsymbol{e}_p;$$

$$\boldsymbol{A}\overset{\times}{\cdot}\boldsymbol{B} = A_{ij}\,\boldsymbol{e}_i\boldsymbol{e}_j \overset{\times}{\cdot} B_{ks}\,\boldsymbol{e}_k\boldsymbol{e}_s = A_{ij}B_{ks}(\boldsymbol{e}_i\cdot\boldsymbol{e}_s)(\boldsymbol{e}_j\times\boldsymbol{e}_k)$$
$$= A_{ij}B_{ki}\varepsilon_{jkp}\,\boldsymbol{e}_p;$$

$$\boldsymbol{A}\overset{\times}{\times}\boldsymbol{B} = A_{ij}\,\boldsymbol{e}_i\boldsymbol{e}_j \overset{\times}{\times} B_{ks}\,\boldsymbol{e}_k\boldsymbol{e}_s = A_{ij}B_{ks}(\boldsymbol{e}_i\times\boldsymbol{e}_s)(\boldsymbol{e}_j\times\boldsymbol{e}_k)$$
$$= A_{ij}B_{ks}\varepsilon_{isp}\varepsilon_{jkq}\,\boldsymbol{e}_p\boldsymbol{e}_q.$$

对于双重运算,先将外层的两个基 $\boldsymbol{e}_i$ 和 $\boldsymbol{e}_s$ 按下面的符号进行运算,再将内层的两个基 $\boldsymbol{e}_j$ 和 $\boldsymbol{e}_k$ 按上面的符号进行运算.

从双重运算可得下列两个有用的公式：

$$\boldsymbol{A}\overset{\times}{\cdot}\boldsymbol{I} = A_{ij}\,\boldsymbol{e}_i\boldsymbol{e}_j \overset{\times}{\cdot} \boldsymbol{e}_k\boldsymbol{e}_k = A_{ij}(\boldsymbol{e}_i\cdot\boldsymbol{e}_k)(\boldsymbol{e}_j\times\boldsymbol{e}_k) = A_{kj}\varepsilon_{jkp}\,\boldsymbol{e}_p$$
$$= (A_{32}-A_{23})\boldsymbol{e}_1 + (A_{13}-A_{31})\boldsymbol{e}_2 + (A_{21}-A_{12})\boldsymbol{e}_3, \tag{2.25}$$

$$\boldsymbol{I}\overset{\times}{\times}\boldsymbol{A} = \boldsymbol{e}_i\boldsymbol{e}_i \overset{\times}{\times} A_{jk}\,\boldsymbol{e}_j\boldsymbol{e}_k = A_{jk}(\boldsymbol{e}_i\times\boldsymbol{e}_k)(\boldsymbol{e}_i\times\boldsymbol{e}_j) = A_{jk}\varepsilon_{ikp}\varepsilon_{ijq}\,\boldsymbol{e}_p\boldsymbol{e}_q$$
$$= (\delta_{kj}\delta_{pq}-\delta_{kq}\delta_{pj})A_{jk}\,\boldsymbol{e}_p\boldsymbol{e}_q = A_{jj}\,\boldsymbol{e}_p\boldsymbol{e}_p - A_{pq}\,\boldsymbol{e}_p\boldsymbol{e}_q$$
$$= \mathrm{J}(\boldsymbol{A})\boldsymbol{I}-\boldsymbol{A}. \tag{2.26}$$

此外,尚有关系式

$$\boldsymbol{A}\underset{\times}{\cdot}\boldsymbol{I} = -\boldsymbol{A}\overset{\times}{\cdot}\boldsymbol{I}, \tag{2.27}$$

$$\boldsymbol{A}\overset{\times}{\times}\boldsymbol{I} = \boldsymbol{I}\overset{\times}{\times}\boldsymbol{A}^{\mathrm{T}}. \tag{2.28}$$

利用(2.25)和(2.26)式,可得到下面两个有用的定理.

定理 2.1　$\boldsymbol{A}$ 对称 $\Longleftrightarrow \boldsymbol{A}\overset{\times}{\cdot}\boldsymbol{I}=\boldsymbol{0}$.

证明　从(2.25)式立即得到所需的结论.证毕.

定理 2.2　$\boldsymbol{A}=\boldsymbol{0} \Longleftrightarrow \boldsymbol{I}\overset{\times}{\times}\boldsymbol{A}=\boldsymbol{0}$.

证明　首先,如果 $\boldsymbol{A}=\boldsymbol{0}$,那么 $\mathrm{J}(\boldsymbol{A})=0$,从(2.26)式得到 $\boldsymbol{I}\overset{\times}{\times}\boldsymbol{A}=\boldsymbol{0}$.其次,如果 $\boldsymbol{I}\overset{\times}{\times}\boldsymbol{A}=\boldsymbol{0}$,那么(2.26)式给出

$$\mathrm{J}(\boldsymbol{A})\boldsymbol{I}-\boldsymbol{A}=\boldsymbol{0}. \tag{2.29}$$

对(2.29)式取迹,得

$$\mathrm{J}(\boldsymbol{A})=0. \tag{2.30}$$

将上式代回(2.29)式,即得 $\boldsymbol{A}=\boldsymbol{0}$.证毕.

§3　矢 量 分 析

3.1　Hamilton 算子

记

$$\nabla=\boldsymbol{e}_i\frac{\partial}{\partial x_i}. \tag{3.1}$$

由于

$$\frac{\partial}{\partial x'_i}=\frac{\partial}{\partial x_j}\frac{\partial x_j}{\partial x'_i}=C_{ij}\frac{\partial}{\partial x_j}, \tag{3.2}$$

可知算子∇ 服从矢量的定义.∇ 称为哈密顿(Hamilton)算子[10].

设 $\varphi(\boldsymbol{r})$为三维区域 Ω 中的标量场,其左、右梯度分别为

$$\nabla\varphi=\partial_i\boldsymbol{e}_i\varphi=\varphi_{,i}\boldsymbol{e}_i,\quad \varphi\nabla=\varphi\partial_i\boldsymbol{e}_i=\varphi_{,i}\boldsymbol{e}_i,$$

其中 $\partial_i=\dfrac{\partial}{\partial x_i}$,指标中的逗号表示对其后坐标的微商.从上述两式可以看出标量的左、右梯度相等.

设 $\boldsymbol{a}(\boldsymbol{r})$为三维区域 Ω 中的矢量场,其中 $\boldsymbol{r}=x_i\boldsymbol{e}_i$.关于 $\boldsymbol{a}(\boldsymbol{r})$的左、右散度分别为

$$\nabla\cdot\boldsymbol{a}=\partial_i\boldsymbol{e}_i\cdot a_j\boldsymbol{e}_j=a_{i,i},\quad \boldsymbol{a}\cdot\nabla=a_i\boldsymbol{e}_i\cdot\partial_j\boldsymbol{e}_j=a_{i,i},$$

从上面两式可以看出矢量的左、右散度相等.

关于矢量场 $\boldsymbol{a}(\boldsymbol{r})$的左、右旋度为

$$\nabla\times\boldsymbol{a}=\partial_i\boldsymbol{e}_i\times a_j\boldsymbol{e}_j=a_{j,i}\varepsilon_{ijk}\boldsymbol{e}_k,$$

$$\boldsymbol{a}\times\nabla=a_i\boldsymbol{e}_i\times\partial_j\boldsymbol{e}_j=a_{i,j}\varepsilon_{ijk}\boldsymbol{e}_k.$$

对于 $\boldsymbol{a}$ 的左、右旋度,有关系式 $\nabla\times\boldsymbol{a}=-\boldsymbol{a}\times\nabla$.

标量场 φ 的拉普拉斯(Laplace)算子∇^2 为

$$\nabla^2\varphi=\nabla\cdot\nabla\varphi=\partial_i\boldsymbol{e}_i\cdot\partial_j\boldsymbol{e}_j\varphi=\delta_{ij}\varphi_{,ij}=\varphi_{,ii}.$$

矢量场 $\boldsymbol{a}$ 的高斯(Gauss)公式为

$$\iiint\limits_{\Omega}\nabla\cdot\boldsymbol{a}\,\mathrm{d}\tau=\oiint\limits_{\partial\Omega}\boldsymbol{a}\cdot\mathrm{d}\boldsymbol{s}, \tag{3.3}$$

其中 $\partial\Omega$ 为 Ω 的边界曲面, $\mathrm{d}\boldsymbol{s}=\boldsymbol{n}\mathrm{d}s$, $\boldsymbol{n}$ 为 $\partial\Omega$ 上的单位外法向矢量.

矢量场 $\boldsymbol{a}$ 的斯托克斯(Stokes)公式为

$$\iint\limits_{S}(\nabla\times\boldsymbol{a})\cdot\mathrm{d}\boldsymbol{s}=\oint_{\partial S}\boldsymbol{a}\cdot\mathrm{d}\boldsymbol{r}, \tag{3.4}$$

这里 S 为任意曲面,∂S 为 S 的边界曲线,在边界 ∂S 上积分的环向与 S 的外法向 $\boldsymbol{n}$ 依右手定向规则:$\boldsymbol{n}$ 指向观察者,从观察者来看,曲线沿逆时针为正.

3.2 无旋场与标量势

对任意标量场 φ 有下述关系:

$$\nabla\times(\nabla\varphi)=\partial_i\boldsymbol{e}_i\times(\partial_j\boldsymbol{e}_j\varphi)=\varphi_{,ij}\varepsilon_{ijk}\boldsymbol{e}_k=\boldsymbol{0}. \tag{3.5}$$

上式用到了 $\varphi_{,ij}=\varphi_{,ji}$,因本书总假定所有出现的函数皆具有所需的各阶连续导数.(3.5)式说明有势场 $\nabla\varphi$ 是无旋场,其逆命题一般也成立,于是有

定理 3.1 设 $\boldsymbol{a}$ 为单连通区域 Ω 上的任意矢量场,则

$$\nabla\times\boldsymbol{a}=\boldsymbol{0}\Longleftrightarrow \text{存在 }\varphi,\text{使得 }\boldsymbol{a}=\nabla\varphi. \tag{3.6}$$

证明 充分性由(3.5)式即得. 现证必要性,若 $\nabla\times\boldsymbol{a}=\boldsymbol{0}$,令

$$\varphi(\boldsymbol{r})=\int_{\boldsymbol{r}_0}^{\boldsymbol{r}}\boldsymbol{a}\cdot\mathrm{d}\boldsymbol{r}, \tag{3.7}$$

这里 $\boldsymbol{r}_0$ 为 Ω 中的某个定点.不难验证,$\varphi(\boldsymbol{r})$即合所求.首先,(3.7)式中的线积分由于无旋假定而与路径无关,即 φ 仅为位置 $\boldsymbol{r}$ 的函数.其次,从(3.7)式可算出 $\nabla\varphi=\boldsymbol{a}$.证毕.

如果区域是多连通的尚需加上单值性条件.

3.3 无源场与矢量势

对任意的矢量场 $\boldsymbol{b}$ 有如下公式:

$$\nabla\cdot(\nabla\times\boldsymbol{b})=\partial_i\boldsymbol{e}_i\cdot(\partial_j\boldsymbol{e}_j\times b_k\boldsymbol{e}_k)=b_{k,ij}\delta_{is}\varepsilon_{jks}=0. \tag{3.8}$$

上式说明,具矢量势的矢量场其散度为零,即为无源场.此命题的逆命题一般也成立.此即

定理 3.2 对区域 Ω 上的任意矢量场 $\boldsymbol{a}$,有

$$\nabla\cdot\boldsymbol{a}=0\Longleftrightarrow \text{存在 }\boldsymbol{b},\text{使得 }\boldsymbol{a}=\nabla\times\boldsymbol{b}. \tag{3.9}$$

证明 充分性由(3.8)式即得.关于必要性,下述的 $\boldsymbol{b}$ 即合所求,

$$\begin{cases} b_1(x,y,z)=\displaystyle\int_{z_0}^{z}a_2(x,y,\zeta)\mathrm{d}\zeta, \\ b_2(x,y,z)=-\displaystyle\int_{z_0}^{z}a_1(x,y,\zeta)\mathrm{d}\zeta+\int_{x_0}^{x}a_3(\xi,y,z_0)\mathrm{d}\xi, \\ b_3(x,y,z)=0, \end{cases} \tag{3.10}$$

其中$(b_1,b_2,b_3)^{\mathrm{T}}=\boldsymbol{b}$,$(a_1,a_2,a_3)^{\mathrm{T}}=\boldsymbol{a}$,而$(x_0,y_0,z_0)$为 Ω 中的定点.证毕.

附注 定理 3.2 的证明中引用了定积分,因此区域必须具备凸性才可使定积分得以进行.关于一般区域中的证明参见 Stevenson 的论文[167],此文还指出定理 3.2 一般只对具有一个边界曲面的区域成立,对于有多个边界区域还需补充一些条件.

3.4 Helmholtz 分解

对任意的矢量场 $\boldsymbol{u}$，它的二重旋度有如下表示：

$$\begin{aligned}\nabla\times(\nabla\times\boldsymbol{u})&=\boldsymbol{e}_i\times(\boldsymbol{e}_j\times\boldsymbol{e}_k)u_{k,ij}=(\delta_{ik}\boldsymbol{e}_j-\delta_{ij}\boldsymbol{e}_k)u_{k,ij}\\&=\nabla(\nabla\cdot\boldsymbol{u})-\nabla^2\boldsymbol{u}.\end{aligned}\tag{3.11}$$

利用(3.11)式可得下面的重要定理：

定理 3.3[矢量的亥姆霍兹(Helmholtz)分解]　对区域 Ω 上的任意矢量场 $\boldsymbol{a}$，总存在标量势 φ 和矢量势 $\boldsymbol{b}$，使得

$$\boldsymbol{a}=\nabla\varphi+\nabla\times\boldsymbol{b},\quad 且\ \nabla\cdot\boldsymbol{b}=0.\tag{3.12}$$

证明　令 $\boldsymbol{u}=\mathscr{F}(\boldsymbol{a})$，其中

$$\mathscr{F}(\boldsymbol{a})=-\frac{1}{4\pi}\iiint_{\Omega}\frac{\boldsymbol{a}(\xi,\eta,\zeta)}{\rho}\mathrm{d}\xi\mathrm{d}\eta\mathrm{d}\zeta,\tag{3.13}$$

式中 $\rho=\sqrt{(x-\xi)^2+(y-\eta)^2+(z-\zeta)^2}$，$\mathscr{F}(\boldsymbol{a})$ 称为 Newton 位势.从(3.13)式，有

$$\nabla^2\boldsymbol{u}=\boldsymbol{a}.\tag{3.14}$$

将(3.11)式代入(3.14)式，得

$$\boldsymbol{a}=\nabla(\nabla\cdot\boldsymbol{u})-\nabla\times(\nabla\times\boldsymbol{u}).\tag{3.15}$$

设

$$\varphi=\nabla\cdot\boldsymbol{u},\quad \boldsymbol{b}=-\nabla\times\boldsymbol{u}.$$

从(3.15)式即得欲证之(3.12)式.证毕.

§4　张量分析

4.1 矢量的梯度

矢量的左、右梯度均为张量

$$\begin{cases}\nabla\boldsymbol{a}=\partial_i\boldsymbol{e}_i\,a_j\boldsymbol{e}_j=a_{j,i}\,\boldsymbol{e}_i\boldsymbol{e}_j,\\\boldsymbol{a}\nabla=a_i\boldsymbol{e}_i\,\partial_j\boldsymbol{e}_j=a_{i,j}\,\boldsymbol{e}_i\boldsymbol{e}_j;\end{cases}\tag{4.1}$$

相应于矢量左、右梯度的矩阵分别为

$$\nabla\boldsymbol{a}\leftrightarrow\begin{bmatrix}a_{1,1}&a_{2,1}&a_{3,1}\\a_{1,2}&a_{2,2}&a_{3,2}\\a_{1,3}&a_{2,3}&a_{3,3}\end{bmatrix},\quad \boldsymbol{a}\nabla\leftrightarrow\begin{bmatrix}a_{1,1}&a_{1,2}&a_{1,3}\\a_{2,1}&a_{2,2}&a_{2,3}\\a_{3,1}&a_{3,2}&a_{3,3}\end{bmatrix}.\tag{4.2}$$

从(4.1)或(4.2)式，可得

$$(\nabla\boldsymbol{a})^{\mathrm{T}}=\boldsymbol{a}\nabla,\tag{4.3}$$

$$\mathrm{J}(\nabla \boldsymbol{a})=\mathrm{J}(\boldsymbol{a}\nabla)=\nabla\cdot\boldsymbol{a}. \tag{4.4}$$

4.2 张量的散度和旋度

张量的左、右散度均为矢量

$$\begin{cases}\nabla\cdot\boldsymbol{A}=\partial_i\boldsymbol{e}_i\cdot A_{jk}\,\boldsymbol{e}_j\boldsymbol{e}_k=A_{jk,j}\,\boldsymbol{e}_k,\\ \boldsymbol{A}\cdot\nabla=A_{ij}\,\boldsymbol{e}_i\boldsymbol{e}_j\cdot\partial_k\boldsymbol{e}_k=A_{ij,j}\,\boldsymbol{e}_i.\end{cases} \tag{4.5}$$

从(4.5)式可看出,

$$\nabla\cdot\boldsymbol{A}^{\mathrm{T}}=\boldsymbol{A}\cdot\nabla. \tag{4.6}$$

对于特殊的张量 $\varphi\boldsymbol{I}$,其左、右散度为

$$\begin{cases}\nabla\cdot(\varphi\,\boldsymbol{I})=\partial_i\boldsymbol{e}_i\cdot\varphi\,\boldsymbol{e}_j\boldsymbol{e}_j=\varphi_{,i}\,\boldsymbol{e}_i=\nabla\varphi,\\ (\varphi\,\boldsymbol{I})\cdot\nabla=\varphi\,\boldsymbol{e}_i\boldsymbol{e}_i\cdot\partial_j\,\boldsymbol{e}_j=\varphi_{,i}\,\boldsymbol{e}_i=\nabla\varphi.\end{cases} \tag{4.7}$$

张量的左、右旋度仍为张量

$$\nabla\times\boldsymbol{A}=\partial_i\boldsymbol{e}_i\times A_{jk}\,\boldsymbol{e}_j\boldsymbol{e}_k=A_{jk,i}\,\varepsilon_{ijs}\,\boldsymbol{e}_s\boldsymbol{e}_k, \tag{4.8}$$

$$\boldsymbol{A}\times\nabla=A_{ij}\,\boldsymbol{e}_i\boldsymbol{e}_j\times\partial_k\boldsymbol{e}_k=A_{ij,k}\,\varepsilon_{jks}\,\boldsymbol{e}_i\boldsymbol{e}_s. \tag{4.9}$$

与张量的旋度所相应的矩阵为

$$\nabla\times\boldsymbol{A}\leftrightarrow\begin{bmatrix}A_{31,2}-A_{21,3} & A_{32,2}-A_{22,3} & A_{33,2}-A_{23,3}\\ A_{11,3}-A_{31,1} & A_{12,3}-A_{32,1} & A_{13,3}-A_{33,1}\\ A_{21,1}-A_{11,2} & A_{22,1}-A_{12,2} & A_{23,1}-A_{13,2}\end{bmatrix}. \tag{4.10}$$

也可列出 $\boldsymbol{A}\times\nabla$ 所相应的矩阵.从(4.8)和(4.9)式可得

$$(\nabla\times\boldsymbol{A})^{\mathrm{T}}=-\boldsymbol{A}^{\mathrm{T}}\times\nabla. \tag{4.11}$$

当 $\boldsymbol{A}$ 为对称张量时,由(4.10)和(4.11)式有

$$\mathrm{J}(\nabla\times\boldsymbol{A})=\mathrm{J}(\boldsymbol{A}\times\nabla)=0. \tag{4.12}$$

4.3 $\nabla\cdot(\boldsymbol{A}\cdot\boldsymbol{a})$等公式

有关 $\nabla\cdot(\boldsymbol{A}\cdot\boldsymbol{a})$等运算我们有下面4个公式:

$$\begin{cases}\nabla\cdot(\boldsymbol{A}\cdot\boldsymbol{a})=(\nabla\cdot\boldsymbol{A})\cdot\boldsymbol{a}+\boldsymbol{A}:(\boldsymbol{a}\nabla),\\ \nabla\cdot(\boldsymbol{A}\times\boldsymbol{a})=(\nabla\cdot\boldsymbol{A})\times\boldsymbol{a}+\boldsymbol{A}\overset{\times}{\cdot}(\boldsymbol{a}\nabla),\\ \nabla\times(\boldsymbol{A}\cdot\boldsymbol{a})=(\nabla\times\boldsymbol{A})\cdot\boldsymbol{a}-\boldsymbol{A}\overset{\cdot}{\times}(\boldsymbol{a}\nabla),\\ \nabla\times(\boldsymbol{A}\times\boldsymbol{a})=(\nabla\times\boldsymbol{A})\times\boldsymbol{a}-\boldsymbol{A}\overset{\times}{\times}(\boldsymbol{a}\nabla).\end{cases} \tag{4.13}$$

上述 4 个公式都可以直接验算,例如

$$\begin{aligned}\nabla\cdot(\boldsymbol{A}\cdot\boldsymbol{a})&=\partial_i\boldsymbol{e}_i\cdot(A_{jk}\,\boldsymbol{e}_j\boldsymbol{e}_k\cdot a_s\,\boldsymbol{e}_s)\\ &=(A_{jk,i}\,a_s+A_{jk}\,a_{s,i})(\boldsymbol{e}_i\cdot\boldsymbol{e}_j)(\boldsymbol{e}_k\cdot\boldsymbol{e}_s)\\ &=(\partial_i\boldsymbol{e}_i\cdot A_{jk}\,\boldsymbol{e}_j\boldsymbol{e}_k)\cdot a_s\,\boldsymbol{e}_s+(A_{jk}\,\boldsymbol{e}_j\boldsymbol{e}_k):(a_s\boldsymbol{e}_s\,\partial_i\boldsymbol{e}_i)\\ &=(\nabla\cdot\boldsymbol{A})\cdot\boldsymbol{a}+\boldsymbol{A}:(\boldsymbol{a}\nabla).\end{aligned}$$

4.4　两个重要公式

应用张量的左、右旋度，我们导出本书第三章和第五章中所需的下面两个重要公式：

$$\nabla\times(\boldsymbol{I}\overset{\times}{\times}\boldsymbol{A})\times\nabla=\nabla(\boldsymbol{A}\cdot\nabla)+(\nabla\cdot\boldsymbol{A})\nabla-\nabla\cdot(\nabla\cdot\boldsymbol{A})\boldsymbol{I}-\nabla^2\boldsymbol{A}^{\mathrm{T}};\tag{4.14}$$

$$\boldsymbol{I}\overset{\times}{\times}(\nabla\times\boldsymbol{A}\times\nabla)=\nabla(\boldsymbol{A}\cdot\nabla)+(\nabla\cdot\boldsymbol{A})\nabla-\nabla\nabla\,\mathrm{J}(\boldsymbol{A})-\nabla^2\boldsymbol{A}^{\mathrm{T}}.\tag{4.15}$$

公式(4.14)和(4.15)都不难验证，例如

$$\begin{aligned}(4.14)\ \text{式左边}&=\partial_i\boldsymbol{e}_i\times(\boldsymbol{e}_j\boldsymbol{e}_j\overset{\times}{\times}A_{ks}\,\boldsymbol{e}_k\boldsymbol{e}_s)\times\partial_p\boldsymbol{e}_p\\&=A_{ks,ip}[\boldsymbol{e}_i\times(\boldsymbol{e}_j\times\boldsymbol{e}_s)][(\boldsymbol{e}_j\times\boldsymbol{e}_k)\times\boldsymbol{e}_p]\\&=A_{ks,ip}(\delta_{is}\,\boldsymbol{e}_j-\delta_{ij}\,\boldsymbol{e}_s)(\delta_{jp}\,\boldsymbol{e}_k-\delta_{kp}\,\boldsymbol{e}_j)\\&=A_{ks,ip}(\delta_{is}\delta_{jp}\,\boldsymbol{e}_j\boldsymbol{e}_k+\delta_{ij}\delta_{kp}\,\boldsymbol{e}_s\boldsymbol{e}_j-\delta_{is}\delta_{kp}\,\boldsymbol{e}_j\boldsymbol{e}_j-\delta_{ij}\delta_{jp}\,\boldsymbol{e}_s\boldsymbol{e}_k)\\&=A_{ki,ij}\,\boldsymbol{e}_j\boldsymbol{e}_k+A_{ks,jk}\,\boldsymbol{e}_s\boldsymbol{e}_j-A_{ks,sk}\,\boldsymbol{e}_j\boldsymbol{e}_j-A_{ks,ii}\,\boldsymbol{e}_s\boldsymbol{e}_k\\&=(4.14)\ \text{式右边}.\end{aligned}$$

4.5　Gauss 公式和 Stokes 公式

张量 $\boldsymbol{A}$ 的 Gauss 公式为

$$\iiint_{\Omega}\nabla\cdot\boldsymbol{A}\,\mathrm{d}\tau=\oiint_{\partial\Omega}\mathrm{d}\boldsymbol{s}\cdot\boldsymbol{A},\tag{4.16}$$

$$\iiint_{\Omega}\boldsymbol{A}\cdot\nabla\,\mathrm{d}\tau=\oiint_{\partial\Omega}\boldsymbol{A}\cdot\mathrm{d}\boldsymbol{s}.\tag{4.17}$$

事实上，为证(4.16)式，设 $\boldsymbol{A}=A_{ij}\boldsymbol{e}_i\boldsymbol{e}_j$，记 $\boldsymbol{a}_j=A_{ij}\boldsymbol{e}_i$，那么 $\boldsymbol{A}=\boldsymbol{a}_j\,\boldsymbol{e}_j$.于是

$$\begin{aligned}\iiint_{\Omega}\nabla\cdot\boldsymbol{A}\,\mathrm{d}\tau&=\left\{\iiint_{\Omega}\nabla\cdot\boldsymbol{a}_j\,\mathrm{d}\tau\right\}\boldsymbol{e}_j=\left\{\oiint_{\partial\Omega}\boldsymbol{a}_j\cdot\mathrm{d}\boldsymbol{s}\right\}\boldsymbol{e}_j\\&=\left\{\oiint_{\partial\Omega}\mathrm{d}\boldsymbol{s}\cdot\boldsymbol{a}_j\right\}\boldsymbol{e}_j=\oiint_{\partial\Omega}\mathrm{d}\boldsymbol{s}\cdot(\boldsymbol{a}_j\,\boldsymbol{e}_j)\\&=\oiint_{\partial\Omega}\mathrm{d}\boldsymbol{s}\cdot\boldsymbol{A},\end{aligned}$$

上式中第二个等号利用了矢量的 Gauss 公式(3.3).为了证明(4.17)式，设 $\boldsymbol{b}_i=A_{ij}\,\boldsymbol{e}_j$.这样 $\boldsymbol{A}=\boldsymbol{e}_i\boldsymbol{b}_i$，因而(4.17)式的左边将为

$$\iiint_{\Omega}\boldsymbol{A}\cdot\nabla\,\mathrm{d}\tau=\boldsymbol{e}_i\left\{\iiint_{\Omega}\boldsymbol{b}_i\cdot\nabla\,\mathrm{d}\tau\right\}=\boldsymbol{e}_i\left\{\oiint_{\partial\Omega}\boldsymbol{b}_i\cdot\mathrm{d}\boldsymbol{s}\right\}$$

$$=\oiint_{\partial\Omega}(\boldsymbol{e}_i\boldsymbol{b}_i)\cdot\mathrm{d}\boldsymbol{s}=\oiint_{\partial\Omega}\boldsymbol{A}\cdot\mathrm{d}\boldsymbol{s}.$$

张量 $\boldsymbol{A}$ 的 Stokes 公式为

$$\iint_S \mathrm{d}\boldsymbol{s}\cdot(\nabla\times\boldsymbol{A})=\oint_{\partial S}\mathrm{d}\boldsymbol{r}\cdot\boldsymbol{A}, \tag{4.18}$$

$$\iint_S(\boldsymbol{A}\times\nabla)\cdot\mathrm{d}\boldsymbol{s}=-\oint_{\partial S}\boldsymbol{A}\cdot\mathrm{d}\boldsymbol{r}. \tag{4.19}$$

上面两个等式可利用矢量的 Stokes 公式(3.4),再按照证明公式(4.16)和(4.17)的方式即可获得.

附注 本章所讨论的张量为直角坐标中的张量,有时亦称并矢,或称笛卡儿张量.对于并矢 $\boldsymbol{e}_i\boldsymbol{e}_j$ 有些书中写成 $\boldsymbol{e}_i\otimes\boldsymbol{e}_j$.关于张量在曲线坐标系中的普遍理论,请参见参考文献[12,13,18,20].

习 题 一

1. 试证下述各式:

(1) $\delta_{ij}\delta_{jk}=\delta_{ik}$;　　(2) $\delta_{ij}\delta_{ij}=3$;

(3) $\alpha_{ik}\alpha_{jk}=\delta_{ij}$,其中 $\alpha_{ik}=\cos(\boldsymbol{n}_i,\boldsymbol{n}_k)$,$\boldsymbol{n}_1,\boldsymbol{n}_2,\boldsymbol{n}_3$ 为标准正交;

(4) $\sigma_{kj,m}\delta_{lj}\delta_{mk}=\sigma_{kl,k}$;

(5) $l_{ik}l_{jk}=\delta_{ij}$,其中 $l_{ik}=\cos(\boldsymbol{n}_i',\boldsymbol{n}_k)$,$\boldsymbol{n}_1,\boldsymbol{n}_2,\boldsymbol{n}_3$ 为标准正交,$\boldsymbol{n}_1',\boldsymbol{n}_2',\boldsymbol{n}_3'$亦为标准正交.

2. 试证:二阶张量都可以分解为对称张量和反对称张量之和,且这种分解是唯一的.

3. 试证:

(1) $\boldsymbol{a}\times\boldsymbol{A}=-(\boldsymbol{A}^{\mathrm{T}}\times\boldsymbol{a})^{\mathrm{T}}$;　　(2) $\boldsymbol{A}\times\boldsymbol{a}=-(\boldsymbol{a}\times\boldsymbol{A}^{\mathrm{T}})^{\mathrm{T}}$.

4. 试证:

(1) $\boldsymbol{A}^{\mathrm{T}}\overset{\times}{\cdot}\boldsymbol{B}^{\mathrm{T}}=\boldsymbol{A}\underset{\times}{\cdot}\boldsymbol{B}$;　　(2) $\boldsymbol{A}^{\mathrm{T}}\overset{\times}{\times}\boldsymbol{B}^{\mathrm{T}}=\boldsymbol{B}\overset{\times}{\times}\boldsymbol{A}$.

5. 试证:$\mathrm{J}(\boldsymbol{A})=\boldsymbol{I}:\boldsymbol{A}$.

6. 证明:ε_{ijk} 是三阶张量.

7. 若 a_i,b_j 是矢量,证明:

(1) a_ib_j 是二阶张量;　　(2) $a_ib_j\varepsilon_{ijk}$ 是矢量.

8. 证明:

(1) φ 为标量,$\varphi_{,ij}$ 是二阶张量;

(2) a_i 为矢量,$a_{i,j}$ 是二阶张量.

9. 试证:若二阶张量 A_{ij} 有表示

$$A_{ij}=-\varepsilon_{ijk}a_k,$$

则 a_k 为矢量.

10. 定义：张量 $\boldsymbol{Q}$ 称为正交张量，如果

$$\boldsymbol{Q}\cdot\boldsymbol{Q}^{\mathrm{T}}=\boldsymbol{I},$$

其中 $\boldsymbol{I}$ 为单位张量.试证：若张量 $\boldsymbol{A}$ 对任意矢量 $\boldsymbol{a}$,$\boldsymbol{b}$ 都有

$$(\boldsymbol{A}\cdot\boldsymbol{a})\cdot(\boldsymbol{A}\cdot\boldsymbol{b})=\boldsymbol{a}\cdot\boldsymbol{b},$$

则 $\boldsymbol{A}$ 为正交张量.

11. 定义：张量 $\boldsymbol{P}$ 称为非负张量,如果对任意的矢量 $\boldsymbol{a}$,有

$$\boldsymbol{a}\cdot\boldsymbol{P}\cdot\boldsymbol{a}\geqslant 0,$$

并记为 $\boldsymbol{P}\geqslant 0$.试证：对任意张量 $\boldsymbol{A}$,总有 $\boldsymbol{A}\cdot\boldsymbol{A}^{\mathrm{T}}\geqslant 0$.

12. 证明：

(1) 一阶各向同性张量为：$a_i=0$；

(2) 二阶各向同性张量为：$A_{ij}=\alpha\delta_{ij}$；

(3) 三阶各向同性张量为：$A_{ijk}=\alpha\varepsilon_{ijk}$；

(4) 四阶各向同性张量为：$A_{ijkl}=\lambda\delta_{ij}\delta_{kl}+\mu\delta_{ik}\delta_{jl}+\nu\delta_{il}\delta_{jk}$.

13. 试证下列各式：

(1) $\nabla(\boldsymbol{a}\cdot\boldsymbol{b})=\boldsymbol{a}\cdot(\nabla\boldsymbol{b})+\boldsymbol{b}\cdot(\nabla\boldsymbol{a})+\boldsymbol{a}\times(\nabla\times\boldsymbol{b})-(\nabla\times\boldsymbol{a})\times\boldsymbol{b}$；

(2) $\nabla\cdot(\boldsymbol{a}\times\boldsymbol{b})=(\nabla\times\boldsymbol{a})\cdot\boldsymbol{b}-\boldsymbol{a}\cdot(\nabla\times\boldsymbol{b})$；

(3) $\nabla\times(\boldsymbol{a}\times\boldsymbol{b})=\boldsymbol{b}\cdot(\nabla\boldsymbol{a})-\boldsymbol{a}\cdot(\nabla\boldsymbol{b})+\boldsymbol{a}(\nabla\cdot\boldsymbol{b})-\boldsymbol{b}(\nabla\cdot\boldsymbol{a})$.

14. 若 $\boldsymbol{A}=-\boldsymbol{A}^{\mathrm{T}}$,$\boldsymbol{a}$ 为它的轴矢量,则

(1) $\nabla\times\boldsymbol{A}=\boldsymbol{a}\nabla-\boldsymbol{I}\nabla\cdot\boldsymbol{a}$；

(2) $\boldsymbol{A}\times\nabla=\nabla\boldsymbol{a}-\boldsymbol{I}\nabla\cdot\boldsymbol{a}$；

(3) $\boldsymbol{A}\cdot\boldsymbol{b}=\boldsymbol{a}\times\boldsymbol{b}$.

*15. 试利用 Helmholtz 分解的方法,证明：若

$$\oiint_S \boldsymbol{a}\cdot\boldsymbol{n}\,\mathrm{d}s=0,$$

其中 S 为区域内的任意封闭曲面,则存在 $\boldsymbol{b}$,使得

$$\boldsymbol{a}=\nabla\times\boldsymbol{b}\quad(\text{Stevenson}^{[168]})^{①}.$$

16. 试证：$\boldsymbol{I}:(\nabla\times\boldsymbol{A}\times\nabla)=\nabla\cdot\boldsymbol{A}\cdot\nabla-\nabla^2\mathrm{J}(\boldsymbol{A})$.

17. 证明：若 $\boldsymbol{A}=\boldsymbol{A}^{\mathrm{T}}$,则

$$\begin{aligned}\nabla\times(\nabla\times\boldsymbol{A})^{\mathrm{T}}=&\nabla(\boldsymbol{A}\cdot\nabla)+(\nabla\cdot\boldsymbol{A})\nabla-\nabla^2\boldsymbol{A}-\nabla\nabla\mathrm{J}(\boldsymbol{A})\\&-\boldsymbol{I}[(\nabla\cdot\boldsymbol{A}\cdot\nabla-\nabla^2\mathrm{J}(\boldsymbol{A})].\end{aligned}$$

① 本书习题中标有“*”的题目为难度较大的选做题目.

第二章　应变分析

本章描述弹性体的变形，导出几何方程，并指出几何方程与应变协调方程的等价性.

§1　位　　移

设在三维欧氏空间(x,y,z)中弹性体占有空间区域Ω，该弹性体在外界因素影响下产生了变形；设空间区域Ω内的点$P(x,y,z)$变成了点$\widetilde{P}(\widetilde{x},\widetilde{y},\widetilde{z})$，其间的位置差异是位移矢量$(u,v,w)^{\mathrm{T}}$，即有

$$\begin{cases} \widetilde{x} = x + u(x,y,z), \\ \widetilde{y} = y + v(x,y,z), \\ \widetilde{z} = z + w(x,y,z), \end{cases} \tag{1.1}$$

如图 2.1 所示，其中

$$\boldsymbol{r} = (x,y,z)^{\mathrm{T}}, \quad \widetilde{\boldsymbol{r}} = (\widetilde{x},\widetilde{y},\widetilde{z})^{\mathrm{T}}, \quad \boldsymbol{u} = (u,v,w)^{\mathrm{T}},$$

上标“T”表示转置.我们总假定$\boldsymbol{u}$是单值函数，并有所需的各阶连续偏导数.

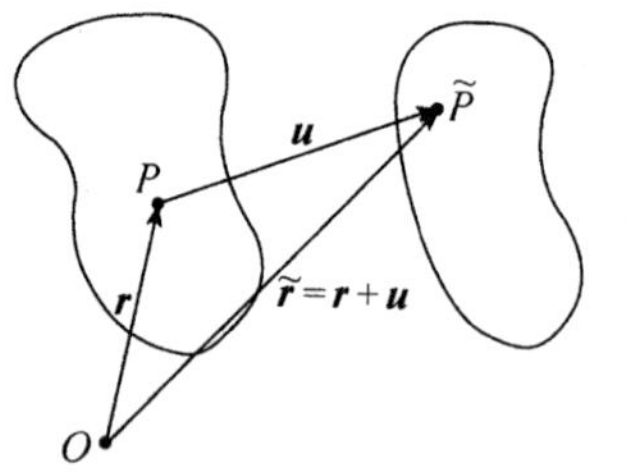

图　2.1

对(1.1)式考查它的雅可比(Jacobi)行列式

$$J = \frac{D(\widetilde{x},\widetilde{y},\widetilde{z})}{D(x,y,z)} = \begin{vmatrix} 1+\dfrac{\partial u}{\partial x} & \dfrac{\partial u}{\partial y} & \dfrac{\partial u}{\partial z} \\ \dfrac{\partial v}{\partial x} & 1+\dfrac{\partial v}{\partial y} & \dfrac{\partial v}{\partial z} \\ \dfrac{\partial w}{\partial x} & \dfrac{\partial w}{\partial y} & 1+\dfrac{\partial w}{\partial z} \end{vmatrix}$$

$$=1+\frac{\partial u}{\partial x}+\frac{\partial v}{\partial y}+\frac{\partial w}{\partial z}+\cdots+\left(\frac{\partial u_i}{\partial x_j}\text{的高次项}\right)+\cdots, \tag{1.2}$$

其中

$$(u_1,u_2,u_3)=(u,v,w),\quad (x_1,x_2,x_3)=(x,y,z).$$

本书研究小变形,总假定 $u_{i,j}$ 为小量,即假定

$$|u_{i,j}|\ll 1\quad (i,j=1,2,3). \tag{1.3}$$

在上述假定下,从(1.2)式得 $J>0$.这样从隐函数存在定理可知,在某个邻域内存在单值连续可微的反函数

$$x_i=x_i(\tilde{x},\tilde{y},\tilde{z}). \tag{1.4}$$

于是(1.1)和(1.4)式中的函数均为具所需各阶连续偏导数的单值函数,且互为反函数.$\tilde{x}_i(x,y,z)$单值可以认为是一个物质点不能变成两个物质点,这样,弹性体不被撕裂;$x_i(\tilde{x},\tilde{y},\tilde{z})$单值可以认为是两个物质点不能变成一个物质点,或者说弹性体不会重叠.

附注　对大变形的非线性弹性力学,由于没有小变形假设,故从(1.1)式中的 $\tilde{x}_i(x,y,z)$ 单值连续性不能导出(1.4)式中的反函数 $x_i(\tilde{x},\tilde{y},\tilde{z})$存在.通常,对一般的连续统力学,(1.1)和(1.4)式中的函数的单值、连续和互为反函数等都是作为假定,即所谓连续性公理.

§2　几 何 方 程

本节将从位移的分解导出弹性力学的几何方程.

考查点 $P(x,y,z)$附近的点 $P'(x+\mathrm{d}x,y+\mathrm{d}y,z+\mathrm{d}z)$的位移,按泰勒(Taylor)展开,有

$$\begin{cases} u(x+\mathrm{d}x,y+\mathrm{d}y,z+\mathrm{d}z) \\ \qquad =u(x,y,z)+\dfrac{\partial u}{\partial x}\mathrm{d}x+\dfrac{\partial u}{\partial y}\mathrm{d}y+\dfrac{\partial u}{\partial z}\mathrm{d}z, \\ v(x+\mathrm{d}x,y+\mathrm{d}y,z+\mathrm{d}z) \\ \qquad =v(x,y,z)+\dfrac{\partial v}{\partial x}\mathrm{d}x+\dfrac{\partial v}{\partial y}\mathrm{d}y+\dfrac{\partial v}{\partial z}\mathrm{d}z, \\ w(x+\mathrm{d}x,y+\mathrm{d}y,z+\mathrm{d}z) \\ \qquad =w(x,y,z)+\dfrac{\partial w}{\partial x}\mathrm{d}x+\dfrac{\partial w}{\partial y}\mathrm{d}y+\dfrac{\partial w}{\partial z}\mathrm{d}z, \end{cases} \tag{2.1}$$

其中略去了 $\mathrm{d}x_i(i=1,2,3)$的高阶小量.利用右梯度的记号,可将(2.1)式写成

$$\boldsymbol{u}(\boldsymbol{r}+\mathrm{d}\boldsymbol{r})=\boldsymbol{u}(\boldsymbol{r})+(\boldsymbol{u}\nabla)\cdot\mathrm{d}\boldsymbol{r}, \tag{2.2}$$

这里 $\boldsymbol{u}\nabla=u_{i,j}\boldsymbol{e}_i\boldsymbol{e}_j$, $\mathrm{d}\boldsymbol{r}=\mathrm{d}x_i\boldsymbol{e}_i$.

我们引入对称张量 $\boldsymbol{\Gamma}$ 和反对称张量 $\boldsymbol{\Omega}$,

$$\boldsymbol{\Gamma}=\frac{1}{2}(\boldsymbol{u}\nabla+\nabla\boldsymbol{u}),\tag{2.3}$$

$$\boldsymbol{\Omega}=\frac{1}{2}(\boldsymbol{u}\nabla-\nabla\boldsymbol{u}),\tag{2.4}$$

此处 $\boldsymbol{\Gamma}$ 通常称为 Cauchy 应变张量,或简称为应变张量.方程(2.3)称为几何方程,它是弹性力学三组方程中的第一组,该方程把弹性力学中的两个重要物理量位移和应变联系起来了.与应变张量 $\boldsymbol{\Gamma}$ 相应的矩阵 $\boldsymbol{\Gamma}$ 为

$$\boldsymbol{\Gamma}=\begin{bmatrix} u_{1,1} & \frac{1}{2}(u_{1,2}+u_{2,1}) & \frac{1}{2}(u_{1,3}+u_{3,1}) \\ \frac{1}{2}(u_{1,2}+u_{2,1}) & u_{2,2} & \frac{1}{2}(u_{2,3}+u_{3,2}) \\ \frac{1}{2}(u_{1,3}+u_{3,1}) & \frac{1}{2}(u_{2,3}+u_{3,2}) & u_{3,3} \end{bmatrix}.\tag{2.5}$$

通常记应变张量 $\boldsymbol{\Gamma}$ 的分量为 γ_{ij},

$$\gamma_{ij}=\frac{1}{2}(u_{i,j}+u_{j,i}).\tag{2.6}$$

有时将 $\gamma_{11},\gamma_{22},\gamma_{33}$ 分别写成 $\varepsilon_x,\varepsilon_y,\varepsilon_z$ 或 $\varepsilon_{11},\varepsilon_{22},\varepsilon_{33}$,这三个分量称为正应变分量或正应变;也将 $\gamma_{23},\gamma_{31},\gamma_{12}$ 分别写成 $\gamma_{yz},\gamma_{zx},\gamma_{xy}$,这三个分量称为剪应变分量或剪应变.在此种记号下,(2.6)式可写成

$$\begin{cases} \varepsilon_x=\dfrac{\partial u}{\partial x},\ \varepsilon_y=\dfrac{\partial v}{\partial y},\ \varepsilon_z=\dfrac{\partial w}{\partial z}; \\ \gamma_{yz}=\dfrac{1}{2}\left(\dfrac{\partial v}{\partial z}+\dfrac{\partial w}{\partial y}\right), \\ \gamma_{zx}=\dfrac{1}{2}\left(\dfrac{\partial w}{\partial x}+\dfrac{\partial u}{\partial z}\right), \\ \gamma_{xy}=\dfrac{1}{2}\left(\dfrac{\partial u}{\partial y}+\dfrac{\partial v}{\partial x}\right). \end{cases}\tag{2.7}$$

与反对称张量 $\boldsymbol{\Omega}$ 相应的矩阵 $\boldsymbol{\Omega}$ 为

$$\boldsymbol{\Omega}=\begin{bmatrix} 0 & -\frac{1}{2}(u_{2,1}-u_{1,2}) & \frac{1}{2}(u_{1,3}-u_{3,1}) \\ \frac{1}{2}(u_{2,1}-u_{1,2}) & 0 & -\frac{1}{2}(u_{3,2}-u_{2,3}) \\ -\frac{1}{2}(u_{1,3}-u_{3,1}) & \frac{1}{2}(u_{3,2}-u_{2,3}) & 0 \end{bmatrix}.\tag{2.8}$$

从上式可看出,与 $\boldsymbol{\Omega}$ 相应的轴矢量 $\boldsymbol{\omega}$ 为

$$\boldsymbol{\omega}=\frac{1}{2}(\nabla\times\boldsymbol{u}).\tag{2.9}$$

按照 $\boldsymbol{\Gamma}$ 和 $\boldsymbol{\Omega}$ 的定义,(2.2)式可写为

$$\boldsymbol{u}(\boldsymbol{r}+\mathrm{d}\boldsymbol{r})=\boldsymbol{u}(\boldsymbol{r})+\boldsymbol{\Omega}\cdot\mathrm{d}\boldsymbol{r}+\boldsymbol{\Gamma}\cdot\mathrm{d}\boldsymbol{r}. \tag{2.10}$$

注意到反对称张量与其轴矢量的关系,即第一章(2.22)式,得到

$$\boldsymbol{u}(\boldsymbol{r}+\mathrm{d}\boldsymbol{r})=\boldsymbol{u}(\boldsymbol{r})+\boldsymbol{\omega}\times\mathrm{d}\boldsymbol{r}+\boldsymbol{\Gamma}\cdot\mathrm{d}\boldsymbol{r}. \tag{2.11}$$

(2.11)式可以看作某点附近各点上位移的分解,它包含三部分：其一,$\boldsymbol{u}(\boldsymbol{r})$相当于平动；其二,$\boldsymbol{\omega}\times\mathrm{d}\boldsymbol{r}$ 相当于刚体转动；其三,$\boldsymbol{\Gamma}\cdot\mathrm{d}\boldsymbol{r}$ 为变形.本章下面几节将着重研究第三部分所表示的变形.(2.11)式也可写成

$$\mathrm{d}\boldsymbol{u}=\boldsymbol{u}(\boldsymbol{r}+\mathrm{d}\boldsymbol{r})-\boldsymbol{u}(\boldsymbol{r})=\boldsymbol{\omega}\times\mathrm{d}\boldsymbol{r}+\boldsymbol{\Gamma}\cdot\mathrm{d}\boldsymbol{r}, \tag{2.12}$$

其中,$\mathrm{d}\boldsymbol{u}$ 可以认为是位移之差.

§3　变　　形

物体形状可以改变是弹性体区别于刚体的基本之点.我们知道,形状的要素是长度和角度,本节以二维变形为例,直观地考查这两个形状基本要素的变化.

如图 2.2 所示,点 $P(x,y)$及其附近的两点 $A(x+\mathrm{d}x,y)$和 $B(x,y+\mathrm{d}y)$,它们在外界因素的影响下,分别变成了点 $\widetilde{P}$,$\widetilde{A}$,$\widetilde{B}$,其坐标变化如下：

$$\begin{cases} P(x,y)\rightarrow\widetilde{P}(x+u,y+v), \\ A(x+\mathrm{d}x,y)\rightarrow\widetilde{A}\left(x+\mathrm{d}x+u+\dfrac{\partial u}{\partial x}\mathrm{d}x,y+v+\dfrac{\partial v}{\partial x}\mathrm{d}x\right), \\ B(x,y+\mathrm{d}y)\rightarrow\widetilde{B}\left(x+u+\dfrac{\partial u}{\partial y}\mathrm{d}y,y+\mathrm{d}y+v+\dfrac{\partial v}{\partial y}\mathrm{d}y\right). \end{cases} \tag{3.1}$$

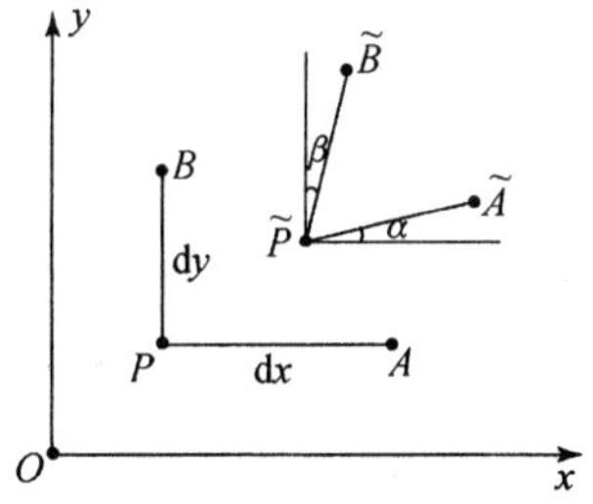

图　2.2

现在来看微线元 PA 的相对变化：

$$\begin{aligned}\frac{\widetilde{P}\widetilde{A}-PA}{PA}&=\frac{\sqrt{\left(\mathrm{d}x+\dfrac{\partial u}{\partial x}\mathrm{d}x\right)^2+\left(\dfrac{\partial v}{\partial x}\mathrm{d}x\right)^2}-\mathrm{d}x}{\mathrm{d}x}\\&=\sqrt{\left(1+\frac{\partial u}{\partial x}\right)^2+\left(\frac{\partial v}{\partial x}\right)^2}-1\approx\frac{\partial u}{\partial x}.\end{aligned} \tag{3.2}$$

在得到上式时,我们略去了 $\dfrac{\partial u}{\partial x}$ 和 $\dfrac{\partial v}{\partial x}$ 的高阶小量. 从(3.2)式可知, $\varepsilon_x=\dfrac{\partial u}{\partial x}$ 的几何意义为 x 方向上微线元的相对伸长. 当 $\varepsilon_x>0$ 时,线元伸长;当 $\varepsilon_x<0$ 时,线元缩短.同理,

$$\varepsilon_y=\frac{\partial v}{\partial y}\quad 和\quad \varepsilon_z=\frac{\partial w}{\partial z}$$

分别为 y 方向和 z 方向上微线元的相对伸长.

再来考虑角$\angle APB$ 的变化.对图 2.2 中所示的角$\angle\alpha$ 和$\angle\beta$,有

$$\tan\alpha=\frac{\dfrac{\partial v}{\partial x}\mathrm{d}x}{\mathrm{d}x+\dfrac{\partial u}{\partial x}\mathrm{d}x}\approx\frac{\partial v}{\partial x},\quad \tan\beta=\frac{\dfrac{\partial u}{\partial y}\mathrm{d}y}{\mathrm{d}y+\dfrac{\partial v}{\partial y}\mathrm{d}y}\approx\frac{\partial u}{\partial y},\tag{3.3}$$

其中略去了$\dfrac{\partial u_i}{\partial x_j}$的高阶小量.当变形很小时,$\alpha$ 和 β 也很小,因而从(3.3)式可近似地得到

$$\frac{1}{2}(\alpha+\beta)\approx\frac{1}{2}(\tan\alpha+\tan\beta)=\frac{1}{2}\left(\frac{\partial u}{\partial y}+\frac{\partial v}{\partial x}\right).\tag{3.4}$$

如图 2.2 所示,直角 APB 变形后为$\angle\widetilde{A}\widetilde{P}\widetilde{B}$,两者之差为 $\alpha+\beta$,按(3.4)式,γ_{xy} 表示角度改变的一半.当 $\gamma_{xy}>0$ 时,直角变成了锐角;当 $\gamma_{xy}<0$ 时,直角变成了钝角.同理,γ_{yz} 和 γ_{zx} 有相应的几何意义.

弹性变形一般很小,通常认为

$$|\gamma_{ij}|<0.2\%.$$

§4 应 变 分 析

在上一节我们已指出,γ_{ij} 表示坐标方向上线元的伸长和其间角度的变化.本节将指出 γ_{ij} 也可描述任意方向上微线元的长度相对变化,以及任意两个方向间夹角的变化.

4.1 长度的变化

设有矢径为 $\boldsymbol{r}$ 的点 P,在外界因素作用下变至点 $\widetilde{P}$,其位移为 $\boldsymbol{u}$.在 P 点附近有矢径为 $\boldsymbol{r}+\mathrm{d}\boldsymbol{r}$ 的点 A,

$$\mathrm{d}\boldsymbol{r}=(\mathrm{d}r)\boldsymbol{\xi},\tag{4.1}$$

其中 $\boldsymbol{\xi}=(\xi_1,\xi_2,\xi_3)^{\mathrm{T}}$ 为 $\mathrm{d}\boldsymbol{r}$ 方向的单位矢量. 设点 A 变至点 $\widetilde{A}$,其位移为 $\tilde{\boldsymbol{u}}=\boldsymbol{u}+\mathrm{d}\boldsymbol{u}$,那么矢量 $\overrightarrow{\widetilde{P}\widetilde{A}}$ 将为(图 2.3)

$$\mathrm{d}\tilde{\boldsymbol{r}} = \mathrm{d}\boldsymbol{r} + \mathrm{d}\boldsymbol{u}. \tag{4.2}$$

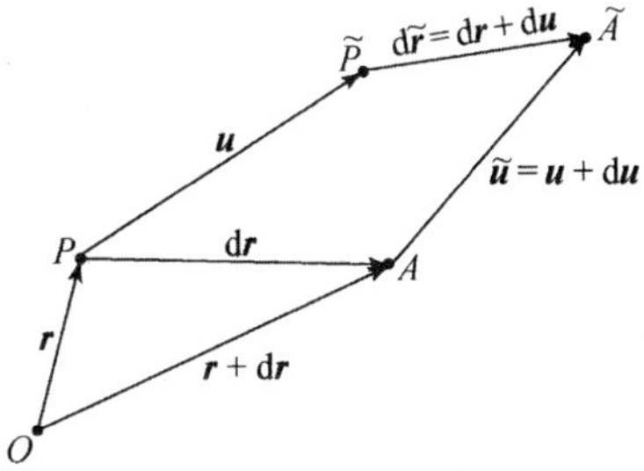

图　2.3

现在来考查 $\mathrm{d}\tilde{\boldsymbol{r}}$ 的长度 $\mathrm{d}\tilde{r}$，从(4.2)式有

$$(\mathrm{d}\tilde{r})^2 = \mathrm{d}\tilde{\boldsymbol{r}} \cdot \mathrm{d}\tilde{\boldsymbol{r}} = \mathrm{d}\boldsymbol{r} \cdot \mathrm{d}\boldsymbol{r} + 2\mathrm{d}\boldsymbol{r} \cdot \mathrm{d}\boldsymbol{u} + \mathrm{d}\boldsymbol{u} \cdot \mathrm{d}\boldsymbol{u}. \tag{4.3}$$

将分解式(2.12)代入(4.3)式，再注意到

$$\mathrm{d}\boldsymbol{u} = (\boldsymbol{u}\nabla) \cdot \mathrm{d}\boldsymbol{r} = \mathrm{d}\boldsymbol{r} \cdot (\nabla \boldsymbol{u}),$$

得

$$\begin{aligned}(\mathrm{d}\tilde{r})^2 &= (\mathrm{d}r)^2 + 2\mathrm{d}\boldsymbol{r} \cdot (\boldsymbol{\omega} \times \mathrm{d}\boldsymbol{r} + \boldsymbol{\Gamma} \cdot \mathrm{d}\boldsymbol{r}) \\ &\quad + [\mathrm{d}\boldsymbol{r} \cdot (\nabla \boldsymbol{u})] \cdot [(\boldsymbol{u}\nabla) \cdot \mathrm{d}\boldsymbol{r}] \\ &= (\mathrm{d}r)^2 + 2(\mathrm{d}r)^2 \boldsymbol{\xi} \cdot \boldsymbol{G} \cdot \boldsymbol{\xi},\end{aligned} \tag{4.4}$$

其中 $\boldsymbol{G}$ 称为格林(Green)应变张量，

$$\boldsymbol{G} = \boldsymbol{\Gamma} + \frac{1}{2}(\nabla \boldsymbol{u}) \cdot (\boldsymbol{u}\nabla), \tag{4.5}$$

这里 $\boldsymbol{\Gamma}$ 为 Cauchy 应变张量(2.3).在导出(4.5)式时利用了矢量混合乘积的公式 $\mathrm{d}\boldsymbol{r} \cdot (\boldsymbol{\omega} \times \mathrm{d}\boldsymbol{r}) = 0$.本书仅考虑小变形，忽略 $\boldsymbol{G}$ 中有关 $u_{i,j}$ 的二次项部分，故(4.4)式成为

$$(\mathrm{d}\tilde{r})^2 = (\mathrm{d}r)^2 + 2(\mathrm{d}r)^2 \boldsymbol{\xi} \cdot \boldsymbol{\Gamma} \cdot \boldsymbol{\xi}. \tag{4.6}$$

设 $\boldsymbol{\xi}$ 方向上的相对伸长为 ε，由(4.6)式得

$$\varepsilon = \frac{\mathrm{d}\tilde{r} - \mathrm{d}r}{\mathrm{d}r} = \sqrt{1 + 2\boldsymbol{\xi} \cdot \boldsymbol{\Gamma} \cdot \boldsymbol{\xi}} - 1 \approx \boldsymbol{\xi} \cdot \boldsymbol{\Gamma} \cdot \boldsymbol{\xi} = \xi_i \gamma_{ij} \xi_j, \tag{4.7}$$

上式导出时略去了 γ_{ij} 的高阶小量. 当 $\boldsymbol{\xi} = (1,0,0)^{\mathrm{T}}$ 时，从(4.7)式有：$\varepsilon = \gamma_{11}$，此即(3.2)式.(4.7)式明确指出，只要知道某点的应变张量，就可以得到该点任意方向上线元的伸长率.

附注　非线性大变形时，需要考虑 Green 应变张量，它的分量为

$$\begin{cases} G_{11} = \dfrac{\partial u}{\partial x} + \dfrac{1}{2}\left[\left(\dfrac{\partial u}{\partial x}\right)^2 + \left(\dfrac{\partial v}{\partial x}\right)^2 + \left(\dfrac{\partial w}{\partial x}\right)^2\right], \\ G_{22} = \dfrac{\partial v}{\partial y} + \dfrac{1}{2}\left[\left(\dfrac{\partial u}{\partial y}\right)^2 + \left(\dfrac{\partial v}{\partial y}\right)^2 + \left(\dfrac{\partial w}{\partial y}\right)^2\right], \\ G_{33} = \dfrac{\partial w}{\partial z} + \dfrac{1}{2}\left[\left(\dfrac{\partial u}{\partial z}\right)^2 + \left(\dfrac{\partial v}{\partial z}\right)^2 + \left(\dfrac{\partial w}{\partial z}\right)^2\right], \\ G_{23} = \dfrac{1}{2}\left(\dfrac{\partial v}{\partial z} + \dfrac{\partial w}{\partial y}\right) + \dfrac{1}{2}\left(\dfrac{\partial u}{\partial y}\dfrac{\partial u}{\partial z} + \dfrac{\partial v}{\partial y}\dfrac{\partial v}{\partial z} + \dfrac{\partial w}{\partial y}\dfrac{\partial w}{\partial z}\right), \\ G_{31} = \dfrac{1}{2}\left(\dfrac{\partial w}{\partial x} + \dfrac{\partial u}{\partial z}\right) + \dfrac{1}{2}\left(\dfrac{\partial u}{\partial z}\dfrac{\partial u}{\partial x} + \dfrac{\partial v}{\partial z}\dfrac{\partial v}{\partial x} + \dfrac{\partial w}{\partial z}\dfrac{\partial w}{\partial x}\right), \\ G_{12} = \dfrac{1}{2}\left(\dfrac{\partial u}{\partial y} + \dfrac{\partial v}{\partial x}\right) + \dfrac{1}{2}\left(\dfrac{\partial u}{\partial x}\dfrac{\partial u}{\partial y} + \dfrac{\partial v}{\partial x}\dfrac{\partial v}{\partial y} + \dfrac{\partial w}{\partial x}\dfrac{\partial w}{\partial y}\right). \end{cases} \tag{4.8}$$

4.2 角度的变化

在矢径为 $\boldsymbol{r}$ 的点 P 附近有两点 A 和 B,它们的矢径分别为 $\boldsymbol{r}+\mathrm{d}\boldsymbol{r}$ 和 $\boldsymbol{r}+\delta\boldsymbol{r}$. 设

$$\mathrm{d}\boldsymbol{r} = (\mathrm{d}r)\boldsymbol{\xi}, \quad \delta\boldsymbol{r} = (\delta r)\boldsymbol{\eta}, \tag{4.9}$$

式中 $\boldsymbol{\xi}=(\xi_1,\xi_2,\xi_3)^{\mathrm{T}}$,$\boldsymbol{\eta}=(\eta_1,\eta_2,\eta_3)^{\mathrm{T}}$ 为两个互相垂直的单位矢量.变形后,点 P,A,B 分别变为点 $\widetilde{P},\widetilde{A},\widetilde{B}$,其间位移分别为 $\boldsymbol{u}$,$\boldsymbol{u}+\mathrm{d}\boldsymbol{u}$,$\boldsymbol{u}+\delta\boldsymbol{u}$,那么矢量 $\overrightarrow{\widetilde{P}\widetilde{A}}$ 和 $\overrightarrow{\widetilde{P}\widetilde{B}}$ 将分别为

$$\mathrm{d}\tilde{\boldsymbol{r}} = \mathrm{d}\boldsymbol{r} + \mathrm{d}\boldsymbol{u}, \quad \delta\tilde{\boldsymbol{r}} = \delta\boldsymbol{r} + \delta\boldsymbol{u}. \tag{4.10}$$

为考查 $\mathrm{d}\tilde{\boldsymbol{r}}$ 和 $\delta\tilde{\boldsymbol{r}}$ 之间的夹角,作它们的内积,从(4.10)式得

$$\mathrm{d}\tilde{\boldsymbol{r}} \cdot \delta\tilde{\boldsymbol{r}} = \mathrm{d}\boldsymbol{r} \cdot \delta\boldsymbol{r} + \mathrm{d}\boldsymbol{r} \cdot \delta\boldsymbol{u} + \mathrm{d}\boldsymbol{u} \cdot \delta\boldsymbol{r} + \mathrm{d}\boldsymbol{u} \cdot \delta\boldsymbol{u}. \tag{4.11}$$

将正交条件 $\mathrm{d}\boldsymbol{r}\cdot\delta\boldsymbol{r}=0$,与表示位移之差的(2.12)式,以及 $\mathrm{d}\boldsymbol{u}=\mathrm{d}\boldsymbol{r}\cdot(\nabla\boldsymbol{u})$ 和 $\delta\boldsymbol{u}=(\boldsymbol{u}\nabla)\cdot\delta\boldsymbol{r}$ 等 4 个式子都代入(4.11)式,得

$$\begin{aligned} \mathrm{d}\tilde{\boldsymbol{r}} \cdot \delta\tilde{\boldsymbol{r}} &= \mathrm{d}\boldsymbol{r} \cdot (\boldsymbol{\omega} \times \delta\boldsymbol{r} + \boldsymbol{\Gamma} \cdot \delta\boldsymbol{r}) + \delta\boldsymbol{r} \cdot (\boldsymbol{\omega} \times \mathrm{d}\boldsymbol{r} + \boldsymbol{\Gamma} \cdot \mathrm{d}\boldsymbol{r}) \\ &\quad + \mathrm{d}\boldsymbol{r} \cdot (\nabla\boldsymbol{u}) \cdot (\boldsymbol{u}\nabla) \cdot \delta\boldsymbol{r}. \end{aligned} \tag{4.12}$$

由于 $\mathrm{d}\boldsymbol{r}\cdot(\boldsymbol{\omega}\times\delta\boldsymbol{r})+\delta\boldsymbol{r}\cdot(\boldsymbol{\omega}\times\mathrm{d}\boldsymbol{r})=0$,从上式得

$$\mathrm{d}\tilde{\boldsymbol{r}} \cdot \delta\tilde{\boldsymbol{r}} = 2\mathrm{d}r\,\delta r\,\boldsymbol{\xi} \cdot \boldsymbol{G} \cdot \boldsymbol{\eta}; \tag{4.13}$$

在小变形时,有

$$\mathrm{d}\tilde{\boldsymbol{r}} \cdot \delta\tilde{\boldsymbol{r}} = 2\mathrm{d}r\,\delta r\,\boldsymbol{\xi} \cdot \boldsymbol{\Gamma} \cdot \boldsymbol{\eta}. \tag{4.14}$$

设 $\mathrm{d}\tilde{\boldsymbol{r}}$ 和 $\delta\tilde{\boldsymbol{r}}$ 之间的夹角为 $\dfrac{\pi}{2}-2\gamma$;并设

$$\mathrm{d}\tilde{r} = (1+\varepsilon_1)\mathrm{d}r, \quad \delta\tilde{r} = (1+\varepsilon_2)\delta r. \tag{4.15}$$

其中 $\mathrm{d}\tilde{r}=|\mathrm{d}\tilde{\boldsymbol{r}}|$,$\delta\tilde{r}=|\delta\tilde{\boldsymbol{r}}|$,$\varepsilon_1$ 和 ε_2 分别为 $\boldsymbol{\xi}$ 和 $\boldsymbol{\eta}$ 方向上的相对伸长.将上式代入(4.14)式,得

$$(1+\varepsilon_1)(1+\varepsilon_2)\sin 2\gamma = 2\xi_i \gamma_{ij} \eta_j. \tag{4.16}$$

对于小变形的情形，γ，ε_1 和 ε_2 均很小，略去高阶小量，从上式得

$$\gamma = \xi_i \gamma_{ij} \eta_j. \tag{4.17}$$

当 $\boldsymbol{\xi}=(1,0,0)^{\mathrm{T}}$，$\boldsymbol{\eta}=(0,1,0)^{\mathrm{T}}$ 时，(4.17)式给出

$$\gamma = \gamma_{12} = \frac{1}{2}\left(\frac{\partial u}{\partial y} + \frac{\partial v}{\partial x}\right),$$

此即为(3.4)式所描述的事实.

(4.17)式表明，一旦有了应变张量 γ_{ij}，那么互相垂直的两个方向间的夹角的变化即可算出.类似地，对于不垂直的两个任意方向间的夹角变化也不难求出.

综上所述，长度和角度这两个形状要素的变化都可以用应变张量来描述.因此，一个点上的应变张量足以刻画该点附近微元的变形.也就是说，应变张量包含了变形的全部信息.

§5　应变张量

5.1　张量 $\boldsymbol{\Gamma}$

设 $\boldsymbol{\Gamma}$ 在坐标架 $\{\boldsymbol{e}_1,\boldsymbol{e}_2,\boldsymbol{e}_3\}$ 下的分量为 γ_{ij}，今有一个新的坐标架 $\{\boldsymbol{e}'_1,\boldsymbol{e}'_2,\boldsymbol{e}'_3\}$，基矢量 $\boldsymbol{e}'_i$ 和 $\boldsymbol{e}_i$ 的关系为

$$\boldsymbol{e}'_i = C_{ij}\,\boldsymbol{e}_j. \tag{5.1}$$

按(4.7)式，在 $\boldsymbol{e}'_1$ 方向上的伸长 γ'_{11} 为

$$\gamma'_{11} = C_{1i}\,\gamma_{ij}\,C_{1j} = C_{1i}\,C_{1j}\,\gamma_{ij}; \tag{5.2}$$

按(4.17)式，$\boldsymbol{e}'_1$ 和 $\boldsymbol{e}'_2$ 间的角度变化 γ'_{12} 为

$$\gamma'_{12} = C_{1i}\,\gamma_{ij}\,C_{2j} = C_{1i}\,C_{2j}\,\gamma_{ij}. \tag{5.3}$$

综合(5.2)和(5.3)式，以及关于 γ'_{22}，γ'_{33}，γ'_{23} 和 γ'_{31} 类似的式子，我们可得

$$\gamma'_{ij} = C_{ik}\,C_{js}\,\gamma_{ks}. \tag{5.4}$$

另一方面，按前面两节的几何解释，γ'_{11}，γ'_{22} 和 γ'_{33} 分别为 $\boldsymbol{\Gamma}$ 在新坐标架下的正应变，γ'_{12}，γ'_{23} 和 γ'_{31} 分别为 $\boldsymbol{\Gamma}$ 在新坐标架下的剪应变，也就是说，γ'_{ij} 为 $\boldsymbol{\Gamma}$ 在新坐标架下的分量.从(5.4)式可看出，$\boldsymbol{\Gamma}$ 在新旧坐标架下的分量 γ'_{ij} 与 γ_{ij} 服从关于 C_{ij} 的二次齐次式.因此 $\boldsymbol{\Gamma}$ 是一个张量.这样，我们从几何解释给出了 $\boldsymbol{\Gamma}$ 为张量的一种证明.

5.2 坐标变换

设应变张量 $\boldsymbol{\Gamma}$ 在新旧坐标系下所对应的矩阵分别为 $\boldsymbol{\Gamma}'$ 和 $\boldsymbol{\Gamma}$,则按(5.4)式,有

$$\boldsymbol{\Gamma}' = \boldsymbol{C}\boldsymbol{\Gamma}\boldsymbol{C}^{\mathrm{T}}, \tag{5.5}$$

其中矩阵 $\boldsymbol{C}=[C_{ij}]$,上标"T"表示转置. 考虑 $\boldsymbol{C}$ 的两种特殊情形.

情形 1 设绕 z 轴的旋转角度为 φ(图 2.4),此时变换矩阵 $\boldsymbol{C}$ 为

$$\boldsymbol{C}=\begin{bmatrix} \cos\varphi & \sin\varphi & 0 \\ -\sin\varphi & \cos\varphi & 0 \\ 0 & 0 & 1 \end{bmatrix}. \tag{5.6}$$

将上式代入(5.5)式,得

$$\begin{cases} \gamma'_{11}=\gamma_{11}\cos^2\varphi+\gamma_{22}\sin^2\varphi+\gamma_{12}\sin2\varphi, \\ \gamma'_{22}=\gamma_{11}\sin^2\varphi+\gamma_{22}\cos^2\varphi-\gamma_{12}\sin2\varphi, \\ \gamma'_{12}=[(\gamma_{22}-\gamma_{11})\sin2\varphi]/2+\gamma_{12}\cos2\varphi, \\ \gamma'_{31}=\gamma_{31}\cos\varphi+\gamma_{23}\sin\varphi, \\ \gamma'_{23}=-\gamma_{31}\sin\varphi+\gamma_{23}\cos\varphi, \\ \gamma'_{33}=\gamma_{33}. \end{cases} \tag{5.7}$$

情形 2 球坐标变换,其坐标架为$\{\boldsymbol{r}^0,\boldsymbol{\theta}^0,\boldsymbol{\varphi}^0\}$(图 2.5),变换矩阵 $\boldsymbol{C}$ 为

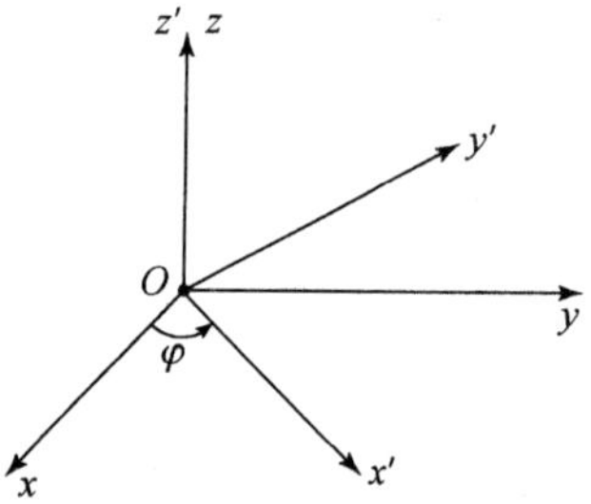

图 2.4

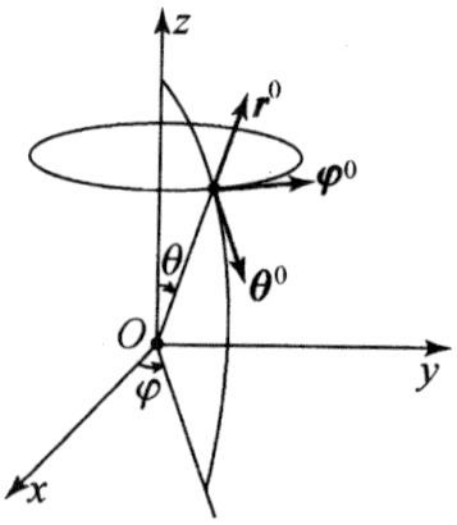

图 2.5

$$\boldsymbol{C}=\begin{bmatrix} \sin\theta\cos\varphi & \sin\theta\sin\varphi & \cos\theta \\ \cos\theta\cos\varphi & \cos\theta\sin\varphi & -\sin\theta \\ -\sin\varphi & \cos\varphi & 0 \end{bmatrix}. \tag{5.8}$$

将上式代入(5.5)式,得

$$
\begin{cases}
\varepsilon_r = \varepsilon_x \sin^2\theta \cos^2\varphi + \varepsilon_y \sin^2\theta \sin^2\varphi + \varepsilon_z \cos^2\theta \\
\qquad + \gamma_{xy} \sin^2\theta \sin 2\varphi + \gamma_{yz} \sin 2\theta \sin\varphi + \gamma_{zx} \sin 2\theta \cos\varphi, \\
\varepsilon_\theta = \varepsilon_x \cos^2\theta \cos^2\varphi + \varepsilon_y \cos^2\theta \sin^2\varphi + \varepsilon_z \sin^2\theta \\
\qquad + \gamma_{xy} \cos^2\theta \sin 2\varphi - \gamma_{yz} \sin 2\theta \sin\varphi - \gamma_{zx} \sin 2\theta \cos\varphi, \\
\gamma_{r\theta} = \frac{1}{2}\varepsilon_x \sin 2\theta \cos^2\varphi + \frac{1}{2}\varepsilon_y \sin 2\theta \sin^2\varphi - \frac{1}{2}\varepsilon_z \sin 2\theta \\
\qquad + \frac{1}{2}\gamma_{xy} \sin 2\theta \sin 2\varphi + \gamma_{yz} \cos 2\varphi \sin\varphi + \gamma_{zx} \cos 2\theta \cos\varphi, \\
\gamma_{\theta\varphi} = \frac{1}{2}(\varepsilon_y - \varepsilon_x) \cos\theta \sin 2\varphi + \gamma_{xy} \cos\theta \cos 2\varphi \\
\qquad - \gamma_{yz} \sin\theta \cos\varphi + \gamma_{zx} \sin\theta \sin\varphi, \\
\gamma_{\varphi r} = \frac{1}{2}(\varepsilon_y - \varepsilon_x) \sin\theta \sin 2\varphi + \gamma_{xy} \sin\theta \cos 2\varphi \\
\qquad + \gamma_{yz} \cos\theta \cos\varphi - \gamma_{zx} \cos\theta \sin\varphi, \\
\varepsilon_\varphi = \varepsilon_x \sin^2\varphi + \varepsilon_y \cos^2\varphi - \gamma_{xy} \sin 2\varphi.
\end{cases}
\tag{5.9}
$$

5.3　主方向，主应变

(5.5)式表示应变张量 $\boldsymbol{\Gamma}$ 在新旧坐标系下的矩阵 $\boldsymbol{\Gamma}'$ 和 $\boldsymbol{\Gamma}$ 构成一个合同变换.从线性代数理论知道，存在坐标架 $\{\boldsymbol{\xi}_1, \boldsymbol{\xi}_2, \boldsymbol{\xi}_3\}$ 使 $\boldsymbol{\Gamma}'$ 成对角形，即存在正交矩阵 $\boldsymbol{C}$，使

$$
\boldsymbol{C}\boldsymbol{\Gamma}\boldsymbol{C}^{\mathrm{T}} = \begin{bmatrix} \lambda_1 & 0 & 0 \\ 0 & \lambda_2 & 0 \\ 0 & 0 & \lambda_3 \end{bmatrix}. \tag{5.10}
$$

通常称 $\{\boldsymbol{\xi}_1, \boldsymbol{\xi}_2, \boldsymbol{\xi}_3\}$ 为应变张量 $\boldsymbol{\Gamma}$ 的主坐标系，$\boldsymbol{\xi}_i\,(i=1,2,3)$ 称为主方向，$\lambda_i\,(i=1,2,3)$ 称为主应变.由于 $\boldsymbol{\Gamma}$ 是实对称矩阵，当然总存在三个互相垂直的主方向.显然，主方向间的剪应变为零.

5.4　不变量

矩阵 $\boldsymbol{\Gamma}$ 的本征多项式为

$$
\begin{vmatrix} \lambda - \gamma_{11} & -\gamma_{12} & -\gamma_{13} \\ -\gamma_{21} & \lambda - \gamma_{22} & -\gamma_{23} \\ -\gamma_{31} & -\gamma_{32} & \lambda - \gamma_{33} \end{vmatrix} = \lambda^3 - I_1\lambda^2 + I_2\lambda - I_3. \tag{5.11}
$$

我们知道，正交矩阵的转置就是它的逆，而本征行列式在相似变换下不变，因此 $I_i\,(i=1,2,3)$ 应为坐标变换下的不变量，其中

$$\begin{cases} I_1 = \gamma_{11} + \gamma_{22} + \gamma_{33} = \lambda_1 + \lambda_2 + \lambda_3, \\ I_2 = \begin{vmatrix} \gamma_{11} & \gamma_{12} \\ \gamma_{21} & \gamma_{22} \end{vmatrix} + \begin{vmatrix} \gamma_{22} & \gamma_{23} \\ \gamma_{32} & \gamma_{33} \end{vmatrix} + \begin{vmatrix} \gamma_{33} & \gamma_{31} \\ \gamma_{13} & \gamma_{11} \end{vmatrix} = \lambda_1\lambda_2 + \lambda_2\lambda_3 + \lambda_3\lambda_1, \\ I_3 = \begin{vmatrix} \gamma_{11} & \gamma_{12} & \gamma_{13} \\ \gamma_{21} & \gamma_{22} & \gamma_{23} \\ \gamma_{31} & \gamma_{32} & \gamma_{33} \end{vmatrix} = \lambda_1\lambda_2\lambda_3. \end{cases} \tag{5.12}$$

5.5 I_1 的几何解释

在点 $P(x_0,y_0,z_0)$附近取微元 D,其体积为 V,变形后 D 变为 $\tilde{D}$,其体积变为 $\tilde{V}$,那么,有

$$V = \iiint_D \mathrm{d}x\,\mathrm{d}y\,\mathrm{d}z, \quad \tilde{V} = \iiint_{\tilde{D}} \mathrm{d}\tilde{x}\,\mathrm{d}\tilde{y}\,\mathrm{d}\tilde{z}. \tag{5.13}$$

对积分(5.13b)(注:式序号(5.13b)中的字母 b 表示(5. 13)式中的第二式,以下同此,字母 a,b,c,…分别表示第一式,第二式,第三式,…)进行变量代换(1.1),得

$$\tilde{V} = \iiint_D J\,\mathrm{d}x\,\mathrm{d}y\,\mathrm{d}z, \tag{5.14}$$

其中 J 为 Jacobi 式(1.2).略去 $u_{i,j}$ 的高阶小量,(5.14)式成为

$$\tilde{V} = V + \iiint_D \gamma_{ii}\,\mathrm{d}x\,\mathrm{d}y\,\mathrm{d}z. \tag{5.15}$$

从(5.15)和(5.13a)式,得到体积相对变化为

$$\frac{\tilde{V} - V}{V} = \frac{1}{V}\iiint_D \gamma_{ii}\,\mathrm{d}x\,\mathrm{d}y\,\mathrm{d}z. \tag{5.16}$$

令微元 D 的体积趋于零,且始终包含点 $P(x_0,y_0,z_0)$,在(5.16)式中取极限,得

$$\lim_{V\to 0}\frac{\tilde{V} - V}{V} = \gamma_{ii}\big|_{(x_0,y_0,z_0)} = I_1\big|_{(x_0,y_0,z_0)}, \tag{5.17}$$

此式表明 I_1 的几何意义为体积的相对变化,即所谓体应变.

5.6 变形椭球

按(4.6)式,有

$$(\mathrm{d}\tilde{r})^2 = (\mathrm{d}r)^2(1 + 2\boldsymbol{\xi}\cdot\boldsymbol{\Gamma}\cdot\boldsymbol{\xi}). \tag{5.18}$$

对上式两边乘以$(1-2\boldsymbol{\xi}\cdot\boldsymbol{\Gamma}\cdot\boldsymbol{\xi})$,略去高阶小量,得

$$(1 - 2\boldsymbol{\xi}\cdot\boldsymbol{\Gamma}\cdot\boldsymbol{\xi})(\mathrm{d}\tilde{r})^2 = (\mathrm{d}r)^2. \tag{5.19}$$

注意到 $\boldsymbol{\xi}$ 变形后成为 $\tilde{\boldsymbol{\xi}}$,且 $\tilde{\boldsymbol{\xi}}$ 与 $\boldsymbol{\xi}$ 的差为小量,略去小量后,有

$$\mathrm{d}\tilde{\boldsymbol{r}}\cdot(\boldsymbol{I} - 2\boldsymbol{\Gamma})\cdot\mathrm{d}\tilde{\boldsymbol{r}} = (\mathrm{d}r)^2. \tag{5.20}$$

现在将坐标系旋转至主坐标系，(5.20)式就成为

$$(\mathrm{d}\tilde{x},\mathrm{d}\tilde{y},\mathrm{d}\tilde{z})\begin{bmatrix}1-2\lambda_1 & 0 & 0\\ 0 & 1-2\lambda_2 & 0\\ 0 & 0 & 1-2\lambda_3\end{bmatrix}\begin{bmatrix}\mathrm{d}\tilde{x}\\ \mathrm{d}\tilde{y}\\ \mathrm{d}\tilde{z}\end{bmatrix}=(\mathrm{d}r)^2, \quad (5.21)$$

上式亦可写成

$$(1-2\lambda_1)(\mathrm{d}\tilde{x})^2+(1-2\lambda_2)(\mathrm{d}\tilde{y})^2+(1-2\lambda_3)(\mathrm{d}\tilde{z})^2=(\mathrm{d}r)^2. \quad (5.22)$$

改写(5.22)式，略去 λ_i 的高阶小量后，得

$$\frac{(\mathrm{d}\tilde{x})^2}{(1+\lambda_1)^2}+\frac{(\mathrm{d}\tilde{y})^2}{(1+\lambda_2)^2}+\frac{(\mathrm{d}\tilde{z})^2}{(1+\lambda_3)^2}=(\mathrm{d}r)^2. \quad (5.23)$$

上式说明，变形前一点附近的球，变形后成为一个椭球，且椭球的主轴与应变主方向一致，椭球半长轴的长度为球的半径按主应变进行了伸缩.

综合以上过程，一点附近的球的变化，可以认为是，先随该点平移，然后将轴旋转至主方向，再在主方向上物体发生伸长或缩短(图 2.6).

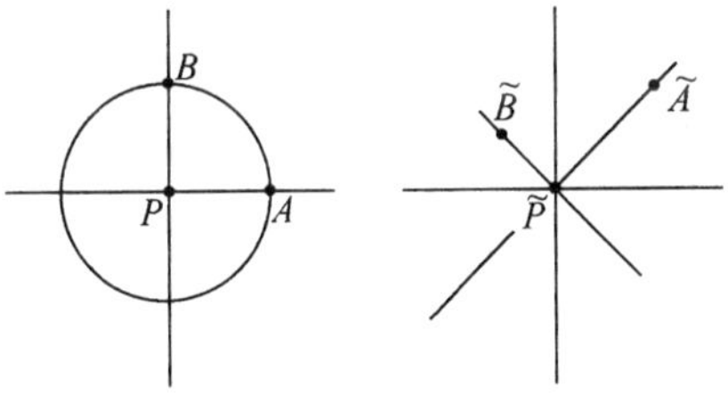

图　2.6

§6　应变协调方程

6.1　Saint-Venant 应变协调方程

几何方程的坐标形式、指标形式，以及整体形式分别为

$$\begin{cases}\varepsilon_x=\dfrac{\partial u}{\partial x},\ \varepsilon_y=\dfrac{\partial v}{\partial y},\ \varepsilon_z=\dfrac{\partial w}{\partial z},\\ \gamma_{yz}=\dfrac{1}{2}\left(\dfrac{\partial v}{\partial z}+\dfrac{\partial w}{\partial y}\right),\\ \gamma_{zx}=\dfrac{1}{2}\left(\dfrac{\partial w}{\partial x}+\dfrac{\partial u}{\partial z}\right),\\ \gamma_{xy}=\dfrac{1}{2}\left(\dfrac{\partial u}{\partial y}+\dfrac{\partial v}{\partial x}\right);\end{cases} \quad (6.1)$$

$$\gamma_{ij}=\frac{1}{2}(u_{i,j}+u_{j,i})\quad(i,j=1,2,3); \quad (6.2)$$

$$\boldsymbol{\Gamma}=\frac{1}{2}(\boldsymbol{u}\,\nabla+\nabla\,\boldsymbol{u}).\tag{6.3}$$

这组方程将位移和表征变形的应变联系起来,并从位移场得到了应变场.

Saint-Venant 提出了一个有价值的反问题:从应变场是否能得到位移场?这个反问题按力学观点来看就是:如果每一点附近的局部变形已知,那么能否将它们拼接起来构成一个整体的位移?显然,一般来说这不可能.倘若各点附近的局部变形互不关联,拼接起来可能会出现重叠、撕裂等不连续现象.因此为了服从连续性公理而获得一个连续的变形,各点附近的变形之间应该具有某种协调关系.

上述反问题也可从数学上来看:任给 6 个应变分量能否通过 3 个位移分量来表示?此问题一般来说是否定的.如果这种表示能够实现,这 6 个应变分量就不独立,应该满足某种关系.我们有下面的重要命题.

定理 6.1 若应变通过位移按(6.1)或(6.2)式,或(6.3)式表出,则应变必然满足下述的 Saint-Venant 应变协调方程(坐标形式、指标形式和整体形式):

$$\begin{cases}\dfrac{\partial^2\varepsilon_x}{\partial y^2}+\dfrac{\partial^2\varepsilon_y}{\partial x^2}=2\,\dfrac{\partial^2\gamma_{xy}}{\partial x\partial y}, & (6.4\text{a})\\[2ex] \dfrac{\partial^2\varepsilon_y}{\partial z^2}+\dfrac{\partial^2\varepsilon_z}{\partial y^2}=2\,\dfrac{\partial^2\gamma_{yz}}{\partial y\partial z}, & (6.4\text{b})\\[2ex] \dfrac{\partial^2\varepsilon_z}{\partial x^2}+\dfrac{\partial^2\varepsilon_x}{\partial z^2}=2\,\dfrac{\partial^2\gamma_{zx}}{\partial z\partial x}; & (6.4\text{c})\end{cases}$$

$$\begin{cases}\dfrac{\partial}{\partial x}\left(\dfrac{\partial\gamma_{xy}}{\partial z}-\dfrac{\partial\gamma_{yz}}{\partial x}+\dfrac{\partial\gamma_{zx}}{\partial y}\right)=\dfrac{\partial^2\varepsilon_x}{\partial y\partial z}, & (6.4\text{d})\\[2ex] \dfrac{\partial}{\partial y}\left(\dfrac{\partial\gamma_{yz}}{\partial x}-\dfrac{\partial\gamma_{zx}}{\partial y}+\dfrac{\partial\gamma_{xy}}{\partial z}\right)=\dfrac{\partial^2\varepsilon_y}{\partial z\partial x}, & (6.4\text{e})\\[2ex] \dfrac{\partial}{\partial z}\left(\dfrac{\partial\gamma_{zx}}{\partial y}-\dfrac{\partial\gamma_{xy}}{\partial z}+\dfrac{\partial\gamma_{yz}}{\partial x}\right)=\dfrac{\partial^2\varepsilon_z}{\partial x\partial y}, & (6.4\text{f})\end{cases}$$

$$\begin{cases}\gamma_{11,22}+\gamma_{22,11}=2\gamma_{12,12},\\ \gamma_{22,33}+\gamma_{33,22}=2\gamma_{23,23},\\ \gamma_{33,11}+\gamma_{11,33}=2\gamma_{31,31},\\ \gamma_{12,13}-\gamma_{23,11}+\gamma_{31,12}=\gamma_{11,23},\\ \gamma_{23,21}-\gamma_{31,22}+\gamma_{12,23}=\gamma_{22,31},\\ \gamma_{31,32}-\gamma_{12,33}+\gamma_{23,31}=\gamma_{33,12};\end{cases}\tag{6.5}$$

$$\nabla\times\boldsymbol{\Gamma}\times\nabla=\boldsymbol{0}.\tag{6.6}$$

证明 从(6.1),(6.2),(6.3)式可直接验证(6.4),(6.5),(6.6)式成立.在导出(6.6)式时用到了公式

$$\nabla \times (\nabla \boldsymbol{u}) = \boldsymbol{0} \quad 和 \quad (\boldsymbol{u} \nabla) \times \nabla = \boldsymbol{0}.$$

证毕.

公式(6.4),(6.5),(6.6)之间除书写方式外没有什么不同,并且可以从一种方式转换成另一种方式.例如,可将(6.6)式换成(6.5)或(6.4)式,即得

$$\begin{aligned}\nabla \times \boldsymbol{\Gamma} \times \nabla &= \partial_i \boldsymbol{e}_i \times \gamma_{jk} \boldsymbol{e}_j \boldsymbol{e}_k \times \partial_s \boldsymbol{e}_s \\ &= \varepsilon_{pij} \varepsilon_{qks} \gamma_{jk,is} \boldsymbol{e}_p \boldsymbol{e}_q = \boldsymbol{0}.\end{aligned} \tag{6.7}$$

从上式可得

$$\varepsilon_{pij} \varepsilon_{qks} \gamma_{jk,is} = 0 \quad (p, q = 1,2,3). \tag{6.8}$$

若 $p = q = 1$,(6.8)式给出

$$\varepsilon_{123}\varepsilon_{123}\gamma_{32,23} + \varepsilon_{132}\varepsilon_{132}\gamma_{23,23} + \varepsilon_{123}\varepsilon_{132}\gamma_{33,22} + \varepsilon_{132}\varepsilon_{123}\gamma_{22,33} = 0,$$

此即(6.4b)式,或(6.5b)式.

若 $p = 1, q = 2$,(6.8)式又给出

$$\varepsilon_{123}\varepsilon_{231}\gamma_{33,21} + \varepsilon_{132}\varepsilon_{213}\gamma_{21,33} + \varepsilon_{123}\varepsilon_{213}\gamma_{31,23} + \varepsilon_{132}\varepsilon_{231}\gamma_{23,31} = 0,$$

上式即(6.4f)式,或(6.5f)式.

整体形式的(6.6)式属于 Крутков[202].

6.2 Volterra 积分表示

定理 6.1 说明,如果应变场 $\boldsymbol{\Gamma}$ 是从位移场 $\boldsymbol{u}$ 通过几何方程(6.3)算出的,则 $\boldsymbol{\Gamma}$ 必须满足协调方程(6.6).那么条件(6.6)是否充分呢?也就是问:如果 $\boldsymbol{\Gamma}$ 服从协调条件(6.6),能否求出一个位移场 $\boldsymbol{u}$ 使几何方程(6.3)成立.

1907 年,Volterra[178]研究了这个问题.首先,他设位移 $\boldsymbol{u}$ 已知,在公式 $\mathrm{d}\boldsymbol{u} = \boldsymbol{\Gamma} \cdot \mathrm{d}\boldsymbol{r} + \boldsymbol{\omega} \times \mathrm{d}\boldsymbol{r}$ 两边取积分,有

$$\boldsymbol{u}(\boldsymbol{r}) = \boldsymbol{u}(\boldsymbol{r}_0) + \int_{\boldsymbol{r}_0}^{\boldsymbol{r}} (\mathrm{d}\boldsymbol{\rho} \cdot \boldsymbol{\Gamma}_\rho + \boldsymbol{\omega}_\rho \times \mathrm{d}\boldsymbol{\rho}),$$

其中 $\boldsymbol{r}_0$ 为区域 Ω 中的某固定点;这里 $\boldsymbol{\Gamma}_\rho, \boldsymbol{\omega}_\rho$ 中的指标 $\boldsymbol{\rho}$ 是为了强调 $\boldsymbol{\Gamma}, \boldsymbol{\omega}$ 是关于变量 $\boldsymbol{\rho}$ 的,而不是关于变量 $\boldsymbol{r}$ 的.再将上式积分中的第二项分部积分,得

$$\begin{aligned}\boldsymbol{u}(\boldsymbol{r}) &= \boldsymbol{u}(\boldsymbol{r}_0) + \int_{\boldsymbol{r}_0}^{\boldsymbol{r}} \{\mathrm{d}\boldsymbol{\rho} \cdot \boldsymbol{\Gamma}_\rho + \mathrm{d}[\boldsymbol{\omega}_\rho \times (\boldsymbol{\rho} - \boldsymbol{r})] - \mathrm{d}\boldsymbol{\omega}_\rho \times (\boldsymbol{\rho} - \boldsymbol{r})\} \\ &= \boldsymbol{u}_0 + \boldsymbol{\omega}_0 \times (\boldsymbol{r} - \boldsymbol{r}_0) + \int_{\boldsymbol{r}_0}^{\boldsymbol{r}} \mathrm{d}\boldsymbol{\rho} \cdot [\boldsymbol{\Gamma}_\rho - (\nabla_\rho \boldsymbol{\omega}_\rho) \times (\boldsymbol{\rho} - \boldsymbol{r})],\end{aligned} \tag{6.9}$$

其中 $\boldsymbol{u}_0 = \boldsymbol{u}(\boldsymbol{r}_0), \boldsymbol{\omega}_0 = \boldsymbol{\omega}(\boldsymbol{r}_0)$.又有

$$\boldsymbol{\Gamma} \times \nabla = \frac{1}{2}(\boldsymbol{u} \nabla + \nabla \boldsymbol{u}) \times \nabla = \frac{1}{2} \nabla (\boldsymbol{u} \times \nabla) = -\nabla \boldsymbol{\omega}, \tag{6.10}$$

上式中最后一等号用到了(2.9)式.将(6.10)式代入(6.9)式,即得下述沃尔泰拉(Volterra)公式:

$$\boldsymbol{u}(\boldsymbol{r})=\boldsymbol{u}_0+\boldsymbol{\omega}_0\times(\boldsymbol{r}-\boldsymbol{r}_0)+\int_{\boldsymbol{r}_0}^{\boldsymbol{r}}\mathrm{d}\boldsymbol{\rho}\cdot\boldsymbol{\Pi},\quad \boldsymbol{r}\in\Omega, \tag{6.11}$$

其中

$$\boldsymbol{\Pi}(\boldsymbol{\rho},\boldsymbol{r})=\boldsymbol{\Gamma}_{\rho}-(\boldsymbol{\Gamma}_{\rho}\times\nabla_{\rho})\times(\boldsymbol{r}-\boldsymbol{\rho}). \tag{6.12}$$

然后,Volterra 证明了如下的重要定理.

定理 6.2 如果区域 Ω 中的对称张量场 $\boldsymbol{\Gamma}$ 满足协调方程(6.6),则按(6.11)式所示的位移场 $\boldsymbol{u}$ 就满足几何方程(6.3).

证明 首先来验证(6.11)式中的线积分与路径无关.事实上,按第一章(4.13d)式,有

$$\begin{aligned}\nabla_{\rho}\times\boldsymbol{\Pi}=&\nabla_{\rho}\times\boldsymbol{\Gamma}_{\rho}-(\nabla_{\rho}\times\boldsymbol{\Gamma}_{\rho}\times\nabla_{\rho})\times(\boldsymbol{r}-\boldsymbol{\rho})\\&+(\boldsymbol{\Gamma}_{\rho}\times\nabla_{\rho})\overset{\times}{\times}[(\boldsymbol{r}-\boldsymbol{\rho})\nabla_{\rho}].\end{aligned} \tag{6.13}$$

由于 $\boldsymbol{\Gamma}$ 满足协调方程(6.6),从(6.13)式,得

$$\nabla_{\rho}\times\boldsymbol{\Pi}=\nabla_{\rho}\times\boldsymbol{\Gamma}_{\rho}-(\boldsymbol{\Gamma}_{\rho}\times\nabla_{\rho})\overset{\times}{\times}\boldsymbol{I}, \tag{6.14}$$

其中用到了 $\boldsymbol{r}\nabla_{\rho}=\boldsymbol{0}$ 和 $\boldsymbol{\rho}\nabla_{\rho}=\boldsymbol{I}$ 两式.再利用第一章中(2.28)和(2.26)式,则(6.14)式成为

$$\nabla_{\rho}\times\boldsymbol{\Pi}=\nabla_{\rho}\times\boldsymbol{\Gamma}_{\rho}-[\mathrm{J}(\boldsymbol{\Gamma}_{\rho}\times\nabla_{\rho})\boldsymbol{I}-(\boldsymbol{\Gamma}_{\rho}\times\nabla_{\rho})^{\mathrm{T}}]. \tag{6.15}$$

而第一章(4.12)和(4.11)两式分别为

$$\mathrm{J}(\boldsymbol{\Gamma}_{\rho}\times\nabla_{\rho})=0,\quad (\boldsymbol{\Gamma}_{\rho}\times\nabla_{\rho})^{\mathrm{T}}=-\nabla_{\rho}\times\boldsymbol{\Gamma}_{\rho}. \tag{6.16}$$

将(6.16)式代入(6.15)式,即得

$$\nabla_{\rho}\times\boldsymbol{\Pi}=\boldsymbol{0}. \tag{6.17}$$

上式表明(6.11)式中的被积函数为全微分,于是(6.11)式中的线积分与路径无关,因此(6.11)式所定义的积分表达式仅是位置 $\boldsymbol{r}$ 的函数.

其次来验证由(6.11)式所定义的位移场 $\boldsymbol{u}$,其应变场恰为预先给定的对称张量场 $\boldsymbol{\Gamma}$,即验证了(6.3)式成立.为此,对位移的积分表达式(6.11)作微分,得

$$\begin{aligned}\mathrm{d}\boldsymbol{u}&=\boldsymbol{u}(\boldsymbol{r}+\mathrm{d}\boldsymbol{r})-\boldsymbol{u}(\boldsymbol{r})\\&=\boldsymbol{\omega}_0\times\mathrm{d}\boldsymbol{r}+\int_{\boldsymbol{r}_0}^{\boldsymbol{r}+\mathrm{d}\boldsymbol{r}}\mathrm{d}\boldsymbol{\rho}\cdot\boldsymbol{\Pi}(\boldsymbol{\rho},\boldsymbol{r}+\mathrm{d}\boldsymbol{r})-\int_{\boldsymbol{r}_0}^{\boldsymbol{r}}\mathrm{d}\boldsymbol{\rho}\cdot\boldsymbol{\Pi}(\boldsymbol{\rho},\boldsymbol{r}).\end{aligned}$$

将上式略作改变写成

$$\begin{aligned}\mathrm{d}\boldsymbol{u}=&\boldsymbol{\omega}_0\times\mathrm{d}\boldsymbol{r}+\int_{\boldsymbol{r}_0}^{\boldsymbol{r}}\mathrm{d}\boldsymbol{\rho}\cdot[\boldsymbol{\Pi}(\boldsymbol{\rho},\boldsymbol{r}+\mathrm{d}\boldsymbol{r})-\boldsymbol{\Pi}(\boldsymbol{\rho},\boldsymbol{r})]\\&+\int_{\boldsymbol{r}}^{\boldsymbol{r}+\mathrm{d}\boldsymbol{r}}\mathrm{d}\boldsymbol{\rho}\cdot\boldsymbol{\Pi}(\boldsymbol{\rho},\boldsymbol{r}+\mathrm{d}\boldsymbol{r}),\end{aligned} \tag{6.18}$$

再注意到

$$\mathrm{d}\boldsymbol{u}=(\boldsymbol{u}\nabla)\cdot\mathrm{d}\boldsymbol{r},$$
$$\boldsymbol{\Pi}(\boldsymbol{\rho},\boldsymbol{r}+\mathrm{d}\boldsymbol{r})-\boldsymbol{\Pi}(\boldsymbol{\rho},\boldsymbol{r})=-(\boldsymbol{\Gamma}_{\rho}\times\nabla_{\rho})\times\mathrm{d}\boldsymbol{r},$$

$$\int_{r}^{r+\mathrm{d}r} \mathrm{d}\boldsymbol{\rho} \cdot \boldsymbol{\Pi}(\boldsymbol{\rho}, \boldsymbol{r}+\mathrm{d}\boldsymbol{r}) \approx \mathrm{d}\boldsymbol{r} \cdot \boldsymbol{\Gamma}_r,$$

则(6.18)式成为

$$(\boldsymbol{u}\nabla) \cdot \mathrm{d}\boldsymbol{r} = (\boldsymbol{\Omega}+\boldsymbol{\Gamma}) \cdot \mathrm{d}\boldsymbol{r}, \tag{6.19}$$

其中

$$\boldsymbol{\Omega} = \boldsymbol{\omega} \times \boldsymbol{I}, \quad \boldsymbol{\omega} = \boldsymbol{\omega}_0 - \int_{r_0}^{r} \mathrm{d}\boldsymbol{\rho} \cdot (\boldsymbol{\Gamma}_\rho \times \nabla_\rho). \tag{6.20}$$

显然,$\boldsymbol{\Omega}$ 为反对称张量.在得到(6.19)式时,还用到关系式

$$\boldsymbol{\omega} \times \mathrm{d}\boldsymbol{r} = \boldsymbol{\Omega} \cdot \mathrm{d}\boldsymbol{r}.$$

由于 $\mathrm{d}\boldsymbol{r}$ 为任意矢量,从(6.19)式得到

$$\boldsymbol{u}\nabla = \boldsymbol{\Omega}+\boldsymbol{\Gamma}. \tag{6.21}$$

对上式取转置,有

$$\nabla\boldsymbol{u} = -\boldsymbol{\Omega}+\boldsymbol{\Gamma}.$$

将(6.21)式与上式相加,得

$$\boldsymbol{\Gamma} = \frac{1}{2}(\boldsymbol{u}\nabla + \nabla\boldsymbol{u}). \tag{6.22}$$

上式即为欲证之(6.3)式.定理证毕.

由此得到一个很有用的推论.

推论 6.1　若 $\boldsymbol{\Gamma}=\mathbf{0}$,则 $\boldsymbol{u}$ 为刚体位移场,即

$$\boldsymbol{u}(\boldsymbol{r}) = \boldsymbol{u}_0 + \boldsymbol{\omega}_0 \times (\boldsymbol{r}-\boldsymbol{r}_0). \tag{6.23}$$

6.3　多连通域

区域有多连通与单连通之分.如果区域中的任意封闭曲线可在区域中连续地收缩到一点,则该区域是单连通域.例如,立方体和球体就是单连通域.

并非所有区域都是单连通的.一个圆绕所在平面上的与圆不相交的直线进行旋转,其所形成的锚环区域(图 2.7)就不是单连通区域.不过可作一个截面将锚环切开,使其成为一个单连通区域.一般来说,可借 m 个截面成为单连通区域

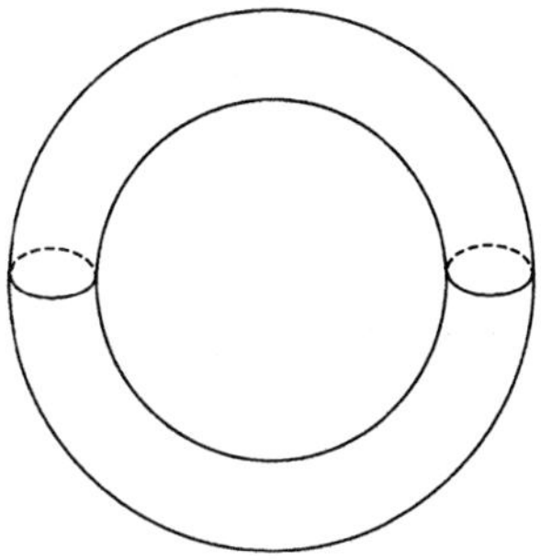

图　2.7

的区域,称为 $m+1$ 连通区域.值得注意的是,由一个封闭曲面所围成的区域未必是单连通区域,例如锚环就是一个封闭曲面所围成的区域,它是二连通的区域;而由多个封闭曲面所围成的区域却可能是单连通区域,例如含空洞的球体.

对于 Volterra 公式,它从满足协调方程的应变场构造出位移场,由于式中含有线积分,因此在多连通区域中为保证位移的单值性,还必须附加一些条件.从公式(6.11),考虑到 $\boldsymbol{r}$ 的任意性,可知需补充的位移单值性条件是

$$\oint_{L_i} \mathrm{d}\boldsymbol{\rho} \cdot [\boldsymbol{\Gamma}_\rho + (\boldsymbol{\Gamma}_\rho \times \boldsymbol{\nabla}_\rho) \times \boldsymbol{\rho}] = \boldsymbol{0}, \tag{6.24}$$

$$\oint_{L_i} \mathrm{d}\boldsymbol{\rho} \cdot (\boldsymbol{\Gamma}_\rho \times \boldsymbol{\nabla}_\rho) = \boldsymbol{0}, \tag{6.25}$$

其中 L_i 为与第 i 个截面相交的域内封闭曲线,$i=1,2,\cdots,m$,区域设为 $m+1$ 连通区域.

条件(6.24)和(6.25)保证了由(6.11)式所求出的位移是单值的,而且条件(6.25)还保证了由(6.20b)式所求出的 $\boldsymbol{\omega}$ 是单值的.

6.4 等价定理

综合上面 3 个小节所述,我们证明了如下重要命题.

定理6.3 设 $\boldsymbol{\Gamma}$ 为 $m+1$ 连通区域 Ω 中的对称张量场,那么存在单值的矢量场 $\boldsymbol{u}$,使得

$$\boldsymbol{\Gamma} = \frac{1}{2}(\boldsymbol{u}\,\boldsymbol{\nabla} + \boldsymbol{\nabla}\,\boldsymbol{u}) \tag{6.26}$$

的充分必要条件是

$$\begin{cases} \boldsymbol{\nabla} \times \boldsymbol{\Gamma} \times \boldsymbol{\nabla} = \boldsymbol{0}, \\ \oint_{L_i} \mathrm{d}\boldsymbol{r} \cdot [\boldsymbol{\Gamma} + (\boldsymbol{\Gamma} \times \boldsymbol{\nabla}) \times \boldsymbol{r}] = \boldsymbol{0}, \\ \oint_{L_i} \mathrm{d}\boldsymbol{r} \cdot (\boldsymbol{\Gamma} \times \boldsymbol{\nabla}) = \boldsymbol{0}, \end{cases} \tag{6.27}$$

其中 $L_i(i=1,2,\cdots,m)$ 为与第 i 个截面相交的域内封闭曲线,有 m 个截面将 Ω 切开成单连通区域.

6.5 附注

附注 1 关于张量的定理 6.3 可以看作第一章关于矢量的定理 3.1 的推广.

附注 2 协调方程(6.4)共有 6 个方程,它们是独立的.事实上,一个张量场 $\boldsymbol{\Gamma}$ 满足 5 个协调方程,未必能满足第 6 个方程.例如应变场

$$\varepsilon_x = \varepsilon_y = \varepsilon_z = \gamma_{yz} = \gamma_{zx} = 0,\ \gamma_{xy} = xy \tag{6.28}$$

满足方程(6.4b~6.4f),但不满足方程(6.4a).还可举出类似的 5 个例子(胡海昌).

附注 3 鹫津久一郎[22](Washizu[190]),证明了如下命题.

定理 6.4 记

$$L \equiv \nabla \times \Gamma \times \nabla. \tag{6.29}$$

(1) 若

$$\begin{cases} L_{11} = L_{22} = L_{33} = 0 \quad (\Omega), \\ L_{23} = L_{31} = L_{12} = 0 \quad (\partial\Omega), \end{cases}$$

则

$$\boldsymbol{L} = \boldsymbol{0} \quad (\Omega).$$

(2) 若

$$\begin{cases} L_{23} = L_{31} = L_{12} = 0 \quad (\Omega), \\ L_{11} = L_{22} = L_{33} = 0 \quad (\partial\Omega), \end{cases}$$

则

$$\boldsymbol{L} = \boldsymbol{0} \quad (\Omega),$$

其中 $\partial\Omega$ 为区域 Ω 的边界.

王敏中和青春炳[58]将定理 6.4 中的两种情形做了推广,得到了 17 种可能情形和 3 种不可能情形.

附注 4 (6.29)式所定义的 $\boldsymbol{L}$ 称为不协调张量,当 $\boldsymbol{L}=\boldsymbol{0}$ 时,一个欧氏空间仍变成一个欧氏空间;当 $\boldsymbol{L}\neq\boldsymbol{0}$ 时,欧氏空间将变成非欧氏空间.

附注 5 记

$$\boldsymbol{b} \equiv \oint_L \mathrm{d}\boldsymbol{\rho} \cdot [\boldsymbol{\Gamma}_\rho + (\boldsymbol{\Gamma}_\rho \times \nabla_\rho) \times \boldsymbol{\rho}],$$

$$\boldsymbol{f} \equiv \oint_L \mathrm{d}\boldsymbol{\rho} \cdot (\boldsymbol{\Gamma}_\rho \times \nabla_\rho),$$

它们分别称为伯格斯(Burgers)矢量和弗兰克(Frank)矢量.当 $\boldsymbol{b}\neq\boldsymbol{0}$,$\boldsymbol{f}\neq\boldsymbol{0}$ 时,变形体发生位错和向错.关于附注 4 和附注 5,请参见郭仲衡和梁浩云的著作[14].

习 题 二

1. 已知:平面应变 $\gamma_{33}=\gamma_{13}=\gamma_{23}=0$,另外,已知 30°,60°,120°方向上的应变分别为 ε_{30},ε_{60},ε_{120},求 γ_{11},γ_{22},γ_{12}.

2. 设某点在 $\boldsymbol{i}$,$\boldsymbol{j}$,$\boldsymbol{k}$ 方向上及在坐标面的分角线方向上的应变已知,求该点的应变分量.

3. 若物体内一点,$\gamma_{11}=-\lambda$,$\gamma_{22}=\lambda$,$\gamma_{12}=\lambda/2$,$\gamma_{13}=\gamma_{23}=\gamma_{33}=0$,求:

(1) 与 x 轴成±45°方向的剪应变;

(2) 与 x 轴成+60°与−30°方向的剪应变.

4. 若 $\boldsymbol{\xi}$,$\boldsymbol{\eta}$ 两个方向间夹角为 θ,变形后其夹角为 $\theta-2\gamma$,则

$$\gamma \approx \frac{1}{\sin\theta}\xi_i\gamma_{ij}\eta_j - \frac{\cot\theta}{2}(\xi_i\gamma_{ij}\xi_j + \eta_i\gamma_{ij}\eta_j).$$

5. 已知弹性体的位移场

$$\begin{cases}u=a(3x^2+y+4z),\\v=a(3x+2y^2+3z),\\w=a(2x^2+y+4z^2),\end{cases}$$

其中 a 为常数.对于点(3,3,2),求:

(1) 沿(1,0,1)方向的线应变;

(2) 沿(1,1,1)和(1,−1,0)方向的剪应变及其夹角的改变.

6. 设某点在任何方向上伸长率都相同,证明这一点在任意互相垂直方向上的剪应变为零.

7. 有 $\mathrm{d}\boldsymbol{r}$ 与 $\delta\boldsymbol{r}$ 两个方向,变形前它们所张的平行四边形面积为 $s=|\mathrm{d}\boldsymbol{r}\times\delta\boldsymbol{r}|$,试用 $\boldsymbol{\Gamma}$ 的分量把变形时它的面积变化率 $\varepsilon_s=\Delta s/s$ 表示出来,其中 Δs 为面积变形前后的改变量.

8. 试利用方向微商的方法导出应变的坐标变换公式.

9. 试证:$\boldsymbol{\omega}$ 服从矢量坐标变换的公式.

10. 如果 $\varepsilon_z=\gamma_{zx}=\gamma_{yz}=0$,求主应变.

11. 设应变张量所对应的矩阵为:

$$\boldsymbol{\Gamma}_1=\begin{bmatrix}0&1&-1\\1&0&1\\-1&1&0\end{bmatrix},\quad \boldsymbol{\Gamma}_2=\begin{bmatrix}2&1&-1\\1&2&1\\-1&1&2\end{bmatrix}.$$

求主应变,主方向.

12. 试证下述各量是不变量[130]:

(1) $\omega_x^2+\omega_y^2+\omega_z^2$;

(2) $\varepsilon_x\omega_x^2+\varepsilon_y\omega_y^2+\varepsilon_z\omega_z^2+2\gamma_{yz}\omega_y\omega_z+2\gamma_{zx}\omega_z\omega_x+2\gamma_{xy}\omega_x\omega_y$.

13. 试证下述位移场:

$$\begin{cases}u=u_0+a_1x+b_1y+c_1z,\\v=v_0+a_2x+b_2y+c_2z,\\w=w_0+a_3x+b_3y+c_3z\end{cases}$$

将直线变成直线、平面变成平面、球变成椭球(其中 $a_i,b_i,c_i,i=1,2,3$ 为常量).

14. 试从几何意义推导

(1) 极坐标下的几何方程;

(2) 球对称问题的几何方程.

15. 试用坐标变换求曲线坐标下的应变张量(参考文献[6]).

16. 写出应变和位移在直角坐标中的关系,并直接利用微商导出直角坐标下的协调方程.

17. 试推导极坐标下的应变协调方程.

18. 试证明线性张量场是应变场.

19. 证明

$$\varepsilon_x = k(x^2 + y^2),\quad \varepsilon_y = k(y^2 + z^2),\quad \gamma_{xy} = k'xyz,$$

其余应变分量全为零,不是应变场(其中 k 和 k' 为常量).

20. 确定常数 a,b 或 A_0,A_1,B_0,B_1 及 C_0,C_1,使下述各场为应变场:

(1) 设

$$\varepsilon_x = axy^2,\quad \varepsilon_y = ax^2y,\quad \varepsilon_z = axy,$$
$$\gamma_{xy} = 0,\quad \gamma_{yz} = ay^2 + bz^2,\quad \gamma_{zx} = ax^2 + by^2;$$

(2) 设

$$\varepsilon_x = A_0 + A_1(x^2 + y^2) + x^4 + y^4,$$
$$\varepsilon_y = B_0 + B_1(x^2 + y^2) + x^4 + y^4,$$
$$\gamma_{xy} = C_0 + C_1xy(x^2 + y^2 + C_2),$$
$$\varepsilon_z = \gamma_{yz} = \gamma_{zx} = 0.$$

21. 试问 $\varphi = \varphi(x,y)$ 满足什么条件时,

$$\varepsilon_x = \frac{1}{E}\left(\frac{\partial^2\varphi}{\partial y^2} - \nu\frac{\partial^2\varphi}{\partial x^2}\right),\quad \varepsilon_y = \frac{1}{E}\left(\frac{\partial^2\varphi}{\partial x^2} - \nu\frac{\partial^2\varphi}{\partial y^2}\right),$$
$$\gamma_{xy} = -\frac{1+\nu}{E}\frac{\partial^2\varphi}{\partial x\partial y},\quad \varepsilon_z = \gamma_{yz} = \gamma_{zx} = 0$$

为应变场(其中 E,ν 为常量).

22. 如果物体在任一点的任何方向上的伸长率都相同,写出它的位移通式.

23. 对下列 4 种简单情况,试证其位移和转角有如下形式:

(1) 均匀膨胀(收缩):

$$u = \frac{I_1}{3}x,\quad v = \frac{I_1}{3}y,\quad w = \frac{I_1}{3}z,\quad \omega_1 = \omega_2 = \omega_3 = 0;$$

(2) 简单拉伸(压缩):

$$u = ex,\quad v = -\nu ey,\quad w = -\nu ez,$$
$$\omega_1 = \omega_2 = \omega_3 = 0;$$

(3) 纯剪[75,165,2]:

$$u = sy,\quad v = sx,\quad w = 0,\quad \omega_1 = \omega_2 = \omega_3 = 0;$$

(4) 平面应变:

$$u = u(x,y),\quad v = v(x,y),\quad w = 0,$$
$$\omega_1 = \omega_2 = 0,\quad \omega_3 = \frac{1}{2}\left(\frac{\partial v}{\partial x} - \frac{\partial u}{\partial y}\right).$$

24. 试直接从几何方程,用积分法求 $\boldsymbol{\Gamma} = \mathbf{0}$ 时的位移场.

25. 求位移场的一般表达式(其中 a,b,c 为常量):

(1) 设 $\varepsilon_x = ax$, $\varepsilon_y = by$, $\varepsilon_z = cz$, $\gamma_{xy} = \gamma_{yz} = \gamma_{zx} = 0$;

(2) 设 $\varepsilon_x = ax^2$, $\varepsilon_y = by^2$, $\varepsilon_z = cz^2$, $\gamma_{xy} = \gamma_{yz} = \gamma_{zx} = 0$.

*26. 试证定理 6.4.

第三章　应力分析

本章将引进应力张量，导出平衡方程，也将讨论作为平衡方程通解的应力函数.

§1　应 力 张 量

1.1　外力

弹性体所受的外力可以分为体力和面力两种.作用于弹性体上的重力、电磁力等超距力称为体力.单位体积上的体力记作 $\boldsymbol{f}(\boldsymbol{r})$，也可以按极限定义为

$$\boldsymbol{f}(\boldsymbol{r})=\lim_{\Delta V\to 0}\frac{\boldsymbol{a}(\Delta V)}{\Delta V},\tag{1.1}$$

其中点 $\boldsymbol{r}$ 总在体积为 ΔV 的微元之中，$\boldsymbol{a}(\Delta V)$是该微元上体力的合力.

弹性体与其他物体接触的面上，受有外界给它的力，称为面力，例如流体的压力、固体间的压力和摩擦力等.

1.2　内力

在外力的作用下，弹性体内部的分子的初始状态发生变化，产生了分子之间的附加力，这种力称为内力.分子之间的内力作用距离很小，这种性质称为"短程性".为显示内力的短程性，在弹性体内部过某点 P 作一小面元 ΔS，面元两侧分别记作 A 和 B(图 3.1).

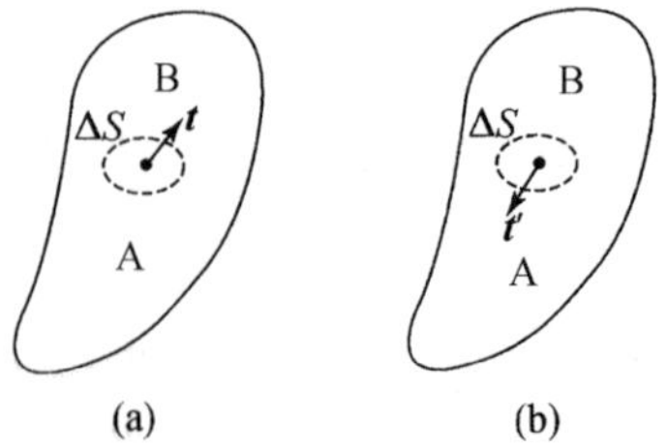

图　3.1

图 3.1(a)中矢量 $\boldsymbol{t}$ 表示 B 部分通过面元 ΔS 对 A 部分的作用力，在图(b)

中，矢量 t' 则表示 A 对 B 的作用力.内力仅通过面来作用是由于它的“短程性”所致.由 Newton 第三定律，t 和 t' 大小相等、方向相反，且作用在不同的部分上.按 Cauchy 的说法，将 t 和 t' 称为应力矢量.当 ΔS 收缩至点 P 时，也可以用形如(1.1)式的极限来定义应力矢量，我们仍记作 t.显然，t 不仅与点 P 的位置有关，也与面元 ΔS 的方向有关.

1.3　坐标面上的应力

为显示应力矢量与面元的方向有关，在弹性体内某点 P 的邻域内作 1 个小六面体元，它的 6 个表面分别与坐标面平行，其中 3 个表面的外法向与坐标轴正向 $\boldsymbol{e}_i(i=1,2,3)$ 分别相同，其余 3 个表面的外法向则分别与坐标方向相反(图 3.2).

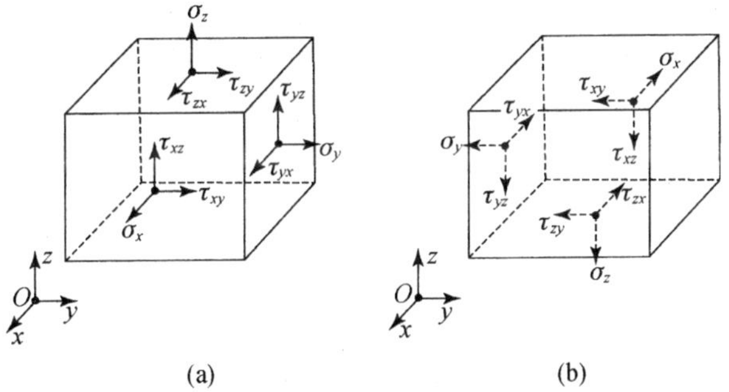

图　3.2

六面体外部关于外法向为 $\boldsymbol{e}_i$ 和 $-\boldsymbol{e}_i$ 面上的应力矢量，分别记为 $\boldsymbol{t}_i^+$ 和 $\boldsymbol{t}_i^-$ $(i=1,2,3)$.将 $\boldsymbol{t}_i^+$ 在坐标架$\{\boldsymbol{e}_1,\boldsymbol{e}_2,\boldsymbol{e}_3\}$上进行分解[图 3.2(a)]，得

$$\begin{cases}\boldsymbol{t}_1^+=\sigma_x\boldsymbol{e}_1+\tau_{xy}\boldsymbol{e}_2+\tau_{xz}\boldsymbol{e}_3,\\\boldsymbol{t}_2^+=\tau_{yx}\boldsymbol{e}_1+\sigma_y\boldsymbol{e}_2+\tau_{yz}\boldsymbol{e}_3,\\\boldsymbol{t}_3^+=\tau_{zx}\boldsymbol{e}_1+\tau_{zy}\boldsymbol{e}_2+\sigma_z\boldsymbol{e}_3.\end{cases}\tag{1.2}$$

(1.2)式中含有 9 个分量，可以排成一个矩阵 $\boldsymbol{T}$，

$$\boldsymbol{T}=\begin{bmatrix}\sigma_x & \tau_{xy} & \tau_{xz}\\\tau_{yx} & \sigma_y & \tau_{yz}\\\tau_{zx} & \tau_{zy} & \sigma_z\end{bmatrix},\tag{1.3}$$

其中 $\sigma_x,\sigma_y,\sigma_z$ 称为正应力，$\tau_{yz},\tau_{zy},\tau_{zx},\tau_{xz},\tau_{xy},\tau_{yx}$ 称为剪应力.

引入记号

$$\boldsymbol{T}=\sigma_{ij}\boldsymbol{e}_i\boldsymbol{e}_j.\tag{1.4}$$

下面的 1.5 小节中将证明 $\boldsymbol{T}$ 为张量，它是弹性力学中的一个重要的物理量，称

为应力张量,$\boldsymbol{T}$ 所对应的矩阵如(1.3)式所示.(1.2)式的指标形式为

$$\boldsymbol{t}_i^+ = \sigma_{ij}\boldsymbol{e}_j \quad (i=1,2,3). \tag{1.5}$$

这里 σ_{ij} 的第一个指标 i 与 $\boldsymbol{t}_i^+$ 所在面的外法向 $\boldsymbol{e}_i$ 相对应，第二个指标 j 表示 $\boldsymbol{t}_i^+$ 在 $\boldsymbol{e}_j$ 方向上投影.对 $\boldsymbol{t}_i^-$ 则在坐标架 $\{-\boldsymbol{e}_1, -\boldsymbol{e}_2, -\boldsymbol{e}_3\}$ 中进行分解[参见图 3.2(b)],

$$\boldsymbol{t}_i^- = \sigma_{ij}(-\boldsymbol{e}_j) \quad (i=1,2,3). \tag{1.6}$$

(1.5)和(1.6)式表明，对 $\boldsymbol{t}_i^+$ 其投影的正方向为 $\boldsymbol{e}_i$,对 $\boldsymbol{t}_i^-$ 而言,其投影的正方向为 $-\boldsymbol{e}_i$,这种规定虽属人为,却与通常的拉伸为正、受压为负的习惯一致,对今后的应用将带来方便.

1.4 斜面上的应力

在弹性体内某点 P 附近作 1 个四面体微元 $PABC$,其中 PBC,PAC,PAB 3 个表面分别平行于相应的坐标面.表面 ABC 的外法向为 $\boldsymbol{n}$.表面 ABC 上所受的平均应力为 $\boldsymbol{t}$(图 3.3).四面体 $PABC$ 上所有外力的合力为零,故有

$$\begin{cases} -\sigma_x \Delta s_1 - \tau_{yx}\Delta s_2 - \tau_{zx}\Delta s_3 + t_x \Delta s + f_x\,\Delta V = 0, \\ -\tau_{xy}\Delta s_1 - \sigma_y \Delta s_2 - \tau_{zy}\Delta s_3 + t_y \Delta s + f_y\,\Delta V = 0, \\ -\tau_{xz}\Delta s_1 - \tau_{yz}\Delta s_2 - \sigma_z \Delta s_3 + t_z \Delta s + f_z\,\Delta V = 0. \end{cases} \tag{1.7}$$

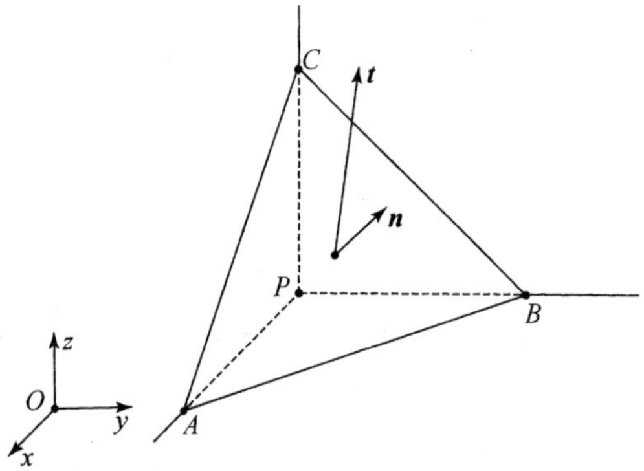

图 3.3

其中 $\sigma_x, \tau_{xy}, \tau_{xz}; \tau_{yx}, \sigma_y, \tau_{yz}; \tau_{zx}, \tau_{zy}, \sigma_z$ 分别为面 PBC,PAC,PAB 上的平均应力，t_x, t_y, t_z 是 $\boldsymbol{t}$ 的分量，f_x, f_y, f_z 为四面体 $PABC$ 内的平均体力,Δs_1, Δs_2,Δs_3,Δs 分别为面 PBC,PAC,PAB,ABC 的面积,ΔV 为四面体 $PABC$ 的体积.

按解析几何可知

$$\Delta s_i = \Delta s\ \cos(\boldsymbol{n}, \boldsymbol{e}_i) \quad (i=1,2,3), \quad \Delta V = \frac{1}{3} h \Delta s, \tag{1.8}$$

其中 $\boldsymbol{e}_1, \boldsymbol{e}_2, \boldsymbol{e}_3$ 为 x, y, z 轴的单位矢量，h 为点 P 至斜面 ABC 的高.将(1.8)式代入(1.7)式，约去 Δs，并令 $h \to 0$，可以得到斜面应力公式：

$$\begin{cases} t_x = \sigma_x \cos(\boldsymbol{n}, \boldsymbol{e}_1) + \tau_{yx} \cos(\boldsymbol{n}, \boldsymbol{e}_2) + \tau_{zx} \cos(\boldsymbol{n}, \boldsymbol{e}_3), \\ t_y = \tau_{xy} \cos(\boldsymbol{n}, \boldsymbol{e}_1) + \sigma_y \cos(\boldsymbol{n}, \boldsymbol{e}_2) + \tau_{zy} \cos(\boldsymbol{n}, \boldsymbol{e}_3), \\ t_z = \tau_{xz} \cos(\boldsymbol{n}, \boldsymbol{e}_1) + \tau_{yz} \cos(\boldsymbol{n}, \boldsymbol{e}_2) + \sigma_z \cos(\boldsymbol{n}, \boldsymbol{e}_3). \end{cases} \tag{1.9}$$

上式中的 σ_{ij} 和 t_i $(t_1 = t_x, t_2 = t_y, t_3 = t_z)$ 诸量都是先在各相应面上取平均，当 $h \to 0$ 时，它们都与所取四面体微元无关.坐标形式的斜面应力公式(1.9)的指标形式和整体形式分别为

$$t_i = n_j \sigma_{ji} \quad (i=1,2,3), \tag{1.10}$$

$$\boldsymbol{t} = \boldsymbol{n} \cdot \boldsymbol{T}. \tag{1.11}$$

(1.9)～(1.11)式示出了在点 P 截面上应力 $\boldsymbol{t}$ 与点 P 的位置及其法向 $\boldsymbol{n}$ 的关系，它表明应力张量 $\boldsymbol{T}$ 足以表征一点的应力状态.

斜面应力公式的另一用途是表示弹性力学边值问题的应力边条件(见第五章).

附注　当弹性体运动时，公式(1.11)也正确.只要把惯性力看作体力引入(1.7)式，同样可以得到运动条件下相应的(1.11)式.

1.5　应力张量

除原坐标架 $\{\boldsymbol{e}_1, \boldsymbol{e}_2, \boldsymbol{e}_3\}$ 外，再考虑一个新坐标架 $\{\boldsymbol{e}'_1, \boldsymbol{e}'_2, \boldsymbol{e}'_3\}$，新旧坐标架的关系为

$$\boldsymbol{e}'_i = C_{ij}\, \boldsymbol{e}_j \quad (i=1,2,3). \tag{1.12}$$

过点 P 作法向为 $\boldsymbol{e}'_1$ 的截面，其上的应力矢量为 $\boldsymbol{e}'_1 \cdot \boldsymbol{T}$，将它投影到截面的法向 $\boldsymbol{e}'_1$ 和切向 $\boldsymbol{e}'_2$ 上，分别记为 σ'_{11} 和 σ'_{12}，有

$$\begin{cases} \sigma'_{11} = (\boldsymbol{e}'_1 \cdot \boldsymbol{T}) \cdot \boldsymbol{e}'_1 = C_{1k}\, \sigma_{ks} C_{1s}, \\ \sigma'_{12} = (\boldsymbol{e}'_1 \cdot \boldsymbol{T}) \cdot \boldsymbol{e}'_2 = C_{1k}\, \sigma_{ks} C_{2s}. \end{cases} \tag{1.13}$$

类似地有 $\sigma'_{13}, \sigma'_{21}, \sigma'_{22}, \sigma'_{23}, \sigma'_{31}, \sigma'_{32}, \sigma'_{33}$ 的表示式，可以将这些公式统一写成

$$\sigma'_{ij} = C_{ik} C_{js}\, \sigma_{ks} \quad (i, j = 1,2,3). \tag{1.14}$$

量 σ'_{ij} 是法向为 $\boldsymbol{e}'_i$ 的截面上的应力矢量在 $\boldsymbol{e}'_j$ 上的投影，量 σ'_{ij} 的力学解释与量 σ_{ij} 的意义一致，仅坐标系不同. 也就是说，具有明确力学意义的量 σ_{ij} 在不同坐标系下服从关系式(1.14)，而它恰是关于变换(1.12)系数的二次齐次式，因此由(1.4)式所定义的 $\boldsymbol{T}$ 为张量.

§2 平衡方程

2.1 力的平衡

设坐标为(x,y,z)的点 P 位于六面体微元的中心(图 3.4),微元的边长设为 $\mathrm{d}x,\mathrm{d}y,\mathrm{d}z$. 考虑在 x 方向上所受外力平衡,我们即得

$$\begin{aligned}&\left(\sigma_x+\frac{\partial\sigma_x}{\partial x}\frac{\mathrm{d}x}{2}\right)\mathrm{d}y\,\mathrm{d}z-\left(\sigma_x-\frac{\partial\sigma_x}{\partial x}\frac{\mathrm{d}x}{2}\right)\mathrm{d}y\,\mathrm{d}z\\&\quad+\left(\tau_{yx}+\frac{\partial\tau_{yx}}{\partial y}\frac{\mathrm{d}y}{2}\right)\mathrm{d}z\,\mathrm{d}x-\left(\tau_{yx}-\frac{\partial\tau_{yx}}{\partial y}\frac{\mathrm{d}y}{2}\right)\mathrm{d}z\,\mathrm{d}x\\&\quad+\left(\tau_{zx}+\frac{\partial\tau_{zx}}{\partial z}\frac{\mathrm{d}z}{2}\right)\mathrm{d}x\,\mathrm{d}y-\left(\tau_{zx}-\frac{\partial\tau_{zx}}{\partial z}\frac{\mathrm{d}z}{2}\right)\mathrm{d}x\,\mathrm{d}y\\&\quad+f_x\,\mathrm{d}x\,\mathrm{d}y\,\mathrm{d}z=0.\end{aligned}\tag{2.1}$$

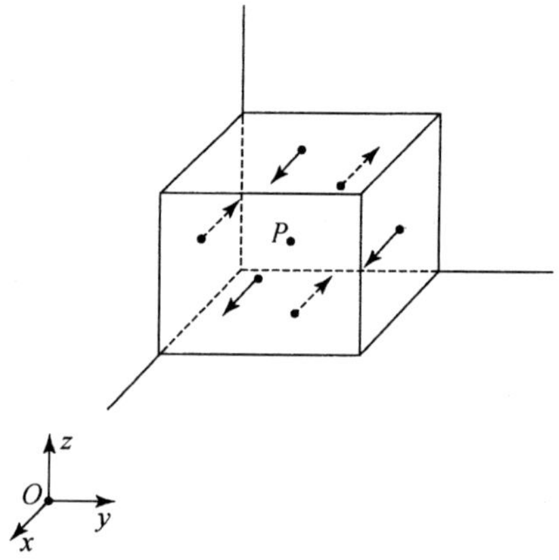

图 3.4

上式中的前两项分别为微元的外法向是 $\boldsymbol{e}_1$ 和 $-\boldsymbol{e}_1$ 的前后两个截面上的应力,其中略去了 Taylor 展开式的高次项,式中第三、四项,第五、六项分别为微元的右、左和上、下各个截面上的应力,最后一项为六面体所受的体力.在(2.1)式中,先消去相同的项,再约去因子 $\mathrm{d}x\mathrm{d}y\mathrm{d}z$,最后令 $\mathrm{d}x,\mathrm{d}y,\mathrm{d}z$ 趋于零,即六面体收缩至点 P,得到下面(2.2)式中的第一式,

$$\begin{cases}\dfrac{\partial\sigma_x}{\partial x}+\dfrac{\partial\tau_{yx}}{\partial y}+\dfrac{\partial\tau_{zx}}{\partial z}+f_x=0,\\[2mm]\dfrac{\partial\tau_{xy}}{\partial x}+\dfrac{\partial\sigma_y}{\partial y}+\dfrac{\partial\tau_{zy}}{\partial z}+f_y=0,\\[2mm]\dfrac{\partial\tau_{xz}}{\partial x}+\dfrac{\partial\tau_{yz}}{\partial y}+\dfrac{\partial\sigma_z}{\partial z}+f_z=0,\end{cases}\tag{2.2}$$

上式中第二、三式可按导出第一式同样的过程得到，σ_{ij} 和 f_i 仅与点 P 有关，为 x,y,z 的函数.方程(2.2)称为平衡方程，它是弹性理论的第二组方程.第一组方程是第一章中已导出的几何方程.方程(2.2)的指标形式和整体形式分别为

$$\sigma_{ji,j}+f_i=0 \quad (i=1,2,3), \tag{2.3}$$

$$\nabla\cdot\boldsymbol{T}+\boldsymbol{f}=\boldsymbol{0}. \tag{2.4}$$

2.2 力矩的平衡

考虑点 P 为中心的六面体微元上外力矩的平衡，x 方向上合力矩为零的条件(图 3.5)给出

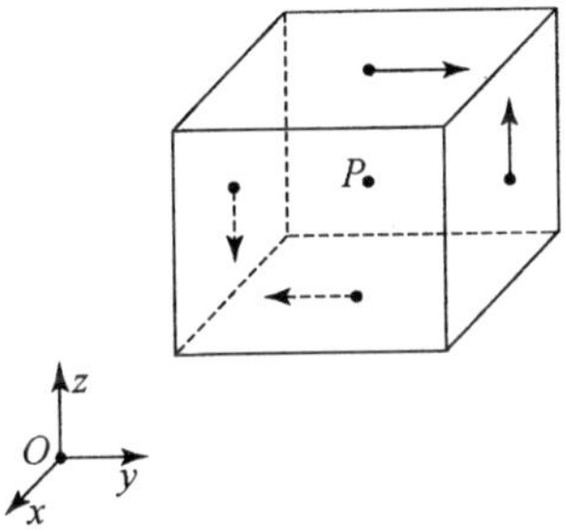

图 3.5

$$\left(\tau_{yz}+\frac{\partial\tau_{yz}}{\partial y}\frac{\mathrm{d}y}{2}\right)\mathrm{d}x\,\mathrm{d}z\,\frac{\mathrm{d}y}{2}+\left(\tau_{yz}-\frac{\partial\tau_{yz}}{\partial y}\frac{\mathrm{d}y}{2}\right)\mathrm{d}x\,\mathrm{d}z\,\frac{\mathrm{d}y}{2}$$
$$-\left(\tau_{zy}+\frac{\partial\tau_{zy}}{\partial z}\frac{\mathrm{d}z}{2}\right)\mathrm{d}x\,\mathrm{d}y\,\frac{\mathrm{d}z}{2}-\left(\tau_{zy}-\frac{\partial\tau_{zy}}{\partial z}\frac{\mathrm{d}z}{2}\right)\mathrm{d}x\,\mathrm{d}y\,\frac{\mathrm{d}z}{2}=0, \tag{2.5}$$

其中前两项为微元左、右两个面上的外力矩，后两项为其上、下两个面上的外力矩，而体力矩为高阶小量未列入.从(2.5)式中消去相同的项，再约去因子 $\mathrm{d}x\,\mathrm{d}y\,\mathrm{d}z$，然后令六面体向中心收缩至 P 点，得

$$\tau_{yz}=\tau_{zy}. \tag{2.6a}$$

同理

$$\tau_{zx}=\tau_{xz}, \quad \tau_{xy}=\tau_{yx}. \tag{2.6b,c}$$

其中应力分量 σ_{ij} 为点 P 的坐标(x,y,z)的函数.方程(2.6)说明应力张量是对称的，它的指标形式和整体形式分别为

$$\sigma_{ij}=\sigma_{ji} \quad (i,j=1,2,3), \tag{2.7}$$

$$\boldsymbol{T}^{\mathrm{T}}=\boldsymbol{T}. \tag{2.8}$$

为方便起见，今后说到平衡方程时仅指力的平衡方程，并总假定应力张量

是对称的.

2.3 积分推导

本小节将利用积分来导出力的平衡方程(2.4)和力矩平衡方程(2.8).设坐标为(x,y,z)的点P位于弹性体Ω内,今在Ω内取一个包含点P的小体元D,其边界曲面为∂D,假定弹性体是静平衡的,那么∂D上的面力合力和D内体力合力构成一个平衡力系,即有

$$\oiint_{\partial D} \boldsymbol{t}\, \mathrm{d}s + \iiint_{D} \boldsymbol{f}\, \mathrm{d}\tau = \boldsymbol{0}. \tag{2.9}$$

将斜面应力公式(1.11)代入(2.9)式,得

$$\oiint_{\partial D} \boldsymbol{n}\cdot\boldsymbol{T}\, \mathrm{d}s + \iiint_{D} \boldsymbol{f}\, \mathrm{d}\tau = \boldsymbol{0}. \tag{2.10}$$

利用第一章(4.16)的 Gauss 公式,从(2.10)式得

$$\iiint_{D} (\nabla\cdot\boldsymbol{T} + \boldsymbol{f})\mathrm{d}\tau = \boldsymbol{0}. \tag{2.11}$$

再由积分中值定理,得

$$(\nabla\cdot\boldsymbol{T} + \boldsymbol{f})_i\big|_{P_i^*} \iiint_{D} \mathrm{d}\tau = 0 \quad (i=1,2,3\ \text{不求和}), \tag{2.12}$$

其中P_i^*表示D中的某点,对不同的i,点P_i^*一般不相同.在(2.12)式中约去体积分,并令D收缩至点P,那么$P_i^* \to P(i=1,2,3)$,于是从(2.12)式,得

$$\nabla\cdot\boldsymbol{T} + \boldsymbol{f} = \boldsymbol{0}, \tag{2.13}$$

其中各量均在点P计算.在得到(2.13)式时利用了式中各量均是连续的这一假定.(2.13)式就是力的平衡方程(2.4).

现在考虑D上力矩的平衡,有

$$\oiint_{\partial D} \boldsymbol{r}\times\boldsymbol{t}\, \mathrm{d}s + \iiint_{D} \boldsymbol{r}\times\boldsymbol{f}\, \mathrm{d}\tau = \boldsymbol{0}. \tag{2.14}$$

对(2.14)式的第一项,利用斜面应力公式(1.11),考虑矢量外积的反交换性,以及矢量混合乘积的交换性,得

$$\begin{aligned}\oiint_{\partial D} \boldsymbol{r}\times\boldsymbol{t}\, \mathrm{d}s &= \oiint_{\partial D} \boldsymbol{r}\times(\boldsymbol{n}\cdot\boldsymbol{T})\mathrm{d}s = -\oiint_{\partial D} (\boldsymbol{n}\cdot\boldsymbol{T})\times\boldsymbol{r}\, \mathrm{d}s \\ &= -\oiint_{\partial D} \boldsymbol{n}\cdot(\boldsymbol{T}\times\boldsymbol{r})\mathrm{d}s.\end{aligned} \tag{2.15}$$

对上式,利用 Gauss 公式和第一章的公式(4.13b),得

$$\oiint_{\partial D} \boldsymbol{r}\times\boldsymbol{t}\, \mathrm{d}s = -\iiint_{D} \nabla\cdot(\boldsymbol{T}\times\boldsymbol{r})\mathrm{d}\tau$$

$$= -\iiint_D [(\nabla \cdot \boldsymbol{T}) \times \boldsymbol{r} + \boldsymbol{T} \overset{\times}{\cdot} (\boldsymbol{r} \nabla)] \mathrm{d}\tau. \tag{2.16}$$

将上式代入(2.14)式，并考虑到 $\boldsymbol{r}\nabla = \boldsymbol{I}$，得

$$\iiint_D [\boldsymbol{r} \times (\nabla \cdot \boldsymbol{T} + \boldsymbol{f}) - \boldsymbol{T} \overset{\times}{\cdot} \boldsymbol{I}] \mathrm{d}\tau = \boldsymbol{0}. \tag{2.17}$$

由于有平衡方程(2.13)，从(2.17)式得到

$$\iiint_D \boldsymbol{T} \overset{\times}{\cdot} \boldsymbol{I} \, \mathrm{d}\tau = \boldsymbol{0}, \tag{2.18}$$

再按 D 收缩至点 P 的过程，由(2.18)式，得

$$\boldsymbol{T} \overset{\times}{\cdot} \boldsymbol{I} = \boldsymbol{0}. \tag{2.19}$$

利用第一章的定理 2.1，从(2.19)式可得应力张量是对称的，即(2.8)式成立.

本节以两种不同的方法推导了平衡方程，第一种是微元分析法，第二种是积分法，前者物理直观明显，后者数学理论严谨，相辅相成，各有优点.

2.4　附注

附注 1　平衡方程(2.2)共有 3 个标量方程，其中含有 6 个未知量(已认为应力张量是对称的)，一般来说，仅从平衡方程不可能确定弹性体内的应力场.借用材料力学的术语来说，仅考虑力的平衡是静不定的.为了求出应力场必须考虑应力与变形的关系，这就是第四章将研究的本构方程.

附注 2　对于弹性动力学问题，将前述推导略加修改，即可得到所需的方程.将(2.9)和(2.14)式分别增加惯性力项，得

$$\oiint_{\partial D} \boldsymbol{t} \, \mathrm{d}s + \iiint_D \boldsymbol{f} \, \mathrm{d}\tau = \iiint_D \rho \ddot{\boldsymbol{u}} \, \mathrm{d}\tau, \tag{2.20}$$

$$\oiint_{\partial D} \boldsymbol{r} \times \boldsymbol{t} \, \mathrm{d}s + \iiint_D \boldsymbol{r} \times \boldsymbol{f} \, \mathrm{d}\tau = \iiint_D \rho \boldsymbol{r} \times \ddot{\boldsymbol{u}} \, \mathrm{d}\tau, \tag{2.21}$$

其中 ρ 为弹性介质的密度，$\ddot{\boldsymbol{u}}$ 上的两点表示对时间的二阶导数.考虑到斜面应力公式(1.11)对弹性动力学亦成立，从(2.20)和(2.21)式可得弹性动力学的平衡方程为

$$\nabla \cdot \boldsymbol{T} + \boldsymbol{f} = \rho \ddot{\boldsymbol{u}}, \quad \boldsymbol{T}^{\mathrm{T}} = \boldsymbol{T}. \tag{2.22}$$

附注 3　有一种偶应力弹性理论[138]，考虑弹性体内的体力偶 $\boldsymbol{m}$ 和面上的偶应力矢量 $\boldsymbol{\mu}^{(n)}$，以及偶应力张量 $\boldsymbol{\mu}$，并有 $\boldsymbol{\mu}^{(n)} = \boldsymbol{n} \cdot \boldsymbol{\mu}$. 对于偶应力弹性理论，力的平衡方程没有改变，力矩的平衡式(2.14)变成

$$\oiint_{\partial D} (\boldsymbol{\mu}^{(n)} + \boldsymbol{r} \times \boldsymbol{t}) \mathrm{d}s + \iiint_D \boldsymbol{m} \, \mathrm{d}\tau + \iiint_D \boldsymbol{r} \times \boldsymbol{f} \, \mathrm{d}\tau = \boldsymbol{0}.$$

从上式可得

$$\nabla \cdot \boldsymbol{\mu} - \boldsymbol{T} \overset{\times}{\cdot} \boldsymbol{I} + \boldsymbol{m} = \boldsymbol{0}. \tag{2.23}$$

显然，偶应力弹性理论中的应力张量 $\boldsymbol{T}$，一般来说是不对称的.

附注 4　本小节的平衡条件是对小变形建立的，对于大变形的非线性弹性力学需要考虑

变形前和变形后的构形,这时力和力矩的平衡条件都是建立在变形后的构形上,如果将所得的方程仍用变形前的标架来表示,则为(参见参考文献[12]),

$$[\boldsymbol{T}+(\boldsymbol{u}\nabla)\cdot\boldsymbol{T}]\cdot\nabla+\boldsymbol{f}=\boldsymbol{0}, \tag{2.24}$$

$$\boldsymbol{T}^{\mathrm{T}}=\boldsymbol{T}. \tag{2.25}$$

附注 5 下面的定理是连续介质力学的一个基本命题.

应力张量存在定理 对弹性体 Ω 中任意区域 D,下述力和力矩的平衡条件

$$\oiint_{\partial D}\boldsymbol{t}\,\mathrm{d}s+\iiint_{D}\boldsymbol{f}\,\mathrm{d}\tau=\boldsymbol{0},$$

$$\oiint_{\partial D}\boldsymbol{r}\times\boldsymbol{t}\,\mathrm{d}s+\iiint_{D}\boldsymbol{r}\times\boldsymbol{f}\,\mathrm{d}\tau=\boldsymbol{0}$$

都成立的充分必要条件是:

(1) 存在对称张量 $\boldsymbol{T}$,使 $\boldsymbol{t}=\boldsymbol{n}\cdot\boldsymbol{T}$;

(2) $\boldsymbol{T}$ 满足平衡方程 $\nabla\cdot\boldsymbol{T}+\boldsymbol{f}=\boldsymbol{0}$.

该定理最初由 Cauchy 和 Poisson 证明,1967 年 Noll 又给出了一个新的证明(请见参考文献[112]).2012 年 Mahzoon 和 Razavi 推广了此定理(见参考文献[132]).

§3 主应力,偏应力张量

3.1 主应力

设 $\boldsymbol{T}'$ 和 $\boldsymbol{T}$ 分别为应力张量 $\boldsymbol{T}$ 在新旧坐标系下所对应的矩阵,按(1.14)式,有

$$\boldsymbol{T}'=\boldsymbol{C}\boldsymbol{T}\boldsymbol{C}^{\mathrm{T}}, \tag{3.1}$$

其中 $\boldsymbol{C}$ 为坐标转换矩阵,上标"T"表示转置.(3.1)式表明,对称矩阵 $\boldsymbol{T}'$ 和 $\boldsymbol{T}$ 服从矩阵的合同变换.按矩阵理论,在适当的坐标变换下,应力张量 $\boldsymbol{T}$ 所对应的矩阵为对角形,即有

$$\begin{bmatrix}\sigma_1 & 0 & 0\\ 0 & \sigma_2 & 0\\ 0 & 0 & \sigma_3\end{bmatrix}. \tag{3.2}$$

与上式相应的坐标系称为应力张量 $\boldsymbol{T}$ 的主坐标系.显然,对于不同的点,应力张量 $\boldsymbol{T}$ 不同,那么主坐标系也不同.主坐标系的 3 个方向称为主方向,(3.2)式中的 $\sigma_i\,(i=1,2,3)$ 称为主应力.我们有如下的结论:

(1) 主方向互相垂直;

(2) 主方向间的剪应力为零.

应力张量 $\boldsymbol{T}$ 的 3 个不变量为

$$\begin{cases} J_1 = \sigma_{11} + \sigma_{22} + \sigma_{33}, \\ J_2 = \begin{vmatrix} \sigma_{11} & \sigma_{12} \\ \sigma_{21} & \sigma_{22} \end{vmatrix} + \begin{vmatrix} \sigma_{22} & \sigma_{23} \\ \sigma_{32} & \sigma_{33} \end{vmatrix} + \begin{vmatrix} \sigma_{33} & \sigma_{31} \\ \sigma_{13} & \sigma_{11} \end{vmatrix}, \\ J_3 = \begin{vmatrix} \sigma_{11} & \sigma_{12} & \sigma_{13} \\ \sigma_{21} & \sigma_{22} & \sigma_{23} \\ \sigma_{31} & \sigma_{32} & \sigma_{33} \end{vmatrix}. \end{cases} \tag{3.3}$$

如果用主应力来表示,3 个不变量为

$$\begin{cases} J_1 = \sigma_1 + \sigma_2 + \sigma_3, \\ J_2 = \sigma_1\sigma_2 + \sigma_2\sigma_3 + \sigma_3\sigma_1, \\ J_3 = \sigma_1\sigma_2\sigma_3. \end{cases} \tag{3.4}$$

3.2 最大剪应力

本小节所讨论的最大剪应力,以及后面 3.3 和 3.4 小节中的八面体上的剪应力和偏应力张量,在塑性力学中都有应用,利用它们可表示 Tresca 屈服条件、米泽斯(Mises)屈服条件和一般的屈服条件等,所谓屈服条件就是确定弹性变形的限度,越出这个限度,介质将进入塑性状态.

为方便起见,我们在主坐标系中讨论最大剪应力,并确定与最大剪应力所相应的方向.在以 $\boldsymbol{n} = n_i \boldsymbol{e}_i$ 为法向的平面上,应力矢量具有表达式

$$\boldsymbol{t} = \boldsymbol{n} \cdot \boldsymbol{T} = \sigma_1 n_1 \boldsymbol{e}_1 + \sigma_2 n_2 \boldsymbol{e}_2 + \sigma_3 n_3 \boldsymbol{e}_3. \tag{3.5}$$

在此平面上的正应力 σ 和剪应力 τ 分别为

$$\sigma = \boldsymbol{t} \cdot \boldsymbol{n} = \sigma_1 n_1^2 + \sigma_2 n_2^2 + \sigma_3 n_3^2, \tag{3.6}$$

$$\tau^2 = t^2 - \sigma^2 = \sigma_1^2 n_1^2 + \sigma_2^2 n_2^2 + \sigma_3^2 n_3^2 - \sigma^2. \tag{3.7}$$

考虑到 $\boldsymbol{n}$ 为单位矢量这个约束条件,按 Lagrange 乘子法求 τ^2 的最大值.令

$$F(n_1, n_2, n_3) = \tau^2 + \lambda(n_1^2 + n_2^2 + n_3^2 - 1). \tag{3.8}$$

按条件

$$\frac{\partial F}{\partial n_i} = 0 \quad (i = 1, 2, 3), \tag{3.9}$$

得

$$\begin{cases} n_1(\sigma_1^2 - 2\sigma_1\sigma + \lambda) = 0, \\ n_2(\sigma_2^2 - 2\sigma_2\sigma + \lambda) = 0, \\ n_3(\sigma_3^2 - 2\sigma_3\sigma + \lambda) = 0. \end{cases} \tag{3.10}$$

现在按各种情形分别来讨论这组方程的解.

情形 1　如果 $\sigma_1, \sigma_2, \sigma_3$ 互不相等,则有下列 3 种情形:

情形 1.1:　当 $n_1 \neq 0, n_2 = n_3 = 0$ 时,有

$$n_1=\pm1;$$

当 $n_2\neq0, n_3=n_1=0$ 时,有

$$n_2=\pm1;$$

当 $n_3\neq0, n_1=n_2=0$ 时,有

$$n_3=\pm1.$$

此时 $\tau^2=0$,相应于最小剪应力的情形.

情形 1.2: 当 $n_1, n_2\neq0$ 时,从(3.10)式的前两式得

$$\sigma_1^2-2\sigma_1\sigma+\lambda=0,\quad \sigma_2^2-2\sigma_2\sigma+\lambda=0.$$

从上述两式可得

$$\sigma=\frac{\sigma_1+\sigma_2}{2},\quad \lambda=\sigma_1\sigma_2. \tag{3.11}$$

将(3.11)式代入(3.10)式的第三式得

$$n_3(\sigma_3-\sigma_1)(\sigma_3-\sigma_2)=0.$$

由于 σ_3 与 σ_1 和 σ_2 不等,得 $n_3=0$,这样(3.11)式的第一式和约束条件为

$$\sigma_1 n_1^2+\sigma_2 n_2^2=\frac{\sigma_1+\sigma_2}{2},\quad n_1^2+n_2^2=1.$$

由此解出

$$n_1=\pm\frac{\sqrt{2}}{2},\quad n_2=\pm\frac{\sqrt{2}}{2}. \tag{3.12}$$

不难看出,上述方向在 $\boldsymbol{e}_1$ 和 $\boldsymbol{e}_2$ 所决定的平面上,并为 $\boldsymbol{e}_1$ 和 $\boldsymbol{e}_2$ 的分角线方向.将(3.12)式和 $n_3=0$ 代入(3.7)式得

$$\tau=\pm\frac{1}{2}(\sigma_1-\sigma_2). \tag{3.13}$$

同理,当 n_2, n_3 不同时为 0,或当 n_3, n_1 不同时为 0 时可得

$$\tau=\pm\frac{1}{2}(\sigma_2-\sigma_3)\quad 或\quad \tau=\pm\frac{1}{2}(\sigma_1-\sigma_3). \tag{3.14}$$

(3.13)和(3.14)式的剪应力值相应于 τ^2 的极值,在 $\sigma_1>\sigma_2>\sigma_3$ 时,剪应力 $|\tau|_{\max}$ 为

$$|\tau|_{\max}=\frac{\sigma_1-\sigma_3}{2}. \tag{3.15}$$

若在主坐标系下,取

$$\left(\frac{\sqrt{2}}{2},\frac{\sqrt{2}}{2},0\right),\quad \left(-\frac{\sqrt{2}}{2},\frac{\sqrt{2}}{2},0\right),\quad (0,0,1)$$

为新的坐标标架,其相应的应力矩阵为

$$\begin{bmatrix} \dfrac{\sigma_1+\sigma_2}{2} & -\dfrac{\sigma_1-\sigma_2}{2} & 0 \\ -\dfrac{\sigma_1-\sigma_2}{2} & \dfrac{\sigma_1+\sigma_2}{2} & 0 \\ 0 & 0 & \sigma_3 \end{bmatrix}. \tag{3.16}$$

情形 1.3： n_1, n_2, n_3 均不为零.此不可能.

情形 2　有两个主应力相等,例如 $\sigma_1=\sigma_2\neq\sigma_3$,可得

$$|\tau|_{\max}=\frac{|\sigma_1-\sigma_3|}{2}.$$

情形 3　$\sigma_1=\sigma_2=\sigma_3$.其时剪应力总为零.

在塑性力学中，特雷斯卡(Tresca)屈服条件就是用最大剪应力来叙述的，也就是

$$\max\left\{\left|\frac{\sigma_1-\sigma_2}{2}\right|,\left|\frac{\sigma_2-\sigma_3}{2}\right|,\left|\frac{\sigma_3-\sigma_1}{2}\right|\right\}\leqslant\sigma_s,$$

其中 σ_s 为屈服应力,由实验确定.

3.3　八面体上的剪应力

在主坐标系中我们取正八面体,它的每个面都为正三角形(图 3.6),其法向方向为

$$n_1=\pm\frac{\sqrt{3}}{3},\quad n_2=\pm\frac{\sqrt{3}}{3},\quad n_3=\pm\frac{\sqrt{3}}{3}.$$

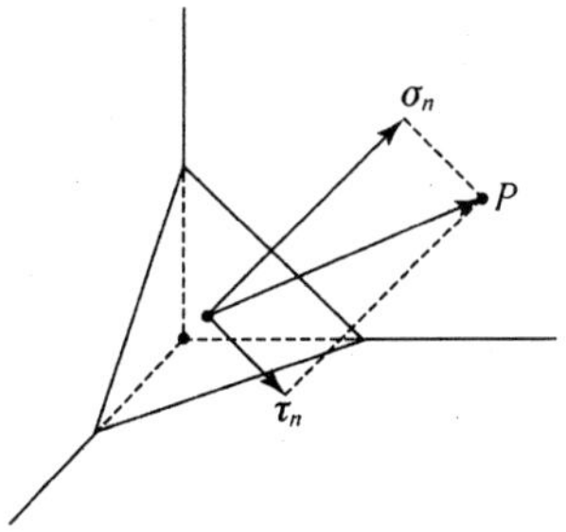

图　3.6

由此按(3.6)和(3.7)式可求得八面体各个面上的正应力 σ_0 和剪应力 τ_0,它们分别为

$$\sigma_0=\frac{1}{3}(\sigma_1+\sigma_2+\sigma_3), \tag{3.17}$$

$$\tau_0^2=\frac{1}{3}(\sigma_1^2+\sigma_2^2+\sigma_3^2)-\left(\frac{\sigma_1+\sigma_2+\sigma_3}{3}\right)^2$$

$$=\frac{1}{9}[(\sigma_1-\sigma_2)^2+(\sigma_2-\sigma_3)^2+(\sigma_3-\sigma_1)^2]. \tag{3.18}$$

塑性力学中的 Mises 屈服条件是利用八面体上剪应力 τ_0 给出的,即

$$|\tau_0|\leqslant k,$$

其中 τ_0 由(3.18)式给出,k 由实验确定.

3.4 偏应力张量

实验证明,对于大多数金属材料,即使在较大的压力(例如 2×10^7 kPa)之下,一般仍呈弹性性质.也就是说,平均应力不影响屈服条件,起作用的应是下述偏应力张量:

$$\xi_{ij}=\sigma_{ij}-\sigma_0\delta_{ij}\quad(i,j=1,2,3), \tag{3.19}$$

其中 $\sigma_0=\sigma_{ii}/3$.偏应力张量所对应的矩阵为

$$\begin{bmatrix}\sigma_{11}-\sigma_0 & \sigma_{12} & \sigma_{13}\\ \sigma_{21} & \sigma_{22}-\sigma_0 & \sigma_{23}\\ \sigma_{31} & \sigma_{32} & \sigma_{33}-\sigma_0\end{bmatrix}.$$

在主坐标系下,偏应力张量的三个不变量 J_1',J_2',J_3' 为

$$\begin{cases}J'_1=0,\\ J'_2=(\sigma_1-\sigma_0)(\sigma_2-\sigma_0)+(\sigma_2-\sigma_0)(\sigma_3-\sigma_0)\\ \qquad+(\sigma_3-\sigma_0)(\sigma_1-\sigma_0),\\ J'_3=(\sigma_1-\sigma_0)(\sigma_2-\sigma_0)(\sigma_3-\sigma_0).\end{cases} \tag{3.20}$$

从(3.20)式的第二式可以得到 J_2' 与八面体剪应力 τ_0 的关系式

$$J'_2=-\frac{3}{2}\tau_0^2. \tag{3.21}$$

事实上,若令

$$a=\sigma_1-\sigma_2,\quad b=\sigma_2-\sigma_3,\quad c=\sigma_3-\sigma_1.$$

从(3.20b)式得

$$\begin{aligned}J'_2&=\frac{1}{9}[(a-b)(b-c)+(b-c)(c-a)+(c-a)(a-b)]\\ &=\frac{1}{9}[-a^2-b^2-c^2+ab+bc+ca]\\ &=\frac{1}{9}\left[-\frac{3}{2}(a^2+b^2+c^2)+\frac{1}{2}(a+b+c)^2\right]\\ &=-(a^2+b^2+c^2)/6.\end{aligned} \tag{3.22}$$

上式中的最后一个等号利用了等式 $a+b+c=0$.比较(3.22)与(3.18)式,即得(3.21)式.

实验表明，塑性力学一般的屈服条件与偏应力张量不变量 J_2'和 J_3'有关，Mises 条件是其中较简单方便的一个.

Новожилов[204]证明了球面上剪应力 τ^2 的平均值与八面体应力 τ_0 的关系为

$$\frac{\oiint\limits_{\partial D} \tau^2 \mathrm{d}s}{\oiint\limits_{\partial D} \mathrm{d}s} = \frac{3}{5}\tau_0^2, \tag{3.23}$$

式中的积分是在球面上进行的.公式(3.23)也可以认为是偏应力张量第二不变量 J_2'的一个物理解释.

§4　Beltrami-Schaefer 应力函数

无体力的平衡方程为

$$\begin{cases} \dfrac{\partial\sigma_x}{\partial x} + \dfrac{\partial\tau_{yx}}{\partial y} + \dfrac{\partial\tau_{zx}}{\partial z} = 0, \\ \dfrac{\partial\tau_{xy}}{\partial x} + \dfrac{\partial\sigma_y}{\partial y} + \dfrac{\partial\tau_{zy}}{\partial z} = 0, \\ \dfrac{\partial\tau_{xz}}{\partial x} + \dfrac{\partial\tau_{yz}}{\partial y} + \dfrac{\partial\sigma_z}{\partial z} = 0 \end{cases} \tag{4.1}$$

或

$$\boldsymbol{\nabla} \cdot \boldsymbol{T} = \boldsymbol{0}. \tag{4.2}$$

众多学者曾研究过方程(4.1)或(4.2)的解.1863 年，Airy 首先给出方程(4.1)的一组解为

$$\begin{cases} \sigma_x = \dfrac{\partial^2 U}{\partial y^2}, \quad \sigma_y = \dfrac{\partial^2 U}{\partial x^2}, \quad \tau_{xy} = -\dfrac{\partial^2 U}{\partial x \partial y}, \\ \sigma_z = \tau_{zx} = \tau_{zy} = 0. \end{cases} \tag{4.3}$$

将此解代入方程(4.1)，不难验证它满足.方程(4.3)中的 U 称为 Airy 应力函数. 1868 年，Maxwell[133]得到了较 Airy 广泛的解：

$$\begin{cases} \sigma_x = \dfrac{\partial^2 X_3}{\partial y^2} + \dfrac{\partial^2 X_2}{\partial z^2}, \quad \sigma_y = \dfrac{\partial^2 X_1}{\partial z^2} + \dfrac{\partial^2 X_3}{\partial x^2}, \\ \sigma_z = \dfrac{\partial^2 X_2}{\partial x^2} + \dfrac{\partial^2 X_1}{\partial y^2}, \\ \tau_{yz} = -\dfrac{\partial^2 X_1}{\partial y \partial z}, \quad \tau_{zx} = -\dfrac{\partial^2 X_2}{\partial z \partial x}, \quad \tau_{xy} = -\dfrac{\partial^2 X_3}{\partial x \partial y}, \end{cases} \tag{4.4}$$

其中 X_1,X_2,X_3 均为 (x,y,z) 的任意函数(当然假定这些函数连续可微到所需要的阶数),它们被称为 Maxwell 应力函数.1892 年,Morera[140] 得到了平衡方程(4.1)的另一组解

$$\begin{cases}\sigma_x=-2\dfrac{\partial^2 R_1}{\partial y\partial z},\\ \sigma_y=-2\dfrac{\partial^2 R_2}{\partial z\partial x},\\ \sigma_z=-2\dfrac{\partial^2 R_3}{\partial x\partial y},\\ \tau_{yz}=\dfrac{\partial}{\partial x}\left(-\dfrac{\partial R_1}{\partial x}+\dfrac{\partial R_2}{\partial y}+\dfrac{\partial R_3}{\partial z}\right),\\ \tau_{zx}=\dfrac{\partial}{\partial y}\left(-\dfrac{\partial R_2}{\partial y}+\dfrac{\partial R_3}{\partial z}+\dfrac{\partial R_1}{\partial x}\right),\\ \tau_{xy}=\dfrac{\partial}{\partial z}\left(-\dfrac{\partial R_3}{\partial z}+\dfrac{\partial R_1}{\partial x}+\dfrac{\partial R_2}{\partial y}\right),\end{cases}\tag{4.5}$$

其中 R_1,R_2,R_3 被称为 Morera 应力函数.1892 年,Beltrami[80] 把 Maxwell 解和 Morera 解叠加,得到了平衡方程(4.2)相当广泛的解

$$\boldsymbol{T}=\nabla\times\boldsymbol{\Phi}\times\nabla,\tag{4.6}$$

其中 $\boldsymbol{\Phi}=\varphi_{ij}\boldsymbol{e}_i\boldsymbol{e}_j$ 为对称张量,$\varphi_{ij}(i,j=1,2,3)$ 称为贝尔特拉米(Beltrami)应力函数. $\boldsymbol{\Phi}$ 所对应的矩阵 $\boldsymbol{\Phi}$ 与 Maxwell 应力函数 X_1, X_2, X_3 和 Morera 应力函数 R_1,R_2,R_3 的关系为

$$\boldsymbol{\Phi}=-\begin{bmatrix}X_1 & R_3 & R_2\\ R_3 & X_2 & R_1\\ R_2 & R_1 & X_3\end{bmatrix}.$$

1953 年,Schaefer[158] 在 Beltrami 解的基础上又增加了新的项,其解为

$$\boldsymbol{T}=\nabla\times\boldsymbol{\Phi}\times\nabla+\boldsymbol{h}\,\nabla+\nabla\,\boldsymbol{h}-\boldsymbol{I}\,\nabla\cdot\boldsymbol{h},\tag{4.7}$$

其中 $\boldsymbol{\Phi}$ 为对称张量,$\boldsymbol{h}$ 为调和函数矢量.不难验证,解(4.7)满足方程(4.2).解(4.7)称为贝尔特拉米-舍费尔(Beltrami-Schaefer)解.

长期以来,人们误认为 Beltrami 解(4.6)是平衡方程(4.2)的一般解.但是,1966 年 Carlson[83] 指出,仅仅对任意封闭曲面上合力、合力矩皆为零的自平衡场,解(4.6)才完备.由于存在非平衡场,由此,解(4.6)一般来说是不完备的.关于解(4.7),1972 年 Gurtin[112] 证明了如下重要命题.

定理(Beltrami-Scharfer 解的完备性) 设 $\boldsymbol{T}$ 是区域 Ω 上的应力场,它满足平衡方程

$$\nabla\cdot\boldsymbol{T}=\boldsymbol{0},\tag{4.8}$$

则在 Ω 上存在对称张量场 $\boldsymbol{\Phi}$ 和调和矢量场 $\boldsymbol{h}$，使 $\boldsymbol{T}$ 可表示成如下形式：

$$\boldsymbol{T}=\nabla\times\boldsymbol{\Phi}\times\nabla+\boldsymbol{h}\,\nabla+\nabla\,\boldsymbol{h}-\boldsymbol{I}\,\nabla\cdot\boldsymbol{h}. \tag{4.9}$$

证明　设 $\boldsymbol{A}$ 为 $\boldsymbol{T}$ 的 Newton 位势，即

$$\boldsymbol{A}(x,y,z)=-\frac{1}{4\pi}\iiint_{\Omega}\frac{\boldsymbol{T}(\xi,\eta,\zeta)\mathrm{d}\xi\mathrm{d}\eta\mathrm{d}\zeta}{\sqrt{(x-\xi)^2+(y-\eta)^2+(z-\zeta)^2}}. \tag{4.10}$$

由于 $\boldsymbol{T}$ 是对称张量，$\boldsymbol{A}$ 也是对称张量，且按位势理论有

$$\nabla^2\boldsymbol{A}=\boldsymbol{T}. \tag{4.11}$$

由于 $\boldsymbol{A}$ 的对称性，第一章的恒等式(4.14)可写成

$$\nabla^2\boldsymbol{A}=-\nabla\times(\boldsymbol{I}\overset{\times}{\times}\boldsymbol{A})\times\nabla+(\nabla\cdot\boldsymbol{A})\,\nabla+\nabla(\nabla\cdot\boldsymbol{A})-\nabla\cdot(\nabla\cdot\boldsymbol{A})\boldsymbol{I}. \tag{4.12}$$

将上式代入(4.11)式，并令

$$\boldsymbol{\Phi}=-\boldsymbol{I}\overset{\times}{\times}\boldsymbol{A},\quad \boldsymbol{h}=\nabla\cdot\boldsymbol{A}, \tag{4.13}$$

即得欲证的(4.9)式.对于(4.13b)式取 Laplace 算子，考虑到 Newton 位势(4.10)和平衡方程(4.8)，可知 $\boldsymbol{h}$ 为调和矢量.证毕.

附注　在某种意义上可认为 Beltrami-Schaefer 解(4.7)是第一章中 Helmholtz 分解(3.12)的推广，即把一个矢量公式推广成一个张量公式.

习　题　三

1. 某点的应力分量为 $\sigma_{11}=\sigma_{22}=\sigma_{33}=0$，$\sigma_{12}=\sigma_{23}=\sigma_{31}=\sigma$，求：

(1) 过此点法向为 $\boldsymbol{n}=\dfrac{1}{\sqrt{3}}(\boldsymbol{i}+\boldsymbol{j}+\boldsymbol{k})$ 的面上的正应力和剪应力；

(2) 过此点的主方向、主应力、最大剪应力和最大剪应力方向.

2. 某点的应力分量为

$$\sigma_{11}=a>0,\quad \sigma_{22}=2a,\quad \sigma_{33}=-a,\quad \sigma_{12}=\sigma_{23}=\sigma_{31}=0,$$

试讨论过此点的哪些面上的正应力为正，哪些面上的正应力为负.

3. 已知弹性体中某点的应力分量为

$$\sigma_{11}=\sigma_{22}=\sigma_{33}=3,\quad \sigma_{12}=\sigma_{23}=\sigma_{31}=1,$$

求过此点的方程为 $x+2y+3z=1$ 面上的正应力和剪应力.

4. 过点 P 有两个面 $\mathrm{d}\pi_1$ 和 $\mathrm{d}\pi_2$，它们的法向分别为 $\boldsymbol{n}_1$ 和 $\boldsymbol{n}_2$，在这两个面上的应力矢量分别为 $\boldsymbol{t}_1$ 和 $\boldsymbol{t}_2$，试证：

(1) $\boldsymbol{t}_1\cdot\boldsymbol{n}_2=\boldsymbol{t}_2\cdot\boldsymbol{n}_1$；

(2) 如果 $\boldsymbol{t}_1$ 在面 $\mathrm{d}\pi_2$ 上，则 $\boldsymbol{t}_2$ 在面 $\mathrm{d}\pi_1$ 上.

5. 利用第 4 题证明：应力矢量不穿过自由面(自由面即该面上无外力).

6. 已知直角坐标系下应力分量为

$$\sigma_x=-\frac{3P}{2\pi}\frac{x^2z}{R^5},\quad \sigma_y=-\frac{3P}{2\pi}\frac{y^2z}{R^5},\quad \sigma_z=-\frac{3P}{2\pi}\frac{z^3}{R^5},$$

$$\tau_{xy}=-\frac{3P}{2\pi}\frac{xyz}{R^5},\quad \tau_{yz}=-\frac{3P}{2\pi}\frac{yz^2}{R^5},\quad \tau_{zx}=-\frac{3P}{2\pi}\frac{xz^2}{R^5},$$

其中 $R=(x^2+y^2+z^2)^{1/2}$.试用应力张量的坐标变换公式,计算:

(1) 柱坐标系下的应力分量;

(2) 球坐标系下的应力分量.

7. 物体的应力状态为

$$\sigma_{11}=\sigma_{22}=\sigma_{33}=\sigma,\quad \sigma_{12}=\sigma_{23}=\sigma_{31}=0,$$

这里 σ 为点的函数.证明物体所受的体力必有势,即存在势函数 φ,使 $\boldsymbol{f}=\nabla\varphi$.

8. 写出 $\nabla\cdot\boldsymbol{T}+\boldsymbol{f}=\boldsymbol{0}$ 在柱坐标中的分量式,并直接从几何意义推导柱坐标下的平衡方程.

9. 写出 $\nabla\cdot\boldsymbol{T}+\boldsymbol{f}=\boldsymbol{0}$ 在球坐标中的分量式.

10. 试证:若弹性体满足平衡方程和应力边界条件,则表面力和体力构成平衡力系.

11. 如果 $\tau_{xy}=\tau_{yz}=\tau$,其余应力分量为零,求主应力、主方向、最大剪应力和最大剪应力方向.

12. (1) 设应力分量

$$\sigma_x=\sigma_y=\sigma_z=500\ \mathrm{kg/cm^2},$$

$$\tau_{xy}=\tau_{yz}=\tau_{zx}=200\ \mathrm{kg/cm^2}.$$

求主应力、主方向和最大剪应力.

(2) 若正应力增加到 1000 $\mathrm{kg/cm^2}$,剪应力不变,问此时主应力、主方向,以及最大剪应力有何变化?

13. 证明三阶实对称矩阵的特征根皆为实数.

14. 已知一点主应力为 $\sigma_1,\sigma_2,\sigma_3$,求与 3 个应力主轴成等角的倾斜面上的正应力 σ_0 和剪应力 τ_0,并证明 σ_0 和 τ_0 是坐标变换的不变量.

15. 试求应力偏量的不变量与应力张量不变量的关系.

16. 证明应力分量的多项式函数,如果在坐标变换下其值不变,则它一定可以写成应力张量不变量的函数.

*17. 试证:麦克斯韦-舍费尔(Maxwell-Schaefer)应力函数和莫雷阿-舍费尔(Morera-Schaefer)应力函数不失一般性(Gurtin[112] 和 Rostamian[156]).

*18. 在点 $\boldsymbol{r}_i$ 上,分别有作用力 $\boldsymbol{f}_i\ (i=1,2,\cdots,n)$.如果对任意正交张量 $\boldsymbol{Q}$ (即 $\boldsymbol{Q}\cdot\boldsymbol{Q}^{\mathrm{T}}=\boldsymbol{I}$,$\boldsymbol{I}$ 为单位张量)都有

$$\sum_{i=1}^{n}\boldsymbol{Q}\cdot\boldsymbol{f}_i=\boldsymbol{0},\quad \sum_{i=1}^{n}\boldsymbol{r}_i\times(\boldsymbol{Q}\cdot\boldsymbol{f}_i)=\boldsymbol{0},$$

则力系$\{\boldsymbol{f}_i\}$称作迷向平衡的.试证：迷向平衡力系的充要条件是：

(1) 力系$\{\boldsymbol{f}_i\}$是平衡的；

(2) $\sum_{i=1}^{n}\boldsymbol{r}_i\boldsymbol{f}_i=\boldsymbol{0}$.

且举一例,该力系是平衡的,但不是迷向平衡的.

第四章　本 构 关 系

§1　热力学定律与本构关系

1.1　概述

在前两章中我们讨论了应变分析和应力分析. 一般来说，那里所导出的方程适用于任何连续介质力学问题.但是,仅从几何方程和平衡方程并不足以确定物体的应变和应力,因为它们并不区别物质的不同类型. 实验表明，处于相同变形的两个物体，即使大小和形状都相同,其应力分布一般并不同. 例如，长度和直径都相同的两个试件,一个是钢的,另一个是铝的,要产生同样的伸长,就需要有不同的拉力. 看来，为了解决实际问题，还必须建立另外的一组关系,这就是应力与应变之间的关系,通常称为本构关系.

要寻求一个对任意连续介质都适用的,或对某一连续介质材料在任何工况下全适用的本构关系,一般是不可能的.这是由于问题本身的复杂性所决定的.事实上,连续介质力学的分科,正是以各学科所采用的本构关系不同来区分的.流体力学、非牛顿流体力学、弹性力学、塑性力学、土力学、黏弹性力学等,都分别采用不同的本构关系.但是,不管本构关系有多少形式,它总要遵循一些共同的基本规律,而其中最重要的就是热力学定律.

1.2　功的表示

热力学定律的表述涉及功,本小节先来讨论变形时所消耗的功.设弹性体占有空间区域 Ω,其上应力场、位移场和应变场分别为 $\boldsymbol{T}$,$\boldsymbol{u}$ 和 $\boldsymbol{\Gamma}$,应力场 $\boldsymbol{T}$ 满足平衡条件

$$\begin{cases}\nabla\cdot\boldsymbol{T}+\boldsymbol{f}=\boldsymbol{0} & (\Omega),\\ \boldsymbol{n}\cdot\boldsymbol{T}=\boldsymbol{t} & (\partial\Omega),\end{cases}\tag{1.1}$$

其中 $\boldsymbol{f}$ 为体力,$\boldsymbol{t}$ 为面力.现在来计算位移由 $\boldsymbol{u}$ 变至 $\boldsymbol{u}+\delta\boldsymbol{u}$ 时,外力所做的功,设其为 δK,

$$\delta K=\oiint_{\partial\Omega}\boldsymbol{t}\cdot\delta\boldsymbol{u}\,\mathrm{d}s+\iiint_{\Omega}\boldsymbol{f}\cdot\delta\boldsymbol{u}\,\mathrm{d}\tau.\tag{1.2}$$

利用斜面应力公式(1.1b)和第一章的恒等式(4.13a),可将(1.2)式右边的面积

分改写成

$$\oiint_{\partial\Omega} \boldsymbol{t} \cdot \delta\boldsymbol{u}\ \mathrm{d}s = \oiint_{\partial\Omega} (\boldsymbol{n} \cdot \boldsymbol{T}) \cdot \delta\boldsymbol{u}\ \mathrm{d}s$$
$$= \oiint_{\partial\Omega} \boldsymbol{n} \cdot (\boldsymbol{T} \cdot \delta\boldsymbol{u})\mathrm{d}s = \iiint_{\Omega} \nabla \cdot (\boldsymbol{T} \cdot \delta\boldsymbol{u})\mathrm{d}\tau$$
$$= \iiint_{\Omega} [(\nabla \cdot \boldsymbol{T}) \cdot \delta\boldsymbol{u} + \boldsymbol{T} : (\delta\boldsymbol{u})\nabla]\mathrm{d}\tau. \tag{1.3}$$

注意到对称张量与反对称张量的双点积为零,有

$$\boldsymbol{T} : (\delta\boldsymbol{u})\nabla$$
$$= \boldsymbol{T} : \left[\frac{(\delta\boldsymbol{u})\nabla + \nabla(\delta\boldsymbol{u})}{2} + \frac{(\delta\boldsymbol{u})\nabla - \nabla(\delta\boldsymbol{u})}{2}\right]$$
$$= \boldsymbol{T} : \delta\boldsymbol{\Gamma}. \tag{1.4}$$

将上式代入(1.3)式,再将(1.3)式代入(1.2)式,考虑到平衡方程(1.1a),得

$$\delta K = \iiint_{\Omega} [(\nabla \cdot \boldsymbol{T} + \boldsymbol{f}) \cdot \delta\boldsymbol{u} + \boldsymbol{T} : \delta\boldsymbol{\Gamma}]\mathrm{d}\tau$$
$$= \iiint_{\Omega} \boldsymbol{T} : \delta\boldsymbol{\Gamma}\ \mathrm{d}\tau. \tag{1.5}$$

如果记

$$\delta A = \boldsymbol{T} : \delta\boldsymbol{\Gamma}, \tag{1.6}$$

可认为 δA 是单位体积内力所做的功,这是因为在上述推导过程中将 Ω 换成 Ω 内任何一个子区域也照样成立.

1.3　热力学定律

由热力学第一定律知,物体单位体积中内能的增加 δU 应当等于外界给它的热能 δQ 与外界对它所做的功 δA 之和,即

$$\delta U = \delta Q + \delta A = \delta Q + \boldsymbol{T} : \delta\boldsymbol{\Gamma}. \tag{1.7}$$

设物体每个局部都处于热力学平衡态,即假定描述任何一点的参量都有确定的值,对我们的课题而言,参量取为应变 $\boldsymbol{\Gamma}$ 和温度 θ(绝对温度).在热力学中,从一个平衡态经过一系列缓慢变化的平衡态,到达一个新的平衡态,称作为平衡过程.根据热力学第二定律,平衡过程应满足克劳修斯(Clausius)不等式.设状态Ⅰ为稳定平衡态,其熵为 S,热能为 Q.状态Ⅱ的熵为 $S+\delta S$,热能为 $Q+\delta Q$.从状态Ⅱ变至状态Ⅰ时,Clausius 不等式给出

$$\theta\ \delta S \leqslant \delta Q. \tag{1.8}$$

综合(1.7)和(1.8)式得

$$\delta U - \theta\ \delta S - \boldsymbol{T} : \delta\boldsymbol{\Gamma} \geqslant 0. \tag{1.9}$$

把内能 U 看成 $\boldsymbol{\Gamma}$ 和 S 的函数,将 δU 按 Taylor 级数展开,(1.9)式成为

$$\left(\frac{\partial U}{\partial S}-\theta\right)\delta S+\left(\frac{\partial U}{\partial \gamma_{ij}}-\sigma_{ij}\right)\delta\gamma_{ij}+\delta^2 U+\cdots\geqslant 0. \tag{1.10}$$

为使不等式(1.10)成立,应有

$$\theta=\frac{\partial U}{\partial S},\quad \sigma_{ij}=\frac{\partial U}{\partial \gamma_{ij}},\quad \delta^2 U\geqslant 0. \tag{1.11}$$

上式中第二式给出了应力与应变的关系,也就是给出了本构关系,第三式指出内能在稳定平衡态是正定的,或者说内能在稳定平衡态取极小.

若采用另一热力学函数 F,

$$F=U-\theta S, \tag{1.12}$$

它被称为自由能,是 θ 和 $\boldsymbol{\Gamma}$ 的函数.(1.9)式将成为

$$\delta F+S\,\delta\theta-\boldsymbol{T}:\delta\boldsymbol{\Gamma}\geqslant 0. \tag{1.13}$$

类似于(1.9)~(1.11)式,有

$$S=-\frac{\partial F}{\partial \theta},\quad \sigma_{ij}=\frac{\partial F}{\partial \gamma_{ij}},\quad \delta^2 F\geqslant 0, \tag{1.14}$$

上式的第二式也是本构关系,第三式表示自由能在稳定态正定.

这样,从内能 U 或自由能 F 的函数表达式,就可以得到本构关系.可惜的是,在一般条件下,很难得到它们的表达式.但是对于实际上常见的两类过程,这种函数表达式易于得到.这两类过程是:变形很快,质点之间热交换很小的绝热过程;以及变形很慢,以致物体热交换比较充分,温度不发生变化的等温过程.

在绝热过程时,$\theta\delta S=\delta Q=0$;在等温过程时,$S\delta\theta=0$.而且这两种过程都是可逆过程,于是(1.9)和(1.13)两式都取等号,即有

$$\delta U=\boldsymbol{T}:\delta\boldsymbol{\Gamma}, \tag{1.15}$$

$$\delta F=\boldsymbol{T}:\delta\boldsymbol{\Gamma}. \tag{1.16}$$

上式说明,只需要计算变形中的内力功就可分别得到内能和自由能的函数表达式.

附注 本小节在推导本构关系时,实际上已做了诸多假设.例如:无熵源的假设,密度不变的假设,U 仅与 $\boldsymbol{\Gamma}$ 和 S 有关的假设,F 仅与 $\boldsymbol{\Gamma}$ 和 θ 有关的假设等.关于本构关系的公理体系和假设的一般性讨论,可参见参考文献[1,20,62].

§2 广义 Hooke 定律

2.1 应力应变关系

对绝热过程和等温过程,都有

$$\sigma_{ij}=\frac{\partial W}{\partial \gamma_{ij}}. \tag{2.1}$$

在绝热过程时 $W=U$，在等温过程时 $W=F$.通常称 W 为应变能密度.对 W 按 Taylor 级数展开，按小变形假设，在(2.1)式中略去 γ_{ij} 二次以上的项，得

$$\sigma_{ij}=D_{ij}+E_{ijks}\gamma_{ks}, \tag{2.2}$$

其中 D_{ij} 和 E_{ijks} 为常数.我们再假定，应变分量为零时，应力分量也为零，此所谓无初应力假定，即假定

$$D_{ij}=0. \tag{2.3}$$

于是(2.2)式成为

$$\sigma_{ij}=E_{ijks}\gamma_{ks}. \tag{2.4}$$

上式所表述的本构关系通常称为广义胡克(Hooke)定律，常数 E_{ijks} 称为弹性系数或弹性常数.对于绝热过程所测得的 E_{ijks}，与对于等温过程所测得的 E_{ijks} 会有所不同，但其差异很小，今后不再区别.也就是认为 E_{ijks} 与过程无关，它们是材料常数.

按§1 的讨论，给出了从应变能出发导出了本构关系(2.1)式，这称为 Green 方法.当然，(2.2)式也可作为本构关系的讨论出发点，此即所谓 Cauchy 方法，他认为应力与应变之间有对应关系.

2.2 弹性系数张量

下面来证明 E_{ijks} 为完全对称的四阶张量. 所谓完全对称是指

$$E_{ijks}=E_{jiks}=E_{ijsk}=E_{ksij}. \tag{2.5}$$

有时也称 E_{ijks} 是沃伊特(Voigt)对称的四阶张量.

由于 σ_{ij} 和 γ_{ij} 都是对称张量，从(2.4)式可知(2.5)式的前两个等号成立.至于(2.5)式的第三个等号成立，可从下式看出

$$E_{ijks}=\frac{\partial^2 W}{\partial \gamma_{ij}\partial \gamma_{ks}}=\frac{\partial^2 W}{\partial \gamma_{ks}\partial \gamma_{ij}}=E_{ksij}.$$

为了证明 E_{ijks} 是四阶张量，我们进行坐标变换，其变换系数为 C_{ij}，在新坐标系中的量加了上标“ ′ ”以示区别.设在新坐标下广义 Hooke 定律为

$$\sigma'_{mn}=E'_{mnpq}\gamma'_{pq}. \tag{2.6}$$

在新旧坐标下，应力张量和应变张量的变换为

$$\sigma_{ij}=C_{ri}C_{tj}\sigma'_{rt}, \quad \gamma_{kl}=C_{pk}C_{ql}\gamma'_{pq}. \tag{2.7}$$

将(2.7)式代入(2.4)式得

$$C_{ri}C_{tj}\sigma'_{tr}=E_{ijks}C_{pk}C_{qs}\gamma'_{pq}.$$

用 $C_{mi}C_{nj}$ 乘上式两边，考虑到

$$C_{mi}C_{ri}=\delta_{mr}, \quad C_{nj}C_{tj}=\delta_{nt},$$

得

$$\sigma'_{mn}=C_{mi}\,C_{nj}\,C_{pk}\,C_{qs}\,E_{ijks}\,\gamma'_{pq}. \tag{2.8}$$

将(2.6)和(2.8)两式相减得

$$(E'_{mnpq}-C_{mi}C_{nj}\,C_{pk}\,C_{qs}\,E_{ijks})\gamma'_{pq}=0. \tag{2.9}$$

由于 E'_{ijks} 和 E_{ijks} 的完全对称性，故从对任意的对称张量 γ'_{pq} 都成立的(2.9)式可推出

$$E'_{mnpq}=C_{mi}\,C_{nj}\,C_{pk}\,C_{qs}\,E_{ijks}, \tag{2.10}$$

(2.10)式的右边为 C_{ij} 的四次齐次式，因此 E_{ijks} 为四阶张量.

附注 上述证明过程可以推广成所谓的“商法则”或“张量识别定理”：一个 m 阶张量到一个 n 阶张量的线性变换是一个 $m+n$ 阶张量.在定义了矢量以后，也有人用这个“法则”或“定理”来定义张量.

2.3 四阶各向同性张量

一般的四阶张量有 81 个独立分量，具有完全对称性的四阶张量，其独立的分量仅剩下 21 个. 若在坐标变换下，弹性系数张量与坐标无关，则称弹性体为各向同性的.现在来证明各向同性弹性体仅有 2 个独立的弹性常数.E_{ijks} 按其指标相同与否可分为四类：

第一类 4 个指标全相同，共有如下 3 个系数：

$$E_{1111},\quad E_{2222},\quad E_{3333};$$

第二类 有 3 个指标相同，共有 24 个系数，例如

$$E_{1113},\quad E_{2221},\quad E_{1211},\quad \cdots;$$

第三类 指标两两相同，共有如下 18 个系数：

$$\begin{aligned}&E_{1122},\quad E_{2211},\quad E_{2233},\quad E_{3322},\quad E_{3311},\quad E_{1133},\\&E_{1212},\quad E_{2121},\quad E_{2323},\quad E_{3232},\quad E_{3131},\quad E_{1313},\\&E_{1221},\quad E_{2112},\quad E_{2332},\quad E_{3223},\quad E_{3113},\quad E_{1331};\end{aligned}$$

第四类 只有 2 个指标相同，共有 36 个系数，例如

$$E_{1123},\quad E_{1213},\quad E_{1231},\quad \cdots.$$

引进坐标变换. 首先，将坐标架绕 $\boldsymbol{e}_3$ 轴旋转 180°(图 4.1)，其坐标变换的

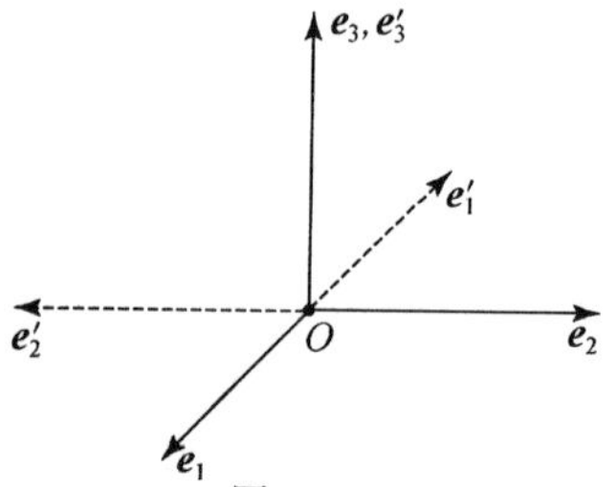

图 4.1

矩阵为

$$[C_{ij}]=\begin{bmatrix} -1 & 0 & 0 \\ 0 & -1 & 0 \\ 0 & 0 & 1 \end{bmatrix}. \tag{2.11}$$

在坐标变换(2.11)之下考虑弹性系数的变化,例如按(2.10)式有

$$E'_{1113}=C_{11}C_{11}C_{11}C_{33}E_{1113}=-E_{1113};$$

按各向同性的假定,弹性系数在坐标变换下不变,即

$$E'_{1113}=E_{1113},$$

综合上述两式得

$$E_{1113}=0.$$

用同样的方式,或将 $\boldsymbol{e}_1$ 轴旋转 180°,或将 $\boldsymbol{e}_2$ 轴旋转 180°,可以证明,第二类和第四类中的 60 个系数全为零.

其次,将坐标架绕 $\boldsymbol{e}_3$ 轴旋转 90°(图 4.2),其坐标变换矩阵为

$$[C_{ij}]=\begin{bmatrix} 0 & 1 & 0 \\ -1 & 0 & 0 \\ 0 & 0 & 1 \end{bmatrix}. \tag{2.12}$$

在坐标变换(2.12)之下,按各向同性的假设有

$$E'_{1111}=E_{1111}=C_{12}C_{12}C_{12}C_{12}E_{2222}=E_{2222},$$

同理可得

$$E_{2222}=E_{3333},$$

也就是说,第一类的 3 个弹性系数全相等.用类似的方法,可以证明第三类中每一行的 6 个弹性系数全相等.将第三类第 1,2,3 行中各行的弹性系数分别记为 λ,μ_1 和 μ_2.

最后,将坐标架绕 $\boldsymbol{e}_3$ 轴旋转 45°(图 4.3),其坐标变换矩阵为

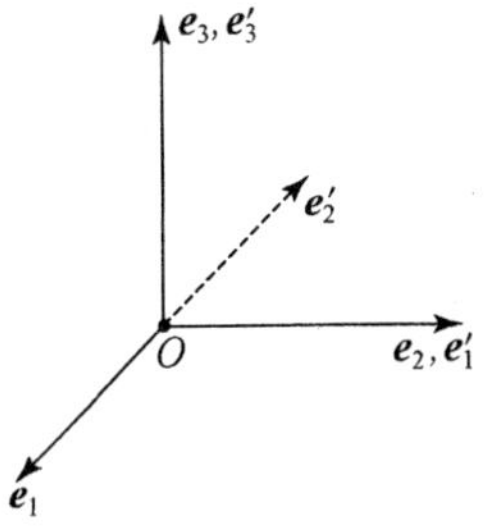

图　4.2

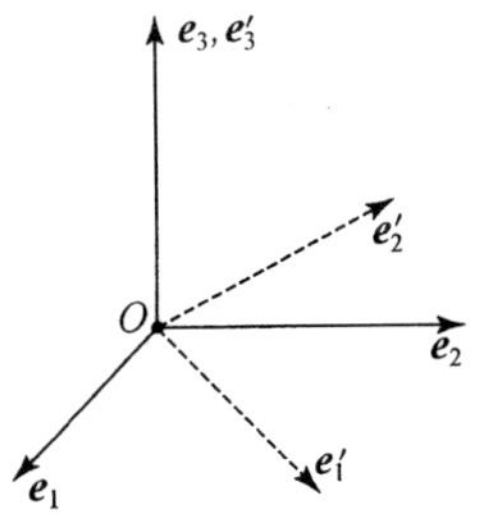

图　4.3

$$[C_{ij}]=\begin{bmatrix}\sqrt{2}/2 & \sqrt{2}/2 & 0\\ -\sqrt{2}/2 & \sqrt{2}/2 & 0\\ 0 & 0 & 1\end{bmatrix}. \tag{2.13}$$

在各向同性的假定和坐标变换(2.13)之下有

$$\begin{aligned}E_{1111}=E'_{1111}&=C_{11}C_{11}C_{11}C_{11}E_{1111}+C_{11}C_{11}C_{12}C_{12}E_{1122}\\&\quad+C_{12}C_{12}C_{11}C_{11}E_{2211}+C_{11}C_{12}C_{11}C_{12}E_{1212}\\&\quad+C_{12}C_{11}C_{12}C_{11}E_{2121}+C_{11}C_{12}C_{12}C_{11}E_{1221}\\&\quad+C_{12}C_{11}C_{11}C_{12}E_{2112}+C_{12}C_{12}C_{12}C_{12}E_{2222}\\&=\frac{1}{4}E_{1111}+\frac{1}{2}(\lambda+\mu_1+\mu_2)+\frac{1}{4}E_{2222}.\end{aligned}$$

从上式得

$$E_{1111}=\lambda+\mu_1+\mu_2.$$

综合上面三次旋转得到

$$E_{ijks}=\lambda\delta_{ij}\delta_{ks}+\mu_1\delta_{ik}\delta_{js}+\mu_2\delta_{is}\delta_{jk}. \tag{2.14}$$

不难验证,(2.14)式所表示的张量是各向同性的.将此式代入广义 Hooke 定律(2.4)得

$$\sigma_{ij}=\lambda\gamma_{kk}\delta_{ij}+\mu_1\gamma_{ij}+\mu_2\gamma_{ji}=\lambda\gamma_{kk}\delta_{ij}+2\mu\gamma_{ij}, \tag{2.15}$$

其中

$$\mu=(\mu_1+\mu_2)/2.$$

(2.15)式又可以写成整体形式

$$\boldsymbol{T}=\lambda\,\mathrm{J}(\boldsymbol{\Gamma})\boldsymbol{I}+2\mu\boldsymbol{\Gamma}, \tag{2.16}$$

上式为各向同性弹性体的广义 Hooke 定律,其中仅含两个常数 λ 和 μ,它们称为拉梅(Lamé)常数,μ 有时也称为剪切模量.一般来说,λ 和 μ 应是点的坐标的函数.如果弹性体中各点的弹性常数都相等,则称此弹性体为均匀弹性体.

2.4 应变能的表示

若本构关系由(2.4)式给出,按(1.15)和(1.16)式,有

$$\delta W=\boldsymbol{T}:\delta\boldsymbol{\Gamma}=\sigma_{ij}\,\delta\gamma_{ij}=E_{ijks}\gamma_{ks}\delta\gamma_{ij}.$$

考虑到 E_{ijks} 的完全对称性,从上式得

$$W=\frac{1}{2}E_{ijks}\gamma_{ij}\gamma_{ks}. \tag{2.17}$$

也就是说,应变能 W 是关于 γ_{ij} 的二次型. 此外, 由内能 U 和自由能 F 在稳定平衡态取极小值,可知 W 为正定二次型.(2.17)式也可写成

$$W=\frac{1}{2}\sigma_{ij}\gamma_{ij}. \tag{2.18}$$

如果弹性体是各向同性的，则

$$W=\frac{1}{2}(\lambda\gamma_{kk}\delta_{ij}+2\mu\gamma_{ij})\gamma_{ij}=\frac{1}{2}(\lambda\gamma_{kk}\gamma_{jj}+2\mu\gamma_{ij}\gamma_{ij}). \tag{2.19}$$

附注 1　可以证明，各向同性的 Hooke 定律(2.16)，在坐标变换下其形式不变.事实上，(2.16)式的矩阵形式为

$$\boldsymbol{T}=\lambda\,\mathrm{J}(\boldsymbol{\Gamma})\boldsymbol{I}+2\mu\boldsymbol{\Gamma}. \tag{2.20}$$

经坐标变换后，应力张量的矩阵变为

$$\boldsymbol{T}'=\boldsymbol{C}\boldsymbol{T}\boldsymbol{C}^{\mathrm{T}}, \tag{2.21}$$

其中上标“T”表示转置.将(2.20)式代入(2.21)式的右边得

$$\boldsymbol{T}'=\boldsymbol{C}[\lambda\,\mathrm{J}(\boldsymbol{\Gamma})\boldsymbol{I}+2\mu\boldsymbol{\Gamma}]\boldsymbol{C}^{\mathrm{T}}=\lambda\,\mathrm{J}(\boldsymbol{\Gamma})\boldsymbol{I}+2\mu\boldsymbol{C}\boldsymbol{\Gamma}\boldsymbol{C}^{\mathrm{T}}=\lambda\,\mathrm{J}(\boldsymbol{\Gamma}')\boldsymbol{I}+2\mu\boldsymbol{\Gamma}', \tag{2.22}$$

上式与(2.20)式的形式完全一致.

附注 2　从(2.16)式可以看出，对于各向同性体应变主轴与应力主轴一致.反之，参考文献[72]证明了“若弹性介质的应变主轴与应力主轴一致，则是各向同性的”.

附注 3　迄今为止，我们已做过不少假设，因此，准确说来，本书所指的弹性力学，可以叙述为“线性、均匀、无初应力、各向同性的弹性静力学”.通常如果不是叙述如上所说的弹性力学，一般都将加以说明，例如，弹性动力学、各向异性弹性力学、非线性弹性力学等.

§3　弹性常数及其测定

考虑各向同性弹性体，其应力应变关系为

$$\boldsymbol{T}=\lambda\theta\boldsymbol{I}+2\mu\boldsymbol{\Gamma}, \tag{3.1}$$

式中 $\theta=\mathrm{J}(\boldsymbol{\Gamma})$.也可将(3.1)式写成 $\boldsymbol{\Gamma}$ 关于 $\boldsymbol{T}$ 的形式

$$\boldsymbol{\Gamma}=\frac{1}{E}[(1+\nu)\boldsymbol{T}-\nu\Theta\boldsymbol{I}]. \tag{3.2}$$

这里 $\Theta=\mathrm{J}(\boldsymbol{T})$，$E$ 为杨(Young)氏模量，ν 为泊松(Poisson)比，它们与 Lamé 常数 λ 和 μ 的关系分别为

$$\mu=E/2(1+\nu),\quad \lambda=E\nu/(1+\nu)(1-2\nu). \tag{3.3}$$

(3.1)和(3.2)式的分量形式分别为

$$\begin{cases}\sigma_x=\lambda\theta+2\mu\varepsilon_x,\ \sigma_y=\lambda\theta+2\mu\varepsilon_y,\ \sigma_z=\lambda\theta+2\mu\varepsilon_z,\\ \tau_{yz}=2\mu\gamma_{yz},\ \tau_{zx}=2\mu\gamma_{zx},\ \tau_{xy}=2\mu\gamma_{xy};\end{cases} \tag{3.4}$$

$$\begin{cases}\varepsilon_x = \dfrac{1}{E}[\sigma_x - \nu(\sigma_y + \sigma_z)],\\ \varepsilon_y = \dfrac{1}{E}[\sigma_y - \nu(\sigma_z + \sigma_x)],\\ \varepsilon_z = \dfrac{1}{E}[\sigma_z - \nu(\sigma_x + \sigma_y)],\\ \gamma_{yz} = \dfrac{1}{2\mu}\tau_{yz},\\ \gamma_{zx} = \dfrac{1}{2\mu}\tau_{zx},\\ \gamma_{xy} = \dfrac{1}{2\mu}\tau_{xy}.\end{cases} \tag{3.5}$$

(3.4)和(3.5)式可以表示成矩阵形式

$$\begin{bmatrix}\sigma_x\\ \sigma_y\\ \sigma_z\\ \sqrt{2}\tau_{yz}\\ \sqrt{2}\tau_{zx}\\ \sqrt{2}\tau_{xy}\end{bmatrix} = \begin{bmatrix}\lambda+2\mu & \lambda & \lambda & 0 & 0 & 0\\ \lambda & \lambda+2\mu & \lambda & 0 & 0 & 0\\ \lambda & \lambda & \lambda+2\mu & 0 & 0 & 0\\ 0 & 0 & 0 & 2\mu & 0 & 0\\ 0 & 0 & 0 & 0 & 2\mu & 0\\ 0 & 0 & 0 & 0 & 0 & 2\mu\end{bmatrix}\begin{bmatrix}\varepsilon_x\\ \varepsilon_y\\ \varepsilon_z\\ \sqrt{2}\gamma_{yz}\\ \sqrt{2}\gamma_{zx}\\ \sqrt{2}\gamma_{xy}\end{bmatrix}, \tag{3.6}$$

$$\begin{bmatrix}\varepsilon_x\\ \varepsilon_y\\ \varepsilon_z\\ \sqrt{2}\gamma_{yz}\\ \sqrt{2}\gamma_{zx}\\ \sqrt{2}\gamma_{xy}\end{bmatrix} = \frac{1}{E}\begin{bmatrix}1 & -\nu & -\nu & 0 & 0 & 0\\ -\nu & 1 & -\nu & 0 & 0 & 0\\ -\nu & -\nu & 1 & 0 & 0 & 0\\ 0 & 0 & 0 & 1+\nu & 0 & 0\\ 0 & 0 & 0 & 0 & 1+\nu & 0\\ 0 & 0 & 0 & 0 & 0 & 1+\nu\end{bmatrix}\begin{bmatrix}\sigma_x\\ \sigma_y\\ \sigma_z\\ \sqrt{2}\tau_{yz}\\ \sqrt{2}\tau_{zx}\\ \sqrt{2}\tau_{xy}\end{bmatrix}, \tag{3.7}$$

或记为

$$\boldsymbol{\sigma} = \boldsymbol{D}\boldsymbol{\varepsilon}, \tag{3.8}$$

$$\boldsymbol{\varepsilon} = \boldsymbol{D}^{-1}\boldsymbol{\sigma}, \tag{3.9}$$

其中 $\boldsymbol{D}$ 和 $\boldsymbol{D}^{-1}$ 分别为(3.6)和(3.7)式中相应的矩阵,通常分别称为刚度矩阵和柔度矩阵;又

$$\begin{cases}\boldsymbol{\sigma} = (\sigma_x, \sigma_y, \sigma_z, \sqrt{2}\tau_{yz}, \sqrt{2}\tau_{zx}, \sqrt{2}\tau_{xy})^{\mathrm{T}},\\ \boldsymbol{\varepsilon} = (\varepsilon_x, \varepsilon_y, \varepsilon_z, \sqrt{2}\gamma_{yz}, \sqrt{2}\gamma_{zx}, \sqrt{2}\gamma_{xy})^{\mathrm{T}}.\end{cases} \tag{3.10}$$

而(2.18)或(2.19)式的应变能 W,可用矩阵表成

$$W = \frac{1}{2}\boldsymbol{\varepsilon}^{\mathrm{T}}\boldsymbol{D}\boldsymbol{\varepsilon} = \frac{1}{2}\boldsymbol{\sigma}^{\mathrm{T}}\boldsymbol{D}^{-1}\boldsymbol{\sigma}. \tag{3.11}$$

既然 W 为正定二次型,那么刚度矩阵和柔度矩阵都应是正定矩阵.按逐级主子

式皆大于零的条件,弹性常数应当满足如下要求:

$$\mu > 0, \quad 3\lambda + 2\mu > 0 \tag{3.12}$$

或

$$E > 0, \quad -1 < \nu < 1/2. \tag{3.13}$$

关于弹性常数的测定,通常有下述三个实验:

(1) 拉伸实验. 设

$$\sigma_z = T, \quad \sigma_x = \sigma_y = \tau_{yz} = \tau_{zx} = \tau_{xy} = 0,$$

其中 T 是 z 向给定的拉应力.按(3.5)式有

$$\varepsilon_x = \varepsilon_y = -\frac{\nu}{E}T, \quad \varepsilon_z = \frac{T}{E}, \quad \gamma_{yz} = \gamma_{zx} = \gamma_{xy} = 0.$$

根据实验测定的正应变,可得 E 和 ν 的值.

(2) 纯剪实验. 设

$$\tau_{xy} = \tau, \quad \sigma_x = \sigma_y = \sigma_z = \tau_{yz} = \tau_{zx} = 0,$$

这里 τ 为给定的剪应力.从(3. 5)式得

$$\gamma_{xy} = \frac{\tau}{2\mu}, \quad \varepsilon_x = \varepsilon_y = \varepsilon_z = \gamma_{yz} = \gamma_{zx} = 0.$$

从测定的剪应变 γ_{xy},可以求得剪切模量 μ.

(3) 均匀压缩实验. 设

$$\sigma_x = \sigma_y = \sigma_z = -p, \quad \tau_{yz} = \tau_{zx} = \tau_{xy} = 0.$$

我们有

$$\Theta = \sigma_x + \sigma_y + \sigma_z = -3p,$$

$$\theta = \varepsilon_x + \varepsilon_y + \varepsilon_z = \frac{\Theta}{3\lambda + 2\mu} = -\frac{p}{\kappa_0},$$

其中 $\kappa_0 = \lambda + \frac{2}{3}\mu = \frac{E}{3(1-2\nu)}$称为压缩模量.通过所得 θ 可算出 κ_0.

各向同性材料弹性常数之间的关系见表 4.1.

表 4.1　各向同性材料弹性常数之间的关系

	$E=$	$\nu=$	$\lambda=$	$\mu=$	$\kappa_0=$
E,ν	E	ν	$\frac{E\nu}{(1+\nu)(1-2\nu)}$	$\frac{E}{2(1+\nu)}$	$\frac{E}{3(1-2\nu)}$
E,μ	E	$\frac{E}{2\mu}-1$	$\frac{\mu(E-2\mu)}{3\mu-E}$	μ	$\frac{\mu E}{3(3\mu-E)}$
E,κ_0	E	$\frac{1}{2}-\frac{E}{6\kappa_0}$	$\frac{3\kappa_0(3\kappa_0-E)}{9\kappa_0-E}$	$\frac{3\kappa_0 E}{9\kappa_0-E}$	κ_0

续表

	$E=$	$\nu=$	$\lambda=$	$\mu=$	$\kappa_0=$
ν,λ	$\dfrac{\lambda(1+\nu)(1-2\nu)}{\nu}$	ν	λ	$\dfrac{\lambda(1-2\nu)}{2\nu}$	$\dfrac{\lambda(1+\nu)}{3\nu}$
ν,μ	$2\mu(1+\nu)$	ν	$\dfrac{2\mu\nu}{1-2\nu}$	μ	$\dfrac{2\mu(1+\nu)}{3(1-2\nu)}$
ν,κ_0	$3\kappa_0(1-2\nu)$	ν	$\dfrac{3\kappa_0\nu}{1+\nu}$	$\dfrac{3\kappa_0(1-2\nu)}{2(1+\nu)}$	κ_0
λ,μ	$\dfrac{\mu(3\lambda+2\mu)}{\lambda+\mu}$	$\dfrac{\lambda}{2(\lambda+\mu)}$	λ	μ	$\dfrac{3\lambda+2\mu}{3}$
λ,κ_0	$\dfrac{9\kappa_0(\kappa_0-\lambda)}{3\kappa_0-\lambda}$	$\dfrac{\lambda}{3\kappa_0-\lambda}$	λ	$\dfrac{3(\kappa_0-\lambda)}{2}$	κ_0
μ,κ_0	$\dfrac{9\kappa_0\mu}{3\kappa_0+\mu}$	$\dfrac{3\kappa_0-2\mu}{2(3\kappa_0+\mu)}$	$\dfrac{3\kappa_0-2\mu}{3}$	μ	κ_0

(表 4.1 摘自 Gurtin 的著作[112].)

附注 1 根据 1991 年老亮[27]的考证研究,我国东汉经学家郑玄(127—200)已有了变形与受力成正比的叙述,可算是 Hooke 定律的最早记录.

附注 2 按照应变能正定这一物理根据,推出 Poisson 比的范围为$(-1,1/2)$,即 ν 可为负值.但实际测量得到各种材料的 ν 均为正值.另外,一般的直观认为,ν 应为正值,因为纵向拉伸时,横向总在收缩.这种理论与直观的差异,近年来已有了改善. 1991 年 Lakes[127]宣布研制出负 Poisson 比的泡沫材料,其结构为一内凹的多面体.在 z 向拉伸时,x 向和 y 向膨胀;而 z 向压缩时,x 和 y 向也收缩(图 4.4).Lakes 已获得 $\nu=-0.7$ 的泡沫材料. 其后负 Poisson 比的研究飞速发展,目前已得到 $\nu=1$ 的人造材料(见参考文献[37]).

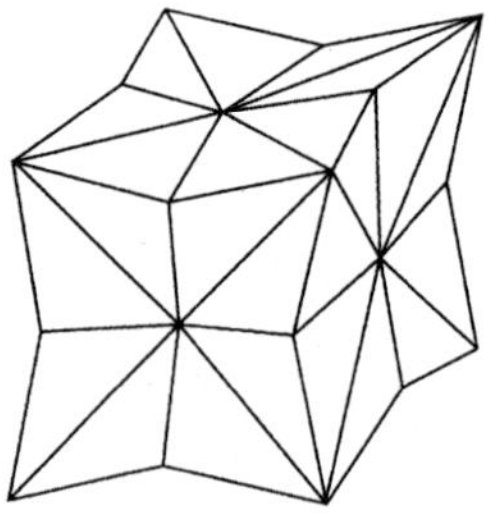

图 4.4

§4 各向异性弹性体

4.1 一般的各向异性弹性材料

广义 Hooke 定律(2.4)的矩阵形式为

$$\begin{bmatrix}\sigma_{11}\\ \sigma_{22}\\ \sigma_{33}\\ \sqrt{2}\sigma_{23}\\ \sqrt{2}\sigma_{31}\\ \sqrt{2}\sigma_{12}\end{bmatrix}=\begin{bmatrix}E_{1111} & E_{1122} & E_{1133} & \sqrt{2}E_{1123} & \sqrt{2}E_{1131} & \sqrt{2}E_{1112}\\ & E_{2222} & E_{2233} & \sqrt{2}E_{2223} & \sqrt{2}E_{2231} & \sqrt{2}E_{2212}\\ & & E_{3333} & \sqrt{2}E_{3323} & \sqrt{2}E_{3331} & \sqrt{2}E_{3312}\\ & \text{对} & & 2E_{2323} & 2E_{2331} & 2E_{2312}\\ & & & & 2E_{3131} & 2E_{3112}\\ & & & \text{称} & & 2E_{1212}\end{bmatrix}\begin{bmatrix}\gamma_{11}\\ \gamma_{22}\\ \gamma_{33}\\ \sqrt{2}\gamma_{23}\\ \sqrt{2}\gamma_{31}\\ \sqrt{2}\gamma_{12}\end{bmatrix}. \tag{4.1}$$

上式也可以写成简洁的形式

$$\boldsymbol{\sigma}=\boldsymbol{D}\boldsymbol{\varepsilon}, \tag{4.2}$$

其中 $\boldsymbol{D}$ 称为刚度矩阵,其表达式如(4.1)所示;又

$$\begin{cases}\boldsymbol{\sigma}=(\sigma_{11},\sigma_{22},\sigma_{33},\sqrt{2}\sigma_{23},\sqrt{2}\sigma_{31},\sqrt{2}\sigma_{12})^{\mathrm{T}},\\ \boldsymbol{\varepsilon}=(\gamma_{11},\gamma_{22},\gamma_{33},\sqrt{2}\gamma_{23},\sqrt{2}\gamma_{31},\sqrt{2}\gamma_{12})^{\mathrm{T}}.\end{cases} \tag{4.3}$$

(4.1)式的写法可称为规范记法(见参考文献[4]),其优点可保证坐标变换时的正交性,对各向异性弹性力学较为方便.对一般的各向异性弹性体,(4.1)或(4.2)式中的刚度矩阵 $\boldsymbol{D}$ 包含 21 个弹性常数.

各向异性弹性力学在复合材料力学中有着广泛的运用,因为复合材料的一个显著力学特征就是各向异性.关于各向异性弹性力学的研究,请参考 Ting 的专著[171].

4.2 具有一个对称面的弹性材料

设 $z=0$ 为对称面,即在矩阵为

$$\begin{bmatrix}1 & 0 & 0\\ 0 & 1 & 0\\ 0 & 0 & -1\end{bmatrix} \tag{4.4}$$

的坐标变换下,弹性常数不变.矩阵(4.4)类似于§2 中变换矩阵(2.11),利用该节中的方法,可得 $z=0$ 为对称平面的弹性体之刚度矩阵为

$$
\boldsymbol{D}=\begin{bmatrix}
E_{1111} & E_{1122} & E_{1133} & 0 & 0 & \sqrt{2}E_{1112} \\
 & E_{2222} & E_{2233} & 0 & 0 & \sqrt{2}E_{2212} \\
 & & E_{3333} & 0 & 0 & \sqrt{2}E_{3312} \\
 & \text{对} & & 2E_{2323} & 2E_{2331} & 0 \\
 & & & & 2E_{3131} & 0 \\
 & & & \text{称} & & 2E_{1212}
\end{bmatrix}. \tag{4.5}
$$

此时 $\boldsymbol{D}$ 包含 13 个弹性常数.

4.3　具有两个互相垂直的对称面的弹性材料

具有两个互相垂直的对称面的弹性材料称为正交各向异性材料,这时刚度矩阵为

$$
\boldsymbol{D}=\begin{bmatrix}
E_{1111} & E_{1122} & E_{1133} & & & \\
E_{2211} & E_{2222} & E_{2233} & & 0 & \\
E_{3311} & E_{3322} & E_{3333} & & & \\
 & & & 2E_{2323} & & \\
 & 0 & & & 2E_{3131} & \\
 & & & & & 2E_{1212}
\end{bmatrix}. \tag{4.6}
$$

可以看出,有两个互相垂直的对称面的材料就有 3 个对称面,它有 9 个弹性常数.

4.4　具有一根对称轴的弹性材料

设 z 轴为对称轴,也就是在绕 z 轴旋转下,弹性常数不变.按§2 的方式,可证明此时的刚度矩阵为

$$
\boldsymbol{D}=\begin{bmatrix}
E_{1111} & E_{1122} & E_{1133} & & & \\
E_{1122} & E_{1111} & E_{1133} & & 0 & \\
E_{1133} & E_{1133} & E_{3333} & & & \\
 & & & 2E_{2323} & & \\
 & 0 & & & 2E_{2323} & \\
 & & & & & 2E_{1212}
\end{bmatrix}, \tag{4.7}
$$

且满足关系

$$
E_{1111}=E_{1122}+2E_{1212}. \tag{4.8}
$$

刚度矩阵(4.7)包括 5 个弹性常数,这样的材料称为横观各向同性材料. 横观各向同性弹性力学的研究可参见参考文献[15,45,89,179].

4.5　具有两根互相垂直的对称轴的弹性材料

设 z 轴和 x 轴为对称轴，此时的弹性体即为各向同性体，其刚度矩阵如(3.6)式所示.有两根对称轴的材料就有无限根对称轴.

大多数金属材料都具有各向同性的性质.一般而言，弹性力学课程的内容大都限于研究各向同性体的弹性力学，本书也是如此.

§5　其他本构关系

5.1　热弹性材料

对于考虑温度变化的各向同性热弹性材料，自由能 F 为不变量 I_1,I_2,I_3 和温差 $T-T_0$ 的函数.若为小应变和小温差，F 可取成

$$F=\frac{1}{2}\lambda I_1^2+\mu(I_1^2-2I_2)-3\kappa_0\alpha(T-T_0)I_1, \tag{5.1}$$

其中 α 为线热膨胀系数.按(1.14b)式，可求出热弹性材料的本构关系为

$$\sigma_{ij}=\frac{\partial F}{\partial \gamma_{ij}}=\lambda\theta\delta_{ij}+2\mu\gamma_{ij}-3\kappa_0\alpha(T-T_0)\delta_{ij}, \tag{5.2}$$

或反解成

$$\gamma_{ij}=\frac{1}{E}[(1+\nu)\sigma_{ij}-\nu\Theta\delta_{ij}]+\alpha(T-T_0)\delta_{ij}. \tag{5.3}$$

关于温度 T，它满足热传导方程

$$k\,\nabla^2 T=c\frac{\partial T}{\partial t}+(3\lambda+2\mu)\alpha T_0\frac{\partial\theta}{\partial t}, \tag{5.4}$$

其中 k 为热传导系数，c 为比热.

关于热弹性力学，可参见参考文献[48,81].

5.2　磁弹性材料

考虑到磁场对磁弹性材料的影响，本构关系成为

$$\sigma_{ij}=\frac{\partial F}{\partial \gamma_{ij}}=\lambda\,\mathrm{J}(\boldsymbol{\Gamma})\delta_{ij}+2\mu\gamma_{ij}+\frac{\mu_0}{\chi}\overline{M}_i\overline{M}_j+\mu_0(\overline{H}_i m_j+m_i\overline{H}_j), \tag{5.5}$$

这里 χ 是磁化率，μ_0 是磁导率，$\overline{M}_i$ 和 $\overline{H}_i$ 分别是对刚体的磁化强度和磁密度，m_i 是考虑弹性时磁化强度的扰动. 其时的平衡方程和补充的磁场方程为

$$\begin{cases}\sigma_{ij,j}+\mu_0(\overline{M}_i\overline{H}_{i,j}+\overline{M}_j h_{i,j}+m_j\overline{H}_{i,j})+f_i=0,\\ \varepsilon_{ijk}h_{k,j}=0,\quad h_{i,i}=0,\end{cases} \tag{5.6}$$

其中 h 为磁密度的扰动，且 $m_i = \chi h_i$.

关于磁弹性力学可参见参考文献[77,118,144].

5.3 黏弹性材料

许多材料既具有固体的性质又具有流体的性质,即既有确定的构形又可流动,如塑料、橡胶、树脂等材料.它们的一种本构关系用积分形式可写为

$$\sigma_{ij}(t) = \int_{-\infty}^{t} \lambda(t-t')\delta_{ij}\,\mathrm{d}\theta(t') + 2\mu(t-t')\,\mathrm{d}\gamma_{ij}(t'), \tag{5.7}$$

其中 $\theta = \mathrm{J}(\boldsymbol{\Gamma})$,积分是在 Stieltjes 意义下.

关于黏弹性力学,请参见参考文献[25,72].

5.4 非局部弹性材料

Eringen[95]认为一点的应力不仅与该点的应变有关,而且还与全场的应变有关.他提出的本构关系为

$$\sigma_{ij}(\boldsymbol{r}) = \iiint_{\Omega} [\lambda(\boldsymbol{r}-\boldsymbol{r}')\theta(\boldsymbol{r}')\delta_{ij} + 2\mu(\boldsymbol{r}-\boldsymbol{r}')\gamma_{ij}(\boldsymbol{r}')]\mathrm{d}x'\mathrm{d}y'\mathrm{d}z', \tag{5.8}$$

其中 $\boldsymbol{r} = (x, y, z)$, $\boldsymbol{r}' = (x', y', z')$, $\theta = \mathrm{J}(\boldsymbol{\Gamma})$.显然,当

$$\lambda(\boldsymbol{r}-\boldsymbol{r}') = \lambda\delta(\boldsymbol{r}-\boldsymbol{r}'), \quad \mu(\boldsymbol{r}-\boldsymbol{r}') = \mu\delta(\boldsymbol{r}-\boldsymbol{r}')$$

时,非局部弹性力学就转变成通常的弹性力学.

5.5 偶应力材料

考虑到作为质点的微团本身的旋转性和偶应力,则就构成了所谓偶应力理论,其本构方程为

$$\begin{cases} \sigma_{ij} = \lambda u_{k,k}\delta_{ij} + 2\mu\gamma_{ij} + \alpha(u_{j,i} - u_{i,j}) - 2\beta\varepsilon_{ijk}\omega_k, \\ \mu_{ij} = \varepsilon\omega_{k,k}\delta_{ij} + \eta(\omega_{j,i} + \omega_{i,j}) + \xi(\omega_{j,i} - \omega_{i,j}), \end{cases}$$

其中 ω_i 为旋转矢量,μ_{ij} 为偶应力,$\alpha, \beta, \varepsilon, \eta, \xi$ 为物质常数,ε_{ijk} 为转置张量.

相应的平衡方程为

$$\begin{cases} \sigma_{ij,j} + f_i = 0, \\ \mu_{ij,j} + \varepsilon_{ijk}\sigma_{jk} + g_i = 0, \end{cases}$$

其中 f_i 为体力,g_i 为体力矩.

Mindlin 和 Tiersten[138], Kupradze[126],以及参考文献[53]皆研究过偶应力弹性理论.

5.6 具有微孔的弹性材料

具有微孔的弹性材料,其本构关系为

$$\sigma_{ij}=\lambda u_{k,k}\delta_{ij}+2\mu\gamma_{ij}+\beta\phi\delta_{ij}, \tag{5.9}$$

这里 ϕ 为体积分数,β 为材料常数.关于 ϕ 的补充方程为

$$\alpha\nabla^2\phi-\xi\phi-\beta\gamma_{kk}+l=0, \tag{5.10}$$

其中 α,ξ 也是物质常数,l 是所谓外在平衡体力.

微孔弹性力学的研究参见参考文献[176].

5.7 压电弹性材料

压电材料具有电学效应和力学效应的耦合特性,近来在控制系统的敏感元件中获得广泛应用.其本构方程为

$$\sigma_{ij}=E_{ijkl}\gamma_{kl}+e_{kij}\varphi_{,k}, \tag{5.11}$$

其中 φ 为电势,e_{kij} 为压电常数.关于电势的补充方程为

$$\varepsilon_{ij}\varphi_{,ij}-e_{ijk}\varphi_{jk,i}+g=0, \tag{5.12}$$

这里 ε_{ij} 是导电常数, g 是自由载荷密度.

有关压电弹性力学问题,请见参考文献[88,102,145].

5.8 准晶弹性材料

传统的弹性力学,可以认为是晶体的弹性力学.准晶体自 1984 年发现以来,颇受人们重视,并发展了准晶弹性力学(见参考文献[9,71]).在这种理论中的本构方程为

$$\begin{cases}\sigma_{ij}=E_{ijkl}\gamma_{kl}+D_{ijkl}w_{k,l},\\ H_{ij}=D_{ijkl}\gamma_{kl}+K_{ijkl}w_{k,l},\end{cases} \tag{5.13}$$

其中 w_i 为相子, H_{ij} 为相子对应的应力张量, D_{ijkl} 和 K_{ijkl} 均为物质常数.平衡方程为

$$\begin{cases}\sigma_{ij,j}+f_i=0,\\ H_{ij,j}+g_i=0,\end{cases} \tag{5.14}$$

这里 g_i 为体积力.

当然,对于上述各种弹性力学,还有它们的非线性理论、各向异性理论、动力学理论等.

习 题 四

1. 若 $\varepsilon_{33}=\gamma_{13}=\gamma_{23}=0$,其余的应变分量与 z 无关的弹性力学问题称为平面应变问题.若 $\sigma_{33}=\tau_{13}=\tau_{23}=0$,其余的应力分量与 z 无关的弹性力学问题称为平面应力问题.试用 E,ν 和 λ,μ 写出这两类问题的应力应变关系.

2. 试写出各向同性材料中,应力不变量和应变不变量之间的关系.

3. 已知一种材料,任何应力状态下它的应变主方向和应力主方向总重合,则这种材料有几个弹性常数? 弹性一般关系是什么?

4. 已知应力为$\sigma_x=\sigma_y=\tau_{xy}=\tau_{yz}=\tau_{zx}=0,\sigma_z=ax+by+cz$,试求位移的表达式.

5. 设弹性体内存在一点O,由它发出的射线与边界∂D外法线的交角小于$\pi/2$;设边界上仅作用法向外力σ_{nn},不计体力,如$\sigma_{nn}\leqslant 0$.试证变形后,D的体积不增加(并证在什么样的附加条件下,体积可以不变).

6. 试推导各向同性材料,当弹性关系为线性、二次多项式、三次多项式时的应力应变关系.

7. 试分别写出柱坐标系中、球坐标系中应力分量与应变分量的关系(各向同性).

8. 设新旧坐标系变换矩阵为$\boldsymbol{C}=\{C_{ij}\}$,在新坐标系下应力、应变分别记为$\{\sigma'\}$和$\{\varepsilon'\}$,旧坐标系下应力、应变分别为$\{\sigma\}$和$\{\varepsilon\}$,其中

$$\{\sigma\}=[\sigma_x,\sigma_y,\sigma_z,\sqrt{2}\tau_{yz},\sqrt{2}\tau_{zx},\sqrt{2}\tau_{xy}]^{\mathrm{T}},$$
$$\{\varepsilon\}=[\varepsilon_x,\varepsilon_y,\varepsilon_z,\sqrt{2}\gamma_{yz},\sqrt{2}\gamma_{zx},\sqrt{2}\gamma_{xy}]^{\mathrm{T}}.$$

(1) 写出$\{\sigma'\}=\boldsymbol{H}\{\sigma\}$,$\{\varepsilon'\}=\boldsymbol{H}\{\varepsilon\}$中的$\boldsymbol{H}$;

(2) 证明$\boldsymbol{H}^{-1}=\boldsymbol{H}^{\mathrm{T}}$;

(3) 若$\{\sigma\}=\boldsymbol{E}\{\varepsilon\}$,$\{\sigma'\}=\boldsymbol{E}'\{\varepsilon'\}$,则$\boldsymbol{E}'=\boldsymbol{H}\boldsymbol{E}\boldsymbol{H}^{\mathrm{T}}$(见参考文献[4]).

9. 设

$$E_{ijks}=\lambda\delta_{ij}\delta_{ks}+\mu(\delta_{ik}\delta_{js}+\delta_{is}\delta_{jk}),$$
$$E_{ijks}^{(-1)}=\lambda^{(-1)}\delta_{ij}\delta_{ks}+\mu^{(-1)}(\delta_{ik}\delta_{js}+\delta_{is}\delta_{jk}).$$

若

$$E_{ijks}E_{ksmn}^{(-1)}=(\delta_{im}\delta_{jn}+\delta_{in}\delta_{jm})/2,$$

试求$K^{(-1)}$,$\mu^{(-1)}$与K,μ之间的关系,其中

$$K^{(-1)}=\lambda^{(-1)}+\frac{2}{3}\mu^{(-1)},\quad K=\lambda+\frac{2}{3}\mu.$$

10. 若

$$E_{ijks}^{(p)}=\lambda^{(p)}\delta_{ij}\delta_{ks}+\mu^{(p)}(\delta_{ik}\delta_{js}+\delta_{is}\delta_{jk})\quad(p=1,2),$$

试求下式:

$$E_{ijks}^{(1)}E_{ksmn}^{(2)}=\lambda\delta_{ij}\delta_{mn}+\mu(\delta_{im}\delta_{jn}+\delta_{in}\delta_{jm}),$$
$$K=\lambda+\frac{2}{3}\mu$$

中的μ和K与$\lambda^{(p)}$和$\mu^{(p)}$之间的关系.

第五章 弹性力学的边值问题

在前面三章的基础上,我们将在本章构建弹性力学边值问题,它将一个具体的物理问题抽象为一个数学问题. 然后,我们再导出以位移为未知量和以应力为未知量的两种弹性力学边值问题,随后给出有广泛应用的叠加原理和Saint-Venant 原理. 在本章的最后两节中,我们将简要介绍弹性力学变分原理,即最小势能原理和最小余能原理,它们是与弹性力学边值问题等价的另一种数学提法.

§1 弹性力学边值问题的建立

1.1 弹性力学的全部方程式

弹性体占有的空间区域记为 Ω.前面三章已指出,在 Ω 中的应变张量 $\boldsymbol{\Gamma}$、位移矢量 $\boldsymbol{u}$ 和应力张量 $\boldsymbol{T}$ 满足如下的几何方程、平衡方程和本构方程:

$$\begin{cases} \boldsymbol{\Gamma}=(\boldsymbol{u}\nabla+\nabla\boldsymbol{u})/2, \\ \nabla\cdot\boldsymbol{T}+\boldsymbol{f}=\boldsymbol{0}, \qquad (\text{在 } \Omega \text{ 中}), \\ \boldsymbol{T}=\lambda\,\mathrm{J}(\boldsymbol{\Gamma})\boldsymbol{I}+2\mu\boldsymbol{\Gamma} \end{cases} \tag{1.1}$$

其中 $\boldsymbol{f}$ 为 Ω 上给定的体力,λ 和 μ 为弹性介质的拉梅(Lamé)常数,$\mathrm{J}(\boldsymbol{\Gamma})$为 $\boldsymbol{\Gamma}$ 的迹.方程组(1.1)包含 15 个未知量,即 6 个应变分量、3 个位移分量和 6 个应力分量;方程组(1.1)由 15 个标量方程组成,其中几何方程(1.1a)有 6 个标量方程,平衡方程(1.1b)有 3 个标量方程,本构方程(1.1c)有 6 个标量方程.方程组(1.1)是弹性力学的全部独立方程.

1.2 弹性力学的边界条件

区域 Ω 的边界曲面记为 $\partial\Omega$.弹性力学的未知量在 $\partial\Omega$ 上满足如下的条件:

$$\begin{cases} \boldsymbol{u}=\bar{\boldsymbol{u}} & (\partial_u\Omega), \\ \boldsymbol{n}\cdot\boldsymbol{T}=\boldsymbol{t} & (\partial_t\Omega), \\ \boldsymbol{n}\cdot\boldsymbol{T}+k\boldsymbol{u}=\boldsymbol{0} & (\partial_e\Omega), \end{cases} \tag{1.2}$$

其中 $\partial_u\Omega$,$\partial_t\Omega$ 和 $\partial_e\Omega$ 分别为边界 $\partial\Omega$ 的一些部分,它们彼此互不重叠且组成整个边界 $\partial\Omega$; $\bar{\boldsymbol{u}}$为 $\partial_u\Omega$ 上给定的位移; $\boldsymbol{t}$ 为 $\partial_t\Omega$ 上给定的面力; $\boldsymbol{n}$ 为边界上单

位外法向矢量；k 为正的常数.条件(1.2a),(1.2b)和(1.2c)通常分别称为位移边界条件、应力边界条件和弹性边界条件.边界曲面 $\partial\Omega$ 上的某个点或属于 $\partial_u\Omega$，或属于 $\partial_t\Omega$，或属于 $\partial_e\Omega$，因此对边界 $\partial\Omega$ 上的每个点而言，边界条件(1.2)有 3 个标量方程.

1.3 弹性力学的边值问题

弹性力学的边值问题可叙述为：设 Lamé 常数为 λ 和 μ 的弹性体占有空间区域 Ω，当 Ω 中给定体力 $\boldsymbol{f}$，$\partial_u\Omega$ 上给定位移 $\bar{\boldsymbol{u}}$，$\partial_t\Omega$ 上给定面力 $\boldsymbol{t}$，并在 $\partial_e\Omega$ 上给定 k 时，求在 Ω 中满足方程组(1.1)和在 $\partial\Omega$ 上满足边界条件(1.2)的位移场 $\boldsymbol{u}$ 和应力场 $\boldsymbol{T}$.这个叙述可简单地写为

$$\text{“弹性力学边值问题”}=\text{“方程(1.1)”}+\text{“边值(1.2)”}. \tag{1.3}$$

建立和求解弹性力学边值问题构成了弹性理论的基本内容，弹性力学边值问题把一个具体的物理问题转变为一个数学问题，弹性力学边值问题是百余年来众多工程师、力学家、物理学家、数学家等共同努力的结果.就目前情况而言，弹性力学是数学物理领域中最成功的典范之一，弹性力学的基本架构已成为诸多力学理论的基本模式.求解弹性力学边值问题的任务是：求 15 个未知量使其满足 15 个方程和 3 个边界条件.弹性力学边值问题所求出的位移场和应力场为工程实际问题中的刚度校核和强度校核提供了理论基础.依据边界条件的情况可将弹性力学边值问题分成如下 3 种问题：

位移边值问题 此时弹性力学边值问题(1.3)中的边界条件(1.2)为

$$\boldsymbol{u}=\bar{\boldsymbol{u}} \quad (\partial\Omega). \tag{1.4}$$

也就是说，这时全部边界 $\partial\Omega$ 上位移已知.位移边值问题有时也称为第一边值问题.

应力边值问题 此时弹性力学边值问题(1.3)中的边界条件(1.2)为

$$\boldsymbol{n}\cdot\boldsymbol{T}=\boldsymbol{t} \quad (\partial\Omega). \tag{1.5}$$

也就是说，这时全部边界 $\partial\Omega$ 上的面力已知.应力边值问题有时也称为第二边值问题.

混合边值问题 凡不是位移边值问题和应力边值问题的弹性力学边值问题都称为混合边值问题.此时 $\partial_u\Omega$，$\partial_t\Omega$ 和 $\partial_e\Omega$ 至少有两个不是空集.此外还可能有这样的混合边值问题，例如在边界的切向给定位移，法向给定外力等.混合边值问题有时也称为第三边值问题.

1.4 适定性

对于边值问题的解需要研究它的适定性，也就是需要研究解的存在性、唯一性，以及解对边值的连续依赖性.Kupradze[126] 利用弹性位势理论证明了弹性

力学边值问题解的存在性，Fichera[100]利用 Sobolev 空间证明了解的存在性，他们同时也证明了解对边值的连续依赖性.关于解的唯一性定理将在 §2 中给出.

1.5　解法概述

工程实践中提出了大量的弹性力学边值问题，对于这些问题已经发展了许多解法. 关于求解边值问题的解法大致可以分为三类：

实验方法　此类有电测法、光弹性法、比拟法、云纹法、散斑法、焦散线法等.

数值方法　此类有直接法、差分法、有限元法、边界元法、无网格法等.

解析方法　此类主要利用偏微分方程、复变函数、积分方程、群论、微分几何、泛函分析、变分法和变分不等式等数学工具来求解边值问题.

上述三类方法还可以互相交叉、渗透形成半实验半数值方法、半解析半数值方法、半实验半解析方法.本书的后六章主要阐述解析方法，利用偏微分方程理论和复变函数理论来解一些典型的弹性力学问题.

§2　唯一性定理

弹性力学唯一性定理是由 Kirchhoff 于 1859 年证明的.

定理　当体力 $\boldsymbol{f}$ 和边界条件给定时，如果

$$\mu > 0, \quad 3\lambda + 2\mu > 0 \tag{2.1}$$

或者

$$E > 0, \quad -1 < \nu < 0.5, \tag{2.2}$$

则弹性力学边值问题(1.3)的应力场是唯一确定的，位移场一般来说精确到刚体位移.

证明　设边值问题(1.3)有两个解 $\boldsymbol{\Gamma}^{(i)}, \boldsymbol{u}^{(i)}, \boldsymbol{T}^{(i)}\ (i=1,2)$，它们都满足下列方程和边界条件，即

$$\begin{cases}\boldsymbol{\Gamma}^{(i)} = (\boldsymbol{u}^{(i)}\nabla + \nabla\boldsymbol{u}^{(i)})/2, \\ \nabla\cdot\boldsymbol{T}^{(i)} + \boldsymbol{f} = \boldsymbol{0}, & (\Omega); \\ \boldsymbol{T}^{(i)} = \lambda\,\mathrm{J}(\boldsymbol{\Gamma}^{(i)})\boldsymbol{I} + 2\mu\boldsymbol{\Gamma}^{(i)}\end{cases} \tag{2.3}$$

$$\begin{cases}\boldsymbol{u}^{(i)} = \bar{\boldsymbol{u}} & (\partial_u\Omega), \\ \boldsymbol{n}\cdot\boldsymbol{T}^{(i)} = \boldsymbol{t} & (\partial_t\Omega), \\ \boldsymbol{n}\cdot\boldsymbol{T}^{(i)} + k\boldsymbol{u}^{(i)} = \boldsymbol{0} & (\partial_e\Omega),\end{cases} \tag{2.4}$$

其中 $i=1,2$.令

$$\boldsymbol{\Gamma} = \boldsymbol{\Gamma}^{(1)} - \boldsymbol{\Gamma}^{(2)}, \quad \boldsymbol{T} = \boldsymbol{T}^{(1)} - \boldsymbol{T}^{(2)}, \quad \boldsymbol{u} = \boldsymbol{u}^{(1)} - \boldsymbol{u}^{(2)}. \tag{2.5}$$

将(2.3)和(2.4)两组式子中 $i=1,2$ 的相应方程相减得

$$\begin{cases} \boldsymbol{\Gamma} = (\boldsymbol{u}\,\nabla + \nabla\,\boldsymbol{u})/2, \\ \nabla \cdot \boldsymbol{T} = \boldsymbol{0}, \\ \boldsymbol{T} = \lambda\ \mathrm{J}(\boldsymbol{\Gamma})\boldsymbol{I} + 2\mu\boldsymbol{\Gamma}; \end{cases} \tag{2.6}$$

$$\begin{cases} \boldsymbol{u} = \boldsymbol{0} & (\partial_u \Omega), \\ \boldsymbol{n} \cdot \boldsymbol{T} = \boldsymbol{0} & (\partial_t \Omega), \\ \boldsymbol{n} \cdot \boldsymbol{T} + k\boldsymbol{u} = \boldsymbol{0} & (\partial_e \Omega). \end{cases} \tag{2.7}$$

设

$$W = \frac{1}{2}\sigma_{ij}\gamma_{ij} \tag{2.8}$$

为应变能密度,在 Ω 上作它的体积分,有

$$\begin{aligned} 2\iiint\limits_{\Omega} W\,\mathrm{d}\tau &= \iiint\limits_{\Omega}\sigma_{ij}\gamma_{ij}\,\mathrm{d}\tau = \iiint\limits_{\Omega}\sigma_{ij}\ u_{i,j}\,\mathrm{d}\tau \\ &= \oiint\limits_{\partial\Omega}\sigma_{ij}\ n_j u_i\,\mathrm{d}s - \iiint\limits_{\Omega}\sigma_{ij,j}\ u_i\,\mathrm{d}\tau \\ &= \oiint\limits_{\partial\Omega}(\boldsymbol{n}\cdot\boldsymbol{T})\cdot\boldsymbol{u}\,\mathrm{d}s - \iiint\limits_{\Omega}(\nabla\cdot\boldsymbol{T})\cdot\boldsymbol{u}\,\mathrm{d}\tau. \end{aligned} \tag{2.9}$$

上式中我们利用了几何方程(2.6a)和应力张量 σ_{ij} 的对称性,以及 Gauss 定理.将边界条件(2.7)和平衡方程(2.6b)代入(2.9)式,即得

$$2\iiint\limits_{\Omega} W\,\mathrm{d}\tau = -\iint\limits_{\partial_e\Omega} k\boldsymbol{u}\cdot\boldsymbol{u}\,\mathrm{d}s. \tag{2.10}$$

上式的左边积分号内的应变能密度 W,由于本构方程(2.6c),有

$$W = \frac{1}{2}[\lambda(\gamma_{kk})^2 + 2\mu\gamma_{ij}\gamma_{ij}]. \tag{2.11}$$

按第四章所述,在条件(2.1)和(2.2)之下,W 为正定二次型,因此(2.10)式中等号左边应为非负数,而等号右边是非正数.这就推出

$$\iiint\limits_{\Omega} W\,\mathrm{d}\tau = 0. \tag{2.12}$$

由于 $W \geqslant 0$,由上式推出

$$W = 0 \quad (\Omega). \tag{2.13}$$

既然 W 是 γ_{ij} 的正定二次型,从(2.13)式得

$$\gamma_{ij} = 0 \quad (\Omega; i, j = 1, 2, 3). \tag{2.14}$$

利用本构方程(2.6c),从上式得到

$$\sigma_{ij} = 0 \quad (\Omega; i, j = 1, 2, 3). \tag{2.15}$$

(2.15)式即为 $\boldsymbol{T}^{(1)} = \boldsymbol{T}^{(2)}$,于是应力场是唯一的.

按照第二章关于 Volterra 积分公式的推论 6.1,从(2.14)式,得到位移场 $\boldsymbol{u}$

为刚体位移场，即 $\boldsymbol{u}^{(1)}$ 与 $\boldsymbol{u}^{(2)}$ 之差为一刚体位移.定理证毕.

附注 1　我们知道，如果不在同一条直线上的三个点上刚体位移为零，则此刚体位移在全域上为零.如果弹性力学边值问题不是应力边值问题，而是位移边值问题或混合边值问题，这时在 $\partial_u\Omega$ 上或在 $\partial_c\Omega$ 上总会有不在同一条直线上的三个点，其上位移为零(见参考文献[64])，这样，上述唯一性定理中的位移场就唯一确定.

附注 2　由于弹性力学边值问题的复杂性，人们不得不采用一种称为“半逆解法”的方法进行求解.对一个给定的边值问题，所谓半逆解法，就是先以某种先验估计给出部分的应力分量或位移分量，然后将这些先验给出的量作为已知量代入方程和边界条件，去求其余的应力分量和位移分量，如果它们能使全部方程和全部边界条件满足，则我们就求出了给定的边值问题的解.按照本节的唯一性定理，不管用什么方法求出来的解，都是边值问题的解，其中当然也包括用半逆解法所求出的解.

附注 3　本节的唯一性定理对于一般的混合问题都成立.如果仅限于位移边值问题，条件(2.1)或(2.2)可放宽为

$$\mu(\lambda+2\mu)>0, \tag{2.16}$$

$$E>0,\quad \nu\neq -1,\quad \nu\notin[1/2,1], \tag{2.17}$$

唯一性定理依然成立.对于应力边值问题，如果弹性区域是星形的，在条件(2.16)或(2.17)之下，唯一性定理也成立.Knops 和 Payne[124] 对弹性力学边值问题的唯一性问题进行了较详尽的讨论.

附注 4　由于边界不光滑、集中外力等原因，弹性力学边值问题的解有时会出现奇异性.如果奇性不高，加上适当条件，本节的唯一性定理仍可成立.例如，设 A 为区域边界 $\partial\Omega$ 上的孤立奇异点，今以 A 为球心、δ 为半径，作小球 $\Sigma_\delta(A)$，它与区域 Ω 相交的部分记作 $\Sigma'_\delta(A)$，其边界的球面部分记作$\partial\Sigma'_\delta(A)$.如果假定

$$\iint\limits_{\partial\Sigma'_\delta(A)} \boldsymbol{t}\cdot\boldsymbol{u}\,\mathrm{d}s\to 0\quad(\delta\to 0), \tag{2.18}$$

则在补充条件(2.18)之下，唯一性定理依然正确.

事实上，设

$$\Omega'=\Omega/\Sigma_\delta(A),$$

那么在 Ω'上，重复本节定理的证明，考虑到条件(2.18)，再令 $\delta\to 0$，就可知道唯一性定理仍正确.

§3　以位移表示的弹性力学边值问题

3.1　以位移表示的弹性力学方程组

现在利用消去法，将方程组(1.1)中的应变张量 $\boldsymbol{\Gamma}$ 和应力张量 $\boldsymbol{T}$ 消去，得到仅以位移矢量 $\boldsymbol{u}$ 表示的弹性力学方程组.消去过程如下：将几何方程(1.1a)代入本构方程(1.1c)，得

$$\boldsymbol{T}=\lambda(\nabla\cdot\boldsymbol{u})\boldsymbol{I}+\mu(\boldsymbol{u}\nabla+\nabla\boldsymbol{u}). \tag{3.1}$$

对上式取散度,得

$$\begin{aligned}\nabla\cdot\boldsymbol{T}&=\nabla\cdot[\lambda(\nabla\cdot\boldsymbol{u})\boldsymbol{I}+\mu(\boldsymbol{u}\nabla+\nabla\boldsymbol{u})]\\&=(\lambda+\mu)\nabla(\nabla\cdot\boldsymbol{u})+\mu\nabla^2\boldsymbol{u}.\end{aligned} \tag{3.2}$$

注意,上式假设弹性材料为均匀的,即 λ 和 μ 是常数而不是点的函数.将(3.2)式代入平衡方程(1.1b)得

$$\nabla^2\boldsymbol{u}+\frac{1}{1-2\nu}\nabla(\nabla\cdot\boldsymbol{u})+\frac{1}{\mu}\boldsymbol{f}=\boldsymbol{0}, \tag{3.3}$$

其中利用了弹性常数之间的关系

$$\frac{\lambda+\mu}{\mu}=\frac{1}{1-2\nu}.$$

(3.3)式就是以位移表示的弹性力学方程,此式或称为以位移表示的平衡方程,有时亦称为 Navier 方程.(3.3)式在直角坐标系中的投影形式为

$$\begin{cases}\nabla^2 u+\dfrac{1}{1-2\nu}\dfrac{\partial}{\partial x}\left(\dfrac{\partial u}{\partial x}+\dfrac{\partial v}{\partial y}+\dfrac{\partial w}{\partial z}\right)+\dfrac{1}{\mu}f_x=0,\\\nabla^2 v+\dfrac{1}{1-2\nu}\dfrac{\partial}{\partial y}\left(\dfrac{\partial u}{\partial x}+\dfrac{\partial v}{\partial y}+\dfrac{\partial w}{\partial z}\right)+\dfrac{1}{\mu}f_y=0,\\\nabla^2 w+\dfrac{1}{1-2\nu}\dfrac{\partial}{\partial z}\left(\dfrac{\partial u}{\partial x}+\dfrac{\partial v}{\partial y}+\dfrac{\partial w}{\partial z}\right)+\dfrac{1}{\mu}f_z=0,\end{cases} \tag{3.4}$$

其中 $(f_x,f_y,f_z)^{\mathrm{T}}=\boldsymbol{f}$.上式是三个二阶偏微分方程的联立方程组,总阶数为六阶.(3.4)式也可写为指标形式,

$$u_{i,jj}+\frac{1}{1-2\nu}u_{j,ji}+\frac{1}{\mu}f_i=0. \tag{3.5}$$

3.2 以位移表示的应力边界条件

利用(3.1)式,有

$$\begin{aligned}\boldsymbol{n}\cdot\boldsymbol{T}&=\lambda\boldsymbol{n}\cdot[(\nabla\cdot\boldsymbol{u})\boldsymbol{I}]+\mu\boldsymbol{n}\cdot(\boldsymbol{u}\nabla)+\mu\boldsymbol{n}\cdot(\nabla\boldsymbol{u})\\&=\lambda(\nabla\cdot\boldsymbol{u})\boldsymbol{n}+\mu\boldsymbol{n}\cdot(\boldsymbol{u}\nabla-\nabla\boldsymbol{u})+2\mu\boldsymbol{n}\cdot(\nabla\boldsymbol{u}).\end{aligned} \tag{3.6}$$

注意到

$$\boldsymbol{n}\cdot\frac{\boldsymbol{u}\nabla-\nabla\boldsymbol{u}}{2}=\boldsymbol{n}\cdot\boldsymbol{\Omega}=\frac{1}{2}\boldsymbol{n}\times(\nabla\times\boldsymbol{u}), \tag{3.7}$$

其中最后一个等号利用了第一章的公式(2.22)和第二章的公式(2.9).将(3.7)式代入(3.6)式,可得以位移表示的应力边界条件

$$\lambda(\nabla\cdot\boldsymbol{u})\boldsymbol{n}+\mu\boldsymbol{n}\times(\nabla\times\boldsymbol{u})+2\mu\frac{\partial\boldsymbol{u}}{\partial n}=\boldsymbol{t}. \tag{3.8}$$

3.3 以位移表示的弹性力学边值问题

以位移表示的弹性力学边值问题是

$$\begin{cases}\nabla^2\boldsymbol{u}+\dfrac{1}{1-2\nu}\nabla(\nabla\cdot\boldsymbol{u})+\dfrac{1}{\mu}\boldsymbol{f}=\boldsymbol{0} & (\Omega),\\ \boldsymbol{u}=\bar{\boldsymbol{u}} & (\partial_u\Omega),\\ \lambda(\nabla\cdot\boldsymbol{u})\boldsymbol{n}+\mu\boldsymbol{n}\times(\nabla\times\boldsymbol{u})+2\mu\dfrac{\partial\boldsymbol{u}}{\partial n}=\boldsymbol{t} & (\partial_t\Omega),\\ \lambda(\nabla\cdot\boldsymbol{u})\boldsymbol{n}+\mu\boldsymbol{n}\times(\nabla\times\boldsymbol{u})+2\mu\dfrac{\partial\boldsymbol{u}}{\partial n}+k\boldsymbol{u}=\boldsymbol{0} & (\partial_e\Omega).\end{cases} \tag{3.9}$$

以位移表示的弹性力学边值问题(3.9)，共有3个未知量、3个标量方程，以及每个边界点上有3个边界条件.从(3.9)式求出位移场后，再从几何方程算出应变场，然后按本构方程算出应力场.

3.4 位移场的性质

在无体力的条件下，方程(3.3)是

$$\nabla^2\boldsymbol{u}+\frac{1}{1-2\nu}\nabla(\nabla\cdot\boldsymbol{u})=\boldsymbol{0}. \tag{3.10}$$

对上式取散度得

$$\nabla^2(\nabla\cdot\boldsymbol{u})=0, \tag{3.11}$$

由此式可知，体膨胀 $\nabla\cdot\boldsymbol{u}$ 为调和函数. 对(3.10)式取 Laplace 算子得

$$\nabla^2\nabla^2\boldsymbol{u}+\frac{1}{1-2\nu}\nabla\nabla^2(\nabla\cdot\boldsymbol{u})=\boldsymbol{0}, \tag{3.12}$$

将(3.11)式代入上式可导出

$$\nabla^2\nabla^2\boldsymbol{u}=\boldsymbol{0}. \tag{3.13}$$

上式表明，在无体力条件下弹性力学的位移场是双调和的.

§4 以应力表示的弹性力学边值问题

4.1 Michell 应力协调方程

按照第二章的定理 6.3，几何方程(1.1a)在单连通区域中，可用应变协调方程

$$\nabla\times\boldsymbol{\Gamma}\times\nabla=\boldsymbol{0} \tag{4.1}$$

来代替.将第一章的恒等式(4.15)用于对称张量 $\boldsymbol{\Gamma}$ 得

$$\boldsymbol{I}\overset{\times}{\times}(\nabla\times\boldsymbol{\Gamma}\times\nabla)=(\nabla\cdot\boldsymbol{\Gamma})\nabla+\nabla(\boldsymbol{\Gamma}\cdot\nabla)-\nabla^2\boldsymbol{\Gamma}-\nabla\nabla\mathrm{J}(\boldsymbol{\Gamma}). \tag{4.2}$$

按第一章的定理 2.2,从(4.2)式可知(4.1)式等价于

$$\nabla^2\boldsymbol{\Gamma}+\nabla\nabla\mathrm{J}(\boldsymbol{\Gamma})-(\nabla\cdot\boldsymbol{\Gamma})\nabla-\nabla(\boldsymbol{\Gamma}\cdot\nabla)=\boldsymbol{0}. \tag{4.3}$$

以 $\boldsymbol{T}$ 表示 $\boldsymbol{\Gamma}$ 的本构关系方程为

$$\boldsymbol{\Gamma}=\frac{1+\nu}{E}\boldsymbol{T}-\frac{\nu}{E}\Theta\boldsymbol{I}, \tag{4.4}$$

其中 $\Theta=\mathrm{J}(\boldsymbol{T})$. 从(4.4)式可得

$$\begin{cases}\mathrm{J}(\boldsymbol{\Gamma})=\dfrac{1-2\nu}{E}\Theta,\\[2ex] \nabla\cdot\boldsymbol{\Gamma}=\boldsymbol{\Gamma}\cdot\nabla=\dfrac{1+\nu}{E}\nabla\cdot\boldsymbol{T}-\dfrac{\nu}{E}\nabla\Theta.\end{cases} \tag{4.5}$$

将(4.4)和(4.5)式代入(4.3)式,得

$$\begin{aligned}&(1+\nu)\nabla^2\boldsymbol{T}+\nabla\nabla\Theta-\nu\nabla^2\Theta\boldsymbol{I}\\&\quad-(1+\nu)[(\nabla\cdot\boldsymbol{T})\nabla+\nabla(\boldsymbol{T}\cdot\nabla)]=\boldsymbol{0}.\end{aligned} \tag{4.6}$$

把方程(1.1b)代入上式左边的最后一项,得

$$(1+\nu)\nabla^2\boldsymbol{T}+\nabla\nabla\Theta-\nu\nabla^2\Theta\boldsymbol{I}+(1+\nu)(\boldsymbol{f}\nabla+\nabla\boldsymbol{f})=\boldsymbol{0}. \tag{4.7}$$

对(4.7)式取迹,得

$$\nabla^2\Theta=-\frac{1+\nu}{1-\nu}\nabla\cdot\boldsymbol{f}. \tag{4.8}$$

将上式再代入(4.7)式得

$$\nabla^2\boldsymbol{T}+\frac{1}{1+\nu}\nabla\nabla\Theta+\frac{\nu}{1-\nu}(\nabla\cdot\boldsymbol{f})\boldsymbol{I}+(\boldsymbol{f}\nabla+\nabla\boldsymbol{f})=\boldsymbol{0}. \tag{4.9}$$

该式称为 Michell 应力协调方程,其在直角坐标系中投影形式为

$$\begin{cases}\nabla^2\sigma_x+\dfrac{1}{1+\nu}\Theta_{,xx}+\dfrac{\nu}{1-\nu}(\nabla\cdot\boldsymbol{f})+2f_{x,x}=0,\\[2ex] \nabla^2\sigma_y+\dfrac{1}{1+\nu}\Theta_{,yy}+\dfrac{\nu}{1-\nu}(\nabla\cdot\boldsymbol{f})+2f_{y,y}=0,\\[2ex] \nabla^2\sigma_z+\dfrac{1}{1+\nu}\Theta_{,zz}+\dfrac{\nu}{1-\nu}(\nabla\cdot\boldsymbol{f})+2f_{z,z}=0,\\[2ex] \nabla^2\tau_{yz}+\dfrac{1}{1+\nu}\Theta_{,yz}+f_{y,z}+f_{z,y}=0,\\[2ex] \nabla^2\tau_{zx}+\dfrac{1}{1+\nu}\Theta_{,zx}+f_{z,x}+f_{x,z}=0,\\[2ex] \nabla^2\tau_{xy}+\dfrac{1}{1+\nu}\Theta_{,xy}+f_{x,y}+f_{y,x}=0.\end{cases} \tag{4.10}$$

上式的指标形式为

$$\nabla^2\sigma_{ij}+\frac{1}{1+\nu}\Theta_{,ij}+\frac{\nu}{1-\nu}(\nabla\cdot\boldsymbol{f})\delta_{ij}+f_{i,j}+f_{j,i}=0, \tag{4.11}$$

指标中的逗号表示对其后变量取微商.

4.2　以应力表示的应力边值问题

以应力为未知量的应力边值问题表示为

$$\begin{cases}\nabla^2\boldsymbol{T}+\dfrac{1}{1+\nu}\nabla\nabla\Theta+\dfrac{\nu}{1-\nu}(\nabla\cdot\boldsymbol{f})\boldsymbol{I}+(\boldsymbol{f}\nabla+\nabla\boldsymbol{f})=\boldsymbol{0} & (\Omega),\\ \nabla\cdot\boldsymbol{T}+\boldsymbol{f}=\boldsymbol{0} & (\Omega),\\ \boldsymbol{n}\cdot\boldsymbol{T}=\boldsymbol{t} & (\partial\Omega),\end{cases} \tag{4.12}$$

上式包含 9 个方程、3 个边界条件和 6 个未知量.

对于 $m(>1)$ 个连通区域,我们知道应变协调方程(4.1)并不等价于几何方程(1.1a),按第二章定理 6.3 所述,必须增加 $6(m-1)$ 个位移单值性条件.因此,对于多连通区域 Ω 中的应力边值问题(4.12)也必须增加相应的位移单值性条件.从(4.12)式求出应力场后,按 Hooke 定律算出应变场,再按 Voterra 积分公式或其他方法算出位移场.

当然也可考虑以应力表示的位移边值问题,或混合边值问题,不过对于位移的边界条件(1.2a)或(1.4),都需要从应变场经积分得出位移场后再来验证这些边界条件是否满足.

4.3　平衡方程作为边界条件

无体力的边值问题为

$$\begin{cases}\nabla^2\boldsymbol{T}+\dfrac{1}{1+\nu}\nabla\nabla\Theta=\boldsymbol{0} & (\Omega),\\ \nabla\cdot\boldsymbol{T}=\boldsymbol{0} & (\Omega),\\ \boldsymbol{n}\cdot\boldsymbol{T}=\boldsymbol{t} & (\partial\Omega).\end{cases} \tag{4.13}$$

现在我们来证明(4.13)式中的平衡方程(4.13b)可看作边界条件,即(4.13)式等价于下列边值问题:

$$\begin{cases}\nabla^2\boldsymbol{T}+\dfrac{1}{1+\nu}\nabla\nabla\Theta=\boldsymbol{0} & (\Omega),\\ \nabla\cdot\boldsymbol{T}=\boldsymbol{0} & (\partial\Omega),\\ \boldsymbol{n}\cdot\boldsymbol{T}=\boldsymbol{t} & (\partial\Omega).\end{cases} \tag{4.14}$$

事实上,对(4.14a)式取迹和散度,得

$$\nabla^2\Theta=0\quad(\Omega), \tag{4.15}$$

$$\nabla^2(\boldsymbol{\nabla}\cdot\boldsymbol{T})+\frac{1}{1+\nu}\boldsymbol{\nabla}(\nabla^2\Theta)=\mathbf{0}\quad(\Omega). \tag{4.16}$$

将(4.15)式代入(4.16)式得

$$\nabla^2(\boldsymbol{\nabla}\cdot\boldsymbol{T})=\mathbf{0}\quad(\Omega). \tag{4.17}$$

(4.17)式表明,$\boldsymbol{\nabla}\cdot\boldsymbol{T}$ 在区域 Ω 中为调和函数,而(4.14b)式表明调和函数 $\boldsymbol{\nabla}\cdot\boldsymbol{T}$ 在边界 $\partial\Omega$ 上取零值,按调和函数的狄利克雷(Dirichlet)问题的唯一性定理,可知调和函数 $\boldsymbol{\nabla}\cdot\boldsymbol{T}$ 在整个区域 Ω 中为零.这样就从(4.14)式推出了(4.13)式.此外从(4.13)式推出(4.14)式是显然的.因此,问题(4.13)和问题(4.14)等价.

边值问题(4.14)有 6 个未知量、6 个方程、6 个边界条件,似乎比问题(4.13)"对称"一些.但解具体问题时,还是用问题(4.13)比较方便.关于与问题(4.13)等价的边值问题,还有许多可能情形.(4.13a)和(4.13b)式中有 9 个方程,如果任取 3 个作为边界条件,其余 6 个仍看作方程,这共有 84 种可能.黄克服和王敏中[17]经过分析,证明了与问题(4.13)等价的边值问题共有 81 种.

§5 叠加原理

叠加原理是弹性力学的基本原理之一.借助于这个原理使许多弹性力学问题的解法得以简化.

叠加原理 在同一个弹性体上,设有两组解 $\boldsymbol{\Gamma}^{(i)},\boldsymbol{u}^{(i)},\boldsymbol{T}^{(i)}\ (i=1,2)$ 分别满足下述两个边值问题:

$$\begin{cases}\boldsymbol{\Gamma}^{(i)}=(\boldsymbol{u}^{(i)}\boldsymbol{\nabla}+\boldsymbol{\nabla}\boldsymbol{u}^{(i)})/2,\\ \boldsymbol{\nabla}\cdot\boldsymbol{T}^{(i)}+\boldsymbol{f}^{(i)}=\mathbf{0}, & (\Omega);\\ \boldsymbol{T}^{(i)}=\lambda\mathrm{J}(\boldsymbol{\Gamma}^{(i)})\boldsymbol{I}+2\mu\boldsymbol{\Gamma}^{(i)}\end{cases} \tag{5.1}$$

$$\begin{cases}\boldsymbol{u}^{(i)}=\bar{\boldsymbol{u}}^{(i)} & (\partial_u\Omega),\\ \boldsymbol{n}\cdot\boldsymbol{T}^{(i)}=\boldsymbol{t}^{(i)} & (\partial_t\Omega),\\ \boldsymbol{n}\cdot\boldsymbol{T}^{(i)}+k\boldsymbol{u}^{(i)}=\mathbf{0} & (\partial_e\Omega).\end{cases} \tag{5.2}$$

则边值问题

$$\begin{cases}\boldsymbol{\Gamma}=(\boldsymbol{u}\boldsymbol{\nabla}+\boldsymbol{\nabla}\boldsymbol{u})/2,\\ \boldsymbol{\nabla}\cdot\boldsymbol{T}+\boldsymbol{f}^{(1)}+\boldsymbol{f}^{(2)}=\mathbf{0}, & (\Omega);\\ \boldsymbol{T}=\lambda\mathrm{J}(\boldsymbol{\Gamma})\boldsymbol{I}+2\mu\boldsymbol{\Gamma}\end{cases} \tag{5.3}$$

$$\begin{cases}\boldsymbol{u}=\bar{\boldsymbol{u}}^{(1)}+\bar{\boldsymbol{u}}^{(2)} & (\partial_u\Omega),\\ \boldsymbol{n}\cdot\boldsymbol{T}=\boldsymbol{t}^{(1)}+\boldsymbol{t}^{(2)} & (\partial_t\Omega),\\ \boldsymbol{n}\cdot\boldsymbol{T}+k\boldsymbol{u}=\mathbf{0} & (\partial_e\Omega)\end{cases} \tag{5.4}$$

的解为

$$\boldsymbol{\Gamma}=\boldsymbol{\Gamma}^{(1)}+\boldsymbol{\Gamma}^{(2)},$$

$$\begin{aligned} \boldsymbol{u} &= \boldsymbol{u}^{(1)} + \boldsymbol{u}^{(2)}, \\ \boldsymbol{T} &= \boldsymbol{T}^{(1)} + \boldsymbol{T}^{(2)}. \end{aligned} \tag{5.5}$$

证明 将(5.1)和(5.2)式中关于 $i=1,2$ 相应的方程或边条件相加，即得(5.3)和(5.4)式.证毕.

上述原理的叙述中所说的同一个弹性体 Ω，指的是不仅弹性体占有的空间区域相同，弹性常数 λ 和 μ 相同，而且也包括边界 $\partial_u\Omega$，$\partial_t\Omega$ 和 $\partial_e\Omega$ 的划分也相同.

叠加原理是弹性力学边值问题(1.3)线性特性的一种反映，这个线性特性不仅包括方程的线性性质，也包括边界条件的线性性质.因此，即使方程是线性的，但边界条件不是线性的那种边值问题，其叠加原理并不能成立，接触问题就是如此.

利用叠加原理可将一个复杂的问题分解成若干个简单的问题来解.例如，平面问题中圆周上所受的一般外力可展成傅里叶(Fourier)级数，然后按各阶谐波单独处理.又如，具有体力的问题，可用分成无体力的齐次问题和有体力的特解来处理等.在这个意义上，叠加原理可以认为是“分解原理”.

§6 Saint-Venant 原理

Saint-Venant[157]用半逆解法得到了柱体扭转和弯曲问题的解，由于他注意到一个事实，使他按特殊边界条件的解答有了普遍意义.这个事实是：如果施加于柱体端部的两种外载荷是静力等效的(也就是合力合力矩相同)，那么由它们所引起的两种应力场在距端部较远的地方相差甚微.

Boussinesq[82]将上述思想一般化，叙述为：施加于弹性体上的平衡力系，如果作用范围限于某个给定的球内，那么该平衡力系对远离球的点上所产生的应力是可以忽略的.并称之为“Saint-Venant 原理”.

图 5.1 所示的例子可用来说明 Saint-Venant 原理的含义，其(a)，(b)，(c)3

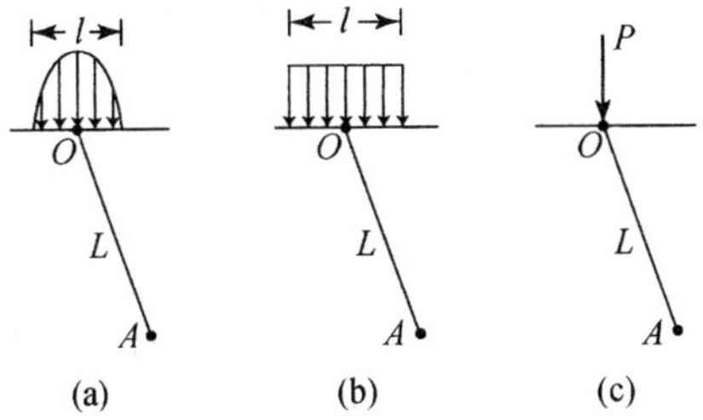

图 5.1

个分图分别表示半平面的边界上作用非均匀力系、均匀分布力系和集中力的3种情况.假设3种情况下的合力都为压力 P,对 O 点的力矩都为0,L 为 OA 的长度.图5.1(a)和(b)中的 l 为分布力的宽度.设点 A 距点 O 相当远,即

$$\frac{l}{L} \ll 1.$$

图5.1(a),(b)和(c)中的3种外力是静力等效的,按Saint-Venant原理,这3种外力在点 A 所产生的应力基本一致.

在弹性理论中,Saint-Venant原理是最具有特色的命题,它在工程力学中被广泛运用,成为梁、板、壳等实用理论的基础.在实践中,一方面常常不可能提出逐点的边界应力;另一方面,即使提出了精确的边界条件也难以求解.而利用Saint-Venant原理,可放松边界条件,仅仅局部要求合力合力矩即可,这就使得求解变得容易多了.

一个多世纪的工程实践说明Saint-Venant原理是合理的.如图5.2所示,一把钳子夹住一个板条,无论施加多大的压力,其应力影响的区域都不会超过虚线所示的部分.Filon曾算出虚线区域不超过板条的宽度(请参见参考文献[43]的第45—54页,以及本书第七章§9).此外,本书第六章§13的半无限圆柱的扭转和第七章§10的半无限条也都佐证了Saint-Venant原理的合理性.

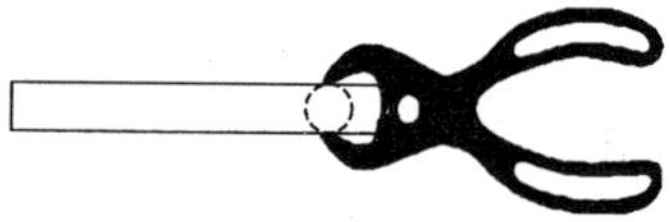

图 5.2

然而,上面所述的Saint-Venant原理有不够准确、模糊不清的地方.Toupin[173]举出了一个反例,说明Saint-Venant原理对弹性体的几何形状是有要求的.该例中他考查了一根长的矩形梁,在距端部 L 处有一裂纹(图5.3).今在端部作用一个平衡力系,按照断裂力学的知识,无论 L 多么大,在裂纹尖端附近的应力场都充分大,不可忽略,此例显然有悖于上面叙述的Saint-Venant原理.

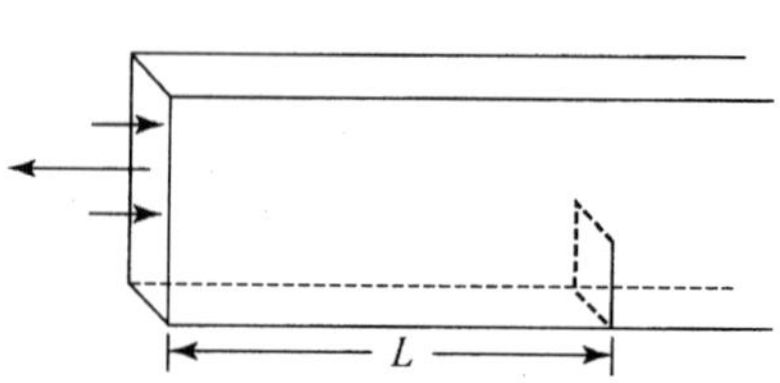

图 5.3

由此可见，Saint-Venant 原理有必要精确叙述，并给以严格证明. Saint-Venant 原理应该是弹性力学边值问题的某种属性.近一个世纪以来，众多学者对此进行了大量的研究，取得了部分成功，著名的研究请参见 Goodier[105]，Mises[139]，Sternberg[163]，Toupin[173]，Knowles[125]发表的文章. 此外，Horgan 和 Knowles[115]，以及 Horgan[116,117]，Fosdick，Simmonds，Steigmann 和 Warne[101]等曾对 Saint-Venant 原理的研究历史和现状予以综述，并介绍了该原理被推广到非线性力学、热弹性、压电弹性力学、黏弹性和微极弹性等领域中的情况.

§7　最小势能原理

在 §1 中我们将弹性力学问题转化成一个数学物理的边值问题，现在将弹性力学问题转化成能量原理的形式.本节与下一节分别讲述最小势能原理和最小余能原理，并指出它们与边值问题的等价性.

设有弹性区域 Ω，其边界为 $\partial\Omega$，在部分边界 $\partial_t\Omega$，$\partial_u\Omega$ 上分别给定面力 $\boldsymbol{t}$、位移 $\bar{\boldsymbol{u}}$，在部分边界 $\partial_e\Omega$ 上给定弹性边界条件；$\partial_t\Omega$，$\partial_u\Omega$ 和 $\partial_e\Omega$ 互不相交且组成全部边界 $\partial\Omega$.

弹性力学的位移场 $\boldsymbol{u}$、应变场 $\boldsymbol{\Gamma}$ 和应力场 $\boldsymbol{T}$，满足如下边值问题：

$$\begin{cases}\boldsymbol{\Gamma}=(\boldsymbol{u}\nabla+\nabla\boldsymbol{u})/2,\\ \nabla\cdot\boldsymbol{T}+\boldsymbol{f}=\boldsymbol{0}, & (\text{在 }\Omega\text{ 中})；\\ \boldsymbol{T}=\lambda\mathrm{J}(\boldsymbol{\Gamma})\boldsymbol{I}+2\mu\boldsymbol{\Gamma}\end{cases}\tag{7.1}$$

$$\begin{cases}\boldsymbol{u}=\bar{\boldsymbol{u}} & (\partial_u\Omega),\\ \boldsymbol{n}\cdot\boldsymbol{T}=\boldsymbol{t} & (\partial_t\Omega),\\ \boldsymbol{n}\cdot\boldsymbol{T}+k\boldsymbol{u}=\boldsymbol{0} & (\partial_e\Omega),\end{cases}\tag{7.2}$$

其中 $\boldsymbol{f}$ 为给定的体力，λ 和 μ 为 Lamé 常数，$\boldsymbol{n}$ 为边界上的单位外法向矢量，k 为给定的非负常数.

称 $\boldsymbol{s}=[\boldsymbol{u},\boldsymbol{\Gamma},\boldsymbol{T}]$为一个弹性状态，其中 $\boldsymbol{u}$，$\boldsymbol{\Gamma}$ 和 $\boldsymbol{T}$ 除连续性以外，没有其他要求.

若 $\boldsymbol{u}$，$\boldsymbol{\Gamma}$ 和 $\boldsymbol{T}$ 是边值问题(7.1)和(7.2)的解，则称该弹性状态 $\boldsymbol{s}$ 是边值问题的解.

若 $\boldsymbol{u}$，$\boldsymbol{\Gamma}$ 和 $\boldsymbol{T}$ 满足几何方程(7.1a)、本构方程(7.1c)和位移边界条件(7.2a)，则称这种弹性状态 $\boldsymbol{s}$ 为运动学许可状态.我们将全体运动学许可状态所组成的集合记为 $\mathscr{A}$.

对于弹性状态 $\boldsymbol{s}$，它的应变能 $U(\boldsymbol{s})$定义如下：

$$U(\boldsymbol{s})=\frac{1}{2}\iiint_{\Omega}(\lambda\theta^{2}+2\mu\gamma_{ij}\gamma_{ij})\mathrm{d}\tau,\tag{7.3}$$

其中 $\theta=\gamma_{ii}$，而 γ_{ij} 为应变分量.

对于运动学许可状态 $\boldsymbol{s}$，它的弹性势能由下式给出：

$$\Pi(\boldsymbol{s})=U(\boldsymbol{s})-\iiint_{\Omega}f_{i}u_{i}\,\mathrm{d}\tau-\iint_{\partial_{t}\Omega}t_{i}u_{i}\,\mathrm{d}s+\frac{1}{2}\iint_{\partial_{e}\Omega}ku_{i}u_{i}\,\mathrm{d}s,\tag{7.4}$$

其中 t_i 为面力分量，f_i 为体力分量，u_i 为位移分量.

定理 7.1(最小势能原理) 若弹性状态 $\boldsymbol{s}$ 为弹性力学边值问题(7.1)和(7.2)的解，则

$$\Pi(\boldsymbol{s})\leqslant\Pi(\tilde{\boldsymbol{s}}),\tag{7.5}$$

其中 $\tilde{\boldsymbol{s}}=[\tilde{\boldsymbol{u}},\boldsymbol{\Gamma},\tilde{\boldsymbol{T}}]$ 为 $\mathscr{A}$ 中任意的运动学许可状态.

证明 设 $\boldsymbol{s}'=\tilde{\boldsymbol{s}}-\boldsymbol{s}$，那么 $\boldsymbol{s}'$ 也是一个运动学许可状态.对 $\boldsymbol{s}'$，有

$$\begin{cases}\boldsymbol{\Gamma}'=(u'\nabla+\nabla\boldsymbol{u}')/2,\\ \boldsymbol{T}'=\lambda\mathrm{J}(\boldsymbol{\Gamma}')\boldsymbol{I}+2\mu\boldsymbol{\Gamma}',\\ \boldsymbol{u}'=\boldsymbol{0}\quad(\text{在 }\partial_{u}\Omega\text{ 上}).\end{cases}\tag{7.6}$$

先来计算

$$\begin{aligned}U(\tilde{\boldsymbol{s}})&=\frac{1}{2}\iiint_{\Omega}(\lambda\tilde{\theta}^{2}+2\mu\tilde{\gamma}_{ij}\tilde{\gamma}_{ij})\mathrm{d}\tau\\&=\frac{1}{2}\iiint_{\Omega}[\lambda(\theta+\theta')^{2}+2\mu(\gamma_{ij}+\gamma'_{ij})(\gamma_{ij}+\gamma'_{ij})]\mathrm{d}\tau\\&=U(\boldsymbol{s})+U(\boldsymbol{s}')+\iiint_{\Omega}(\lambda\theta\delta_{ij}+2\mu\gamma_{ij})\gamma'_{ij}\mathrm{d}\tau.\end{aligned}\tag{7.7}$$

对上式中最后一项进行分部积分，得

$$\begin{aligned}\iiint_{\Omega}(\lambda\theta\delta_{ij}+2\mu\gamma_{ij})\gamma'_{ij}\,\mathrm{d}\tau&=\iiint_{\Omega}\sigma_{ij}u'_{i,j}\,\mathrm{d}\tau\\&=\iiint_{\Omega}[(\sigma_{ij}u'_{i})_{,j}-\sigma_{ij,j}u'_{i}]\mathrm{d}\tau\\&=\oint_{\partial\Omega}\sigma_{ij}u'_{i}n_{j}\,\mathrm{d}s-\iiint_{\Omega}\sigma_{ij,j}u'_{i}\mathrm{d}\tau\\&=-\iiint_{\Omega}\sigma_{ij,j}u'_{i}\mathrm{d}\tau+\iint_{\partial_{t}\Omega}\sigma_{ij}n_{j}u'_{i}\mathrm{d}s+\iint_{\partial_{e}\Omega}\sigma_{ij}n_{j}u'_{i}\mathrm{d}s,\end{aligned}\tag{7.8}$$

其中，在得到(7.8)式的最后一个等号时，利用了边界条件(7.6c).将(7.8)式代入(7.7)式，再按(7.4)式，有

$$\Pi(\tilde{s})=\Pi(s)+U(s')+\frac{1}{2}\iint_{\partial_e\Omega}ku'_iu'_i\mathrm{d}s-\iiint_{\Omega}(\sigma_{ij,j}+f_i)u'_i\mathrm{d}\tau$$
$$+\iint_{\partial_t\Omega}(\sigma_{ij}n_j-t_i)u'_i\mathrm{d}s+\iint_{\partial_e\Omega}(\sigma_{ij}n_j+ku_i)u'_i\mathrm{d}s. \tag{7.9}$$

由于弹性状态 s 为弹性力学边值问题(7.1)和(7.2)的解，根据(7.1b)，(7.2b)和(7.2c)式，则(7.9)式后面三项全为零，这样(7.9)式给出

$$\Pi(\tilde{s})=\Pi(s)+U(s')+\frac{1}{2}\iint_{\partial_e\Omega}ku'_iu'_i\mathrm{d}s. \tag{7.10}$$

再注意到应变能 U 的正定性，以及 k 为非负常数，则从(7.10)式即得到欲证之(7.5)式.证毕.

定理 7.2(最小势能原理的逆定理)　设弹性状态 s 为某个运动学许可状态.如果对任意的运动学许可状态 $\tilde{s}$，都有

$$\Pi(s)\leqslant\Pi(\tilde{s}), \tag{7.11}$$

则状态 s 为弹性力学边值问题(7.1)和(7.2)的解.

证明　由弹性力学边值问题的存在性定理，设边值问题(7.1)和(7.2)的解为 s^*. 按定理 7.1，对精确解 s^*，有

$$\Pi(s^*)\leqslant\Pi(s). \tag{7.12}$$

再按本定理之假定(7.11)式，对 s^* 又有

$$\Pi(s)\leqslant\Pi(s^*). \tag{7.13}$$

综合(7.12)和(7.13)式，得

$$\Pi(s)=\Pi(s^*). \tag{7.14}$$

令

$$s'=s-s^*. \tag{7.15}$$

重复(7.9)式同样的推导，我们得到

$$\Pi(s)=\Pi(s^*)+U(s')+\frac{1}{2}\iint_{\partial_e\Omega}ku'_iu'_i\mathrm{d}s. \tag{7.16}$$

再考虑到(7.14)式，那么(7.16)式给出

$$U(s')+\frac{1}{2}\iint_{\partial_e\Omega}ku'_iu'_i\mathrm{d}s=0. \tag{7.17}$$

由于上式中的两项均非负，故有

$$U(s')=0,\quad \iint_{\partial_e\Omega}ku'_iu'_i\mathrm{d}s=0. \tag{7.18}$$

我们知道，应变能密度为应变分量的正定二次型，从(7.18a)立即得出弹性状态 s' 的位移场 u' 为刚体位移，于是弹性状态 s 的位移场 u 与精确解 u^* 仅差一个刚体位移场. 如果 $\partial_u\Omega$ 或 $\partial_e\Omega$ 非空，则从位移边条件或(7.18b)式可知 $u=u^*$.

证毕.

§8 最小余能原理

本节讨论最小余能原理.将弹性状态 $\boldsymbol{s}$ 的应变能写成以应力表示的形式

$$B(\boldsymbol{s})=\frac{1}{2}\iiint_{\Omega}\left(\frac{1+\nu}{E}\sigma_{ij}\sigma_{ij}-\frac{\nu}{E}\Theta^{2}\right)\mathrm{d}\tau,$$

式中 $\Theta=\sigma_{ii}$，σ_{ij} 为应力分量，E 为杨(Young)氏模量，ν 为泊松(Poisson)比.

一个弹性状态 $\boldsymbol{s}=[\boldsymbol{u},\boldsymbol{\Gamma},\boldsymbol{T}]$，如果它满足平衡方程(7.1b)和应力边界条件(7.2b)，以及弹性边界条件(7.2c)，则我们称该状态 $\boldsymbol{s}$ 为静力学许可状态. 我们将全体静力学许可状态 $\boldsymbol{s}$ 所组成的集合，记为 $\mathscr{K}$.

静力学许可状态 $\boldsymbol{s}$ 的弹性余能 $K(\boldsymbol{s})$ 定义为

$$K(\boldsymbol{s})=B(\boldsymbol{s})-\iint_{\partial_u\Omega}\sigma_{ij}n_j\bar{u}_i\,\mathrm{d}s+\frac{1}{2}\iint_{\partial_e\Omega}ku_iu_i\,\mathrm{d}s,\tag{8.1}$$

其中 $\bar{u}_i$ 为边界 $\partial_u\Omega$ 上给定的位移分量，n_j 为单位外法向矢量的分量.

定理 8.1(最小余能原理) 若弹性状态 $\boldsymbol{s}$ 为弹性力学边值问题(7.1)和(7.2)的解，则

$$K(\boldsymbol{s})\leqslant K(\tilde{\boldsymbol{s}}),\tag{8.2}$$

其中 $\tilde{\boldsymbol{s}}=[\tilde{\boldsymbol{u}},\tilde{\boldsymbol{\Gamma}},\tilde{\boldsymbol{T}}]$ 为 $\mathscr{K}$ 中任意的静力学许可状态.

证明 设 $\boldsymbol{s}'=\tilde{\boldsymbol{s}}-\boldsymbol{s}$，那么 $\boldsymbol{s}'$ 也是一个静力学许可状态.对 $\boldsymbol{s}'$，有

$$\begin{cases}\nabla\cdot\boldsymbol{T}'=\boldsymbol{0},\\ \sigma'_{ij}n_j=0 & (\partial_t\Omega),\\ \sigma'_{ij}n_j+ku'_i=0 & (\partial_e\Omega).\end{cases}\tag{8.3}$$

先来计算

$$\begin{aligned}B(\tilde{\boldsymbol{s}})&=\frac{1}{2}\iiint_{\Omega}\left(\frac{1+\nu}{E}\tilde{\sigma}_{ij}\tilde{\sigma}_{ij}-\frac{\nu}{E}\tilde{\Theta}^{2}\right)\mathrm{d}\tau\\ &=\frac{1}{2}\iiint_{\Omega}\left[\frac{1+\nu}{E}(\sigma_{ij}+\sigma'_{ij})(\sigma_{ij}+\sigma'_{ij})-\frac{\nu}{E}(\Theta+\Theta')^{2}\right]\mathrm{d}\tau\\ &=B(\boldsymbol{s})+B(\boldsymbol{s}')+\iiint_{\Omega}\left(\frac{1+\nu}{E}\sigma_{ij}-\frac{\nu}{E}\Theta\delta_{ij}\right)\sigma'_{ij}\,\mathrm{d}\tau.\end{aligned}\tag{8.4}$$

由假定弹性状态 $\boldsymbol{s}$ 为弹性力学边值问题(7.1)和(7.2)的解，于是从本构关系(7.1c)、几何方程(7.1a)和应力张量 σ'_{ij} 的对称性，可将(8.4)式的最后一项改写为

$$\iiint_{\Omega}\left(\frac{1+\nu}{E}\sigma_{ij}-\frac{\nu}{E}\Theta\delta_{ij}\right)\sigma'_{ij}\,\mathrm{d}\tau=\iiint_{\Omega}\gamma_{ij}\,\sigma'_{ij}\,\mathrm{d}\tau=\iiint_{\Omega}u_{i,j}\,\sigma'_{ij}\,\mathrm{d}\tau.\tag{8.5}$$

对上式进行分部积分，按静力学许可条件(8.3a)和(8.3b)，有

$$\iiint_{\Omega}\left(\frac{1+\nu}{E}\sigma_{ij}-\frac{\nu}{E}\Theta\delta_{ij}\right)\sigma'_{ij}\,\mathrm{d}\tau=\iiint_{\Omega}[(u_i\sigma'_{ij})_{,j}-u_i\sigma'_{ij,j}]\mathrm{d}\tau$$

$$=\oiint_{\partial\Omega}u_i\sigma'_{ij}n_j\,\mathrm{d}s=\iint_{\partial_e\Omega+\partial_u\Omega}u_i\sigma'_{ij}n_j\,\mathrm{d}s. \tag{8.6}$$

将(8.5)和(8.6)式代入(8.4)式，得到

$$B(\tilde{\boldsymbol{s}})=B(\boldsymbol{s})+B(\boldsymbol{s}')+\iint_{\partial_e\Omega}u_i\sigma'_{ij}n_j\,\mathrm{d}s+\iint_{\partial_u\Omega}u_i\sigma'_{ij}n_j\,\mathrm{d}s. \tag{8.7}$$

我们再来计算 $K(\tilde{\boldsymbol{s}})$.从(8.1)式，再利用(8.7)式，得到

$$K(\tilde{\boldsymbol{s}})=K(\boldsymbol{s})+B(\boldsymbol{s}')+\frac{1}{2}\iint_{\partial_e\Omega}ku'_iu'_i\,\mathrm{d}s$$

$$+\iint_{\partial_u\Omega}\sigma'_{ij}n_j(u_i-\bar{u}_i)\mathrm{d}s+\iint_{\partial_e\Omega}u_i(\sigma'_{ij}n_j+ku'_i)\mathrm{d}s. \tag{8.8}$$

上式的后两项为零，这是因为精确解 $\boldsymbol{s}=[\boldsymbol{u},\boldsymbol{\Gamma},\boldsymbol{T}]$满足位移边界条件(7.2a)；静力学许可状态 $\boldsymbol{s}'=[\boldsymbol{u}',\boldsymbol{\Gamma}',\boldsymbol{T}']$满足弹性边界条件(8.3c).因而(8.8)式给出

$$K(\tilde{\boldsymbol{s}})=K(\boldsymbol{s})+B(\boldsymbol{s}')+\frac{1}{2}\iint_{\partial_e\Omega}ku'_iu'_i\,\mathrm{d}s. \tag{8.9}$$

由于应变能 $B(\boldsymbol{s}')$为正，常数 $k\geqslant 0$，从(8.9)式我们立即推出欲证之(8.2)式.证毕.

定理 8.2(最小余能原理的逆定理)　设 $\boldsymbol{s}$ 为某个静力学许可状态.如果对 $\mathscr{K}$ 中任意的静力学许可状态 $\tilde{\boldsymbol{s}}$，都有

$$K(\boldsymbol{s})\leqslant K(\tilde{\boldsymbol{s}}). \tag{8.10}$$

则该静力学许可状态

$$\boldsymbol{s}=[\boldsymbol{u},\boldsymbol{\Gamma},\boldsymbol{T}]$$

为弹性力学边值问题(7.1)和(7.2)的精确解.

证明　设 $\boldsymbol{s}^*=[\boldsymbol{u}^*,\boldsymbol{\Gamma}^*,\boldsymbol{T}^*]$为弹性力学边值问题(7.1)和(7.2)的精确解，当然 $\boldsymbol{s}^*$ 也是 $\mathscr{K}$ 中的一个静力学许可状态.按本定理的假设，有

$$K(\boldsymbol{s})\leqslant K(\boldsymbol{s}^*). \tag{8.11}$$

由于 $\boldsymbol{s}^*$ 为弹性力学边值问题(7.1)和(7.2)的精确解，再按定理 8.1，有

$$K(\boldsymbol{s}^*)\leqslant K(\boldsymbol{s}). \tag{8.12}$$

综合(8.11)和(8.12)式，得

$$K(\boldsymbol{s})=K(\boldsymbol{s}^*). \tag{8.13}$$

令

$$\boldsymbol{s}'=\boldsymbol{s}^*-\boldsymbol{s}. \tag{8.14}$$

重复定理 8.1 中公式(8.9)的推导，得到

$$K(\boldsymbol{s}^*)=K(\boldsymbol{s})+B(\boldsymbol{s}')+\frac{1}{2}\iint_{\partial_e\Omega}ku'_iu'_i\,\mathrm{d}s. \tag{8.15}$$

考虑到(8.13)式,那么(8.15)式给出

$$B(\boldsymbol{s}')+\frac{1}{2}\iint_{\partial_e\Omega}ku'_iu'_i\,\mathrm{d}s=0.$$

又上式中的两项都非负,故有

$$B(\boldsymbol{s}')=0,\quad \iint_{\partial_e\Omega}ku'_iu'_i\,\mathrm{d}s=0. \tag{8.16}$$

由于,应变能密度为应力分量的正定二次型,从(8.16a)式立即得出弹性状态 $\boldsymbol{s}'$ 的应力场为零,因此弹性状态 $\boldsymbol{s}$ 的应力场 $\boldsymbol{T}$ 与精确解 $\boldsymbol{s}^*$ 的应力场 $\boldsymbol{T}^*$ 相同. 由此可以推出,它们的应变场也相同,位移场精确到刚体位移.如果 $\partial_u\Omega$ 或 $\partial_e\Omega$ 非空,或由(8.16b)式,那么位移场也相同. 证毕.

本节和上一节的内容皆取自 Gurtin 的著作[112,第110—125页],有关变分原理的进一步内容也请参考该书,以及钱伟长[36],胡海昌[16],鹫津久一郎[22]等人的著作.借助于变分原理进行离散化,可以导出有限元计算公式.

习　题　五

1. 如图所示三角柱体,其下部受均匀载荷,斜面自由,试验证应力分量:

$$\sigma_x=a\left(-\arctan\frac{y}{x}-\frac{xy}{x^2+y^2}+b\right),$$

$$\sigma_y=a\left(-\arctan\frac{y}{x}+\frac{xy}{x^2+y^2}+c\right),$$

$$\sigma_z=\nu(\sigma_x+\sigma_y),$$

$$\tau_{xy}=-a\,\frac{y^2}{x^2+y^2},\quad \tau_{zx}=\tau_{yz}=0$$

满足应力表示的全部方程,并求常数 a,b,c 使其满足给定的边界条件.

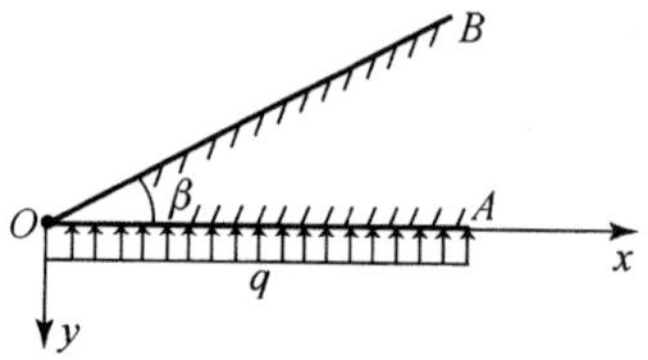

第 1 题图

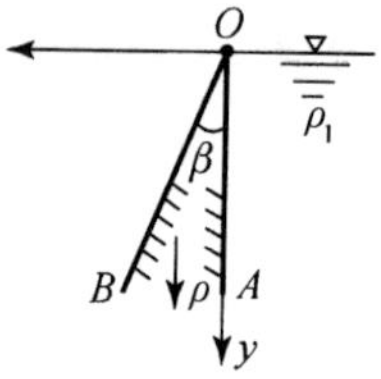

第 2 题图

2. 如图所示三角形重力坝，设水的密度为 ρ_1，坝的密度为 ρ，应力为

$$\sigma_x = ax + by, \quad \sigma_y = cx + dy,$$

$$\tau_{xy} = -dx - ay - \rho x, \quad \tau_{zx} = \tau_{yz} = \sigma_z = 0,$$

求常数 a, b, c, d，使上述应力在边界上满足给定的条件.

3. 试写下列各问题的边界条件：

(1) 如已知物体表面由 $f(x, y, z) = 0$ 确定，沿物体表面作用着与其外法线方向一致的分布载荷 $P(x, y, z)$，试写出其边界条件的张量形式和直角坐标形式；

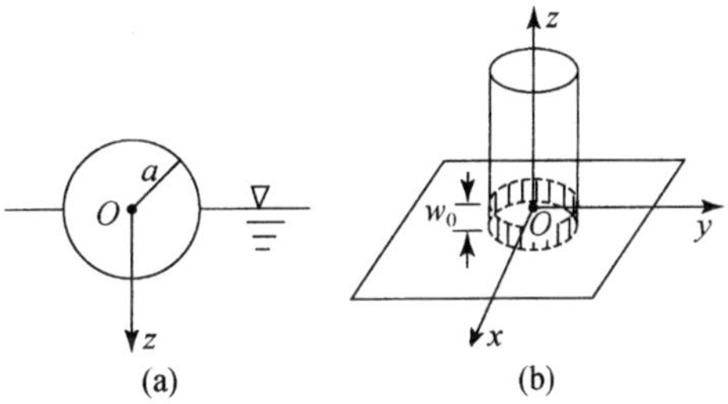

第 3 题图

(2) 图(a)所示半径为 a 的弹性球，一半沉浸在密度为 ρ 的液体内，试写出该球的全部边界条件；

(3) 图(b)所示弹性半空间表面上，作用着一刚性圆柱，如果已知圆柱向下压的位移为 w_0，且圆柱与弹性半空间之间光滑接触，写出弹性半空间的边界条件；

(4) 同(3)问，但假定刚性圆柱与弹性半空间之间有摩擦；

(5) 弹性圆柱，密度为 ρ，高 h，柱底面光滑，置于刚性平板之上.

4. 图示等边三角形水坝，边长为 a，液体密度为 ρ，写出 AB，AC，BC 三边的边界条件.

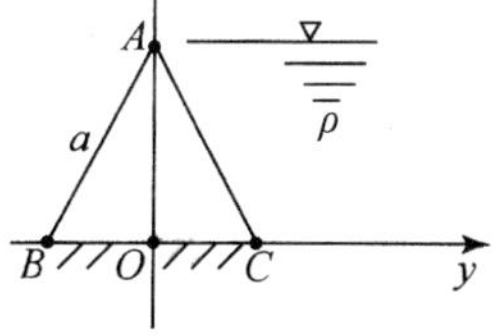

第 4 题图

5. 设

$$\boldsymbol{u} = \nabla f - \alpha g \boldsymbol{j} + y \nabla g + 2 \nabla \times (A\boldsymbol{i} + B\boldsymbol{j}),$$

其中 f, g, A, B 为调和函数，问常数 α 为何值时，上述的 $\boldsymbol{u}$ 为无体力弹性力学的位移场.

6. 设 $\boldsymbol{u}$ 为无体力弹性力学的位移场，令

$$\boldsymbol{a} = \boldsymbol{u} + \frac{1}{2(1-2\nu)} \boldsymbol{r} (\nabla \cdot \boldsymbol{u}),$$

其中 $\boldsymbol{r} = x\boldsymbol{i} + y\boldsymbol{j} + z\boldsymbol{k}$. 则 $\nabla^2 \boldsymbol{a} = \boldsymbol{0}$.

7. 证明：如果体力为零，则应力为双调和函数.

8. 已知弹性体的应力场为

$$\sigma_x = 2x,\quad \sigma_y = 2y + x,\quad \tau_{xy} = -2x - 2y,$$
$$\tau_{zx} = \tau_{yz} = 0,\quad \sigma_z = -2z.$$

(1) 本题所给应力分量是否为弹性力学问题的应力场?

(2) 求此弹性力学问题的体力场;

(3) 求点$(0,a,-4a)$处的主应力和最大剪应力.

9. 试证

$$\oint\!\!\!\oint t_i \tilde{u}_i \,\mathrm{d}s + \iiint f_i \tilde{u}_i \,\mathrm{d}V = \oint\!\!\!\oint \tilde{t}_i u_i \,\mathrm{d}s + \iiint \tilde{f}_i u_i \,\mathrm{d}V,$$

其中t_i, f_i, u_i和$\tilde{t}_i, \tilde{f}_i, \tilde{u}_i$分别为同一弹性体上的两组面力、体力和位移.

10. 试推导以位移表示的平衡方程:

(1) 柱坐标中;

(2) 三维轴对称问题;

(3) 球坐标中;

(4) 球对称问题.

11. 如果体力为零,试验证下述位移满足平衡方程:

(1) $\boldsymbol{u} = \boldsymbol{B} - \dfrac{1}{4(1-\nu)}\nabla(\Psi + \boldsymbol{B}\cdot\boldsymbol{r})$[巴博考维奇-纽勃(Papkovich-Neuber)],其中$\nabla^2\boldsymbol{B} = \boldsymbol{0}$,$\nabla^2\Psi = 0$;

(2) $\boldsymbol{u} = \nabla^2\boldsymbol{g} - \dfrac{1}{2(1-\nu)}\nabla(\nabla\cdot\boldsymbol{g})$[布西内斯克-伽辽金(Boussinesq-Galerkin)],其中$\nabla^4\boldsymbol{g} = \boldsymbol{0}$.

12. 半长轴为a,b的椭圆柱,侧面无外力,不计体力,两端受力,其对z轴的矩为M,设应力为

$$\sigma_x = \sigma_y = \sigma_z = \tau_{xy} = 0,$$
$$\tau_{zx} = Ay,\quad \tau_{yz} = Bx,$$

试求常数A和B.

13. 弹性体沉没于与自己同密度的液体内,试求位移场.

14. (1) 验证下述位移场:

$$u = A\frac{xz}{r^3},\quad v = A\frac{yz}{r^3},$$
$$w = A\left(\frac{z^2}{r^3} + \frac{\lambda + 3\mu}{\lambda + \mu}\frac{1}{r}\right)$$

满足无体力的弹性力学平衡方程;

(2) 求应力场;

(3) 计算球面 $r=\delta$ 上的合力和合力矩；

(4) 本题所给位移场是哪一类三维弹性力学问题的解？

15. 如果 $\mu=0$，试以弹性球为例，说明弹性力学位移边值问题的解不唯一[112].

16. 试导出：当 Poisson 比 $\nu=1/2$ 时，以位移表示的弹性力学方程组[160].

17. 弹性半空间 $z\geqslant 0$，密度为 ρ，边界 $z=0$ 上作用有均布压力 q(如图所示)，设 $z=h$ 处 $w=0$，试按以位移表示的弹性力学边值问题求位移场和应力场.

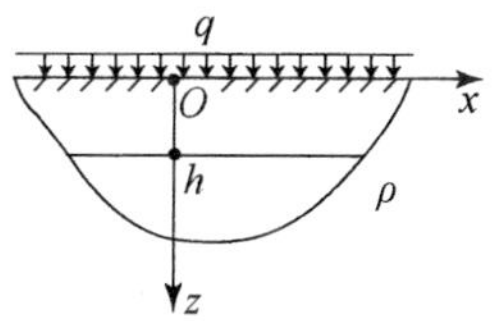

第 17 题图

18. 内外半径分别为 R_1 和 R_2 的有限长圆管，设两端不受力，侧面受内压力 P_1，外压力 P_2，求它的位移场 $\boldsymbol{u}$ 和应力场 $\boldsymbol{T}$.

19. 试证球对称问题中，球体各点的体膨胀系数或为常数或与体力的势函数 V 相关.

20. 双层弹性球壳，已知最内层球腔半径为 R_1，两层之间的交界球面半径为 R_2，最外层球表面半径为 R_3，$R_3>R_2>R_1$，内层和外层的 Young 氏模量与 Poisson 比分别为 E_1,ν_1,E_2,ν_2.设在内层球腔内充以压力 P 的气体，试求：

(1) 球壳内的应力分布；

(2) 球壳内的位移分布；

(3) 两球壳交界面的压力 P'.

*21. 半径为 R 的球体，密度为 ρ，质点之间服从万有引力定律，引力常数为 G，试求球心处的应力.

22. 试证：设弹性区域关于平面 $z=0$ 对称.如果

$$f_x,f_y \text{ 和 } t_x,t_y \text{ 关于 } z \text{ 为偶(奇)函数；}$$
$$f_z \text{ 和 } t_z \text{ 关于 } z \text{ 为奇(偶)函数.}$$

则

$$u,v \text{ 和 } \sigma_x,\sigma_y,\sigma_z,\tau_{xy} \text{ 关于 } z \text{ 就是偶(奇)函数；}$$
$$w \text{ 和 } \tau_{xz},\tau_{yz} \text{ 关于 } z \text{ 就是奇(偶)函数.}$$

第六章 Saint-Venant 问题

§1 问题的提出

第五章中建立了弹性力学的边值问题，在其后的各章中将用它来解一些具体问题.在本章中要研究工程实际中有着广泛应用价值的柱体之拉压弯扭问题.

我们需处理的弹性体为一正柱体 Ω，其横截面 G 可为任意的平面区域.不计体力，柱体的侧面 S 上无外载，仅在两端受有外力.在此情况下，求柱体内的位移场和应力场.

取直角坐标系如图 6.1 所示，其原点 O 放在左端面的形心上，z 轴平行于柱体的母线并指向右端，x 轴和 y 轴分别与截面的主轴重合，并与 z 轴构成右手系.图中 l 表示柱长.

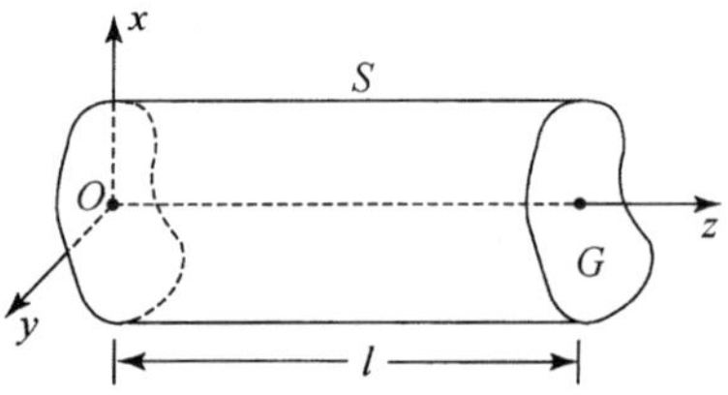

图 6.1

无体力时，以应力表示的弹性力学方程组为

$$\nabla \cdot \boldsymbol{T} = \boldsymbol{0} \quad (\Omega), \tag{1.1}$$

$$\nabla^2 \boldsymbol{T} + \frac{1}{1+\nu} \nabla \nabla \mathrm{J}(\boldsymbol{T}) = \boldsymbol{0} \quad (\Omega), \tag{1.2}$$

其中 $\boldsymbol{T}$ 为应力张量，$\mathrm{J}(\boldsymbol{T})$ 为 $\boldsymbol{T}$ 的迹.侧面 S 无外载的边界条件为

$$\boldsymbol{n} \cdot \boldsymbol{T} = \boldsymbol{0} \quad (S), \tag{1.3}$$

这里 $\boldsymbol{n}$ 为 S 的单位外法向矢量.柱体左、右两端的边界条件为

$$\boldsymbol{k} \cdot \boldsymbol{T} = \boldsymbol{t} \quad (z = l), \tag{1.4}$$

$$-\boldsymbol{k} \cdot \boldsymbol{T} = \boldsymbol{t}' \quad (z = 0), \tag{1.5}$$

式中 $\boldsymbol{t}'$ 和 $\boldsymbol{t}$ 分别为左、右两个端面上所给定的外力，$\boldsymbol{k}$ 为 z 向的单位矢量.

(1.1)～(1.5)式在所选直角坐标系中的分量式为

$$\begin{cases}\dfrac{\partial \sigma_x}{\partial x}+\dfrac{\partial \tau_{yx}}{\partial y}+\dfrac{\partial \tau_{zx}}{\partial z}=0,\\ \dfrac{\partial \tau_{xy}}{\partial x}+\dfrac{\partial \sigma_y}{\partial y}+\dfrac{\partial \tau_{zy}}{\partial z}=0, \quad (\Omega);\\ \dfrac{\partial \tau_{xz}}{\partial x}+\dfrac{\partial \tau_{yz}}{\partial y}+\dfrac{\partial \sigma_z}{\partial z}=0\end{cases} \tag{1.6}$$

$$\begin{cases}\nabla^2\sigma_x+\dfrac{1}{1+\nu}\dfrac{\partial^2\Theta}{\partial x^2}=0,\\ \nabla^2\sigma_y+\dfrac{1}{1+\nu}\dfrac{\partial^2\Theta}{\partial y^2}=0, \quad (\Omega);\\ \nabla^2\sigma_z+\dfrac{1}{1+\nu}\dfrac{\partial^2\Theta}{\partial z^2}=0\end{cases} \tag{1.7}$$

$$\begin{cases}\nabla^2\tau_{yz}+\dfrac{1}{1+\nu}\dfrac{\partial^2\Theta}{\partial y\partial z}=0,\\ \nabla^2\tau_{zx}+\dfrac{1}{1+\nu}\dfrac{\partial^2\Theta}{\partial z\partial x}=0, \quad (\Omega);\\ \nabla^2\tau_{xy}+\dfrac{1}{1+\nu}\dfrac{\partial^2\Theta}{\partial x\partial y}=0\end{cases} \tag{1.8}$$

$$\begin{cases}\sigma_x\cos(\boldsymbol{n},\boldsymbol{e}_x)+\tau_{yx}\cos(\boldsymbol{n},\boldsymbol{e}_y)=0,\\ \tau_{xy}\cos(\boldsymbol{n},\boldsymbol{e}_x)+\sigma_y\cos(\boldsymbol{n},\boldsymbol{e}_y)=0, \quad (S);\\ \tau_{xz}\cos(\boldsymbol{n},\boldsymbol{e}_x)+\tau_{yz}\cos(\boldsymbol{n},\boldsymbol{e}_y)=0\end{cases} \tag{1.9}$$

$$\tau_{zx}=t_x,\quad \tau_{yz}=t_y,\quad \sigma_z=t_z \quad (z=l), \tag{1.10}$$

$$-\tau_{zx}=t'_x,\quad -\tau_{yz}=t'_y,\quad -\sigma_z=t'_z \quad (z=0), \tag{1.11}$$

其中 $\sigma_x,\sigma_y,\sigma_z,\tau_{yz},\tau_{zx},\tau_{xy}$ 为应力分量，$\Theta=\mathrm{J}(\boldsymbol{T})=\sigma_x+\sigma_y+\sigma_z$，$\boldsymbol{e}_x,\boldsymbol{e}_y$ 为 x,y 轴的单位矢量，$(t_x,t_y,t_z)^{\mathrm{T}}=\boldsymbol{t}$，$(t'_x,t'_y,t'_z)^{\mathrm{T}}=\boldsymbol{t}'$.

我们欲解的是边值问题(1.1)～(1.5)或(1.6)～(1.11).这种精确边界条件下的边值问题求解相当困难.若考虑的是长柱体，即假定柱体的长度 l 比截面的特征尺寸大得多，这时，根据 Saint-Venant 原理，对端面作用有两组静力等效(即合力、合力矩相等)的载荷，则离端面较远处两者所产生的应力相差无几.此外，在工程实际中，端部准确的应力分布资料也难以得到，一般只能获得合力和合力矩的数值.因此，通常将端面的严格边界条件用合力、合力矩给定的放松边界条件来代替.在 $z=l$ 上，(1.10)式可换成

$$
\left\{
\begin{aligned}
&\iint_G \tau_{zx}\,\mathrm{d}x\,\mathrm{d}y = \iint_G t_x\,\mathrm{d}x\,\mathrm{d}y = R_x, \\
&\iint_G \tau_{yz}\,\mathrm{d}x\,\mathrm{d}y = \iint_G t_y\,\mathrm{d}x\,\mathrm{d}y = R_y, \\
&\iint_G \sigma_z\,\mathrm{d}x\,\mathrm{d}y = \iint_G t_z\,\mathrm{d}x\,\mathrm{d}y = R_z, \\
&\iint_G y\sigma_z\,\mathrm{d}x\,\mathrm{d}y = \iint_G y t_z\,\mathrm{d}x\,\mathrm{d}y = M_x, \\
&-\iint_G x\sigma_z\,\mathrm{d}x\,\mathrm{d}y = -\iint_G x t_z\,\mathrm{d}x\,\mathrm{d}y = M_y, \\
&\iint_G (x\tau_{zy} - y\tau_{zx})\,\mathrm{d}x\,\mathrm{d}y = \iint_G (x t_y - y t_x)\,\mathrm{d}x\,\mathrm{d}y = M_z
\end{aligned}
\right.
$$

$$(z = l), \tag{1.12}$$

这里(R_x,R_y,R_z)为给定的合外力,(M_x,M_y,M_z)为给定的关于形心的合外力矩.类似地,在 $z=0$ 处有类似的等式.条件(1.12)称为 Saint-Venant 意义下的放松边界条件,也可简称为 Saint-Venant 边界条件,或放松边界条件.不难证明,如果平衡方程(1.6)、侧面边界条件(1.9)和 $z=l$ 的条件(1.12)成立,那么 $z=0$ 的合力、合力矩条件将自动满足.

由(1.6)~(1.9)式,以及(1.12)式构成了弹性力学所特有的边值问题,即所谓放松边界条件的边值问题,通常称为“Saint-Venant问题”. 大家知道,具有同样的合力、合力矩的外力分布有无穷多种,于是,Saint-Venant 问题的解应有无穷多个. Saint-Venant[157] 利用半逆解法求出了其中的一个解.依照 Saint-Venant 原理,Saint-Venant 所求出的这个解,有足够的精度代表那些无穷多个解.此外,所谓“半逆解法”是依据问题的特性,通过某种物理考虑,或某种数学推测,预先对应力和位移分量做某些假定,如果这些假定与边值问题的方程和边界条件相容,就可求出一个真解.合理的假定将给求解带来很大的方便.

§2 问题的分类

由于我们所考虑的是线性弹性力学问题,因此可根据 $z=l$ 端部合力和合力矩的情况,将 Saint-Venant 问题做下述分解:

(1) 简单拉伸

$$\boldsymbol{k}\times\boldsymbol{R}=\boldsymbol{0},\quad \boldsymbol{M}=\boldsymbol{0};$$

(2) 纯弯曲

$$\boldsymbol{R}=\boldsymbol{0},\quad \boldsymbol{k}\cdot\boldsymbol{M}=0;$$

(3) 扭转

$$\boldsymbol{R}=\boldsymbol{0},\quad \boldsymbol{k}\times\boldsymbol{M}=\boldsymbol{0};$$

(4) 弯曲

$$\boldsymbol{k}\cdot\boldsymbol{R}=0,\quad \boldsymbol{M}=\boldsymbol{0},$$

其中 $\boldsymbol{R}=(R_x,R_y,R_z)^{\mathrm{T}}$，$\boldsymbol{M}=(M_x,M_y,M_z)^{\mathrm{T}}$.

本章将依次研究这四类问题,前两类问题比较简单,后两类相对复杂.

§3 简 单 拉 伸

简单拉伸时,$z=l$ 端面上的外力情况是

$$R_x=R_y=0,\quad R_z\neq 0,\quad M_x=M_y=M_z=0. \tag{3.1}$$

Saint-Venant 所给的拉伸解为

$$\sigma_x=\sigma_y=\tau_{yz}=\tau_{zx}=\tau_{xy}=0,\quad \sigma_z=R_z/A, \tag{3.2}$$

其中 A 为柱体截面 G 的面积.为了求位移场,利用 Hooke 定律和几何关系,有

$$\begin{cases}\dfrac{\partial u}{\partial x}=-\dfrac{\nu}{EA}R_z,\quad \dfrac{\partial v}{\partial y}=-\dfrac{\nu}{EA}R_z,\quad \dfrac{\partial w}{\partial z}=\dfrac{1}{EA}R_z,\\[2mm] \dfrac{\partial u}{\partial y}+\dfrac{\partial v}{\partial x}=0,\quad \dfrac{\partial v}{\partial z}+\dfrac{\partial w}{\partial y}=0,\quad \dfrac{\partial w}{\partial x}+\dfrac{\partial u}{\partial z}=0.\end{cases} \tag{3.3}$$

因此位移场为(不计刚体位移)

$$u=-\frac{\nu R_z}{EA}x,\quad v=-\frac{\nu R_z}{EA}y,\quad w=\frac{R_z}{EA}z. \tag{3.4}$$

从(3.4)式可以看出(假定 $\nu>0$),当 $R_z>0$ 时,柱体受拉,纵向伸长而横向收缩;当 $R_z<0$ 时,柱体受压,纵向缩短而横向膨胀,其收缩膨胀比为 Poisson 比 ν.实际上,拉伸实验是弹性常数 E 和 ν 的测定方法之一.

§4 纯 弯 曲

纯弯曲时,所受外力为

$$R_x=R_y=R_z=0,\quad M_x\neq 0,\quad M_y\neq 0,\quad M_z=0. \tag{4.1}$$

Saint-Venant 所给的解为

$$\begin{cases}\sigma_x=\sigma_y=\tau_{yz}=\tau_{zx}=\tau_{xy}=0,\\[2mm] \sigma_z=-\dfrac{M_y}{I_y}x+\dfrac{M_x}{I_x}y,\end{cases} \tag{4.2}$$

其中 I_x 和 I_y 分别为截面 G 对 x 轴和 y 轴的转动惯量,即

$$\begin{cases} I_x = \iint_G y^2 \mathrm{d}x\mathrm{d}y, \\ I_y = \iint_G x^2 \mathrm{d}x\mathrm{d}y. \end{cases} \tag{4.3}$$

确定位移场的方程为

$$\begin{cases} \dfrac{\partial u}{\partial x} = \dfrac{\nu M_y}{EI_y}x - \dfrac{\nu M_x}{EI_x}y, \\ \dfrac{\partial v}{\partial y} = \dfrac{\nu M_y}{EI_y}x - \dfrac{\nu M_x}{EI_x}y, \\ \dfrac{\partial w}{\partial z} = -\dfrac{M_y}{EI_y}x + \dfrac{M_x}{EI_x}y, \\ \dfrac{\partial u}{\partial y} + \dfrac{\partial v}{\partial x} = \dfrac{\partial v}{\partial z} + \dfrac{\partial w}{\partial y} = \dfrac{\partial w}{\partial x} + \dfrac{\partial u}{\partial z} = 0. \end{cases} \tag{4.4}$$

对方程(4.4)积分即可得位移场(不计刚体位移)

$$\begin{cases} u = -\dfrac{M_y}{2EI_y}[-z^2 + \nu(y^2 - x^2)] - \dfrac{\nu M_x}{EI_x}xy, \\ v = \dfrac{M_x}{2EI_x}[-z^2 + \nu(x^2 - y^2)] + \dfrac{\nu M_y}{EI_y}xy, \\ w = -\dfrac{M_y}{EI_y}xz + \dfrac{M_x}{EI_x}yz. \end{cases} \tag{4.5}$$

今考虑中性线的挠度.为简单起见,不妨设 $M_x = 0$.所谓中性线就是由截面形心组成的直线,即 z 轴,在该直线上各点的位移为

$$u = \frac{M_y}{2EI_y}z^2, \quad v = w = 0. \tag{4.6}$$

经变形后中性线上的点 $(0,0,z)$ 成为点 (x',y',z'),

$$x' = \frac{M_y}{2EI_y}z^2, \quad y' = 0, \quad z' = z. \tag{4.7}$$

这是 Oxz 平面上的一条抛物线,设它的曲率半径为 ρ,

$$\frac{1}{\rho} = \frac{\dfrac{\mathrm{d}^2 x'}{\mathrm{d}z^2}}{\left[1 + \left(\dfrac{\mathrm{d}x'}{\mathrm{d}z}\right)^2\right]^{3/2}} = \frac{\dfrac{M_y}{EI_y}}{\left[1 + \left(\dfrac{M_y}{EI_y}z\right)^2\right]^{3/2}}. \tag{4.8}$$

当 $\dfrac{EI_y}{M_y} \gg z$ 时,有

$$\frac{1}{\rho} = \frac{M_y}{EI_y} \quad 或 \quad M_y = \frac{EI_y}{\rho}. \tag{4.9}$$

这就是材料力学中伯努利-欧拉(Bernoulli-Euler)定律.对 $z = C$(常数)的截面,

经变形后成为

$$z' = z + w = C\left(1 - \frac{x}{\rho}\right) \approx C.$$

如果曲率半径 ρ 比截面的尺度大得多,平截面假定将近似成立.

§5 扭　　转

5.1 扭转的应力场

扭转时,$z=l$ 端的放松边界条件为

$$\begin{cases} \iint\limits_G \tau_{zx}\,\mathrm{d}x\,\mathrm{d}y = \iint\limits_G \tau_{zy}\,\mathrm{d}x\,\mathrm{d}y = \iint\limits_G \sigma_z\,\mathrm{d}x\,\mathrm{d}y = 0, \\ \iint\limits_G y\sigma_z\,\mathrm{d}x\,\mathrm{d}y = \iint\limits_G x\sigma_z\,\mathrm{d}x\,\mathrm{d}y = 0, \\ \iint\limits_G (x\tau_{zy} - y\tau_{zx})\,\mathrm{d}x\,\mathrm{d}y = M_z. \end{cases} \tag{5.1}$$

对扭转问题,应用半逆解法,Saint-Venant 预先假定

$$\sigma_x = \sigma_y = \sigma_z = \tau_{xy} = 0. \tag{5.2}$$

在先验假定(5.2)之下,平衡方程(1.6)、应力协调方程(1.7)和(1.8),以及侧面边界条件(1.9)除去自动满足的以外,尚有

$$\frac{\partial \tau_{zx}}{\partial z} = \frac{\partial \tau_{zy}}{\partial z} = 0, \quad \frac{\partial \tau_{xz}}{\partial x} + \frac{\partial \tau_{yz}}{\partial y} = 0, \tag{5.3}$$

$$\nabla^2 \tau_{zx} = \nabla^2 \tau_{yz} = 0, \tag{5.4}$$

$$\tau_{zx}\cos(\boldsymbol{n}, \boldsymbol{e}_x) + \tau_{zy}\cos(\boldsymbol{n}, \boldsymbol{e}_y) = 0, \tag{5.5}$$

从(5.3a)和(5.3b)式可知,剪应力 τ_{zx} 和 τ_{zy} 与 z 无关,仅为 x, y 的函数,即

$$\tau_{zx} = \tau_{zx}(x, y), \quad \tau_{zy} = \tau_{zy}(x, y). \tag{5.6}$$

由于(5.3c)式,再利用下面与路径无关的线积分,我们定义函数 $F(x, y)$:

$$F(x, y) = \int_{(x_0, y_0)}^{(x, y)} -\tau_{yz}(\xi, \eta)\,\mathrm{d}\xi + \tau_{zx}(\xi, \eta)\,\mathrm{d}\eta, \tag{5.7}$$

其中(x_0, y_0)和(x, y)分别为区域 G 中的某个固定点和任意点,积分路径在 G 中是任意的.因此,有

$$\tau_{zx} = \frac{\partial F}{\partial y}, \quad \tau_{yz} = -\frac{\partial F}{\partial x}. \tag{5.8}$$

将上式代入(5.4)式,得到

$$\frac{\partial}{\partial x}(\nabla^2 F) = 0, \quad \frac{\partial}{\partial y}(\nabla^2 F) = 0.$$

上式指出,$\nabla^2 F$ 为常量,故可设

$$\nabla^2 F = -2\mu\alpha, \tag{5.9}$$

这里 μ 为剪切模量,α 为待定常数.令

$$F = \mu\alpha\Psi, \tag{5.10}$$

则有

$$\nabla^2 \Psi = -2. \tag{5.11}$$

于是剪应力有如下表示:

$$\tau_{zx} = \mu\alpha\frac{\partial\Psi}{\partial y}, \quad \tau_{yz} = -\mu\alpha\frac{\partial\Psi}{\partial x}, \tag{5.12}$$

通常称 Ψ 为 Prandtl 应力函数,或扭转的应力函数.利用应力表达式(5.12),可将侧面边界条件(5.5)写成

$$\frac{\mathrm{d}\Psi}{\mathrm{d}s} = 0, \quad (x,y) \in L. \tag{5.13}$$

注意:在得到(5.13)时,考虑了关系式

$$\begin{cases} \cos(\boldsymbol{n},\boldsymbol{e}_x) = \cos(\boldsymbol{s},\boldsymbol{e}_y) = \dfrac{\mathrm{d}y}{\mathrm{d}s}, \\ \cos(\boldsymbol{n},\boldsymbol{e}_y) = -\cos(\boldsymbol{s},\boldsymbol{e}_x) = -\dfrac{\mathrm{d}x}{\mathrm{d}s}, \end{cases} \tag{5.14}$$

这里,$\boldsymbol{s}$ 表示弧的切线方向单位矢量,$\mathrm{d}s$ 表示弧微分.

如果区域 G 是多连通的,如图 6.2 所示,G 的边界 L 由 L_0 和 $L_1,\cdots,L_m$ 组成,$L_i(i=1,\cdots,m)$在 L_0 之内,G 为 L_0 和 $L_1,\cdots,L_m$ 之间的区域,L_i 所围成的区域记为 G_i.在 L 上的关于 G 的单位外法向矢量记为 $\boldsymbol{n}$,有时为了强调在 L_i $(i=1,\cdots,m)$上关于 G 的单位外法向矢量而记为 $\boldsymbol{n}_i^+$,以区别在 L_i 上关于 $G_i(i=1,\cdots,m)$的单位外法向矢量 $\boldsymbol{n}_i^-$,我们知道

$$\boldsymbol{n}_i^- = -\boldsymbol{n}_i^+ \quad (i=1,\cdots,m).$$

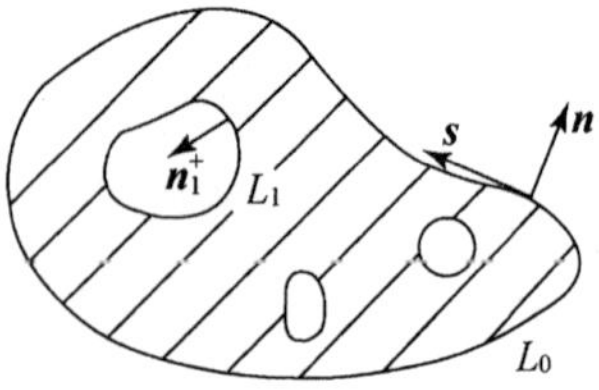

图 6.2

将(5.13)式沿 L_i 积分,可得

$$\Psi(x,y) = C_i, \tag{5.15}$$

其中 $C_i(i=0,1,\cdots,m)$为常数.按应力表达式(5.12),Ψ 差一常数并不影响 τ_{zx}

和 τ_{yz} 的值.不失一般性,可设 $C_0=0$,即有

$$\Psi=0,\quad (x,y)\in L_0. \tag{5.16}$$

最后来考查 Saint-Venant 放松边界条件(5.1). 逐步利用剪应力的表达式(5.12)、Green 公式、边界条件(5.15)和(5.16),得

$$\begin{aligned}\iint_G \tau_{zx}\,\mathrm{d}x\,\mathrm{d}y &= \iint_G \mu\alpha\frac{\partial\Psi}{\partial y}\mathrm{d}x\,\mathrm{d}y=\mu\alpha\oint_L \Psi\cos(\boldsymbol{n},\boldsymbol{e}_y)\,\mathrm{d}s\\ &=\mu\alpha\sum_{i=1}^m C_i\oint_{L_i}\cos(\boldsymbol{n}_i^+,\boldsymbol{e}_y)\,\mathrm{d}s\\ &=-\mu\alpha\sum_{i=1}^m C_i\oint_{L_i}\frac{\mathrm{d}x}{\mathrm{d}s}\mathrm{d}s=0,\end{aligned}$$

于是条件(5.1a)满足;同理,条件(5.1b)亦满足.至于条件(5.1c),(5.1d)和(5.1e),由于假定 $\sigma_z=0$,因而都自动满足.尚需考虑条件(5.1f),按(5.12)式有

$$\begin{aligned}M_z &= \iint_G (x\tau_{yz}-y\tau_{zx})\,\mathrm{d}x\,\mathrm{d}y=-\mu\alpha\iint_G\left(x\frac{\partial\Psi}{\partial x}+y\frac{\partial\Psi}{\partial y}\right)\mathrm{d}x\,\mathrm{d}y\\ &=-\mu\alpha\iint_G\left[\frac{\partial}{\partial x}(x\Psi)+\frac{\partial}{\partial y}(y\Psi)-2\Psi\right]\mathrm{d}x\,\mathrm{d}y.\end{aligned}$$

利用 Green 公式,以及(5.15)和(5.16)式,上式成为

$$\begin{aligned}M_z &= -\mu\alpha\sum_{i=1}^m C_i\oint_{L_i}[x\cos(\boldsymbol{n}_i^+,\boldsymbol{e}_x)+y\cos(\boldsymbol{n}_i^+,\boldsymbol{e}_y)]\,\mathrm{d}s\\ &\quad+2\mu\alpha\iint_G\Psi\,\mathrm{d}x\,\mathrm{d}y\\ &=\mu\alpha\sum_{i=1}^m C_i\oint_{L_i}[x\cos(\boldsymbol{n}_i^-,\boldsymbol{e}_x)+y\cos(\boldsymbol{n}_i^-,\boldsymbol{e}_y)]\,\mathrm{d}s\\ &\quad+2\mu\alpha\iint_G\Psi\,\mathrm{d}x\,\mathrm{d}y.\end{aligned} \tag{5.17}$$

我们有公式

$$\begin{cases}\displaystyle\oint_{L_i}x\cos(\boldsymbol{n}_i^-,\boldsymbol{e}_x)\,\mathrm{d}s=\iint_{G_i}\frac{\partial x}{\partial x}\mathrm{d}x\,\mathrm{d}y=A_i,\\ \displaystyle\oint_{L_i}y\cos(\boldsymbol{n}_i^-,\boldsymbol{e}_y)\,\mathrm{d}s=\iint_{G_i}\frac{\partial y}{\partial y}\mathrm{d}x\,\mathrm{d}y=A_i\end{cases}\quad (i=1,\cdots,m), \tag{5.18}$$

其中 A_i 为区域 G_i 的面积.现在引入一个重要的常数 D,称为扭转刚度,其定义如下:

$$D=2\left(\iint_G\Psi\,\mathrm{d}x\,\mathrm{d}y+\sum_{i=1}^m C_iA_i\right). \tag{5.19}$$

利用(5.18)式和扭转刚度 D 的定义(5.19)式,(5.17)式可写成

$$M_z = \mu\alpha D. \tag{5.20}$$

对给定的扭矩 M_z,由上式可得到待定常数 α 的值.

至此,由(5.2)和(5.12)式所表示的应力分量已满足 Saint-Venant 扭转问题的所有方程和边界条件,而且对单连通域而言,(5.12)式中的应力函数 Ψ 和待定常数 α 都已完全确定.对于多连通区域,尚需确定应力函数 Ψ 在 L_i 上的边界值 $C_i(i=1,\cdots,m)$,它应该由位移单值性条件来确定.在下一段中,先由应变场积分求出位移场,再考虑其单值性条件.

5.2 扭转的位移场

利用 Hooke 定律和几何关系,从应力表示式(5.2)和(5.12),得

$$\begin{cases}\dfrac{\partial u}{\partial x}=\varepsilon_x=\dfrac{1}{E}[\sigma_x-\nu(\sigma_y+\sigma_z)]=0,\\[2mm] \dfrac{\partial v}{\partial y}=\varepsilon_y=\dfrac{1}{E}[\sigma_y-\nu(\sigma_z+\sigma_x)]=0,\\[2mm] \dfrac{\partial w}{\partial z}=\varepsilon_z=\dfrac{1}{E}[\sigma_z-\nu(\sigma_x+\sigma_y)]=0,\\[2mm] \dfrac{\partial u}{\partial y}+\dfrac{\partial v}{\partial x}=2\gamma_{xy}=\dfrac{1}{\mu}\tau_{xy}=0,\\[2mm] \dfrac{\partial v}{\partial z}+\dfrac{\partial w}{\partial y}=2\gamma_{yz}=\dfrac{1}{\mu}\tau_{yz}=-\alpha\dfrac{\partial \Psi}{\partial x},\\[2mm] \dfrac{\partial w}{\partial x}+\dfrac{\partial u}{\partial z}=2\gamma_{zx}=\dfrac{1}{\mu}\tau_{zx}=\alpha\dfrac{\partial \Psi}{\partial y}.\end{cases} \tag{5.21}$$

为了积分(5.21)式,引入函数 $\psi(x,y)$,

$$\psi(x,y)=\Psi(x,y)+\frac{1}{2}(x^2+y^2), \tag{5.22}$$

那么,从(5.11)和(5.15)式,可知 ψ 为下列 Dirichlet 问题的解:

$$\begin{cases}\nabla^2\psi=0, & (x,y)\in G,\\ \psi=C_i+\dfrac{1}{2}(x^2+y^2), & (x,y)\in L_i \quad (i=0,1,\cdots,m).\end{cases} \tag{5.23}$$

再引入一个函数 $\varphi(x,y)$,它由下述柯西-黎曼(Cauchy-Riemann)条件决定:

$$\frac{\partial\varphi}{\partial x}=\frac{\partial\psi}{\partial y},\quad \frac{\partial\varphi}{\partial y}=-\frac{\partial\psi}{\partial x}, \tag{5.24}$$

这样,φ 将满足诺伊曼(Neumann)问题:

$$\begin{cases}\nabla^2\varphi=0, & (x,y)\in G,\\ \dfrac{\mathrm{d}\varphi}{\mathrm{d}n}=y\cos(\boldsymbol{n},\boldsymbol{e}_x)-x\cos(\boldsymbol{n},\boldsymbol{e}_y), & (x,y)\in L.\end{cases} \tag{5.25}$$

将(5.22)和(5.24)式代入(5.21)式,可得

$$\begin{cases}\dfrac{\partial}{\partial x}(u+\alpha yz)=\dfrac{\partial}{\partial y}(v-\alpha xz)=\dfrac{\partial}{\partial z}(w-\alpha\varphi)=0,\\ \dfrac{\partial}{\partial y}(u+\alpha yz)+\dfrac{\partial}{\partial x}(v-\alpha xz)=0,\\ \dfrac{\partial}{\partial z}(v-\alpha xz)+\dfrac{\partial}{\partial y}(w-\alpha\varphi)=0,\\ \dfrac{\partial}{\partial x}(w-\alpha\varphi)+\dfrac{\partial}{\partial z}(u+\alpha yz)=0.\end{cases}\tag{5.26}$$

按此式,把 $u+\alpha yz, v-\alpha xz, w-\alpha\varphi$ 看成为位移场,它们所形成的应变场为零,于是依照第二章 § 6 中 Volterra 公式的推论 6.1,可知此位移场应为刚体位移场.如果不计刚体位移,就有

$$u=-\alpha yz,\quad v=\alpha xz,\quad w=\alpha\varphi,\tag{5.27}$$

上式中的 $\varphi(x,y)$ 可差一常数,为确定起见,通常取定 $\varphi(0,0)=0$(此处假定点 $(0,0)$ 在 G 中,否则另当别论).函数 φ 通常称为扭转问题的翘曲函数,而 ψ 为 φ 的共轭函数.

由于弹性力学的位移场总是单值的,那么(5.27)式表明翘曲函数 $\varphi(x,y)$ 应是单值的,故

$$\oint_{L_i}\mathrm{d}\varphi=0\quad(i=1,\cdots,m).\tag{5.28}$$

改写上式为

$$\begin{aligned}0&=\oint_{L_i}\frac{\mathrm{d}\varphi}{\mathrm{d}s}\mathrm{d}s=\oint_{L_i}\left[\frac{\partial\varphi}{\partial x}\cos(\boldsymbol{s},\boldsymbol{e}_x)+\frac{\partial\varphi}{\partial y}\cos(\boldsymbol{s},\boldsymbol{e}_y)\right]\mathrm{d}s\\&=-\oint_{L_i}\left[\frac{\partial\psi}{\partial y}\cos(\boldsymbol{n}_i^+,\boldsymbol{e}_y)+\frac{\partial\psi}{\partial x}\cos(\boldsymbol{n}_i^+,\boldsymbol{e}_x)\right]\mathrm{d}s\\&=-\oint_{L_i}\left[\left(\frac{\partial\Psi}{\partial y}+y\right)\cos(\boldsymbol{n}_i^+,\boldsymbol{e}_y)+\left(\frac{\partial\Psi}{\partial x}+x\right)\cos(\boldsymbol{n}_i^+,\boldsymbol{e}_x)\right]\mathrm{d}s\\&=-\oint_{L_i}\frac{\mathrm{d}\Psi}{\mathrm{d}n^+}\mathrm{d}s+\oint_{L_i}[y\cos(\boldsymbol{n}_i^-,\boldsymbol{e}_y)+x\cos(\boldsymbol{n}_i^-,\boldsymbol{e}_x)]\mathrm{d}s,\end{aligned}$$

也就是说

$$\oint_{L_i}\frac{\mathrm{d}\Psi}{\mathrm{d}n^+}\mathrm{d}s=2A_i\quad(i=1,\cdots,m).\tag{5.29}$$

(5.29)式就是以 Ψ 表示的位移单值性条件,由它可确定待定常数 $C_i(i=1,\cdots,m)$.

5.3 扭转公式小结

以应力函数 Ψ 表示的剪力为

$$\tau_{zx}=\mu\alpha\frac{\partial\Psi}{\partial y},\quad \tau_{yz}=-\mu\alpha\frac{\partial\Psi}{\partial x},\tag{5.30}$$

$$\begin{cases}\nabla^2\Psi=-2 & (G),\\ \Psi|_{L_0}=0,\quad \Psi|_{L_i}=C_i,\\ \oint_{L_i}\dfrac{\partial\Psi}{\partial n^+}\mathrm{d}s=2A_i & (i=1,\cdots,m),\end{cases}\tag{5.31}$$

$$\alpha=\frac{M_z}{\mu D},\quad D=2\left(\iint_G\Psi\,\mathrm{d}x\,\mathrm{d}y+\sum_{i=1}^m C_iA_i\right).\tag{5.32}$$

当 G 为单连通区域时,(5.31)和(5.32b)式为

$$\nabla^2\Psi=-2\quad(G),\qquad \Psi=0\quad(L),\tag{5.33}$$

$$D=2\iint_G\Psi\,\mathrm{d}x\,\mathrm{d}y.\tag{5.34}$$

以共轭函数 ψ 表示的应力场为

$$\tau_{zx}=\mu\alpha\left(\frac{\partial\psi}{\partial y}-y\right),\quad \tau_{yz}=\mu\alpha\left(-\frac{\partial\psi}{\partial x}+x\right),\tag{5.35}$$

$$\begin{cases}\nabla^2\psi=0 & (G),\\ \psi=\dfrac{1}{2}(x^2+y^2) & (L_0),\\ \psi=C_i+\dfrac{1}{2}(x^2+y^2) & (L_i),\\ \oint_{L_i}\dfrac{\mathrm{d}\psi}{\mathrm{d}n}\mathrm{d}s=0 & (i=1,\cdots,m),\end{cases}\tag{5.36}$$

$$\alpha=\frac{M_z}{\mu D},\quad D=2\left\{\iint_G\left[\psi-\frac{1}{2}(x^2+y^2)\right]\mathrm{d}x\,\mathrm{d}y+\sum_{i=1}^m C_iA_i\right\}.\tag{5.37}$$

以翘曲函 φ 表示的应力场为

$$\tau_{zx}=\mu\alpha\left(\frac{\partial\varphi}{\partial x}-y\right),\quad \tau_{yz}=\mu\alpha\left(\frac{\partial\varphi}{\partial y}+x\right),\tag{5.38}$$

$$\begin{cases}\nabla^2\varphi=0 & (G),\\ \dfrac{\mathrm{d}\varphi}{\mathrm{d}n}=y\cos(\boldsymbol{n},\boldsymbol{e}_x)-x\cos(\boldsymbol{n},\boldsymbol{e}_y) & (L),\end{cases}\tag{5.39}$$

$$\alpha=\frac{M_z}{\mu D},\quad D=\iint_G\left(x^2+y^2+x\frac{\partial\varphi}{\partial y}-y\frac{\partial\varphi}{\partial x}\right)\mathrm{d}x\,\mathrm{d}y.\tag{5.40}$$

此外,

$$\sigma_x=\sigma_y=\sigma_z=\tau_{xy}=0,$$

位移场如(5.27)式所示.这样,我们求得了 Saint-Venant 扭转问题的一个解.

5.4 附注

附注 1 为了说明常数 α 的物理意义，采用柱坐标 (r,θ,z).(5.27)式的位移场在柱坐标下为

$$\begin{cases} u_r = u\cos\theta + v\sin\theta = 0, \\ u_\theta = -u\sin\theta + v\cos\theta = \alpha r z, \\ u_z = w = \alpha\varphi. \end{cases} \tag{5.41}$$

由(5.41)式，得

$$\alpha z = \frac{u_\theta}{r}.$$

此式说明常数 α 为单位长柱体的扭角，见图 6.3.

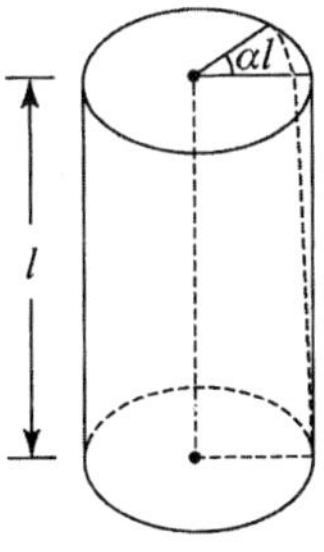

图　6.3

附注 2 在多连通区域中，一般来说，弹性力学中的应力函数可能是多值的，不过扭转问题的应力函数 Ψ 恰巧是单值的.事实上，由侧面无外载的条件(5.5)可得

$$\oint_{L_i}(-\tau_{yz}\,\mathrm{d}x + \tau_{zx}\,\mathrm{d}y) = \oint_{L_i}[\tau_{zx}\cos(\boldsymbol{n}_i^+,\boldsymbol{e}_x) + \tau_{yz}\cos(\boldsymbol{n}_i^+,\boldsymbol{e}_y)]\mathrm{d}s = 0.$$

那么，由(5.7)式所定义的函数 $F(x,y)$将是单值函数，于是 Ψ 也将单值.

值得指出的是，应力函数的单值性与位移的单值性本质上完全是两回事.位移单值性是客观的物理要求，它是由于以应力为未知量解弹性力学边值问题而产生的，在多连通区域中仅由协调方程并不能获得单值的位移，必须加上单值性条件.应力函数是人为引进的，它完全可以多值.不过，由它导出的应力必须单值.

附注 3 当坐标平移或坐标在 Oxy 平面内转动时，扭转问题解的形式不变.这是因为，其一，在本节的推导中没有利用形心和主轴的性质；其二，当坐标平移或在 Oxy 平面内转动时，并不影响端部的条件.

附注 4 关于扭转问题的预先假设，其逐步减弱的情况如下：

1855 年 Saint-Venant[157]：　$\sigma_x=\sigma_y=\sigma_z=\tau_{xy}=0$；

1883 年 Clebsch[85]：　$\sigma_x=\sigma_y=\tau_{xy}=0$；

1887 年 Voigt[177]：　$\sigma_{ij}(i,j=1,2,3)$为 z 的线性函数；

1937 年 Goodier[106]：　$\tau_{zx},\tau_{yz},\sigma_z$ 与 z 无关；

1953 年钱伟长[33]：　τ_{zx},τ_{yz}与 z 无关；

1981 年王敏中[51]：　τ_{zx},τ_{yz}为 z 的 n 次多项式；

1987 年 Wang[183]：　σ_z 为 z 的 n 次函数，且弹性体不是圆柱.

如果认为柱体由纵向纤维组成，那么 Clebsch 的假定可以解释为纵向纤维之间没有横向的相互作用.

附注 5 关于扭转问题提法的存在唯一性问题.如果区域 G 是单连通的，问题(5.36)是一个标准的 Laplace 方程的 Dirichlet 问题，它的存在唯一性都已解决，并载于一般的数学物理方法的教科书中.如果区域 G 是多连通的，问题(5.36)的存在唯一性已由 Sternberg[164]完成.

§6 扭转的一般性质

在研究扭转的性质之前,先证明一个引理.

引理 6.1 设 $V(x,y)$ 为区域 G 中的下调和函数,即设

$$\nabla^2 V(x,y) < 0 \quad (x,y) \in G, \tag{6.1}$$

则 $V(x,y)$ 的最小值在区域 G 的边界 L 上达到.

证明 用反证法.设若不然,V 在 G 的内点 (x_0, y_0) 上达到最小值,按其必要条件,有

$$\left.\frac{\partial^2 V}{\partial x^2}\right|_{(x_0, y_0)} \geqslant 0, \quad \left.\frac{\partial^2 V}{\partial y^2}\right|_{(x_0, y_0)} \geqslant 0.$$

由此推出

$$\nabla^2 V|_{(x_0, y_0)} \geqslant 0,$$

此式与假定(6.1)矛盾.引理得证.

若将(6.1)式中的小于号"$<$"换为大于号"$>$",那么 V 将称为上调和函数.类似于引理 6.1 可证,上调和函数的最大值在边界上达到.

扭转问题有下述三个性质:

性质 1 扭转刚度 D 恒为正数.

证明 从(5.31a)式可知应力函数 Ψ 为下调和函数,按引理 6.1,Ψ 的最小值必在边界 L 上达到.如果 Ψ 在某个内边界 L_i 上达到最小值,由于 Ψ 在 L_i 上为常量,故 Ψ 在 L_i 上的每一点都达到最小值,这样应有

$$\frac{\partial \Psi}{\partial n^+} \leqslant 0. \tag{6.2}$$

但由(5.31d)式可知

$$\oint_{L_i} \frac{\partial \Psi}{\partial n^+} \mathrm{d}s = 2A_i > 0. \tag{6.3}$$

于是(6.2)与(6.3)式相矛盾,因此,Ψ 的最小值不可能在任意一个内边界 L_i $(i=1,2,\cdots,m)$ 上达到.

这样 Ψ 只能在外边界 L_0 上达到最小值,而在 L_0 上 Ψ 为零,于是,必有

$$\Psi \geqslant 0 \quad (G), \tag{6.4}$$

$$C_i > 0 \quad (i=1,2,\cdots,m). \tag{6.5}$$

此外,由于 Ψ 满足 $\nabla^2 \Psi = -2$,它不可能在 G 中为常数,必有大于零的内点.按连续函数的性质,可知 Ψ 在该点某邻域内恒正,因此,Ψ 在 G 上的积分为正数.又由(6.5)式,就可得到扭转刚度 D 恒为正数.性质 1 证毕.

性质 2 剪应力 τ 的最大值在边界上达到.

证明　从(5.30)式，有

$$\tau^2=\tau_{zx}^2+\tau_{zy}^2=\mu^2\alpha^2(\Psi_{,x}^2+\Psi_{,y}^2),$$

对上式作用 Laplace 算子∇^2，得

$$\begin{aligned}\nabla^2\tau^2&=2\mu^2\alpha^2[(\Psi_{,xx})^2+(\Psi_{,yy})^2+2(\Psi_{,xy})^2]\\&\geqslant 2\mu^2\alpha^2[(\Psi_{,xx})^2+(\Psi_{,yy})^2].\end{aligned}\tag{6.6}$$

利用不等式

$$\frac{a^2+b^2}{2}\geqslant\left(\frac{a+b}{2}\right)^2\quad(a,b\text{ 实数}),$$

(6.6)式成为

$$\nabla^2\tau^2\geqslant\mu^2\alpha^2(\Psi_{,xx}+\Psi_{,yy})^2=4\mu^2\alpha^2>0.$$

按上调和函数的类似引理 6.1，性质 2 证毕.

性质 3　剪应力沿等 Ψ 线的切向.

证明　首先，某点的剪应力 τ 在 G 中过该点的任意曲线上之切向和法向投影分别为

$$\begin{aligned}\tau_s&=\tau_{zx}\cos(\boldsymbol{s},\boldsymbol{e}_x)+\tau_{zy}\cos(\boldsymbol{s},\boldsymbol{e}_y)\\&=-\mu\alpha\left[\frac{\partial\Psi}{\partial y}\cos(\boldsymbol{n},\boldsymbol{e}_y)+\frac{\partial\Psi}{\partial x}\cos(\boldsymbol{n},\boldsymbol{e}_x)\right]\\&=-\mu\alpha\frac{\partial\Psi}{\partial n},\end{aligned}\tag{6.7}$$

$$\begin{aligned}\tau_n&=\tau_{zx}\cos(\boldsymbol{n},\boldsymbol{e}_x)+\tau_{zy}\cos(\boldsymbol{n},\boldsymbol{e}_y)\\&=\mu\alpha\left[\frac{\partial\Psi}{\partial y}\cos(\boldsymbol{s},\boldsymbol{e}_y)+\frac{\partial\Psi}{\partial x}\cos(\boldsymbol{s},\boldsymbol{e}_x)\right]=\mu\alpha\frac{\partial\Psi}{\partial s}.\end{aligned}\tag{6.8}$$

所谓等 Ψ 线，即 Ψ 为常数的曲线(图 6.4).由于在等 Ψ 线上，$\dfrac{\partial\Psi}{\partial s}=0$，按(6.8)式有

$$\tau_n=0.\tag{6.9}$$

于是剪应力只有切向分量 τ_s，即剪应力的方向与等 Ψ 线的切向重合.性质 3 证毕.

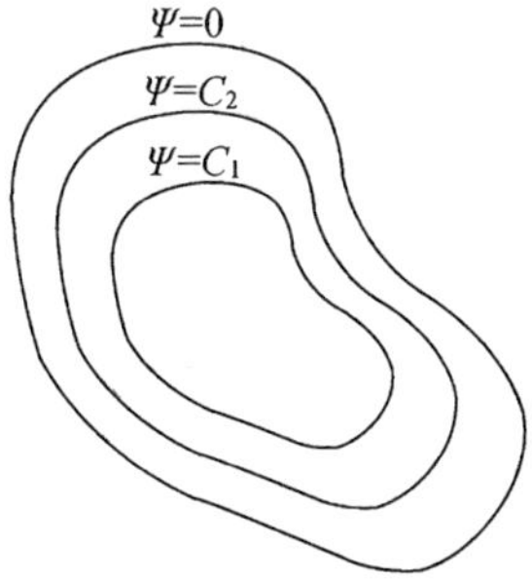

图　6.4

另外，(6.7)式表明，剪应力的大小与 Ψ 的法向微商成正比. 如果按等高线的方式画出一族等 Ψ 线(图 6.4)，那么等 Ψ 线分布越密的地方，其剪应力越大.又按(5.31b)和(5.31c)式，区域的边界为等 Ψ 线，所以在边界上法向剪应力为零.如果我们解出某个截面的扭转问题，那么 $\Psi=$常数的曲线所包围的区域之扭转问题也同时解出.这就是说，解出一个截面的扭转问题，也就解出了一族截面的扭

转问题.

附注 1 也有人称满足(6.1)式的 V 为严格下调和函数,而下调和函数 V 定义为

$$\nabla^2 V \leqslant 0. \tag{6.10}$$

关于上式所定义的下调和函数,其最小值也在边界上达到的引理,可参见参考文献[160,第 117 页].

附注 2 本节中 $D>0$ 的证明是美国 Brown 大学 Pipkin 教授告诉本书第一作者的;另外一种证明参见参考文献[31]的第 458－459 页.

附注 3 Payne 和 Wheeler[146] 曾证明了剪应力最大值的下界为(对单连通域)

$$\tau_{\max} \geqslant \frac{2M_z\sqrt{\pi}}{A^{3/2}}, \tag{6.11}$$

其中 A 为区域 G 的面积.在下一节将可看到,圆柱扭转时,最大剪应力将达到(6.11)式的下界[参见 § 7(7.10)式].

附注 4 Mentrasti[135] 考虑了任意形状的平面图形绕 z 轴旋转所形成的环形杆在剪力作用下的扭转,并证明了本节的性质 1 和性质 2 对环形杆依然成立.

§ 7 椭圆截面杆的扭转

设椭圆的方程为

$$\frac{x^2}{a^2}+\frac{y^2}{b^2}=1, \tag{7.1}$$

其中 a 和 b 分别为椭圆的长半轴和短半轴,并假定 $a \geqslant b$(图 6.5).
我们利用应力函数 Ψ 来解该椭圆的扭转问题.

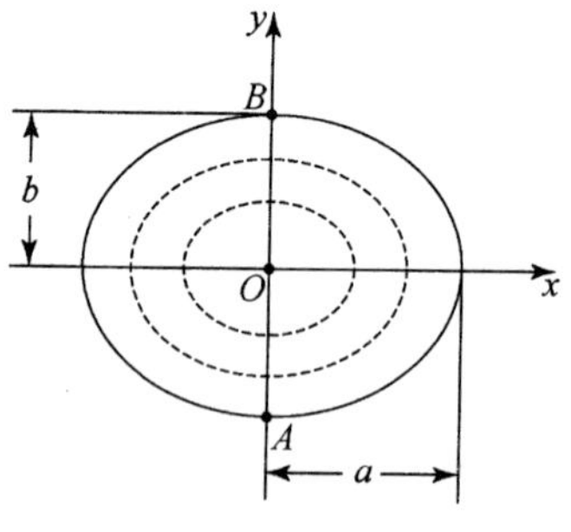

图 6.5

令

$$\Psi = K\left(1-\frac{x^2}{a^2}-\frac{y^2}{b^2}\right), \tag{7.2}$$

其中 K 为待定常数.

(7.2)式的 Ψ 已满足椭圆(7.1)上的边界条件(5.33b),今将(7.2)式代入(5.33a)式,得

$$K=\frac{a^2b^2}{a^2+b^2}, \tag{7.3}$$

因此,本问题的应力函数 Ψ 为

$$\Psi=\frac{a^2b^2}{a^2+b^2}\left(1-\frac{x^2}{a^2}-\frac{y^2}{b^2}\right). \tag{7.4}$$

从(7.4)式可求出剪应力为

$$\begin{cases}\tau_{zx}=\mu\alpha\dfrac{\partial\Psi}{\partial y}=-2\mu\alpha\dfrac{a^2}{a^2+b^2}y,\\ \tau_{yz}=-\mu\alpha\dfrac{\partial\Psi}{\partial x}=2\mu\alpha\dfrac{b^2}{a^2+b^2}x.\end{cases} \tag{7.5}$$

现在来求扭转刚度

$$D=2\iint_G\Psi\,\mathrm{d}x\,\mathrm{d}y=\frac{2a^2b^2}{a^2+b^2}\iint_G\left(1-\frac{x^2}{a^2}-\frac{y^2}{b^2}\right)\mathrm{d}x\,\mathrm{d}y, \tag{7.6}$$

其中区域 G 为 $\dfrac{x^2}{a^2}+\dfrac{y^2}{b^2}\leqslant 1$.在(7.6)式中作变数替换

$$\begin{cases}x=ar\cos\theta,\\ y=br\sin\theta,\end{cases}\quad 0\leqslant r\leqslant 1,\ 0\leqslant\theta<2\pi,$$

它的 Jacobi 行列式为

$$\begin{vmatrix}a\cos\theta & -ar\sin\theta\\ b\sin\theta & br\cos\theta\end{vmatrix}=abr,$$

于是

$$D=\frac{2a^3b^3}{a^2+b^2}\int_0^{2\pi}\int_0^1(1-r^2)r\,\mathrm{d}r\,\mathrm{d}\theta=\frac{a^3b^3}{a^2+b^2}\pi. \tag{7.7}$$

因此,扭角 α 为

$$\alpha=\frac{M_z}{\mu D}=\frac{a^2+b^2}{a^3b^3\mu\pi}M_z. \tag{7.8}$$

现在对上述解答做一些讨论.首先考虑最大剪应力的问题.按(7.5)式,有

$$\tau^2=\tau_{zx}^2+\tau_{yz}^2=\frac{4\mu^2\alpha^2}{(a^2+b^2)^2}(a^4y^2+b^4x^2);$$

对边界(7.1)上的点有

$$\tau^2=\frac{4\mu^2\alpha^2}{(a^2+b^2)^2}b^2[a^4-(a^2-b^2)x^2].$$

由于 $a\geqslant b$,上式在 $x=0$ 时,也就是在 y 轴上 A 和 B 两点处(图 6.5),剪应力达到最大值

$$\tau_{\max}=2\mu\alpha\frac{a^2b}{a^2+b^2}. \tag{7.9}$$

如果 $a=b$,即对于圆杆,有

$$\tau_{\max}=\mu\alpha a. \tag{7.10}$$

在图 6.5 中的虚线为等 Ψ 线,在 A,B 两点附近等 Ψ 线的密度最大,这与上一节的性质 3 是一致的.点 A 和 B 距椭圆的形心最近.除椭圆之外还有许多扭转问题,其最大剪应力也发生在截面的边界距形心最近的点上,但是这个结论不具有一般性. 例如,“Saint-Venant 钢轨”的截面(图 6.6),这种截面的杆,扭转时其最大剪应力发生在点 F 上,而不在离形心最近的点上.不过在图 6.6 上所示的图形是凹的, Saint-Venant 曾猜想, 对凸的图形其最大剪应力发生在离形心最近的边界点上. 不幸,这个猜想也不正确,Ramaswamy[153]举出了一个反例,区域是凸的,但其最大剪应力却不发生在离形心最近的点上.

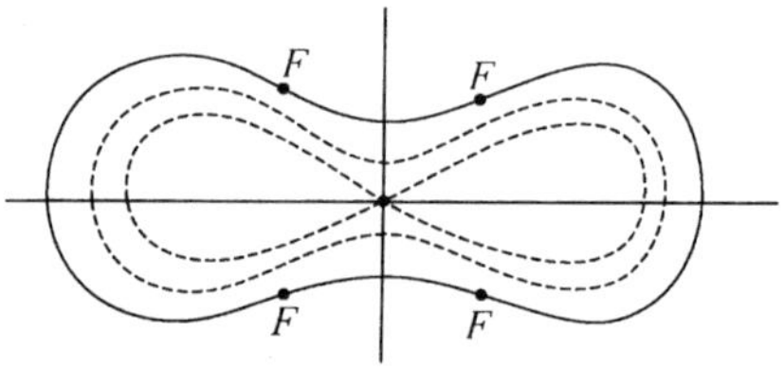

图 6.6

我们再来讨论有关扭转刚度的问题.如果椭圆的面积给定,即设 $\pi ab=A$ 为定值. 从(7.7)式不难知道, 当 $a=b$ 时,扭转刚度取最大值

$$D=\frac{1}{2}\pi a^4=\frac{A^2}{2\pi}. \tag{7.11}$$

Saint-Venant 又猜测,所有凸的单连通区域中,以圆的扭转刚度最大.这个命题已由 Pólya[149]用对称化法证明.

如果不限于单连通区域,考虑同心圆环,即考虑圆筒的扭转.设内圆半径为 a,外圆半径为 a_1,面积仍给定为 A,

$$A=\pi a_1^2-\pi a^2,$$

此时的扭转刚度为

$$D=\frac{1}{2}\pi a_1^4-\frac{1}{2}\pi a^4=\frac{A^2}{2\pi}+Aa^2. \tag{7.12}$$

当内圆半径 a 越来越大时, 扭转刚度也越来越大. 不过这时圆筒也越来越薄,其薄的程度会受到其他因素所制约, 例如对强度或稳定性的要求. 一般来说,在扭转问题中,薄壁杆件比较能充分地发挥材料的效率.

Pólya[150]还证明了一个定理: 对于二连通区域,如果区域的面积和内边界所围区域的面积均给定,且内、外边界所围的区域都是凸的,则以圆环形截面的扭转刚度最大.

利用(7.4)式的应力函数可算出共轭函数和翘曲函数

$$\psi=\Psi+\frac{1}{2}(x^2+y^2)=\frac{a^2b^2}{a^2+b^2}+\frac{a^2-b^2}{2(a^2+b^2)}(x^2-y^2), \tag{7.13}$$

$$\varphi=-\frac{a^2-b^2}{a^2+b^2}xy. \tag{7.14}$$

那么位移场为

$$u=-\alpha yz,\quad v=\alpha xz,\quad w=-\alpha\frac{a^2-b^2}{a^2+b^2}xy. \tag{7.15}$$

从上式可以看出,对 $a=b$ 的圆截面梁,扭转时无翘曲.可以证明,对非圆边界截面梁,其翘曲函数不为零.也就是说,平截面假定在扭转时一般不成立.

§8　带半圆槽圆杆的扭转

杆的截面如图 6.7 所示,在半径为 a 的大圆边界上有一半径为 δ 的小圆槽,坐标原点 O 在小圆的圆心(大圆的圆周)上,x 轴过大圆的圆心.此截面的区域 G 可写为

$$\begin{cases}(x-a)^2+y^2\leqslant a^2,\\ x^2+y^2\geqslant\delta^2.\end{cases} \tag{8.1}$$

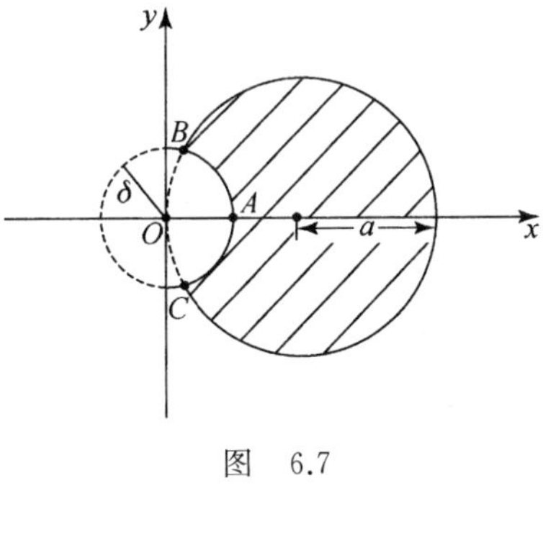

图　6.7

(8.1)两式中若取等号,即为大小圆周的方程.在极坐标下它们为

$$r-2a\cos\theta=0,\quad \delta^2-r^2=0. \tag{8.2}$$

设本问题的应力函数为

$$\Psi=\frac{1}{2}(\delta^2-r^2)\left(1-\frac{2a\cos\theta}{r}\right). \tag{8.3}$$

可以验证,(8.3)式满足 Ψ 的边值问题(5.33).此时,坐标原点虽不在截面的形心上,但按§5中的附注3,所有扭转公式在形式上依然相同.现在来求扭转刚度 D,

$$D=2\iint_G \Psi \mathrm{d}x\,\mathrm{d}y=\iint_G\left(\delta^2-r^2-\delta^2\frac{2a\cos\theta}{r}+2ar\cos\theta\right)\mathrm{d}x\,\mathrm{d}y. \tag{8.4}$$

为计算方便,我们取 G^* 为整个大圆的区域,不难看出,G 与 G^* 的面积差异小于 $\pi\delta^2/2$,且在 G 内(8.4)式的被积函数是有界的,故可将(8.4)式写为

$$\begin{aligned}D&=\iint_G(2ax-x^2-y^2)\mathrm{d}x\,\mathrm{d}y+\delta^2\iint_G\left(1-\frac{2a\cos\theta}{r}\right)\mathrm{d}x\,\mathrm{d}y\\&=\iint_{G^*}[a^2-(x-a)^2-y^2]\mathrm{d}x\,\mathrm{d}y+O(\delta)\\&=\iint_{\rho\leqslant a}(a^2-\rho^2)\rho\,\mathrm{d}\rho\,\mathrm{d}\beta+O(\delta)=\frac{1}{2}\pi a^4+O(\delta),\end{aligned} \tag{8.5}$$

其中 $O(\delta)$ 表示当 $\delta\ll a$ 时,有 $|O(\delta)|<C\delta$,C 为某常量;(ρ,β) 表示以 $(a,0)$ 为原点的极坐标.将有圆槽圆杆的扭转刚度(8.5)与圆杆的扭转刚度(7.11)相比,可知细小的缺陷对刚度的影响甚微.

下面来考查剪应力.首先,沿坐标线 $r=$常数有

$$\begin{cases}\tau_s=-\mu\alpha\dfrac{\partial\Psi}{\partial r}=\mu\alpha\left[r-a\left(1+\dfrac{\delta^2}{r^2}\right)\cos\theta\right],\\[2ex]\tau_n=\mu\alpha\dfrac{\partial\Psi}{r\partial\theta}=-\mu\alpha a\left(1-\dfrac{\delta^2}{r^2}\right)\sin\theta.\end{cases} \tag{8.6}$$

在小圆 $r=\delta$ 上,(8.6)式给出

$$\tau_s=-\mu\alpha(2a\cos\theta-\delta),\quad \tau_n=0; \tag{8.7}$$

沿坐标线 $r=$常数与大圆 $r=2a\cos\theta$ 的交点上,(8.6)式给出

$$\tau_s=\mu\alpha a\left(1-\frac{\delta^2}{r^2}\right)\cos\theta,\quad \tau_n=-\mu\alpha a\left(1-\frac{\delta^2}{r^2}\right)\sin\theta. \tag{8.8}$$

从(8.7)和(8.8)式可以看出,最大剪应力发生在小圆 $\theta=0$ 的点 A(图6.7)上.也就是恰好发生在距形心最近的边界点上,它的绝对值为

$$\tau_{\max}=\mu\alpha(2a-\delta)\approx 2\mu\alpha a. \tag{8.9}$$

由于有槽与无槽圆杆的扭转刚度相差无几,那么 $\mu\alpha=M_z/D$ 也差别不大.因此(8.9)和(7.10)式表明,有槽柱体中的最大剪应力是无槽的两倍.这个结论显示,微小的缺陷对构件的刚度影响不大,对强度影响却很大.如果缺陷是半椭圆槽(图6.8),设椭圆的长短半轴分别为 δ 和 η,诺埃伯[32,第165页]算出这种缺陷的圆柱之最大剪应力为

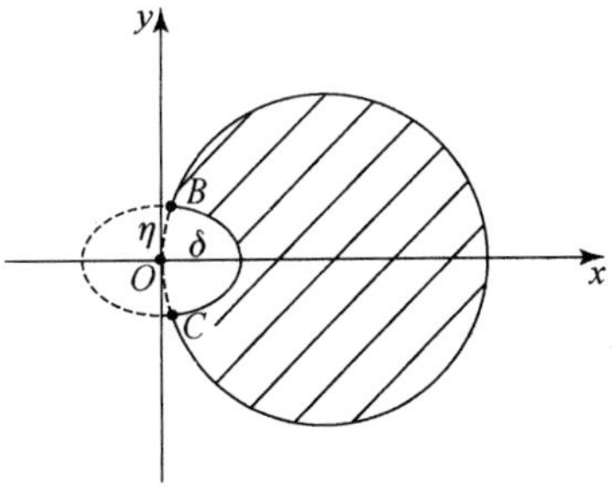

图 6.8

$$\tau_{\max}=\mu\alpha a\left(1+\sqrt{\frac{\delta}{\eta}}\right). \tag{8.10}$$

由上式可看出，当 $\eta\to 0$ 时，剧烈地影响构件的强度.

另外，在大圆和椭圆的交汇点 B 和 C 上，从(8.7)或(8.8)式都可以看出，它们的剪应力都为零.从几何上来看，点 B 和 C 为区域的尖点.可以证明，扭转问题在截面的尖点处其剪应力为零.这个一般性的结论参见钱伟长等人的著作[34,第38—40页].

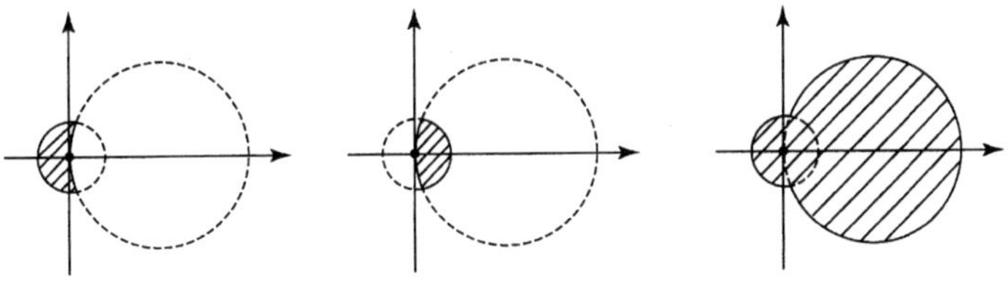

(a) (b) (c)

图 6.9

附注 (8.3)式并不表示图 6.9 阴影部分的三种截面的应力函数.对于图 6.9(a)和(b)所示阴影部分区域，坐标原点在区域的边界上；而对于图 6.9(c)所示阴影部分区域，坐标原点在区域内部.当 $r\to 0$ 时，Ψ 将具有一阶奇性，那么应力应变都将有高阶奇性，这样，其应变能将不满足第五章中(2.18)式的补充条件，因此应力函数(8.3)不是图 6.9 所示的三种截面的解答.事实上，图 6.9 所示的三个区域都为圆弧二边形，其扭转问题的解答，请参见钱伟长等人的著作[34,§4.14—4.16;§5.17b].同理，

$$\Psi=\frac{1}{2}(a^2-r^2)\left(1-\frac{2\delta\cos\theta}{r}\right).$$

也不是图 6.10 所示具偏心圆孔的圆截面杆件扭转的应力函数.

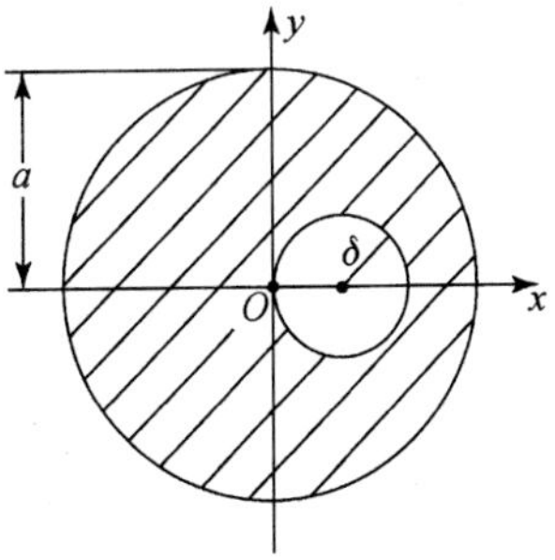

图 6.10

§9 矩形截面杆的扭转

本节考虑图6.11所示矩形截面杆的扭转,取坐标原点在矩形的中心,矩形的长和宽各为 $2a$ 和 $2b$,并设 $a\geqslant b$. 作辅助函数 f:

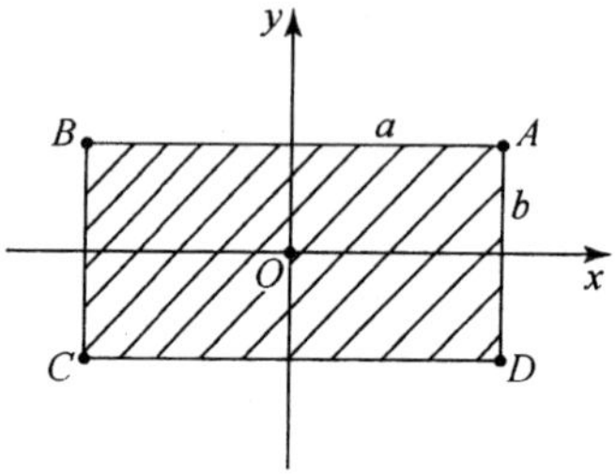

图 6.11

$$f=\Psi+y^2-b^2, \tag{9.1}$$

其中 Ψ 为应力函数.将(9.1)式代入(5.33)式,可确定 f 的边值问题:

$$\begin{cases}\nabla^2 f=0,\\ f=0 \qquad (y=\pm b),\\ f=y^2-b^2 \quad (x=\pm a).\end{cases} \tag{9.2}$$

用分离变量解法,设

$$f(x,y)=X(x)Y(y), \tag{9.3}$$

从(9.2a)式,得

$$X''(x)Y(y)+X(x)Y''(y)=0,$$

此即

$$\frac{X''(x)}{X(x)}=-\frac{Y''(y)}{Y(y)}.$$

上式左边为变量 x 的函数,右边为变量 y 的函数,因此为常量,不妨设为 k^2,于是有

$$X''(x)-k^2X(x)=0,\quad Y''(y)+k^2Y(y)=0. \tag{9.4}$$

上式是两个常微分方程,其基础解系分别为 $\cosh(kx)$, $\sinh(kx)$ 和 $\cos(ky)$, $\sin(ky)$.考虑到边值问题(9.2), X 和 Y 分别为 x 和 y 的偶函数,故有

$$X(x)=\cosh(kx),\quad Y(y)=\cos(ky). \tag{9.5}$$

将(9.3)和(9.5)式代入边界条件(9.2b),得

$$\cos(kb)=0,$$

于是本征值为

$$k=\left(n+\frac{1}{2}\right)\frac{\pi}{b}\quad (n=0,1,\cdots). \tag{9.6}$$

对应于 n 的 k 记为 k_n，利用叠加原理，从(9.3)式得

$$f(x,y)=\sum_{n=0}^{\infty}A_n\cosh(k_nx)\cos(k_ny), \tag{9.7}$$

其中 A_n 为待定常数.边界条件(9.2c)给出

$$\sum_{n=0}^{\infty}A_n\cosh(k_na)\cos(k_ny)=y^2-b^2. \tag{9.8}$$

在上式两边乘以 $\cos(k_my)$，并从 $-b$ 至 b 积分，利用正交性，可得

$$A_n=(-1)^{n+1}\frac{32b^2}{(2n+1)^3\pi^3}\frac{1}{\cosh(k_na)}. \tag{9.9}$$

于是，从(9.1)，(9.7)和(9.9)式得到应力函数 Ψ

$$\Psi=b^2-y^2-\frac{32b^2}{\pi^3}\sum_{n=0}^{\infty}\frac{(-1)^n}{(2n+1)^3}\frac{\cosh(k_nx)}{\cosh(k_na)}\cos(k_ny). \tag{9.10}$$

利用上式可求出共轭函数 ψ 和翘曲函数 φ，分别为

$$\begin{aligned}\psi&=\Psi+\frac{1}{2}(x^2+y^2)\\&=b^2+\frac{1}{2}(x^2-y^2)-\frac{32b^2}{\pi^3}\sum_{n=0}^{\infty}\frac{(-1)^n}{(2n+1)^3}\frac{\cosh(k_nx)}{\cosh(k_na)}\cos(k_ny),\end{aligned} \tag{9.11}$$

$$\varphi=-xy+\frac{32b^2}{\pi^3}\sum_{n=0}^{\infty}\frac{(-1)^n}{(2n+1)^3}\frac{\sinh(k_nx)}{\cosh(k_na)}\sin(k_ny). \tag{9.12}$$

现在来考查剪应力，有

$$\begin{cases}\tau_{zx}=\mu\alpha\dfrac{\partial\Psi}{\partial y}\\\quad=\mu\alpha\left[-2y+\dfrac{16b}{\pi^2}\displaystyle\sum_{n=0}^{\infty}\dfrac{(-1)^n}{(2n+1)^2}\dfrac{\cosh(k_nx)}{\cosh(k_na)}\sin(k_ny)\right],\\\tau_{yz}=-\mu\alpha\dfrac{\partial\Psi}{\partial x}=\mu\alpha\dfrac{16b}{\pi^2}\displaystyle\sum_{n=0}^{\infty}\dfrac{(-1)^n}{(2n+1)^2}\dfrac{\sinh(k_nx)}{\cosh(k_na)}\cos(k_ny).\end{cases} \tag{9.13}$$

在 $y=b$ 的边界 AB 上，

$$\begin{cases}\tau_{zx}=-2\mu\alpha b\left[1-\dfrac{8}{\pi^2}\displaystyle\sum_{n=0}^{\infty}\dfrac{1}{(2n+1)^2}\dfrac{\cosh(k_nx)}{\cosh(k_na)}\right],\\\tau_{yz}=0.\end{cases}$$

由于

$$\sum_{n=0}^{\infty}\frac{1}{(2n+1)^2}=\frac{\pi^2}{8},$$

可知在 AB 上,剪应力 τ 为

$$\tau=\sqrt{\tau_{zx}^2+\tau_{yz}^2}=|\tau_{zx}|$$
$$=\frac{16\mu\alpha b}{\pi^2}\sum_{n=0}^{\infty}\frac{1}{(2n+1)^2}\left[1-\frac{\cosh(k_n x)}{\cosh(k_n a)}\right].$$

因此 AB 边上最大剪应力发生在中点(0,b),其值为

$$\tau_{AB}=2\mu\alpha b\left[1-\frac{8}{\pi^2}\sum_{n=0}^{\infty}\frac{1}{(2n+1)^2\cosh(k_n a)}\right]. \tag{9.14}$$

按照对称性在 $x=a$ 的边界 AD 上的最大剪应力也应发生在中点(a,0),其值为

$$\tau_{AD}=\frac{16\mu\alpha b}{\pi^2}\sum_{n=0}^{\infty}\frac{(-1)^n}{(2n+1)^2}\tanh(k_n a).$$

当 $a\geqslant b$ 时,有

$$\frac{\partial}{\partial a}(\tau_{AB}-\tau_{AD})>0, \tag{9.15}$$

且当 $a=b$ 时,按对称性应该有

$$\tau_{AB}=\tau_{AD};$$

因而,当 $a>b$ 时,有

$$\tau_{AB}>\tau_{AD}. \tag{9.16}$$

因此,最大剪应力发生在长边的中点上,也就是在离形心最近的边界点上.

再来考查扭转刚度 D,

$$D=2\iint_G\Psi\,\mathrm{d}x\,\mathrm{d}y=\frac{16}{3}ab^3-\sum_{n=0}^{\infty}\frac{1024b^4}{(2n+1)^5\pi^5}\tanh(k_n a). \tag{9.17}$$

对 $b\ll a$ 的薄壁杆件,由于

$$\tanh(k_n a)=\tanh\left(\frac{2n+1}{2}\pi\frac{a}{b}\right)\approx 1,$$
$$1<\sum_{n=0}^{\infty}\frac{1}{(2n+1)^5}<1.0046,$$

有

$$D=\frac{16}{3}ab^3-\frac{1024}{\pi^5}b^4=\frac{1}{3}l\delta^3-0.21\delta^4, \tag{9.18}$$

其中 $l=2a$ 和 $\delta=2b$ 为狭矩形的长和宽.

当 $ab=1$ 时,矩形面积为 4,此时 $\frac{\tau_{AB}}{\tau_{AD}}$ 和 D 与 $\frac{a}{b}$ 的关系如表 6.1 所示(见参考文献[34],第 72 页).

表　6.1

a/b	1	1.5	2	5	10	20
τ_{AB}/τ_{AD}	1	1.746 20	2.515 55	6.729 76	13.460 76	27.244 24
D	2.249 23	2.088 11	1.829 46	0.932 32	0.499 72	0.258 26

对于 $b \ll a$ 的薄壁杆件，可将(5.33)式近似地表成下述边值问题：

$$\begin{cases} \nabla^2 \Psi = -2, \\ \Psi = 0 \quad (y = \pm b). \end{cases} \tag{9.19}$$

至于 $x = \pm a$，由于边 AD 和 BC 很短就不考虑了.该边值问题的一个解可写为

$$\Psi = b^2 - y^2. \tag{9.20}$$

从(9.20)式可得近似剪应力和扭转刚度

$$\tau_{zx} = -2\mu\alpha y, \quad \tau_{yz} = 0, \quad D = \frac{1}{3} l \delta^3. \tag{9.21}$$

近似解(9.20)和(9.21)恰是精确解(9.10),(9.13)和(9.17)略去求和项后所剩余的部分.

有人研究过截面如图 6.12 所示(a),(b)和(c)型柱体的扭转问题.对于(a)型,有

$$D = \frac{1}{3} l \delta^3 - 0.21\delta^4 + 0.07\delta^4; \tag{9.22}$$

对于(b)和(c)型,有

$$D = \frac{1}{3} l \delta^3 - 0.21\delta^4 + 2 \times 0.07\delta^4, \tag{9.23}$$

其中 δ 为柱体折线的截面宽度,l 为柱体折线的长度(图 6.12).

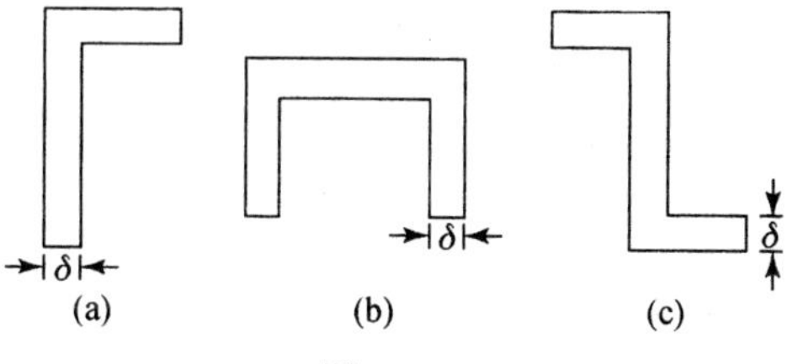

图　6.12

公式(9.22)和(9.23)都取自钱伟长等人的著作[34,第72页和第178－179页].该著作还利用无穷级数法、保角映射法和近似方法求出了多种截面杆的扭转问题.

§10 扭转问题的复变解法

设$\varphi(x,y)$,$\psi(x,y)$分别为扭转问题的翘曲函数和共轭函数.引入复扭转函数$f(z)$,

$$f(z)=\varphi(x,y)+\mathrm{i}\psi(x,y),\quad z=x+\mathrm{i}y, \tag{10.1}$$

其中$\mathrm{i}=\sqrt{-1}$.因φ和ψ为共轭函数,故$f(z)$为解析函数. 我们知道,在区域G的边界L上共轭函数ψ等于$(x^2+y^2)/2$,因此,有

$$f(z)-\overline{f(z)}=\mathrm{i}z\,\bar{z},\quad 在 L 上. \tag{10.2}$$

从(10.2)式可以看出,对于扭转问题而言,我们已经把偏微分方程的边值问题转变成解析函数的边值问题.只要求出了复扭转函数$f(z)$,那么翘曲函数φ和共轭函数ψ也就得到了,位移场和应力场也随之得出[31].

为了解边值问题(10.2),我们作保角变换,将z平面上的区域G变成ζ平面上的单位圆内,设为

$$z=\omega(\zeta). \tag{10.3}$$

将上式代入(10.2)式,并将$f(\omega(\zeta))$仍记成$f(\zeta)$,则有

$$f(\sigma)-\overline{f(\sigma)}=\mathrm{i}\omega(\sigma)\,\overline{\omega(\sigma)}, \tag{10.4}$$

其中$\sigma=\mathrm{e}^{\mathrm{i}\theta}$在单位圆上.现在来解(10.4)式所示的边值问题.在(10.4)式的两边同除以$\dfrac{1}{2\pi\mathrm{i}(\sigma-\zeta)}$,这里$\zeta$为单位圆内的任意一点;再在单位圆周上对其进行积分,得

$$\frac{1}{2\pi\mathrm{i}}\oint\limits_{|\sigma|=1}\frac{f(\sigma)}{\sigma-\zeta}\mathrm{d}\sigma-\frac{1}{2\pi\mathrm{i}}\oint\limits_{|\sigma|=1}\frac{\overline{f(\sigma)}}{\sigma-\zeta}\mathrm{d}\sigma=\frac{1}{2\pi}\oint\limits_{|\sigma|=1}\frac{\omega(\sigma)\,\overline{\omega(\sigma)}}{\sigma-\zeta}\mathrm{d}\sigma. \tag{10.5}$$

上式等号左端的第一个积分,按 Cauchy 公式等于$f(\zeta)$;其第二个积分记为I.将单位圆内的解析函数$f(\zeta)$展成幂级数,设

$$f(\zeta)=\sum_{n=0}^{\infty}a_n\zeta^n. \tag{10.6}$$

由于$\bar{\sigma}=\mathrm{e}^{-\mathrm{i}\theta}$,有

$$\overline{f(\sigma)}=\sum_{n=0}^{\infty}\bar{a}_n\,\bar{\sigma}^n=\sum_{n=0}^{\infty}\bar{a}_n\,\frac{1}{\sigma^n}. \tag{10.7}$$

利用(10.7)式,I即可写成

$$I=\frac{1}{2\pi\mathrm{i}}\oint\limits_{|\sigma|=1}\frac{1}{\sigma-\zeta}\sum_{n=0}^{\infty}\bar{a}_n\,\frac{1}{\sigma^n}\mathrm{d}\sigma. \tag{10.8}$$

按照部分分式的展开,有

$$\frac{1}{(\sigma-\zeta)\sigma^n}=\frac{c_n}{\sigma^n}+\frac{c_{n-1}}{\sigma^{n-1}}+\cdots+\frac{c_1}{\sigma}+\frac{c_0}{\sigma-\zeta}, \tag{10.9}$$

其中 $c_0,\cdots,c_n$ 为常数.用 σ 乘(10.9)式两边,再令 $\sigma\to\infty$,当 $n\geqslant 1$ 时,得

$$c_1+c_0=0. \tag{10.10}$$

将(10.9)式代入(10.8)式,注意到

$$\begin{cases}\dfrac{1}{2\pi\mathrm{i}}\oint\limits_{|\sigma|=1}\dfrac{1}{\sigma^k}\mathrm{d}\sigma=0 \quad (k\geqslant 2),\\ \dfrac{1}{2\pi\mathrm{i}}\oint\limits_{|\sigma|=1}\dfrac{1}{\sigma}\mathrm{d}\sigma=1,\\ \dfrac{1}{2\pi\mathrm{i}}\oint\limits_{|\sigma|=1}\dfrac{1}{\sigma-\zeta}\mathrm{d}\sigma=1,\end{cases} \tag{10.11}$$

由于(10.10)式,我们有

$$I=\bar{a}_0. \tag{10.12}$$

将上式代入(10.5)式,得

$$f(\zeta)=\frac{1}{2\pi}\oint\limits_{|\sigma|=1}\frac{\omega(\sigma)\overline{\omega(\sigma)}}{\sigma-\zeta}\mathrm{d}\sigma+\bar{a}_0. \tag{10.13}$$

上式给出了复扭转函数 $f(z)$.

例　试解截面边界为心脏线的杆的扭转问题.

解　设心脏线如图 6.13 所示,其区域内部 G 到单位圆内部的保角映射为

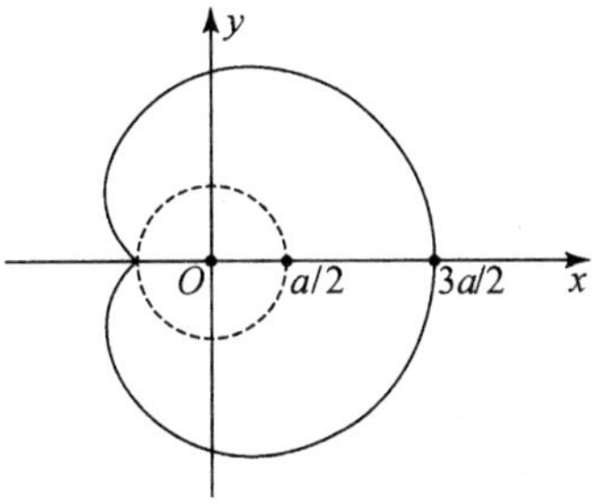

图　6.13

$$z=a\left(\zeta+\frac{1}{2}\zeta^2\right). \tag{10.14}$$

令 $\zeta=\rho\mathrm{e}^{\mathrm{i}t}$,将其代入(10.14)式,并分解其实部和虚部,得

$$\begin{cases}x=a\left(\rho\cos t+\dfrac{1}{2}\rho^2\cos 2t\right),\\ y=a\left(\rho\sin t+\dfrac{1}{2}\rho^2\sin 2t\right).\end{cases} \tag{10.15}$$

将(10.14)式代入(10.13)式,可算出本例的复扭转函数 $f(z)$:

$$f(\zeta)=\frac{1}{2\pi}\oint_{|\sigma|=1}a^2\left(\sigma+\frac{1}{2}\sigma^2\right)\left(\frac{1}{\sigma}+\frac{1}{2\sigma^2}\right)\frac{d\sigma}{\sigma-\zeta}+\bar{a}_0$$
$$=\frac{1}{2\pi}\oint_{|\sigma|=1}a^2\left(1+\frac{1}{4}+\frac{1}{2}\sigma+\frac{1}{2\sigma}\right)\frac{d\sigma}{\sigma-\zeta}+\bar{a}_0$$
$$=\frac{a^2}{2}i\zeta+c, \tag{10.16}$$

其中 $c=c_1+ic_2$ 为常数.从(10.16)式所表示的复扭转函数,可得到共轭函数 ψ,

$$\psi=\frac{a^2}{2}\rho\cos t+c_2. \tag{10.17}$$

于是应力函数 Ψ 为

$$\Psi=\psi-\frac{1}{2}(x^2+y^2)$$
$$=\frac{a^2}{2}\rho\cos t-\frac{a^2}{2}\left(\rho^2+\rho^3\cos t+\frac{1}{4}\rho^4\right)+c_2. \tag{10.18}$$

由于在单位圆 $\rho=1$ 上,$\Psi=0$,由此定出常数 $c_2=5a^2/8$.

现在来计算扭转刚度 D:

$$D=2\iint_G\Psi(x,y)\,dx\,dy. \tag{10.19}$$

注意到变数替换(10.15)的 Jacobi 行列式 J 为

$$J=a^2\begin{vmatrix}\cos t+\rho\cos 2t & -\rho\sin t-\rho^2\sin 2t\\ \sin t+\rho\sin 2t & \rho\cos t+\rho^2\cos 2t\end{vmatrix}$$
$$=a^2(\rho+2\rho^2\cos t+\rho^3). \tag{10.20}$$

将(10.18)式的 Ψ 和(10.20)式的 J 代入(10.19)式,得

$$D=a^4\int_{\rho\leqslant 1}\int_{t=0}^{2\pi}\left[\left(\rho\cos t-\rho^2-\rho^3\cos t-\frac{\rho^4}{4}+\frac{5}{8}\right)\cdot(\rho+2\rho^2\cos t+\rho^3)\right]d\rho\,dt$$
$$=\pi a^4\left(1+\frac{1}{16}\right).$$

§11　薄壁杆件的扭转

11.1　开口薄壁杆件的扭转

开口薄壁杆件的扭转问题是狭矩形截面杆扭转问题的推广.设开口薄壁杆件的截面 G 如图 6.14 所示,其中虚线为截面的中线 L^*,它可用弧长表示为

$$x=f(s),\quad y=g(s)\quad (0\leqslant s\leqslant l), \tag{11.1}$$

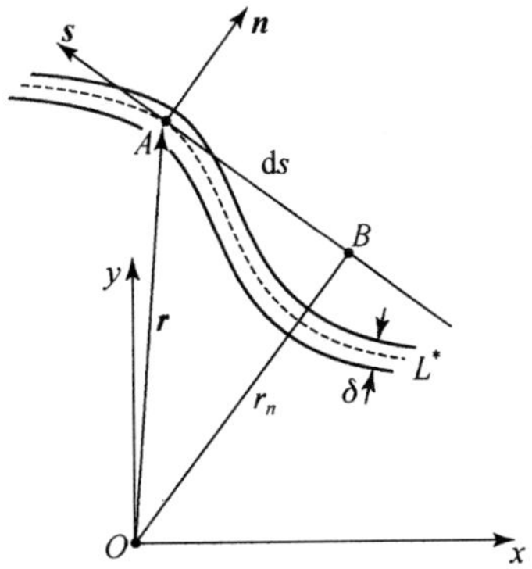

图 6.14

式中 l 为 L^* 的长度,且

$$[f'(s)]^2+[g'(s)]^2=1. \tag{11.2}$$

记 L^* 的切向单位矢量和法向单位矢量分别为 $\boldsymbol{s}$ 和 $\boldsymbol{n}$,且标架 $\boldsymbol{n},\boldsymbol{s}$ 的定向与直角坐标 $\boldsymbol{i},\boldsymbol{j}$ 的定向一致,区域 G 是等宽度的,宽度为 δ,当 δ 适当小时,G 中的点 (x,y) 可表示成

$$\begin{cases} x=f(s)+\eta g'(s), \\ y=g(s)-\eta f'(s), \end{cases} \quad 0\leqslant s\leqslant l,\ |\eta|\leqslant\delta/2. \tag{11.3}$$

今在标架 $\boldsymbol{n},\boldsymbol{s}$ 中计算应力函数 Ψ 的各阶微商:

$$\begin{cases} \dfrac{\partial\Psi}{\partial\eta}=\dfrac{\partial\Psi}{\partial x}\dfrac{\partial x}{\partial\eta}+\dfrac{\partial\Psi}{\partial y}\dfrac{\partial y}{\partial\eta}=\dfrac{\partial\Psi}{\partial x}g'-\dfrac{\partial\Psi}{\partial y}f', \\ \dfrac{\partial\Psi}{\partial s}=\dfrac{\partial\Psi}{\partial x}\dfrac{\partial x}{\partial s}+\dfrac{\partial\Psi}{\partial y}\dfrac{\partial y}{\partial s} \\ \qquad =\dfrac{\partial\Psi}{\partial x}(f'+\eta g'')+\dfrac{\partial\Psi}{\partial y}(g'-\eta f''), \end{cases} \tag{11.4}$$

$$\begin{cases} \dfrac{\partial^2\Psi}{\partial\eta^2}=\dfrac{\partial^2\Psi}{\partial x^2}(g')^2-2\dfrac{\partial^2\Psi}{\partial x\partial y}f'g'+\dfrac{\partial^2\Psi}{\partial y^2}(f')^2, \\ \dfrac{\partial^2\Psi}{\partial s^2}=\dfrac{\partial^2\Psi}{\partial x^2}(f'+\eta g'')^2+2\dfrac{\partial^2\Psi}{\partial x\partial y}(f'+\eta g'')(g'-\eta f'') \\ \qquad +\dfrac{\partial^2\Psi}{\partial y^2}(g'-\eta f'')^2+\dfrac{\partial\Psi}{\partial x}(f''+\eta g''')+\dfrac{\partial\Psi}{\partial y}(g''-\eta f'''). \end{cases} \tag{11.5}$$

从(11.5)式,得

$$\frac{\partial^2\Psi}{\partial\eta^2}+\frac{\partial^2\Psi}{\partial s^2}=\frac{\partial^2\Psi}{\partial x^2}+\frac{\partial^2\Psi}{\partial y^2}+\frac{\partial\Psi}{\partial x}f''+\frac{\partial\Psi}{\partial y}g''$$
$$+2\eta\left[\frac{\partial^2\Psi}{\partial x^2}f'g''+\frac{\partial^2\Psi}{\partial x\partial y}(g'g''-f'f'')\right.$$

$$-\frac{\partial^2\Psi}{\partial y^2}f''g'+\frac{1}{2}\frac{\partial\Psi}{\partial x}g'''-\frac{1}{2}\frac{\partial\Psi}{\partial y}f'''\Big]$$

$$+\eta^2\left[\frac{\partial^2\Psi}{\partial x^2}(g'')^2-2\frac{\partial^2\Psi}{\partial x\partial y}f''g''+\frac{\partial^2\Psi}{\partial y^2}(f'')^2\right], \tag{11.6}$$

其中利用了(11.2)式.此外,在(11.4a)式两边乘以 $f''g'-f'g''$,得

$$\begin{aligned}\frac{\partial\Psi}{\partial\eta}(f''g'-f'g'')&=\left(\frac{\partial\Psi}{\partial x}g'-\frac{\partial\Psi}{\partial y}f'\right)(f''g'-f'g'')\\&=\frac{\partial\Psi}{\partial x}[(g')^2f''-f'g'g''+f'(f'f''+g'g'')]\\&\quad+\frac{\partial\Psi}{\partial y}[-f'g'f''+(f')^2g''+g'(f'f''+g'g'')]\\&=\frac{\partial\Psi}{\partial x}f''+\frac{\partial\Psi}{\partial y}g'',\end{aligned}\tag{11.7}$$

其中应用了(11.2)式和 $f'f''+g'g''=0$.注意到 L^* 的曲率半径 ρ 为

$$\frac{1}{\rho}=\frac{f'g''-f''g'}{[(f')^2+(g')^2]^{3/2}}=f'g''-f''g', \tag{11.8}$$

那么(11.7)式成为

$$\frac{\partial\Psi}{\partial x}f''+\frac{\partial\Psi}{\partial y}g''=-\frac{1}{\rho}\frac{\partial\Psi}{\partial\eta}, \tag{11.9}$$

把上式代入(11.6)式,略去 η 的一次和二次项,可得

$$\frac{\partial^2\Psi}{\partial\eta^2}+\frac{\partial^2\Psi}{\partial s^2}+\frac{1}{\rho}\frac{\partial\Psi}{\partial\eta}=\frac{\partial^2\Psi}{\partial x^2}+\frac{\partial^2\Psi}{\partial y^2}. \tag{11.10}$$

因此关于 $\Psi(\eta,s)$ 的边值问题为

$$\begin{cases}\dfrac{\partial^2\Psi}{\partial\eta^2}+\dfrac{\partial^2\Psi}{\partial s^2}+\dfrac{1}{\rho}\dfrac{\partial\Psi}{\partial\eta}=-2 & (G),\\ \Psi=0 & (L),\end{cases}\tag{11.11}$$

其中 L 为 G 的边界曲线.问题(11.11)的一个近似解为

$$\Psi=\left(\frac{\delta}{2}\right)^2-\eta^2. \tag{11.12}$$

在得到上式时,我们假定

$$\delta\ll\rho, \tag{11.13}$$

于是 η/ρ 可以忽略. 下面来计算扭转刚度,先算出变换(11.3)的 Jacobi 行列式

$$\begin{aligned}J&=\begin{vmatrix}\dfrac{\partial x}{\partial\eta}&\dfrac{\partial y}{\partial\eta}\\\dfrac{\partial x}{\partial s}&\dfrac{\partial y}{\partial s}\end{vmatrix}=\begin{vmatrix}g'&-f'\\f'+\eta g''&g'-\eta f''\end{vmatrix}\\&=(f')^2+(g')^2+\eta(f'g''-f''g')\end{aligned}$$

$$=1+\frac{\eta}{\rho}\approx 1, \tag{11.14}$$

其中利用了(11.2),(11.8)和(11.13)式.这样,D 为

$$D=2\iint_G \Psi \mathrm{d}x\,\mathrm{d}y=2\int_0^l\int_{-\delta/2}^{\delta/2}\left[\left(\frac{\delta}{2}\right)^2-\eta^2\right]J\,\mathrm{d}\eta\mathrm{d}s$$

$$=\frac{1}{3}l\delta^3. \tag{11.15}$$

显然，公式(11.11)和(11.15)是狭矩形截面杆的公式(9.19)和(9.21c)的推广.

按(6.7)和(6.8)两式,开口薄壁杆件沿等 Ψ 线的切向应力和法向应力分别为

$$\begin{aligned}\tau_s&=-\mu\alpha\frac{\partial\Psi}{\partial\eta}=2\mu\alpha\eta,\\ \tau_n&=\mu\alpha\frac{\partial\Psi}{\partial s}=0.\end{aligned} \tag{11.16}$$

再来计算中心线上的翘曲函数 φ.此时按(11.16)式,当 $\eta=0$ 时,剪应力为零,再利用剪应力与翘曲函数的关系(5.38),在中心线上有

$$\frac{\partial\varphi}{\partial x}=y,\quad \frac{\partial\varphi}{\partial y}=-x, \tag{11.17}$$

因而沿中心线 φ 的切向微商为

$$\begin{aligned}\frac{\partial\varphi}{\partial s}&=\frac{\partial\varphi}{\partial x}\cos(\boldsymbol{s},\boldsymbol{e}_x)+\frac{\partial\varphi}{\partial y}\cos(\boldsymbol{s},\boldsymbol{e}_y)\\ &=-[x\cos(\boldsymbol{n},\boldsymbol{e}_x)+y\cos(\boldsymbol{n},\boldsymbol{e}_y)]=-r_n,\end{aligned} \tag{11.18}$$

其中 r_n 表示矢径 $\boldsymbol{r}$ 在 $\boldsymbol{n}$ 上的投影.考虑微三角形 OAB (图 6.14),其底边 AB 长 $\mathrm{d}s$,AB 上的高就是 r_n,那么它的面积应为 $\frac{1}{2}r_n\mathrm{d}s$. 将(11.18)式积分,可得

$$\varphi=-\int_0^s r_n\,\mathrm{d}s, \tag{11.19}$$

即中心线上的翘曲函数为扇形面积两倍的负值.若不计小量 δ,可认为(11.19)式为整个开口薄壁杆件的翘曲函数.

11.2　闭口薄壁杆件的扭转

考虑截面如图 6.15 所示闭口薄壁杆件的扭转.区域 G 为二连通域,外边界为 L_0,内边界为 L_1,壁厚为 δ,L_1 所围区域的面积为 A_1.

应力函数 Ψ 在 L_0 上为零,在 L_1 上为 C_1,按位移单值性条件(5.31d)来求 C_1 的值,此时,有

$$\oint_{L_1}\frac{C_1-0}{\delta}\mathrm{d}s=2A_1, \tag{11.20}$$

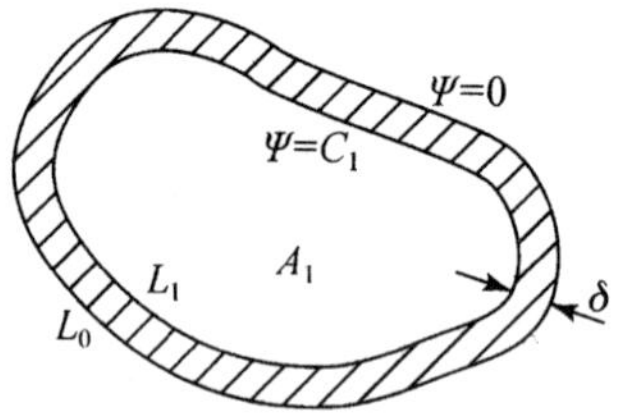

图 6.15

其中由于壁很薄,认为 Ψ 的法向微商为 C_1/δ.从(11.20)式可得 $C_1=2A_1\delta/l_1$,这里 l_1 为内边界 L_1 的弧长.现在来计算扭转刚度 D,在薄壁中认为 Ψ 沿厚度线性分布,有

$$D=2\iint_G \Psi \mathrm{d}x\,\mathrm{d}y+2A_1C_1=C_1A+2A_1C_1.$$

对于薄壁杆件有 $A\ll A_1$,因此扭转刚度 D 近似地为

$$D=2C_1A_1=\frac{4A_1^2\delta}{l_1}. \tag{11.21}$$

这样,扭角 α 和剪应力 τ 都可求出:

$$\begin{cases}\alpha=\dfrac{M_z}{\mu D}=\dfrac{l_1M_z}{4\mu A_1^2\delta},\\ \tau=-\mu\alpha\dfrac{\partial\Psi}{\partial n}=\mu\alpha\dfrac{C_1}{\delta}=\dfrac{M_z}{2A_1\delta}.\end{cases} \tag{11.22}$$

对于薄壁圆管[图 6.16(a)],若其内径为 a,壁厚为 δ,那么由(11.21)式可求出它的扭转刚度 $D_{闭}$,

$$D_{闭}=2\pi a^3\delta; \tag{11.23}$$

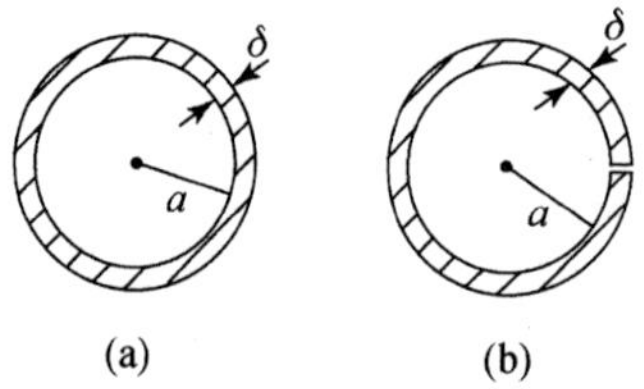

图 6.16

而对于开口薄壁圆管[图 6.16(b)],若其内半径也为 a,由(11.15)式可求它的扭转刚度 $D_{开}$,

$$D_{开}=\frac{2}{3}\pi a\delta^3. \tag{11.24}$$

当 $\dfrac{\delta}{a}=\dfrac{1}{10}$ 时，(11.23)和(11.24)式给出

$$\frac{D_{开}}{D_{闭}}=\frac{1}{3}\left(\frac{\delta}{a}\right)^2=\frac{1}{300}. \tag{11.25}$$

如果开口圆管是由闭口圆管破裂形成的，那么(11.25)式说明结构性破坏强烈地影响刚度.

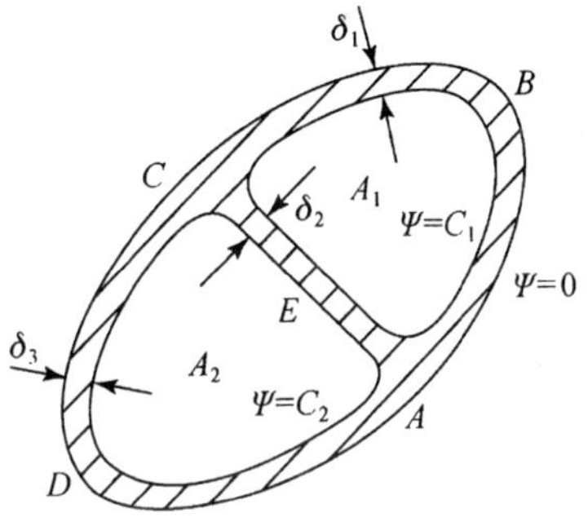

图　6.17

我们来讨论截面上具有两个孔的薄壁杆件的扭转(图 6.17).薄壁可分为 ABC,AEC,ADC 三段，其长度、宽度分别为 $l_1,\delta_1;l_2,\delta_2;l_3,\delta_3$.设左右孔边界上应力函数 Ψ 的值分别为 C_2 和 C_1，Ψ 在外边界上为零.那么位移单值性条件(5.31d)将为

$$\begin{cases}\dfrac{C_1-0}{\delta_1}l_1+\dfrac{C_1-C_2}{\delta_2}l_2=2A_1,\\[2ex] \dfrac{C_2-0}{\delta_3}l_3+\dfrac{C_2-C_1}{\delta_2}l_2=2A_2,\end{cases} \tag{11.26}$$

其中 A_2 和 A_1 分别为左右两孔的面积.从(11.26)式解出

$$\begin{cases}C_1=2\,\dfrac{A_1\left(\dfrac{l_2}{\delta_2}+\dfrac{l_3}{\delta_3}\right)+A_2\,\dfrac{l_2}{\delta_2}}{\dfrac{l_1l_3}{\delta_1\delta_3}+\dfrac{l_2}{\delta_2}\left(\dfrac{l_1}{\delta_1}+\dfrac{l_3}{\delta_3}\right)},\\[4ex] C_2=2\,\dfrac{A_1\,\dfrac{l_2}{\delta_2}+A_2\left(\dfrac{l_1}{\delta_1}+\dfrac{l_2}{\delta_2}\right)}{\dfrac{l_1l_3}{\delta_1\delta_3}+\dfrac{l_2}{\delta_2}\left(\dfrac{l_1}{\delta_1}+\dfrac{l_3}{\delta_3}\right)},\end{cases} \tag{11.27}$$

而扭转刚度近似为

$$D=2A_1C_1+2A_2C_2. \tag{11.28}$$

11.3 薄膜比拟

张在刚性周界 L 上的薄膜,在均布压力 p 作用下,它的横向位移 $w(x,y)$ 满足问题:

$$\nabla^2 w=-\frac{p}{q}\quad (G);\qquad w=0\quad (L),\tag{11.29}$$

这里假定 L 为平面曲线,Oxy 在 L 所决定的平面上,G 为 L 所围的区域,q 为预张力.

比较(11.29)式与应力函数 Ψ 的边值问题(5.33),可以看出有比拟关系

$$\Psi \longleftrightarrow \frac{2q}{p}w.\tag{11.30}$$

在此比拟下,扭转刚度 D 可认为是变形后的薄膜与 Oxy 平面之间的体积.以此来理解开口薄壁杆件和闭口薄壁杆件的扭转刚度公式(11.15)和(11.21),以及(9.22)和(9.23),可能更具有直观性.

§12 扭转刚度的上下界

12.1 D 的上界

对于几何形状比较复杂的截面,解析地求其扭转刚度相当困难,本节提供一个扭转刚度的近似计算方法.

按(5.40)式,用翘曲函数 φ 表示的扭转刚度为

$$D=\iint_G\left(x^2+y^2+x\frac{\partial\varphi}{\partial y}-y\frac{\partial\varphi}{\partial x}\right)\mathrm{d}x\,\mathrm{d}y,\tag{12.1}$$

其中 φ 满足 Laplace 方程的 Neumann 边值问题:

$$\begin{cases}\nabla^2\varphi=0 & (G),\\ \dfrac{\mathrm{d}\varphi}{\mathrm{d}n}=y\cos(\boldsymbol{n},\boldsymbol{e}_x)-x\cos(\boldsymbol{n},\boldsymbol{e}_y) & (L).\end{cases}\tag{12.2}$$

今设

$$I(\varphi)=\iint_G\left[\left(\frac{\partial\varphi}{\partial x}-y\right)^2+\left(\frac{\partial\varphi}{\partial y}+x\right)^2\right]\mathrm{d}x\,\mathrm{d}y,\tag{12.3}$$

$$I_1(\varphi)=\iint_G\left[\frac{\partial\varphi}{\partial x}\left(\frac{\partial\varphi}{\partial x}-y\right)+\frac{\partial\varphi}{\partial y}\left(\frac{\partial\varphi}{\partial y}+x\right)\right]\mathrm{d}x\,\mathrm{d}y.\tag{12.4}$$

显然

$$D=I(\varphi)-I_1(\varphi).\tag{12.5}$$

我们指出 $I_1(\varphi)$ 为零,事实上,由(12.2)式,有

$$
\begin{aligned}
I_1(\varphi) &= \iint_G \left\{\frac{\partial}{\partial x}\left[\varphi\left(\frac{\partial \varphi}{\partial x}-y\right)\right]+\frac{\partial}{\partial y}\left[\varphi\left(\frac{\partial \varphi}{\partial y}+x\right)\right]\right\} \mathrm{d}x\,\mathrm{d}y \\
&= \oint_L \varphi\left[\left(\frac{\partial \varphi}{\partial x}-y\right)\cos(\boldsymbol{n},\boldsymbol{e}_x)+\left(\frac{\partial \varphi}{\partial y}+x\right)\cos(\boldsymbol{n},\boldsymbol{e}_y)\right]\mathrm{d}s \\
&= 0.
\end{aligned}
\tag{12.6}
$$

于是

$$
D=I(\varphi). \tag{12.7}
$$

下面的定理给出了扭转刚度的上界.

定理 12.1(Dirichlet) 对任意的函数 $f(x,y)$,总有

$$
I(f)\geqslant I(\varphi), \tag{12.8}
$$

其中函数 I 由(12.3)式定义,$\varphi(x,y)$满足(12.2)式.

证明 对任意给定的函数 $f(x,y)$,令

$$
\widetilde{\varphi}(x,y)=f(x,y)-\varphi(x,y). \tag{12.9}
$$

按(12.3)和(12.9)式,有

$$
\begin{aligned}
I(f) &= \iint_G \left[\left(\frac{\partial \varphi}{\partial x}-y+\frac{\partial \widetilde{\varphi}}{\partial x}\right)^2+\left(\frac{\partial \varphi}{\partial y}+x+\frac{\partial \widetilde{\varphi}}{\partial y}\right)^2\right]\mathrm{d}x\,\mathrm{d}y \\
&= I(\varphi)+2\iint_G \left[\frac{\partial \widetilde{\varphi}}{\partial x}\left(\frac{\partial \varphi}{\partial x}-y\right)+\frac{\partial \widetilde{\varphi}}{\partial y}\left(\frac{\partial \varphi}{\partial y}+x\right)\right]\mathrm{d}x\,\mathrm{d}y \\
&\quad +\iint_G \left[\left(\frac{\partial \widetilde{\varphi}}{\partial x}\right)^2+\left(\frac{\partial \widetilde{\varphi}}{\partial y}\right)^2\right]\mathrm{d}x\,\mathrm{d}y.
\end{aligned}
\tag{12.10}
$$

上式第二个等号右端的第二项,用类似于得(12.6)式的方法,可知其为零;而其第三项总为非负. 因此,从(12.10)式,即得欲证之(12.8)式.定理证毕.

12.2 D 的下界

用应力函数 Ψ 表示的扭转刚度 D 为

$$
D=2\iint_G \Psi\,\mathrm{d}x\,\mathrm{d}y+2\sum_{i=1}^{m} C_i A_i, \tag{12.11}
$$

其中 Ψ 满足边值问题:

$$
\begin{cases}
\nabla^2\Psi=-2 & (G),\\
\Psi=0 & (L_0),\\
\Psi=C_i & (L_i),\\
\displaystyle\oint_{L_i}\frac{\partial \Psi}{\partial n^+}\mathrm{d}s=2A_i & (i=1,2,\cdots,m).
\end{cases}
\tag{12.12}
$$

记

$$J(\Psi)=\iint_G\left[4\Psi-\left(\frac{\partial\Psi}{\partial x}\right)^2-\left(\frac{\partial\Psi}{\partial y}\right)^2\right]\mathrm{d}x\,\mathrm{d}y+4\sum_{i=1}^{m}C_iA_i,\tag{12.13}$$

$$J_1(\Psi)=\iint_G\left[\frac{\partial}{\partial x}\left(\Psi\frac{\partial\Psi}{\partial x}\right)+\frac{\partial}{\partial y}\left(\Psi\frac{\partial\Psi}{\partial y}\right)\right]\mathrm{d}x\,\mathrm{d}y-2\sum_{i=1}^{m}C_iA_i.\tag{12.14}$$

由于 Ψ 满足(12.12a)式,有

$$D=J(\Psi)+J_1(\Psi).\tag{12.15}$$

利用(12.12b),(12.12c)和(12.12d)式,有

$$\begin{aligned}J_1(\Psi)&=\sum_{i=1}^{m}\oint_{L_i}\Psi\left[\frac{\partial\Psi}{\partial x}\cos(\boldsymbol{n}_i^+,\boldsymbol{e}_x)+\frac{\partial\Psi}{\partial y}\cos(\boldsymbol{n}_i^+,\boldsymbol{e}_y)\right]\mathrm{d}s-2\sum_{i=1}^{m}C_iA_i\\&=\sum_{i=1}^{m}C_i\left(\oint_{L_i}\frac{\partial\Psi}{\partial n^+}\mathrm{d}s-2A_i\right)=0.\end{aligned}\tag{12.16}$$

那么,扭转刚度 D 又可写成

$$D=J(\Psi).\tag{12.17}$$

下面有一个 D 的下界定理.

定理 12.2 对任意函数 $g(x,y)$,如果在边界上为常量,即设

$$g=0\quad(L_0),\quad g=G_i\quad(L_i,i=1,2,\cdots,m).\tag{12.18}$$

则总有

$$J(g)\leqslant J(\Psi),\tag{12.19}$$

其中 $J(g)$是将(12.13)式中的 Ψ 替换为 g, C_i 替换为 g_i 所得, Ψ 满足边值问题(12.12).

证明 对任意给定的满足(12.18)式的函数 g,令

$$\widetilde{\Psi}=g-\Psi,\qquad\widetilde{C}_i=G_i-C_i\quad(i=1,2,\cdots,m).\tag{12.20}$$

按(12.13)式,有

$$\begin{aligned}J(g)&=\iint_G\left[4(\Psi+\widetilde{\Psi})-\left(\frac{\partial\Psi}{\partial x}+\frac{\partial\widetilde{\Psi}}{\partial x}\right)^2-\left(\frac{\partial\Psi}{\partial y}+\frac{\partial\widetilde{\Psi}}{\partial y}\right)^2\right]\mathrm{d}x\,\mathrm{d}y\\&\quad+4\sum_{i=1}^{m}(C_i+\widetilde{C}_i)A_i,\\&=J(\Psi)+2\left\{\iint_G\left[2\widetilde{\Psi}-\frac{\partial\Psi}{\partial x}\frac{\partial\widetilde{\Psi}}{\partial x}-\frac{\partial\Psi}{\partial y}\frac{\partial\widetilde{\Psi}}{\partial y}\right]\mathrm{d}x\,\mathrm{d}y\right.\\&\quad\left.+2\sum_{i=1}^{m}\widetilde{C}_iA_i\right\}-\iint_G\left[\left(\frac{\partial\widetilde{\Psi}}{\partial x}\right)^2+\left(\frac{\partial\widetilde{\Psi}}{\partial y}\right)^2\right]\mathrm{d}x\,\mathrm{d}y.\end{aligned}\tag{12.21}$$

由于上式第二个等号右端第三项非正,并利用(12.12a)式,即得

$$J(g) \leqslant J(\Psi) - 2\left\{\iint_G \left[\frac{\partial}{\partial x}\left(\widetilde{\Psi}\frac{\partial \Psi}{\partial x}\right) + \frac{\partial}{\partial y}\left(\widetilde{\Psi}\frac{\partial \Psi}{\partial y}\right)\right]\mathrm{d}x\,\mathrm{d}y - 2\sum_{i=1}^{m}\widetilde{C}_i A_i\right\}. \tag{12.22}$$

类似于得(12.16)式的方法,可知(12.22)式不等号右端第二项为零,这样,就得到了欲证之(12.19)式.定理证毕.

综合上述两个定理,即得本节关于 D 的上下界之基本定理:

定理 12.3　在定理 12.1 和定理 12.2 的假定之下,有

$$J(g) \leqslant D \leqslant I(f). \tag{12.23}$$

12.3　矩形截面扭转刚度的上、下界

例　设有截面的边长为 $2a$ 的正方形(图 6.18)的杆,今近似地求其扭转刚度.

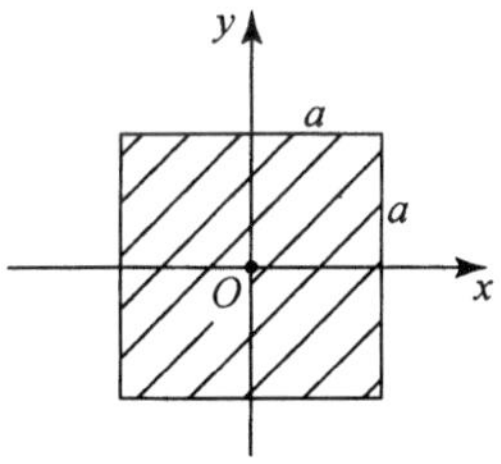

图　6.18

解　令

$$f_1 = A_1 xy, \tag{12.24}$$

其中 A_1 为待定常数.将上式代入(12.3)式,得

$$I(f_1) = \iint\left[\left(\frac{\partial f_1}{\partial x} - y\right)^2 + \left(\frac{\partial f_1}{\partial y} + x\right)^2\right]\mathrm{d}x\,\mathrm{d}y$$

$$= \frac{8}{3}(A_1^2 + 1)a^4. \tag{12.25}$$

将(12.25)式对 A_1 求导,可知 $A_1 = 0$ 时,$I(f_1)$最小,其值为

$$I(f_1) = 8a^4/3. \tag{12.26}$$

再令

$$g_1 = B_1(x^2 - a^2)(y^2 - a^2), \tag{12.27}$$

从(12.13)式,求出

$$J(g_1) = \int_{-a}^{a}\int_{-a}^{a}\left[4g_1 - \left(\frac{\partial g_1}{\partial x}\right)^2 - \left(\frac{\partial g_1}{\partial y}\right)^2\right]\mathrm{d}x\,\mathrm{d}y$$

$$=\frac{64}{9}\left(B_1-\frac{4}{5}a^2B_1^2\right)a^6. \tag{12.28}$$

对 $J(g_1)$关于 B_1 求导，得 $B_1=\frac{5}{8a^2}$ 时取最大，其值为

$$J(g_1)=\frac{20}{9}a^4. \tag{12.29}$$

综合(12.26)和(12.29)式，得到正方形截面扭转刚度 D 的上、下界为

$$\frac{20}{9}a^4\leqslant D\leqslant\frac{8}{3}a^4, \tag{12.30}$$

或者

$$2.2222a^4\leqslant D\leqslant 2.6667a^4. \tag{12.31}$$

如果对某些实际问题，认为(12.31)式的精度不够，那么可取比较复杂的函数来代替 f_1 和 g_1.例如，若取

$$f_2=A_1xy+A_2xy(x^2-y^2), \tag{12.32}$$

可求出

$$I(f_2)=2(A_1^2+1)\ \frac{4}{3}a^4-\frac{32}{15}A_2a^6+\frac{96}{35}A_2^2a^8. \tag{12.33}$$

由 $\frac{\partial}{\partial A_1}I(f_2)=0$，$\frac{\partial}{\partial A_2}I(f_2)=0$，得到

$$A_1=0,\quad A_2=\frac{7}{18a^2}, \tag{12.34}$$

这样 $I(f_2)$的最小值为

$$I(f_2)=\frac{304}{135}a^4. \tag{12.35}$$

再取

$$g_2=(x^2-a^2)(y^2-a^2)[B_1+B_2(x^2+y^2)], \tag{12.36}$$

算出

$$J(g_2)=\frac{64}{9}a^6\left(B_1-B_1^2\ \frac{4}{5}a^2\right)+\frac{128}{45}B_2a^8-\frac{2048}{525}a^{10}B_1B_2-\frac{11\ 264}{4725}a^{12}B_2^2. \tag{12.37}$$

从上式得到确定 B_1 和 B_2 的方程为

$$\frac{8}{5}a^2B_1+\frac{96}{175}a^4B_2=1,\quad \frac{48}{35}a^2B_1+\frac{176}{105}a^4B_2=1. \tag{12.38}$$

由此解出

$$B_1=\frac{2590}{4432}\ \frac{1}{a^2},\quad B_2=\frac{525}{4432}\ \frac{1}{a^4}. \tag{12.39}$$

利用(12.38)和(12.39)式,(12.37)式为

$$J(g_2)=\frac{64}{9}a^6\left(\frac{1}{2}B_1+\frac{1}{5}B_2a^2\right)=\frac{5600}{2493}a^4. \tag{12.40}$$

那么,由(12.35)和(12.40)式,得到正方形截面扭转刚度 D 的一个更加精密的上、下界:

$$\frac{5600}{2493}a^4\leqslant D\leqslant\frac{304}{135}a^4, \tag{12.41}$$

即

$$2.246\,29a^4\leqslant D\leqslant 2.251\,85a^4. \tag{12.42}$$

在§9 中的表 6.1 中,可查出当正方形边长为 $2a$ 时的精确扭转刚度为

$$D=2.249\,23a^4. \tag{12.43}$$

由此可见,(12.42)式所示的上、下界有足够的精确度.

本节的内容可以参见鹫津久一郎著作[22]中§6.5,钱伟长等人著作[34]中§7.2,以及列宾逊著作[28]中第 135—136 页.

§13　半无限圆柱的扭转

本章所讨论的问题为 Saint-Venant 问题,也就是端部放松条件的边值问题.前面我们已经给出了该问题的一个解,可称之为 Saint-Venant 问题的 Saint-Venant 解. 按 Saint-Venant 原理,这个 Saint-Venant 解可作为 Saint-Venant 问题无穷个解中足够准确的代表.上述说法是定性的,为定量地说明问题,本节以半无限圆柱扭转为例,求出非 Saint-Venant 解,并与 Saint-Venant 解作比较.关于圆柱扭转,在§7 中所求出的 Saint-Venant 解,其在柱坐标下的位移场和应力场为

$$u_r=0,\quad u_\theta=\alpha rz,\quad u_z=0, \tag{13.1}$$

$$\sigma_r=\sigma_\theta=\sigma_z=\tau_{zr}=\tau_{r\theta}=0,\quad \tau_{z\theta}=\mu\alpha r, \tag{13.2}$$

这个解的切向剪应力按径向坐标 r 线性分布.

现在来求另一个非线性分布的解.设其位移场为

$$u_r=0,\quad u_\theta=\alpha rz+\sum_{n=1}^{\infty}B_nf_n(r)\mathrm{e}^{-k_nz},\quad u_z=0, \tag{13.3}$$

其中 k_n 和 $f_n(r)$ 为待定本征值和本征函数,B_n 为待定系数.利用柱坐标下的几何关系和 Hooke 定律,求得其应力场为

$$\begin{cases}\sigma_r=\sigma_\theta=\sigma_z=\tau_{zr}=0,\\ \tau_{r\theta}=\mu\sum_{n=1}^{\infty}B_n\left(f_n'-\dfrac{f_n}{r}\right)\mathrm{e}^{-k_nz},\\ \tau_{\theta z}=\mu\left(\alpha r-\sum_{n=1}^{\infty}B_nk_nf_n\mathrm{e}^{-k_nz}\right).\end{cases}\tag{13.4}$$

在应力(13.4)之下,其柱坐标下的平衡方程有两个自动满足,另一个为

$$\frac{\partial\tau_{r\theta}}{\partial r}+\frac{2}{r}\tau_{r\theta}+\frac{\partial\tau_{\theta z}}{\partial z}=0.\tag{13.5}$$

将(13.4)式代入(13.5)式,得

$$f_n''(r)+\frac{1}{r}f_n'(r)+\left(k_n^2-\frac{1}{r^2}\right)f_n(r)=0.\tag{13.6}$$

由于圆柱是实心的,本征方程(13.6)的解为一阶第一类 Bessel 函数 J_1,即

$$f_n=\mathrm{J}_1(k_nr).\tag{13.7}$$

扭转问题中圆柱侧面无应力,这给出

$$\tau_{r\theta}|_{r=a}=\mu\sum_{n=1}^{\infty}B_n\left[k_n\mathrm{J}_1'(k_nr)-\frac{\mathrm{J}_1(k_nr)}{r}\right]_{r=a}\mathrm{e}^{-k_nz}=0,\tag{13.8}$$

其中 a 为圆柱的半径.我们有恒等式[61]

$$kr\mathrm{J}_1'(kr)-\mathrm{J}_1(kr)=-kr\mathrm{J}_2(kr),\tag{13.9}$$

这里 J_2 为二阶第一类 Bessel 函数.于是,(13.8)式成为

$$\sum_{n=1}^{\infty}B_nk_n\mathrm{J}_2(k_na)\mathrm{e}^{-k_nz}=0,\tag{13.10}$$

由此

$$\mathrm{J}_2(k_na)=0,\quad n=1,2,\cdots.\tag{13.11}$$

查 Bessel 函数表,可知上式的前 5 个根为

$$ka:\quad 5.1356,\ 8.4172,\ 11.6198,\ 14.7959,\ 17.9598.\tag{13.12}$$

(13.3)式中的常数 α 可由 $z=0$ 时的力矩 M_z 来确定,

$$\begin{aligned}M_z&=\int_0^a2\pi r^2(\tau_{\theta z})_{z=0}\mathrm{d}r\\&=2\pi\mu\left[\int_0^a\alpha r^3\mathrm{d}r-\sum_{n=1}^{\infty}B_nk_n\int_0^ar^2\mathrm{J}_1(k_nr)\mathrm{d}r\right].\end{aligned}\tag{13.13}$$

可以证明,上式第二个等号右端第二个积分为零.事实上,由于

$$\mathrm{J}_1(k_nr)=-\frac{1}{k_n^2}\left(\frac{\mathrm{d}^2}{\mathrm{d}r^2}+\frac{1}{r}\frac{\mathrm{d}}{\mathrm{d}r}-\frac{1}{r^2}\right)\mathrm{J}_1(k_nr),$$

有

$$\int_0^ar^2\mathrm{J}_1(k_nr)\mathrm{d}r=-\frac{1}{k_n^2}\int_0^a\frac{\mathrm{d}}{\mathrm{d}r}\left[r^2\frac{\mathrm{d}\mathrm{J}_1(k_nr)}{\mathrm{d}r}-r\mathrm{J}_1(k_nr)\right]\mathrm{d}r$$

$$=-\frac{1}{k_n^2}[a^2k_nJ'_1(k_na)-aJ_1(k_na)]$$

$$=\frac{a^2}{k_n}J_2(k_na)=0. \tag{13.14}$$

因而,从(13.13)式,可得

$$M_z=\frac{\pi a^4}{2}\mu\alpha. \tag{13.15}$$

当 $z=0$ 时,端部 $\tau_{\theta z}$ 的值是给定的,于是

$$(\tau_{\theta z})_{z=0}=\mu\left[\alpha r-\sum_{n=1}^{\infty}B_nk_nJ_1(k_nr)\right]. \tag{13.16}$$

利用 Bessel 函数的正交关系

$$\int_0^a rJ_1(k_nr)J_1(k_mr)\mathrm{d}r=\begin{cases}a^2[J'_1(k_na)]^2/2, & \text{当 } n=m,\\ 0, & \text{当 } n\neq m,\end{cases}$$

从(13.16)式即可求出待定系数 B_n,

$$B_n=\frac{2}{k_na^2[J'_1(k_na)]^2}\int_0^a r\left[\alpha r-\frac{1}{\mu}(\tau_{\theta z})_{z=0}\right]J_1(k_nr)\mathrm{d}r. \tag{13.17}$$

至此,我们已求出了端部切向剪力 $\tau_{\theta z}$ 任意分布时的解. 解(13.3)与 Saint-Venant 解(13.1)的差异为求和号中的项,这些附加项由(13.14)式所证,不产生力矩.也就是说,解(13.3)的应力有各种分布,其力矩都相同.由于本征值 k_n 都大于零,因此当 $z\to+\infty$时,所有的附加项均迅速趋于零.例如,我们对最小的本征值 k_1,当 $z\geqslant a$ 时,

$$e^{-k_1z}\leqslant e^{-5.13}\approx 0.0059. \tag{13.18}$$

也就是说,对于距端部大于半径的点,解(13.4)中的附加应力迅速衰减.

对于非 Saint-Venant 扭转问题的解(13.3)是属于 Purser[152] 和 Dougall[91],此后,Synge[169],Robert 和 Keer[155],以及 Stephen 和 Wang[162] 等人研究了受一般载荷的半无限圆柱问题.

§14 广义扭转

扭矩 M_z 和扭角 α 之间有关系式

$$M_z=\mu\alpha D. \tag{14.1}$$

Truesdell[175] 认为此关系应该具有一般意义,Day[86] 将他的思想具体化,引入了 Saint-Venant 广义扭转的概念.本节将介绍 Day 的工作.

定义 14.1 $\boldsymbol{u}^{\mathrm{SV}}$ 称为 Saint-Venant"扭转"场,如果

$$\boldsymbol{u}^{\mathrm{SV}}=-yz\boldsymbol{i}+xz\boldsymbol{j}+\varphi(x,y)\boldsymbol{k}, \tag{14.2}$$

其中 φ 由(5.39)式确定.

定义 14.2 设 $\boldsymbol{u}$ 为区域 Ω 上的连续可微矢量场. $\|\boldsymbol{u}\|$ 称为 $\boldsymbol{u}$ 的半模,如果

$$\|\boldsymbol{u}\|=\iiint_{\Omega}\gamma_{ij}(\boldsymbol{u})\gamma_{ij}(\boldsymbol{u})\,\mathrm{d}x\,\mathrm{d}y\,\mathrm{d}z, \tag{14.3}$$

其中 $\gamma_{ij}(\boldsymbol{u})$ 为应变分量.

定义 14.3 $\alpha(\boldsymbol{u})$ 称为关于 $\boldsymbol{u}$ 的广义扭角,如果 $\alpha(\boldsymbol{u})\boldsymbol{u}^{\mathrm{SV}}$ 是 $\boldsymbol{u}$ 的最佳半模线性逼近,即

$$\|\boldsymbol{u}-\eta\boldsymbol{u}^{\mathrm{SV}}\|_{\eta=\alpha(\boldsymbol{u})}=\min. \tag{14.4}$$

引理 14.1 设 $\boldsymbol{u}=(u,v,w)$,那么它的广义扭角 $\alpha(\boldsymbol{u})$ 可表示为:

$$\begin{aligned}\alpha(\boldsymbol{u})=\frac{1}{lD}\iint_{G}\Big\{&[u(x,y,l)-u(x,y,0)]\left(\frac{\partial\varphi}{\partial x}-y\right)\\&+[v(x,y,l)-v(x,y,0)]\left(\frac{\partial\varphi}{\partial y}+x\right)\Big\}\mathrm{d}x\,\mathrm{d}y.\end{aligned} \tag{14.5}$$

证明 从(14.3)式,我们有

$$\begin{aligned}\|\boldsymbol{u}-\eta\boldsymbol{u}^{\mathrm{SV}}\|=&\iiint_{\Omega}\gamma_{ij}(\boldsymbol{u})\gamma_{ij}(\boldsymbol{u})\,\mathrm{d}x\,\mathrm{d}y\,\mathrm{d}z\\&-2\eta\iiint_{\Omega}\gamma_{ij}(\boldsymbol{u})\gamma_{ij}(\boldsymbol{u}^{\mathrm{SV}})\,\mathrm{d}x\,\mathrm{d}y\,\mathrm{d}z\\&+\eta^2\iiint_{\Omega}\gamma_{ij}(\boldsymbol{u}^{\mathrm{SV}})\gamma_{ij}(\boldsymbol{u}^{\mathrm{SV}})\,\mathrm{d}x\,\mathrm{d}y\,\mathrm{d}z.\end{aligned} \tag{14.6}$$

今求(14.6)式关于 η 的最小值.对 η 求导,得

$$-2\iiint_{\Omega}\gamma_{ij}(\boldsymbol{u})\gamma_{ij}(\boldsymbol{u}^{\mathrm{SV}})\,\mathrm{d}x\,\mathrm{d}y\,\mathrm{d}z+2\eta\iiint_{\Omega}\gamma_{ij}(\boldsymbol{u}^{\mathrm{SV}})\gamma_{ij}(\boldsymbol{u}^{\mathrm{SV}})\,\mathrm{d}x\,\mathrm{d}y\,\mathrm{d}z=0. \tag{14.7}$$

从上式得到

$$\alpha(\boldsymbol{u})=\frac{\displaystyle\iiint_{\Omega}\gamma_{ij}(\boldsymbol{u})\gamma_{ij}(\boldsymbol{u}^{\mathrm{SV}})\,\mathrm{d}x\,\mathrm{d}y\,\mathrm{d}z}{\displaystyle\iiint_{\Omega}\gamma_{ij}(\boldsymbol{u}^{\mathrm{SV}})\gamma_{ij}(\boldsymbol{u}^{\mathrm{SV}})\,\mathrm{d}x\,\mathrm{d}y\,\mathrm{d}z}. \tag{14.8}$$

现在我们来分别计算上式的分母和分子:

$$分母=\frac{1}{2}\iiint_{\Omega}\left[\left(\frac{\partial\varphi}{\partial x}-y\right)^2+\left(\frac{\partial\varphi}{\partial y}+x\right)^2\right]\mathrm{d}x\,\mathrm{d}y\,\mathrm{d}z=\frac{1}{2}lD; \tag{14.9}$$

$$\begin{aligned}分子=\frac{1}{2}\iiint_{\Omega}\Big[&\left(\frac{\partial u}{\partial z}+\frac{\partial w}{\partial x}\right)\left(\frac{\partial\varphi}{\partial x}-y\right)\\&+\left(\frac{\partial v}{\partial z}+\frac{\partial w}{\partial y}\right)\left(\frac{\partial\varphi}{\partial y}+x\right)\Big]\mathrm{d}x\,\mathrm{d}y\,\mathrm{d}z\end{aligned}$$

$$=\frac{1}{2}\iint_G\left\{[u(x,y,l)-u(x,y,0)]\left(\frac{\partial\varphi}{\partial x}-y\right)\right.$$

$$\left.+[v(x,y,l)-v(x,y,0)]\left(\frac{\partial\varphi}{\partial y}+x\right)\right\}\mathrm{d}x\,\mathrm{d}y+I,\tag{14.10}$$

其中

$$\begin{aligned}I&=\frac{1}{2}\iiint_\Omega\left[\frac{\partial w}{\partial x}\left(\frac{\partial\varphi}{\partial x}-y\right)+\frac{\partial w}{\partial y}\left(\frac{\partial\varphi}{\partial y}+x\right)\right]\mathrm{d}x\,\mathrm{d}y\,\mathrm{d}z\\&=\frac{1}{2}\iiint_\Omega\left\{\frac{\partial}{\partial x}\left[w\left(\frac{\partial\varphi}{\partial x}-y\right)\right]+\frac{\partial}{\partial y}\left[w\left(\frac{\partial\varphi}{\partial y}+x\right)\right]\right\}\mathrm{d}x\,\mathrm{d}y\,\mathrm{d}z\\&=\frac{1}{2}\int_0^l\mathrm{d}z\oint_L w\left[\left(\frac{\partial\varphi}{\partial x}-y\right)\cos(\boldsymbol{n},\boldsymbol{e}_x)+\left(\frac{\partial\varphi}{\partial y}+x\right)\cos(\boldsymbol{n},\boldsymbol{e}_y)\right]\mathrm{d}s\\&=0.\end{aligned}\tag{14.11}$$

将(14.9),(14.10)和(14.11)式代入(14.8)式,即得欲证之(14.5)式.引理证毕.

如果 $\boldsymbol{u}$ 是 Saint-Venant 扭转问题的解,即 $\boldsymbol{u}$ 为

$$u=-\alpha yz,\quad v=\alpha xz,\quad w=\alpha\varphi.\tag{14.12}$$

将上式代入(14.5)式,按(5.40)式得

$$\alpha(\boldsymbol{u})=\alpha.\tag{14.13}$$

定理 14.1 若 $\boldsymbol{u}$ 是下述边值问题的一个解:

$$\boldsymbol{T}=\lambda(\nabla\cdot\boldsymbol{u})\boldsymbol{I}+\mu(\boldsymbol{u}\nabla+\nabla\boldsymbol{u}),\quad \nabla\cdot\boldsymbol{T}=\boldsymbol{0}\quad(\Omega),\tag{14.14}$$

$$\boldsymbol{n}\cdot\boldsymbol{T}=\boldsymbol{0}\quad(S),\qquad \sigma_z=0\quad(z=0,l),\tag{14.15}$$

则

$$M_z=\mu\alpha(\boldsymbol{u})D,\tag{14.16}$$

其中 M_z 为 $z=l$ 端部的外力矩.

证明 设 $\boldsymbol{t}=\boldsymbol{n}\cdot\boldsymbol{T}$.再设 $\tilde{\boldsymbol{u}}$ 为满足边值问题(14.14)和(14.15)的另一位移场,则有

$$\iint_{z=0}\boldsymbol{t}\cdot\tilde{\boldsymbol{u}}\,\mathrm{d}s+\iint_{z=l}\boldsymbol{t}\cdot\tilde{\boldsymbol{u}}\,\mathrm{d}s=\iint_{z=0}\tilde{\boldsymbol{t}}\cdot\boldsymbol{u}\,\mathrm{d}s+\iint_{z=l}\tilde{\boldsymbol{t}}\cdot\boldsymbol{u}\,\mathrm{d}s.\tag{14.17}$$

上式即所谓的 Betti 互易公式,请读者自证之. 在(14.17)式中设 $\tilde{\boldsymbol{u}}=\boldsymbol{u}^{\mathrm{SV}}$,$\tilde{\boldsymbol{t}}=\boldsymbol{t}^{\mathrm{SV}}$,有

$$-\boldsymbol{t}^{\mathrm{SV}}\big|_{z=0}=\boldsymbol{t}^{\mathrm{SV}}\big|_{z=l}=\mu\left(\frac{\partial\varphi}{\partial x}-y\right)\boldsymbol{i}+\mu\left(\frac{\partial\varphi}{\partial y}+x\right)\boldsymbol{j}.\tag{14.18}$$

那么(14.17)式成为

$$
\begin{aligned}
&-\iint\limits_{z=0}\varphi\sigma_z\mathrm{d}x\mathrm{d}y+\iint\limits_{z=l}(-yl\tau_{zx}+xl\tau_{zy}+\varphi\sigma_z)\mathrm{d}x\mathrm{d}y\\
&\quad=\iint\limits_{z=0}\left[-\mu\left(\frac{\partial\varphi}{\partial x}-y\right)u-\mu\left(\frac{\partial\varphi}{\partial y}+x\right)v\right]\mathrm{d}x\mathrm{d}y\\
&\quad\quad+\iint\limits_{z=l}\left[\mu\left(\frac{\partial\varphi}{\partial x}-y\right)u+\mu\left(\frac{\partial\varphi}{\partial y}+x\right)v\right]\mathrm{d}x\mathrm{d}y.
\end{aligned}\tag{14.19}
$$

注意到条件(14.15)的第二式和 M_z 的定义,上式成为

$$
\begin{aligned}
lM_z=\mu\iint\limits_{G}\Big\{&[u(x,y,l)-u(x,y,0)]\left(\frac{\partial\varphi}{\partial x}-y\right)\\
&+[v(x,y,l)-v(x,y,0)]\left(\frac{\partial\varphi}{\partial y}+x\right)\Big\}\mathrm{d}x\mathrm{d}y.
\end{aligned}\tag{14.20}
$$

利用(14.5)式,从上式即得欲证之(14.16)式.定理证毕.

(14.16)式是(14.1)式的推广,它对满足边值问题(14.14),(14.15)的任何一个解 $\boldsymbol{u}$ 都成立.边值问题(14.14),(14.15)有无穷多个解,Saint-Venant 扭转解仅是其中之一,因此(14.16)式可认为是广义扭转的公式.Podio-Guidugli[151] 将 Day 的工作推广到广义拉伸、广义纯弯曲和广义扭转.Iesan[119] 又做了进一步推广,得到了广义的 Saint-Venant 问题,包括广义拉伸、广义纯弯曲、广义扭转和广义弯曲等 4 种情况.

§15 弯　曲

15.1 弯曲应力

本节处理 Saint-Venant 问题中的最后一类问题,柱体在端部横向力作用下的弯曲(图 6.19).在 $z=l$ 处的 Saint-Venant 放松边界条件为

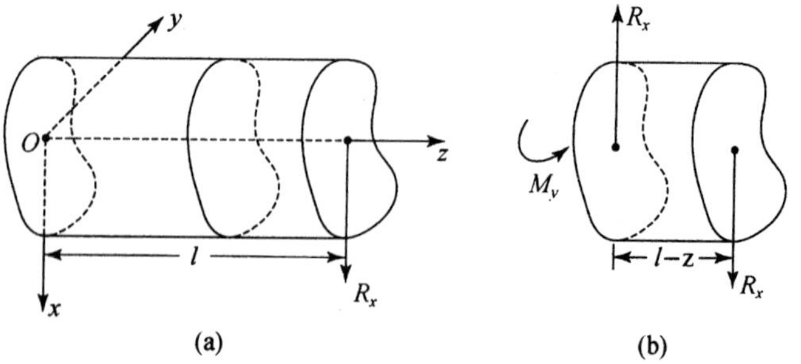

图　6.19

$$\begin{cases}\displaystyle\iint_G \tau_{zx}\,\mathrm{d}x\,\mathrm{d}y = R_x, \\ \displaystyle\iint_G \tau_{yz}\,\mathrm{d}x\,\mathrm{d}y = R_y, \\ \displaystyle\iint_G \sigma_z\,\mathrm{d}x\,\mathrm{d}y = 0, \\ \displaystyle\iint_G y\sigma_z\,\mathrm{d}x\,\mathrm{d}y = 0, \\ \displaystyle -\iint_G x\sigma_z\,\mathrm{d}x\,\mathrm{d}y = 0, \\ \displaystyle\iint_G (x\tau_{yz} - y\tau_{zx})\,\mathrm{d}x\,\mathrm{d}y = 0.\end{cases} \tag{15.1}$$

我们仍采用半逆解法,预先假定

$$\begin{cases}\sigma_x = \sigma_y = \tau_{xy} = 0, \\ \sigma_z = -(l - z)\left(\dfrac{R_x}{I_y}x + \dfrac{R_y}{I_x}y\right),\end{cases} \tag{15.2}$$

其中

$$I_x = \iint_G y^2\,\mathrm{d}x\,\mathrm{d}y, \quad I_y = \iint_G x^2\,\mathrm{d}x\,\mathrm{d}y$$

分别为 G 关于 x 轴和 y 轴的转动惯量.(15.2)式中关于 σ_z 的假定可从图 6.19(b)中看出,那里截取了由坐标 z 至 $z=l$ 处的一段柱体,考虑此段的平衡,其左端面上应有 x 向和 y 向的合力矩[为简单起见,在图 6.19(b)中,仅画出了力 R_x 和 y 向力矩 M_y]:

$$\begin{cases}\displaystyle -\iint_G y\sigma_z\,\mathrm{d}x\,\mathrm{d}y = R_y(l - z), \\ \displaystyle\iint_G x\sigma_z\,\mathrm{d}x\,\mathrm{d}y = -R_x(l - z),\end{cases} \tag{15.3}$$

将(15.2)代入(15.3)式并利用截面主轴的性质,可知该式恒成立.在先验假定(15.2)下,平衡方程(1.6)、应力协调方程(1.7)和(1.8),以及侧面边界条件(1.9)简化为

$$\begin{cases}\dfrac{\partial\tau_{zx}}{\partial z} = 0, \quad \dfrac{\partial\tau_{yz}}{\partial z} = 0, \\ \dfrac{\partial\tau_{zx}}{\partial x} + \dfrac{\partial\tau_{yz}}{\partial y} + \dfrac{R_x}{I_y}x + \dfrac{R_y}{I_x}y = 0,\end{cases} \tag{15.4}$$

$$\nabla^2\tau_{zx} + \frac{1}{1+\nu}\frac{R_x}{I_y} = 0, \quad \nabla^2\tau_{yz} + \frac{1}{1+\nu}\frac{R_y}{I_x} = 0, \tag{15.5}$$

$$\tau_{zx}\cos(\boldsymbol{n},\boldsymbol{e}_x)+\tau_{yz}\cos(\boldsymbol{n},\boldsymbol{e}_y)=0 \quad (S). \tag{15.6}$$

从(15.4a)和(15.4b)式可知，τ_{zx} 与 τ_{yz} 都与 z 无关，仅为 x 和 y 的函数. 这样，从(15.4c)式可知,存在函数 $F(x,y)$,使

$$\tau_{zx}=\frac{\partial F}{\partial y}-\frac{R_x}{2I_y}x^2, \quad \tau_{yz}=-\frac{\partial F}{\partial x}-\frac{R_y}{2I_x}y^2. \tag{15.7}$$

将上式代入(15.5)式,得到

$$\frac{\partial}{\partial y}(\nabla^2 F)-\frac{\nu}{1+\nu}\frac{R_x}{I_y}=0, \quad \frac{\partial}{\partial x}(\nabla^2 F)+\frac{\nu}{1+\nu}\frac{R_y}{I_x}=0. \tag{15.8}$$

由此解出

$$\nabla^2 F=\frac{\nu}{1+\nu}\frac{R_x}{I_y}y-\frac{\nu}{1+\nu}\frac{R_y}{I_x}x-2\mu\alpha, \tag{15.9}$$

其中 α 为待定常数.将(15.7)代入(15.6)式,得到关于 F 的边界条件

$$\frac{\mathrm{d}F}{\mathrm{d}s}=\frac{R_x}{2I_y}x^2\frac{\mathrm{d}y}{\mathrm{d}s}-\frac{R_y}{2I_x}y^2\frac{\mathrm{d}x}{\mathrm{d}s}. \tag{15.10}$$

再来考查 Saint-Venant 放松边界条件(15.1). 对于(15.1a)式,有

$$\begin{aligned}
\iint_G \tau_{zx}\,\mathrm{d}x\,\mathrm{d}y &= \iint_G\left(\frac{\partial F}{\partial y}-\frac{R_x}{2I_y}x^2\right)\mathrm{d}x\,\mathrm{d}y \\
&= \iint_G\left[\frac{\partial}{\partial x}\left(x\frac{\partial F}{\partial y}\right)-\frac{\partial}{\partial y}\left(x\frac{\partial F}{\partial x}\right)-\frac{R_x}{2I_y}x^2\right]\mathrm{d}x\,\mathrm{d}y \\
&= \oint_L x\left[\frac{\partial F}{\partial y}\cos(\boldsymbol{n},\boldsymbol{e}_x)-\frac{\partial F}{\partial x}\cos(\boldsymbol{n},\boldsymbol{e}_y)\right]\mathrm{d}s-\frac{R_x}{2I_y}\iint_G x^2\,\mathrm{d}x\,\mathrm{d}y.
\end{aligned}$$

利用侧面边界条件(15.10),继续变化上式,得

$$\begin{aligned}
\iint_G \tau_{zx}\,\mathrm{d}x\,\mathrm{d}y &= \oint_L x\frac{\mathrm{d}F}{\mathrm{d}s}\mathrm{d}s-\frac{R_x}{2I_y}\iint_G x^2\,\mathrm{d}x\,\mathrm{d}y \\
&= \oint_L x\left[\frac{R_x}{2I_y}x^2\cos(\boldsymbol{n},\boldsymbol{e}_x)+\frac{R_y}{2I_x}y^2\cos(\boldsymbol{n},\boldsymbol{e}_y)\right]\mathrm{d}s-\frac{R_x}{2I_y}\iint_G x^2\,\mathrm{d}x\,\mathrm{d}y \\
&= \frac{R_x}{I_y}\iint_G x^2\,\mathrm{d}x\,\mathrm{d}y+\frac{R_y}{I_x}\iint_G xy\,\mathrm{d}x\,\mathrm{d}y=R_x.
\end{aligned} \tag{15.11}$$

在得到上式中最后一个等式时,利用了截面主轴的性质.(15.11)式说明,放松边界条件(15.1a)成立；同理,(15.1b)成立；又显然(15.1c),(15.1d)和(15.1e)成立.在考查最后一个放松边界条件(15.1f)之前，先来变换 F. 观察方程(15.9)和边界条件(15.10),将函数 F 分解成三部分,设

$$F(x,y)=\mu\alpha\Psi(x,y)+\frac{R_x}{I_y}\Psi_1(x,y)-\frac{R_y}{I_x}\Psi_2(x,y), \tag{15.12}$$

其中 Ψ,Ψ_1 和 Ψ_2 分别满足下列三个边值问题：

$$\begin{cases}\nabla^2\Psi=-2 & (G),\\ \dfrac{\mathrm{d}\Psi}{\mathrm{d}s}=0 & (L);\end{cases}\tag{15.13}$$

$$\begin{cases}\nabla^2\Psi_1=\dfrac{\nu}{1+\nu}y & (G),\\ \dfrac{\mathrm{d}\Psi_1}{\mathrm{d}s}=\dfrac{1}{2}x^2\dfrac{\mathrm{d}y}{\mathrm{d}s} & (L);\end{cases}\tag{15.14}$$

$$\begin{cases}\nabla^2\Psi_2=\dfrac{\nu}{1+\nu}x & (G),\\ \dfrac{\mathrm{d}\Psi_2}{\mathrm{d}s}=\dfrac{1}{2}y^2\dfrac{\mathrm{d}x}{\mathrm{d}s} & (L).\end{cases}\tag{15.15}$$

显然,(15.13)式表明 Ψ 即为扭转问题的应力函数.(15.14)和(15.15)式中的 Ψ_1 和 Ψ_2 称为弯曲问题的应力函数.利用分解式(15.12),剪应力表达式(15.7)可改写为

$$\begin{cases}\tau_{zx}=\mu\alpha\dfrac{\partial\Psi}{\partial y}+\dfrac{R_x}{I_y}\dfrac{\partial\Psi_1}{\partial y}-\dfrac{R_y}{I_x}\dfrac{\partial\Psi_2}{\partial y}-\dfrac{R_x}{2I_y}x^2,\\ \tau_{yz}=-\mu\alpha\dfrac{\partial\Psi}{\partial x}-\dfrac{R_x}{I_y}\dfrac{\partial\Psi_1}{\partial x}+\dfrac{R_y}{I_x}\dfrac{\partial\Psi_2}{\partial x}-\dfrac{R_y}{2I_x}y^2,\end{cases}\tag{15.16}$$

上式等号右端第一部分可看作扭转所产生的应力,其余部分为横向剪力 R_x 和 R_y 所产生的弯曲应力.

现在我们来看柱体右端的 z 向合力矩为零的条件,将(15.16)式代入(15.1f)式,得

$$\iint_G(x\tau_{yz}-y\tau_{zx})\mathrm{d}x\,\mathrm{d}y=\mu\alpha D-\frac{J_x}{I_y}R_x+\frac{J_y}{I_x}R_y=0,\tag{15.17}$$

其中 D 为扭转刚度,而

$$\begin{cases}J_x=\displaystyle\iint_G\left(x\frac{\partial\Psi_1}{\partial x}+y\frac{\partial\Psi_1}{\partial y}-\frac{1}{2}x^2y\right)\mathrm{d}x\,\mathrm{d}y,\\ J_y=\displaystyle\iint_G\left(x\frac{\partial\Psi_2}{\partial x}+y\frac{\partial\Psi_2}{\partial y}-\frac{1}{2}xy^2\right)\mathrm{d}x\,\mathrm{d}y,\end{cases}\tag{15.18}$$

上式中的 J_x 和 J_y 都是和截面形状有关的常数.从(15.17)式可以求出待定常数 α,

$$\alpha=\frac{1}{\mu D}\left(\frac{J_x}{I_y}R_x-\frac{J_y}{I_x}R_y\right).\tag{15.19}$$

至此,已完全求出在横向外力作用下的弯曲应力.如果截面是多连通的,还需考虑位移单值性条件.此问题与扭转情形类似,这里不再赘述.

15.2 弯曲位移

为求得弯曲时的位移场,我们将弯曲的应力函数 Ψ_1 和 Ψ_2 做如下变换:

$$\Psi_1=\frac{1}{2(1+\nu)}\psi_1+\frac{\nu}{6(1+\nu)}y^3, \tag{15.20}$$

$$\Psi_2=-\frac{1}{2(1+\nu)}\psi_2+\frac{\nu}{6(1+\nu)}x^3. \tag{15.21}$$

那么,ψ_1 和 ψ_2 是下列边值问题的解:

$$\begin{cases}\nabla^2\psi_1=0,\\ \dfrac{\mathrm{d}\psi_1}{\mathrm{d}s}=[(1+\nu)x^2-\nu y^2]\dfrac{\mathrm{d}y}{\mathrm{d}s};\end{cases} \tag{15.22}$$

$$\begin{cases}\nabla^2\psi_2=0,\\ \dfrac{\mathrm{d}\psi_2}{\mathrm{d}s}=-[(1+\nu)y^2-\nu x^2]\dfrac{\mathrm{d}x}{\mathrm{d}s}.\end{cases} \tag{15.23}$$

再令

$$\frac{\partial\varphi_i}{\partial x}=\frac{\partial\psi_i}{\partial y},\quad \frac{\partial\varphi_i}{\partial y}=-\frac{\partial\psi_i}{\partial x},\quad i=1,2. \tag{15.24}$$

通常,称 φ_1,φ_2 为弯曲函数,它们所满足的边值问题是

$$\begin{cases}\nabla^2\varphi_1=0,\\ \dfrac{\mathrm{d}\varphi_1}{\mathrm{d}n}=[(1+\nu)x^2-\nu y^2]\cos(\boldsymbol{n},\boldsymbol{e}_x);\end{cases} \tag{15.25}$$

$$\begin{cases}\nabla^2\varphi_2=0,\\ \dfrac{\mathrm{d}\varphi_2}{\mathrm{d}n}=[(1+\nu)y^2-\nu x^2]\cos(\boldsymbol{n},\boldsymbol{e}_y).\end{cases} \tag{15.26}$$

利用扭转的翘曲函数 φ 和弯曲函数 φ_1,φ_2,可将剪应力表示式(15.16)改写成

$$\begin{cases}\tau_{xz}=\mu\alpha\left(\dfrac{\partial\varphi}{\partial x}-y\right)+\dfrac{R_x}{2(1+\nu)I_y}\left[\dfrac{\partial\varphi_1}{\partial x}+\nu y^2-(1+\nu)x^2\right]\\ \qquad+\dfrac{R_y}{2(1+\nu)I_x}\dfrac{\partial\varphi_2}{\partial x},\\ \tau_{yz}=\mu\alpha\left(\dfrac{\partial\varphi}{\partial y}+x\right)+\dfrac{R_x}{2(1+\nu)I_y}\dfrac{\partial\varphi_1}{\partial y}\\ \qquad+\dfrac{R_y}{2(1+\nu)I_x}\left[\dfrac{\partial\varphi_2}{\partial y}+\nu x^2-(1+\nu)y^2\right].\end{cases} \tag{15.27}$$

(15.18)式中的 J_x 和 J_y 可写成

$$
\begin{cases}
J_x = -\dfrac{1}{2(1+\nu)}\displaystyle\iint_G \left[x\dfrac{\partial \varphi_1}{\partial y} - y\dfrac{\partial \varphi_1}{\partial x} - \nu y^3 + (1+\nu)x^2 y\right]\mathrm{d}x\,\mathrm{d}y, \\
J_y = \dfrac{1}{2(1+\nu)}\displaystyle\iint_G \left[x\dfrac{\partial \varphi_2}{\partial y} - y\dfrac{\partial \varphi_2}{\partial x} + \nu x^3 - (1+\nu)x y^2\right]\mathrm{d}x\,\mathrm{d}y.
\end{cases}
\tag{15.28}
$$

从应力场(15.2)和(15.27),按 Hooke 定律和几何关系,再积分,不计刚体位移时,弯曲问题的位移场为

$$
\begin{cases}
u = -\alpha yz + \dfrac{R_x}{EI_y}\left[\dfrac{1}{2}\nu(x^2-y^2)(l-z) - \dfrac{1}{6}z^3 + \dfrac{1}{2}lz^2\right] \\
\qquad + \dfrac{R_y}{EI_x}\nu xy(l-z), \\
v = \alpha xz + \dfrac{R_x}{EI_y}\nu xy(l-z) \\
\qquad + \dfrac{R_y}{EI_x}\left[\dfrac{1}{2}\nu(y^2-x^2)(l-z) - \dfrac{1}{6}z^3 + \dfrac{1}{2}lz^2\right], \\
w = \alpha\varphi + \dfrac{R_x}{EI_y}\left[\varphi_1 - x\left(lz - \dfrac{1}{2}z^2\right) - \dfrac{1}{6}(2+\nu)x^3 + \dfrac{1}{2}\nu xy^2\right] \\
\qquad + \dfrac{R_y}{EI_x}\left[\varphi_2 - y\left(lz - \dfrac{1}{2}z^2\right) - \dfrac{1}{6}(2+\nu)y^3 + \dfrac{1}{2}\nu x^2 y\right].
\end{cases}
\tag{15.29}
$$

15.3 弯曲中心

对许多实际问题，特别是开口薄壁杆件的弯曲问题，都要求弯曲问题中没有因扭转效应所产生的应力.从应力表达式(15.16)来看,无扭弯曲就是要求待定常数 $\alpha=0$. 一般来说，此时 M_z 将不为零. 设外力在点$(x_{\mathrm{cf}}, y_{\mathrm{cf}})$处的合力矩为零，这样原来的 Saint-Venant 边条件(15.1f)应该用下式取代：

$$
\mu\alpha D - \frac{J_x}{I_y}R_x + \frac{J_y}{I_x}R_y = -y_{\mathrm{cf}}R_x + x_{\mathrm{cf}}R_y. \tag{15.30}
$$

按无扭条件 $\alpha=0$,从上式得到

$$
x_{\mathrm{cf}} = \frac{J_y}{I_x}, \quad y_{\mathrm{cf}} = \frac{J_x}{I_y}. \tag{15.31}
$$

点$(x_{\mathrm{cf}}, y_{\mathrm{cf}})$称为截面的弯曲中心.当合力作用线通过弯曲中心时,$\alpha=0$,将没有扭转效应,所论问题成为无扭转的弯曲问题.可以证明,若截面有对称轴时,弯曲中心将在对称轴上.

§16 圆杆的弯曲

考虑圆形截面的柱体,由于 x 轴和 y 轴是圆的对称轴,于是圆心为弯曲中心.为简单起见,仅考虑受过圆心的横向力 R_x 的作用.我们要解下述边值问题:

$$\begin{cases}\nabla^2\Psi_1=\dfrac{\nu}{1+\nu}y & (x^2+y^2<a^2),\\ \dfrac{\mathrm{d}\Psi_1}{\mathrm{d}s}=\dfrac{1}{2}x^2\dfrac{\mathrm{d}y}{\mathrm{d}s} & (x^2+y^2=a^2),\end{cases} \tag{16.1}$$

其中 a 为圆的半径.采用 Timoshenko 的方法,设

$$\Psi_1=\Psi^*+\frac{1}{2}\int f(y)\mathrm{d}y, \tag{16.2}$$

其中 $f(y)$ 为待定函数.将上式代入(16.1)式得

$$\begin{cases}\nabla^2\Psi^*=\dfrac{\nu}{1+\nu}y-\dfrac{1}{2}f'(y),\\ \dfrac{\mathrm{d}\Psi^*}{\mathrm{d}s}=\dfrac{1}{2}[x^2-f(y)]\dfrac{\mathrm{d}y}{\mathrm{d}s}.\end{cases} \tag{16.3}$$

令

$$f(y)=a^2-y^2, \tag{16.4}$$

将有

$$\nabla^2\Psi^*=\frac{1+2\nu}{1+\nu}y,\quad \frac{\mathrm{d}\Psi^*}{\mathrm{d}s}=0. \tag{16.5}$$

假定

$$\Psi^*=A(x^2+y^2-a^2)y, \tag{16.6}$$

其中 A 为待定常数.上式已满足边界条件(16.5b);为让上式满足方程(16.5a),对其取 Laplace 算子,得

$$\nabla^2\Psi^*=8Ay. \tag{16.7}$$

比较上式与方程(16.5a),得

$$A=\frac{1+2\nu}{8(1+\nu)}. \tag{16.8}$$

于是

$$\begin{aligned}\Psi_1&=\Psi^*+\frac{1}{2}\left(a^2y-\frac{1}{3}y^3\right)\\ &=\frac{3(1+2\nu)x^2y-(1-2\nu)y^3+3(3+2\nu)a^2y}{24(1+\nu)}.\end{aligned} \tag{16.9}$$

将上式代入(15.16)式,得到剪应力为

$$\begin{cases}\tau_{zx}=\dfrac{R_x}{I_y}\dfrac{3+2\nu}{8(1+\nu)}\left(a^2-x^2-\dfrac{1-2\nu}{3+2\nu}y^2\right),\\ \tau_{yz}=-\dfrac{R_x}{I_y}\dfrac{1+2\nu}{4(1+\nu)}xy.\end{cases}\tag{16.10}$$

不难证明,最大剪应力 $\tau_{\max}$ 发生在圆心处,

$$\tau_{\max}=\left(\sqrt{\tau_{zx}^2+\tau_{yz}^2}\right)_{\max}=\frac{R_x}{I_y}\frac{3+2\nu}{8(1+\nu)}a^2,\tag{16.11}$$

此处假定 $R_x>0$.当 $\nu=0.3$ 时,

$$\tau_{\max}\approx 1.38R_x/A.\tag{16.12}$$

当 $\nu\to 0.5$ 时,

$$\tau_{\max}\to\frac{4}{3}\frac{R_x}{A},\tag{16.13}$$

其中

$$A=\pi a^2,\quad I_y=\pi a^4/4.$$

在材料力学中相应问题的最大剪应力为

$$\tau_{材力}=\frac{4}{3}\frac{R_x}{A},\tag{16.14}$$

它与 $\nu=0.3$ 的弹性力学解相对误差不足 4%;与 $\nu\to 0.5$ 时的解完全一致.材料力学解的较好精度在于其假设的合理性.关于圆截面杆的弯曲应力,材料力学预先作了两项假定(铁摩辛柯、盖尔的著作[42,第167—169页]),现在来逐项考查它们.

第一项假定　平行于 y 轴的弦上诸点之剪应力指向同一点,弦端之剪应力的方向为圆的切向图.

如图 6.20 所示,圆心记为 O,弦 AB 平行于 y 轴,交 x 轴于 C 点,弦之端点的切线交 x 轴于 D 点.设 $P(x,y)$为弦 AB 上的任意一点,PD 与 OD 的夹角为 η,有几何关系

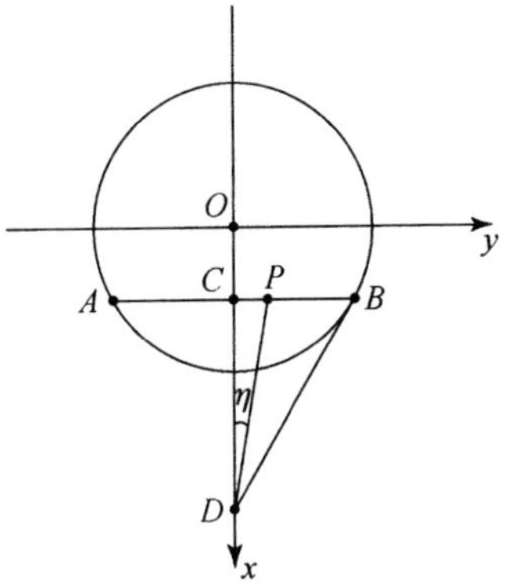

图　6.20

$$CB^2=OC\cdot CD.$$

于是

$$\tan\eta=\frac{CP}{CD}=\frac{CP\cdot OC}{CD\cdot OC}=\frac{CP\cdot OC}{CB^2}=\frac{xy}{a^2-x^2}.$$

那么材料力学的第一项假定可表示为

$$\left(\frac{\tau_{yz}}{\tau_{zx}}\right)_{\text{材力}}=-\frac{xy}{a^2-x^2}. \tag{16.15}$$

按弹性力学的解(16.10),有

$$\left(\frac{\tau_{yz}}{\tau_{zx}}\right)_{\text{弹力}}=-\frac{2(1+2\nu)}{3+2\nu}\frac{xy}{a^2-x^2-\dfrac{1-2\nu}{3+2\nu}y^2}. \tag{16.16}$$

当 $\nu=0.3$ 时

$$\left(\frac{\tau_{yz}}{\tau_{zx}}\right)_{\text{弹力}}=-\frac{8xy}{9a^2-9x^2-y^2}. \tag{16.17}$$

由上式可看出,(16.15)是(16.17)式的一个很好的近似.当 $\nu\to0.5$ 时

$$\left(\frac{\tau_{yz}}{\tau_{zx}}\right)_{\text{弹力}}\to-\frac{xy}{a^2-x^2}. \tag{16.18}$$

(16.15)式的材料力学解与(16.18)式的弹性力学解完全一致.

第二项假定 平行于 y 轴的弦上诸点之 τ_{zx} 都相等.

按弹性力学的解(16.10a),当 $\nu=0.3$ 时有

$$(\tau_{zx})_{\text{弹力}}=\frac{R_x}{I_y}\frac{3.6}{10.4}\left(a^2-x^2-\frac{1}{9}y^2\right). \tag{16.19}$$

由于 $\frac{1}{9}y^2$ 与 a^2 相比较小可忽略,那么当 x 相同时,τ_{zx} 近似相等,因此,第二项假定近似成立.当 $\nu=0.5$ 时,由(16.10a)式得

$$(\tau_{zx})_{\text{弹力}}=\frac{R_x}{I_y}\frac{(a^2-x^2)}{3}, \tag{16.20}$$

此时,τ_{zx} 的弹性力学解就与 y 无关.因而第二项假定精确成立.

§17 矩形截面杆的弯曲

本节讨论截面为矩形的杆之弯曲,矩形截面之弯曲中心在形心处.设在 $z=l$ 处,有外力 R_x 作用在形心上,我们需要求解下述边值问题:

$$\begin{cases} \nabla^2 \Psi_1 = \dfrac{\nu}{1+\nu} y, & |x| < a,\ |y| < b, \\ \dfrac{\partial \Psi_1}{\partial x} = 0, & y = \pm b, \\ \dfrac{\partial \Psi_1}{\partial y} = \dfrac{1}{2} a^2, & x = \pm a, \end{cases} \tag{17.1}$$

其中 a 和 b 分别为矩形的半边长(图 6.21).设

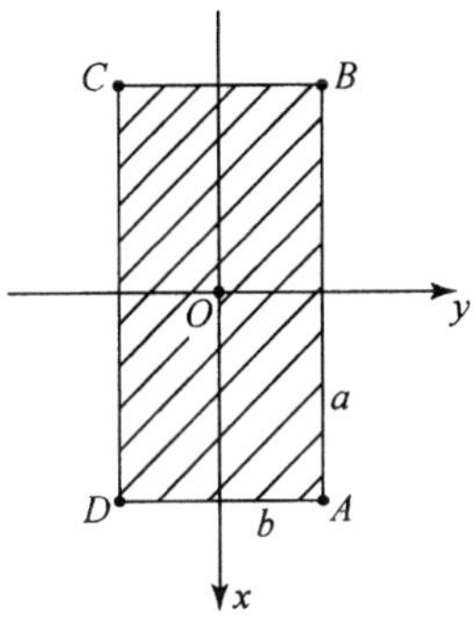

图　6.21

$$\Psi_1 = \Psi^* + \frac{1}{2} a^2 y, \tag{17.2}$$

那么,对 Ψ^* 的边值问题为

$$\begin{cases} \nabla^2 \Psi^* = \dfrac{\nu}{1+\nu} y, & |x| < a,\ |y| < b, \\ \Psi^* = 0, & x = \pm a, y = \pm b. \end{cases} \tag{17.3}$$

再设

$$\Psi^* = \Psi^{**} - \frac{\nu}{6(1+\nu)} (b^2 - y^2) y, \tag{17.4}$$

则对 Ψ^{**} 的边值问题为

$$\begin{cases} \nabla^2 \Psi^{**} = 0, & |x| < a,\ |y| < b, \\ \Psi^{**} = 0, & y = \pm b, \\ \Psi^{**} = \dfrac{\nu}{6(1+\nu)} (b^2 - y^2) y, & x = \pm a. \end{cases} \tag{17.5}$$

上式表明 $\Psi^{**}(x,y)$是 x 的偶函数,y 的奇函数,可令

$$\Psi^{**}(x,y) = \sum_{m=1}^{\infty} B_m \cosh \frac{m\pi x}{b} \sin \frac{m\pi y}{b}, \tag{17.6}$$

其中 B_m 为待定常数.由(17.6)式给出的 Ψ^{**} 满足方程(17.5a)和边界条件

(17.5b),而边界条件(17.5c)给出

$$\sum_{m=1}^{\infty} B_m \cosh\frac{m\pi a}{b}\sin\frac{m\pi y}{b}=\frac{\nu}{6(1+\nu)}(b^2-y^2)y. \tag{17.7}$$

利用三角函数的正交性,从上式可确定出常数 B_m 为

$$B_m=\frac{(-1)^{m+1}2\nu b^3}{(1+\nu)(m\pi)^3}\frac{1}{\cosh(m\pi a/b)}. \tag{17.8}$$

于是

$$\begin{aligned}\Psi_1=&\frac{1}{2}a^2y-\frac{\nu}{6(1+\nu)}(b^2-y^2)y\\&+\sum_{m=1}^{\infty}\frac{(-1)^{m+1}2\nu b^3}{(1+\nu)(m\pi)^3}\frac{\cosh(m\pi x/b)}{\cosh(m\pi a/b)}\sin\frac{m\pi y}{b};\end{aligned} \tag{17.9}$$

而剪应力分量为

$$\begin{cases}\tau_{zx}=\dfrac{R_x}{I_y}\dfrac{\partial\Psi_1}{\partial y}-\dfrac{R_x}{2I_y}x^2\\ \quad=\dfrac{R_x}{2I_y}(a^2-x^2)-\dfrac{\nu R_x}{6(1+\nu)I_y}(b^2-3y^2)\\ \qquad+\dfrac{2\nu b^2R_x}{(1+\nu)\pi^2I_y}\displaystyle\sum_{m=1}^{\infty}\dfrac{(-1)^{m+1}\cosh(m\pi x/b)\cos(m\pi y/b)}{m^2\cosh(m\pi a/b)},\\ \tau_{yz}=-\dfrac{R_x}{I_y}\dfrac{\partial\Psi_1}{\partial x}\\ \quad=\dfrac{2\nu b^2R_x}{(1+\nu)\pi^2I_y}\displaystyle\sum_{m=1}^{\infty}(-1)^m\dfrac{\sinh(m\pi x/b)\sin(m\pi y/b)}{m^2\cosh(m\pi a/b)}.\end{cases} \tag{17.10}$$

在材料力学中,关于矩形梁的弯曲问题,假定剪应力平行于外力方向,且剪应力在梁的宽度方向上均匀分布.由此求得的应力分量为

$$\tau_{zx}=\frac{R_x}{2I_y}(a^2-x^2),\quad \tau_{yz}=0. \tag{17.11}$$

显然,弹性力学的 τ_{zx} 解(17.10a)之第二个等号右端第一项即为材料力学解,其后的诸项在材料力学中均被忽略;(17.10b)式中的 τ_{yz} 项在材料力学中完全不计.当 $b\ll a$ 时,也就是对狭矩形梁,(17.10)式中所忽略的量,应该是小量.

当 $b\ll a$ 时,也可按另一种方式考虑.略去方程(17.1a)右边的非齐次项,则有近似边值问题:

$$\begin{cases}\nabla^2\Psi_1=0, & |x|<a,\ |y|<b,\\ \dfrac{\partial\Psi_1}{\partial x}=0, & y=\pm b,\\ \dfrac{\partial\Psi_1}{\partial y}=\dfrac{1}{2}a^2, & x=\pm a.\end{cases} \tag{17.12}$$

其解为

$$\Psi_1 = \frac{1}{2}a^2 y. \tag{17.13}$$

从上式可求出

$$\tau_{zx} = \frac{R_x}{I_y}\left(\frac{\partial \Psi_1}{\partial y} - \frac{1}{2}x^2\right) = \frac{R_x}{2I_y}(a^2 - x^2), \quad \tau_{yz} = 0, \tag{17.14}$$

这就是材料力学的解.

§18 Новожилов 弯曲中心公式

由(15.28)和(15.31)式可知,弯曲中心(x_{cf}, y_{cf})由弯曲函数 φ_1, φ_2 来决定. Новожилов[205] 指出,弯曲中心也可由扭转问题的翘曲函数 φ 和应力函数 Ψ 来表达.本节将推导这个公式.

注意到(15.28a)式中

$$\iint_G \left(-x\frac{\partial \varphi_1}{\partial y} + y\frac{\partial \varphi_1}{\partial x}\right)\mathrm{d}x\,\mathrm{d}y = -\iint_G \left[\frac{\partial}{\partial y}(x\varphi_1) - \frac{\partial}{\partial x}(y\varphi_1)\right]\mathrm{d}x\,\mathrm{d}y$$

$$= -\oint_L \varphi_1 [x\cos(\boldsymbol{n}, \boldsymbol{e}_y) - y\cos(\boldsymbol{n}, \boldsymbol{e}_x)]\mathrm{d}s = \oint_L \varphi_1 \frac{\partial \varphi}{\partial n}\mathrm{d}s, \tag{18.1}$$

其中 φ 为扭转的翘曲函数.将上式改写为

$$\iint_G \left(-x\frac{\partial \varphi_1}{\partial y} + y\frac{\partial \varphi_1}{\partial x}\right)\mathrm{d}x\,\mathrm{d}y$$

$$= \oint_L \left[\varphi_1 \frac{\partial \varphi}{\partial x}\cos(\boldsymbol{n}, \boldsymbol{e}_x) + \varphi_1 \frac{\partial \varphi}{\partial y}\cos(\boldsymbol{n}, \boldsymbol{e}_y)\right]\mathrm{d}s$$

$$= \iint_G \left[\frac{\partial}{\partial x}\left(\varphi_1 \frac{\partial \varphi}{\partial x}\right) + \frac{\partial}{\partial y}\left(\varphi_1 \frac{\partial \varphi}{\partial y}\right)\right]\mathrm{d}x\,\mathrm{d}y$$

$$= \iint_G \left(\frac{\partial \varphi_1}{\partial x}\frac{\partial \varphi}{\partial x} + \frac{\partial \varphi_1}{\partial y}\frac{\partial \varphi}{\partial y}\right)\mathrm{d}x\,\mathrm{d}y$$

$$= \iint_G \left[\frac{\partial}{\partial x}\left(\varphi \frac{\partial \varphi_1}{\partial x}\right) + \frac{\partial}{\partial y}\left(\varphi \frac{\partial \varphi_1}{\partial y}\right)\right]\mathrm{d}x\,\mathrm{d}y. \tag{18.2}$$

再由 φ_1 的边界条件,将上式改写为

$$\iint_G \left(-x\frac{\partial \varphi_1}{\partial y} + y\frac{\partial \varphi_1}{\partial x}\right)\mathrm{d}x\,\mathrm{d}y = \oint_L \varphi \frac{\partial \varphi_1}{\partial n}\mathrm{d}s$$

$$= \oint_L \varphi [(1+\nu)x^2 - \nu y^2]\cos(\boldsymbol{n}, \boldsymbol{e}_x)\mathrm{d}s$$

$$=\iint_G\left\{\frac{\partial\varphi}{\partial x}[(1+\nu)x^2-\nu y^2]+2(1+\nu)x\varphi\right\}\mathrm{d}x\,\mathrm{d}y. \tag{18.3}$$

将上式代入(15.28a)式得

$$J_x=\iint_G x\varphi\,\mathrm{d}x\,\mathrm{d}y+\frac{1}{2(1+\nu)}\iint_G\left(\frac{\partial\varphi}{\partial x}-y\right)[(1+\nu)x^2-\nu y^2]\mathrm{d}x\,\mathrm{d}y, \tag{18.4}$$

上式是以翘曲函数 φ 表示的 J_x 的公式.对于(18.4)式等号右端的第二个积分还可进行变化:

$$\begin{aligned}
&\iint_G\left(\frac{\partial\varphi}{\partial x}-y\right)[(1+\nu)x^2-\nu y^2]\mathrm{d}x\,\mathrm{d}y\\
&=\iint_G\left(\frac{\partial\psi}{\partial y}-y\right)[(1+\nu)x^2-\nu y^2]\mathrm{d}x\,\mathrm{d}y\\
&=\iint_G\frac{\partial\Psi}{\partial y}[(1+\nu)x^2-\nu y^2]\mathrm{d}x\,\mathrm{d}y\\
&=\iint_G\frac{\partial}{\partial y}\{\Psi[(1+\nu)x^2-\nu y^2]\}\mathrm{d}x\,\mathrm{d}y+2\nu\iint_G y\Psi\mathrm{d}x\,\mathrm{d}y\\
&=2\nu\iint_G y\Psi\mathrm{d}x\,\mathrm{d}y+\oint_L\Psi[(1+\nu)x^2-\nu y^2]\cos(\boldsymbol{n}^+,\boldsymbol{e}_y)\mathrm{d}s\\
&=2\nu\iint_G y\Psi\mathrm{d}x\,\mathrm{d}y-\sum_{i=1}^m C_i\oint_{L_i}[(1+\nu)x^2-\nu y^2]\cos(\boldsymbol{n}_i^-,\boldsymbol{e}_y)\mathrm{d}s,
\end{aligned} \tag{18.5}$$

其中 ψ 为 φ 的共轭函数,Ψ 为扭转的应力函数,$L_i(i=1,2,\cdots,m)$ 为 G 的内边界,$\boldsymbol{n}_i^+$ 为 L_i 上关于 G 的外法向,$\boldsymbol{n}_i^-$ 为 L_i 上关于 G_i 的外法向,G_i 为 L_i 所围成的子区域.对(18.5)式中的线积分,再用一次 Green 公式,有

$$\oint_{L_i}[(1+\nu)x^2-\nu y^2]\cos(\boldsymbol{n}_i^-,\boldsymbol{e}_y)\mathrm{d}s=-2\nu\iint_{G_i}y\,\mathrm{d}x\,\mathrm{d}y=-2\nu A_i y_i^*, \tag{18.6}$$

其中 A_i 为 G_i 的面积,y_i^* 为 G_i 的形心之 y 坐标.将(18.6)式代入(18.5)式,然后再代入(18.4)式,最后得到

$$J_x=\iint_G x\varphi\,\mathrm{d}x\,\mathrm{d}y+\frac{\nu}{1+\nu}\iint_G y\Psi\mathrm{d}x\,\mathrm{d}y+\frac{\nu}{1+\nu}\sum_{i=1}^m C_i A_i y_i^*. \tag{18.7}$$

同理可得

$$J_y=-\iint_G y\varphi\,\mathrm{d}x\,\mathrm{d}y+\frac{\nu}{1+\nu}\iint_G x\Psi\,\mathrm{d}x\,\mathrm{d}y+\frac{\nu}{1+\nu}\sum_{i=1}^m C_i A_i x_i^*. \tag{18.8}$$

然后,按照(15.31)式即可求出弯曲中心,此即 Новожилов 公式.

对于开口薄壁杆件,略去关于 η 的高阶小量(参见§11.1),(18.7)和(18.8)式成为

$$J_x=\delta\int_0^l x\varphi\,\mathrm{d}s,\quad J_y=-\delta\int_0^l y\varphi\,\mathrm{d}s. \tag{18.9}$$

将上式代入(15.31)式,得到开口薄壁杆件弯曲中心的近似公式为

$$\begin{cases}x_{\mathrm{cf}}=\dfrac{J_y}{I_x}=-\dfrac{\delta}{I_x}\displaystyle\int_0^l y\varphi\,\mathrm{d}s,\\ y_{\mathrm{cf}}=\dfrac{J_x}{I_y}=\dfrac{\delta}{I_y}\displaystyle\int_0^l x\varphi\,\mathrm{d}s,\end{cases} \tag{18.10}$$

上式与材料力学的开口薄壁杆件弯曲中心公式完全一致.也就是说,在开口薄壁的情况下,材料力学的弯曲中心公式是弹性力学的近似表示.

作为例子,计算开口圆环截面的弯曲中心.设圆环半径为 a,壁厚为 δ,坐标原点在圆心 O 处(图 6.22),弧长从 x 轴起算,翘曲函数 φ 按扇形面积计算为

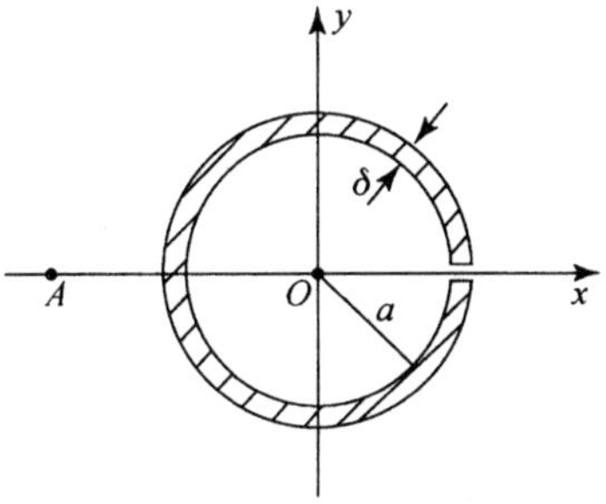

图 6.22

$$\varphi=-a^2\theta, \tag{18.11}$$

其中 θ 为极坐标的极角.将上式代入(18.9)式,得

$$\begin{cases}J_x=-a^4\delta\displaystyle\int_0^{2\pi}\theta\cos\theta\,\mathrm{d}\theta=0,\\ J_y=a^4\delta\displaystyle\int_0^{2\pi}\theta\sin\theta\,\mathrm{d}\theta=-2\pi a^4\delta.\end{cases} \tag{18.12}$$

此外,圆环的转动惯量 I_x 和 I_y 分别为

$$\begin{cases} I_x = \iint y^2 \mathrm{d}x\,\mathrm{d}y = \dfrac{1}{2}\iint (x^2 + y^2)\,\mathrm{d}x\,\mathrm{d}y \\ \quad = \pi\displaystyle\int_{a-\delta/2}^{a+\delta/2} r^3\,\mathrm{d}r = \pi a^3 \delta, \\ I_y = \pi a^3 \delta, \end{cases} \tag{18.13}$$

这样弯曲中心$(x_{\mathrm{cf}}, y_{\mathrm{cf}})$为

$$\begin{cases} x_{\mathrm{cf}} = \dfrac{J_y}{I_x} = -2a, \\ y_{\mathrm{cf}} = \dfrac{J_x}{I_y} = 0. \end{cases} \tag{18.14}$$

图 6.22 的 A 点即为弯曲中心.

习　题　六

1. 何谓半逆解法？在本章 Saint-Venant 问题中它的假设是什么？结论是什么？

2. Saint-Venant 问题的 Saint-Venant 解是近似解,还是精确解？试说明之.

3. 证明 Saint-Venant 问题中,对两端边条件,只要满足 $z=l$ 一端的合力和合力矩就足够了.

4. 设 $R_z \neq 0$,作用于某点(x_e, y_e),试求偏心拉伸的解.

5. 试直接由扭转问题的应力场,用简单积分的方法求其位移场.

6. 对扭转问题,如果坐标原点不在形心处,x 轴和 y 轴不指向惯性主轴方向,该问题的解有何变化？

7. 试求圆筒 $r^2 \leqslant x^2 + y^2 \leqslant R^2$ 的扭转解.

8. 试求图示等边三角形的扭转解.

9. 图示截面由双曲线 $x^2 - 3y^2 - 1 = 0$ 和直线 $x=2$ 围成,试求其扭转问题的解,并求出最大剪应力,画出等 Ψ 线和等 φ 线.

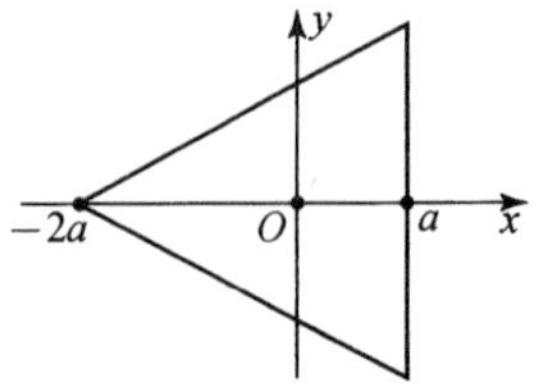

第 8 题图

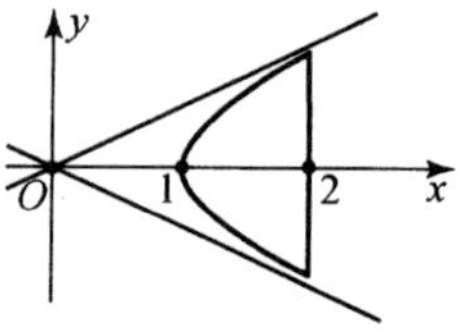

第 9 题图

10. 已知截面边界为椭圆

$$\frac{x^2}{a^2}+\frac{y^2}{b^2}=1$$

的杆，其扭转刚度为 $D=\frac{\pi a^3 b^3}{a^2+b^2}$，求该椭圆边界与椭圆

$$\frac{x^2}{a^2}+\frac{y^2}{b^2}=\frac{1}{\lambda^2}\quad(\lambda^2>1)$$

所围成的空心截面杆的扭转刚度.

11. 如图所示等边三角形薄壁杆件，壁厚均为 δ，三角形边长为 a，受扭矩 M 的作用，求：

(1) 杆内的应力，单位长相对扭转角；

(2) 若内部不加筋，求杆内的应力和单位长相对扭转角.

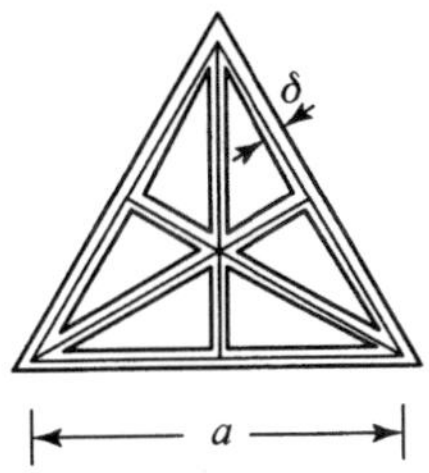

第 11 题图

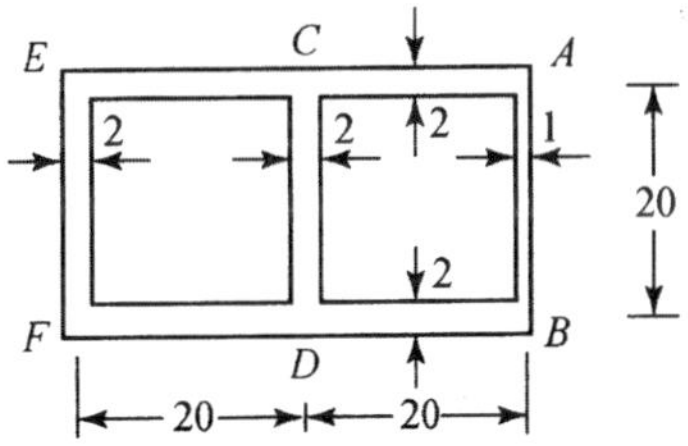

第 12 题图

12. 有一受扭薄壁杆件，长 1m，其截面如图(图中尺寸单位：cm)所示.杆件端部受扭矩 $M_z=100\text{kg}\cdot\text{m}$，薄壁 AB 段厚 1cm，其余部分厚为 2cm，$E=2.1\times10^6\ \text{kg/cm}^2$，$\nu=0.3$，求

(1) 最大相对扭转角 α，最大剪应力 $\tau_{\max}$；

(2) 沿 AB 段中间割开后，最大相对扭转角 α；

(3) 沿 CD 段中间割开(AB 段不割开)，计算 α；将此 α 与(1)和(2)问中的 α 相比，α 增大还是减小？

13. 试证：单连通的非圆截面不可能有闭合的等 φ 线.

14. 试用最小势能原理证明扭转刚度的上界定理.

15. 试用最小余能原理证明扭转刚度的下界定理.

16. 如果柱体横截面边界方程可用形式

$$-\frac{1}{2}r^2+\sum A_n r^n T_n(\cos\theta)=0$$

或

$$-\frac{1}{2}r^2+\sum(A_n r^n+B_n r^{-n})T_n(\cos\theta)=0$$

定义,则上式等号左边的式子即为所论扭转问题的应力函数,其中 $T_n(\cos\theta)=\cos n\theta$ 是第一类 Чебыщев 多项式(Abbasi[78]).试求下述截面柱体扭转问题的应力函数:

(1) 椭圆截面;

(2) 图示等边三角形截面;

(3) 图示带凹槽的圆截面;

(4) 图示心脏形截面 $r=a(1+\cos\theta)$;

(5) 图示双曲线 $x^2-3y^2-\varepsilon^2b^2=0(0<\varepsilon<1)$ 与直线 $x=b$ 所围成的截面.

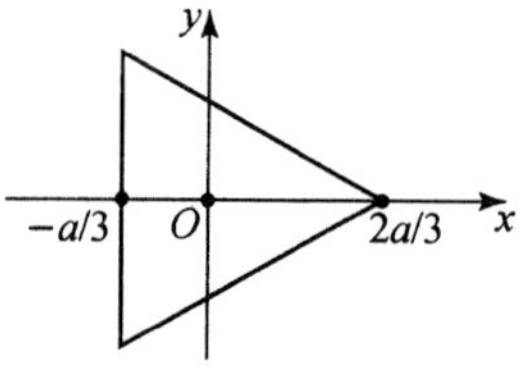

第 16(2)题图

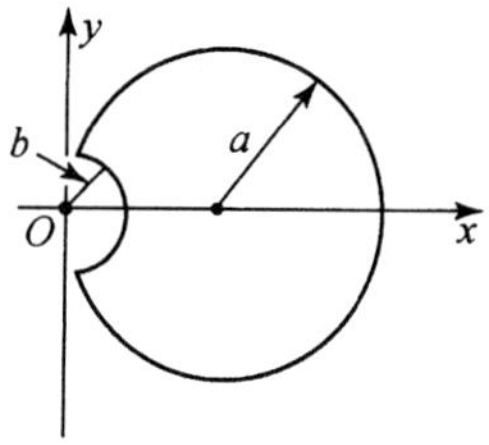

第 16(3)题图

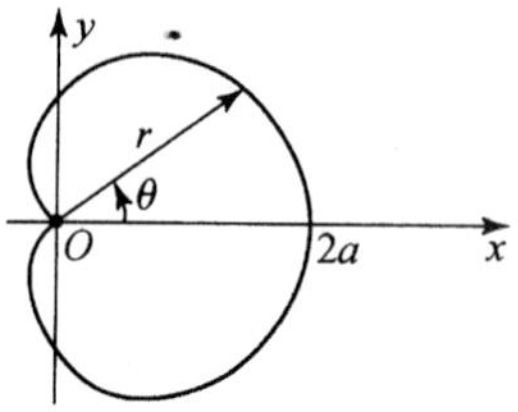

第 16(4)题图

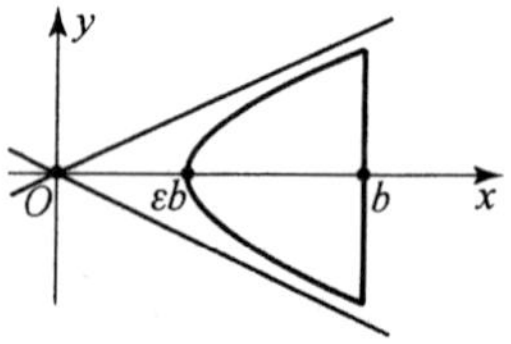

第 16(5)题图

17. 试证:若截面有对称轴,则弯曲中心在对称轴上.

18. 对横力作用下的弯曲问题,如果坐标原点不取在形心处,坐标轴不指向惯性主轴方向,问题可解吗?若可解,解有何变化?

19. 图示椭圆截面悬臂梁

$$\frac{x^2}{a^2}+\frac{y^2}{b^2}\leqslant 1,\quad 0\leqslant z\leqslant l$$

在自由端受横力 R_x 的作用,试求其应力分布,并确定最大剪应力.

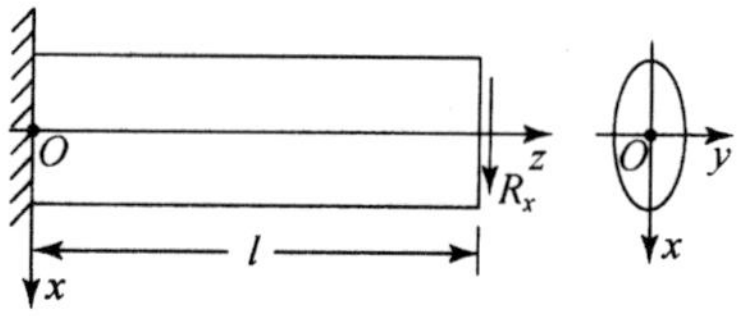

第 19 题图

20. 由 $y=\pm a$ 和两条双曲线 $(1+\nu)x^2-\nu y^2=a^2$ 所围截面的悬臂梁，自由端受 x 方向的力 P 的作用，求剪应力 τ_{xz}，τ_{yz} 和最大剪应力 $\tau_{\max}$.

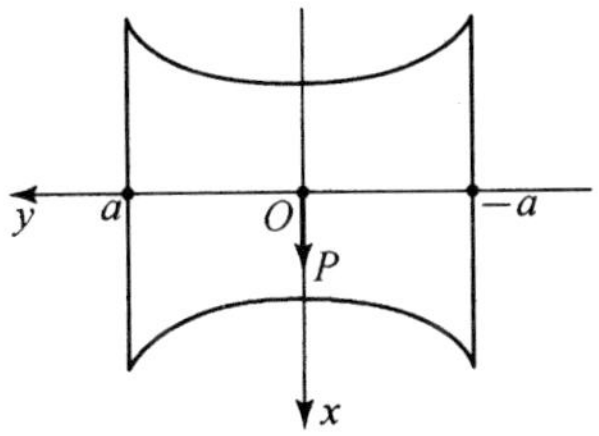

第 20 题图

21. 设 $\nu=0.5$，试求图示等边三角形截面杆的弯曲解.

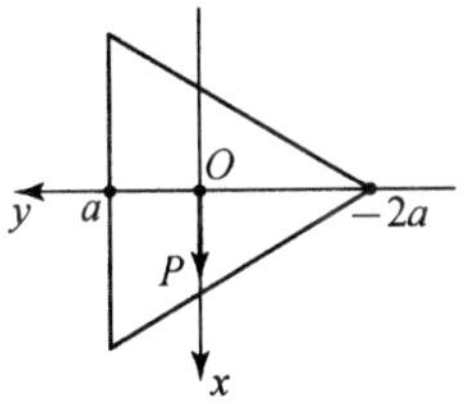

第 21 题图

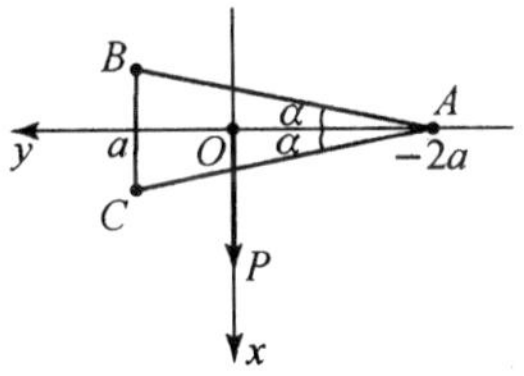

第 22 题图

22. 设有等腰三角形的悬臂梁，其截面如图所示，材料的 Poisson 比 $\nu=3/7$，$\tan^2\alpha=1/5$. 今在杆端面弯曲中心施加 x 方向的力 P，试求应力分量(王佩伦[60]).

23. 图示矩形截面悬臂梁

$$|x|\leqslant a,\quad |y|\leqslant b,\quad 0\leqslant z\leqslant l$$

在自由端受横力 R_x 的作用，求弯曲解.

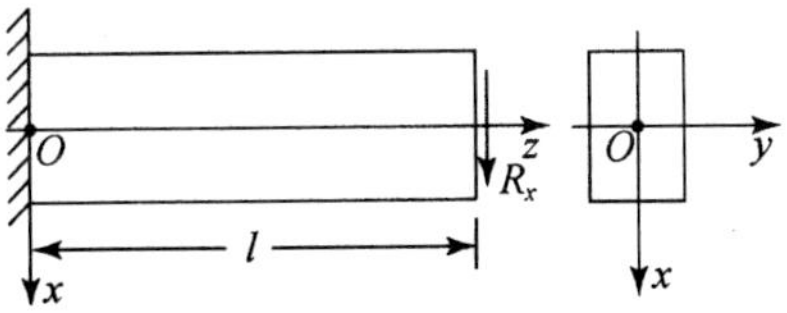

第 23 题图

24. 试用 Новожилов 弯曲中心公式

$$x_{\mathrm{cf}}=-\frac{1}{I_x}\iint_G y\varphi\,\mathrm{d}x\,\mathrm{d}y+\frac{\nu}{(1+\nu)I_x}\iint_G(x-x_0)\psi\,\mathrm{d}x\,\mathrm{d}y$$

计算下述各截面的弯曲中心：

(1) 图示半圆截面；

(2) 图示双曲线 $x^2-3y^2-\varepsilon^2b^2=0(0<\varepsilon<1)$ 与直线 $x=b$ 所围成的截面；

(3) 图示圆弧

$$(x-a)^2+y^2\leqslant a^2 \quad 与 \quad x^2+y^2\geqslant b^2$$

所围成的带凹槽的圆截面.

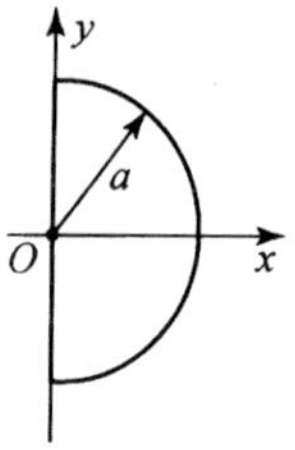

第 24(1)题图

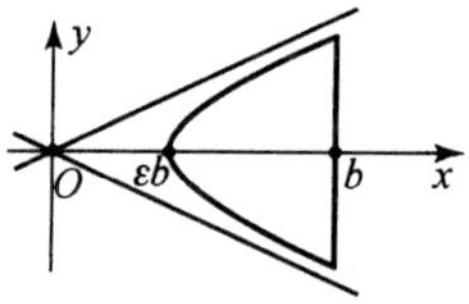

第 24(2)题图

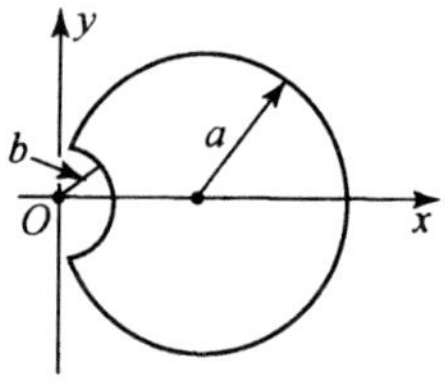

第 24(3)题图

*25. 试求图示半椭圆截面的弯曲中心.

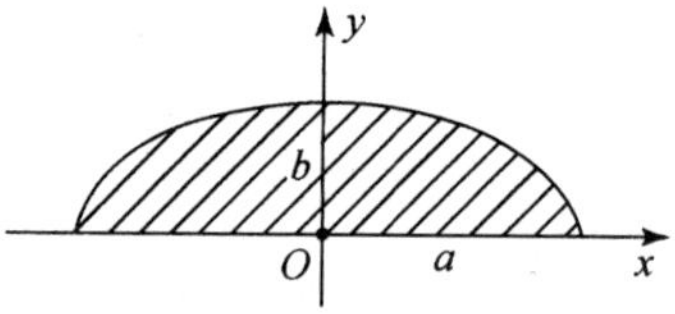

第 25 题图

26. 试证弯曲问题中，用应力函数 Ψ_1 和 Ψ_2 表示的位移单值性条件分别为

$$\left.\begin{aligned}\oint_{L_i}\frac{\partial\Psi_1}{\partial n}\mathrm{d}s&=-\frac{\nu}{1+\nu}y_iA_i,\\\oint_{L_i}\frac{\partial\Psi_2}{\partial n}\mathrm{d}s&=-\frac{\nu}{1+\nu}x_iA_i,\end{aligned}\right.\quad i=1,2,\cdots,n,$$

其中 L_i 为区域 G_i 的周界，(x_i,y_i) 为区域 G_i 形心的坐标，A_i 为 G_i 区域的面积.

第七章 弹性力学平面问题的直角坐标解法

真实的弹性体都是空间物体,但当其几何形状和受力情况具有某些特点时,在数学上可按平面问题处理.本章先介绍平面应变问题、平面应力问题和广义平面应力问题,然后在直角坐标系中来解平面问题.

§1 平面应变问题

1.1 基本定理及其推论

平面应变问题是在几何与物理两方面都有其特点的弹性力学问题.

几何特点 弹性体为母线与 z 轴平行的长柱体.

物理特点 弹性体上所受体力和侧面所受外力都平行于 Oxy 平面,全与 z 无关,且它们在 Oxy 平面内构成平衡力系.

许多重要的工程实际问题都具有上述两个特点,例如图 7.1 所示的水坝、涵洞和受内压的圆管等.

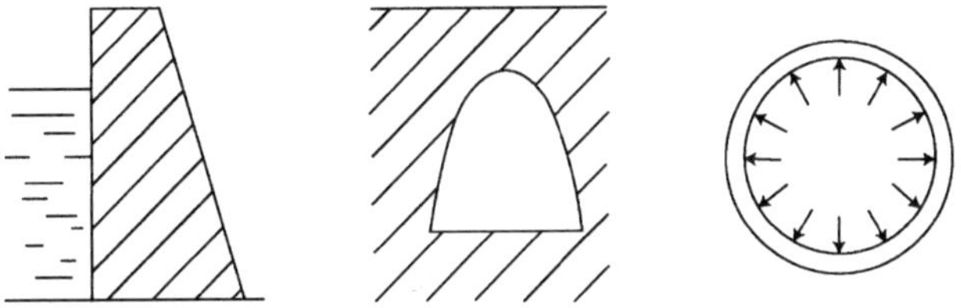

图 7.1

如同第六章的 Saint-Venant 问题一样,我们仍采用半逆解法. 对于本节的问题, 既然弹性体的形状和所受外力都与坐标 z 无关, 可以想象弹性体中的变形也与坐标 z 无关, 于是位移场(u,v,w)可做如下的预先假定:

$$u=u(x,y),\quad v=v(x,y),\quad w=0,\quad (x,y)\in G, \tag{1.1}$$

其中 G 为柱体 Ω 的横截面.

满足假定(1.1)的弹性力学问题,通常称为平面应变问题.现在来逐个考查第五章所建立的边值问题的全部方程和全部边界条件.由于假定(1.1),几何方程成为

$$\begin{cases}\varepsilon_x=\dfrac{\partial u}{\partial x}, \quad \varepsilon_y=\dfrac{\partial v}{\partial y}, \quad \gamma_{xy}=\dfrac{1}{2}\left(\dfrac{\partial u}{\partial y}+\dfrac{\partial v}{\partial x}\right),\\ \gamma_{xz}=\gamma_{yz}=\varepsilon_z=0.\end{cases} \tag{1.2}$$

从上式可知,应变仅有“平面”上的分量 ε_x,ε_y 和 γ_{xy},且不依赖于 z;而应变的三个“z 向”分量 γ_{xz},γ_{yz} 和 ε_z 全部自动消失.

在(1.2)式之下,本构方程为

$$\begin{cases}\sigma_x=\lambda(\varepsilon_x+\varepsilon_y)+2\mu\varepsilon_x,\\ \sigma_y=\lambda(\varepsilon_x+\varepsilon_y)+2\mu\varepsilon_y,\\ \tau_{xy}=2\mu\gamma_{xy},\\ \tau_{xz}=\tau_{yz}=0, \quad \sigma_z=\lambda(\varepsilon_x+\varepsilon_y),\end{cases} \quad (x,y)\in G. \tag{1.3}$$

从上式可以看出,σ_x,σ_y 和 τ_{xy} 三个应力分量都是 x,y 的函数,两个与 z 向有关的剪应力 τ_{xz} 和 τ_{yz} 都为零,但 z 向的正应力 σ_z 却不为零. 也就是说,平面应变问题的应力并不是“平面”的.此时,平衡方程为

$$\begin{cases}\dfrac{\partial \sigma_x}{\partial x}+\dfrac{\partial \tau_{xy}}{\partial y}+f_x=0,\\ \dfrac{\partial \tau_{xy}}{\partial x}+\dfrac{\partial \sigma_y}{\partial y}+f_y=0,\\ f_z=0,\end{cases} \quad (x,y)\in G. \tag{1.4}$$

按问题的特点,式中 f_x 和 f_y 与 z 无关,而 f_z 应为零.

由于柱体侧面 S 上的外法向总与 z 轴垂直,其时 S 上的应力边界条件为

$$\begin{cases}\sigma_x\cos(\boldsymbol{n},\boldsymbol{e}_x)+\tau_{xy}\cos(\boldsymbol{n},\boldsymbol{e}_y)=t_x,\\ \tau_{xy}\cos(\boldsymbol{n},\boldsymbol{e}_x)+\sigma_y\cos(\boldsymbol{n},\boldsymbol{e}_y)=t_y, \quad (x,y)\in L,\\ 0=t_z,\end{cases} \tag{1.5}$$

这里 L 为 G 的边界曲线.另外,按问题的物理特点,面力分量 t_x 和 t_y 与 z 无关,t_z 应为零.

我们知道,弹性力学的边值问题的解存在且唯一,而假定(1.1)是在边值问题的方程和边界条件以外又加上了新的限制.那么,在这种限制之下,问题是否可能还有解?或者说,这种限制与其几何特点、物理特点是否相容?答案是肯定的.

我们有下述定理.

定理 1.1　如果体力 $f_x(x,y)$,$f_y(x,y)$ 和面力 $t_x(x,y)$,$t_y(x,y)$ 构成平衡力系,即

$$\begin{cases}\displaystyle\iint_G f_\alpha \mathrm{d}x\mathrm{d}y+\oint_L t_\alpha \mathrm{d}s=0, \quad \alpha=1,2,\\ \displaystyle\iint_G (xf_y-yf_x)\mathrm{d}x\mathrm{d}y+\oint_L (xt_y-yt_x)\mathrm{d}s=0.\end{cases} \tag{1.6}$$

则下述边值问题的解存在且唯一(位移精确到刚体位移)：

$$\varepsilon_x=\frac{\partial u}{\partial x},\quad \varepsilon_y=\frac{\partial v}{\partial y},\quad \gamma_{xy}=\frac{1}{2}\left(\frac{\partial u}{\partial y}+\frac{\partial v}{\partial x}\right),\quad (x,y)\in G;\tag{1.7}$$

$$\begin{cases}\sigma_x=\lambda(\varepsilon_x+\varepsilon_y)+2\mu\varepsilon_x,\\ \sigma_y=\lambda(\varepsilon_x+\varepsilon_y)+2\mu\varepsilon_y,\quad (x,y)\in G;\\ \tau_{xy}=2\mu\gamma_{xy},\end{cases}\tag{1.8}$$

$$\begin{cases}\dfrac{\partial\sigma_x}{\partial x}+\dfrac{\partial\tau_{yx}}{\partial y}+f_x=0,\\ \qquad\qquad\qquad\qquad\quad (x,y)\in G;\\ \dfrac{\partial\tau_{xy}}{\partial x}+\dfrac{\partial\sigma_y}{\partial y}+f_y=0,\end{cases}\tag{1.9}$$

$$\begin{cases}\sigma_x\cos(\boldsymbol{n},\boldsymbol{e}_x)+\tau_{yx}\cos(\boldsymbol{n},\boldsymbol{e}_y)=t_x,\\ \tau_{xy}\cos(\boldsymbol{n},\boldsymbol{e}_x)+\sigma_y\cos(\boldsymbol{n},\boldsymbol{e}_y)=t_y,\end{cases}\quad (x,y)\in L,\tag{1.10}$$

其中 G 为平面区域,L 为其边界,$u,v,\varepsilon_x,\varepsilon_y,\gamma_{xy},\sigma_x,\sigma_y,\tau_{xy}$ 仅为 x,y 的函数.

定理 1.1 的存在性类似于三维的证明,可按照 Fichera[100] 的 Sobolev 空间方法,或 Kupradze[126] 的弹性势论方法得到;此外,还可按复变函数的方法证明,参见 Мусхелишвили 的著作[31,第334－344页].关于上述定理的唯一性部分,类似于第五章 §2 的唯一性定理的证明.

定理 1.1 仅考虑了应力边值问题,当然也可考虑位移边值问题和混合边值问题,限于篇幅不再叙述相应的定理了.从定理 1.1 可以得到下面 3 个显然的,却非常有用的推论.

推论 1.1　若

$$u,\ v;\quad \varepsilon_x,\ \varepsilon_y,\ \gamma_{xy};\quad \sigma_x,\ \sigma_y,\ \tau_{xy}\tag{1.11}$$

是问题(1.7)～(1.10)在平面区域 G 上的解,则

$$\begin{cases}u,v;\quad w=0,\\ \varepsilon_x,\varepsilon_y,\gamma_{xy};\quad \gamma_{zx}=\gamma_{yz}=\varepsilon_z=0,\\ \sigma_x,\sigma_y,\tau_{xy};\quad \tau_{zx}=\tau_{yz}=0,\\ \sigma_z=\lambda(\varepsilon_x+\varepsilon_y)\end{cases}\tag{1.12}$$

是弹性力学问题(1.2)～(1.5)在无限柱体 $\Omega=G\times(-\infty,+\infty)$ 上的解.

推论 1.2　设 $\Omega=G\times[0,l]$ 为有限柱体,其两端的边界条件分别为下列 4 种情况之一:

$$\left.\begin{aligned}&(1)\ \tau_{zx}=\tau_{yz}=0,\ \sigma_z=\lambda(\varepsilon_x+\varepsilon_y);\\ &(2)\ u,v;\quad w=0;\\ &(3)\ \tau_{zx}=\tau_{yz}=0,\ w=0;\\ &(4)\ u,v;\sigma_z=\lambda(\varepsilon_x+\varepsilon_y);\end{aligned}\right\}\tag{1.13}$$

其中 $\varepsilon_x,\varepsilon_y,u,v$ 是问题(1.7)～(1.10)的解,则(1.12)式为有限柱体 Ω 上弹性

力学问题(1.2)～(1.5)和条件(1.13)中之一的解.

注 夹于刚性光滑板间的弹性柱体之两端满足条件(1.13)的情况(3).

推论 1.3 设$\Omega=G\times[0,l]$为长柱体(即 l 比 G 的特征尺寸大得多),在 Ω 的端部 $z=l$ 上给定合力和合力矩:

$$R_x,\ R_y,\ R_z;\quad M_x,\ M_y,\ M_z, \tag{1.14}$$

将在 Ω 上 $z=l$ 端部具下述合力和合力矩

$$\begin{cases} R_x,\ R_y,\ R_z-\nu\displaystyle\iint_G(\sigma_x+\sigma_y)\mathrm{d}x\mathrm{d}y; \\ M_x-\nu\displaystyle\iint_G y(\sigma_x+\sigma_y)\mathrm{d}x\mathrm{d}y, \\ M_y+\nu\displaystyle\iint_G x(\sigma_x+\sigma_y)\mathrm{d}x\mathrm{d}y,\ M_z \end{cases} \tag{1.15}$$

的 Saint-Venant 问题的解,记为 τ_{zx},τ_{yz}.则长柱体 Ω 上,弹性力学问题(1.2)～(1.5)和(1.14)在 Saint-Venant 意义下的一个解为

$$\sigma_x,\ \sigma_y,\ \tau_{xy},\ \sigma_z=\nu(\sigma_x+\sigma_y);\quad \tau_{zx},\ \tau_{yz}, \tag{1.16}$$

这里 σ_x,σ_y,τ_{xy} 为问题(1.7)～(1.10)的解;τ_{zx} 和 τ_{yz} 为问题(1.15)的解.

1.2 应变协调方程

从几何方程(1.7)中消去位移分量 u 和 v,得到应变协调方程

$$\frac{\partial^2\varepsilon_x}{\partial y^2}+\frac{\partial^2\varepsilon_y}{\partial x^2}=2\frac{\partial^2\gamma_{xy}}{\partial x\partial y}. \tag{1.17}$$

当上式成立时,利用第二章的 Volterra 积分公式的二维退化形式,就能求出满足几何方程的位移场.但是,对于二维情形,可以用另一种方法求位移场.首先,注意下述引理.

引理 1.1 若 $f_x(x,y)$和 $f_y(x,y)$为 G 上给定的函数,则存在 $\varphi(x,y)$和 $F(x,y)$,使

$$f_x=\frac{\partial\varphi}{\partial x}-\frac{\partial F}{\partial y},\quad f_y=\frac{\partial\varphi}{\partial y}+\frac{\partial F}{\partial x}. \tag{1.18}$$

证明 令 F_1 和 F_2 分别为 f_x 和 f_y 的对数位势,

$$F_1=\frac{1}{2\pi}\iint_G f_x(\xi,\eta)\ \ln\rho\ \mathrm{d}\xi\mathrm{d}\eta,\quad F_2=\frac{1}{2\pi}\iint_G f_y(\xi,\eta)\ \ln\rho\ \mathrm{d}\xi\mathrm{d}\eta,$$

其中 $\rho=\sqrt{(x-\xi)^2+(y-\eta)^2}$.因此,有

$$\nabla^2F_1=f_x,\quad \nabla^2F_2=f_y, \tag{1.19}$$

这里 $\nabla^2=\partial_x^2+\partial_y^2$.改写上式为

$$\begin{cases} f_x = \dfrac{\partial}{\partial x}\left(\dfrac{\partial F_1}{\partial x} + \dfrac{\partial F_2}{\partial y}\right) - \dfrac{\partial}{\partial y}\left(-\dfrac{\partial F_1}{\partial y} + \dfrac{\partial F_2}{\partial x}\right), \\ f_y = \dfrac{\partial}{\partial y}\left(\dfrac{\partial F_1}{\partial x} + \dfrac{\partial F_2}{\partial y}\right) + \dfrac{\partial}{\partial x}\left(-\dfrac{\partial F_1}{\partial y} + \dfrac{\partial F_2}{\partial x}\right), \end{cases}$$

这样

$$\varphi = \frac{\partial F_1}{\partial x} + \frac{\partial F_2}{\partial y}, \quad F = -\frac{\partial F_1}{\partial y} + \frac{\partial F_2}{\partial x}$$

即为所求.引理 1.1 证毕.

注　有反例表明,对三维问题,引理 1.1 一般不成立(参见文献[73A]).

对于 $\varepsilon_x - \varepsilon_y$ 和 $2\gamma_{xy}$,按上述引理 1.1,存在函数 $\tilde{u}$ 和 $\tilde{v}$,使

$$\varepsilon_x - \varepsilon_y = \frac{\partial \tilde{u}}{\partial x} - \frac{\partial \tilde{v}}{\partial y}, \quad 2\gamma_{xy} = \frac{\partial \tilde{u}}{\partial y} + \frac{\partial \tilde{v}}{\partial x}. \tag{1.20}$$

从上式,可知

$$\varepsilon_x = \frac{\partial \tilde{u}}{\partial x} + f, \quad \varepsilon_y = \frac{\partial \tilde{v}}{\partial y} + f, \quad \gamma_{xy} = \frac{1}{2}\left(\frac{\partial \tilde{u}}{\partial y} + \frac{\partial \tilde{v}}{\partial x}\right), \tag{1.21}$$

其中 f 为已知函数.我们将上式代入应变协调方程(1.17),可知 $f(x,y)$ 为调和函数.设 $g(x,y)$ 为它的共轭调函数,即

$$g(x,y) = \int_{(x_0,y_0)}^{(x,y)} (-f_{,y}\,\mathrm{d}\xi + f_{,x}\,\mathrm{d}\eta), \tag{1.22}$$

其中 (x_0,y_0) 为区域 G 中的某个固定点,积分沿由 (x_0,y_0) 到 (x,y) 的任意路径上进行.设

$$\begin{cases} \varphi(x,y) = \displaystyle\int_{(x_0,y_0)}^{(x,y)} (f\,\mathrm{d}\xi - g\,\mathrm{d}\eta), \\ \psi(x,y) = \displaystyle\int_{(x_0,y_0)}^{(x,y)} (g\,\mathrm{d}\xi + f\,\mathrm{d}\eta). \end{cases} \tag{1.23}$$

从上式可知

$$\varphi_{,x} = \psi_{,y} = f, \quad -\varphi_{,y} = \psi_{,x} = g. \tag{1.24}$$

不难验证,如果 $\varepsilon_x, \varepsilon_y, \gamma_{xy}$ 满足协调方程(1.17),那么下述位移场:

$$u = \tilde{u} + \varphi, \quad v = \tilde{v} + \psi \tag{1.25}$$

的应变场就是 $\varepsilon_x, \varepsilon_y, \gamma_{xy}$,其中 $\tilde{u}$ 和 $\tilde{v}$ 由(1.20)式给定,φ 和 ψ 由(1.23)式给定.

如果区域 G 是多连通的,为了得到单值的位移场,就必须增加(1.22)和(1.23)式中的 3 个线积分,使其在区域 G 中沿任意封闭路径上的积分值皆为零.也就是说,对 n 连通区域中要增加 $3(n-1)$ 个条件.

1.3　应力协调方程

应力与应变关系(1.8)可改写成

$$\begin{cases}\varepsilon_x=\dfrac{1}{2\mu}\left[\sigma_x-\dfrac{\lambda}{2(\lambda+\mu)}(\sigma_x+\sigma_y)\right],\\ \varepsilon_y=\dfrac{1}{2\mu}\left[\sigma_y-\dfrac{\lambda}{2(\lambda+\mu)}(\sigma_x+\sigma_y)\right],\\ \gamma_{xy}=\dfrac{1}{2\mu}\tau_{xy}.\end{cases}\tag{1.26}$$

将 λ,μ 与 E,ν 的关系

$$\lambda=\frac{E\nu}{(1+\nu)(1-2\nu)},\quad \mu=\frac{E}{2(1+\nu)}$$

代入(1.26)式,得

$$\varepsilon_x=\frac{\sigma_x-\nu_1\sigma_y}{E_1},\quad \varepsilon_y=\frac{\sigma_y-\nu_1\sigma_x}{E_1},\quad \gamma_{xy}=\frac{1}{2\mu_1}\tau_{xy},\tag{1.27}$$

其中

$$E_1=\frac{E}{1-\nu^2},\quad \nu_1=\frac{\nu}{1-\nu},\quad \mu_1=\frac{E_1}{2(1+\nu_1)}=\mu.\tag{1.28}$$

将(1.27)式代入应变协调方程(1.17),得

$$\frac{\partial^2\sigma_x}{\partial y^2}+\frac{\partial^2\sigma_y}{\partial x^2}-\nu_1\left(\frac{\partial^2\sigma_y}{\partial y^2}+\frac{\partial^2\sigma_x}{\partial x^2}\right)=2(1+\nu_1)\frac{\partial^2\tau_{xy}}{\partial x\partial y}.\tag{1.29}$$

在平衡方程(1.9)两式中分别对 x 和 y 微商,再相加,得到

$$\frac{\partial^2\sigma_x}{\partial x^2}+\frac{\partial^2\sigma_y}{\partial y^2}+2\frac{\partial^2\tau_{xy}}{\partial x\partial y}+\frac{\partial f_x}{\partial x}+\frac{\partial f_y}{\partial y}=0.\tag{1.30}$$

又将上式乘以 $1+\nu_1$,并与(1.29)式相加,得

$$\nabla^2(\sigma_x+\sigma_y)+(1+\nu_1)\left(\frac{\partial f_x}{\partial x}+\frac{\partial f_y}{\partial y}\right)=0,\tag{1.31}$$

其中 $\nabla^2=\partial_x^2+\partial_y^2$ 为二维 Laplace 算子(注:在本章和下面两章中,如无特别说明,Laplace 算子 ∇^2 都认为是二维的).(1.31)式称为应力协调方程.

§2 Airy 应力函数

2.1 无体力情形

若无体力,平衡方程(1.9)和应力协调方程(1.31)分别为

$$\frac{\partial\sigma_x}{\partial x}+\frac{\partial\tau_{xy}}{\partial y}=0,\quad \frac{\partial\tau_{xy}}{\partial x}+\frac{\partial\sigma_y}{\partial y}=0,\tag{2.1}$$

$$\nabla^2(\sigma_x+\sigma_y)=0.\tag{2.2}$$

因而,以应力为未知量的平面应变问题,归结为求解方程(2.1)和(2.2).

对于平衡方程(2.1),我们可定义两个与路径无关的线积分:

$$\begin{cases} A(x,y)=\int_{(x_0,y_0)}^{(x,y)} -\tau_{xy}(\xi,\eta)\mathrm{d}\xi+\sigma_x(\xi,\eta)\mathrm{d}\eta, \\ B(x,y)=\int_{(x_0,y_0)}^{(x,y)} -\sigma_y(\xi,\eta)\mathrm{d}\xi+\tau_{xy}(\xi,\eta)\mathrm{d}\eta, \end{cases} \tag{2.3}$$

其中(x_0,y_0)为G中的某个固定点,(x,y)为G中的任意点.从上式可得

$$\begin{cases} \sigma_x=\dfrac{\partial A}{\partial y}, \quad \tau_{xy}=-\dfrac{\partial A}{\partial x}, \\ \tau_{xy}=\dfrac{\partial B}{\partial y}, \quad \sigma_y=-\dfrac{\partial B}{\partial x}. \end{cases} \tag{2.4}$$

在(2.4)式中,关于τ_{xy}的两个式子应一致,故有

$$\frac{\partial A}{\partial x}+\frac{\partial B}{\partial y}=0. \tag{2.5}$$

类似地,从上式可知,存在函数$U(x,y)$,使

$$A=\frac{\partial U}{\partial y}, \quad B=-\frac{\partial U}{\partial x}. \tag{2.6}$$

将上式代入(2.4)式,得到

$$\sigma_x=\frac{\partial^2 U}{\partial y^2}, \quad \sigma_y=\frac{\partial^2 U}{\partial x^2}, \quad \tau_{xy}=-\frac{\partial^2 U}{\partial x\partial y}, \tag{2.7}$$

通常称(2.7)式中的U为艾里(Airy)应力函数.值得注意的是:在多连通区域中,A,B和U都可能是多值函数,但从(2.4)和(2.7)式所算出的应力却必须是单值的.

从上面的推导可知,只要应力分量σ_x,σ_y和τ_{xy}满足平衡方程(2.1),就存在Airy函数U使(2.7)式成立;反之,对于任意函数U,按(2.7)式所求出的应力分量都满足平衡方程(2.1).这样可以说,(2.7)式为平衡方程(2.1)的通解.在应力协调方程(2.2)中引入Airy应力函数,得

$$\nabla^2\nabla^2 U=0. \tag{2.8}$$

由于(2.7)式已使平衡方程自动满足,因此平面应变问题归结为:在给定的边界条件下求解双调和方程

$$\nabla^2\nabla^2 U=\frac{\partial^4 U}{\partial x^4}+2\frac{\partial^4 U}{\partial x^2\partial y^2}+\frac{\partial^4 U}{\partial y^4}=0. \tag{2.9}$$

2.2　有体力情形

对于有体力的弹性力学问题,通常将其分为两个问题来解,先求有体力的特解,再求无体力的齐次方程的解,然后将二者叠加可得到原问题的解.平面问

题的特解将在第八章中给出.本节按另一种方式考虑体力.

将引理 1.1 中的分解式(1.18)代入平衡方程(1.9)和协调方程(1.31),得

$$\begin{cases}\dfrac{\partial\sigma_x}{\partial x}+\dfrac{\partial\tau_{xy}}{\partial y}+\dfrac{\partial\varphi}{\partial x}-\dfrac{\partial F}{\partial y}=0,\\[2ex]\dfrac{\partial\tau_{xy}}{\partial x}+\dfrac{\partial\sigma_y}{\partial y}+\dfrac{\partial\varphi}{\partial y}+\dfrac{\partial F}{\partial x}=0,\end{cases}\tag{2.10}$$

$$\nabla^2(\sigma_x+\sigma_y)+(1+\nu_1)\nabla^2\varphi=0.\tag{2.11}$$

设

$$\nabla^2 K=F.\tag{2.12}$$

如果令

$$\begin{cases}\tilde{\sigma}_x=\sigma_x+\varphi-2\dfrac{\partial^2 K}{\partial x\partial y},\\[2ex]\tilde{\sigma}_y=\sigma_y+\varphi+2\dfrac{\partial^2 K}{\partial x\partial y},\\[2ex]\tilde{\tau}_{xy}=\tau_{xy}+\dfrac{\partial^2 K}{\partial x^2}-\dfrac{\partial^2 K}{\partial y^2},\end{cases}\tag{2.13}$$

则(2.10)和(2.11)式成为

$$\frac{\partial\tilde{\sigma}_x}{\partial x}+\frac{\partial\tilde{\tau}_{xy}}{\partial y}=0,\quad \frac{\partial\tilde{\tau}_{xy}}{\partial x}+\frac{\partial\tilde{\sigma}_y}{\partial y}=0,\tag{2.14}$$

$$\nabla^2(\tilde{\sigma}_x+\tilde{\sigma}_y)-(1-\nu_1)\nabla^2\varphi=0.\tag{2.15}$$

不难看出,(2.14)式与无体力的(2.1)式在形式上完全一致.按前面的推导,类似于(2.7)式有

$$\tilde{\sigma}_x=\frac{\partial^2 U}{\partial y^2},\quad \tilde{\sigma}_y=\frac{\partial^2 U}{\partial x^2},\quad \tilde{\tau}_{xy}=-\frac{\partial^2 U}{\partial x\partial y}.\tag{2.16}$$

将上式的前两式代入(2.15)式,得

$$\nabla^2\nabla^2 U=(1-\nu_1)\nabla^2\varphi.\tag{2.17}$$

如果势函数 φ 为调和函数,那么有体力的(2.17)式与无体力的(2.2)式完全相同.

常见的体力有重力和旋转惯性力.如果 y 轴铅直向下,则重力分解式之 φ 和 F 为

$$\varphi=\rho g y,\quad F=0,\tag{2.18}$$

其中 ρ 为弹性体的密度,g 为重力加速度.上式中的 φ 为调和函数.

当弹性体以均匀角速度 ω 绕 z 轴旋转时,其惯性力分解式之 φ 和 F 为

$$\varphi=\frac{1}{2}\rho\omega^2(x^2+y^2),\quad F=0,\tag{2.19}$$

上式中的 φ 不是调和函数,但满足下一节中(3.29b)式.

§3　平面应力问题

3.1　无体力情形

几何特点　弹性体占有的区域 Ω 为一薄板,

$$\Omega=\{(x,y,z)\mid(x,y)\in G,\ |z|\leqslant h\},$$

其中 z 垂直于板面,G 为二维区域,板的厚度为 $2h$,并假定 h 比 G 的特征尺寸小得多.

物理特点　在板的侧面受有关于 $z=0$ 的对称外力,在板内无体力,在板的上下表面也无外力,即

$$\tau_{xz}=\tau_{yz}=\sigma_z=0,\quad z=\pm h,\quad (x,y)\in G. \tag{3.1}$$

为了求解本节的问题,仍采用半逆解法.既然板很薄,我们将认定板面条件(3.1)可扩展到整个 Ω 中,即假定

$$\tau_{xz}=\tau_{yz}=\sigma_z=0,\quad (x,y,z)\in\Omega. \tag{3.2}$$

在上述几何和物理特点之下,符合条件(3.2)的弹性力学问题将称为平面应力问题,其应力场称为平面应力状态.

现在来求平面应力问题的一般解,并考查它的近似解.下面的基本定理属于Clebsch(参见参考文献[130]中§145;或[43]中§98).

定理 3.1　假设

(1) 弹性体在 Ω 中不受体力,侧面外力关于 $z=0$ 对称;

(2) 条件(3.2)成立,

则 $\sigma_x,\sigma_y,\tau_{yz}$ 在 Ω 中有表达式

$$\sigma_x=\frac{\partial^2\Phi}{\partial y^2},\quad \sigma_y=\frac{\partial^2\Phi}{\partial x^2},\quad \tau_{xy}=-\frac{\partial^2\Phi}{\partial x\partial y}, \tag{3.3}$$

其中

$$\Phi=U+\frac{\nu(h^2-3z^2)}{6(1+\nu)}\ \nabla^2U. \tag{3.4}$$

这里 $\nabla^2=\partial_x^2+\partial_y^2$ 为二维 Laplace 算子,$U(x,y)$为双调和函数,即

$$\nabla^2\nabla^2U=0. \tag{3.5}$$

证明　在假定(3.2)之下,第五章§4中以应力表示的弹性力学方程组成为

$$\sigma_{x,x}+\tau_{xy,y}=0,\quad \tau_{xy,x}+\sigma_{y,y}=0, \tag{3.6}$$

$$\begin{cases}\nabla_0^2\sigma_x+\dfrac{1}{1+\nu}(\sigma_x+\sigma_y)_{,xx}=0,\\ \nabla_0^2\sigma_y+\dfrac{1}{1+\nu}(\sigma_x+\sigma_y)_{,yy}=0,\\ \nabla_0^2\tau_{xy}+\dfrac{1}{1+\nu}(\sigma_x+\sigma_y)_{,xy}=0,\end{cases}\tag{3.7}$$

$$(\sigma_x+\sigma_y)_{,xz}=(\sigma_x+\sigma_y)_{,yz}=(\sigma_x+\sigma_y)_{,zz}=0,\tag{3.8}$$

其中 $\nabla_0^2=\nabla^2+\partial_z^2$ 为三维 Laplace 算子,指标中的逗号表示对其后变量取微商.

从(3.8)式可得

$$(\sigma_x+\sigma_y)_{,z}=k,\tag{3.9}$$

其中 k 为常量.将上式积分,得

$$\sigma_x+\sigma_y=kz+\Theta_0(x,y).\tag{3.10}$$

考虑到 Ω 的形状和受力情况均关于 $z=0$ 对称,那么 σ_x,σ_y 和 τ_{xy} 都应为 z 的偶函数,这样(3.10)式中的常量 k 应为零,故该式成为

$$\sigma_x+\sigma_y=\Theta_0(x,y).\tag{3.11}$$

将(3.7a)和(3.7b)两式相加,注意到 Θ_0 仅为 x 和 y 的函数,可得

$$\nabla^2\Theta_0=0.\tag{3.12}$$

再按§2获得 Airy 应力函数的方法,从平衡方程(3.6)出发,由于 Ω 与 z 无关,故可将 z 看作参数,存在函数 $\Phi(x,y,z)$,使得

$$\sigma_x=\Phi_{,yy},\quad \sigma_y=\Phi_{,xx},\quad \tau_{xy}=-\Phi_{,xy}.\tag{3.13}$$

利用上式的表示,(3.11)式成为

$$\nabla^2\Phi=\Theta_0.\tag{3.14}$$

将(3.13)和(3.11)式代入(3.7)式,得

$$\begin{cases}(\nabla^2\Phi+\Phi_{,zz})_{,yy}+\dfrac{1}{1+\nu}\Theta_{0,xx}=0,\\ (\nabla^2\Phi+\Phi_{,zz})_{,xx}+\dfrac{1}{1+\nu}\Theta_{0,yy}=0,\\ -(\nabla^2\Phi+\Phi_{,zz})_{,xy}+\dfrac{1}{1+\nu}\Theta_{0,xy}=0.\end{cases}\tag{3.15}$$

既然 $\Theta_0(x,y)$ 为调和函数,就有 $\Theta_{0,xx}=-\Theta_{0,yy}$,将此关系式和(3.14)式代入上式又得

$$\begin{cases}\left(\Phi_{,zz}+\dfrac{\nu}{1+\nu}\Theta_0\right)_{,yy}=0,\\ \left(\Phi_{,zz}+\dfrac{\nu}{1+\nu}\Theta_0\right)_{,xx}=0,\\ \left(\Phi_{,zz}+\dfrac{\nu}{1+\nu}\Theta_0\right)_{,xy}=0.\end{cases}\tag{3.16}$$

从上式,我们可以得到

$$\Phi_{,zz}+\frac{\nu}{1+\nu}\Theta_0=a+bx+cy,\tag{3.17}$$

其中 a,b 和 c 为 z 的函数.将上式对 z 积分两次,得

$$\Phi=A+Bx+Cy+U_0+U_1z-\frac{\nu}{2(1+\nu)}\Theta_0z^2,\tag{3.18}$$

这里 A,B 和 C 分别是 a,b 和 c 关于 z 的两次积分,U_0 和 U_1 为 x,y 的函数.如按表示式(3.13)计算应力分量,可知 $A+Bx+Cy$ 不产生应力,故可略去.此外,由于 σ_x,σ_y 和 τ_{xy} 为 z 的偶函数,U_1 应取为零.这样(3.18)式成为

$$\Phi=U_0-\frac{\nu}{2(1+\nu)}\Theta_0z^2.\tag{3.19}$$

对(3.19)式取二维 Laplace 算子∇^2,考虑到(3.14)和(3.12)式,得

$$\nabla^2U_0=\Theta_0.\tag{3.20}$$

再对(3.20)式取二维 Laplace 算子∇^2,由于 Θ_0 调和,得

$$\nabla^2\nabla^2U_0=0.\tag{3.21}$$

令

$$U=U_0-\frac{\nu}{6(1+\nu)}\Theta_0h^2,\tag{3.22}$$

同样有

$$\nabla^2U=\nabla^2U_0,\quad \nabla^2\nabla^2U=0.\tag{3.23}$$

把(3.22)和(3.20)式代入(3.19)式,得

$$\Phi=U+\frac{\nu(h^2-3z^2)}{6(1+\nu)}\nabla^2U.\tag{3.24}$$

用(3.24)式的 Φ,按(3.13)式计算应力,即得(3.3)式,而(3.23b)式即为(3.5)式.定理证毕.

如果用(3.19)式计算应力分量,得

$$\begin{cases}\sigma_x=\dfrac{\partial^2}{\partial y^2}\left[U_0-\dfrac{\nu}{2(1+\nu)}z^2\nabla^2 U_0\right],\\ \sigma_y=\dfrac{\partial^2}{\partial x^2}\left[U_0-\dfrac{\nu}{2(1+\nu)}z^2\nabla^2 U_0\right],\\ \tau_{xy}=-\dfrac{\partial^2}{\partial x\partial y}\left[U_0-\dfrac{\nu}{2(1+\nu)}z^2\nabla^2 U_0\right].\end{cases}\tag{3.25}$$

若在(3.3)和(3.4)式或(3.25)式中略去 z 的二阶小量,可导致平面应变时的应力与 Airy 应力函数表达式(2.7).从(3.3)和(3.25)式还可以看出,如果侧面边界上的应力恰有如同两式之一所示的抛物线分布,则所得的解为精确解.此外,有几点是不言而喻的:在假定(3.2)之下,侧面外力的 z 向分量 t_z 应为零;为了使问题有解,外力的合力和合力矩也应为零.

3.2 有体力情形

Durelli, Phillips 和 Tsao[93]考虑了有体力的平面应力问题,他们的结果如下.

定理 3.2 设如定理 3.1,但有平面型的体力:

$$f_x(x,y),\quad f_y(x,y),\quad f_z=0.\tag{3.26}$$

则应力场可如下表示:

$$\begin{cases}\sigma_x=\Phi_{,yy}-\varphi+2K_{,xy},\\ \sigma_y=\Phi_{,xx}-\varphi-2K_{,xy},\\ \tau_{xy}=-\Phi_{,xy}-K_{,xx}+K_{,yy},\\ \tau_{xz}=\tau_{yz}=\sigma_z=0,\end{cases}\tag{3.27}$$

其中

$$\Phi=U+\frac{\nu}{6(1+\nu)}(h^2-3z^2)\left[\nabla^2 U-2\varphi_0+\frac{\nu}{1-\nu}c(x^2+y^2)\right],\tag{3.28}$$

$$\begin{cases}\nabla^2\nabla^2 U(x,y)=(1-\nu)c,\\ \varphi(x,y)=\varphi_0(x,y)+\dfrac{c}{4}(x^2+y^2),\\ \nabla^2\varphi_0=0,\end{cases}\tag{3.29}$$

这里 c 为常数,φ 和 K 分别由(1.18)和(2.12)式确定,且假定 φ 有表示式(3.29b).

证明 定理 3.2 的证明步骤与定理 3.1 的证明大体一致,今简述如下.

将体力(3.26)按引理 1.1 的(1.18)式进行分解,并代入第五章§4 中的平衡方程和应力协调方程,再按(2.13)式进行代换,得

$$\tilde{\sigma}_{x,x}+\tilde{\tau}_{xy,y}=0,\quad \tilde{\tau}_{xy,x}+\tilde{\sigma}_{y,y}=0;\tag{3.30}$$

$$\begin{cases}\nabla_0^2\tilde{\sigma}_x+\dfrac{1}{1+\nu}(\tilde{\sigma}_x+\tilde{\sigma}_y)_{,xx}-\dfrac{1-2\nu}{1-\nu}\quad\nabla^2\varphi+\dfrac{2\nu}{1+\nu}\varphi_{,xx}=0,\\ \nabla_0^2\tilde{\sigma}_y+\dfrac{1}{1+\nu}(\tilde{\sigma}_x+\tilde{\sigma}_y)_{,yy}-\dfrac{1-2\nu}{1-\nu}\quad\nabla^2\varphi+\dfrac{2\nu}{1+\nu}\varphi_{,yy}=0,\\ \nabla_0^2\tilde{\tau}_{xy}+\dfrac{1}{1+\nu}(\tilde{\sigma}_x+\tilde{\sigma}_y)_{,xy}+\dfrac{2\nu}{1+\nu}\varphi_{,xy}=0;\end{cases}\tag{3.31}$$

$$\begin{cases}\dfrac{1}{1+\nu}(\tilde{\sigma}_x+\tilde{\sigma}_y)_{,zz}+\dfrac{\nu}{1-\nu}\quad\nabla^2\varphi=0,\\ \dfrac{1}{1+\nu}(\tilde{\sigma}_x+\tilde{\sigma}_y)_{,xz}=0,\\ \dfrac{1}{1+\nu}(\tilde{\sigma}_x+\tilde{\sigma}_y)_{,yz}=0,\end{cases}\tag{3.32}$$

其中 $\varphi=\varphi(x,y)$. 将(3.32a)对 x 和 y 分别取微商，由(3.32b)和(3.32c)式，得

$$(\nabla^2\varphi)_{,x}=(\nabla^2\varphi)_{,y}=0.\tag{3.33}$$

既然 φ 为 x、y 的函数，应有

$$\nabla^2\varphi=c,\tag{3.34}$$

其中 c 为常数.不妨令

$$\varphi=\varphi_0(x,y)+\frac{c}{4}(x^2+y^2),\tag{3.35}$$

这里 φ_0 为调和函数.利用上式，可将(3.32)式写成

$$\begin{cases}\left[\tilde{\sigma}_x+\tilde{\sigma}_y+\dfrac{\nu(1+\nu)}{2(1-\nu)}cz^2\right]_{,zz}=0,\\ \left[\tilde{\sigma}_x+\tilde{\sigma}_y+\dfrac{\nu(1+\nu)}{2(1-\nu)}cz^2\right]_{,xz}=0,\\ \left[\tilde{\sigma}_x+\tilde{\sigma}_y+\dfrac{\nu(1+\nu)}{2(1-\nu)}cz^2\right]_{,yz}=0,\end{cases}$$

因而

$$\left[\tilde{\sigma}_x+\tilde{\sigma}_y+\frac{\nu(1+\nu)}{2(1-\nu)}cz^2\right]_{,z}=\text{常量}.$$

考虑到 $\tilde{\sigma}_x+\tilde{\sigma}_y$ 为 z 的偶函数，积分上式，得

$$\tilde{\sigma}_x+\tilde{\sigma}_y=\Theta_0(x,y)-\frac{\nu(1+\nu)}{2(1-\nu)}cz^2.\tag{3.36}$$

将(3.31a)和(3.31b)两式相加，考虑到(3.34)式，得

$$\nabla^2\Theta_0=(1-\nu)c.\tag{3.37}$$

由平衡方程(3.30)，引入 Airy 应力函数 $\Phi(x,y,z)$，得

$$\tilde{\sigma}_x=\Phi_{,yy},\quad\tilde{\sigma}_y=\Phi_{,xx},\quad\tilde{\tau}_{xy}=-\Phi_{,xy},\tag{3.38}$$

这样,(3.36)式可写成

$$\nabla^2\Phi=\Theta_0-\frac{\nu(1+\nu)}{2(1-\nu)}cz^2. \tag{3.39}$$

把(3.38)和(3.36)式代入(3.31)式,再利用(3.39),(3.37)和(3.35)式,以及 φ_0 的调和性,得

$$\begin{cases}\left[\Phi_{,zz}+\dfrac{\nu}{1+\nu}\Theta_0-\dfrac{2\nu}{1+\nu}\varphi_0+\dfrac{\nu^2}{1-\nu^2}c(x^2+y^2)\right]_{,yy}=0,\\ \left[\Phi_{,zz}+\dfrac{\nu}{1+\nu}\Theta_0-\dfrac{2\nu}{1+\nu}\varphi_0+\dfrac{\nu^2}{1-\nu^2}c(x^2+y^2)\right]_{,xx}=0,\\ \left[\Phi_{,zz}+\dfrac{\nu}{1+\nu}\Theta_0-\dfrac{2\nu}{1+\nu}\varphi_0+\dfrac{\nu^2}{1-\nu^2}c(x^2+y^2)\right]_{,xy}=0.\end{cases} \tag{3.40}$$

然后,按无体力情形类似方式,得

$$\Phi=U_0(x,y)-\frac{\nu}{2(1+\nu)}z^2\left[\Theta_0-2\varphi_0+\frac{\nu}{1-\nu}c(x^2+y^2)\right]. \tag{3.41}$$

对上式取二维 Laplace 算子∇^2,并且注意到(3.39)和(3.37)式,我们有

$$\nabla^2U_0=\Theta_0. \tag{3.42}$$

对(3.42)式再取一次 ∇^2,又由(3.37)式,得

$$\nabla^2\nabla^2U_0=(1-\nu)c. \tag{3.43}$$

将(3.42)代入(3.41)式,得

$$\Phi=U_0-\frac{\nu}{2(1+\nu)}z^2\left[\nabla^2U_0-2\varphi_0+\frac{\nu}{1-\nu}c(x^2+y^2)\right]. \tag{3.44}$$

令

$$U=U_0-\frac{\nu}{6(1+\nu)}h^2\left[\nabla^2U_0-2\varphi_0+\frac{\nu}{1-\nu}c(x^2+y^2)\right], \tag{3.45}$$

有

$$\nabla^2U_0=\nabla^2U+\frac{\nu(1+\nu)}{6(1-\nu)}h^2c. \tag{3.46}$$

这样 Φ 可写成

$$\Phi=U+\frac{\nu}{6(1+\nu)}(h^2-3z^2)\left[\nabla^2U_0-2\varphi_0+\frac{\nu}{1-\nu}c(x^2+y^2)\right]. \tag{3.47}$$

在上式中,可将 ∇^2U_0 换为∇^2U,因为经这种变换,按(3.46)式仅差异一个 z 的函数,而 z 的函数对于应力 $\tilde{\sigma}_x,\tilde{\sigma}_y,\tilde{\tau}_{xy}$ 不产生影响.因此,由(3.47)式可得欲证之(3.28)式.至于其他欲证之式,在证明过程中都已示明.定理证毕.

附注 按照定理 3.2,即使体力为“平面的”(3.26)形式,也未必可简化为平面应力问题,只有在满足条件(3.29b)和(3.29c)下的体力,才可能有满足假定 $\tau_{xz}=\tau_{yz}=\sigma_z=0$ 的平面应力的解答,但平面应变问题没有这个附加的限制条件.此外,有体力的平面应力问题,按照

(3.28)式，其应力分量 $\sigma_x,\sigma_y,\tau_{xy}$ 一般都与 z 有关.

§4　广义平面应力问题

4.1　无体力情形

本节所处理问题的几何特点和物理特点皆与上节相同，但在整个板内，按半逆解法所预先假定的条件将比条件(3.2)弱，设为

$$\sigma_z(x,y,z)=0,\quad (x,y,z)\in\Omega. \tag{4.1}$$

满足条件(4.1)的问题，按 Filon 的说法，称为广义平面应力问题，其应力场称为广义平面应力状态.

定理 4.1　假设

(1) 在弹性体 Ω 中不受体力，侧面外力关于 $z=0$ 对称；

(2) Ω 的表面无外力，即

$$\tau_{xz}=\tau_{yz}=\sigma_z=0,\quad (x,y)\in G,\ z=\pm h; \tag{4.2}$$

(3) 条件(4.1)成立，

则广义平面应力问题的应力场为

$$\sigma_{ij}=\sigma_{ij}^{\mathrm{PS}}+\sigma_{ij}^{\mathrm{S}}\quad (i,j=1,2,3). \tag{4.3}$$

其中 $\sigma_{ij}^{\mathrm{PS}}$ 为由(3.2)，(3.3)式所定义的平面应力状态；σ_{ij}^{S} 是所谓剪力状态，定义如下：

$$\begin{cases}\sigma_x^{\mathrm{S}}=2S_{,xy},\quad \sigma_y^{\mathrm{S}}=-2S_{,xy},\quad \tau_{xy}^{\mathrm{S}}=S_{,yy}-S_{,xx},\\ \tau_{xz}^{\mathrm{S}}=S_{,yz},\quad \tau_{yz}^{\mathrm{S}}=-S_{,xz},\quad \sigma_z^{\mathrm{S}}=0.\end{cases} \tag{4.4}$$

这里 $S(x,y,z)$ 为 z 的偶函数，并满足下面三个条件：

$$\begin{cases}\nabla_0^2 S=0\quad (\Omega),\\ S_{,z}=0,\quad (x,y)\in G,\ z=\pm h,\\ \displaystyle\int_{-h}^{+h}S(x,y,z)\mathrm{d}z=0.\end{cases} \tag{4.5}$$

证明　在假定(4.1)之下，第五章§4 中的平衡方程和应力协调方程为

$$\begin{cases}\sigma_{x,x}+\tau_{xy,y}+\tau_{xz,z}=0,\\ \tau_{xy,x}+\sigma_{y,y}+\tau_{yz,z}=0,\\ \tau_{xz,x}+\tau_{yz,y}=0;\end{cases} \tag{4.6}$$

$$\begin{cases}\nabla_0^2\sigma_x+\dfrac{1}{1+\nu}(\sigma_x+\sigma_y)_{,xx}=0,\\ \nabla_0^2\sigma_y+\dfrac{1}{1+\nu}(\sigma_x+\sigma_y)_{,yy}=0,\\ \nabla_0^2\tau_{xy}+\dfrac{1}{1+\nu}(\sigma_x+\sigma_y)_{,xy}=0,\end{cases} \tag{4.7}$$

$$\begin{cases}\dfrac{1}{1+\nu}(\sigma_x+\sigma_y)_{,zz}=0,\\ \nabla_0^2\tau_{xz}+\dfrac{1}{1+\nu}(\sigma_x+\sigma_y)_{,xz}=0,\\ \nabla_0^2\tau_{yz}+\dfrac{1}{1+\nu}(\sigma_x+\sigma_y)_{,yz}=0,\end{cases} \tag{4.8}$$

其中$\nabla_0^2=\nabla^2+\partial_z^2$为三维 Laplace 算子,$\nabla^2$为二维 Laplace 算子.从方程(4.8a),得

$$\sigma_x+\sigma_y=\Theta_0(x,y)+z\Theta_1(x,y). \tag{4.9}$$

既然$\sigma_x+\sigma_y$为z的偶函数,Θ_1就应为零,因此,

$$\sigma_x+\sigma_y=\Theta_0(x,y). \tag{4.10}$$

由于(4.10)式,方程(4.8b)和(4.8c)式成为

$$\nabla_0^2\tau_{xz}=\nabla_0^2\tau_{yz}=0. \tag{4.11}$$

令

$$A_1=\int_{(0,0,0)}^{(x,y,z)}-\tau_{yz}\mathrm{d}x+\tau_{xz}\mathrm{d}y+f\mathrm{d}z, \tag{4.12}$$

其中

$$f=\int_{(0,0,0)}^{(x,y,z)}-\tau_{yz,z}\mathrm{d}x+\tau_{xz,z}\mathrm{d}y+(-\tau_{xz,y}+\tau_{yz,x})\mathrm{d}z. \tag{4.13}$$

利用(4.6c)和(4.11)式,可知在Ω中的两个线积分(4.12)和(4.13)都与路径无关,而且$A_1(x,y,z)$为z的奇函数.从(4.12)和(4.13)式,有

$$\begin{cases}A_{1,x}=-\tau_{yz},\quad A_{1,y}=\tau_{xz},\quad A_{1,z}=f,\\ f_{,z}=-\tau_{xz,y}+\tau_{yz,x},\end{cases} \tag{4.14}$$

于是A_1为调和函数

$$\nabla_0^2A_1=-\tau_{yz,x}+\tau_{xz,y}+f_{,z}=0. \tag{4.15}$$

构造奇函数A_2:

$$A_2=A_1-\frac{z}{h}\int_{(0,0,0)}^{(0,0,h)}f(0,0,z)\mathrm{d}z, \tag{4.16}$$

在$z=h$时,就有

$$\begin{aligned}A_2(x,y,h)&=A_1(x,y,h)-\int_{(0,0,0)}^{(0,0,h)}f(0,0,z)\mathrm{d}z\\ &=\int_{(0,0,h)}^{(x,y,h)}-\tau_{yz}\mathrm{d}x+\tau_{xz}\mathrm{d}y=0.\end{aligned} \tag{4.17}$$

上式中第二个等号是在(4.12)式中选取了由$(0,0,0)$至$(0,0,h)$,再至(x,y,h)的特殊路径所得到;最后一个等号由该弹性体Ω的表面无外载的条件(4.2)得到.既然A_2是关于z的奇函数,我们就有

$$A_2(x,y,-h)=-A_2(x,y,h)=0. \tag{4.18}$$

注意到区域 Ω 关于 z 是凸的，再按照本章 §11 的引理 11.2，存在函数 $A_3(x,y,z)$满足条件

$$\frac{\partial A_3}{\partial z}=A_2,\quad \nabla_0^2 A_3=0, \tag{4.19}$$

显然，A_3 是关于 z 的偶函数.

至此，本定理所需的关于 z 的偶函数 $S(x,y,z)$可如下定义：

$$S(x,y,z)=A_3(x,y,z)-\frac{1}{2h}\int_{-h}^{+h}A_3(x,y,z)\mathrm{d}z. \tag{4.20}$$

利用(4.18)～(4.20)式，不难验证，(4.20)式所定义的 S 满足(4.5)式的三个要求.

从(4.14a)，(4.14b)，(4.16)，(4.19)和(4.20)式，可得

$$\tau_{xz}=S_{,yz},\quad \tau_{yz}=-S_{,xz}. \tag{4.21}$$

设

$$\begin{cases}\hat{\sigma}_x=\sigma_x-2S_{,xy},\\ \hat{\sigma}_y=\sigma_y+2S_{,xy},\\ \hat{\tau}_{xy}=\tau_{xy}+S_{,xx}-S_{,yy}.\end{cases} \tag{4.22}$$

将(4.21)，(4.22)两式代入(4.6)～(4.8)式，可得到与上一节表达式(3.6)～(3.8)同样类型的方程组，其差别仅是将方程组(3.6)～(3.8)中的应力分量 $\sigma_x,\sigma_y,\tau_{xy}$ 换为应力分量 $\hat{\sigma}_x,\hat{\sigma}_y,\hat{\tau}_{xy}$. 并按上一节的定理 3.1，$\hat{\sigma}_x,\hat{\sigma}_y,\hat{\tau}_{xy}$将取平面应力状态 $\sigma_{ij}^{\mathrm{PS}}$ 的表达式(3.3)，这样从(4.21)和(4.22)式，以及(3.3)和(3.4)式即得欲证之(4.3)式. 定理证毕.

该定理属于 Gregory[110]，他的证明基于 Fourier 本征展开，而上面的直接证明由本书第一作者给出.

4.2　有体力情形

对有体力的广义平面应力问题，我们有如下定理.

定理 4.2　设如定理 4.1，但有体力，且按引理 1.1 的(1.18)式进行了分解，即

$$\begin{cases}f_x(x,y)=\varphi_{,x}-(\nabla^2K)_{,y},\\ f_y(x,y)=\varphi_{,y}+(\nabla^2K)_{,x},\\ f_z=0.\end{cases} \tag{4.23}$$

那么，仅当上式中的 $\varphi(x,y)$为双调和函数时，才具有广义平面应力问题的应力场，其形式如下：

$$
\begin{cases}
\sigma_x = \widetilde{\Phi}_{,yy} + 2S_{,xy} - \dfrac{\nu(x^2+y^2)\varphi_1}{4(1-\nu)} + H - \varphi + 2K_{,xy}, \\
\sigma_y = \widetilde{\Phi}_{,xx} - 2S_{,xy} - \dfrac{\nu(x^2+y^2)\varphi_1}{4(1-\nu)} - H - \varphi - 2K_{,xy}, \\
\tau_{xy} = -\widetilde{\Phi}_{,xy} + S_{,yy} - S_{,xx} + K_{,yy} - K_{,xx}, \\
\tau_{xz} = S_{,yz} + z\dfrac{\partial}{\partial y}\left[\dfrac{\nu}{4(1-\nu)}(x^2+y^2)\psi_1\right], \\
\tau_{yz} = -S_{,xz} - z\dfrac{\partial}{\partial x}\left[\dfrac{\nu}{4(1-\nu)}(x^2+y^2)\psi_1\right], \\
\sigma_z = 0,
\end{cases}
\tag{4.24}
$$

其中 $S(x,y,z)$是沿 z 轴平均为零的三维调和函数,$H(x,y)$是二维调和函数.此外

$$
\begin{cases}
\varphi(x,y) = \varphi_0(x,y) + \dfrac{x^2+y^2}{4}\varphi_1(x,y), \\
\nabla^2\varphi_0 = \nabla^2\varphi_1 = 0;
\end{cases}
\tag{4.25}
$$

$$
\begin{cases}
\dfrac{\partial H}{\partial x} = \dfrac{\nu}{2(1-\nu)}(x\varphi_1 - y\psi_1), \\
\dfrac{\partial H}{\partial y} = -\dfrac{\nu}{2(1-\nu)}(y\varphi_1 + x\psi_1);
\end{cases}
\tag{4.26}
$$

$$
\frac{\partial\varphi_1}{\partial x} = \frac{\partial\psi_1}{\partial y},\quad \frac{\partial\varphi_1}{\partial y} = -\frac{\partial\psi_1}{\partial x};
\tag{4.27}
$$

$$
\begin{cases}
\widetilde{\Phi} = \widetilde{U} + \dfrac{\nu(h^2-3z^2)}{6(1+\nu)}\Big[\nabla^2\widetilde{U} - 2\varphi_0 + \dfrac{\nu(1+\nu)}{6(1-\nu)}h^2\nabla^2\varphi \\
\qquad + \dfrac{\nu}{2(1-\nu)}(x^2+y^2)\varphi_1\Big] - \dfrac{\nu^2(h^4-5z^4)}{120(1-\nu)}\nabla^2\varphi, \\
\nabla^2\nabla^2\widetilde{U} = \dfrac{1+\nu^2}{1-\nu}\nabla^2\varphi.
\end{cases}
\tag{4.28}
$$

定理 4.2 的证明见参考文献[188].

推论 4.1 当 $\tau_{xz}=\tau_{yz}=0$ 时,定理 4.2 退化为定理 3.2.

证明 事实上,当 $\tau_{xz}=\tau_{yz}=0$ 时,从(4.24d)和(4.24e)两式,不难证明,$\psi_1=0$ 和 $S=0$.那么 $\varphi_1=c$,于是

$$
H = \frac{\nu}{4(1-\nu)}c(x^2-y^2).
$$

令

$$
\Phi = \widetilde{\Phi} - \frac{\nu}{24(1-\nu)}c(x^4+y^4),
$$

则(4.24)式将成为(3.27)式.

再令

$$U=\widetilde{U}-\frac{\nu}{24(1-\nu)}c(x^4+y^4),$$

则(4.28)式将成为(3.28)和(3.29a)式.推论证毕.

§5　Filon 平均

5.1　平面应力问题的 Filon 平均

按非隆(Filon)的方法,对无体力的平面应力问题的应力场(3.3)关于 z 在 $[-h,+h]$ 上取平均

$$\bar{\sigma}_{ij}=\frac{1}{2h}\int_{-h}^{+h}\sigma_{ij}(x,y,z)\mathrm{d}z\quad(i,j=1,2,3),\tag{5.1}$$

可得

$$\bar{\sigma}_x=\frac{\partial^2 U}{\partial y^2},\quad\bar{\sigma}_y=\frac{\partial^2 U}{\partial x^2},\quad\bar{\tau}_{xy}=-\frac{\partial^2 U}{\partial x\partial y}.\tag{5.2}$$

此式与平面应变的应力表达式(2.7)一致.

5.2　广义平面应力问题的 Filon 平均

按照 Filon 的平均方法,对无体力的广义平面应力问题的应力场(4.3)关于 z 在 $[-h,+h]$ 上取平均,由于 $S_{,z}$ 为 z 的奇函数,以及 S 在 $[-h,h]$ 上平均为零的条件(4.5c),可得

$$\bar{\sigma}_x=U_{,yy},\quad\bar{\sigma}_y=U_{,xx},\quad\bar{\tau}_{xy}=-U_{,xy},\quad\bar{\tau}_{yz}=\bar{\tau}_{zx}=0,\tag{5.3}$$

其中 $U(x,y)$ 即(3.3)式中的双调和函数.(5.3)式与平面应力的平均式(5.2)一致,当然也与平面应变的应力表达式(2.7)一致.

5.3　弱假设(5.5)下的 Filon 平均

本小节在于减弱平面应力的假设(3.2)和广义平面应力的假设(4.1),我们将在 σ_z 关于 z 的平均为零的假设下,来证明(5.2)和(5.3)式的结论仍成立.有如下定理.

定理 5.1　弹性体占有空间区域 $\Omega=\{(x,y,z)\mid(x,y)\in G,|z|\leqslant h\}$,其中 G 为 Oxy 平面上的一个区域,h 为常数.如果

(1) 体力 f_x,f_y 和侧面的面力 t_x,t_y 为 z 的偶函数,而体力 f_z 和侧面的面力 t_z 为 z 的奇函数;

(2) Ω 的表面无外力,即

$$\tau_{xz}=\tau_{yz}=\sigma_z=0,\quad (x,y)\in G, z=\pm h; \tag{5.4}$$

(3) z 向正应力平均值为零,即

$$\bar{\sigma}_z=\frac{1}{2h}\int_{-h}^{+h}\sigma_z(x,y,\zeta)\mathrm{d}\zeta=0, \tag{5.5}$$

则存在满足下述方程的函数 $U(x,y)$:

$$\nabla^2\nabla^2 U=(1-\nu)\nabla^2\varphi, \tag{5.6}$$

使得

$$\begin{cases}\bar{\sigma}_x=\dfrac{\partial^2 U}{\partial y^2}-\varphi+2\dfrac{\partial^2 K}{\partial x\partial y},\\ \bar{\sigma}_y=\dfrac{\partial^2 U}{\partial x^2}-\varphi-2\dfrac{\partial^2 K}{\partial x\partial y},\\ \bar{\tau}_{xy}=-\dfrac{\partial^2 U}{\partial x\partial y}-\dfrac{\partial^2 K}{\partial x^2}+\dfrac{\partial^2 K}{\partial y^2}.\end{cases} \tag{5.7}$$

上述两式中 φ,K 的定义见(5.9)式,$\bar{\sigma}_{ij}$ 按对 z 取平均的(5.1)式定义.

证明 在定理假设(1)之下,按本章§11 中引理 11.3,应力分量 $\sigma_x,\sigma_y,\sigma_z$,$\tau_{xy}$ 为 z 的偶函数,而应力分量 τ_{xz},τ_{yz} 为 z 的奇函数.

对第三章§2 中的平衡方程取平均.由于奇函数的平均为零,不难得到

$$\begin{cases}\bar{\sigma}_{x,x}+\bar{\tau}_{xy,y}+\bar{f}_x=0,\\ \bar{\tau}_{xy,x}+\bar{\sigma}_{y,y}+\bar{f}_y=0.\end{cases} \tag{5.8}$$

按引理 1.1 将体力写成

$$\begin{cases}\bar{f}_x(x,y)=\varphi_{,x}(x,y)-[\nabla^2 K(x,y)]_{,y},\\ \bar{f}_y(x,y)=\varphi_{,y}(x,y)+[\nabla^2 K(x,y)]_{,x}.\end{cases} \tag{5.9}$$

按本章§2 中 2.2 小节可知,存在应力函数 $U(x,y)$,使得

$$\begin{cases}\bar{\sigma}_x=U_{,yy}-\varphi+2K_{,xy},\\ \bar{\sigma}_y=U_{,xx}-\varphi-2K_{,xy},\\ \bar{\tau}_{xy}=-U_{,xy}-K_{,xx}+K_{,yy}.\end{cases} \tag{5.10}$$

再对下述本构方程取平均:

$$\begin{cases}\sigma_x=\lambda\left(\dfrac{\partial u}{\partial x}+\dfrac{\partial v}{\partial y}+\dfrac{\partial w}{\partial z}\right)+2\mu\dfrac{\partial u}{\partial x},\\ \sigma_y=\lambda\left(\dfrac{\partial u}{\partial x}+\dfrac{\partial v}{\partial y}+\dfrac{\partial w}{\partial z}\right)+2\mu\dfrac{\partial v}{\partial y},\\ \sigma_z=\lambda\left(\dfrac{\partial u}{\partial x}+\dfrac{\partial v}{\partial y}+\dfrac{\partial w}{\partial z}\right)+2\mu\dfrac{\partial w}{\partial z},\\ \tau_{yz}=\mu\left(\dfrac{\partial v}{\partial z}+\dfrac{\partial w}{\partial y}\right),\ \tau_{zx}=\mu\left(\dfrac{\partial w}{\partial x}+\dfrac{\partial u}{\partial z}\right),\ \tau_{xy}=\mu\left(\dfrac{\partial u}{\partial y}+\dfrac{\partial v}{\partial x}\right).\end{cases} \tag{5.11}$$

引用本定理的假设(3),有

$$\begin{cases}\bar{\sigma}_x=\lambda\left(\dfrac{\partial\bar{u}}{\partial x}+\dfrac{\partial\bar{v}}{\partial y}+w\Big|_{z=-h}^{z=+h}\right)+2\mu\dfrac{\partial\bar{u}}{\partial x},\\ \bar{\sigma}_y=\lambda\left(\dfrac{\partial\bar{u}}{\partial x}+\dfrac{\partial\bar{v}}{\partial y}+w\Big|_{z=-h}^{z=+h}\right)+2\mu\dfrac{\partial\bar{v}}{\partial y},\\ 0=\lambda\left(\dfrac{\partial\bar{u}}{\partial x}+\dfrac{\partial\bar{v}}{\partial y}+w\Big|_{z=-h}^{z=+h}\right)+2\mu w\Big|_{z=-h}^{z=+h},\\ \bar{\sigma}_{xy}=\mu\left(\dfrac{\partial\bar{u}}{\partial y}+\dfrac{\partial\bar{v}}{\partial x}\right),\end{cases}\tag{5.12}$$

其中略去了两个显然方程.从(5.12c)式中解出

$$w\Big|_{z=-h}^{z=+h}=-\frac{\lambda}{\lambda+2\mu}\left(\frac{\partial\bar{u}}{\partial x}+\frac{\partial\bar{v}}{\partial y}\right),\tag{5.13}$$

再将上式代入(5.12)式,得

$$\begin{cases}\bar{\sigma}_x=\bar{\lambda}\left(\dfrac{\partial\bar{u}}{\partial x}+\dfrac{\partial\bar{v}}{\partial y}\right)+2\mu\dfrac{\partial\bar{u}}{\partial x},\\ \bar{\sigma}_y=\bar{\lambda}\left(\dfrac{\partial\bar{u}}{\partial x}+\dfrac{\partial\bar{v}}{\partial y}\right)+2\mu\dfrac{\partial\bar{v}}{\partial y},\\ \bar{\sigma}_{xy}=\mu\left(\dfrac{\partial\bar{u}}{\partial y}+\dfrac{\partial\bar{v}}{\partial x}\right),\end{cases}\tag{5.14}$$

其中 $\bar{\lambda}=\dfrac{2\lambda\mu}{\lambda+2\mu}=\dfrac{E\nu}{1-\nu^2}$. 从(5.14)式解出

$$\frac{\partial\bar{u}}{\partial x}=\frac{1}{E}(\bar{\sigma}_x-\nu\bar{\sigma}_y),\quad \frac{\partial\bar{v}}{\partial y}=\frac{1}{E}(\bar{\sigma}_y-\nu\bar{\sigma}_x),\quad \frac{\partial\bar{u}}{\partial y}+\frac{\partial\bar{v}}{\partial x}=\frac{1}{\mu}\bar{\tau}_{xy},\tag{5.15}$$

由此可导出协调方程

$$\nabla^2(\bar{\sigma}_x+\bar{\sigma}_y)+(1+\nu)(\bar{f}_{x,x}+\bar{f}_{y,y})=0.\tag{5.16}$$

将(5.10)式代入上式,得

$$\nabla^2\nabla^2U=(1-\nu)\nabla^2\varphi.\tag{5.17}$$

定理 5.1 证毕.

附注 有一点值得注意,本章第§3,§4两节讨论中,即便是"平面型"的体力也未必与平面应力问题、广义平面应力问题的假设相容,为了使问题有解,"平面型"的体力还需满足一些附加的要求,如(3.29b)和(3.29c)两式,以及(4.25)式.然而,若采用平均后的定理5.1,则对于"空间型"的体力也无须增加新的条件.

5.4 弱假设(5.19)下的 Filon 平均

本小节继续减弱假设进行 Filon 平均,有如下定理.

定理 5.2 弹性体占有空间区域 $\Omega=\{(x,y,z)\,|\,(x,y)\in G,|z|\leqslant h\}$,其中

G 为 Oxy 平面上的一个区域,h 为常数.如果

(1) 体力 f_x, f_y 和侧面的面力 t_x, t_y 为 z 的偶函数,而体力 f_z 和侧面的面力 t_z 为 z 的奇函数;

(2) Ω 的表面无外力,即

$$\tau_{xz}=\tau_{yz}=\sigma_z=0,\quad (x,y)\in G, z=\pm h; \tag{5.18}$$

(3) z 向正应力平均值作用二维 Laplace 算子∇^2 后为零,即

$$\nabla^2\int_{-h}^{+h}\sigma_z(x,y,\zeta)\mathrm{d}\zeta=0, \tag{5.19}$$

则存在满足下述方程的函数 $U(x,y)$:

$$\nabla^2\,\nabla^2 U=(1-\nu)\,\nabla^2\varphi, \tag{5.20}$$

且

$$\begin{cases}\bar{\sigma}_x=\dfrac{\partial^2 U}{\partial y^2}-\varphi+2\dfrac{\partial^2 K}{\partial x\partial y},\\ \bar{\sigma}_y=\dfrac{\partial^2 U}{\partial x^2}-\varphi-2\dfrac{\partial^2 K}{\partial x\partial y},\\ \bar{\tau}_{xy}=-\dfrac{\partial^2 U}{\partial x\partial y}-\dfrac{\partial^2 K}{\partial x^2}+\dfrac{\partial^2 K}{\partial y^2}.\end{cases} \tag{5.21}$$

上述两式中 φ, K 的定义见(5.9)式,P 的定义见(5.24)式,$\bar{\sigma}_{ij}$ 按对 z 取平均的(5.1)式定义.

证明 对第三章§2中的平衡方程(2.2)和第五章§4中的应力协调方程(4.9)取平均后,不计其中3个恒等式,有

$$\begin{cases}\bar{\sigma}_{x,x}+\bar{\tau}_{xy,y}+\bar{f}_x=0,\\ \bar{\tau}_{xy,x}+\bar{\sigma}_{y,y}+\bar{f}_y=0;\end{cases} \tag{5.22}$$

$$\begin{cases}\nabla^2\bar{\sigma}_x+A+\dfrac{1}{1+\nu}(\bar{\sigma}_x+\bar{\sigma}_y+\bar{\sigma}_z)_{,xx}+\dfrac{\nu}{1-\nu}(\bar{f}_{x,x}+\bar{f}_{y,y}+P)\\ \qquad +2\bar{f}_{x,x}=0,\\ \nabla^2\bar{\sigma}_y+B+\dfrac{1}{1+\nu}(\bar{\sigma}_x+\bar{\sigma}_y+\bar{\sigma}_z)_{,yy}+\dfrac{\nu}{1-\nu}(\bar{f}_{x,x}+\bar{f}_{y,y}+P)\\ \qquad +2\bar{f}_{y,y}=0,\\ C+\dfrac{1}{1+\nu}(A+B+C)+\dfrac{\nu}{1-\nu}(\bar{f}_{x,x}+\bar{f}_{y,y}+P)\\ \qquad +2P=0,\\ \nabla^2\bar{\tau}_{xy}+D+\dfrac{1}{1+\nu}(\bar{\sigma}_x+\bar{\sigma}_y+\bar{\sigma}_z)_{,xy}+\bar{f}_{x,y}+\bar{f}_{y,x}=0,\end{cases} \tag{5.23}$$

其中

$$
\begin{aligned}
&hA=\sigma_{x,z}(x,y,h),\quad hB=\sigma_{y,z}(x,y,h),\\
&hC=\sigma_{z,z}(x,y,h),\quad hD=\tau_{xy,z}(x,y,h),\\
&hP=f_z(x,y,h).
\end{aligned}
\tag{5.24}
$$

在得到(5.22)和(5.23)式时利用了条件(5.18)和(5.19).此外,在 z 向的平衡方程中,令 $z=\pm h$,可得

$$
C+P=0. \tag{5.25}
$$

将平均体力 $\bar{f}_x,\bar{f}_y$ 作(5.9)式的分解.令

$$
\begin{cases}
\tilde{\sigma}_x=\bar{\sigma}_x+\varphi-2\dfrac{\partial^2 K}{\partial x\partial y},\\
\tilde{\sigma}_y=\bar{\sigma}_y+\varphi+2\dfrac{\partial^2 K}{\partial x\partial y},\\
\tilde{\tau}_{xy}=\bar{\tau}_{xy}+\dfrac{\partial^2 K}{\partial x^2}-\dfrac{\partial^2 K}{\partial y^2},
\end{cases}
\tag{5.26}
$$

将(5.26)式代入(5.22)式,得

$$
\begin{cases}
\tilde{\sigma}_{x,x}+\tilde{\tau}_{xy,y}=0,\\
\tilde{\tau}_{xy,x}+\tilde{\sigma}_{y,y}=0.
\end{cases}
\tag{5.27}
$$

再将(5.26)式和本定理的假设(3),以及 $C=-P$ 全都代入(5.23)式,即得

$$
\begin{cases}
\nabla^2\tilde{\sigma}_x+A+\dfrac{1}{1+\nu}(\tilde{\sigma}_x+\tilde{\sigma}_y+\tilde{\sigma}_z)_{,xx}-\dfrac{1-2\nu}{1-\nu}\nabla^2\varphi\\
\qquad+\dfrac{2\nu}{1+\nu}\varphi_{,xx}+\dfrac{\nu}{1-\nu}P=0,\\
\nabla^2\tilde{\sigma}_y+B+\dfrac{1}{1+\nu}(\tilde{\sigma}_x+\tilde{\sigma}_y+\tilde{\sigma}_z)_{,yy}-\dfrac{1-2\nu}{1-\nu}\nabla^2\varphi\\
\qquad+\dfrac{2\nu}{1+\nu}\varphi_{,yy}+\dfrac{\nu}{1-\nu}P=0,\\
\dfrac{1}{1+\nu}(A+B)+\dfrac{\nu}{1-\nu}\nabla^2\varphi+\dfrac{2\nu}{1-\nu^2}P=0,\\
\nabla^2\tilde{\tau}_{xy}+D+\dfrac{1}{1+\nu}(\tilde{\sigma}_x+\tilde{\sigma}_y)_{,xy}+\dfrac{2}{1+\nu}\varphi_{,xy}=0.
\end{cases}
\tag{5.28}
$$

又从(5.27)式,按本章§2的方法,可知存在函数 $U(x,y)$,使

$$
\tilde{\sigma}_x=\frac{\partial^2 U}{\partial y^2},\quad \tilde{\sigma}_y=\frac{\partial^2 U}{\partial x^2},\quad \tilde{\tau}_{xy}=-\frac{\partial^2 U}{\partial x\partial y},
\tag{5.29}
$$

将(5.29)式代入(5.28)式,得

$$\begin{cases}\nabla^2 U_{,yy}+A+\dfrac{1}{1+\nu}\nabla^2 U_{,xx}-\dfrac{1-2\nu}{1-\nu}\nabla^2\varphi \\ \qquad +\dfrac{2\nu}{1+\nu}\varphi_{,xx}+\dfrac{\nu}{1-\nu}P=0, \\ \nabla^2 U_{,xx}+B+\dfrac{1}{1+\nu}\nabla^2 U_{,yy}-\dfrac{1-2\nu}{1-\nu}\nabla^2\varphi \\ \qquad +\dfrac{2\nu}{1+\nu}\varphi_{,yy}+\dfrac{\nu}{1-\nu}P=0, \\ \dfrac{1}{1+\nu}(A+B)+\dfrac{\nu}{1-\nu}\nabla^2\varphi+\dfrac{2\nu}{1-\nu^2}P=0, \\ -\nabla^2 U_{,xy}+D+\dfrac{1}{1+\nu}\nabla^2 U_{,xy}+\dfrac{2\nu}{1+\nu}\varphi_{,xy}=0.\end{cases} \tag{5.30}$$

再将(5.30a)和(5.30b)两式相加,并利用假设(3),得

$$\frac{2+\nu}{1+\nu}\nabla^2\nabla^2 U+A+B+2\frac{\nu^2+2\nu-1}{1-\nu^2}\nabla^2\varphi+\frac{2\nu}{1-\nu}P=0. \tag{5.31}$$

从(5.30c)和(5.31)两式中消去 $A+B$,我们就可以得到欲证之(5.20)式.

最后将(5.29)式代入(5.26)式,即得欲证之(5.21)式.定理 5.2 证毕.

定理 5.2 的证明见参考文献[189].定理 5.1 其后的附注也适用于定理 5.2.本章§11 中 11.4 小节还给出了无体力时定理 5.2 的另一个证明.

§6 平面问题

今将前面几节做一综合,进而考虑下面的问题.设 $U(x,y)$ 为 G 上的双调和函数

$$\nabla^2\nabla^2 U=0,\quad (x,y)\in G. \tag{6.1}$$

由此做出应力分量

$$\sigma_x=\frac{\partial^2 U}{\partial y^2},\quad \sigma_y=\frac{\partial^2 U}{\partial x^2},\quad \tau_{xy}=-\frac{\partial^2 U}{\partial x\partial y}, \tag{6.2}$$

它们在 G 的边界曲线 L 上满足条件

$$\begin{cases}\sigma_x\cos(\boldsymbol{n},\boldsymbol{e}_x)+\tau_{xy}\cos(\boldsymbol{n},\boldsymbol{e}_y)=t_x, \\ \tau_{xy}\cos(\boldsymbol{n},\boldsymbol{e}_x)+\sigma_y\cos(\boldsymbol{n},\boldsymbol{e}_y)=t_y,\end{cases}\quad (x,y)\in L, \tag{6.3}$$

其中 $\boldsymbol{n}$ 为 L 的外法向,t_x 和 t_y 为 L 上给定的函数.

我们将称数学问题(6.1)～(6.3)为弹性力学的平面问题,或者确切一点,为平面问题中的应力边值问题.当然,如果将条件(6.3)改写为位移边界条件或混合边界条件,就自然构成平面问题的位移边值问题或混合边值问题.

从前节可知,平面应变问题、平面应力问题和广义平面应力问题全都可以

归结为平面问题.一旦解出平面问题(6.1)～(6.3),上述三个问题都将获得解决.本章以下几节以及其后两章将主要讨论数学提法的平面问题,如无必要,不再刻意区分是平面应变问题还是平面应力问题,或者广义平面应力问题.

但是,有一点值得注意,由于平面应变问题和平面应力问题本构关系的不同,即便对于相同的应力场,这两个问题所相应的位移场是不相同的.

平面应变的本构关系是(1.8)或(1.27)式,即

$$\begin{cases}\sigma_x=\lambda(\varepsilon_x+\varepsilon_y)+2\mu\varepsilon_x,\\ \sigma_y=\lambda(\varepsilon_x+\varepsilon_y)+2\mu\varepsilon_y, \quad (x,y)\in G\\ \tau_{xy}=2\mu\gamma_{xy}\end{cases}\tag{6.4}$$

或

$$\varepsilon_x=\frac{\sigma_x-\nu_1\sigma_y}{E_1},\quad \varepsilon_y=\frac{\sigma_y-\nu_1\sigma_x}{E_1},\quad \gamma_{xy}=\frac{1}{2\mu_1}\tau_{xy},\tag{6.5}$$

其中

$$E_1=\frac{E}{1-\nu^2},\quad \nu_1=\frac{\nu}{1-\nu},\quad \mu_1=\frac{E_1}{2(1+\nu_1)}=\mu.\tag{6.6}$$

而平面应力的本构关系是

$$\varepsilon_x=\frac{1}{E}(\sigma_x-\nu\sigma_y),\quad \varepsilon_y=\frac{1}{E}(\sigma_y-\nu\sigma_x),\quad \gamma_{xy}=\frac{1}{2\mu}\tau_{xy}\tag{6.7}$$

或

$$\begin{cases}\sigma_x=\lambda_1(\varepsilon_x+\varepsilon_y)+2\mu\varepsilon_x,\\ \sigma_y=\lambda_1(\varepsilon_x+\varepsilon_y)+2\mu\varepsilon_y,\\ \tau_{xy}=2\mu\gamma_{xy},\end{cases}\tag{6.8}$$

其中

$$\lambda_1=\frac{2\lambda\mu}{\lambda+2\mu}=\frac{E\nu}{1-\nu^2}.\tag{6.9}$$

既然,平面应变问题和平面应力问题的本构关系不同,对于相同的应力就会得到不同的位移.

此外,从(6.1)～(6.3)式不难得到下面的结论:"弹性力学平面问题的应力边值问题,当无体力时,其应力场与材料性质无关."此结论对对光弹性力学等学科的实验很有价值.

附注　对于平面应力问题和广义平面应力问题,t_x 和 t_y 在"传统"上都理解为周界上的分布力关于 z 的平均值.Gregory 和 Wan[111] 认为有关薄板的问题,在侧面用 z 向的合力和合力矩作为边界条件的"传统"考虑,一般来说是不正确的,并举出了反例;还导出了轴对称圆板的"正确"边界条件,它与"传统"的边界条件不一致.其主要原因是:薄板截面 G 的边界曲线 L 的周长与截面 G 的尺寸相当,这时无法应用 Saint-Venant 原理[55].

§7 悬臂梁的弯曲

7.1 弯曲应力

设有一截面为狭矩形的悬臂梁,梁长 l 个单位、高 $2h$ 个单位、宽 1 个单位,且 $l \geqslant h \gg 1$;其一端受有切向外力 P,另一端固支,上下两个表面不受外力;坐标选取如图 7.2 所示.这是一个弹性力学平面应力问题.对于受力端我们采用 Saint-Venant 的边界条件,而对于固支端则采用位移平方为最小的条件,于是问题的提法如下.

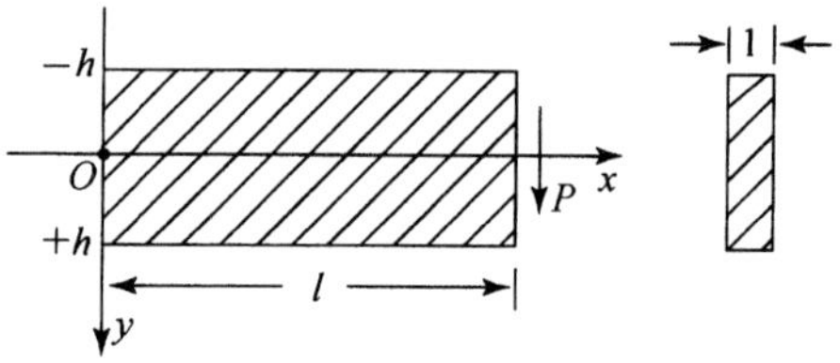

图 7.2

在梁的区域 $0<x<l$,$-h<y<+h$ 中,满足方程

$$\nabla^4 U(x,y)=0. \tag{7.1}$$

在梁的上下表面 $y=\mp h$ 上,有条件

$$\tau_{yx}=\sigma_y=0; \tag{7.2}$$

在梁的加载端 $x=l$ 处,满足 Saint-Venant 的条件

$$\int_{-h}^{+h}\sigma_x\,\mathrm{d}y=0,\quad \int_{-h}^{+h}\tau_{yx}\,\mathrm{d}y=P,\quad \int_{-h}^{+h}y\sigma_x\,\mathrm{d}y=0; \tag{7.3}$$

在固支端 $x=0$,满足位移平方为最小的条件:

$$J\equiv\int_{-h}^{+h}(u^2+v^2)\mathrm{d}y=\min. \tag{7.4}$$

对于边值问题(7.1)~(7.4),本小节先求应力,在 7.2 小节再求位移.我们设应力函数 U 有如下形式:

$$U=f_0(y)+(l-x)f_1(y). \tag{7.5}$$

为了使 U 满足双调和方程,应有

$$f_0''''(y)+(l-x)f_1''''(y)=0. \tag{7.6}$$

由于 x 的任意性,从上式推出

$$f_0''''(y)=0,\quad f_1''''(y)=0, \tag{7.7}$$

因此

$$\begin{cases} f_0(y) = a_0 + a_1 y + a_2 y^2 + a_3 y^3, \\ f_1(y) = b_0 + b_1 y + b_2 y^2 + b_3 y^3, \end{cases} \tag{7.8}$$

其中 a_i 和 $b_i(i=0,1,2,3)$ 为待定常数.注意到 a_0,a_1 和 b_0 所相应的项不产生应力,故可略去不计.显然,由应力函数(7.5)所产生的 σ_y 为零,于是梁上下表面的法向应力条件(7.2b)自动满足.将(7.5)和(7.8)式代入梁上下表面的切向应力条件(7.2a),得

$$b_1 \pm 2b_2 h + 3b_3 h^2 = 0, \tag{7.9}$$

因此

$$b_2 = 0, \quad b_3 = -b_1/3h^2. \tag{7.10}$$

最后来考查当 $x=l$ 时的端部条件(7.3),有

$$\begin{cases} \displaystyle\int_{-h}^{+h} \tau_{xy}\, dy = \int_{-h}^{+h} b_1\left(1 - \frac{y^2}{h^2}\right) dy = \frac{4}{3} b_1 h = P, \\ \displaystyle\int_{-h}^{+h} \sigma_x\, dy = \int_{-h}^{+h} (2a_2 + 6a_3 y)\, dy = 0, \\ \displaystyle\int_{-h}^{+h} y\sigma_x\, dy = \int_{-h}^{+h} 6a_3 y^2\, dy = 0. \end{cases}$$

由上式,得

$$b_1 = \frac{3}{4h} P, \quad a_2 = a_3 = 0. \tag{7.11}$$

综合(7.5),(7.8),(7.10)和(7.11)式,得到了 Airy 应力函数 U 的表达式

$$U = \frac{Ph^2}{2I}(l - x)\left(y - \frac{y^3}{3h^2}\right). \tag{7.12}$$

由此,应力分量为

$$\sigma_x = -\frac{P}{I}(l - x)y, \quad \sigma_y = 0, \quad \tau_{xy} = \frac{P}{2I}(h^2 - y^2), \tag{7.13}$$

其中 $I = 2h^3/3$ 为梁的截面绕对称轴的转动惯量. 公式(7.13)与第六章中公式(15.2)和(17.11)一致,即与狭长矩形梁的 Saint-Venant 弯曲问题所求到的解一致,也与材料力学的公式一致.

7.2　弯曲位移

按本章习题 27,当平面应力问题的 Airy 应力函数 U 已知,则位移场可如下给出:

$$\begin{cases} u = \dfrac{1}{E} A - \dfrac{1+\nu}{E} \dfrac{\partial U}{\partial x}, \\ v = \dfrac{1}{E} B - \dfrac{1+\nu}{E} \dfrac{\partial U}{\partial y}, \end{cases} \tag{7.14}$$

其中

$$\frac{\partial A}{\partial x}=\nabla^2 U,$$

而 B 为与 A 共轭的调和函数.

对于(7.12)式的 Airy 应力函数,(7.14)式中的共轭调和函数 A 和 B 分别为

$$\begin{cases} A=-\dfrac{P}{6I}\left[y^3-3(l-x)^2y-6\omega y+6C_1\right], \\ B=\dfrac{P}{6I}\left[(l-x)^3-3(l-x)y^2-6\omega(l-x)+6C_2\right], \end{cases} \tag{7.15}$$

其中 C_1,C_2 和 ω 为待定常数.

将(7.12)和(7.15)式代入(7.14)式,得到位移场为

$$\begin{cases} u=\dfrac{P}{EI}\left[\dfrac{1}{2}(l-x)^2y-\dfrac{2+\nu}{6}y^3+\dfrac{1+\nu}{2}h^2y+\omega y-C_1\right], \\ v=\dfrac{P}{EI}\left[\dfrac{1}{6}(l-x)^3+\dfrac{\nu}{2}(l-x)y^2-\dfrac{1+\nu}{2}h^2(l-x)\right. \\ \qquad\qquad \left.-\omega(l-x)+C_2\right]. \end{cases} \tag{7.16}$$

将(7.16)式代入 $x=0$ 时固支端条件(7.4)中,有

$$\begin{cases} \dfrac{\partial J}{\partial C_1}=0, \\ \dfrac{\partial J}{\partial C_2}=0, \\ \dfrac{\partial J}{\partial \omega}=0. \end{cases} \tag{7.17}$$

从上式可以得出下述 3 个方程:

$$\begin{cases} \displaystyle\int_{-h}^{+h}\left(\frac{1}{2}l^2y-\frac{2+\nu}{6}y^3+\frac{1+\nu}{2}h^2y-\omega y+C_1\right)\mathrm{d}y=0, \\ \displaystyle\int_{-h}^{+h}\left(\frac{1}{6}l^3+\frac{\nu}{2}ly^2-\frac{1+\nu}{2}h^2l-\omega l+C_2\right)\mathrm{d}y=0, \\ \displaystyle\int_{-h}^{+h}\left[\left(\frac{1}{2}l^2y-\frac{2+\nu}{6}y^3+\frac{1+\nu}{2}h^2y-\omega y+C_1\right)y\right. \\ \qquad \displaystyle\left.+\left(\frac{1}{6}l^3+\frac{\nu}{2}ly^2-\frac{1+\nu}{2}h^2l-\omega l+C_2\right)l\right]\mathrm{d}y=0. \end{cases} \tag{7.18}$$

积分上式后,得

$$\begin{cases} C_1 = 0, \\ C_2 = -\dfrac{1}{6}l^3 + \dfrac{3+2\nu}{6}lh^2 + \omega l, \\ \omega = \dfrac{1}{2}l^2 + \dfrac{3+4\nu}{10}h^2. \end{cases} \tag{7.19}$$

这样,3 个待定常数 C_1,C_2 和 ω 全部求出.由此,可得到悬臂端中点的挠度 δ 为

$$\delta = v\Big|_{\substack{x=l\\y=0}} = \frac{P}{EI}C_2 = \frac{Pl^3}{3EI}\left[1 + \frac{3}{5}\left(1 + \frac{11}{12}\nu\right)\frac{(2h)^2}{l^2}\right]. \tag{7.20}$$

附注　参考文献[43,第 47—50 页]对于固支端的条件是：固支端的中点无位移,过此中点处的 x 轴无转动或过此点处的 y 轴无转动.本节是按参考文献[55]的建议,用位移平方最小条件(7.4)来界定固支端的.算例表明,按本节的条件(7.4)得出的悬臂端中点的挠度 δ 比按参考文献[43]的条件得出的 δ 更接近有限元的数值结果,见参考文献[19,40].

§8　受均布载荷的梁

考虑如图 7.3 所示的梁的弯曲.设梁长 $2l$ 个单位、高 $2h$ 个单位、宽 1 个单位，且 $l \gg h \gg 1$，坐标原点 O 选在梁的中心线的中点上，在 $y=-h$ 的面上作用有密度为 q 的均布载荷. 我们所需解的边值问题是：

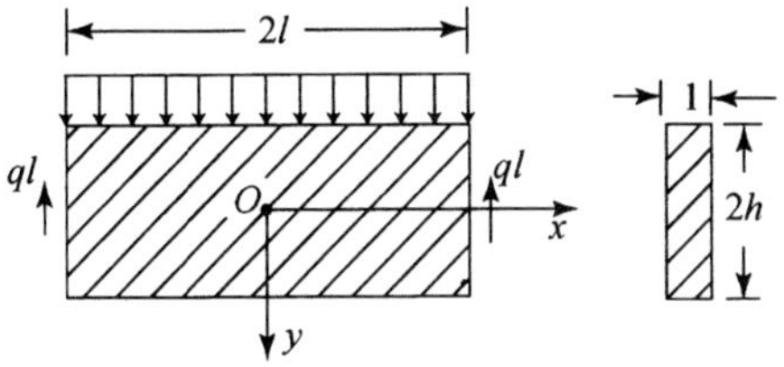

图　7.3

$$\nabla^4 U = 0 \quad (|x| < l,\ |y| < h); \tag{8.1}$$

$$\begin{cases} \tau_{xy} = 0 & (y = \pm h,\ |x| < l), \\ \sigma_y = 0 & (y = h,\ |x| < l), \\ \sigma_y = -q & (y = -h,\ |x| < l), \end{cases} \tag{8.2}$$

$$\left\{\begin{aligned} &\int_{-h}^{+h} \tau_{xy}\,\mathrm{d}y = -ql, \\ &\int_{-h}^{+h} \sigma_x\,\mathrm{d}y = 0, \qquad (x = l). \\ &\int_{-h}^{+h} y\sigma_x\,\mathrm{d}y = 0 \end{aligned}\right. \tag{8.3}$$

在梁端部依然考虑的是放松的 Saint-Venant 边界条件.令

$$U=f_0(y)+(l^2-x^2)f_1(y). \tag{8.4}$$

为了使 U 成为双调和函数,有

$$f_0''''(y)+(l^2-x^2)f_1''''(y)-4f_1''(y)=0. \tag{8.5}$$

因此

$$f_1''''(y)=0,\quad f_0''''(y)-4f_1''(y)=0, \tag{8.6}$$

于是

$$\begin{cases}f_1=a_0+a_1y+a_2y^2+a_3y^3,\\ f_0=b_0+b_1y+b_2y^2+b_3y^3+\dfrac{1}{3}a_2y^4+\dfrac{1}{5}a_3y^5,\end{cases} \tag{8.7}$$

其中 a_i 和 $b_i(i=0,1,2,3)$ 为待定常数.由于与 b_0 和 b_1 有关的项不产生应力,故可略去不计.

现在来考查梁的上下边的边界条件. 将(8.4)和(8.7)式代入(8.2a)式,当 $y=\pm h$ 时,有

$$\begin{aligned}\tau_{xy}&=-U_{,xy}=2xf_1'\\&=2x(a_1\pm 2a_2h+3a_3h^2)=0.\end{aligned}$$

这样

$$a_2=0,\quad a_3=-a_1/3h^2. \tag{8.8}$$

利用(8. 4),(8. 7)和(8. 8)式,可得

$$\sigma_y=U_{,xx}=-2\left[a_0+a_1\left(y-\frac{y^3}{3h^2}\right)\right]. \tag{8.9}$$

于是条件(8. 2b)和(8. 2c)成为

$$-2\left[a_0+a_1\left(h-\frac{h}{3}\right)\right]=0,\quad -2\left[a_0-a_1\left(h-\frac{h}{3}\right)\right]=-q,$$

由此

$$a_0=\frac{q}{4},\quad a_1=-\frac{3}{8h}q,\quad a_3=\frac{1}{8h^3}q. \tag{8.10}$$

再来考虑梁端部的 Saint-Venant 条件.首先

$$\tau_{xy}=-\frac{3q}{4h}\left(1-\frac{y^2}{h^2}\right)x, \tag{8.11}$$

可以看出,条件(8. 3a)自动满足.其次,当 $x=l$ 时

$$\sigma_x=4a_3y^3+2b_2+6b_3y, \tag{8.12}$$

将上式代入条件(8. 3b)和(8. 3c),得

$$b_2=0,\quad b_3=-\frac{q}{20h}. \tag{8.13}$$

综合(8.4),(8.7),(8.8),(8.10)和(8.13)诸式,本问题的 Airy 应力函数为

$$U=\frac{q}{40h^3}y^5-\frac{q}{20h}y^3+\frac{q}{4h}(l^2-x^2)\left(h-\frac{3}{2}y+\frac{y^3}{2h^2}\right); \tag{8.14}$$

应力分量为

$$\begin{cases}\sigma_x=\dfrac{q}{2I}(l^2-x^2)y+\dfrac{q}{2I}\left(\dfrac{2}{3}y^3-\dfrac{2}{5}h^2y\right),\\ \sigma_y=-\dfrac{q}{6I}(y-h)^2(y+2h),\\ \tau_{xy}=-\dfrac{q}{2I}x(h^2-y^2).\end{cases} \tag{8.15}$$

关于此问题的材料力学解答为

$$\begin{cases}\sigma_x=\dfrac{q}{2I}(l^2-x^2)y,\\ \sigma_y=0,\\ \tau_{xy}=-\dfrac{q}{2I}x(h^2-y^2).\end{cases} \tag{8.16}$$

比较(8.15)和(8.16)式,可知弹性力学解与材料力学解之差为 h 的高阶小量.

附注　当梁上受有多项式分布外力时,可令

$$U=\sum_{k=0}^{n+2}x^kf_k(y), \tag{8.17}$$

其中 n 为 $y=\pm h$ 上分布外力多项式的最高次数.可以获得确定 $f_k(y)$ 的递推解法,也就是说,确定 $f_k(y)$ 的方程是解耦的.参见参考文献[44].

§9　三角级数解法

如图 7.4 所示的梁上受有余弦分布的压力.现在要解下述问题:

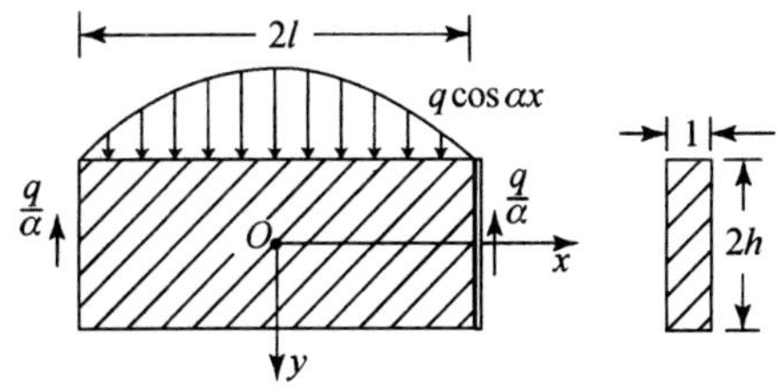

图　7.4

$$\nabla^2\nabla^2U=0\quad(|x|<l,\ |y|<h); \tag{9.1}$$

$$\begin{cases}\tau_{xy}=0 & (y=\pm h,\ |x|<l),\\ \sigma_y=0 & (y=+h,\ |x|<l),\\ \sigma_y=-q\cos\alpha x & (y=-h,\ |x|<l),\end{cases}\tag{9.2}$$

$$\begin{cases}\int_{-h}^{+h}\tau_{xy}\,\mathrm{d}y=-\dfrac{q}{\alpha},\\ \int_{-h}^{+h}\sigma_x\,\mathrm{d}y=0, & x=l,\\ \int_{-h}^{+h}y\sigma_x\,\mathrm{d}y=0,\end{cases}\tag{9.3}$$

其中 $\alpha=\pi/2l$.令

$$U=f(y)\cos\alpha x.\tag{9.4}$$

将上式代入双调和方程(9.1),得

$$f''''(y)-2\alpha^2f''(y)+\alpha^4f(y)=0.\tag{9.5}$$

上式为四阶常系数常微分方程,其一般解为

$$f(y)=A_1\cosh\alpha y+A_2\sinh\alpha y+A_3\alpha y\sinh\alpha y+A_4\alpha y\cosh\alpha y,\tag{9.6}$$

这里 $A_i(i=1,2,3,4)$为待定常数.由(9.6)式算出的应力分量为

$$\begin{cases}\sigma_x=U_{,yy}=[A_1\cosh\alpha y+A_2\sinh\alpha y+A_3(2\cosh\alpha y+\alpha y\sinh\alpha y)\\ \qquad +A_4(2\sinh\alpha y+\alpha y\cosh\alpha y)]\alpha^2\cos\alpha x,\\ \sigma_y=U_{,xx}=-[A_1\cosh\alpha y+A_2\sinh\alpha y+A_3\alpha y\sinh\alpha y\\ \qquad +A_4\alpha y\cosh\alpha y]\alpha^2\cos\alpha x,\\ \tau_{xy}=-U_{,xy}=[A_1\sinh\alpha y+A_2\cosh\alpha y+A_3(\sinh\alpha y+\alpha y\cosh\alpha y)\\ \qquad +A_4(\cosh\alpha y+\alpha y\sinh\alpha y)]\alpha^2\sin\alpha x.\end{cases}\tag{9.7}$$

当 $y=\pm h$ 时,从剪应力 $\tau_{xy}=0$ 给出

$$\begin{cases}A_1\sinh\alpha h+A_2\cosh\alpha h+A_3(\sinh\alpha h+\alpha h\cosh\alpha h)\\ \qquad +A_4(\cosh\alpha h+\alpha h\sinh\alpha h)=0,\\ -A_1\sinh\alpha h+A_2\cosh\alpha h-A_3(\sinh\alpha h+\alpha h\cosh\alpha h)\\ \qquad +A_4(\cosh\alpha h+\alpha h\sinh\alpha h)=0.\end{cases}\tag{9.8}$$

从上式解出

$$\begin{cases}A_3=-\dfrac{\sinh\alpha h}{\sinh\alpha h+\alpha h\cosh\alpha h}A_1,\\ A_4=-\dfrac{\cosh\alpha h}{\cosh\alpha h+\alpha h\sinh\alpha h}A_2.\end{cases}\tag{9.9}$$

当 $y=\pm h$ 时,从法向应力的条件(9.2b)和(9.2c),可得

$$\begin{cases}A_1\cosh\alpha h+A_2\sinh\alpha h+A_3\alpha h\sinh\alpha h+A_4\alpha h\cosh\alpha h=0,\\ A_1\cosh\alpha h-A_2\sinh\alpha h+A_3\alpha h\sinh\alpha h-A_4\alpha h\cosh\alpha h=q/\alpha^2.\end{cases}\tag{9.10}$$

再将上述两式相加减，并考虑到(9.9)式，得

$$\begin{cases} A_1=\dfrac{q}{\alpha^2}\dfrac{\sinh\alpha h+\alpha h\cosh\alpha h}{\sinh 2\alpha h+2\alpha h}, \\ A_2=-\dfrac{q}{\alpha^2}\dfrac{\cosh\alpha h+\alpha h\sinh\alpha h}{\sinh 2\alpha h-2\alpha h}, \\ A_3=-\dfrac{q}{\alpha^2}\dfrac{\sinh\alpha h}{\sinh 2\alpha h+2\alpha h}, \\ A_4=\dfrac{q}{\alpha^2}\dfrac{\cosh\alpha h}{\sinh 2\alpha h-2\alpha h}. \end{cases} \tag{9.11}$$

由于在梁端部 $x=\pm l$ 上施加的剪力恰与梁边上的压力平衡，故(9.3a)式成立；此外，在 $x=\pm l$ 时，$\sigma_x=0$，于是(9.3b)和(9.3c)两式自动成立.问题解完.

如果在 $y=\pm h$ 上施加的外力为连续分布的，可将它们展成三角级数，而其每一项均可按本节的方法算出. Filon 曾对此做过研究，特别地，他考虑了在梁的中点施加集中压力的情形(图 7.5)，发现当 $|x|>1.3h$ 时，梁中几乎无应力.也就是说，集中压力的影响范围很小.这个研究，佐证了 Saint-Venant 原理的合理性. 此外，像多跨度的具有相同外力的梁，也可用三角级数法来求解(参见参考文献[43]中的 § 24，§ 25).

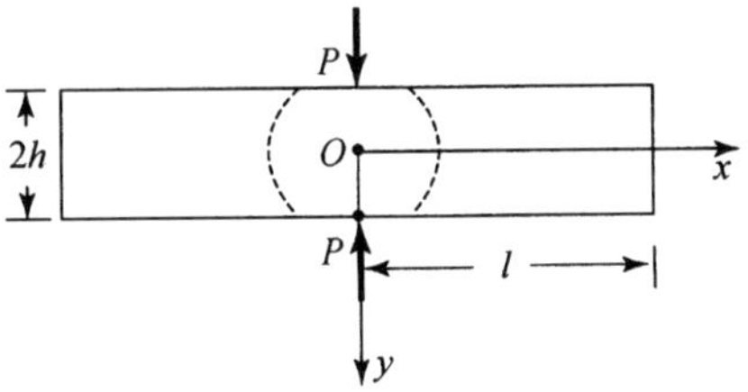

图　7.5

§ 10　半 无 限 条

对于矩形梁，将其上、下两边上的外载分别展成 Taylor 级数或者 Fourier 级数，用以上几节的方法，可以使其上、下边的边界条件得到满足，但对矩形梁的两端仅适合 Saint-Venant 放松边界条件. 这样所得到的解，一般来说，在离端部较远的点上比较准确，而在端部附近的点上则差异较大. 本节就来考查这种差异区域的范围. 为简单起见，我们考虑一个半无限长条形的梁，如图 7.6 所示.梁占有的区域为：$0\leqslant x<+\infty$，$|y|\leqslant h$，梁的宽度为 1 个单位，且 $h\gg 1$. 在两对边 $y=\pm h$ 上的载荷为零，我们要解的问题是：

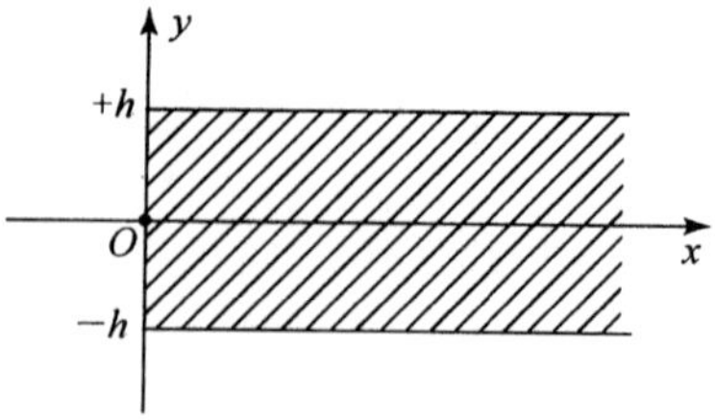

图 7.6

$$
\begin{cases}
\nabla^4 U = 0 & (0 < x < \infty,\ |y| < h), \\
\sigma_y = \tau_{xy} = 0 & (y = \pm h,\ 0 < x < \infty), \\
\sigma_x = t_x, \quad \tau_{xy} = t_y & (x = 0,\ |y| < h) \\
\sigma_x, \sigma_y, \tau_{xy} \to 0 & (x \to \infty),
\end{cases} \tag{10.1}
$$

其中 t_x 和 t_y 为给定的外载,设 t_x 为 y 的偶函数,t_y 为 y 的奇函数,且它们的合力和合力矩皆为零.显然,按放松的 Saint-Venant 边界条件,问题(10.1)的一个解是零解.现在,我们要求出问题(10.1)的非显然解,设应力函数 U 取如下的展式:

$$
U(x,y) = \sum_{n=1}^{\infty} a_n f_n(y) \mathrm{e}^{-\lambda_n \frac{x}{h}}, \tag{10.2}
$$

其中 a_n 和 λ_n 为待定常数,$f_n(y)$ 为待定函数,$n=1,2,\cdots$.

将(10.2)式代入双调和方程(10.1a),得

$$
f_n''''(y) + 2\left(\frac{\lambda_n}{h}\right)^2 f_n''(y) + \left(\frac{\lambda_n}{h}\right)^4 f_n(y) = 0. \tag{10.3}
$$

考虑到 $f_n(y)$ 为 y 的偶函数,因而方程(10.3)的解为

$$
f_n = A_n \cos\left(\lambda_n \frac{y}{h}\right) + B_n \frac{y}{h} \sin\left(\lambda_n \frac{y}{h}\right). \tag{10.4}
$$

从 $y=\pm h$ 的边界条件,可得

$$
\begin{cases}
A_n \cos\lambda_n + B_n \sin\lambda_n = 0, \\
-A_n \dfrac{\lambda_n}{h} \sin\lambda_n + B_n \left(\dfrac{1}{h} \sin\lambda_n + \dfrac{\lambda_n}{h} \cos\lambda_n\right) = 0.
\end{cases} \tag{10.5}
$$

为使 A_n 和 B_n 有非零解,方程(10.5)的系数行列式为零,即

$$
\begin{vmatrix}
\cos\lambda_n & \sin\lambda_n \\
-\lambda_n \sin\lambda_n & \sin\lambda_n + \lambda_n \cos\lambda_n
\end{vmatrix} = 0, \tag{10.6}
$$

因此

$$
\sin 2\lambda_n + 2\lambda_n = 0. \tag{10.7}
$$

方程(10.7)称为半无限条的本征方程,它有无限个复本征根,其前 20 个根见表 7.1(注:该表为徐丹和关晶波所算)的左半部.本征根 λ_n 的渐近公式见参考

文献[121].

表 7.1 方程(10.7)和方程(10.10)的根

n	Re λ_n	Im λ_n	Re λ_n	Im λ_n
1	2.106 196 11	1.125 364 30	3.748 838 13	1.384 339 14
2	5.356 268 69	1.551 574 37	6.949 979 85	1.676 104 94
3	8.536 682 42	1.775 543 67	10.119 258 8	1.858 383 84
4	11.699 177 6	1.929 404 49	13.277 273 6	1.991 570 82
5	14.854 059 9	2.046 852 46	16.429 870 5	2.096 625 73
6	18.004 933 0	2.141 890 79	19.579 408 2	2.183 397 55
7	21.153 413 3	2.221 722 91	22.727 035 7	2.257 320 22
8	24.300 342 0	2.290 552 28	25.873 384 1	2.321 713 97
9	27.446 202 8	2.351 048 23	29.018 831 0	2.378 757 55
10	30.591 295 1	2.405 012 56	32.163 616 8	2.429 958 32
11	33.735 814 3	2.453 719 20	35.307 902 5	2.476 402 67
12	36.879 894 1	2.498 102 20	38.451 800 0	2.5188 995 9
13	40.023 629 2	2.538 866 86	41.595 389 7	2.558 067 73
14	43.167 088 3	2.576 558 85	44.738 731 0	2.594 390 81
15	46.310 323 0	2.611 608 99	47.881 868 8	2.628 254 23
16	49.453 372 4	2.644 363 42	51.024 837 5	2.659 970 02
17	52.596 267 1	2.675 104 42	54.167 664 1	2.689 794 36
18	55.739 031 1	2.704 065 19	57.310 370 3	2.717 940 17
19	58.881 683 7	2.731 440 65	60.452 973 2	2.744 586 33
20	62.024 240 4	2.757 395 36	63.595 486 9	2.769 884 55

当 λ_n 满足方程(10.7)时,(10.4)式中 A_n 和 B_n 可分别取为 $\sin\lambda_n$ 和 $-\cos\lambda_n$,它们显然满足方程(10.5),于是

$$f_n(y)=\sin\lambda_n\cos\left(\lambda_n\frac{y}{h}\right)-\frac{y}{h}\cos\lambda_n\sin\left(\lambda_n\frac{y}{h}\right). \tag{10.8}$$

上式中的 $f_n(y)$ 称为半无限条的本征函数,或者称为帕普科维奇-法德尔(Papkovich-Fadle)本征函数[99].

不难看出,当方程(10.5)满足时,端部 $x=0$ 的合力和合力矩为零的条件自动成立.

至此,应力函数 U 展开式中的 λ_n 和 $f_n(y)$ 都已确定,且由于 Re $\lambda_n>0$,(10.2)式也将满足当 $x\to+\infty$ 时应力趋于零的条件.剩下来的事情是利用 $x=0$

的端部条件来确定展开式(10.2)的系数 a_n，即

$$t_x(y)=\sum_{n=1}^{\infty}a_n f''_n(y),\quad t_y(y)=\sum_{n=1}^{\infty}a_n\frac{\lambda_n}{h}f'_n(y).\tag{10.9}$$

Johnson 和 Little[121] 构造了一个双正交系，将确定 a_n 的问题归结为一个无穷线性代数方程组.Gregory[108,109] 利用矩形域上双调和方程的 Green 函数，证明了展开式(10.9)右端级数的收敛性，并收敛到 t_x 和 t_y.关于半无限条的解法，也可见参考文献[75]，或参考文献[161].

对于 $x=0$ 时，t_x 为奇函数，t_y 为偶函数的情形也可类似求解，其本征方程为

$$\sin 2\mu_n-2\mu_n=0,\tag{10.10}$$

其前 20 个根已列在表 7.1 的右半部.

§11 弹性板中对称应力的 Gregory 分解

本章§3，§4 两节中讨论的平面应力问题和广义平面应力问题，其弹性体的几何形状都是弹性板，他们的差别是预先假设的不同.平面应力问题时，假定 $\tau_{xz}=\tau_{yz}=\sigma_z=0$，而广义平面应力问题时，仅假定 $\sigma_z=0$.本节的目的是关于在应力不做任何预先假设的情况下，给出弹性板中对称应力的一般表达式.

11.1 三种应力状态

将两个平行平面与其正侧面所围成的层间及与其正侧面所围成的区域称为板，并记为 Ω，

$$\Omega=\{(x,y,z)\mid(x,y)\in G,\ |z|\leqslant h\},\tag{11.1}$$

其中 G 为 Oxy 平面上的一个区域，h 为常数.如果 h 比 G 的特征尺寸小得多，常称为薄板.当板中应力对称时，我们在 Ω 上定义如下三种应力状态.

平面应力状态 $\sigma_{ij}^{\mathrm{PS}}$ 其应力分量有如下表示：

$$\begin{cases}\sigma_x^{\mathrm{PS}}=\dfrac{\partial^2\Phi}{\partial y^2},\quad \sigma_y^{\mathrm{PS}}=\dfrac{\partial^2\Phi}{\partial x^2},\quad \tau_{xy}^{\mathrm{PS}}=-\dfrac{\partial^2\Phi}{\partial x\partial y},\\ \tau_{xz}^{\mathrm{PS}}=\tau_{yz}^{\mathrm{PS}}=\sigma_z^{\mathrm{PS}}=0,\end{cases}\tag{11.2}$$

其中

$$\Phi=U+\frac{\nu(h^2-3z^2)}{6(1+\nu)}\ \nabla^2 U.\tag{11.3}$$

这里 $\nabla^2=\partial_x^2+\partial_y^2$ 为二维 Laplace 算子，$U(x,y)$ 为二维双调和函数，即

$$\nabla^2\ \nabla^2 U=0.\tag{11.4}$$

剪切应力状态 σ_{ij}^{S} 其应力分量表成如下形式：

$$\begin{cases}\sigma_x^{\mathrm{S}}=2S_{,xy}, \quad \sigma_y^{\mathrm{S}}=-2S_{,xy},\\ \tau_{xy}^{\mathrm{S}}=S_{,yy}-S_{,xx},\\ \tau_{xz}^{\mathrm{S}}=S_{,yz}, \quad \tau_{yz}^{\mathrm{S}}=-S_{,xz}, \quad \sigma_z^{\mathrm{S}}=0,\end{cases} \tag{11.5}$$

其中 $S(x,y,z)$ 为 z 的偶函数,并满足下面 3 个条件:

$$\begin{cases}\nabla_0^2 S=0, & (\Omega),\\ S_{,z}=0, & (x,y)\in G, \quad z=\pm h,\\ \displaystyle\int_{-h}^{+h} S(x,y,z)\mathrm{d}z=0.\end{cases} \tag{11.6}$$

这里 $\nabla_0^2=\nabla^2+\dfrac{\partial^2}{\partial z^2}$ 为三维 Laplace 算子,而 $\nabla^2=\dfrac{\partial^2}{\partial x^2}+\dfrac{\partial^2}{\partial y^2}$ 为二维 Laplace 算子.

Papkovich-Fadle 应力状态 $\sigma_{ij}^{\mathrm{PF}}$　其应力分量定义如下:

$$\begin{cases}\sigma_x^{\mathrm{PF}}=\Pi_{,1133}+\nu\,\nabla_0^2\Pi_{,22},\\ \sigma_y^{\mathrm{PF}}=\Pi_{,2233}+\nu\,\nabla_0^2\Pi_{,11},\\ \tau_{xy}^{\mathrm{PF}}=\Pi_{,1233}-\nu\,\nabla_0^2\Pi_{,12},\\ \tau_{xz}^{\mathrm{PF}}=-\nabla^2\Pi_{,13},\\ \tau_{yz}^{\mathrm{PF}}=-\nabla^2\Pi_{,23},\\ \sigma_z^{\mathrm{PF}}=\nabla^2\,\nabla^2\Pi,\end{cases} \tag{11.7}$$

其中 $\Pi(x,y,z)$ 为 z 的偶函数,且

$$\begin{cases}\nabla_0^2\,\nabla_0^2\Pi=0, \quad (x,y,z)\in\Omega,\\ \Pi=\Pi_{,3}=0, \quad (x,y)\in G, \quad z=\pm h.\end{cases} \tag{11.8}$$

11.2　三个引理

引理 11.1　平面应力状态 $\sigma_{ij}^{\mathrm{PS}}$、剪切应力状态 σ_{ij}^{S},Papkovich-Fadle 应力状态 $\sigma_{ij}^{\mathrm{PF}}$ 分别都是弹性力学问题的解答,即它们分别都满足下述平衡方程和 Michell 应力协调方程:

$$\begin{cases}\dfrac{\partial\sigma_x}{\partial x}+\dfrac{\partial\tau_{yx}}{\partial y}+\dfrac{\partial\tau_{zx}}{\partial z}=0,\\ \dfrac{\partial\tau_{xy}}{\partial x}+\dfrac{\partial\sigma_y}{\partial y}+\dfrac{\partial\tau_{zy}}{\partial z}=0,\\ \dfrac{\partial\tau_{xz}}{\partial x}+\dfrac{\partial\tau_{yz}}{\partial y}+\dfrac{\partial\sigma_z}{\partial z}=0;\end{cases} \tag{11.9}$$

$$\begin{cases}\nabla_0^2\sigma_x+\dfrac{1}{1+\nu}\Theta_{,xx}=0,\\ \nabla_0^2\sigma_y+\dfrac{1}{1+\nu}\Theta_{,yy}=0,\\ \nabla_0^2\sigma_z+\dfrac{1}{1+\nu}\Theta_{,zz}=0,\end{cases}\tag{11.10}$$

$$\begin{cases}\nabla_0^2\tau_{yz}+\dfrac{1}{1+\nu}\Theta_{,yz}=0,\\ \nabla_0^2\tau_{zx}+\dfrac{1}{1+\nu}\Theta_{,zx}=0,\\ \nabla_0^2\tau_{xy}+\dfrac{1}{1+\nu}\Theta_{,xy}=0.\end{cases}\tag{11.11}$$

证明 代入即证.

引理 11.2 设 $g(x,y,z)$是弹性板 Ω 中的三维调和函数,则在 Ω 中存在另一个三维调和函数 $f(x,y,z)$,使得

$$\frac{\partial f}{\partial z}=g.\tag{11.12}$$

证明 设

$$f_1(x,y,z)=\int_0^z g(x,y,\zeta)\mathrm{d}\zeta.\tag{11.13}$$

在上式中对 z 取微商,得

$$\frac{\partial f_1}{\partial z}=g.\tag{11.14}$$

在(11.13)式中取三维 Laplace 算子∇_0^2,得

$$\begin{aligned}\nabla_0^2 f_1(x,y,z)&=\int_0^z \nabla^2 g(x,y,\zeta)\mathrm{d}\zeta+\frac{\partial g}{\partial z}\\&=-\int_0^z\frac{\partial^2}{\partial\zeta^2}g(x,y,\zeta)\mathrm{d}\zeta+\frac{\partial g}{\partial z}=\frac{\partial g}{\partial\zeta}\bigg|_{\zeta=0}.\end{aligned}\tag{11.15}$$

设

$$f_2(x,y)=\frac{1}{2\pi}\iint_G\frac{\partial}{\partial\zeta}g(\xi,\eta,\zeta)\bigg|_{\zeta=0}\ln\sqrt{(\xi-x)^2+(\eta-y)^2}\,\mathrm{d}\xi\mathrm{d}\eta.\tag{11.16}$$

从上式,按对数位势的性质,有

$$\nabla^2 f_2=\frac{\partial g}{\partial\zeta}\bigg|_{\zeta=0}.\tag{11.17}$$

令

$$f(x,y,z)=f_1(x,y,z)-f_2(x,y).\tag{11.18}$$

则从(11.15),(11.17)和(11.18)三式可知 $f(x,y,z)$为三维调和函数;从

(11.14)和(11.18)两式,且 $f_2(x,y)$ 与变量 z 无关,可知欲证的(11.12)式成立,于是 $f(x,y,z)$ 即合所求.引理 11.2 证毕.

引理 11.3　设弹性区域 Ω 关于平面 $z=0$ 对称,并假定体力 f_x,f_y 和面力 t_x,t_y 关于 z 为偶函数,而体力 f_z 和面力 t_z 关于 z 为奇函数.则位移分量 u,v 和应力分量 $\sigma_x,\sigma_y,\sigma_z,\tau_{xy}$ 就是 z 的偶函数,而位移分量 w 和应力分量 τ_{xz},τ_{yz} 是 z 的奇函数.

证明　设 u_i,σ_{ij} 是区域 Ω 中满足下述弹性力学应力边值问题(11.19)~(11.22)的解答:

$$\begin{cases}\dfrac{\partial\sigma_x}{\partial x}+\dfrac{\partial\tau_{yx}}{\partial y}+\dfrac{\partial\tau_{zx}}{\partial z}+f_x=0,\\ \dfrac{\partial\tau_{xy}}{\partial x}+\dfrac{\partial\sigma_y}{\partial y}+\dfrac{\partial\tau_{zy}}{\partial z}+f_y=0,\\ \dfrac{\partial\tau_{xz}}{\partial x}+\dfrac{\partial\tau_{yz}}{\partial y}+\dfrac{\partial\sigma_z}{\partial z}+f_z=0;\end{cases}\tag{11.19}$$

$$\begin{cases}\sigma_x=\lambda\left(\dfrac{\partial u}{\partial x}+\dfrac{\partial v}{\partial y}+\dfrac{\partial w}{\partial z}\right)+2\mu\dfrac{\partial u}{\partial x},\\ \sigma_y=\lambda\left(\dfrac{\partial u}{\partial x}+\dfrac{\partial v}{\partial y}+\dfrac{\partial w}{\partial z}\right)+2\mu\dfrac{\partial v}{\partial y},\\ \sigma_z=\lambda\left(\dfrac{\partial u}{\partial x}+\dfrac{\partial v}{\partial y}+\dfrac{\partial w}{\partial z}\right)+2\mu\dfrac{\partial w}{\partial z};\end{cases}\tag{11.20}$$

$$\tau_{yz}=\mu\left(\frac{\partial v}{\partial z}+\frac{\partial w}{\partial y}\right),\quad \tau_{zx}=\mu\left(\frac{\partial w}{\partial x}+\frac{\partial u}{\partial z}\right),\quad \tau_{xy}=\mu\left(\frac{\partial u}{\partial y}+\frac{\partial v}{\partial x}\right);\tag{11.21}$$

$$\begin{cases}\sigma_x\cos(\boldsymbol{n},\boldsymbol{e}_x)+\tau_{yx}\cos(\boldsymbol{n},\boldsymbol{e}_y)+\tau_{zx}\cos(\boldsymbol{n},\boldsymbol{e}_z)=t_x,\\ \tau_{xy}\cos(\boldsymbol{n},\boldsymbol{e}_x)+\sigma_y\cos(\boldsymbol{n},\boldsymbol{e}_y)+\tau_{yz}\cos(\boldsymbol{n},\boldsymbol{e}_z)=t_y,\\ \tau_{xz}\cos(\boldsymbol{n},\boldsymbol{e}_x)+\tau_{yz}\cos(\boldsymbol{n},\boldsymbol{e}_y)+\sigma_z\cos(\boldsymbol{n},\boldsymbol{e}_z)=t_z.\end{cases}\tag{11.22}$$

令

$$\begin{cases}\hat{u}(x,y,z)=u(x,y,-z),\\ \hat{v}(x,y,z)=v(x,y,-z),\\ \hat{w}(x,y,z)=-w(x,y,-z);\end{cases}\tag{11.23}$$

$$\begin{cases}\hat{\sigma}_x(x,y,z)=\sigma_x(x,y,-z),\\ \hat{\sigma}_y(x,y,z)=\sigma_y(x,y,-z),\\ \hat{\sigma}_z(x,y,z)=\sigma_z(x,y,-z);\end{cases}\tag{11.24}$$

$$\begin{cases}\hat{\tau}_{yz}(x,y,z)=-\tau_{yz}(x,y,-z),\\ \hat{\tau}_{zx}(x,y,z)=-\tau_{zx}(x,y,-z),\\ \hat{\tau}_{xy}(x,y,z)=\tau_{xy}(x,y,-z).\end{cases}\tag{11.25}$$

现在我们来指出 $\hat{u}_i,\hat{\sigma}_{ij}$ 与 u_i,σ_{ij} 满足相同体力与面力的边值问题(11.19)～(11.22).事实上,例如

$$\begin{aligned}&\frac{\partial\hat{\sigma}_x(x,y,z)}{\partial x}+\frac{\partial\hat{\tau}_{yx}(x,y,z)}{\partial y}+\frac{\partial\hat{\tau}_{zx}(x,y,z)}{\partial z}+f_x(x,y,z)\\&\quad=\frac{\partial\sigma_x(x,y,-z)}{\partial x}+\frac{\partial\tau_{yx}(x,y,-z)}{\partial y}+\frac{\partial[-\tau_{zx}(x,y,-z)]}{\partial z}\\&\qquad+f_x(x,y,-z)=0,\end{aligned}$$

$$\begin{aligned}\hat{\sigma}_x(x,y,z)&=\sigma_x(x,y,-z)\\&=\lambda\left[\frac{\partial u(x,y,-z)}{\partial x}+\frac{\partial v(x,y,-z)}{\partial y}+\frac{\partial w(x,y,-z)}{\partial(-z)}\right]\\&\quad+2\mu\frac{\partial u(x,y,-z)}{\partial x}\\&=\lambda\left[\frac{\partial\hat{u}(x,y,z)}{\partial x}+\frac{\partial\hat{v}(x,y,z)}{\partial y}+\frac{\partial\hat{w}(x,y,z)}{\partial z}\right]\\&\quad+2\mu\frac{\partial\hat{u}(x,y,z)}{\partial x},\end{aligned}$$

$$\begin{aligned}&\hat{\sigma}_x(x,y,z)\cos(\boldsymbol{n},\boldsymbol{e}_x)+\hat{\tau}_{yx}(x,y,z)\cos(\boldsymbol{n},\boldsymbol{e}_y)+\hat{\tau}_{zx}(x,y,z)\cos(\boldsymbol{n},\boldsymbol{e}_z)\\&\quad=\sigma_x(x,y,-z)\cos(\boldsymbol{n},\boldsymbol{e}_x)+\tau_{yx}(x,y,-z)\cos(\boldsymbol{n},\boldsymbol{e}_y)\\&\qquad-\tau_{zx}(x,y,-z)\cos(\boldsymbol{n},\boldsymbol{e}_z)\\&\quad=\sigma_x(x,y,-z)\cos(\boldsymbol{n},\boldsymbol{e}_x)+\tau_{yx}(x,y,-z)\cos(\boldsymbol{n},\boldsymbol{e}_y)\\&\qquad+\tau_{zx}(x,y,-z)\cos(\boldsymbol{n},-\boldsymbol{e}_z)\\&\quad=t_x(x,y,-z)=t_x(x,y,z).\end{aligned}$$

类似地,可以验证 $\hat{u}_i,\hat{\sigma}_{ij}$ 也满足边值问题(11.19)～(11.22)的其余条件.

按照第五章§2的弹性力学的唯一性定理,有

$$\hat{u}_i=u_i,\quad\hat{\sigma}_{ij}=\sigma_{ij}\quad(i,j=1,2,3).\tag{11.26}$$

综合(11.26)式,以及(11.23)～(11.25)式,可知定理成立.证毕.

附注　对于本引理中外载荷"f_x,f_y 和 t_x,t_y 为 z 的偶函数,f_z 和 t_z 为 z 的奇函数"的这种外载,通常称为"对称外载",虽然其中 f_z 和 t_z 为 z 的奇函数.而对于"u,v 和 $\sigma_x,\sigma_y,\sigma_z,\tau_{xy}$ 是 z 的偶函数,w 和 τ_{xz},τ_{yz} 是 z 的奇函数"的这种状态,通常称为"对称的弹性状态".

通常也有"反对称外载"和"反对称的弹性状态"的术语,其定义只要把"对称外载"和"对称的弹性状态"定义中的"奇"与"偶"互换一下即可.当然,"反对称外载"导致"反对称的弹性状态"的引理也是成立的.

众所周知,任何外载总可以分成对称和反对称两部分之和.几何形状为板的弹性物体,如果受有对称的外载荷,通常可形成平面应力问题或广义平面应力问题;如果受有反对称的外载荷,则形成所谓弹性板的弯曲理论,有时简称为弹性板理论.本书只考虑平面应力问题或广义平面应力问题,而弹性板的弯曲理论请参见相应的书籍.

为简单起见,引理 11.3 仅对应力边值问题做了证明,其实对于位移边值问题和混合边值问题的相应结论也成立.引理 11.3 曾为第五章的习题 22.

11.3 弹性板中对称应力的分解定理

定理 11.1[格里高利(Gregory)[110]] 将两个平行平面与其正侧面所围成的层间及与其侧面所围成的板区域记为 Ω.设 Ω 中无体力,其侧面所受外力关于 $z=0$ 对称,且在其上下表面上无外载荷,即

$$\tau_{xz}=\tau_{yz}=\sigma_z=0,\quad z=\pm h,\tag{11.27}$$

则 Ω 内的应力场 σ_{ij} 有如下分解:

$$\sigma_{ij}=\sigma_{ij}^{\mathrm{PS}}+\sigma_{ij}^{\mathrm{S}}+\sigma_{ij}^{\mathrm{PF}},\tag{11.28}$$

其中 $\sigma_{ij}^{\mathrm{PS}}$,$\sigma_{ij}^{\mathrm{S}}$ 和 $\sigma_{ij}^{\mathrm{PF}}$ 为(11.2),(11.5)和(11.7)三式分别定义的平面应力状态,剪切应力状态和 Papkovich-Fadle 应力状态.

证明 将 (11.10)式的 3 个方程相加,得

$$\nabla_0^2\Theta=0.\tag{11.29}$$

由于上式,对(11.10c)式作用三维 Laplace 算子∇_0^2,可知 σ_z 为双调和函数,即

$$\nabla_0^2\ \nabla_0^2\sigma_z=0.\tag{11.30}$$

从上式可知 $\nabla_0^2\sigma_z$ 为三维调和函数.按引理 11.2,存在三维调和函数 A_1 满足下述方程:

$$\frac{\partial A_1}{\partial z}=\frac{1}{2}\nabla_0^2\sigma_z.\tag{11.31}$$

按引理 11.2, σ_z 为 z 的偶函数,于是 A_1 为 z 的奇函数,从(11.31)式可得

$$\nabla_0^2(\sigma_z-zA_1)=0.\tag{11.32}$$

从上式可知,存在关于 z 为偶函数的三维调和函数 A_2,使 σ_z 可表成如下形式:

$$\sigma_z=zA_1+A_2.\tag{11.33}$$

多次利用引理 11.2 可知,存在奇函数 A_3 和偶函数 A_4 满足如下条件:

$$\begin{cases}\nabla_0^2A_3=0,\\ A_{3,33}=-A_1;\end{cases}\quad\begin{cases}\nabla_0^2A_4=0,\\ A_{4,33}=-A_2.\end{cases}\tag{11.34}$$

令

$$\Pi_1=zA_3+A_4.\tag{11.35}$$

显然,$\Pi_1(x,y,z)$是关于 z 的偶函数. 对(11.35)式取两次三维 Laplace 算子 ∇_0^2,再利用(11.34)式,得

$$\nabla_0^2\ \nabla_0^2\Pi_1=\nabla_0^2\left(2\frac{\partial A_3}{\partial z}+z\ \nabla_0^2A_3+\nabla_0^2A_4\right)=2\ \nabla_0^2\ \frac{\partial A_3}{\partial z}=0.\tag{11.36}$$

即 $\Pi_1(x,y,z)$是三维双调和函数.对(11.35)式取二维 Laplace 算子∇^2,再利用(11.34)和(11.32)两式,得

$$\nabla^2 \Pi_1 = z\,\nabla^2 A_3 + \nabla^2 A_4$$
$$= -zA_{3,33} - A_{4,33} = zA_1 + A_2 = \sigma_z. \tag{11.37}$$

将边界条件(11.27)前两式代入平衡方程(11.9c),可得

$$\sigma_{z,z} = 0, \quad z = \pm h. \tag{11.38}$$

由边界条件(11.27c),从(11.37)式,得

$$\nabla^2 \Pi_1(x,y,z) = 0, \quad z = \pm h. \tag{11.39}$$

将(11.37)式对 z 取微商,再利用(11.38)式,得

$$\nabla^2 \Pi_{1,z}(x,y,z) = 0, \quad z = \pm h. \tag{11.40}$$

令

$$\Pi_2 = \Pi_1 - \left(\Pi_1 - \frac{h}{2}\Pi_{1,z}\right)_{z=h} - \frac{z^2}{h}(\Pi_{1,z})_{z=h}. \tag{11.41}$$

由于 $\Pi_1(x,y,z)$ 是关于 z 的偶函数,所以 Π_2 也是关于 z 的偶函数.不难看出,Π_2 还满足下列条件:

$$\nabla^2 \Pi_2 = \sigma_z \tag{11.42}$$

以及

$$\begin{cases} \nabla_0^2\,\nabla_0^2 \Pi_2 = 0, & (x,y,z) \in \Omega, \\ \Pi_2 = 0, \quad \Pi_{2,z} = 0, & z = \pm h. \end{cases} \tag{11.43}$$

不难看出,关于 Π_2 的(11.43)式与关于 σ_z 的(11.30),(11.27c),(11.38)三式性质相同.重复(11.30)～(11.40)式的过程,可以知道,存在关于 z 的偶函数 $\Pi(x,y,z)$,它满足如下条件:

$$\nabla_0^2\,\nabla_0^2 \Pi = 0, \quad \nabla^2 \Pi = \Pi_2, \quad \Pi = 0, \quad \Pi_{,3} = 0, \quad z = \pm h. \tag{11.44}$$

将(11.44b)式代入(11.42)式,得

$$\sigma_z = \nabla^2\nabla^2 \Pi, \tag{11.45}$$

其中偶函数 $\Pi(x,y,z)$ 满足条件(11.44a),(11.44c)和(11.44d).令

$$\tilde{\sigma}_{ij} = \sigma_{ij} - \sigma_{ij}^{\mathrm{PF}}, \tag{11.46}$$

其中 $\sigma_{ij}^{\mathrm{PF}}$ 为(11.7)式所定义的 Papkovich-Fadle 应力状态,并且相应的(11.8)式中的函数 $\Pi(x,y,z)$ 由(11.44)和(11.45)式给定.从引理 11.1 可知,$\tilde{\sigma}_{ij}$ 仍满足无体力的弹性力学全部方程式.由于(11.44c)和(11.44d)两式,$\tilde{\sigma}_{ij}$ 也满足 Ω 上下表面上的边界条件(11.27).此外,由于(11.45)式,有

$$\tilde{\sigma}_z = \sigma_z - \sigma_z^{\mathrm{PF}} = \sigma_z - \nabla^2\,\nabla^2 \Pi = 0. \tag{11.47}$$

因此,应力场 $\tilde{\sigma}_{ij}$ 满足本章 § 4 中广义平面应力的定理 4.1 的全部假设.于是按该节(4.3)式,有

$$\tilde{\sigma}_{ij} = \sigma_{ij}^{\mathrm{PS}} + \sigma_{ij}^{\mathrm{S}} \quad (i,j = 1,2,3). \tag{11.48}$$

综合(11.46)和(11.48)两式,即得欲证之(11.28)式.证毕.

附注 Cheng[84] 曾于 1979 年给出弹性板反对称情况的一种分解形式;1992 年

Gregory[110]给出了对称情形的定理 11.1，以及反对称情况的相应定理，并利用 Papkovich-Fadle 本征展开严格地证明了这些定理.本节中的证明属于本书第一作者.对于反对称情况的相应证明请参见王敏中和赵宝生的论文[184]，这些证明显示了弹性层的分解与 Papkovich-Fadle 本征展开是两件事，其间应该没有必然的关联.

11.4　Gregory 分解下的 Filon 平均

今对 Gregory 分解的(11.28)式作 Filon 平均，有

$$\bar{\sigma}_{ij} = \frac{1}{2h}\int_{-h}^{+h} \sigma_{ij}\, \mathrm{d}z = \frac{1}{2h}\int_{-h}^{+h} (\sigma_{ij}^{\mathrm{PS}} + \sigma_{ij}^{\mathrm{S}} + \sigma_{ij}^{\mathrm{PF}})\mathrm{d}z. \tag{11.49}$$

再对平面应力状态(11.2)进行平均，由于(11.3)式，有

$$\begin{cases} \displaystyle\int_{-h}^{+h} \sigma_x^{\mathrm{PS}} \mathrm{d}z = 2h\, \frac{\partial^2 U}{\partial y^2}, \quad \int_{-h}^{+h} \sigma_y^{\mathrm{PS}} \mathrm{d}z = 2h\, \frac{\partial^2 U}{\partial x^2}, \\ \displaystyle\int_{-h}^{+h} \tau_{xy}^{\mathrm{PS}} \mathrm{d}z = -2h\, \frac{\partial^2 U}{\partial x \partial y}, \\ \displaystyle\int_{-h}^{+h} \tau_{xz}^{\mathrm{PS}} \mathrm{d}z = \int_{-h}^{+h} \tau_{yz}^{\mathrm{PS}} \mathrm{d}z = \int_{-h}^{+h} \sigma_z^{\mathrm{PS}} \mathrm{d}z = 0. \end{cases} \tag{11.50}$$

又对剪切应力状态的(11.5)式进行平均，由于(11.6)式，有

$$\int_{-h}^{+h} \tau_{ij}^{\mathrm{S}} \mathrm{d}z = 0, \quad i, j = 1, 2, 3. \tag{11.51}$$

最后对 Papkovich-Fadle 应力状态的(11.7)式进行平均，由于(11.8)式，有

$$\begin{cases} \displaystyle\int_{-h}^{+h} \sigma_x^{\mathrm{PF}} \mathrm{d}z = \int_{-h}^{+h} (\Pi_{,1133} + \nu\, \nabla_0^2 \Pi_{,22})\mathrm{d}z \\ \displaystyle\qquad = \Pi_{,113}\Big|_{z=-h}^{z=+h} + \nu \int_{-h}^{+h} \nabla_0^2 \Pi_{,22}\, \mathrm{d}z \\ \displaystyle\qquad = \nu\, \frac{\partial^2}{\partial y^2}\left[\int_{-h}^{+h} \nabla_0^2 \Pi \mathrm{d}z\right] = \nu\, \frac{\partial^2}{\partial y^2}\left[\nabla^2 \int_{-h}^{+h} \Pi \mathrm{d}z + \Pi_{,3}\Big|_{z=-h}^{z=+h}\right] \\ \displaystyle\qquad = \frac{\partial^2}{\partial y^2}\left[\nu\, \nabla^2 \int_{-h}^{+h} \Pi \mathrm{d}z\right], \\ \displaystyle\int_{-h}^{+h} \sigma_y^{\mathrm{PF}} \mathrm{d}z = \int_{-h}^{+h} (\Pi_{,2233} + \nu\, \nabla_0^2 \Pi_{,11})\mathrm{d}z = \frac{\partial^2}{\partial x^2}\left[\nu\, \nabla^2 \int_{-h}^{+h} \Pi \mathrm{d}z\right], \\ \displaystyle\int_{-h}^{+h} \tau_{xy}^{\mathrm{PF}} \mathrm{d}z = \int_{-h}^{+h} (\Pi_{,1233} - \nu\, \nabla_0^2 \Pi_{,12})\mathrm{d}z = -\frac{\partial^2}{\partial x \partial y}\left[\nu\, \nabla^2 \int_{-h}^{+h} \Pi \mathrm{d}z\right]; \end{cases} \tag{11.52}$$

$$
\left\{\begin{aligned}
&\int_{-h}^{+h}\tau_{xz}^{\mathrm{PF}}\mathrm{d}z=-\int_{-h}^{+h}\nabla^2\Pi_{,13}\mathrm{d}z=-\nabla^2\Pi_{,1}\Big|_{z=-h}^{z=+h}=0,\\
&\int_{-h}^{+h}\tau_{yz}^{\mathrm{PF}}\mathrm{d}z=-\int_{-h}^{+h}\nabla^2\Pi_{,23}\mathrm{d}z=0,\\
&\int_{-h}^{+h}\sigma_{z}^{\mathrm{PF}}\mathrm{d}z=\int_{-h}^{+h}\nabla^2\nabla^2\Pi\mathrm{d}z=\nabla^2\nabla^2\int_{-h}^{+h}\Pi\mathrm{d}z.
\end{aligned}\right.
\tag{11.53}
$$

将(11.50)～(11.53)诸式代入(11.49)式,得

$$
\left\{\begin{aligned}
&\bar{\sigma}_x=\frac{\partial^2}{\partial y^2}\left(U+\frac{\nu}{2h}\nabla^2\int_{-h}^{+h}\Pi\mathrm{d}z\right),\\
&\bar{\sigma}_y=\frac{\partial^2}{\partial x^2}\left(U+\frac{\nu}{2h}\nabla^2\int_{-h}^{+h}\Pi\mathrm{d}z\right),\\
&\bar{\tau}_{xy}=-\frac{\partial^2}{\partial x\partial y}\left(U+\frac{\nu}{2h}\nabla^2\int_{-h}^{+h}\Pi\mathrm{d}z\right),\\
&\bar{\tau}_{xz}=\bar{\tau}_{yz}=0,\quad \bar{\sigma}_z=\frac{1}{2h}\nabla^2\nabla^2\int_{-h}^{+h}\Pi\mathrm{d}z,
\end{aligned}\right.
\tag{11.54}
$$

其中U是双调和函数.由于假设(5.19),因此(11.54)式的前三式等号右端括号中的函数为双调和函数.于是在无体力的情况下,我们用 Gregory 分解下的 Filon 平均方法,给出了本章§5 中定理 5.2 一个新的证明.

习　题　七

1. 判断下列各图所示问题是否是平面应变问题、平面应力问题、Saint-

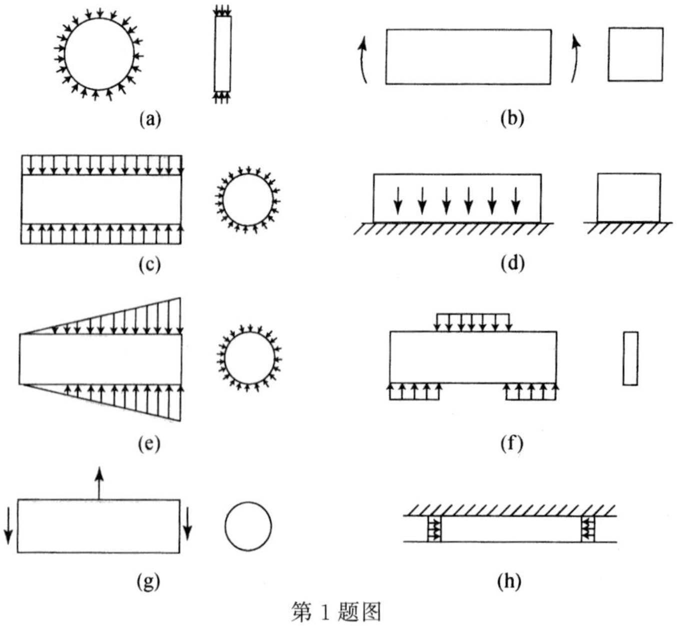

第 1 题图

Venant 问题,或前述三者都不是.

2. 弹性体具有什么样的几何形状,并且承受何种外力时,它的弹性力学问题可考虑为:

(1) 平面应变问题;　　(2) 平面应力问题.

3. 给出下述弹性力学问题的应力分布,并指出所处理的是何类问题? 所求解是否为精确解?

(1) 无限长等截面柱体,横截面形状任意,在所有侧面边界上(包括柱体内的柱形孔的侧面边界)受均匀压力 q 的作用,不计体力,设 z 轴平行于柱体的母线;

(2) 任意形状的等厚薄板,不计体力,在板的边缘(包括孔口边界)受有均匀压力 q,板面不受外力,设 z 轴垂直于板面;

(3) 将(1)问中的无限长柱改为有限长等截面柱体,在侧面边界上受均匀压力 q 的作用,两端自由,不计体力;

(4) 任意形状的弹性体,其全部边界受均匀压力 q,不计体力.

4. 试证:

$$u=\frac{1}{E}\frac{\partial^3\psi}{\partial y^3}-\frac{\nu}{E}\frac{\partial^3\psi}{\partial x^2\partial y},\quad v=\frac{1}{E}\frac{\partial^3\psi}{\partial x^3}-\frac{\nu}{E}\frac{\partial^3\psi}{\partial x\partial y^2},\quad \nabla^4\psi=0$$

是平面应力问题的以位移表示的下述平衡方程的解:

$$\frac{\partial^2 u}{\partial x^2}+\frac{1-\nu}{2}\frac{\partial^2 u}{\partial y^2}+\frac{1+\nu}{2}\frac{\partial^2 v}{\partial x\partial y}=0,$$

$$\frac{\partial^2 v}{\partial y^2}+\frac{1-\nu}{2}\frac{\partial^2 v}{\partial x^2}+\frac{1+\nu}{2}\frac{\partial^2 u}{\partial x\partial y}=0.$$

5. 用上题所给位移函数 ψ 来表示平面问题的应力分量,并给出位移函数 ψ 与 Airy 应力函数 U 的关系.

6. 试由三维应力协调方程

$$\nabla^2\boldsymbol{T}+\frac{1}{1+\nu}\boldsymbol{\nabla}\boldsymbol{\nabla}\Theta+\boldsymbol{\nabla}\boldsymbol{f}+\boldsymbol{f}\boldsymbol{\nabla}+\frac{\nu}{1-\nu}\boldsymbol{I}\,\boldsymbol{\nabla}\cdot\boldsymbol{f}=\boldsymbol{0}$$

导出平面应变问题中的应力协调方程:

$$\nabla^2(\sigma_x+\sigma_y)=-\frac{1}{1-\nu}\left(\frac{\partial f_x}{\partial x}+\frac{\partial f_y}{\partial y}\right).$$

7. 用 Airy 应力函数 U 表示沿曲线的合力与合力矩公式.

8. 如果平面应变问题与平面应力问题的应力分量 $\sigma_x,\sigma_y,\tau_{xy}$ 分别相等,则平面应变的应变能密度不大于平面应力的应变能密度.

9. 试求下述 Airy 应力函数在图示的矩形和三角形边界上的法向和切向应力:

(1) $U=\alpha+\beta x+\gamma y$; (2) $U=\alpha x^2$;

(3) $U=\beta xy$; (4) $U=\gamma y^2$;

(5) $U=\alpha x^3$; (6) $U=\beta x^2 y$;

(7) $U=\gamma xy^2$; (8) $U=\varepsilon y^3$;

(9) $U=\alpha(x^4-y^4)$; (10) $U=\beta xy^3$;

(11) $U=\gamma x^3 y$.

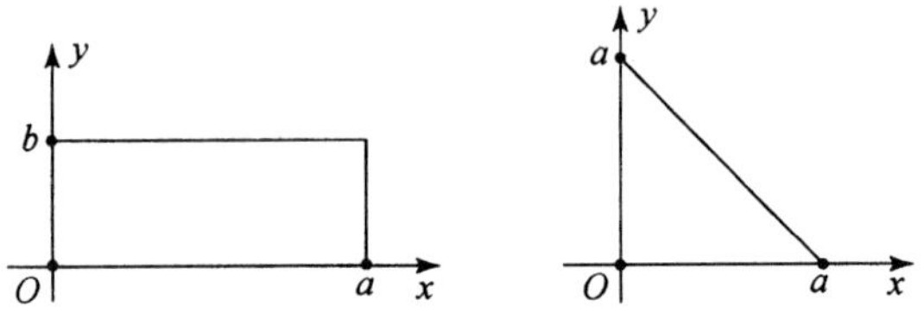

第 9 题图

10. 试证下述 U_1,U_2 和 U_3 为双调和函数:

(1) $U_1=xf_1+g_1$; (2) $U_2=yf_2+g_2$; (3) $U_3=r^2 f_3+g_3$,

其中 $\nabla^2 f_i=0$, $\nabla^2 g_i=0, i=1,2,3$.反之,任一双调和函数可写成上述三种形式(参见参考文献[68]).

11. 已知应力函数 $U=A(x^3+xy^2)$,$A>0$,试求对于如图所示正方形和三角形两种形状的平板边界上的面力分布;并画出边界上法向和切向的面力分布.

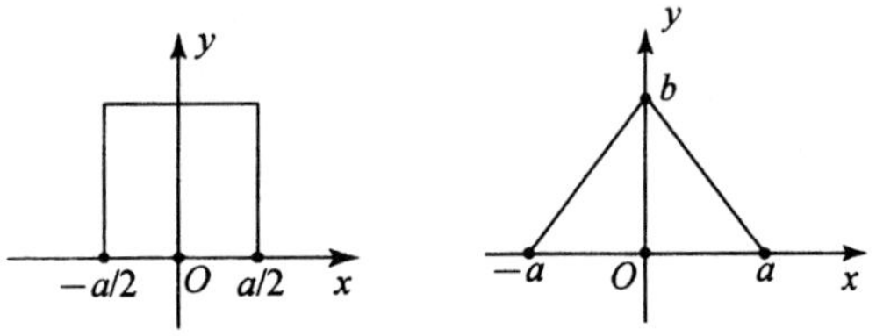

第 11 题图

12. 就图(a)所示狭长矩形梁问题说明:

(1) 狭用在何处?

(2) 长用在何处?

(3) $\sigma_x=-\dfrac{P}{I}xy$,$\sigma_y=0$,$\tau_{xy}=-\dfrac{P}{2I}(a^2-y^2)$是近似解,还是精确解?

(4) 图(b)所示不狭的问题会解吗?

(5) 从不狭的"Saint-Venant 问题"近似到平面应力.

(6) 设点 A 固定,点 A 沿梁轴的单元线段被固定,求图(a)的位移场.

(7) 设点 A 固定，点 A 与梁轴垂直的单元线段被固定，求图(a)的位移场.

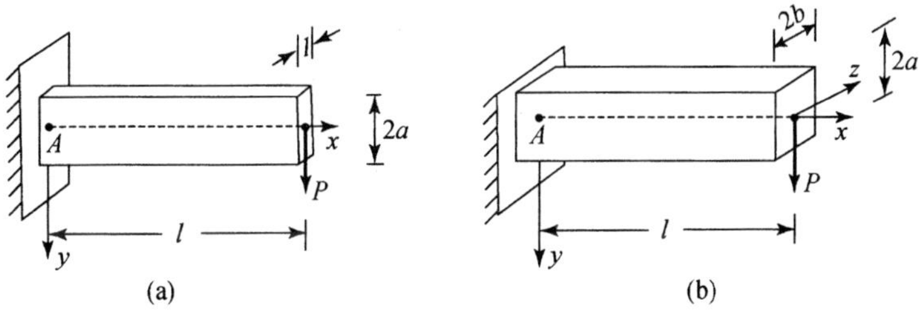

第 12 题图

13. 图示悬臂梁受均布载荷 q 作用，求应力分量.

14. 图示狭长矩形梁，在 $y=\pm a$ 边上作用有关于 x 轴反对称分布的切向均布剪力 τ，求梁内应力.

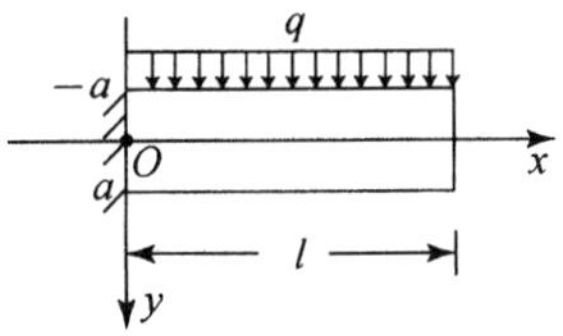

第 13 题图

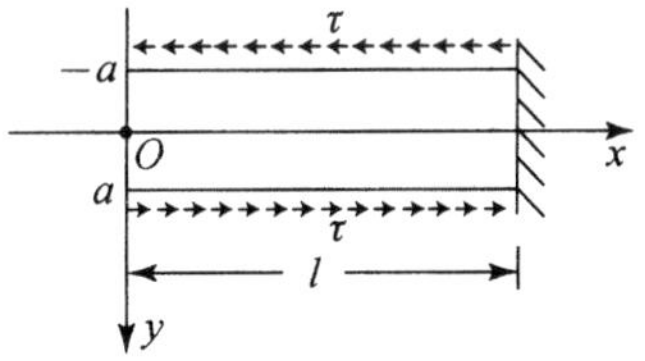

第 14 题图

15. 试求图示线性分布载荷作用下梁中的应力分布：

(1) 简支梁[图(a)]；　　(2) 悬臂梁[图(b)].

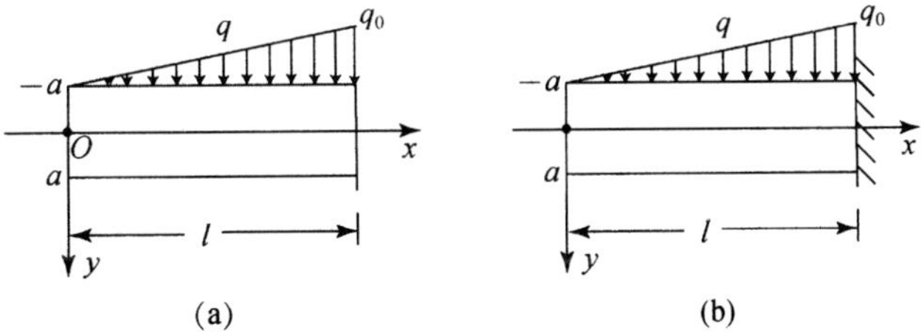

第 15 题图

16. 图示狭长矩形悬臂梁，受线性分布切向载荷 τ 作用，计算其应力函数和应力分量.

17. 图示悬臂梁受二次法向分布载荷 q 作用，计算其应力函数和应力分量.

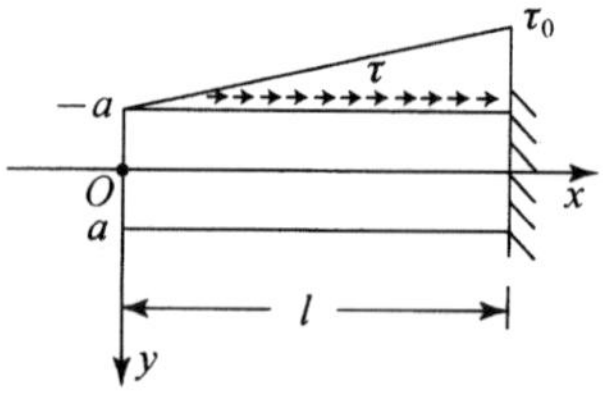

第 16 题图

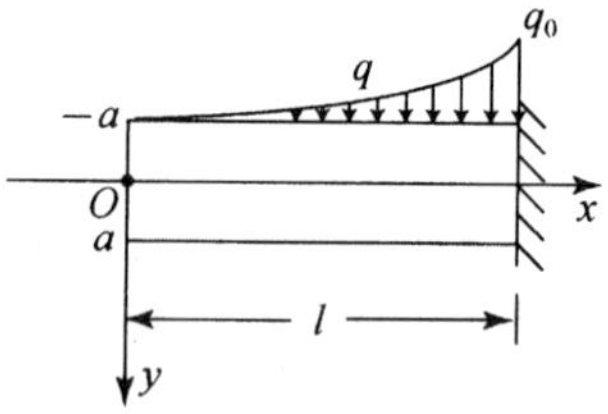

第 17 题图

18. 图示悬臂梁受二次切向分布载荷 τ 作用,计算其应力函数和应力分量.

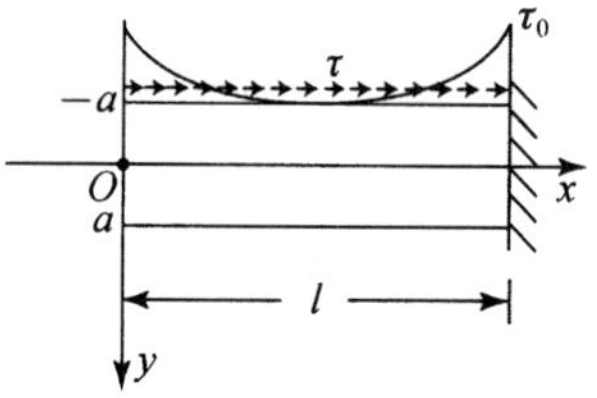

第 18 题图

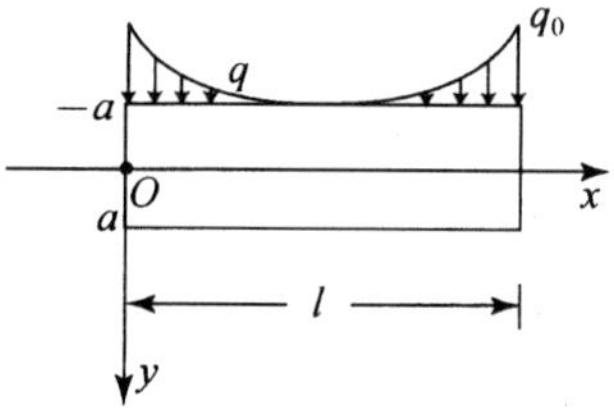

第 19 题图

19. 图示简支梁受集度为

$$q=\frac{4q_0}{l^2}\left(x-\frac{l}{2}\right)^2$$

的分布法向载荷作用,计算其应力函数.

20. 图示悬臂梁受三次法向分布载荷 q 作用,计算其应力函数和应力分量.

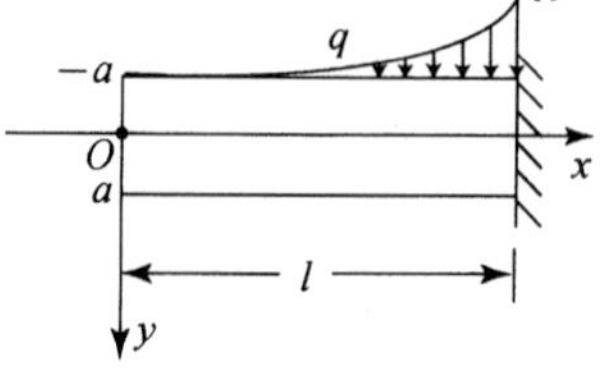

第 20 题图

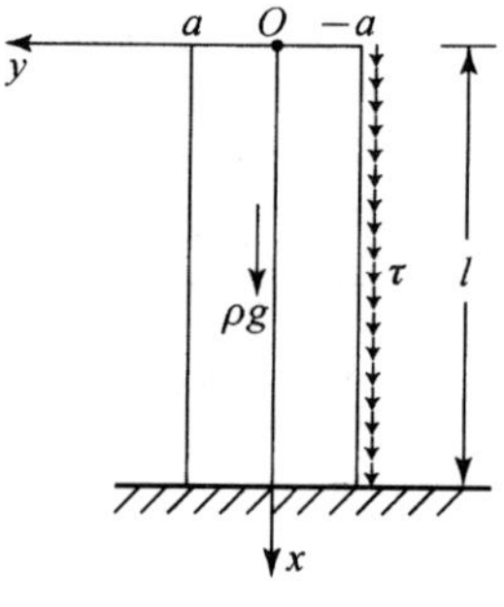

第 21 题图

21. 图示铅直悬臂梁,密度为 ρ,在一侧面上受均布剪力 τ 作用,计算其应力分量.

22. 图示悬臂梁承受线性分布载荷 q 作用，体力 $\boldsymbol{f}=\rho g\boldsymbol{i}$，求其应力分布.

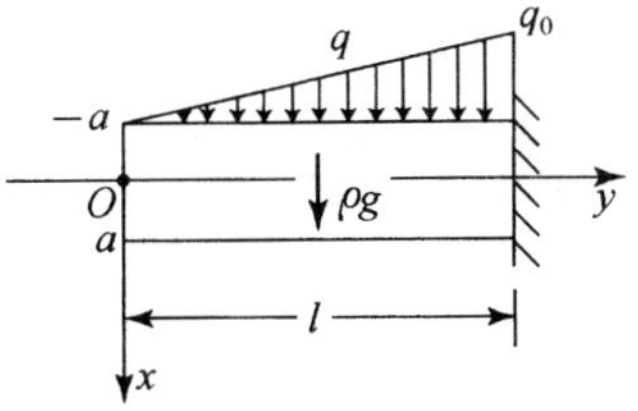

第 22 题图

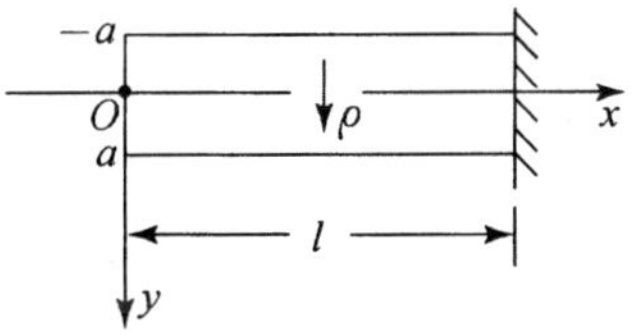

第 23 题图

23. 图示狭长矩形悬臂梁，密度为 ρ，试计算其在重力作用下的应力分布.

24. 图示三角形悬臂梁只受重力的作用，梁密度为 ρ，求其应力分布.

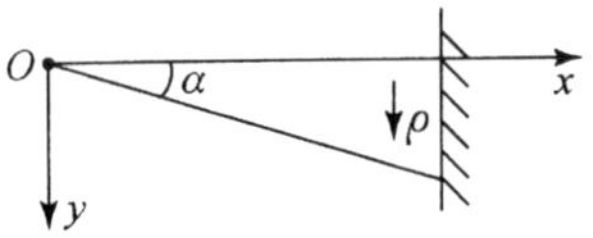

第 24 题图

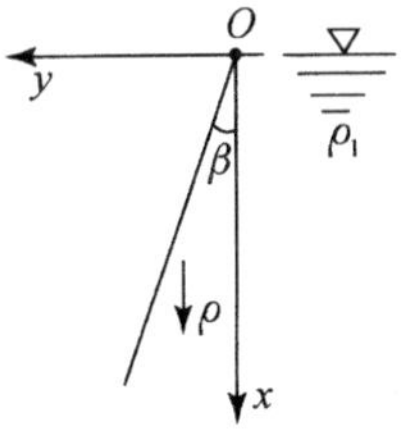

第 25 题图

25. 图示三角形重力坝，坝的右侧受静水压力，液体密度为 ρ_1，坝体密度为 ρ，求坝体应力.

*26. 弹性半平面 $y\geqslant 0$，有集中力(P_1, P_2)作用在内点$(0,c)$上，$c>0$.若在 $y=0$ 处给定下述边界条件：

(1) 半平面边界固支；

(2) 半平面边界自由[米兰(Melan)问题[134]].

试求其位移场.

27. 若平面应力问题的 Airy 应力函数 U 已知，则位移场可如下给出：

$$\begin{cases} u=\dfrac{1}{E}p-\dfrac{1+\nu}{E}\dfrac{\partial U}{\partial x}, \\ v=\dfrac{1}{E}q-\dfrac{1+\nu}{E}\dfrac{\partial U}{\partial y}, \end{cases}$$

其中$\dfrac{\partial p}{\partial x}=\nabla^2 U$，而 q 为与 p 共轭的调和函数.对于平面应变问题，弹性常数作相应变换，可得类似的公式.

第八章　弹性力学平面问题的极坐标解法

对圆盘、圆环或楔形物等弹性体进行应力分析时，采用极坐标是方便的.

§1　基本公式

在极坐标下，平面弹性力学问题的方程既可以直接从物理特点入手导出，也可以从直角坐标下的方程出发进行坐标变换导出.本章采取第三种方案：利用张量形式的平面弹性力学问题方程之投影，得到极坐标下的方程.

1.1　单位矢量的微商

取极坐标(r,θ)，单位矢量为 $\boldsymbol{r}^0$ 和 $\boldsymbol{\theta}^0$，它们的方向与点的位置有关.从图 8.1 中可以看出

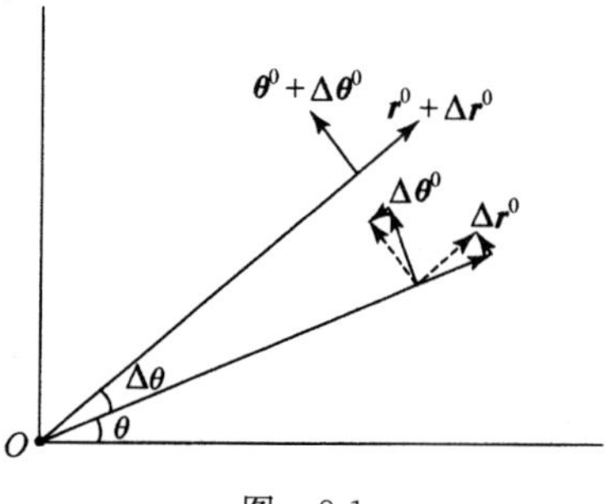

图　8.1

$$\frac{\partial \boldsymbol{r}^0}{\partial \theta}=\lim_{\Delta\theta\to 0}\frac{\Delta \boldsymbol{r}^0}{\Delta\theta}=\boldsymbol{\theta}^0, \tag{1.1}$$

$$\frac{\partial \boldsymbol{\theta}^0}{\partial \theta}=\lim_{\Delta\theta\to 0}\frac{\Delta \boldsymbol{\theta}^0}{\Delta\theta}=-\boldsymbol{r}^0, \tag{1.2}$$

$$\frac{\partial \boldsymbol{r}^0}{\partial r}=\boldsymbol{0},\quad \frac{\partial \boldsymbol{\theta}^0}{\partial r}=\boldsymbol{0}. \tag{1.3}$$

1.2　几何方程

在极坐标下，二维的位移矢量 $\boldsymbol{u}$ 可写成

$$\boldsymbol{u}=u_r(r,\theta)\boldsymbol{r}^0+u_\theta(r,\theta)\boldsymbol{\theta}^0; \tag{1.4}$$

二维梯度算子 ∇ 为

$$\nabla=\frac{\partial}{\partial r}\boldsymbol{r}^0+\frac{1}{r}\frac{\partial}{\partial\theta}\boldsymbol{\theta}^0; \tag{1.5}$$

$\boldsymbol{u}$ 的左梯度为

$$\begin{aligned}\nabla\boldsymbol{u}&=\left(\frac{\partial}{\partial r}\boldsymbol{r}^0+\frac{1}{r}\frac{\partial}{\partial\theta}\boldsymbol{\theta}^0\right)(u_r\boldsymbol{r}^0+u_\theta\boldsymbol{\theta}^0)\\&=\frac{\partial u_r}{\partial r}\boldsymbol{r}^0\boldsymbol{r}^0+\frac{\partial u_\theta}{\partial r}\boldsymbol{r}^0\boldsymbol{\theta}^0+\left(\frac{1}{r}\frac{\partial u_r}{\partial\theta}-\frac{u_\theta}{r}\right)\boldsymbol{\theta}^0\boldsymbol{r}^0\\&\quad+\left(\frac{1}{r}\frac{\partial u_\theta}{\partial\theta}+\frac{u_r}{r}\right)\boldsymbol{\theta}^0\boldsymbol{\theta}^0.\end{aligned} \tag{1.6}$$

应变张量 $\boldsymbol{\Gamma}$ 为

$$\boldsymbol{\Gamma}=\frac{1}{2}(\boldsymbol{u}\nabla+\nabla\boldsymbol{u})=\varepsilon_r\boldsymbol{r}^0\boldsymbol{r}^0+\varepsilon_\theta\boldsymbol{\theta}^0\boldsymbol{\theta}^0+\gamma_{r\theta}\boldsymbol{r}^0\boldsymbol{\theta}^0+\gamma_{\theta r}\boldsymbol{\theta}^0\boldsymbol{r}^0. \tag{1.7}$$

从(1.6)和(1.7)式，得到

$$\begin{cases}\varepsilon_r=\dfrac{\partial u_r}{\partial r},\\[2mm]\varepsilon_\theta=\dfrac{1}{r}\dfrac{\partial u_\theta}{\partial\theta}+\dfrac{u_r}{r},\\[2mm]\gamma_{r\theta}=\dfrac{1}{2}\left(\dfrac{\partial u_\theta}{\partial r}+\dfrac{1}{r}\dfrac{\partial u_r}{\partial\theta}-\dfrac{u_\theta}{r}\right).\end{cases} \tag{1.8}$$

上式为极坐标下的几何关系.

1.3　平衡方程

将应力张量 $\boldsymbol{T}$ 写成

$$\boldsymbol{T}=\sigma_r\boldsymbol{r}^0\boldsymbol{r}^0+\sigma_\theta\boldsymbol{\theta}^0\boldsymbol{\theta}^0+\tau_{r\theta}\boldsymbol{r}^0\boldsymbol{\theta}^0+\tau_{\theta r}\boldsymbol{\theta}^0\boldsymbol{r}^0, \tag{1.9}$$

算出 $\boldsymbol{T}$ 的左散度为

$$\begin{aligned}\nabla\cdot\boldsymbol{T}&=\left(\frac{\partial\sigma_r}{\partial r}+\frac{1}{r}\frac{\partial\tau_{r\theta}}{\partial\theta}+\frac{\sigma_r-\sigma_\theta}{r}\right)\boldsymbol{r}^0\\&\quad+\left(\frac{\partial\tau_{r\theta}}{\partial\theta}+\frac{1}{r}\frac{\partial\sigma_\theta}{\partial\theta}+\frac{2\tau_{r\theta}}{r}\right)\boldsymbol{\theta}^0.\end{aligned} \tag{1.10}$$

于是无体力的平衡方程为

$$\begin{cases}\dfrac{\partial\sigma_r}{\partial r}+\dfrac{1}{r}\dfrac{\partial\tau_{r\theta}}{\partial\theta}+\dfrac{\sigma_r-\sigma_\theta}{r}=0,\\[2mm]\dfrac{\partial\tau_{r\theta}}{\partial r}+\dfrac{1}{r}\dfrac{\partial\sigma_\theta}{\partial\theta}+\dfrac{2\tau_{r\theta}}{r}=0.\end{cases} \tag{1.11}$$

1.4 本构关系

以应变表示应力的广义 Hooke 定律为

$$\boldsymbol{T}=\lambda \mathrm{J}(\boldsymbol{\Gamma})\boldsymbol{I}+2\mu\boldsymbol{\Gamma},$$

其中 J 为张量 $\boldsymbol{\Gamma}$ 的迹.上式在极坐标下关于平面应变问题的分量式为

$$\sigma_r=\lambda(\varepsilon_r+\varepsilon_\theta)+2\mu\varepsilon_r,\quad \sigma_\theta=\lambda(\varepsilon_r+\varepsilon_\theta)+2\mu\varepsilon_\theta,\quad \tau_{r\theta}=2\mu\gamma_{r\theta}. \tag{1.12}$$

对平面应力问题,应将上式中的 λ 换为 $\lambda_1=\dfrac{2\lambda\mu}{\lambda+2\mu}=\dfrac{E\nu}{1-\nu^2}$.

以应力表示应变的广义 Hooke 定律为

$$\boldsymbol{\Gamma}=\frac{1}{E}[(1+\nu)\boldsymbol{T}-\nu\Theta\boldsymbol{I}].$$

上式在极坐标下关于平面应力问题的分量式为

$$\varepsilon_r=\frac{1}{E}(\sigma_r-\nu\sigma_\theta),\quad \varepsilon_\theta=\frac{1}{E}(\sigma_\theta-\nu\sigma_r),\quad \gamma_{r\theta}=\frac{1+\nu}{E}\tau_{r\theta}. \tag{1.13}$$

对平面应变问题,应将上式中的 ν 换为 $\dfrac{\nu}{1-\nu}$, E 换为 $\dfrac{E}{1-\nu^2}$.

1.5 应变协调方程

对应变张量(1.7),算出其右旋度

$$\begin{aligned}\boldsymbol{\Gamma}\times\nabla=&\left(\frac{1}{r}\frac{\partial\varepsilon_r}{\partial\theta}-\frac{\partial\gamma_{r\theta}}{\partial r}-\frac{2}{r}\gamma_{r\theta}\right)\boldsymbol{r}^0\boldsymbol{k}\\&+\left(\frac{1}{r}\frac{\partial\gamma_{r\theta}}{\partial\theta}-\frac{\partial\varepsilon_\theta}{\partial r}+\frac{\varepsilon_r-\varepsilon_\theta}{r}\right)\boldsymbol{\theta}^0\boldsymbol{k},\end{aligned} \tag{1.14}$$

再算出

$$\nabla\times\boldsymbol{\Gamma}\times\nabla=-L_{33}\boldsymbol{k}\boldsymbol{k} \tag{1.15}$$

中的 L_{33},得到极坐标下的应变协调方程为

$$\left(\frac{1}{r^2}\frac{\partial^2}{\partial\theta^2}-\frac{1}{r}\frac{\partial}{\partial r}\right)\varepsilon_r+\frac{1}{r^2}\frac{\partial}{\partial r}\left(r^2\frac{\partial\varepsilon_\theta}{\partial r}\right)-\frac{2}{r^2}\frac{\partial}{\partial r}\left(r\frac{\partial\gamma_{r\theta}}{\partial\theta}\right)=0. \tag{1.16}$$

当然,上式也可以从(1.8)式中消去 u_r 和 u_θ 得到.

现在来考查第二章附注 5 中所定义的 Burgers 矢量 $\boldsymbol{b}$ 和 Frank 矢量 $\boldsymbol{f}$.为简单起见,设孔是圆心位于原点、半径为 a 的圆.那么在圆周上有

$$\boldsymbol{r}=\boldsymbol{r}^0a,\quad \mathrm{d}\boldsymbol{r}=\boldsymbol{\theta}^0a\,\mathrm{d}\theta$$

于是

$$\begin{cases} \boldsymbol{b} = \oint_{r=a} \mathrm{d}\boldsymbol{r} \cdot [\boldsymbol{\Gamma} + (\boldsymbol{\Gamma} \times \boldsymbol{\nabla}) \times \boldsymbol{r}] \\ \quad = a\int_0^{2\pi} \boldsymbol{\theta}^0 \cdot [\boldsymbol{\Gamma} + (\boldsymbol{\Gamma} \times \boldsymbol{\nabla}) \times a\boldsymbol{r}^0]\mathrm{d}\theta, \\ \boldsymbol{f} = \oint_{r=a} \mathrm{d}\boldsymbol{r} \cdot (\boldsymbol{\Gamma} \times \boldsymbol{\nabla}) \\ \quad = a\int_0^{2\pi} \boldsymbol{\theta}^0 \cdot (\boldsymbol{\Gamma} \times \boldsymbol{\nabla})\mathrm{d}\theta. \end{cases} \tag{1.17}$$

将 $\boldsymbol{\Gamma}$ 的表达式(1.7)和 $\boldsymbol{\Gamma}\times\boldsymbol{\nabla}$ 的表达式(1.14)代入(1.17)式中，得到

$$\begin{cases} \boldsymbol{b} = a\int_0^{2\pi}\left[\left(\dfrac{\partial\gamma_{r\theta}}{\partial\theta} - r\dfrac{\partial\varepsilon_\theta}{\partial r} + \varepsilon_r\right)\boldsymbol{\theta}^0 + \gamma_{r\theta}\boldsymbol{r}^0\right]\mathrm{d}\theta, \\ \boldsymbol{f} = \boldsymbol{k}\int_0^{2\pi}\left(\dfrac{\partial\gamma_{r\theta}}{\partial\theta} - r\dfrac{\partial\varepsilon_\theta}{\partial r} + \varepsilon_r - \varepsilon_\theta\right)\mathrm{d}\theta \end{cases} \quad (r=a). \tag{1.18}$$

当 $\boldsymbol{b}\neq\boldsymbol{0}$ 或 $\boldsymbol{f}\neq\boldsymbol{0}$ 时，弹性体内发生位错或向错，其相应的位移多值.因此，对一个二连通区域，若孔是半径为 a 的圆，且圆心位于坐标原点，其位移单值性条件为

$$\begin{cases} \int_0^{2\pi}\left[\left(-\dfrac{\partial\gamma_{r\theta}}{\partial\theta} + r\dfrac{\partial\varepsilon_\theta}{\partial r} - \varepsilon_r\right)\sin\theta + \gamma_{r\theta}\cos\theta\right]\mathrm{d}\theta = 0, \\ \int_0^{2\pi}\left[\left(\dfrac{\partial\gamma_{r\theta}}{\partial\theta} - r\dfrac{\partial\varepsilon_\theta}{\partial r} + \varepsilon_r\right)\cos\theta + \gamma_{r\theta}\sin\theta\right]\mathrm{d}\theta = 0, \quad (r=a). \\ \int_0^{2\pi}\left(\dfrac{\partial\gamma_{r\theta}}{\partial\theta} - r\dfrac{\partial\varepsilon_\theta}{\partial r} + \varepsilon_r - \varepsilon_\theta\right)\mathrm{d}\theta = 0 \end{cases} \tag{1.19}$$

1.6　应力协调方程

把 Hooke 定律(1.13)代入应变协调方程(1.16)，得

$$\left(\frac{\partial^2}{\partial\theta^2} - r\frac{\partial}{\partial r}\right)(\sigma_r - \nu\sigma_\theta) + \frac{\partial}{\partial r}\left[r^2\left(\frac{\partial\sigma_\theta}{\partial r} - \nu\frac{\partial\sigma_r}{\partial r}\right)\right] - 2(1+\nu)\frac{\partial}{\partial r}\left(r\frac{\partial\tau_{r\theta}}{\partial\theta}\right) = 0. \tag{1.20}$$

将平衡方程(1.11a)乘以 $(1+\nu)r^2$ 并对 r 微商；又将(1.11a)乘以 $-(1+\nu)r$，再将(1.11b)乘以 $(1+\nu)r$ 并对 θ 微商；最后把所得的三个式子与(1.20)式相加，就导出平面问题的应力协调方程

$$\nabla^2(\sigma_r + \sigma_\theta) = 0, \tag{1.21}$$

其中

$$\nabla^2 = \frac{\partial^2}{\partial r^2} + \frac{1}{r}\frac{\partial}{\partial r} + \frac{1}{r^2}\frac{\partial^2}{\partial\theta^2}. \tag{1.22}$$

当然,利用第一不变量从直角坐标下的应力协调方程可直接得到平面问题的应力协调方程(1.21).

1.7 Airy 应力函数

平面问题中,Airy 应力函数 U 与应力张量 $\boldsymbol{T}$ 的关系,可写成

$$\boldsymbol{T}=\nabla\times\boldsymbol{k}\boldsymbol{k}(-U)\times\nabla. \tag{1.23}$$

在极坐标下,上式给出

$$\sigma_r=\frac{1}{r}\frac{\partial U}{\partial r}+\frac{1}{r^2}\frac{\partial^2 U}{\partial\theta^2},\quad \sigma_\theta=\frac{\partial^2 U}{\partial r^2},\quad \tau_{r\theta}=-\frac{\partial}{\partial r}\left(\frac{1}{r}\frac{\partial U}{\partial\theta}\right). \tag{1.24}$$

再将此式代入应力协调方程(1.21),即得

$$\nabla^2\nabla^2 U=0. \tag{1.25}$$

在极坐标下的平面问题,归结为在给定边界条件下求解双调和方程(1.25).

对于不利用以直角坐标表示的(1.23)式,而是以极坐标表示的平衡方程(1.11)来直接导出关系式(1.24)的另一种方案,请见本章的§13.

§2 厚壁圆筒

高压管道、储气瓶等,可作为厚壁圆筒的原型.筒的横截面如图 8.2 所示,其内径为 a,外径为 b,圆心取在坐标原点 O 上.

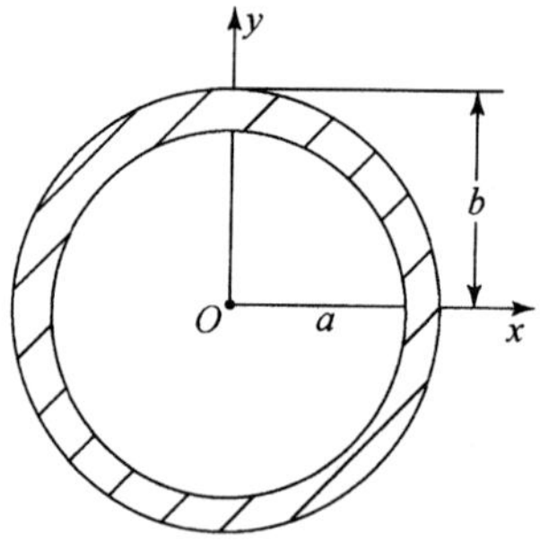

图 8.2

筒受内压 P_a,受外压 P_b.欲求筒中的应力只需解下列双调和函数的边值问题:

$$\begin{cases}\nabla^2\nabla^2 U=0 & (a\leqslant r\leqslant b),\\ r=a:\ \sigma_r=-P_a, & \tau_{r\theta}=0,\\ r=b:\ \sigma_r=-P_b, & \tau_{r\theta}=0.\end{cases} \tag{2.1}$$

根据筒的几何形状和受力状况,可认为该边值问题是轴对称的.设 Airy 应力函

数 U 与极角 θ 无关,仅是 r 的函数,即

$$U=U(r). \tag{2.2}$$

关于 U 的双调和方程给出

$$\left(\frac{\mathrm{d}^2}{\mathrm{d}r^2}+\frac{1}{r}\frac{\mathrm{d}}{\mathrm{d}r}\right)\left(\frac{\mathrm{d}^2}{\mathrm{d}r^2}+\frac{1}{r}\frac{\mathrm{d}}{\mathrm{d}r}\right)U(r)=0, \tag{2.3}$$

此即

$$U''''+\frac{2}{r}U'''-\frac{1}{r^2}U''+\frac{1}{r^3}U'=0. \tag{2.4}$$

这是一个四阶 Euler 型的常微分方程,其解的形式为

$$U=r^n. \tag{2.5}$$

从(2.4)式可得到确定幂次为 n 的四次代数方程 $n^2(n-2)^2=0$,于是 U 的一般解为

$$U=A+B\ln r+Cr^2+Dr^2\ln r, \tag{2.6}$$

其中 A,B,C,D 为待定常数. 由于常数 A 不产生应力, 又从下面 §4 知, $Dr^2\ln r$ 项相应于多值位移,应设

$$U=B\ln r+Cr^2, \tag{2.7}$$

由此得到应力分量

$$\begin{cases}\sigma_r=\dfrac{1}{r}\dfrac{\partial U}{\partial r}+\dfrac{1}{r^2}\dfrac{\partial^2 U}{\partial\theta^2}=\dfrac{B}{r^2}+2C,\\[2mm] \sigma_\theta=\dfrac{\partial^2 U}{\partial r^2}=-\dfrac{B}{r^2}+2C,\\[2mm] \tau_{r\theta}=-\dfrac{\partial}{\partial r}\left(\dfrac{1}{r}\dfrac{\partial U}{\partial\theta}\right)=0.\end{cases} \tag{2.8}$$

按照边界条件(2.1),得到确定常数 B 和 C 的方程为

$$\frac{B}{a^2}+2C=-P_a,\quad \frac{B}{b^2}+2C=-P_b, \tag{2.9}$$

解之得

$$B=\frac{a^2b^2}{b^2-a^2}(P_b-P_a),\quad C=\frac{a^2P_a-b^2P_b}{2(b^2-a^2)}. \tag{2.10}$$

于是应力分量为

$$\begin{cases}\sigma_r=\dfrac{a^2}{b^2-a^2}\left(1-\dfrac{b^2}{r^2}\right)P_a-\dfrac{b^2}{b^2-a^2}\left(1-\dfrac{a^2}{r^2}\right)P_b,\\[2mm] \sigma_\theta=\dfrac{a^2}{b^2-a^2}\left(1+\dfrac{b^2}{r^2}\right)P_a-\dfrac{b^2}{b^2-a^2}\left(1+\dfrac{a^2}{r^2}\right)P_b,\\[2mm] \tau_{r\theta}=0.\end{cases} \tag{2.11}$$

如果 $b=1.1a$,当 $P_b=0$ 时,在内边界 $r=a$ 上,有

$$\sigma_\theta \cong 11P_a, \tag{2.12}$$

即在内边界的环向受有10余倍内压的拉应力.

对 $P_a=0$,且 $b\to\infty$,(2.11)式给出

$$\begin{cases}\sigma_r=\left(1-\dfrac{a^2}{r^2}\right)P_\infty,\\ \sigma_\theta=\left(1+\dfrac{a^2}{r^2}\right)P_\infty,\\ \tau_{r\theta}=0,\end{cases} \tag{2.13}$$

其中 $P_\infty=-P_b$.(2.13)式可认为是有圆孔的无限大板在无限远处受双向拉伸的情况(对于应力边值问题的应力分量,其平面应变问题和平面应力问题是相同的,故说筒或板都无妨),因而在内边界 $r=a$ 上,给出 σ_θ 的最大值

$$(\sigma_\theta)_{\max}=2P_\infty. \tag{2.14}$$

记

$$k=\frac{(\sigma_\theta)_{\max}}{P_\infty}, \tag{2.15}$$

称为应力集中系数.从(2.14)式可知,此时的 k 等于2.

§3 转动的圆盘

转动的圆盘是工程中常见的构件.当盘的厚度 $2h$ 比盘的内径 a 和外径 b 小得多时,可考虑为平面应力问题,其时的惯性力可作为体力.按第七章中(1.18)式,有

$$\varphi=\frac{1}{2}\rho\omega^2r^2,\quad F=0, \tag{3.1}$$

$$f_r=\frac{\partial\varphi}{\partial r}=\rho\omega^2r,\quad f_\theta=\frac{1}{r}\frac{\partial\varphi}{\partial\theta}=0, \tag{3.2}$$

其中 ρ 为圆盘材料的密度,ω 为圆盘的旋转角速度,f_r 和 f_θ 为体力矢量在极坐标下的分量.按第七章(3.27)式,应力分量为

$$\begin{cases}\sigma_r=\dfrac{1}{r}\dfrac{\partial\Phi}{\partial r}+\dfrac{1}{r^2}\dfrac{\partial^2\Phi}{\partial\theta^2}-\dfrac{1}{2}\rho\omega^2r^2,\\ \sigma_\theta=\dfrac{\partial^2\Phi}{\partial r^2}-\dfrac{1}{2}\rho\omega^2r^2,\\ \tau_{r\theta}=-\dfrac{\partial}{\partial r}\left(\dfrac{1}{r}\dfrac{\partial\Phi}{\partial\theta}\right).\end{cases} \tag{3.3}$$

这里

$$\Phi = U + \frac{\nu}{6(1+\nu)}(h^2 - 3z^2)\left(\nabla^2 U + \frac{2\nu}{1-\nu}\rho\omega^2 r^2\right), \tag{3.4}$$

$$\nabla^2\nabla^2 U = 2(1-\nu)\rho\omega^2. \tag{3.5}$$

因所考虑的平面应力问题为轴对称的，设 $U=U(r)$，上式成为

$$U'''' + \frac{2}{r}U''' - \frac{1}{r^2}U'' + \frac{1}{r^3}U' = 2(1-\nu)\rho\omega^2. \tag{3.6}$$

按上一节(2.7)式，可知上式的一般解为

$$U = B\ln r + Cr^2 + \frac{1-\nu}{32}\rho\omega^2 r^4. \tag{3.7}$$

于是

$$\begin{aligned}\Phi &= B\ln r + C\left[r^2 + 2\nu\frac{h^2 - 3z^2}{3(1+\nu)}\right] \\ &\quad + \frac{\nu(1+\nu)}{12(1-\nu)}(h^2 - 3z^2)\rho\omega^2 r^2 + \frac{1-\nu}{32}\rho\omega^2 r^4.\end{aligned} \tag{3.8}$$

将上式代入(3.3)式得到应力分量

$$\begin{cases}\sigma_r = \dfrac{B}{r^2} + 2C + \left[-\dfrac{3+\nu}{8}r^2 + \dfrac{\nu(1+\nu)}{6(1-\nu)}(h^2 - 3z^2)\right]\rho\omega^2, \\ \sigma_\theta = -\dfrac{B}{r^2} + 2C + \left[-\dfrac{1+3\nu}{8}r^2 + \dfrac{\nu(1+\nu)}{6(1-\nu)}(h^2 - 3z^2)\right]\rho\omega^2, \\ \tau_{r\theta} = 0.\end{cases} \tag{3.9}$$

在圆环的边缘上合力为零，即

$$\int_{-h}^{+h}(\sigma_r)_{r=a}\,\mathrm{d}z = 0, \quad \int_{-h}^{+h}(\sigma_r)_{r=b}\,\mathrm{d}z = 0. \tag{3.10}$$

将(3.9)式代入上式后进行积分，得

$$\frac{B}{a^2} + 2C = \frac{3+\nu}{8}a^2\rho\omega^2, \quad \frac{B}{b^2} + 2C = \frac{3+\nu}{8}b^2\rho\omega^2.$$

解之得

$$\begin{cases}B = -\dfrac{3+\nu}{8}\rho a^2 b^2\omega^2, \\ C = \dfrac{3+\nu}{16}\rho(a^2 + b^2)\omega^2.\end{cases} \tag{3.11}$$

因此，应力分量成为

$$
\begin{cases}
\sigma_r = \rho\omega^2\left[-\dfrac{3+\nu}{8r^2}a^2b^2 + \dfrac{3+\nu}{8}(a^2+b^2-r^2)\right. \\
\qquad \left. + \dfrac{\nu(1+\nu)}{6(1-\nu)}(h^2-3z^2)\right], \\
\sigma_\theta = \rho\omega^2\left[\dfrac{3+\nu}{8r^2}a^2b^2 + \dfrac{3+\nu}{8}(a^2+b^2) - \dfrac{1+3\nu}{8}r^2\right. \\
\qquad \left. + \dfrac{\nu(1+\nu)}{6(1-\nu)}(h^2-3z^2)\right], \\
\tau_{r\theta} = 0.
\end{cases} \tag{3.12}
$$

在上式中我们若不计 h^2-3z^2 的附加项,则与铁摩辛柯等人的著作[43]中第 94 页的公式(56)一致.又在上式中令 $a=0$,即实心圆盘的情形,则与前述著作[43]中第 464 页的公式(201)一致. 但该著作是按空间轴对称问题求得的解,而本书是按平面应力问题求出的解.Zhao 等[193]分析了含环向体力的平面轴对称问题,其时剪应力 $\tau_{r\theta}$不为零,并将解答用于计算桩的振动.

§4 曲 杆

图 8.3 所示为同心圆弧形的曲杆,内、外径分别为 a 和 b,厚度为一个单位.内外圆弧上均无外力,仅在 $\theta=0$ 杆端处作用有外力矩 M、法向力 P 和切向力 Q.坐标原点 O 取在圆弧所相应的圆心上.我们要解的边值问题是:

$$
\begin{cases}
\nabla^4 U = 0 \quad (a<r<b, 0<\theta<\theta_0, 0<\theta_0<2\pi), \\
r=a,b:\quad \sigma_r = \tau_{r\theta} = 0, \\
\theta = 0: \\
\displaystyle\int_a^b \sigma_\theta\,\mathrm{d}r = P,\quad \int_a^b \tau_{r\theta}\,\mathrm{d}r = Q,\quad \int_a^b \left(r-\frac{a+b}{2}\right)\sigma_\theta\,\mathrm{d}r = -M.
\end{cases} \tag{4.1}
$$

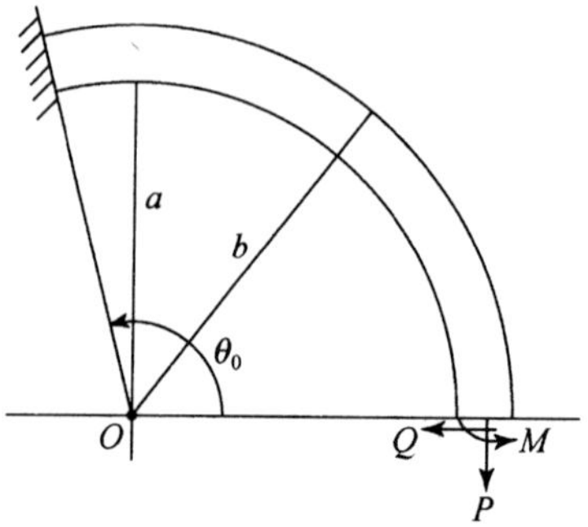

图 8.3

以下就纯弯曲、作用切向力和作用法向力 3 种情形，逐个讨论杆的边值问题.

4.1　纯弯曲：$M\neq 0, P=Q=0$

对于这种情形，应力函数 U 可认为仅是 r 的函数，按(2.6)式，有

$$U(r)=B\ln r+Cr^2+Dr^2\ln r, \tag{4.2}$$

算出应力分量

$$\begin{cases}\sigma_r=\dfrac{1}{r}\dfrac{\partial U}{\partial r}+\dfrac{1}{r^2}\dfrac{\partial^2 U}{\partial\theta^2}=\dfrac{B}{r^2}+2C+D(2\ln r+1),\\ \sigma_\theta=\dfrac{\partial^2 U}{\partial r^2}=-\dfrac{B}{r^2}+2C+D(2\ln r+3),\\ \tau_{r\theta}=-\dfrac{\partial}{\partial r}\left(\dfrac{1}{r}\dfrac{\partial U}{\partial\theta}\right)=0.\end{cases} \tag{4.3}$$

在 $r=a,b$ 上，$\sigma_r=0$ 给出

$$\begin{cases}\dfrac{1}{a}U'(a)=\dfrac{B}{a^2}+2C+D(2\ln a+1)=0,\\ \dfrac{1}{b}U'(b)=\dfrac{B}{b^2}+2C+D(2\ln b+1)=0;\end{cases} \tag{4.4}$$

在 $\theta=0$ 的端部有

$$\begin{cases}\displaystyle\int_a^b\sigma_\theta\,\mathrm{d}r=\int_a^b U''(r)\,\mathrm{d}r=U'(b)-U'(a)=0,\\ \displaystyle\int_a^b\tau_{r\theta}\,\mathrm{d}r=0,\\ \displaystyle\int_a^b\left(r-\frac{a+b}{2}\right)\sigma_\theta\,\mathrm{d}r=\int_a^b rU''\mathrm{d}r=(rU'-U)\Big|_a^b\\ \qquad\qquad=U(a)-U(b)=-M.\end{cases}$$

上式最后一个式子，即为

$$B\ln\frac{b}{a}+C(b^2-a^2)+D(b^2\ln b-a^2\ln a)=M. \tag{4.5}$$

从(4.4)和(4.5)式即可解出

$$\begin{cases}B=-\dfrac{4M}{N}a^2b^2\ln\dfrac{b}{a},\\ C=\dfrac{M}{N}[(b^2-a^2)+2(b^2\ln b-a^2\ln a)],\\ D=-\dfrac{2M}{N}(b^2-a^2),\end{cases} \tag{4.6}$$

其中

$$N=(b^2-a^2)^2-4a^2b^2\left(\ln\frac{b}{a}\right)^2. \tag{4.7}$$

将常数的表达式(4.6)代入应力分量的表达式(4.3),得

$$\begin{cases}\sigma_r=-\dfrac{4M}{N}\left(\dfrac{a^2b^2}{r^2}\ln\dfrac{b}{a}+b^2\ln\dfrac{r}{b}+a^2\ln\dfrac{a}{r}\right),\\ \sigma_\theta=-\dfrac{4M}{N}\left(-\dfrac{a^2b^2}{r^2}\ln\dfrac{b}{a}+b^2\ln\dfrac{r}{b}+a^2\ln\dfrac{a}{r}+b^2-a^2\right),\\ \tau_{r\theta}=0.\end{cases} \tag{4.8}$$

现在来求位移场.按 Hooke 定律和几何关系,有

$$\begin{cases}\varepsilon_r=\dfrac{\partial u_r}{\partial r}=\dfrac{1}{E}(\sigma_r-\nu\sigma_\theta)\\ \quad=\dfrac{1}{E}\left\{\dfrac{1+\nu}{r^2}B+2(1-\nu)C+D[2(1-\nu)\ln r+1-3\nu]\right\},\\ \varepsilon_\theta=\dfrac{1}{r}\dfrac{\partial u_\theta}{\partial\theta}+\dfrac{u_r}{r}=\dfrac{1}{E}(\sigma_\theta-\nu\sigma_r)\\ \quad=\dfrac{1}{E}\left\{-\dfrac{1+\nu}{r^2}B+2(1-\nu)C+D[2(1-\nu)\ln r+3-\nu]\right\},\\ \gamma_{r\theta}=\dfrac{1}{2}\left(\dfrac{1}{r}\dfrac{\partial u_r}{\partial\theta}+\dfrac{\partial u_\theta}{\partial r}-\dfrac{u_\theta}{r}\right)=\dfrac{1+\nu}{E}\tau_{r\theta}=0.\end{cases} \tag{4.9}$$

对(4.9a)式积分,得

$$u_r=\frac{1}{E}\left[-\frac{1+\nu}{r}B+2(1-\nu)Cr+2(1-\nu)Dr\ln r-D(1+\nu)r\right]+f(\theta), \tag{4.10}$$

其中 $f(\theta)$ 为 θ 的待定函数.将上式代入(4.9b)式,得到

$$\frac{1}{r}\frac{\partial u_\theta}{\partial\theta}-\frac{4}{E}D+\frac{1}{r}f(\theta)=0, \tag{4.11}$$

再对上式积分,得

$$u_\theta=\frac{4}{E}Dr\theta-\int f(\theta)\mathrm{d}\theta+g(r), \tag{4.12}$$

这里 $g(r)$ 为 r 的待定函数.将(4.10),(4.12)式代入(4.9c)式,得

$$f'(\theta)+rg'(r)-g(r)+\int f(\theta)\mathrm{d}\theta=0, \tag{4.13}$$

由此,得到

$$f(\theta)=K_1\cos\theta+K_2\sin\theta,\quad g(r)=Lr. \tag{4.14}$$

将相应于 $f(\theta)$ 和 $g(r)$ 的位移部分,记为 $u_r^{(0)}$ 和 $u_\theta^{(0)}$,那么

$$\begin{cases}u_r^{(0)}=K_1\cos\theta+K_2\sin\theta,\\ u_\theta^{(0)}=-K_1\sin\theta+K_2\cos\theta+Lr.\end{cases} \tag{4.15}$$

上述位移部分,在直角坐标系下记为 $u_x^{(0)}$ 和 $u_y^{(0)}$,有

$$\begin{cases}u_x^{(0)}=u_r^{(0)}\cos\theta-u_\theta^{(0)}\sin\theta=K_1-Ly,\\ u_y^{(0)}=u_r^{(0)}\sin\theta+u_\theta^{(0)}\cos\theta=K_2+Lx.\end{cases}\tag{4.16}$$

此式表明 $u_r^{(0)}$ 和 $u_\theta^{(0)}$ 实际上是平移加转动,如果不计刚体位移部分(即施于某种约束使其为零),从(4.10)和(4.12)式得到位移场

$$\begin{cases}u_r=\dfrac{1}{E}\left[-\dfrac{1+\nu}{r}B+2(1-\nu)rC+2(1-\nu)Dr\ln r-D(1+\nu)r\right],\\ u_\theta=\dfrac{4D}{E}r\theta.\end{cases}\tag{4.17}$$

对于曲梁 $0<\theta<\theta_0<2\pi$,因此,上式中的位移都是单值函数.但对在§2 中所考虑的厚壁圆筒,因其为整环,当 θ 增加 2π 的整数倍时相应于整环上的同一点,因此 θ 为多值函数.对厚壁圆筒,为保证位移单值性,在应力函数(2.7)中必须放弃“$Dr^2\ln r$”这一项.

对于整环,如果保留“$Dr^2\ln r$”这一项,将应变分量(4.9)式代入(1.18)式中,可求出 Burgers 矢量和 Frank 矢量为

$$\boldsymbol{b}=\boldsymbol{0},\quad \boldsymbol{f}=-\frac{8\pi D}{E}\boldsymbol{k}.\tag{4.18}$$

此时弹性体内有向错发生,具有多值位移.

用初应力可以说明多值位移的物理意义.如果将整环割去一个角度为 α 的微小部分(图 8.4),然后再将其焊接成一个整环,这时环内就有了初应力.为成整环,环向位移应有

$$(u_\theta)_{\theta=2\pi}-(u_\theta)_{\theta=0}=\alpha r,\tag{4.19}$$

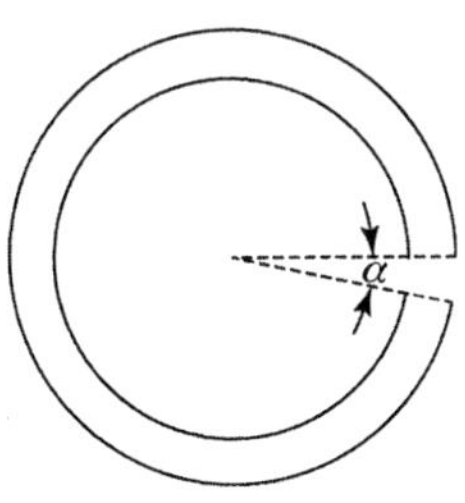

图　8.4

从(4.17b)式,又得

$$(u_\theta)_{\theta=2\pi}-(u_\theta)_{\theta=0}=\frac{8\pi D}{E}r.\tag{4.20}$$

比较上面(4.19)和(4.20)两式,得到

$$D = E\alpha/8\pi. \tag{4.21}$$

将上式代入确定 D 的(4.6c)式,可得到为使环焊住所需的力矩:

$$M = -\frac{(b^2-a^2)^2 - 4a^2b^2\left(\ln\frac{b}{a}\right)^2}{16\pi(b^2-a^2)}E\alpha. \tag{4.22}$$

利用上式所给出的力矩,从(4.8)式可算出环内的初应力的值.

4.2 作用切向力: $Q\neq 0, M=0, P=0$

采用半逆解法.假定应力函数 U 的形式为

$$U = f(r)\sin\theta, \tag{4.23}$$

其中 $f(r)$ 为待定函数.将上式代入双调和方程(4.1a),得到决定 $f(r)$ 的四阶 Euler 型常微分方程

$$f'''' + \frac{2}{r}f''' - \frac{3}{r^2}f'' + \frac{3}{r^3}f' - \frac{3}{r^4}f = 0. \tag{4.24}$$

此方程的一般解为

$$f(r) = Ar + \frac{B}{r} + Cr^3 + Dr\ln r, \tag{4.25}$$

这里 A,B,C,D 为待定常数.于是,应力分量为

$$\begin{cases} \sigma_r = \dfrac{1}{r}\dfrac{\partial U}{\partial r} + \dfrac{1}{r^2}\dfrac{\partial^2 U}{\partial\theta^2} = \left(-\dfrac{2B}{r^3} + 2Cr + \dfrac{D}{r}\right)\sin\theta, \\ \sigma_\theta = \dfrac{\partial^2 U}{\partial r^2} = \left(\dfrac{2B}{r^3} + 6Cr + \dfrac{D}{r}\right)\sin\theta, \\ \tau_{r\theta} = -\dfrac{\partial}{\partial r}\left(\dfrac{1}{r}\dfrac{\partial U}{\partial\theta}\right) = -\left(-\dfrac{2B}{r^3} + 2Cr + \dfrac{D}{r}\right)\cos\theta. \end{cases} \tag{4.26}$$

从 $r=a,b$ 的边界条件和 $\theta=0$ 端部的 Saint-Venant 条件,得到确定常数 B,C,D 的方程

$$\begin{cases} -\dfrac{2B}{a^3} + 2Ca + \dfrac{D}{a} = 0, \\ -\dfrac{2B}{b^3} + 2Cb + \dfrac{D}{b} = 0, \\ B\left(\dfrac{1}{b^2} - \dfrac{1}{a^2}\right) + C(b^2-a^2) + D\ln\dfrac{b}{a} = -Q. \end{cases} \tag{4.27}$$

解之得常数为

$$B = -\frac{Q}{2k}a^2b^2, \quad C = \frac{Q}{2k}, \quad D = -\frac{a^2+b^2}{k}Q, \tag{4.28}$$

这里

$$k = a^2 - b^2 + (a^2 + b^2)\ln\frac{b}{a}. \tag{4.29}$$

把(4.28)式的 B,C,D 值代入(4.26)式，就可算出应力分量.利用 Hooke 定律和几何关系，得到

$$\begin{cases} \varepsilon_r = \dfrac{\sin\theta}{E}\left[-\dfrac{2(1+\nu)}{r^3}B + 2C(1-3\nu)r + \dfrac{1-\nu}{r}D\right], \\ \varepsilon_\theta = \dfrac{\sin\theta}{E}\left[\dfrac{2(1+\nu)}{r^3}B + 2C(3-\nu)r + \dfrac{1-\nu}{r}D\right], \\ \gamma_{r\theta} = -\dfrac{1+\nu}{E}\cos\theta\left[-\dfrac{2B}{r^3} + 2Cr + \dfrac{D}{r}\right]. \end{cases} \tag{4.30}$$

对上式积分，得到了位移分量

$$\begin{cases} u_r = -\dfrac{2D}{E}\theta\cos\theta + \dfrac{\sin\theta}{E}\Big[\dfrac{1+\nu}{r^2}B + C(1-3\nu)r^2 \\ \qquad + D(1-\nu)\ln r\Big], \\ u_\theta = \dfrac{2D}{E}\theta\sin\theta - \dfrac{\cos\theta}{E}\Big[\dfrac{1+\nu}{r^2}B + C(5+\nu)r^2 \\ \qquad - D(1+\nu) - D(1-\nu)\ln r\Big], \end{cases} \tag{4.31}$$

(4.31)式中已不计刚体位移.

对于整环，将应变分量(4.30)式代入(1.18)式，得到 Burgers 矢量和 Frank 矢量为

$$\boldsymbol{b} = -\frac{4\pi D}{E}\boldsymbol{i}, \quad \boldsymbol{f} = \boldsymbol{0}. \tag{4.32}$$

弹性体内有 x 向的位错，位移多值.在整环时，若沿 $\theta=0$ 的面切开，施加剪力 Q，将 $\theta=2\pi$ 端向内移动 δ，然后，将其焊接起来成为整环(图 8.5).这时，切端移动的距离应为 δ，即

$$\delta = (u_r)_{\theta=2\pi} - (u_r)_{\theta=0}; \tag{4.33}$$

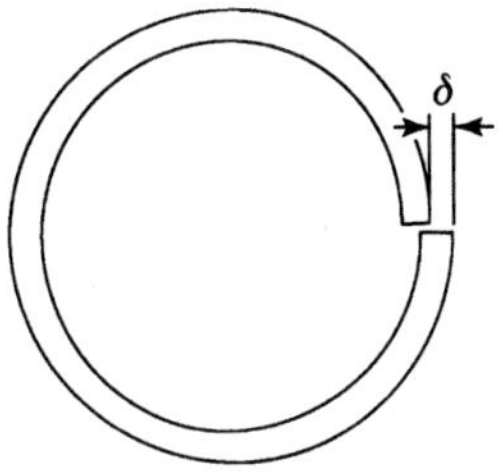

图　8.5

另一方面,从(4.31a)式得

$$(u_r)_{\theta=2\pi}-(u_r)_{\theta=0}=-\frac{4\pi D}{E}. \tag{4.34}$$

从(4.33),(4.34)和(4.28c)式可求出所加剪力为

$$Q=E\frac{a^2-b^2+(a^2+b^2)\ln\dfrac{b}{a}}{4\pi(a^2+b^2)}\delta, \tag{4.35}$$

由此可算出整环中的初应力.

4.3 作用法向力:$P\neq0,Q=0,M=0$

仍运用半逆解法.设应力函数为

$$U=f(r)\cos\theta+g(r). \tag{4.36}$$

类似(2.6)和(4.25)式,U 是双调和函数,给出

$$\begin{cases}f(r)=A_1r+\dfrac{B_1}{r}+C_1r^3+D_1r\ln r,\\ g(r)=A_2+B_2\ln r+C_2r^2+D_2r^2\ln r,\end{cases} \tag{4.37}$$

其中 $A_i,B_i,C_i,D_i(i=1,2)$ 为待定常数.由此得到应力分量

$$\begin{cases}\sigma_r=\left(-\dfrac{2B_1}{r^3}+2C_1r+\dfrac{D_1}{r}\right)\cos\theta+\dfrac{B_2}{r^2}+2C_2+D_2(2\ln r+1),\\ \sigma_\theta=\left(\dfrac{2B_1}{r^3}+6C_1r+\dfrac{D_1}{r}\right)\cos\theta-\dfrac{B_2}{r^2}+2C_2+D_2(2\ln r+3),\\ \tau_{r\theta}=\left(-\dfrac{2B_1}{r^3}+2C_1r+\dfrac{D_1}{r}\right)\sin\theta.\end{cases} \tag{4.38}$$

在 $r=a,b$ 上,由 $\sigma_r=\tau_{r\theta}=0$ 的边界条件可知:

$$\begin{cases}-\dfrac{2B_1}{a^3}+2C_1a+\dfrac{D_1}{a}=0,\\ -\dfrac{2B_1}{b^3}+2C_1b+\dfrac{D_1}{b}=0;\end{cases} \tag{4.39}$$

$$\begin{cases}\dfrac{B_2}{a^2}+2C_2+D_2(2\ln a+1)=0,\\ \dfrac{B_2}{b^2}+2C_2+D_2(2\ln b+1)=0.\end{cases} \tag{4.40}$$

借助于(4.39)和(4.40)两式,$\theta=0$ 的端部边界条件可写成如下形式:

$$\begin{cases}B_1\left(\dfrac{1}{b^2}-\dfrac{1}{a^2}\right)+C_1(b^2-a^2)+D_1\ln\dfrac{b}{a}=P,\\ B_2\ln\dfrac{b}{a}+C_2(b^2-a^2)+D_2(b^2\ln b-a^2\ln a)=-\dfrac{a+b}{2}P.\end{cases} \tag{4.41}$$

将(4.4),(4.5)两式中的 B,C,D 换为 B_2,C_2,D_2,而 M 换为 $-\dfrac{a+b}{2}P$,将(4.27)式中的 B,C,D 都换为 B_1,C_1,D_1,且 Q 换为 $-P$,即可得到(4.40)和(4.41b)两式的解;再(4.39)和(4.41a)两式的解;再将这些解答代入(4.38)式就得到法向作用下曲扩中的应力分量.于是,不计刚体位移的位移分量为

$$\begin{cases}u_r=\dfrac{2D_1}{E}\theta\ \sin\theta+\dfrac{\cos\theta}{E}\Big[\dfrac{1+\nu}{r^2}B_1+C_1(1-3\nu)r^2\\ \qquad +D_1(1-\nu)\ln r\Big]+\dfrac{1}{E}\Big[-\dfrac{1+\nu}{r}B_2+2C_2(1-\nu)r\\ \qquad +2D_2(1-\nu)r\ln r-D_2(1+\nu)r\Big],\\ u_\theta=\dfrac{2D_1}{E}\theta\ \cos\theta+\dfrac{4D_2}{E}r\theta+\dfrac{\sin\theta}{E}\Big[\dfrac{1+\nu}{r^2}B_1+C_1(5+\nu)r^2\\ \qquad -D_1(1-\nu)\ln r-D_1(1+\nu)\Big].\end{cases} \tag{4.42}$$

对于整环,(4.42)式表明位移多值,也可将多值性解释为初应力,于是Burgers 矢量和 Franks 矢量为

$$\boldsymbol{b}=-\frac{4\pi D_1}{E}\boldsymbol{j},\quad \boldsymbol{f}=-\frac{8\pi D_2}{E}\boldsymbol{k}, \tag{4.43}$$

这时既有位错又有向错.

以上 3 小节的内容皆来自于铁摩辛柯等人著作[43]中 §29－§34,Папкович 著作[207]中第 487－495 页,以及卡兹著作[23]中 §52.

4.4 关于应力函数的形式

在(4.2),(4.23)和(4.36)式中,我们直接给出了应力函数的简化形式,也有一种“导出”此等应力函数的方案.设端部 $\theta=0$ 处作用有法向力 P,切向力 Q 和力矩 M 时,曲杆的应力函数可表示为 P,Q,M 的线性函数,即设

$$U(r,\theta)=PU_1(r,\theta)+QU_2(r,\theta)+MU_3(r,\theta). \tag{4.44}$$

现在将极轴移至 $\theta=\alpha$ 处.设在该处的法向力、切向力和力矩分别为 P',Q' 和 M'(图 8.6).那么在应力函数 $U(r,\theta)$ 的(4.44)式中,对于 $\theta=\alpha+\beta$ 即可写成

$$U(r,\alpha+\beta)=P'U_1(r,\beta)+Q'U_2(r,\beta)+M'U_3(r,\beta). \tag{4.45}$$

从 $\theta=0$ 至 $\theta=\alpha$ 这一段曲杆的平衡,得

$$\begin{cases}P'=P\cos\alpha-Q\sin\alpha,\\ Q'=P\sin\alpha+Q\cos\alpha,\\ M'=M+\dfrac{a+b}{2}[P(\cos\alpha-1)-Q\sin\alpha].\end{cases} \tag{4.46}$$

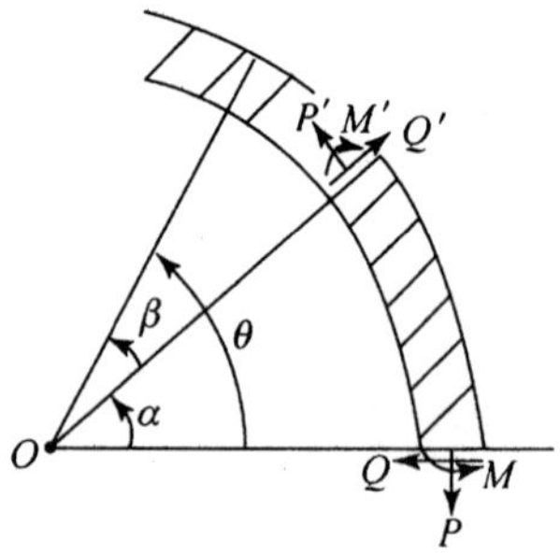

图 8.6

将上式代入(4.45)式，并与 $\theta=\alpha+\beta$ 时的(4.44)式相比较，即得到

$$\begin{cases}U_1(r,\alpha+\beta)=U_1(r,\beta)\cos\alpha+U_2(r,\beta)\sin\alpha\\ \qquad\qquad+\dfrac{a+b}{2}U_3(r,\beta)(\cos\alpha-1),\\ U_2(r,\alpha+\beta)=-U_1(r,\beta)\sin\alpha+U_2(r,\beta)\cos\alpha\\ \qquad\qquad-\dfrac{a+b}{2}U_3(r,\beta)\sin\alpha,\\ U_3(r,\alpha+\beta)=U_3(r,\beta).\end{cases}\tag{4.47}$$

在上式中，令 $\beta=0$，得到

$$\begin{cases}U_1(r,\theta)=f_1(r)\cos\theta+f_2(r)\sin\theta-\dfrac{a+b}{2}g(r),\\ U_2(r,\theta)=-f_1(r)\sin\theta+f_2(r)\cos\theta,\\ U_3(r,\theta)=g(r).\end{cases}\tag{4.48}$$

注意，在得上式时，已将 α 改写成 θ，而将 $U_1(r,0)+\dfrac{a+b}{2}U_3(r,0)$ 记为 $f_1(r)$，将 $U_2(r,0)$ 记为 $f_2(r)$，将 $U_3(r,0)$ 记为 $g(r)$.

考虑到将 θ 换为 $-\theta$ 时，对于 $\theta=0$ 端部处 P 仍为 P，Q 则为 $-Q$，因此 U_1 应为 θ 的偶函数，U_2 为 θ 的奇函数，故应取

$$f_2(r)=0,$$

于是(4.48)式成为

$$\begin{cases}U_1(r,\theta)=f(r)\cos\theta-\dfrac{a+b}{2}g(r),\\ U_2(r,\theta)=-f(r)\sin\theta,\\ U_3(r,\theta)=g(r).\end{cases}\tag{4.49}$$

这与(4.2),(4.23)和(4.36)式的假定一致.

附注 1　由于 $\theta=0$ 的端部外力有无限多种分布,那么曲杆弯曲问题就有无限多个解.对于本小节所导出的应力函数(4.49),按 4.1～4.3 小节的推导,只能得到唯一解.显然,这是一个矛盾,这个矛盾就说明(4.49)式的"导出",在理论上是不严谨的,关于这点请参见 §7 的附注.

附注 2　按(4.2),(4.23)和(4.36)或(4.49)式的应力函数所求得的应力分量(4.8),(4.26)和(4.38),它们在 $\theta=0$ 端部的应力分布未必与给定的外力分布一致.如果一致,则为精确解;如果不一致,那就是按 Saint-Venant 意义的解,在远离端部是相当好的近似解.

§5　具圆孔的无限大板之拉伸

设有一个相当大的薄板,其中心有一个半径为 a 的小孔,在无限远的 x 方向有均匀拉力 p 作用(图 8.7),试求板内的应力场. 相应于第二章公式(5.7),在直角坐标与极坐标下的应力分量有如下转换关系:

$$\begin{cases}\sigma_r=\sigma_x\cos^2\theta+\sigma_y\sin^2\theta+\tau_{xy}\sin 2\theta,\\ \sigma_\theta=\sigma_x\sin^2\theta+\sigma_y\cos^2\theta-\tau_{xy}\sin 2\theta,\\ \tau_{r\theta}=\dfrac{\sigma_y-\sigma_x}{2}\sin 2\theta+\tau_{xy}\cos 2\theta.\end{cases}\tag{5.1}$$

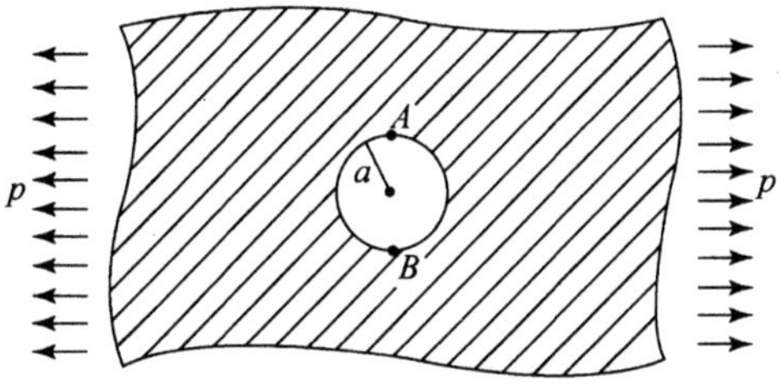

图　8.7

如果在无限远处的应力为

$$\sigma_x\to p;\quad \sigma_y,\tau_{xy}\to 0,\tag{5.2}$$

那么,在极坐标下,有

$$\begin{cases}\sigma_r\to p\cos^2\theta,\\ \sigma_\theta\to p\sin^2\theta,\\ \tau_{r\theta}\to-\dfrac{p}{2}\sin 2\theta\quad (r\to\infty).\end{cases}\tag{5.3}$$

于是我们所需解的边值问题为

$$
\begin{cases}
\nabla^2\nabla^2 U=0,\\
r=a:\quad \sigma_r=\tau_{r\theta}=0,\\
r\to\infty:\quad \sigma_r\to\dfrac{p}{2}+\dfrac{p}{2}\cos2\theta,\ \sigma_\theta=\dfrac{p}{2}-\dfrac{p}{2}\cos2\theta,\tau_{r\theta}\to-\dfrac{p}{2}\sin2\theta.
\end{cases}
\tag{5.4}
$$

根据边值问题(5.4)的边界条件的特点,可将它分成如下两个问题:

$$
\begin{cases}
\nabla^2\nabla^2 U^{(1)}=0,\\
r=a:\quad \sigma_r^{(1)}=\tau_{r\theta}^{(1)}=0,\\
r\to\infty:\quad \sigma_r^{(1)},\sigma_\theta^{(1)}\to\dfrac{p}{2},\ \tau_{r\theta}^{(1)}\to 0;
\end{cases}
\tag{5.5}
$$

$$
\begin{cases}
\nabla^2\nabla^2 U^{(2)}=0,\\
r=a:\quad \sigma_r^{(2)}=\tau_{r\theta}^{(2)}=0,\\
r\to\infty:\quad \sigma_r^{(2)}\to\dfrac{p}{2}\cos2\theta,\ \sigma_\theta^{(2)}\to-\dfrac{p}{2}\cos2\theta,\\
\qquad\qquad \tau_{r\theta}^{(2)}\to-\dfrac{p}{2}\sin2\theta.
\end{cases}
\tag{5.6}
$$

问题(5.5)可以看作§2中厚壁圆筒外径 $b\to\infty$ 的情形. 按公式(2.13),问题(5.5)的应力分量为

$$
\begin{cases}
\sigma_r^{(1)}=\dfrac{p}{2}\left(1-\dfrac{a^2}{r^2}\right),\\
\sigma_\theta^{(1)}=\dfrac{p}{2}\left(1+\dfrac{a^2}{r^2}\right),\\
\tau_{r\theta}^{(1)}=0.
\end{cases}
\tag{5.7}
$$

根据边界条件的情况,问题(5.6)的应力函数 $U^{(2)}$ 可设为

$$
U^{(2)}=f(r)\cos2\theta.
\tag{5.8}
$$

式中 $U^{(2)}$ 为双调和函数,因此给出待定函数 $f(r)$ 应满足方程

$$
f''''+\frac{2}{r}f'''-\frac{9}{r^2}f''+\frac{9}{r^3}f'=0,
\tag{5.9}
$$

这也是一个四阶 Euler 型常微分方程,其一般解为

$$
f(r)=Ar^2+Br^{-2}+Cr^4+D,
\tag{5.10}
$$

这里 A,B,C,D 均是待定常数.相应于(5.8)和(5.10)式的应力分量为

$$
\begin{cases}
\sigma_r^{(2)}=-(2A+6Br^{-4}+4Dr^{-2})\cos2\theta,\\
\sigma_\theta^{(2)}=(2A+6Br^{-4}+12Cr^2)\cos2\theta,\\
\tau_{r\theta}^{(2)}=(2A-6Br^{-4}+6Cr^2-2Dr^{-2})\sin2\theta.
\end{cases}
\tag{5.11}
$$

从问题(5.6)中 $r\to\infty$ 的条件,可得

$$
A=-\frac{p}{4},\quad C=0,
\tag{5.12}
$$

再从问题(5.6)中，$r=a$ 边界上无外力的条件，得出

$$B=-\frac{p}{4}a^4,\quad D=\frac{p}{2}a^2, \tag{5.13}$$

于是，问题(5.6)的应力分量为

$$\begin{cases}\sigma_r^{(2)}=\dfrac{p}{2}\left(1+\dfrac{3a^4}{r^4}-\dfrac{4a^2}{r^2}\right)\cos2\theta,\\ \sigma_\theta^{(2)}=-\dfrac{p}{2}\left(1+\dfrac{3a^4}{r^4}\right)\cos2\theta,\\ \tau_{r\theta}^{(2)}=-\dfrac{p}{2}\left(1-\dfrac{3a^4}{r^4}+\dfrac{2a^2}{r^2}\right)\sin2\theta.\end{cases} \tag{5.14}$$

将(5.7)和(5.14)式中两组应力分量相叠加，就得到了原问题(5.4)的下述解：

$$\begin{cases}\sigma_r=\dfrac{p}{2}\left(1-\dfrac{a^2}{r^2}\right)+\dfrac{p}{2}\left(1+\dfrac{3a^4}{r^4}-\dfrac{4a^2}{r^2}\right)\cos2\theta,\\ \sigma_\theta=\dfrac{p}{2}\left(1+\dfrac{a^2}{r^2}\right)-\dfrac{p}{2}\left(1+\dfrac{3a^4}{r^4}\right)\cos2\theta,\\ \tau_{r\theta}=-\dfrac{p}{2}\left(1-\dfrac{3a^4}{r^4}+\dfrac{2a^2}{r^2}\right)\sin2\theta.\end{cases} \tag{5.15}$$

在圆孔的周界 $r=a$ 上，

$$\sigma_r=\tau_{r\theta}=0,\quad \sigma_\theta=p(1-2\cos2\theta). \tag{5.16}$$

当 $\theta=\pm\pi/2$ 时，也就是在图 8.7 中 A 和 B 两点上，环向应力 σ_θ 达到最大值

$$(\sigma_\theta)_{\max}=3p. \tag{5.17}$$

按§2 中(2.15)式引入的应力集中系数 k，对于单向拉伸时，小孔的 $k=3$.如果在 x 方向拉伸，y 方向压缩时，可算出 $k=4$.

孔边的高度应力集中，在许多实际问题中都可以碰到，如船的甲板、机翼、机身的孔边.对于非圆形的孔，也有研究，椭圆孔的应力集中系数 $k=1+2a/b$，这里 $2a$ 是椭圆垂直于拉力方向的轴长，$2b$ 是另一轴长.有关孔边的应力集中，可参阅诺埃伯[32]、萨文[38]等的专著.

附注　下面的结论很有用处.

引理 5.1　设 $U(x,y)$ 为双调和函数，则它可写成下述 3 种形式：

$$U=xf_1+g_1,\quad U=yf_2+g_2,\quad U=r^2f_3+g_3, \tag{5.18}$$

其中 $\nabla^2 f_i(x,y)=0$，$\nabla^2 g_i(x,y)=0$，$i=1,2,3$，而 $r^2=x^2+y^2$.

证明　令

$$P=\nabla^2 U, \tag{5.19}$$

则 P 为调和函数.设 $Q(x,y)$ 为 $P(x,y)$ 的共轭调和函数，那么存在共轭调和函数 $f_1(x,y)$，$f_2(x,y)$ 满足

$$\frac{\partial f_1}{\partial x}=\frac{\partial f_2}{\partial y}=\frac{1}{2}P,\quad \frac{\partial f_1}{\partial y}=-\frac{\partial f_2}{\partial x}=\frac{1}{2}Q. \tag{5.20}$$

事实上,f_1,f_2 可以用如下的与路径无关的线积分来定义:

$$\begin{cases} f_1(x,y)=\dfrac{1}{2}\displaystyle\int_{(x_0,y_0)}^{(x,y)} P\,\mathrm{d}x+Q\,\mathrm{d}y, \\ f_2(x,y)=\dfrac{1}{2}\displaystyle\int_{(x_0,y_0)}^{(x,y)} (-Q)\,\mathrm{d}x+P\,\mathrm{d}y, \end{cases} \tag{5.21}$$

其中(x_0,y_0)为区域中的某个定点.

从(5.19)和(5.20)两式可得

$$\nabla^2 U=2\frac{\partial f_1}{\partial x}=\nabla^2(xf_1),\quad \nabla^2 U=2\frac{\partial f_2}{\partial y}=\nabla^2(yf_2). \tag{5.22}$$

从上式可得

$$U=xf_1+g_1,\quad U=yf_2+g_2, \tag{5.23}$$

其中 g_1,g_2 为调和函数.(5.23)式即欲证之(5.18a)与(5.18b)式.

从(5.23)式,我们可得

$$U=\frac{1}{2}(xf_1+yf_2)+\frac{1}{2}(g_1+g_2). \tag{5.24}$$

将上式改写为

$$U=r^2 f_3+g_3, \tag{5.25}$$

其中,当坐标原点(0,0)在弹性区域内时,f_3,g_3 如下给定:

$$\begin{cases} f_3(x,y)=\dfrac{x}{r^2}\,\dfrac{f_1(x,y)-f_1(0,0)}{2}+\dfrac{y}{r^2}\,\dfrac{f_2(x,y)-f_2(0,0)}{2}, \\ g_3(x,y)=\dfrac{1}{2}[g_1(x,y)+g_2(x,y)+xf_1(0,0)+yf_2(0,0)]. \end{cases} \tag{5.26}$$

当坐标原点(0,0)在弹性区域内时,删去(5.26)式中有关 $f_1(0,0)$,$f_2(0,0)$的项,即为 f_3,g_3 的形式.

显然 g_3 为调和函数,再考虑到 f_1,f_2 为共轭调和函数,不难验证,f_3 也为调和函数.于是(5.26)式即为欲证之(5.18c)式.引理 5.1 证毕.

这个引理是第七章习题的第 10 题.利用引理 5.1 和比较熟悉的调和函数的知识,不必计算就可直接看出前面几节中所得到的一些双调和函数.

例如,由于 1 和 $\ln r$ 为调和函数,那么

$$U(r)=A+B\ln r+Cr^2+Dr^2\ln r \tag{5.27}$$

就是仅与 r 有关的双调和函数 $U(r)$的一般解,这是因为 $U(r)$满足的是一个四阶常微分方程,而我们恰又看出了 4 个线性无关的解.(5.27)式即(2.6)式.

又如,我们知道

$$r^2\cos 2\theta,\quad \frac{\cos 2\theta}{r^2}$$

是双调和函数,于是

$$U=(Ar^2+Br^{-2}+Cr^4+D)\cos 2\theta \tag{5.28}$$

就应为 $U=f(r)\cos 2\theta$ 型双调和函数的通解,此即(5.8)和(5.10)式.

再如，我们要求 $U=f(r)\sin\theta$ 型双调和函数的一般解，既然 $r\sin\theta$，$\frac{1}{r}\sin\theta$ 是调和函数，那么 $r^3\sin\theta$，$r\sin\theta$ 可以充作(5.18c)式等号右端的第一项，但是 $r\sin\theta$ 重复出现，表示关于 $f(r)$ 的本征方程可能有重根，似应补充一个双调和函数 $y\ln r$，即补充一个解 $r\ln r\sin\theta$，因此

$$U=(Ar+Br^{-1}+Cr^3+Dr\ln r)\sin\theta \tag{5.29}$$

即为欲求之一般解，它与(4.23)和(4.25)式一致.

本附注取自参考文献[68]，该文献中还有引理5.1的一个复变函数证明.

§6　圆形夹杂

所谓圆形夹杂问题，其特点是在无限大弹性平面内的某个圆形区域中有另外一种弹性介质，当在无限远处施加外力，试求圆内外的应力场.圆形夹杂在复合材料细观力学中可以用来预报复合材料的宏观力学性能.

圆外的部分可称为基体，圆内的部分可称为核.设坐标原点取在圆核的中心，圆核的半径为 a.核中介质的弹性常数为 E^*，ν^*，基体介质的弹性常数为 E，ν.在基体与核的边界上，我们考虑完善连接的情形，即认为在圆周上的面力与位移都连续.

按无限远处受力状况，将平面圆核问题分成两个问题：其一是无限远处作用拉力 p，其二是无限远处作用剪力 τ.

6.1　无限远处均匀拉伸

平面圆核的第1个问题的数学提法是：圆内应力 σ_r^*，σ_θ^*，$\tau_{r\theta}^*$ 和圆外的应力 σ_r，σ_θ，$\tau_{r\theta}$ 分别满足弹性力学的方程组，其无限远处条件为

$$r\to\infty:\quad \sigma_r,\sigma_\theta\to p,\quad \tau_{r\theta}\to 0. \tag{6.1}$$

而圆的边界上分别满足应力连续和位移连续的条件，即

$$r=a:\quad \sigma_r=\sigma_r^*,\quad \tau_{r\theta}=\tau_{r\theta}^*; \tag{6.2}$$

$$r=a:\quad u_r=u_r^*,\quad v_\theta=v_\theta^*. \tag{6.3}$$

现在来求解第1个问题.设圆内应力场为

$$\sigma_r^*=\sigma_\theta^*=q,\quad \tau_{r\theta}^*=0, \tag{6.4}$$

其中 q 为待定常数.那么，圆内位移场为

$$u_r^*=\frac{1-\nu^*}{E^*}qr,\quad u_\theta^*=0. \tag{6.5}$$

圆外应力需满足无限远处条件(6.1)和连续条件(6.2)，而圆内应力为(6.4)式，从(2.11)式，可知圆外应力场为

$$\begin{cases}\sigma_r = \dfrac{a^2}{r^2}q + \left(1 - \dfrac{a^2}{r^2}\right)p, \\ \sigma_\theta = -\dfrac{a^2}{r^2}q + \left(1 + \dfrac{a^2}{r^2}\right)p, \\ \tau_{r\theta} = 0.\end{cases} \tag{6.6}$$

从(4.17)式,圆外位移场为

$$\begin{cases}u_r = \dfrac{1}{E}\left[-\dfrac{1+\nu}{r}B + 2(1-\nu)rC\right], \\ u_\theta = 0,\end{cases} \tag{6.7}$$

其中

$$B = a^2(q-p), \quad C = p/2.$$

当 $r=a$ 时,由(6.4)和(6.6)两式可知 $\sigma_r = \sigma_r^*$,$\tau_{r\theta} = \tau_{r\theta}^*$,此时界面应力连续条件(6.5)已满足.今考虑界面上的位移连续条件,从(6.5a)和(6.7a)两式,可知

$$\frac{1-\nu^*}{E^*}q = \frac{1}{E}[-(1+\nu)(q-p) + (1-\nu)p],$$

于是

$$\left(\frac{1-\nu^*}{E^*} + \frac{1+\nu}{E}\right)q = \frac{2}{E}p. \tag{6.8}$$

从上式可以确定出界面上的拉力 q.

至此即可得出圆内外的应力场和位移场.第 1 个问题解毕.

6.2 无限远有切向载荷

平面圆核的第 2 个问题的数学提法是:圆内应力 σ_r^*,σ_θ^*,$\tau_{r\theta}^*$和圆外的应力 σ_r,σ_θ,$\tau_{r\theta}$ 分别满足弹性力学的方程组,其无限远处条件为

$$r \to \infty: \quad \sigma_x = \sigma_y \to 0, \ \tau_{xy} \to \tau \tag{6.9}$$

或

$$r \to \infty: \quad \sigma_r \to \tau\sin 2\theta, \ \sigma_\theta \to -\tau\sin 2\theta, \ \tau_{r\theta} \to \tau\cos 2\theta. \tag{6.10}$$

而圆的边界上分别满足应力连续和位移连续的条件,即

$$r = a: \quad \sigma_r = \sigma_r^*, \ \tau_{r\theta} = \tau_{r\theta}^*; \tag{6.11}$$

$$r = a: \quad u_r = u_r^*, \ u_\theta = u_\theta^*. \tag{6.12}$$

现来求解第 2 个问题.设圆内的应力场为

$$\sigma_x^* = \sigma_y^* = 0, \quad \tau_{xy}^* = s \tag{6.13}$$

或

$$\sigma_r^* = s\sin 2\theta, \quad \sigma_\theta^* = -s\sin 2\theta, \quad \tau_{r\theta}^* = s\cos 2\theta, \tag{6.14}$$

其中 s 为待定常数.那么,圆内位移场为

$$2\mu^* u_x^* = sy, \quad 2\mu^* u_y^* = sx. \tag{6.15}$$

从圆外应力需满足无限远条件(6.10)和连续条件(6.11)，而圆内应力为(6.14)式，按(5.10)和(5.11)式，可知圆外的应力函数和应力场分别为

$$U = (Ar^2 + Br^{-2} + Cr^4 + D)\sin 2\theta; \tag{6.16}$$

$$\begin{cases} \sigma_r = -(2A + 6Br^{-4} + 4Dr^{-2})\sin 2\theta, \\ \sigma_\theta = (2A + 6Br^{-4} + 12Cr^2)\sin 2\theta, \\ \tau_{r\theta} = -(2A - 6Br^{-4} + 6Cr^2 - 2Dr^{-2})\cos 2\theta. \end{cases} \tag{6.17}$$

利用无限远处条件(6.10)和应力连续条件(6.11)，得

$$2A = -\tau, \quad 2B = -a^4(\tau - s), \quad C = 0, \quad D = a^2(\tau - s). \tag{6.18}$$

将上式代入(6.17)式，得圆外应力场为

$$\begin{cases} \sigma_r = \left[\tau + 3(\tau - s)\dfrac{a^4}{r^4} - 4(\tau - s)\dfrac{a^2}{r^2}\right]\sin 2\theta, \\ \sigma_\theta = \left[-\tau - 3(\tau - s)\dfrac{a^4}{r^4}\right]\sin 2\theta, \\ \tau_{r\theta} = \left[\tau - 3(\tau - s)\dfrac{a^4}{r^4} + 2(\tau - s)\dfrac{a^2}{r^2}\right]\cos 2\theta. \end{cases} \tag{6.19}$$

利用 Hooke 定律，可得圆外位移场为

$$\begin{cases} 2\mu u_x = \dfrac{3-\nu}{1+\nu}D\dfrac{\sin\theta}{r} + D\dfrac{\sin 3\theta}{r} - 2Ar\sin\theta + 2B\dfrac{\sin 3\theta}{r^3}, \\ 2\mu u_y = \dfrac{3-\nu}{1+\nu}D\dfrac{\cos\theta}{r} - D\dfrac{\cos 3\theta}{r} - 2Ar\cos\theta - 2B\dfrac{\cos 3\theta}{r^3}. \end{cases} \tag{6.20}$$

当 $r=a$ 时，其位移为

$$\begin{cases} 2\mu u_x = \dfrac{3-\nu}{1+\nu}a(\tau - s)\sin\theta + \tau a\sin\theta, \\ 2\mu u_y = \dfrac{3-\nu}{1+\nu}a(\tau - s)\cos\theta + \tau a\cos\theta. \end{cases} \tag{6.21}$$

由上式和(6.15)式，可得位移在界面 $r=a$ 的连续条件为

$$\left(\frac{1+\nu^*}{E^*} + \frac{3-\nu}{E}\right)s = \frac{4}{E}\tau. \tag{6.22}$$

从上式可以得到待定的界面剪力 s.

至此第 2 个问题解毕.

本节认为界面上的连续条件是应力和位移都连续，这种条件常称为完善连接条件.实际问题中有许多非完善连接的情况，如滑动连接[141]、弹性连接[113,196]、类位错连接[192,194]等.还可以认为界面是一相的，即界面有其自身的

平衡条件、几何关系和本构关系(参见参考文献[114,92]).

§7 集中力作用于全平面

7.1 应力场

在全平面上作用有集中力的问题是二维弹性力学的基本问题之一,此问题解的叠加具有多种用途.设集中力 P 沿 x 方向作用于坐标原点 O 处(图 8.8).我们将问题模型化成下述边值问题:

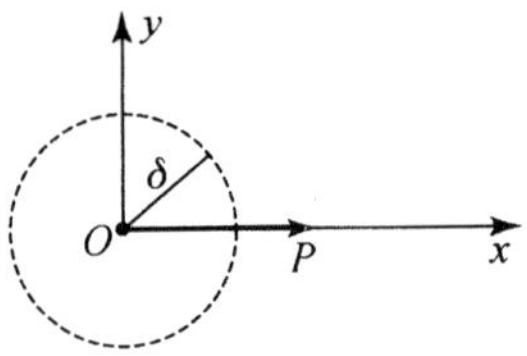

图 8.8

$$\begin{cases}\nabla^2\nabla^2 U=0 \quad (\text{除原点外的全平面});\\ r=\delta:\ \displaystyle\int_0^{2\pi}(\sigma_r\cos\theta-\tau_{r\theta}\sin\theta)r\,\mathrm{d}\theta=-P,\\ \qquad\quad \displaystyle\int_0^{2\pi}(\sigma_r\sin\theta+\tau_{r\theta}\cos\theta)r\,\mathrm{d}\theta=0,\\ \qquad\quad \displaystyle\int_0^{2\pi}\tau_{r\theta}r^2\,\mathrm{d}\theta=0,\\ r\to\infty:\quad \sigma_r,\sigma_\theta,\tau_{r\theta}\to 0,\end{cases} \tag{7.1}$$

其中 $r=\delta$ 为原点附近任意小的圆周.这里,我们以“直观”的方式用合力和合力矩来理解集中力.

设问题(7.1)的应力函数为

$$U=Ar\theta\sin\theta+Br\ln r\cos\theta, \tag{7.2}$$

其中 A,B 为待定常数.不难看出,(7.2)式所给出的 U 为双调和函数,由此算出应力分量

$$\begin{cases}\sigma_r=\dfrac{1}{r}\dfrac{\partial U}{\partial r}+\dfrac{1}{r^2}\dfrac{\partial^2 U}{\partial\theta^2}=\dfrac{2A+B}{r}\cos\theta,\\ \sigma_\theta=\dfrac{\partial^2 U}{\partial r^2}=\dfrac{B}{r}\cos\theta,\\ \tau_{r\theta}=-\dfrac{\partial}{\partial r}\left(\dfrac{1}{r}\dfrac{\partial U}{\partial\theta}\right)=\dfrac{B}{r}\sin\theta,\end{cases} \tag{7.3}$$

上面的应力分量显然满足边值问题(7.1)在无限远处的条件.为确定常数,将(7.3)式代入边值问题(7.1)在 $r=\delta$ 的边界条件,得

$$A=-\frac{P}{2\pi}, \tag{7.4}$$

而有奇异点的区域是二连通的,故常数 B 将由位移单值条件确定.

7.2 位移场

按平面应力的 Hooke 定律和几何关系,以及应力分量的表示式(7.3),得

$$\begin{cases}\dfrac{\partial u_r}{\partial r}=\dfrac{\sigma_r-\nu\sigma_\theta}{E}=\dfrac{1}{E}\dfrac{\cos\theta}{r}[2A+B(1-\nu)],\\[2mm] \dfrac{1}{r}\dfrac{\partial u_\theta}{\partial\theta}+\dfrac{u_r}{r}=\dfrac{\sigma_\theta-\nu\sigma_r}{E}=\dfrac{1}{E}\dfrac{\cos\theta}{r}[-2A\nu+B(1-\nu)],\\[2mm] \dfrac{1}{r}\dfrac{\partial u_r}{\partial\theta}+\dfrac{\partial u_\theta}{\partial r}-\dfrac{u_\theta}{r}=\dfrac{2(1+\nu)}{E}\tau_{r\theta}=\dfrac{2(1+\nu)}{E}\dfrac{B}{r}\sin\theta.\end{cases} \tag{7.5}$$

积分(7.5a)式得

$$u_r=\frac{\cos\theta}{E}[2A+B(1-\nu)]\ln r+f(\theta); \tag{7.6}$$

将上式代入(7.5b)式,并积分得

$$\begin{aligned}u_\theta=&\frac{\sin\theta}{E}[-2A\nu+B(1-\nu)]-\frac{\sin\theta}{E}[2A+B(1-\nu)]\ln r\\&-\int f(\theta)\mathrm{d}\theta+g(r);\end{aligned} \tag{7.7}$$

再把(7.6)和(7.7)两式都代入(7.5c)式中,得到

$$f'(\theta)+\int f(\theta)\mathrm{d}\theta+rg'(r)-g(r)=\frac{1}{E}[2A(1-\nu)+4B]\sin\theta. \tag{7.8}$$

因此,

$$\begin{cases}f'(\theta)+\displaystyle\int f(\theta)\mathrm{d}\theta=\frac{2}{E}[A(1-\nu)+2B]\sin\theta+C,\\ rg'(r)-g(r)=-C,\end{cases} \tag{7.9}$$

其中 C 为常数.方程(7.9a)为避免非单值解,要求

$$A(1-\nu)+2B=0,$$

即

$$B=-\frac{1-\nu}{2}A=\frac{1-\nu}{4\pi}P. \tag{7.10}$$

若不计 $f(\theta)$ 和 $g(r)$ 所产生的刚体位移,(7.6)和(7.7)式给出了极坐标下的位移分量:

$$\begin{cases} u_r = -\dfrac{(1+\nu)(3-\nu)}{4\pi E} P\cos\theta \ln r, \\ u_\theta = \dfrac{(1+\nu)^2}{4\pi E} P\sin\theta + \dfrac{(1+\nu)(3-\nu)}{4\pi E} P\sin\theta \ln r. \end{cases} \tag{7.11}$$

在直角坐标下,上述位移分量为

$$\begin{cases} 2\mu u_x = -\dfrac{P}{\pi(1+\kappa)} \dfrac{y^2}{r^2} - \dfrac{\kappa}{\pi(1+\kappa)} P\ln r, \\ 2\mu u_y = \dfrac{P}{\pi(1+\kappa)} \dfrac{xy}{r^2}, \end{cases} \tag{7.12}$$

其中 $\kappa = \dfrac{3-\nu}{1+\nu}$. 在(7.5)式中所采用的是平面应力下的 Hooke 定律,如为平面应变,应将 ν 换为 $\dfrac{\nu}{1-\nu}$, E 换为 $\dfrac{E}{1-\nu^2}$, 那么(7.12)式中的 $\kappa = 3-4\nu$. 若将(7.12a)中的 y^2/r^2 写为 $1-(x^2/r^2)$,不计刚体位移,可将(7.12)式写成

$$2\mu u_x = \frac{P}{\pi(1+\kappa)}\left(\frac{x^2}{r^2} - \kappa\ln r\right), \quad 2\mu u_y = \frac{P}{\pi(1+\kappa)} \frac{xy}{r^2}. \tag{7.13}$$

如果在坐标原点 O 处作用 y 方向集中力 Q 时,则由坐标轮换,有

$$2\mu u_x = \frac{Q}{\pi(1+\kappa)} \frac{xy}{r^2}, \quad 2\mu u_y = \frac{Q}{\pi(1+\kappa)}\left(\frac{y^2}{r^2} - \kappa \ln r\right). \tag{7.14}$$

通常称(7.13)和(7.14)式为平面弹性问题的基本解,或者开尔文(Kelvin)解.将基本解叠加,或在区域上积分可得到体力任意分布时的特解.基本解在边界元素法中起着关键的作用.

附注 导出平面问题的基本解有多种导出方法,例如:第九章§6 中的(6.17)式,以及第十一章习题的第 19 题等.

7.3 二重奇异解

当有一对集中力作用于原点附近时,有图 8.9 所示的 4 种情况.

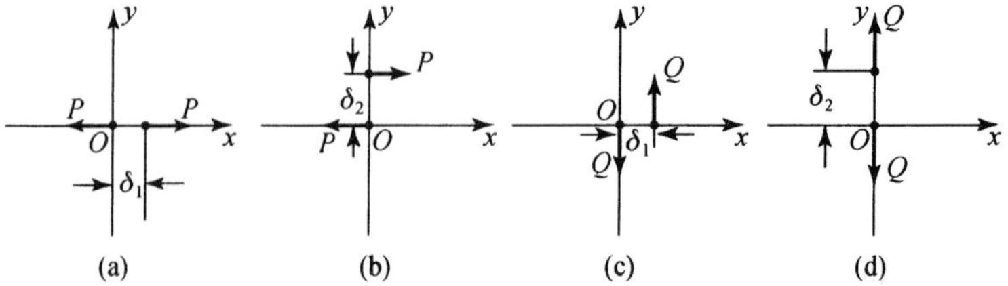

图 8.9

图 8.9(a)的情况,表示 x 方向上有一对大小相等、方向相反的集中力 P,分

别作用在点$(\delta_1,0)$和$(0,0)$上，并假定当$\delta_1\to 0$时，$P\to\infty$，且

$$\lim_{\delta_1\to 0} P\delta_1 = M_{11}. \tag{7.15}$$

并将图8.9(a)所相应的位移场记为$u_x^{(11)}$和$u_y^{(11)}$($\delta_1\to 0$时)，那么

$$\begin{aligned}2\mu u_x^{(11)} &= \lim_{\delta_1\to 0}\frac{P\delta_1}{\pi(1+\kappa)}\frac{1}{\delta_1}\left\{\frac{(x-\delta_1)^2}{(x-\delta_1)^2+y^2}-\frac{x^2}{x^2+y^2}\right.\\&\qquad\left.-\kappa\left[\ln\sqrt{(x-\delta_1)^2+y^2}-\ln\sqrt{x^2+y^2}\right]\right\}\\&= -\frac{M_{11}}{\pi(1+\kappa)}\frac{\partial}{\partial x}\left(\frac{x^2}{r^2}-\kappa\ln r\right)\\&= -\frac{M_{11}}{\pi(1+\kappa)}\left(\frac{2xy^2}{r^4}-\kappa\frac{x}{r^2}\right);\end{aligned} \tag{7.16}$$

同理

$$2\mu u_y^{(11)} = -\frac{M_{11}}{\pi(1+\kappa)}\frac{\partial}{\partial x}\frac{xy}{r^2} = -\frac{M_{11}}{\pi(1+\kappa)}\frac{(y^2-x^2)y}{r^4}. \tag{7.17}$$

类似地，对图8.9(b)，(c)和(d)所示三种情况，它们所相应的位移场分别为

$$\begin{cases}2\mu u_x^{(12)} = -\dfrac{M_{12}}{\pi(1+\kappa)}\dfrac{\partial}{\partial y}\left(\dfrac{x^2}{r^2}-\kappa\ln r\right)\\ \qquad\quad = -\dfrac{M_{12}}{\pi(1+\kappa)}\left(-\dfrac{2x^2y}{r^4}-\kappa\dfrac{y}{r^2}\right),\\ 2\mu u_y^{(12)} = -\dfrac{M_{12}}{\pi(1+\kappa)}\dfrac{\partial}{\partial y}\dfrac{xy}{r^2} = -\dfrac{M_{12}}{\pi(1+\kappa)}\dfrac{(x^2-y^2)x}{r^4};\end{cases} \tag{7.18}$$

$$\begin{cases}2\mu u_x^{(21)} = -\dfrac{M_{21}}{\pi(1+\kappa)}\dfrac{\partial}{\partial x}\dfrac{xy}{r^2} = -\dfrac{M_{21}}{\pi(1+\kappa)}\dfrac{(y^2-x^2)y}{r^4},\\ 2\mu u_y^{(21)} = -\dfrac{M_{21}}{\pi(1+\kappa)}\dfrac{\partial}{\partial x}\left(\dfrac{y^2}{r^2}-\kappa\ln r\right)\\ \qquad\quad = -\dfrac{M_{21}}{\pi(1+\kappa)}\left(-\dfrac{2xy^2}{r^4}-\kappa\dfrac{x}{r^2}\right);\end{cases} \tag{7.19}$$

$$\begin{cases}2\mu u_x^{(22)} = -\dfrac{M_{22}}{\pi(1+\kappa)}\dfrac{\partial}{\partial y}\dfrac{xy}{r^2} = -\dfrac{M_{22}}{\pi(1+\kappa)}\dfrac{(x^2-y^2)x}{r^4},\\ 2\mu u_y^{(22)} = -\dfrac{M_{22}}{\pi(1+\kappa)}\dfrac{\partial}{\partial y}\left(\dfrac{y^2}{r^2}-\kappa\ln r\right)\\ \qquad\quad = -\dfrac{M_{22}}{\pi(1+\kappa)}\left(\dfrac{2x^2y}{r^4}-\kappa\dfrac{y}{r^2}\right),\end{cases} \tag{7.20}$$

其中

$$M_{12}=\lim_{\delta_2\to 0}P\delta_2,\quad M_{21}=\lim_{\delta_1\to 0}Q\delta_1,\quad M_{22}=\lim_{\delta_2\to 0}Q\delta_2. \tag{7.21}$$

对图 8.9(a)和(d)两种受力情况,取极限后,按刚体力学或材料力学的观点来看,应为无外力作用,物体中也应没有任何力学上的响应;但对弹性力学却不一样,如(7.16),(7.17)和(7.20)式所显示的,在弹性力学中产生了位移和变形,当然也发生了应力.图 8.9(b)和(c)两种受力情况取极限后,如果 $M_{12}=M_{21}$,此时在刚体力学或材料力学中,它们为两个大小相等方向相反作用于同一点的力偶,它们的应力场和位移场应该相反,或者说差一个负号;但从(7.18)和(7.19)式的弹性应力场和位移场来看,却并非如此(见参考文献[112]).

7.4 "量纲分析法"

有一种所谓的"量纲分析法",可形式地"导出"应力函数(7.2).我们知道,集中力 P 的量纲为[力],平面问题中应力分量的量纲为[力]·[长度]$^{-1}$,极坐标矢径的长度 r 的量纲为[长度].由于集中力作用于全平面的问题,其有量纲的物理量只有上述三个量,故可设

$$\sigma_r=\frac{P}{r}f_1(\theta),\quad \sigma_\theta=\frac{P}{r}f_2(\theta),\quad \tau_{r\theta}=\frac{P}{r}f_3(\theta), \tag{7.22}$$

其中 $f_i(i=1,2,3)$为 θ 的函数,它们都是无量纲量.

利用应力函数与应力分量的关系,对(7.22b)式积分,得

$$U=r\ln r g_1(\theta)+rg_2(\theta)+g_3(\theta), \tag{7.23}$$

其中 $g_1=Pf_2(\theta)$, g_2和g_3也是 θ 的函数. 将(7.23)式代入(7.22a)式,按应力函数与应力分量的关系,算出

$$\frac{1}{r}\frac{\partial U}{\partial r}+\frac{1}{r^2}\frac{\partial^2 U}{\partial\theta^2}$$
$$=\frac{1}{r}(g_2''+g_2+g_1)+\frac{\ln r}{r}(g_1''+g_1)+\frac{g_3''}{r^2}=\frac{P}{r}f_1.$$

因此

$$g_1''+g_1=0,\quad g_3''=0, \tag{7.24}$$

于是

$$g_1=C_1\cos\theta+C_2\sin\theta,\quad g_3=C_3+C_4\theta, \tag{7.25}$$

其中 $C_i(i=1,2,3,4)$为常数. 将(7.23)式代入(7.22c)式,得

$$-\frac{\partial}{\partial r}\left(\frac{1}{r}\frac{\partial U}{\partial\theta}\right)=-\frac{1}{r}g'_1+\frac{C_4}{r^2}=\frac{P}{r}f_3,$$

上式给出 $C_4=0$.那么 $g_3=C_3$,由于常数不产生应力,略去,故

$$U=r\ln r(C_1\cos\theta+C_2\sin\theta)+rg_2(\theta). \tag{7.26}$$

既然 $r(\ln r)\cos\theta,r(\ln r)\sin\theta$ 为双调和函数,为使(7.26)式为双调和函数,只需

$rg_2(\theta)$为双调和函数，这就给出

$$g_2'''' + 2g_2'' + g_2 = 0.$$

该方程的一般解为

$$g_2 = C_5\cos\theta + C_6\sin\theta + C_7\theta\cos\theta + C_8\theta\sin\theta, \tag{7.27}$$

这里 $C_i(i=5,6,7,8)$为常数.考虑到 $r\cos\theta, r\sin\theta$ 不产生应力，最后应力函数为

$$U = Ar\theta\sin\theta + Br(\ln r)\cos\theta + Cr\theta\cos\theta + Dr(\ln r)\sin\theta. \tag{7.28}$$

对于沿 x 方向给定集中力的问题，因关于 θ 对称，故取(7.28)式等号右端前两项就成为(7.2)式所给的应力函数.对于沿 y 方向给定集中力的问题，因关于 θ 反对称，故取(7.28)式等号右端后两项作为应力函数.

但是，这种“量纲分析法”，理论上是不清晰的，概念上是模糊的.请参见下面的附注.

附注　设 u_x, u_y 为(7.13)式所定义的位移场，它满足边值问题(7.1).从二重奇异解，可以知道下述位移场

$$\begin{aligned} &u_x + u_x^{(11)}, && u_y + u_y^{(11)};\\ &u_x + u_x^{(22)} && u_y + u_y^{(22)};\\ &u_x + u_x^{(12)} + u_x^{(21)}, && u_y + u_y^{(12)} + u_y^{(21)} \end{aligned} \tag{7.29}$$

仍然是边值问题(7.1)的解.也就是说，边值问题(7.1)的解不唯一.

“量纲分析法”颇具启发性，但从(7.29)式可知，“量纲分析法”是不可靠的，因为按照这种方法得到了问题(7.1)的应力函数之一般形式(7.28)；依 7.1 和 7.2 小节的方法得到了唯一形式的解(7.13)，而不可能得到(7.29)形式的解.这种“量纲分析法”错误的原因在于采用了集中力的概念，而在弹性力学中集中力是一个派生的概念，它被看作分布力的极限.

Sternberg 和 Eubanks[165]，Turteltaub 和 Sternberg[174] 用反例指出合力、合力矩的“直观”理解不足以确定集中力，他们给出了集中力极限的一个定义，并由此唯一地确定了 Kelvin 基本解(参见本书第一作者的《高等弹性力学》[55] 第六章).本书为简明起见，故采用合力、合力矩的(7.1b)，(7.1c)和(7.1d)式，以及限定应力函数形式(7.2)的双重假定来考虑与集中力有关的问题. 因此刚体力学和材料力学中的集中力概念，在弹性力学中应慎用之.

§8　楔

8.1　楔端作用集中力偶

设楔的张角为 2α，顶点在坐标原点 O 处，x 轴为楔的对称轴，有一力偶 M 作用在顶点(图 8.10).楔端受力偶的问题归结为解下述双调和方程的边值问题：

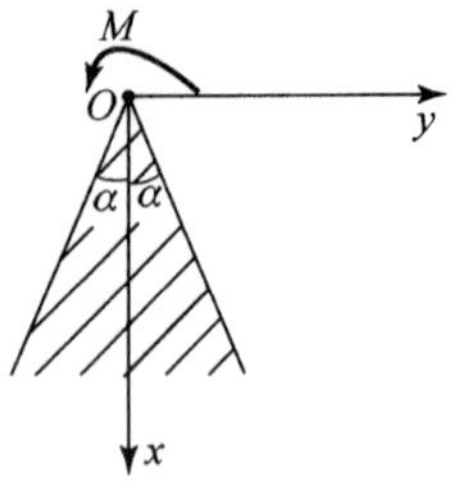

图 8.10

$$
\begin{cases}
\nabla^4 U = 0; \\
\theta = \pm\alpha: \sigma_\theta = \tau_{r\theta} = 0, \\
r = \delta: \displaystyle\int_{-\alpha}^{+\alpha} (\sigma_r \cos\theta - \tau_{r\theta} \sin\theta) r \mathrm{d}\theta = 0, \\
\qquad\quad \displaystyle\int_{-\alpha}^{+\alpha} (\sigma_r \sin\theta + \tau_{r\theta} \cos\theta) r \mathrm{d}\theta = 0, \\
\qquad\quad \displaystyle\int_{-\alpha}^{+\alpha} \tau_{r\theta} r^2 \mathrm{d}\theta = -M, \\
r \to \infty: \sigma_r, \sigma_\theta, \tau_{r\theta} \to 0,
\end{cases}
\tag{8.1}
$$

其中 $r=\delta$ 是楔端部附近的小圆弧.

设应力函数 U 具有形式

$$U = f(\theta). \tag{8.2}$$

这样双调和方程给出

$$f''''(\theta) + 4f''(\theta) = 0, \tag{8.3}$$

它的一般解为

$$f(\theta) = A + B\theta + C\cos2\theta + D\sin2\theta, \tag{8.4}$$

其中 A,B,C,D 为待定常数.由于应力函数 U 中常数不产生应力,因此(8.4)式中常数项 A 可以认为是零.从(8.4)式算出的应力分量是

$$
\begin{cases}
\sigma_r = \dfrac{1}{r}\dfrac{\partial U}{\partial r} + \dfrac{1}{r^2}\dfrac{\partial^2 U}{\partial \theta^2} = -\dfrac{4}{r^2}(C\cos2\theta + D\sin2\theta), \\
\sigma_\theta = \dfrac{\partial^2 U}{\partial r^2} = 0, \\
\tau_{r\theta} = -\dfrac{\partial}{\partial r}\left(\dfrac{1}{r}\dfrac{\partial U}{\partial \theta}\right) = \dfrac{1}{r^2}(B - 2C\sin2\theta + 2D\cos2\theta).
\end{cases}
\tag{8.5}
$$

而楔的表面 $\theta=\pm\alpha$ 上的边界条件给出

$$
\begin{cases}
B - 2C\sin2\alpha + 2D\cos2\alpha = 0, \\
B + 2C\sin2\alpha + 2D\cos2\alpha = 0,
\end{cases}
\tag{8.6}
$$

解之得

$$B=-2D\cos2\alpha,\quad C=0;\tag{8.7}$$

楔的端部条件给出

$$\int_{-\alpha}^{+\alpha}2D(\cos2\alpha-\cos2\theta)\,d\theta=M,\tag{8.8}$$

即

$$D=\frac{-M}{2(\sin2\alpha-2\alpha\cos2\alpha)}.\tag{8.9}$$

再将(8.7)和(8.9)式代入应力表达式(8.5),得

$$\begin{cases}\sigma_r=\dfrac{2M}{\sin2\alpha-2\alpha\cos2\alpha}\dfrac{\sin2\theta}{r^2},\\ \sigma_\theta=0,\\ \tau_{r\theta}=\dfrac{M}{\sin2\alpha-2\alpha\cos2\alpha}\dfrac{\cos2\alpha-\cos2\theta}{r^2}.\end{cases}\tag{8.10}$$

8.2　楔端作用集中力

在楔端正向作用集中力 P 的情形,如图 8.11 所示.设应力函数为

$$U=Ar\theta\sin\theta+Br\ln r\cos\theta,\tag{8.11}$$

由此,可求出本问题的解为

$$\sigma_r=-\frac{2P}{2\alpha+\sin2\alpha}\frac{\cos\theta}{r},\quad \sigma_\theta=\tau_{r\theta}=0.\tag{8.12}$$

当力 Q 垂直于楔轴时(图 8.12),设应力函数为

$$U=Cr\theta\cos\theta+Dr\ln r\sin\theta,\tag{8.13}$$

可得

$$\sigma_r=-\frac{2Q}{2\alpha-\sin2\alpha}\frac{\sin\theta}{r},\quad \sigma_\theta=\tau_{r\theta}=0.\tag{8.14}$$

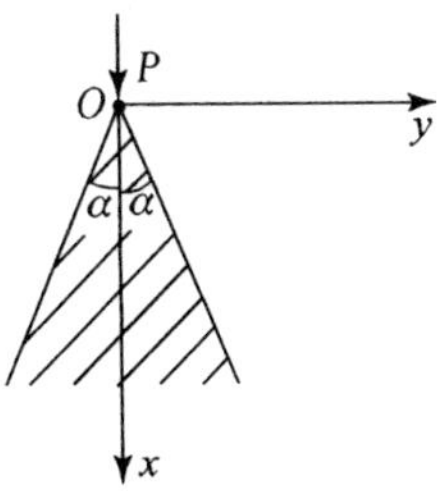

图　8.11

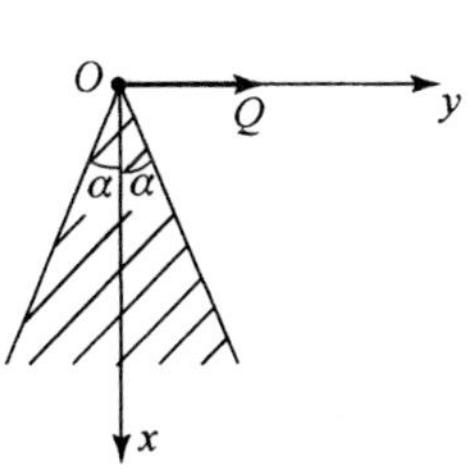

图　8.12

附注 1　类似于§7 中 7.4 小节的量纲分析法,可得到应力函数表达式(8.2),(8.11)和

(8.13),当然这不是证明,仅是一种看法,并包含不少模糊的概念.一般来说,将(8.2),(8.11)和(8.13)式当作假设更合理.

附注 2 当楔端作用力偶时,并没有特别注意楔角 2α 的大小.Sternberg 和 Koiter[167] 发现,当 $2\alpha^* \approx 257.4°$ 时,(8.9)式的分母为零,即

$$\sin 2\alpha^* - 2\alpha^* \cos 2\alpha^* = 0. \tag{8.15}$$

此时(8.9)式失效了,而 257.4° 并非一个什么特殊的角. 这个有趣的问题,被称为"佯谬". Ting[170] 利用问题解的不唯一性,构造出 $2\alpha = 2\alpha^*$ 时无奇异的解,使"佯谬"得以解决. Dempsey[87]、王敏中[52]、丁皓江等[7],以及 Ding 等[90] 对"佯谬"都有一些研究和推广.

§9 Boussinesq 问题

通常称集中力作用于半平面边界上的问题为 Boussinesq 问题.设有半平面 $x \geqslant 0$,外力 P 作用于原点,如图 8.13 所示.半平面可以认为是 $2\alpha = \pi$ 的楔,按(8.12)式,半平面内的应力分量为

$$\begin{cases} \sigma_r = -\dfrac{2P}{\pi} \dfrac{\cos\theta}{r}, \\ \sigma_\theta = \tau_{r\theta} = 0. \end{cases} \tag{9.1}$$

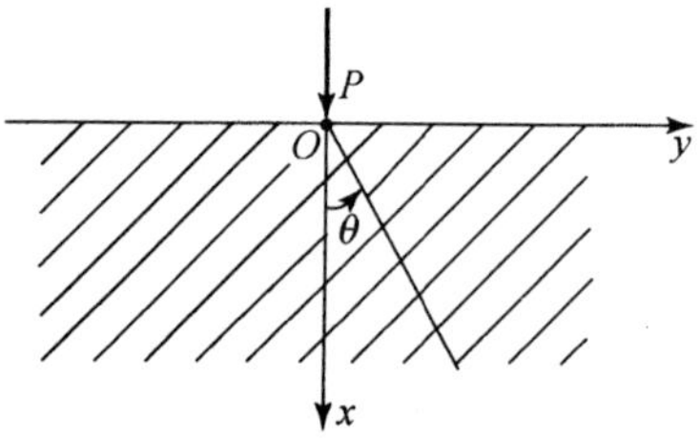

图 8.13

在直角坐标下,应力分量(9.1)成为

$$\begin{cases} \sigma_x = \sigma_r \cos^2\theta = -\dfrac{2P}{\pi} \dfrac{x^3}{r^4}, \\ \sigma_y = \sigma_r \sin^2\theta = -\dfrac{2P}{\pi} \dfrac{xy^2}{r^4}, \\ \tau_{xy} = \sigma_r \sin\theta \cos\theta = -\dfrac{2P}{\pi} \dfrac{x^2 y}{r^4}. \end{cases} \tag{9.2}$$

现在来求位移分量.首先,有

$$\begin{cases}\dfrac{\partial u_x}{\partial x}=\varepsilon_x=\dfrac{1}{E}(\sigma_x-\nu\sigma_y)=-\dfrac{2P}{\pi E}\dfrac{x^3-\nu xy^2}{r^4},\\ \dfrac{\partial u_y}{\partial y}=\varepsilon_y=\dfrac{1}{E}(\sigma_y-\nu\sigma_x)=-\dfrac{2P}{\pi E}\dfrac{xy^2-\nu x^3}{r^4},\\ \dfrac{\partial u_x}{\partial y}+\dfrac{\partial u_y}{\partial x}=2\gamma_{xy}=\dfrac{1}{\mu}\tau_{xy}=-\dfrac{2P}{\pi\mu}\dfrac{x^2y}{r^4}.\end{cases}\tag{9.3}$$

积分上式，不计刚体位移，得到位移分量为

$$\begin{cases}u_x=\dfrac{P}{2\pi\mu}\left(\dfrac{x^2}{r^2}-\dfrac{2}{1+\nu}\ln r\right),\\ u_y=\dfrac{P}{2\pi\mu}\left(\dfrac{xy}{r^2}-\dfrac{1-\nu}{1+\nu}\arctan\dfrac{y}{x}\right).\end{cases}\tag{9.4}$$

在上式中，将 ν 换成 $\dfrac{\nu}{1-\nu}$，得到平面应变时的位移分量：

$$\begin{cases}u_x=\dfrac{P}{2\pi\mu}\left[\dfrac{x^2}{r^2}-2(1-\nu)\ln r\right],\\ u_y=\dfrac{P}{2\pi\mu}\left[\dfrac{xy}{r^2}-(1-2\nu)\arctan\dfrac{y}{x}\right].\end{cases}\tag{9.5}$$

如果集中力沿半平面的边界，大小为 Q，作用点仍为坐标原点 O 处（图 8.14），其相应的应力分量为

$$\sigma_r=-\frac{2Q}{\pi}\frac{\sin\theta}{r},\quad \sigma_\theta=\tau_{r\theta}=0,\tag{9.6}$$

$$\sigma_x=-\frac{2Q}{\pi}\frac{x^2y}{r^4},\quad \sigma_y=-\frac{2Q}{\pi}\frac{y^3}{r^4},\quad \tau_{xy}=-\frac{2Q}{\pi}\frac{xy^2}{r^4}.\tag{9.7}$$

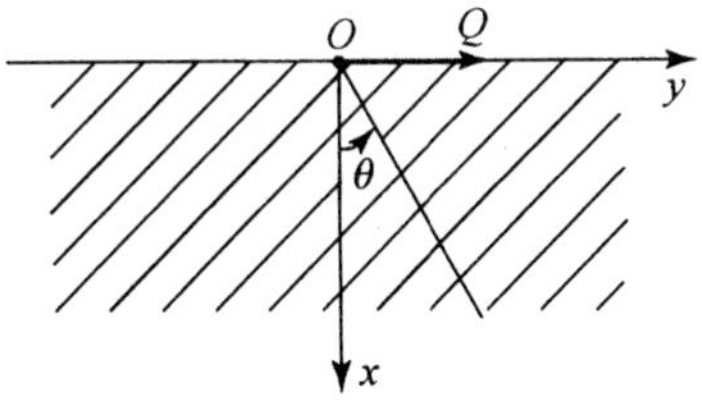

图　8.14

此时，应变分量与平面应力和平面应变时的位移分量分别为

$$\begin{cases}\dfrac{\partial u_x}{\partial x}=-\dfrac{2Q}{\pi E}\dfrac{x^2y-\nu y^3}{r^4},\\ \dfrac{\partial u_y}{\partial y}=-\dfrac{2Q}{\pi E}\dfrac{y^3-\nu x^2y}{r^4},\\ \dfrac{\partial u_x}{\partial y}+\dfrac{\partial u_y}{\partial x}=-\dfrac{2Q}{\pi\mu}\dfrac{xy^2}{r^4};\end{cases}\tag{9.8}$$

$$\begin{cases} u_x = \dfrac{Q}{2\pi\mu}\left(\dfrac{xy}{r^2} - \dfrac{1-\nu}{1+\nu}\arctan\dfrac{x}{y}\right), \\ u_y = \dfrac{Q}{2\pi\mu}\left(\dfrac{y^2}{r^2} - \dfrac{2}{1+\nu}\ln r\right) \end{cases} \quad \text{(平面应力时)}; \tag{9.9}$$

$$\begin{cases} u_x = \dfrac{Q}{2\pi\mu}\left[\dfrac{xy}{r^2} - (1-2\nu)\arctan\dfrac{x}{y}\right], \\ u_y = \dfrac{Q}{2\pi\mu}\left[\dfrac{y^2}{r^2} - 2(1-\nu)\ln r\right] \end{cases} \quad \text{(平面应变时)}. \tag{9.10}$$

§10　接 触 问 题

接触问题又称赫兹(Hertz)问题.本节考虑一个最简单的介于两个刚体之间的弹性圆柱的接触问题.设圆柱的半径为 R.如果刚体上不施加压力,它们分别在点 $A(R,0)$和 $B(-R,0)$处相接触,这里直角坐标系原点 O 在柱的对称轴上,刚体的表面设为平面,x 轴垂直于它,如图 8.15 所示.

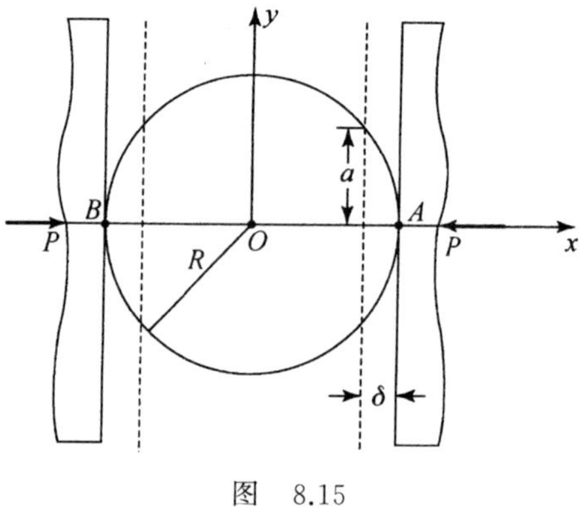

图　8.15

设(x,y)为点 A 附近圆周上的某个点,它与刚体表面的距离为 $R-x$,有近似式

$$R - x = \frac{y^2}{R+x} \approx \frac{y^2}{2R}. \tag{10.1}$$

由于点 A,B 的对称性,以下仅考虑点 A 附近的接触状况.

当刚体受压力 P 时,弹性圆柱受到挤压,在点 A,B 附近各向圆心移动了距离 δ(图 8.15).在点 A 附近的圆周变成了一条直线:

$$x' = R - \delta; \tag{10.2}$$

变形后的坐标等于变形前的坐标加上它的位移,即

$$x' = x + u_x. \tag{10.3}$$

综合(10.1)~(10.3)式得

$$u_x = R - x - \delta \approx \frac{y^2}{2R} - \delta. \tag{10.4}$$

假定圆柱压缩后与刚体接触的区域为$|y| \leqslant a$，通常$a \ll R$.设在接触区域内$y=\eta$处，刚体对圆柱的压力为$p(\eta)$.利用§9中半平面受法向集中力的位移公式(9.5a)，可将(10.4)式写成

$$-\frac{1}{2\pi\mu}\int_{-a}^{+a} p(\eta)\left[\frac{(R-x)^2}{r^2} - 2(1-\nu)\ln r\right]\mathrm{d}\eta = \frac{y^2}{2R} - \delta, \tag{10.5}$$

其中

$$r = \sqrt{(R-x)^2 + (y-\eta)^2}. \tag{10.6}$$

由点A附近的(10.1)式，可知$R-x$是y的二阶小量，因此

$$r \approx |y - \eta|. \tag{10.7}$$

此外，(10.5)式等号左边积分中的第一项与第二项相比为高阶小量，可略去.于是，(10.5)式可近似地写成

$$\frac{1-\nu}{\pi\mu}\int_{-a}^{+a} p(\eta)\ln|y-\eta|\,\mathrm{d}\eta = \frac{y^2}{2R} - \delta. \tag{10.8}$$

在方程(10.8)两边对y微商，得

$$\frac{1-\nu}{\pi\mu}\int_{-a}^{+a} \frac{p(\eta)}{y-\eta}\mathrm{d}\eta = \frac{y}{R}. \tag{10.9}$$

此为具有 Cauchy 核的奇异积分方程[30]，它的解为

$$p(\eta) = \frac{p_0}{a}\sqrt{a^2 - \eta^2}. \tag{10.10}$$

将上式代入(10.9)式，考虑到

$$\int_{-a}^{+a} \frac{\sqrt{a^2-\eta^2}}{y-\eta}\mathrm{d}\eta = \pi y, \tag{10.11}$$

就可得到

$$p_0 = \frac{\mu a}{R(1-\nu)}. \tag{10.12}$$

在从$-a$至$+a$的接触区域上，$p(\eta)$的合力应等于外施压力P，即

$$\int_{-a}^{+a} \frac{p_0}{a}\sqrt{a^2-\eta^2}\,\mathrm{d}\eta = P. \tag{10.13}$$

积分上式，有

$$\frac{\pi}{2}p_0 a = P. \tag{10.14}$$

联立(10.12)和(10.14)两式，可得到接触区域的大小和接触压力的最大值分

别为

$$a=\sqrt{\frac{2(1-\nu)RP}{\pi\mu}},\quad p_0=\sqrt{\frac{2\mu P}{\pi R(1-\nu)}}.\tag{10.15}$$

有了接触区域的大小和接触面上的压力,就可以用§9的公式,通过求积分的方法,算出应力分量.为说明问题,将坐标原点移至点 A,建立坐标系如图 8.16 所示.在 $x\geqslant 0$ 的半平面表面上,在区间 $-a\leqslant y\leqslant a$ 中作用有压力 $p(y)=\frac{p_0}{a}\sqrt{a^2-y^2}$.于是,按(9.2)式,有

$$\begin{cases}\sigma_x=-\dfrac{2p_0x^3}{\pi a}\displaystyle\int_{-a}^{+a}\frac{\sqrt{a^2-\eta^2}}{[x^2+(y-\eta)^2]^2}\mathrm{d}\eta,\\ \sigma_y=-\dfrac{2p_0x}{\pi a}\displaystyle\int_{-a}^{+a}\frac{\sqrt{a^2-\eta^2}(y-\eta)^2}{[x^2+(y-\eta)^2]^2}\mathrm{d}\eta,\\ \tau_{xy}=\dfrac{2p_0x^2}{\pi a}\displaystyle\int_{-a}^{+a}\frac{\sqrt{a^2-\eta^2}(y-\eta)}{[x^2+(y-\eta)^2]^2}\mathrm{d}\eta.\end{cases}\tag{10.16}$$

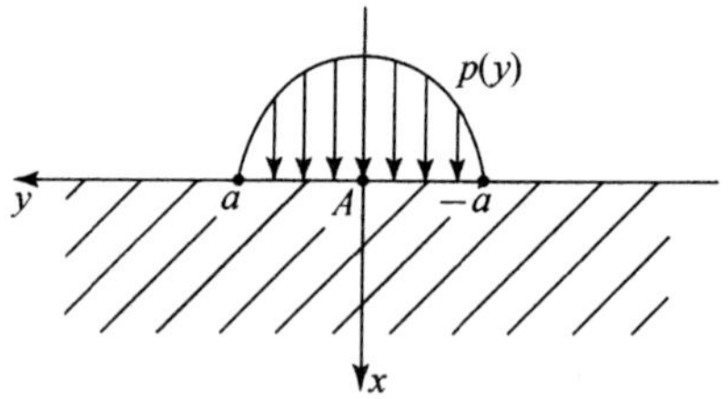

图 8.16

考虑 x 轴上的应力,此时 $y=0$,(10.16)式成为

$$\begin{cases}\sigma_x=-\dfrac{2p_0x^3}{\pi a}\displaystyle\int_{-a}^{+a}\frac{\sqrt{a^2-\eta^2}}{(x^2+\eta^2)^2}\mathrm{d}\eta,\\ \sigma_y=-\dfrac{2p_0x}{\pi a}\displaystyle\int_{-a}^{+a}\frac{\sqrt{a^2-\eta^2}\ \eta^2}{(x^2+\eta^2)^2}\mathrm{d}\eta,\\ \tau_{xy}=-\dfrac{2p_0x^2}{\pi a}\displaystyle\int_{-a}^{+a}\frac{\sqrt{a^2-\eta^2}\ \eta}{(x^2+\eta^2)^2}\mathrm{d}\eta=0.\end{cases}\tag{10.17}$$

作变换

$$s=\frac{\eta}{\sqrt{a^2-\eta^2}},\quad \eta=\frac{as}{\sqrt{s^2+1}},\quad \mathrm{d}\eta=\frac{a}{(s^2+1)^{3/2}}\mathrm{d}s,$$

其中 $\eta:0\to a$;$s:0\to+\infty$. 这样,(10.17)式成为

$$
\begin{cases}
\sigma_x = -\dfrac{4p_0 a x^3}{\pi}\displaystyle\int_0^{+\infty} \dfrac{\mathrm{d}s}{[(x^2+a^2)s^2+x^2]^2}, \\
\sigma_y = -\dfrac{4p_0 a^3 x}{\pi}\displaystyle\int_0^{+\infty} \dfrac{s^2\mathrm{d}s}{[(x^2+a^2)s^2+x^2]^2(s^2+1)}, \\
\tau_{xy} = 0.
\end{cases} \tag{10.18}
$$

算出上式积分,得

$$
\sigma_x = -\frac{p_0 a}{\sqrt{a^2+x^2}}, \quad \sigma_y = -\frac{p_0}{a}\left(\frac{a^2+2x^2}{\sqrt{a^2+x^2}} - 2x\right), \quad \tau_{xy} = 0. \tag{10.19}
$$

在 x 轴上,沿 45° 的倾斜面上的剪应力为

$$
\tau = \frac{\sigma_y - \sigma_x}{2} = \frac{p_0}{a}\left(x - \frac{x^2}{\sqrt{x^2+a^2}}\right), \tag{10.20}
$$

由此,τ 的最大值发生在

$$
x = \sqrt{\frac{\sqrt{5}-1}{2}}\,a \approx 0.786a \tag{10.21}
$$

处,其值为

$$
\tau_{\max} = 0.30 p_0. \tag{10.22}
$$

即最大剪应力发生在接触面以下某一深度,按强度理论也是最易破坏的地方.

以上,我们解决了一个最简单的接触问题,不过,它包含了接触问题的两个难点:其一,接触面的大小预先未知;其二,接触面上的接触力也预先未知.接触问题的核心就是求出接触面的大小和接触力的分布,一旦求出这两者,接触问题就成为普通的弹性力学应力边值问题.此外,从解的分析看出,接触物体首先不在表面上破坏,而是在接触面下某个深度的层面破坏,这是接触问题的一个特性.

在加林[21]、Галин[199]、Gladwell[104] 和 Johnson[120] 等人的专著中,考虑了许多复杂的接触问题,诸如:两个弹性圆柱之间的接触,两个圆柱可以平行也可以互相垂直的接触;两个球体之间的接触;两个一般的弹性体之间的接触;两个物体大小、形状、材料都可能不相同的接触;接触面可能是圆、椭圆或更一般的几何形状;接触面之间还可能考虑摩擦,还可研究动态接触等.但不管如何复杂,前述两个难点、一个特性仍然存在.

附注　从(10.15)式看出,接触区域的大小 a 和接触力 p_0 与外力 P 不是线性关系.这是因为接触问题的方程是线性的,但边界条件却不是线性的,因此叠加原理不成立.

§11　圆柱的位移边值问题

本节介绍圆域平面应变的位移边值问题的一般解法.设圆的半径为 a,坐标

原点取在圆心,位移 u,v 仅为 x,y 的函数.按照第五章§1,在圆周上给定位移的边值问题为

$$\begin{cases}\nabla^2\boldsymbol{u}+\dfrac{1}{1-2\nu}\boldsymbol{\nabla}\Theta=0 & (r\leqslant a),\\ \boldsymbol{u}=\displaystyle\sum_{n=0}^{\infty}\boldsymbol{A}_n & (r=a),\end{cases}\tag{11.1}$$

其中

$$\boldsymbol{u}=(u,v),\quad \Theta=\frac{\partial u}{\partial x}+\frac{\partial v}{\partial y},$$

$$\boldsymbol{\nabla}=\frac{\partial}{\partial x}\boldsymbol{i}+\frac{\partial}{\partial y}\boldsymbol{j},\quad \nabla^2=\boldsymbol{\nabla}\cdot\boldsymbol{\nabla}=\frac{\partial^2}{\partial x^2}+\frac{\partial^2}{\partial y^2},$$

以及

$$\boldsymbol{A}_n=\cos n\theta\boldsymbol{A}_n^{(1)}+\sin n\theta\boldsymbol{A}_n^{(2)}\quad(n=0,1,2,\cdots),\tag{11.2}$$

这里 $\boldsymbol{A}_n^{(1)}$ 和 $\boldsymbol{A}_n^{(2)}$ 为给定的二维常矢量.

为解问题(11.1),先叙述下面几个引理.

引理 11.1 $\Theta=\dfrac{\partial u}{\partial x}+\dfrac{\partial v}{\partial y}$ 为调和函数.

引理 11.2 圆内调和函数 $f(x,y)$ 可写成形式

$$f(x,y)=\sum_{n=0}^{\infty}f_n(x,y),\tag{11.3}$$

其中

$$f_n(x,y)=r^n(a_n\cos n\theta+b_n\sin n\theta)\quad(n=0,1,2,\cdots),\tag{11.4}$$

这里 a_n 和 b_n 为常数.

引理 11.3 设 f_n 如(11.4)式所示,则

$$x\frac{\partial f_n}{\partial x}+y\frac{\partial f_n}{\partial y}=nf_n\quad(n=0,1,2,\cdots)\tag{11.5}$$

或

$$r\frac{\partial f_n}{\partial r}=nf_n\quad(n=0,1,2,\cdots).\tag{11.6}$$

引理 11.4 对(11.4)式的 f_n,有

$$\nabla^2(r^2f_n)=4(n+1)f_n\quad(n=0,1,2,\cdots).\tag{11.7}$$

引理 11.1 就是第五章中(3.11)式所描述的平面情况;引理 11.2 可用复变方法证明(另有傅里叶级数的证明可参见文献[10]的第三卷);引理 11.3 是 Euler 齐次函数定理(参见文献[10]的第一卷);引理 11.4 可直接计算验证.

按引理 11.1 和 11.2,可设

$$\Theta=\sum_{n=0}^{\infty}\Theta_n,\tag{11.8}$$

其中 Θ_n 有如(11.4)式的形式，为 n 次齐次函数.再按引理 11.4，有

$$\nabla\Theta=\sum_{n=0}^{\infty}\nabla\Theta_n=\sum_{n=1}^{\infty}\frac{1}{4n}\nabla^2(r^2\nabla\Theta_n),\tag{11.9}$$

上式中 $\nabla\Theta_n$ 是 $n-1$ 次齐次矢量函数. 将(11.9)式代入(11.1a)式，得

$$\nabla^2\left[\boldsymbol{u}+\frac{1}{4(1-2\nu)}r^2\sum_{n=1}^{\infty}\frac{1}{n}\nabla\Theta_n\right]=\boldsymbol{0}.\tag{11.10}$$

上式表明，方括号内为调和矢量函数，记为 $\boldsymbol{\varphi}$，它可展开为 n 次齐次矢量函数 $\boldsymbol{\varphi}_n$ 之和，于是

$$\boldsymbol{u}=-\frac{1}{4(1-2\nu)}r^2\sum_{n=1}^{\infty}\frac{1}{n}\nabla\Theta_n+\sum_{n=0}^{\infty}\boldsymbol{\varphi}_n.\tag{11.11}$$

对(11.11)式取散度，得

$$\sum_{n=0}^{\infty}\Theta_n=\Theta=\nabla\cdot\boldsymbol{u}=-\frac{1}{4(1-2\nu)}\sum_{n=1}^{\infty}\frac{1}{n}\nabla\cdot(r^2\nabla\Theta_n)+\sum_{n=0}^{\infty}\nabla\cdot\boldsymbol{\varphi}_n.\tag{11.12}$$

注意到

$$\begin{aligned}\nabla\cdot(r^2\nabla\Theta_n)&=\nabla\cdot\left(r^2\frac{\partial\Theta_n}{\partial x}\boldsymbol{i}+r^2\frac{\partial\Theta_n}{\partial y}\boldsymbol{j}\right)\\&=2\left(x\frac{\partial\Theta_n}{\partial x}+y\frac{\partial\Theta_n}{\partial y}\right)+r^2\nabla^2\Theta_n=2n\Theta_n.\end{aligned}$$

将上式代入(11.12)式，得

$$\sum_{n=0}^{\infty}\Theta_n=-\frac{1}{2(1-2\nu)}\sum_{n=1}^{\infty}\Theta_n+\sum_{n=0}^{\infty}\nabla\cdot\boldsymbol{\varphi}_{n+1},\tag{11.13}$$

由此，得

$$\Theta_n=\frac{2(1-2\nu)}{3-4\nu}\nabla\cdot\boldsymbol{\varphi}_{n+1}\quad(n=0,1,2,\cdots).\tag{11.14}$$

从(11.13)到(11.14)式时，$n=0$ 可能不成立，但从(11.10)至(11.11)式时，$\boldsymbol{\varphi}_1$ 可任意给定，对 $\boldsymbol{u}$ 而言表示相差一个刚体位移，因此 $n=0$ 时，可认为(11.14)式成立，并将其代入(11.11)式，得

$$\boldsymbol{u}=-\frac{r^2}{2(3-4\nu)}\sum_{n=0}^{\infty}\frac{1}{n+1}\nabla(\nabla\cdot\boldsymbol{\varphi}_{n+2})+\sum_{n=0}^{\infty}\boldsymbol{\varphi}_n.\tag{11.15}$$

如果，令

$$\frac{r^n}{a^n}\boldsymbol{A}_n=-\frac{a^2}{2(3-4\nu)}\frac{1}{n+1}\nabla(\nabla\cdot\boldsymbol{\varphi}_{n+2})+\boldsymbol{\varphi}_n\quad(n=0,1,2,\cdots),\tag{11.16}$$

现反解(11.16)式，用 $\boldsymbol{A}_n$ 来表示 $\boldsymbol{\varphi}_n$.为此，对(11.16)式两边求散度，得

$$\nabla\cdot\left(\frac{r^n}{a^n}\boldsymbol{A}_n\right)=\nabla\cdot\boldsymbol{\varphi}_n\quad(n=0,1,2,\cdots),\tag{11.17}$$

将上式代入(11.16)式,得

$$\boldsymbol{\varphi}_n=\frac{r^n}{a^n}\mathbf{A}_n+\frac{a^2}{2(3-4\nu)}\frac{1}{n+1}\nabla\left(\nabla\cdot\frac{r^{n+2}}{a^{n+2}}\mathbf{A}_{n+2}\right).\tag{11.18}$$

最后,将(11.17)和(11.18)式代入(11.15)式,得

$$\boldsymbol{u}=\sum_{n=0}^{\infty}\frac{r^n}{a^n}\mathbf{A}_n+\frac{a^2-r^2}{2(3-4\nu)}\sum_{n=0}^{\infty}\frac{1}{n+1}\nabla\left(\nabla\cdot\frac{r^{n+2}}{a^{n+2}}\mathbf{A}_{n+2}\right),\tag{11.19}$$

上式就是问题(11.1)的解.

本节来自参考文献[130].上述方法也可用于圆域的应力边值问题,还可推广至球的位移边值问题和应力边值问题,请参阅参考文献[130]中§183,§185和§186.

§12 极坐标下双调和函数分离变量形式的解

设应力函数 U 具有分离变量形式的解

$$U=R(r)H(\theta),\tag{12.1}$$

将它代入双调和方程,可以求出

$$U=U_0^{(1)}+U_0^{(2)}+U_1^{(1)}+U_1^{(2)}+\hat{U}_1^{(1)}+\hat{U}_1^{(2)}+\sum_{k=2}^{\infty}(U_k^{(1)}+U_k^{(2)}),\tag{12.2}$$

其中

$$\begin{cases}U_0^{(1)}=A_0+B_0\ln r+C_0r^2+D_0r^2\ln r,\\ U_0^{(2)}=(A'_0+B'_0\ln r+C'_0r^2+D'_0r^2\ln r)\theta,\\ U_1^{(1)}=(A_1r^3+B_1r^{-1}+C_1r+D_1r\ln r)\cos\theta,\\ U_1^{(2)}=(A'_1r^3+B'_1r^{-1}+C'_1r+D'_1r\ln r)\sin\theta,\\ \hat{U}_1^{(1)}=(\hat{A}_1r+\hat{B}_1r\ln r)\theta\cos\theta,\\ \hat{U}_1^{(2)}=(\hat{A}'_1r+\hat{B}'_1r\ln r)\theta\sin\theta,\\ k\geqslant 2:\\ \qquad U_k^{(1)}=(A_kr^k+B_kr^{-k}+C_kr^{k+2}+D_kr^{-k+2})\cos k\theta,\\ \qquad U_k^{(2)}=(A'_kr^k+B'_kr^{-k}+C'_kr^{k+2}+D'_kr^{-k+2})\sin k\theta,\end{cases}\tag{12.3}$$

这里 $A_i,B_i,C_i,D_i,A'_i,B'_i,C'_i,D'_i\ (i=0,1,2,\cdots),\hat{A}_1,\hat{B}_1,\hat{A}'_1,\hat{B}'_1$ 均为常数.

从前面诸节可以看到,$U_0^{(1)}$ 可用来解圆环受均匀力的问题和曲杆受力偶作用的问题,$U_1^{(1)}$ 和 $U_1^{(2)}$ 可用来解曲杆受切向力和横向力作用的问题,具圆孔无限大板的拉伸则是采用 $U_2^{(1)}$,集中力作用于全平面使用的应力函数是 $\hat{U}_1^{(1)}$ 和 $\hat{U}_1^{(2)}$,$k\geqslant 2$ 的 $U_k^{(1)}$ 和 $U_k^{(2)}$ 可用来解圆环边界上受一般外力的情况.

我们也可按另一种形式来写(12.2)式，

$$U=U_0+U_1+U_2+U_3+\cdots, \tag{12.4}$$

式中

$$\begin{cases}U_0=a_0+b_0\theta+c_0\cos2\theta+d_0\sin2\theta,\\ U_1=(a_1\cos\theta+b_1\sin\theta+c_1\theta\cos\theta+d_1\theta\sin\theta)r,\\ U_2=(a_2\cos2\theta+b_2\sin2\theta+c_2+d_2\theta)r^2,\\ U_3=(a_3\cos3\theta+b_3\sin3\theta+c_3\cos\theta+d_3\sin\theta)r^3,\\ \qquad\vdots\end{cases} \tag{12.5}$$

这里 $a_i,b_i,c_i,d_i(i=0,1,2,\cdots)$均为常数.从(12.2)到(12.4)式时，略去了一些项.

楔端受力偶和集中力的问题，采用了应力函数 U_0 和 U_1. 楔的直边上受均匀力或 r 的高次力的问题，可用 $U_2,U_3,\cdots$来解决.

上述解首先为 Michell 导出，请参见参考文献[43]中第 117—121 页和[47]中第 203—210 页.在参考文献[67]的第 169—172 页中列出了比(12.2)和(12.3)式更多的解，它们都具有(12.1)式的形式，这说明(12.2)和(12.3)式不是分离变量形式的全部解.当然，非分离变量形式的双调和函数那就更多了.

§13　极坐标下应力与应力函数关系式的直接推导

本节的目的在于不利用直角坐标系下的 Airy 应力函数，直接证明如下命题.

定理　设 $\sigma_r,\sigma_\theta,\tau_{r\theta}$为满足§1 中平衡方程(1.11)的一个应力场，则存在一个应力函数 $\widetilde{\Phi}(r,\theta)$，使得下述表示式成立：

$$\begin{cases}\sigma_r=\dfrac{1}{r}\dfrac{\partial\widetilde{\Phi}}{\partial r}+\dfrac{1}{r^2}\dfrac{\partial^2\widetilde{\Phi}}{\partial\theta^2},\\[2ex] \sigma_\theta=\dfrac{\partial^2\widetilde{\Phi}}{\partial r^2},\\[2ex] \tau_{r\theta}=-\dfrac{\partial}{\partial r}\left(\dfrac{1}{r}\dfrac{\partial\widetilde{\Phi}}{\partial\theta}\right).\end{cases} \tag{13.1}$$

该定理的证明将在下面两小节中给出，在 13.1 小节中先给出一个过渡的表示式，在 13.2 小节中完成定理的证明.

13.1　过渡表示式的建立

设 Φ 是下述泊松(Poisson)方程的一个解：

$$\nabla^2\Phi=\sigma_r+\sigma_\theta. \tag{13.2}$$

例如,$\Phi=\mathscr{F}(\sigma_r+\sigma_\theta)$,这里 $\mathscr{F}(\ *\ )$是对数位势.

利用(13.2)式,可将平衡方程(1.11)改写为

$$\begin{cases}\dfrac{\partial}{\partial r}(r^2\sigma_r)+\dfrac{\partial}{\partial\theta}(r\tau_{r\theta})-r\left[\dfrac{1}{r}\dfrac{\partial}{\partial r}\left(r\dfrac{\partial\Phi}{\partial r}\right)+\dfrac{1}{r^2}\dfrac{\partial^2\Phi}{\partial\theta^2}\right]=0,\\ \dfrac{\partial}{\partial r}(r^2\tau_{r\theta})+\dfrac{\partial}{\partial\theta}\left[\dfrac{\partial}{\partial r}\left(r\dfrac{\partial\Phi}{\partial r}\right)+\dfrac{1}{r}\dfrac{\partial^2\Phi}{\partial\theta^2}-r\sigma_r\right]=0.\end{cases}\tag{13.3}$$

从上式可知,存在有下列两组表示式的函数 $A(r,\theta)$和 $B(r,\theta)$:

$$\begin{cases}r^2\sigma_r-r\dfrac{\partial\Phi}{\partial r}=\dfrac{\partial A}{\partial\theta},\\ r\tau_{r\theta}-\dfrac{1}{r}\dfrac{\partial\Phi}{\partial\theta}=-\dfrac{\partial A}{\partial r}\end{cases}\tag{13.4}$$

和

$$\begin{cases}r^2\tau_{r\theta}=\dfrac{\partial B}{\partial\theta},\\ \dfrac{\partial}{\partial r}\left(r\dfrac{\partial\Phi}{\partial r}\right)+\dfrac{1}{r}\dfrac{\partial^2\Phi}{\partial\theta^2}-r\sigma_r=-\dfrac{\partial B}{\partial r}.\end{cases}\tag{13.5}$$

从(13.4b)和 (13.5a) 两式,得

$$\frac{\partial}{\partial\theta}\frac{B-\Phi}{r}=-\frac{\partial A}{\partial r}.\tag{13.6}$$

由上式可知,存在函数 $P(r,\theta)$,有

$$\frac{B-\Phi}{r}=\frac{\partial P}{\partial r},\quad A=-\frac{\partial P}{\partial\theta}.\tag{13.7}$$

由(13.4a)和 (13.5b) 两式,得

$$\frac{\partial}{\partial r}\left(r\frac{\partial\Phi}{\partial r}\right)+\frac{1}{r}\frac{\partial^2\Phi}{\partial\theta^2}-\frac{\partial\Phi}{\partial r}-\frac{1}{r}\frac{\partial A}{\partial\theta}=-\frac{\partial B}{\partial r}.\tag{13.8}$$

由上式可知,存在函数 $C(r,\theta)$,有

$$\begin{cases}r\dfrac{\partial\Phi}{\partial r}-\Phi+B=\dfrac{\partial C}{\partial\theta},\\ \dfrac{1}{r}\dfrac{\partial\Phi}{\partial\theta}-\dfrac{A}{r}=-\dfrac{\partial C}{\partial r}.\end{cases}\tag{13.9}$$

将(13.7a)式代入(13.9a)式, 再将(13.7b)式代入(13.9b)式,即得

$$\begin{cases}\dfrac{\partial}{\partial r}(P+\Phi)=\dfrac{1}{r}\dfrac{\partial C}{\partial\theta},\\ \dfrac{1}{r}\dfrac{\partial}{\partial\theta}(P+\Phi)=-\dfrac{\partial C}{\partial r},\end{cases}\tag{13.10}$$

上式表明,$P+\Phi$ 与 C 是一对共轭调和函数.

将(13.6)和(13.7b)式代入(13.4)式,再利用(13.7a)式,得

$$\begin{cases}\sigma_r=\dfrac{1}{r}\dfrac{\partial\Phi}{\partial r}+\dfrac{1}{r^2}\dfrac{\partial^2\Phi}{\partial\theta^2}-\dfrac{1}{r^2}\dfrac{\partial^2}{\partial\theta^2}(P+\Phi),\\ \tau_{r\theta}=-\dfrac{\partial}{\partial r}\left(\dfrac{1}{r}\dfrac{\partial\Phi}{\partial\theta}\right)+\dfrac{1}{r}\dfrac{\partial^2}{\partial\theta\partial r}(P+\Phi),\end{cases}\tag{13.11}$$

上式乃是本小节欲建立的过渡表示式.

13.2　定理证明的完成

我们知道,当应力给定时,方程(13.2)的解可以相差一个调和函数.今将 Φ 用下面的

$$\tilde{\Phi}=\Phi+\varphi\tag{13.12}$$

来代替,其中 φ 为待定的调和函数.重复上述过程,并将 A,B,C,P 等函数用在其上方加"～"来代替,例如

$$\tilde{B}=B+b,\quad \tilde{P}=P+p.\tag{13.13}$$

同时,我们将(13.2)～(13.11)式中的 Φ,B,P 等分别用 $\tilde{\Phi},\tilde{B},\tilde{P}$ 等替换,所得各式相应记成$(13.\tilde{2})$～$(13.\widetilde{11})$式.

以下来证明:适当选择调和函数 φ,可使$(13.\widetilde{11})$式中的调和函数 $\tilde{P}+\tilde{\Phi}$ 成为零.

由于 φ 为调和函数,从$(13.\tilde{5})$式,可知

$$\frac{\partial b}{\partial\theta}=0,\quad \frac{\partial b}{\partial r}=0.$$

考虑到函数 B 只精确到一个任意常数,从上式可令

$$b=0.\tag{13.14}$$

那么,从$(13.\tilde{7}\mathrm{a})$式,得

$$\varphi=-r\frac{\partial p}{\partial r}.\tag{13.15}$$

现在,我们来选择调和函数 φ,使下式成立:

$$\tilde{P}+\tilde{\Phi}=P+\Phi+p+\varphi=0.\tag{13.16}$$

将(13.15)式代入上式,得

$$r\frac{\partial p}{\partial r}-p=P+\Phi.\tag{13.17}$$

上式中 $P+\Phi$ 为调和函数,因此 $p+\varphi$ 也是调和函数.而已知 φ 为调和函数,所以 p 也是调和函数.设 p 的共轭调和函数为 q,那么

$$f(z)=p(x,y)+\mathrm{i}q(x,y)$$

为复变量 $z=x+\mathrm{i}y$ 的解析函数,其中 $\mathrm{i}=\sqrt{-1}$.

我们知道

$$\begin{aligned}\operatorname{Re}[zf'(z)]&=x\frac{\partial p}{\partial x}+y\frac{\partial p}{\partial y}\\&=x\left(\frac{\partial p}{\partial r}\cos\theta-\frac{\partial p}{\partial\theta}\frac{\sin\theta}{r}\right)+y\left(\frac{\partial p}{\partial r}\sin\theta+\frac{\partial p}{\partial\theta}\frac{\cos\theta}{r}\right)\\&=r\frac{\partial p}{\partial r}.\end{aligned}\tag{13.18}$$

利用上式,(13.17)式将为下述复方程的实部:

$$z\frac{\mathrm{d}f}{\mathrm{d}z}-f=g,\tag{13.19}$$

其中解析函数 $g(z)$ 的实部为调和函数"$\Phi+P$".

如果坐标原点不在所讨论问题的区域内,那么方程(13.19)的一个解为

$$f(z)=z\int_{z_0}^{z}t^{-2}g(t)\mathrm{d}t,\tag{13.20}$$

其中 z_0 为区域中的某个固定点.

如果 $z=0$ 在所讨论问题的区域内,我们在以坐标原点为中心的并全包含在该区域内的某个小圆中,将 $g(z)$ 展成 Tayler 级数:

$$g(z)=c_0+c_1z+\cdots.$$

在整个区域内,令

$$g^*(z)=g(z)-c_0-c_1z.\tag{13.21}$$

将上式代入(13.19)式,得

$$z\frac{\mathrm{d}f}{\mathrm{d}z}-f=c_0+c_1z+g^*,\tag{13.22}$$

上式的一个解为

$$f(z)=-c_0+c_1z\ \ln z+z\int_0^z t^{-2}g^*(t)\mathrm{d}t.\tag{13.23}$$

从(13.19)式求得解 $f(z)$ 后,其实部即为 p.再按(13.15)式可得待定的解析函数 φ,那么选择(13.$\widetilde{2}$)式的解为

$$\widetilde{\Phi}=\Phi+\varphi,$$

按(13.16)式,过渡表示式(13.$\widetilde{11}$)式就成为

$$\begin{cases}\sigma_r=\dfrac{1}{r}\dfrac{\partial\widetilde{\Phi}}{\partial r}+\dfrac{1}{r^2}\dfrac{\partial^2\widetilde{\Phi}}{\partial\theta^2},\\[2ex]\tau_{r\theta}=-\dfrac{\partial}{\partial r}\left(\dfrac{1}{r}\dfrac{\partial\widetilde{\Phi}}{\partial\theta}\right).\end{cases}\tag{13.24}$$

再从 $\nabla^2\widetilde{\Phi}=\sigma_r+\sigma_\theta$ 就可以得到

$$\sigma_\theta = \frac{\partial^2 \widetilde{\Phi}}{\partial r^2}. \tag{13.25}$$

表达式(13.24)和(13.25)即为欲证之(13.1)式.定理得证.这样我们就不需要依赖于直角坐标中的Airy应力函数,而从平面弹性力学极坐标的平衡方程,即可直接得到在极坐标中用应力函数来表达的应力分量.

附注　上述解法来自参考文献[57].参考文献[11]也曾讨论过此问题.

习　题　八

1. 试证下述函数均为双调和函数,并计算相应的应力分量:

(1) r^2;　(2) $\ln r$;

(3) $r^2 \ln r$;　(4) $\theta \ln r$;

(5) $r^2 \theta \ln r$;　(6) $r \ln r \sin\theta$;

(7) $r^3 \cos\theta$;　(8) $r^{-1} \cos\theta$;

(9) $r^3 \sin\theta$;　(10) $r^{-1} \sin\theta$;

(11) $r\theta \cos\theta$;　(12) $r\theta \sin\theta$;

(13) $r\theta \ln r \cos\theta$;　(14) $r\theta \ln r \sin\theta$.

2. 已知平面问题的应力函数为$U=Ar^2\theta$,

(1) 求应力和位移;

(2) 求上述应力函数在半无限平面 $x \geqslant 0$ 边界 $x=0$ 上的法向和切向应力.

3. 已知应力函数$U=C\theta$,$C=$常数,

(1) 试求圆环 $a \leqslant r \leqslant b$ 的面力分布;

(2) 如果圆环 $a \leqslant r \leqslant b$ 外边界 $r=b$ 固定,内边界 $r=a$ 上作用有均布剪力,其对圆心的合力矩为M,求环内应力和位移;

(3) 如(2)问改为在内边界固定,在外边界作用均布剪力,其对圆心合力矩仍为M,环内应力和位移有何变化.

4. 无限长圆筒 $a \leqslant r \leqslant b$,受内压力 p 作用,求内半径和外半径的改变,以及圆筒厚度的改变.

5. 单位厚空心圆盘 $a \leqslant r \leqslant b$,受内压力 p 作用,外边界固定,求应力和位移.

6. 无限长双层厚壁筒,内筒的内径为a,外筒的外径为b,内、外筒杨氏模量分别为E_a,E_b,其泊松比分别为ν_a,ν_b,公共半径为c,装配前外筒内径比内筒外径小δ,求内、外两筒的应力分量及筒间的压力p.

7. 等厚实心圆盘 $r \leqslant b$,密度为ρ,以角速度ω旋转,盘边不受力,求应力和位移.

8. 等厚空心圆盘 $a \leqslant r \leqslant b$,密度为$\rho$,以角速度$\omega$旋转,求应力和位移,以

及圆盘厚度的变化.

9. 等厚实心圆盘 $r \leqslant b$，由内外圆盘装配而成，装配处的公共半径为 a，两盘间的压力为 p，已知两盘材料相同，密度为 ρ，求转速 ω 为多大时，两盘间的压力减小为零.

10. 求使单位厚圆环 $a \leqslant r \leqslant b$，沿其径向切开后错开距离 Δ(见图)所需施加的水平方向力 P 及应力分布.

11. 图示带有半径为 a 圆孔的正方形薄板，边长为 $2b$，$a \ll b$，板周边上受有 x 方向拉应力 s 和 y 方向压应力 s，试求应力分布和最大孔边应力.

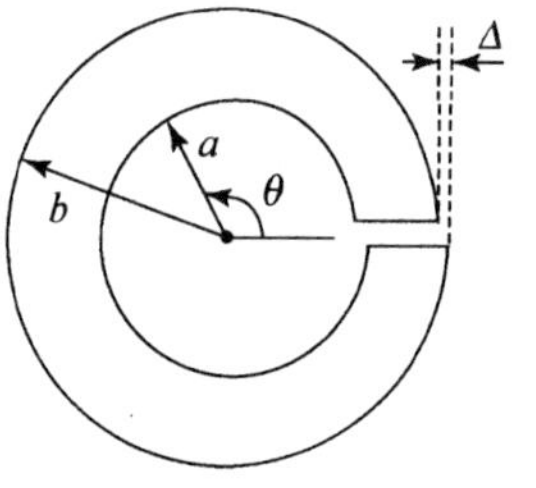

第 10 题图

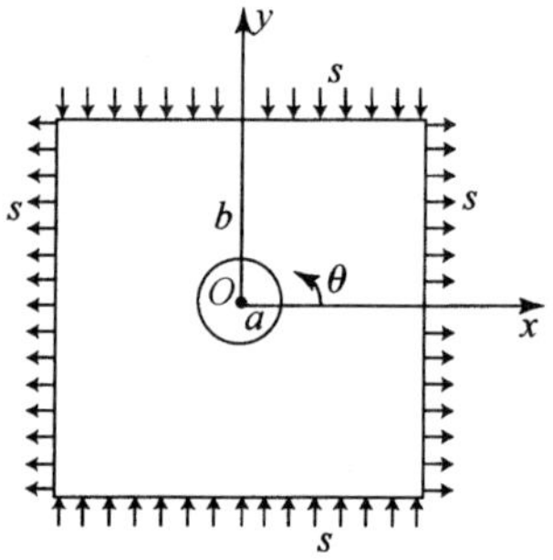

第 11 题图

12. 试从曲杆弯曲的应力场导出直杆弯曲的应力场.

13. 圆薄板 $r \leqslant R$，边界受面力

$$\sigma_r = a\cos 2\theta, \quad \tau_{r\theta} = 0$$

作用，求应力分布.

14. 图示楔体受两种情况的均布面力，求应力分量.

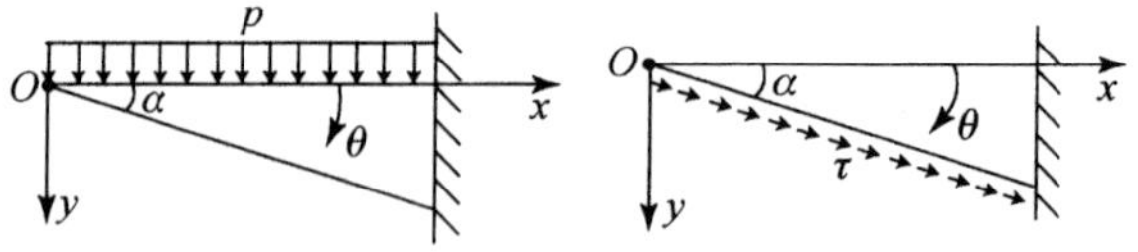

第 14 题图

15. 图示三角形水坝，顶角为 β，设水的密度为 ρ，求应力分量.

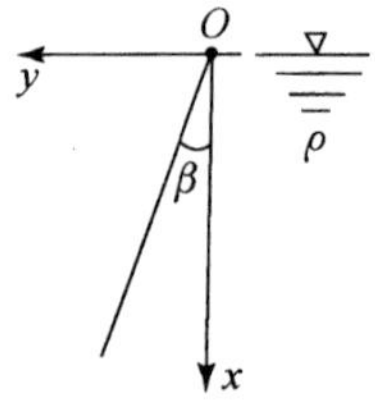

第 15 题图

16. 顶角为 2α 的楔上作用有如图示 4 种分布外力，求应力场.

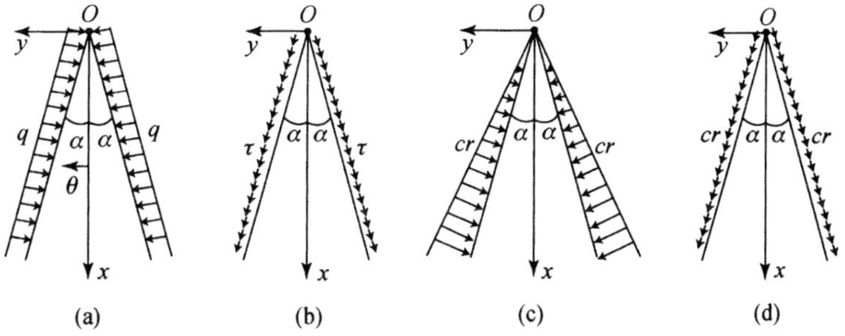

第 16 题图

17. 图示单位厚扇形薄板，圆心角为 2α，两圆弧端作用有合力矩 M，求应力分量.

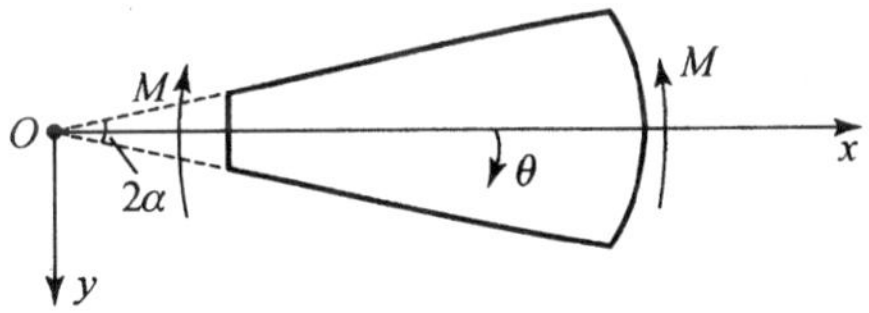

第 17 题图

18. 弹性半平面 $x\geqslant 0$，边界 $-b\leqslant y\leqslant a$ 上作用有均布法向载荷 q，求应力分布.

19. 图示弹性半平面 $x\geqslant 0$，边界 $x=0$ 上，在原点作用有切向集中力 Q，求应力分布.

20. 图示弹性半平面 $x\geqslant 0$，边界 $x=0$ 上，在原点受集中力矩 M 作用，求应力分布.

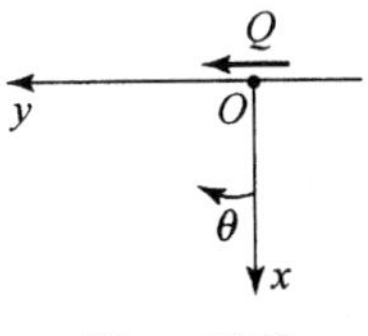

第 19 题图

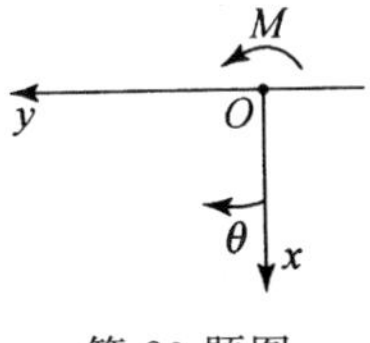

第 20 题图

21. 图示无限长直圆柱体，半径为 r，在彼此正交的过轴线的两个纵截面的两边上，作用有指向轴线的力 p，这些力 p 沿柱体母线是均布的，求这两个纵截面上的应力分布.

22. 图示弹性半平面，$\theta=\pi/2$ 边界上作用有：

(a) 均布法向载荷；

(b) 均布切向载荷;

(c) 线性分布法向载荷;

(d) 线性分布切向载荷;

(e) 二次分布法向载荷;

(f) 二次分布切向载荷.

求应力场.

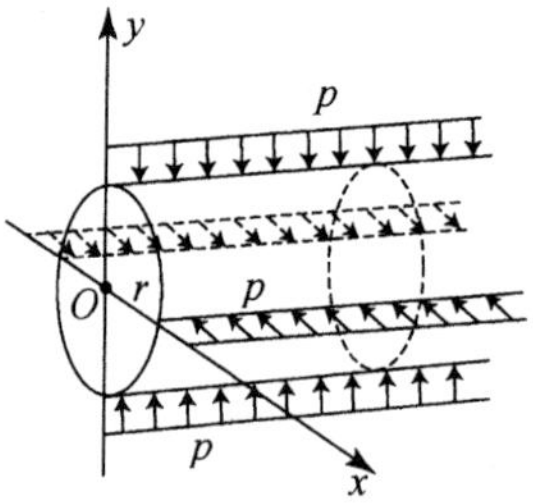

第 21 题图

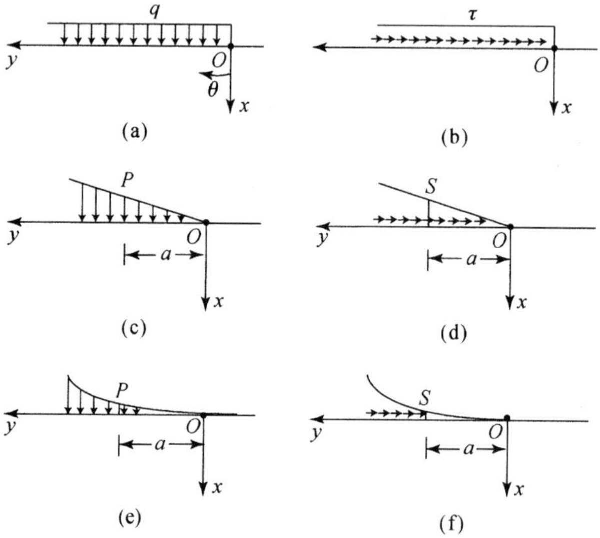

第 22 题图

* 23. 半径为 R 的无限长圆柱,若 $r=R$ 时给定下述应力边界条件:

$$X_n=\sum_{k=0}^{\infty}(\overline{M}_k^{(1)}\cos k\theta+\overline{M}_k^{(2)}\sin k\theta),$$

$$Y_n=\sum_{k=0}^{\infty}(\overline{N}_k^{(1)}\cos k\theta+\overline{N}_k^{(2)}\sin k\theta),$$

试求位移场.

* 24. 弹性半平面 $y\geqslant 0$,在边界 $y=0$ 上作用有外力

$$\sigma_\theta|_{\theta=0}=A_n r^n,\quad \tau_{r\theta}|_{\theta=0}=B_n r^n;$$

$$\sigma_\theta|_{\theta=\pi}=A'_n r^n,\quad \tau_{r\theta}|_{\theta=\pi}=B'_n r^n.$$

试求应力函数.

第九章　弹性力学平面问题的复变函数解法

对于弹性力学的平面问题,借助于复变函数这一数学工具,人们已经发展了一套完善的解法. 前两章所解的平面问题,其区域限于矩形、环形和楔形,而复变解法原则上可以解任意区域上的弹性力学平面问题. 复变解法还有另一个重要的特点,它是一种推理性的解法,而不是"半逆解法". 弹性力学复变函数解法具有极高的理论价值,其内容也十分丰富,本章着重介绍它的理论框架、基本方法和典型例题. 进一步的研究请参见穆斯海里什维里(Мусхелишвили)的经典著作[31].

§1　复变函数提要

1.1　复函数,解析函数,全纯函数

设在区域 G 中,有复变量的复值函数 $f(z)$,它的实部和虚部分别为 $p(x,y)$ 和 $q(x,y)$,即有

$$f(z)=p(x,y)+\mathrm{i}q(x,y). \tag{1.1}$$

如果 p 和 q 在区域 G 中某点满足如下的柯西-黎曼(Cauchy-Riemann)条件:

$$\begin{cases}\dfrac{\partial p}{\partial x}=\dfrac{\partial q}{\partial y},\\[2ex] \dfrac{\partial p}{\partial y}=-\dfrac{\partial q}{\partial x},\end{cases} \tag{1.2}$$

则称复值函数 $f(z)$ 在该点解析.如果条件(1.2)对区域 G 的每一点都成立,则称 f 为区域 G 上的解析函数,而 G 上的单值解析函数称为全纯函数.

1.2　Taylor 级数和 Laurent 级数

在圆内的解析函数 $f(z)$,可在此圆内展成 Taylor 级数

$$f(z)=\sum_{n=0}^{\infty}a_n z^n; \tag{1.3}$$

在圆环内的全纯函数 $f(z)$,可在环内展成洛朗(Laurent)级数

$$f(z)=\sum_{n=-\infty}^{+\infty} a_n z^n. \tag{1.4}$$

上述两式中 a_n 为复常数,并总取坐标原点为其圆心,或为圆环同心圆之圆心.

1.3 保角映射

Riemann 存在定理 对于区域 G,总存在保角映射

$$z=\omega(\zeta) \tag{1.5}$$

将 G 变为 ζ 平面上的单位圆.如果假定

$$z_0=\omega(\zeta_0),\quad \omega'(\zeta_0)>0 \quad (z_0\in G,\ \zeta_0\in \text{单位圆}), \tag{1.6}$$

则保角映射是唯一确定的.

对应原则 设 $w=f(z)$在闭曲线 L 内全纯,在 L 上连续,并将 L 单值地映射成另一条闭曲线 L',则 $w=f(z)$也把 L 所围成的区域单值地映射成 L'所包围的区域.

上述存在定理和对应原则都可推广到多连通区域和无界区域.

例如,将 z 平面上椭圆孔外变为 ζ 平面上单位圆外的保角映射

$$z=R\left(\zeta+\frac{m}{\zeta}\right), \tag{1.7}$$

其中 $r=\dfrac{a+b}{2}$,$m=\dfrac{a-b}{a+b}$,a 和 b 分别为椭圆的长短半轴,并总假定 $a\geqslant b$,于是 $0\leqslant m<1$(图 9.1).

我们详细考虑(1.7)式,设

$$z=x+\mathrm{i}y,\quad \zeta=\rho\,\mathrm{e}^{\mathrm{i}\theta}\quad (0\leqslant\theta<2\pi),$$

有

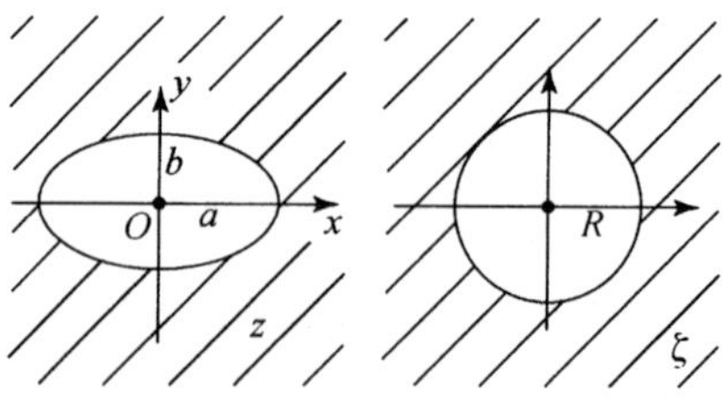

图 9.1

$$x=R\left(\rho+\frac{m}{\rho}\right)\cos\theta,\quad y=R\left(\rho-\frac{m}{\rho}\right)\sin\theta. \tag{1.8}$$

当 $\rho=1$ 时

$$\begin{cases} x = R(1+m)\cos\theta = a\cos\theta, \\ y = R(1-m)\sin\theta = b\sin\theta, \end{cases} \tag{1.9}$$

此为椭圆

$$\frac{x^2}{a^2} + \frac{y^2}{b^2} = 1. \tag{1.10}$$

当 $\rho > 1$ 时，由于

$$\frac{\mathrm{d}x}{\mathrm{d}\rho} = R\left(1 - \frac{m}{\rho^2}\right) > R(1-m) > 0, \quad \frac{\mathrm{d}y}{\mathrm{d}\rho} = R\left(1 + \frac{m}{\rho^2}\right) > 0,$$

那么 ρ 越来越大时，即 ζ 平面上越来越大的圆周，所对应的是 z 平面上越来越大的椭圆：

$$\frac{x^2}{\left[R\left(\rho + \frac{m}{\rho}\right)\right]^2} + \frac{y^2}{\left[R\left(\rho - \frac{m}{\rho}\right)\right]^2} = 1. \tag{1.11}$$

1.4 Cauchy 定理，Cauchy 公式，Cauchy 型积分

Cauchy 定理 设 $f(z)$ 在 G 内全纯并连续到边界 L，则

$$\oint_L f(z)\mathrm{d}z = 0. \tag{1.12}$$

Cauchy 公式 设 $f(z)$ 在 G 内全纯并连续到边界 L，则有

$$f(z) = \frac{1}{2\pi \mathrm{i}} \oint_L \frac{f(t)}{t-z}\mathrm{d}t \quad (z \in G), \tag{1.13}$$

其中沿边界周线积分的方向始终将区域保持在其左侧.

Cauchy 型积分 定义如下：

$$F(z) = \frac{1}{2\pi \mathrm{i}} \oint_L \frac{f(t)}{t-z}\mathrm{d}t \quad (z \in G^+, G^-), \tag{1.14}$$

其中 $f(t)$ 为 L 上的分段连续函数，G^+ 就是区域 G，G^- 为边界 L 之外的区域.

一般来说，$F(z)$ 不是解析函数.

1.5 Plemelj 公式

设 t 为 L 上的某一点，关于 Cauchy 型积分(1.14)，有如下普莱姆利(Plemelj)公式：

$$\begin{cases} F^+(t) = \dfrac{1}{2}f(t) + F(t), \\ F^-(t) = -\dfrac{1}{2}f(t) + F(t), \end{cases} \tag{1.15}$$

其中

$$\begin{cases}F^{+}(t)=\lim\limits_{\substack{z\to t\\ z\in G^{+}}}\dfrac{1}{2\pi\mathrm{i}}\oint_{L}\dfrac{f(\eta)}{\eta-z}\mathrm{d}\eta,\\ F^{-}(t)=\lim\limits_{\substack{z\to t\\ z\in G^{-}}}\dfrac{1}{2\pi\mathrm{i}}\oint_{L}\dfrac{f(\eta)}{\eta-z}\mathrm{d}\eta,\\ F(t)=\lim\limits_{t_1,t_2\to t}\dfrac{1}{2\pi\mathrm{i}}\int_{t_1}^{t_2}\dfrac{f(\eta)}{\eta-t}\mathrm{d}\eta.\end{cases}\tag{1.16}$$

这里点 t_1 和 t_2 均在边界 L 上(见图 9.2),分别位于点 t 的两侧,并且假定

$$|t_1-t|=|t_2-t|.\tag{1.17}$$

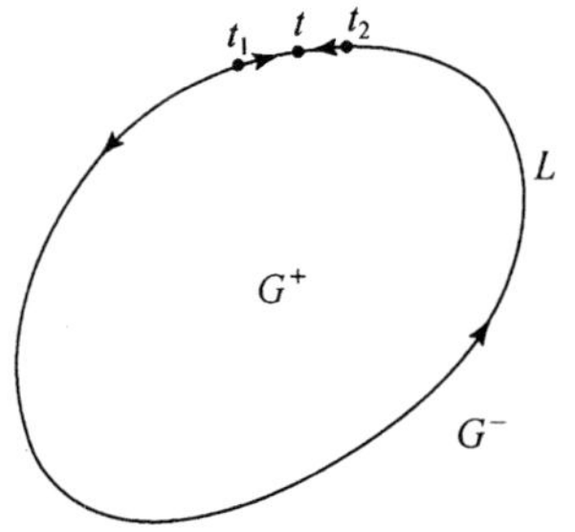

图 9.2

上述函数 $F^{+}(t)$和 $F^{-}(t)$,我们有时称其为 $F(z)$的内极限和外极限,$F(t)$是 $F(z)$在 Cauchy 主值意义下 L 上的函数值.Plemelj 公式(1.15)的证明请参见穆斯海里什维里的著作[30].

本小节只证明:$f(z)=1$ 时特殊情形的 Plemelj 公式.证明如下:

$$F(z)=\frac{1}{2\pi\mathrm{i}}\oint_{L}\frac{\mathrm{d}t}{t-z}=\begin{cases}1, & z\in G^{+},\\ 1/2, & z\in L,\\ 0, & z\in G^{-}.\end{cases}\tag{1.18}$$

当 $z\in G^{+}$和 G^{-}时,(1.18)式可以从 Cauchy 公式(1.13)和 Cauchy 定理中的(1.12)式得到. 而当 $z\in L$ 时,(1.18)式中的 $F(z)$则变为

$$F(z)=\frac{1}{2\pi\mathrm{i}}\lim_{\substack{t_1,t_2\to z\\ t_1,t_2\in L}}\int_{t_1}^{t_2}\frac{\mathrm{d}t}{t-z},\tag{1.19}$$

上式中的积分是沿边界 L 上进行的. 从(1.18)式可知,t_1 和 t_2 可写成

$$t_1-z=\delta\mathrm{e}^{\mathrm{i}\theta_1},\quad t_2-z=\delta\mathrm{e}^{\mathrm{i}\theta_2},\tag{1.20}$$

并且当 $t_1,t_2\to z\in L$ 时,有

$$\theta_2-\theta_1\to\pi.\tag{1.21}$$

现在可以计算出(1.19)式为

$$F(z)=\frac{1}{2\pi i}\lim_{\substack{t_1,t_2\to z\\ t_1,t_2\in L}}\ln\frac{t_2-z}{t_1-z}=\frac{1}{2}. \tag{1.22}$$

因此(1.18)式成立，并从(1.18)式立即得 $f(z)=1$ 时的 Plemelj 公式.

如果 L 由 n 个曲线段组成,即

$$L=\{a_1b_1,a_2b_2,\cdots,a_nb_n\}, \tag{1.23}$$

那么 Plemelj 公式对(1.23)型的 L 也成立.事实上,只要用虚线将这 n 个曲线段连成一条封闭曲线(图 9.3),然后在虚线上再令 $f(t)$为零,就可援用 Plemelj 的所有公式了.

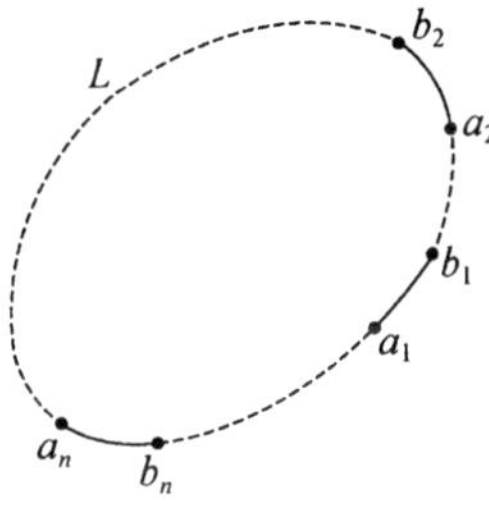

图　9.3

1.6　函数方程 $F^+(t)-F^-(t)=f(t)$的解

本小节标题所述的函数方程,其 $f(t)$为某条封闭曲线 L 上的已知的复值可积函数,而 $F(z)$是待求的函数,它在闭曲线 L 内部和外部都将是解析的.

从 Plemelj 公式(1.15)可以知道,对边界 L 上给定的 $f(t)$，本小节标题所述的函数方程的一个解为 Cauchy 型积分中的(1.14)式.

1.7　Riemann-Hilbert 连接问题

设在形如(1.23)式的 L 上给定连续函数 $f(t)$,在复平面上求函数 $F(z)$,它满足如下方程：

$$F^+(t)-gF^-(t)=f(t),\quad t\in L, \tag{1.24}$$

其中 g 为复常数.此问题称为黎曼-希尔伯特(Riemann-Hilbert)连接问题.通常所求的 $F(z)$在无限远有界.以下介绍该问题的解法.

设

$$X_0(z)=\prod_{k=1}^{n}(z-a_k)^{-\gamma}(z-b_k)^{\gamma-1}, \tag{1.25}$$

其中 γ 为待定常数. 取定 $z\to\infty$时，$X_0(z)\to z^{-n}$ 的那个分支. 当 $t\in a_kb_k$ 时,从图 9.4 可以看出

$$X_0^+(t)\mathrm{e}^{-2\pi\mathrm{i}\gamma}=X_0^-(t), \tag{1.26}$$

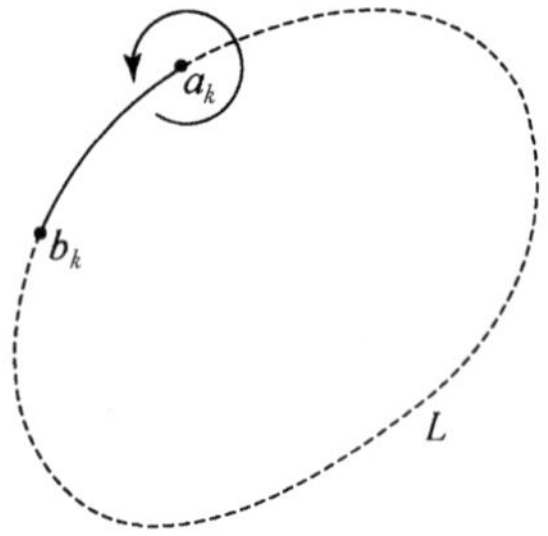

图 9.4

于是,当 $t\in L$ 时,有

$$X_0^+(t)-\mathrm{e}^{2\pi\mathrm{i}\gamma}X_0^-(t)=0. \tag{1.27}$$

令

$$g=\mathrm{e}^{2\pi\mathrm{i}\gamma}, \tag{1.28}$$

即

$$\gamma=\alpha+\mathrm{i}\beta=\frac{1}{2\pi\mathrm{i}}\ln g=\frac{1}{2\pi}\arg(g)-\frac{\mathrm{i}}{2\pi}\ln|g|, \tag{1.29}$$

其中幅角 $\arg(g)$ 取在 $[0,2\pi)$ 中.(1.27)式可写成

$$g=\frac{X_0^+(t)}{X_0^-(t)}. \tag{1.30}$$

将上式代入欲解的方程(1.24),得

$$\frac{F^+(t)}{X_0^+(t)}-\frac{F^-(t)}{X_0^-(t)}=\frac{f(t)}{X_0^+(t)}. \tag{1.31}$$

按照 Plemelj 公式,得到上式的解为

$$F(z)=\frac{X_0(z)}{2\pi\mathrm{i}}\int_L\frac{f(t)}{X_0^+(t)}\frac{\mathrm{d}t}{t-z}+X_0(z)P_n(z), \tag{1.32}$$

其中 $P_n(z)$ 为 n 次多项式,解(1.32)在无穷远处有界.

对于特殊情形: $g=-1$,那么 $\gamma=1/2$. 令

$$X(z)=\prod_{k=1}^{n}\sqrt{(z-a_k)(z-b_k)}, \tag{1.33}$$

就有

$$X_0(z)=1/X(z). \tag{1.34}$$

此时,Riemann-Hilbert 连接问题的解为

$$F(z)=\frac{1}{2\pi\mathrm{i}X(z)}\int_L\frac{X^+(t)f(t)}{t-z}\mathrm{d}t+\frac{P_n(z)}{X(z)}. \tag{1.35}$$

公式(1.35)在断裂力学中十分有用.

§2　应力与位移的复变表示

2.1　双调和函数的复变表示

从第七章§6我们知道,无体力的平面问题归结为求解应力函数的双调和方程(6.1).平面问题的复变表示就从双调和函数的复变表示开始.

设 U 为双调和函数,令

$$P=\nabla^2 U, \tag{2.1}$$

则 P 是一个调和函数.设 Q 是它的共轭调和函数,于是它们满足(1.2)式的Cauchy-Riemann条件,即

$$\frac{\partial P}{\partial x}=\frac{\partial Q}{\partial y},\quad \frac{\partial P}{\partial y}=-\frac{\partial Q}{\partial x}.$$

令

$$f(z)=P(x,y)+\mathrm{i}Q(x,y),$$

那么 $f(z)$ 就是复变量 $z=x+\mathrm{i}y$ 的解析函数.再令

$$\varphi(z)=\frac{1}{4}\int f(z)\mathrm{d}z=p+\mathrm{i}q, \tag{2.2}$$

即有

$$\varphi'(z)=\frac{1}{4}f(z)$$

或者

$$\frac{\partial p}{\partial x}=\frac{\partial q}{\partial y}=\frac{1}{4}P,\quad \frac{\partial p}{\partial y}=-\frac{\partial q}{\partial x}=-\frac{1}{4}Q. \tag{2.3}$$

不难验证,

$$\nabla^2(U-px-qy)=0.$$

故有

$$U=px+qy+p_1,$$

这里 p_1 是一个新的调和函数.令 $\chi(z)=p_1+\mathrm{i}q_1$ 为解析函数,则有

$$U=\mathrm{Re}[\bar{z}\varphi(z)+\chi(z)], \tag{2.4}$$

其中 $\bar{z}=x-\mathrm{i}y$ 表示复变量 z 的共轭.(2.4)式也可写成

$$2U=\bar{z}\varphi(z)+z\overline{\varphi(z)}+\chi(z)+\overline{\chi(z)}. \tag{2.5}$$

前两式表明,对任何一个双调和函数 U 都存在两个解析函数 $\varphi(z)$ 和 $\chi(z)$,使 U 可以按(2.4)式表出.反之,不难验证,任给两个解析函数 $\varphi(z)$ 和 $\chi(z)$,按

(2.4)式所得到的函数 U 是双调和的.

公式(2.4)就是双调和函数的复变表达式，该式最早是由古萨(Goursat)[107]导出,此处是按 Мусхелишвили[203] 的方法导出.

2.2 应力的复变表示

利用(2.5)式,可直接算出

$$\begin{cases}2\dfrac{\partial U}{\partial x}=\overline{\varphi(z)}+\varphi(z)+\bar{z}\,\varphi'(z)+z\,\overline{\varphi'(z)}+\chi'(z)+\overline{\chi'(z)},\\ 2\dfrac{\partial U}{\partial y}=\mathrm{i}\left[\overline{\varphi(z)}-\varphi(z)+\bar{z}\,\varphi'(z)-z\,\overline{\varphi'(z)}+\chi'(z)-\overline{\chi'(z)}\right].\end{cases}\tag{2.6}$$

将上式再微商一次,得

$$\begin{cases}2\dfrac{\partial^2 U}{\partial x^2}=2\,\overline{\varphi'(z)}+2\varphi'(z)+\bar{z}\,\varphi''(z)+z\,\overline{\varphi''(z)}+\chi''(z)+\overline{\chi''(z)},\\ 2\dfrac{\partial^2 U}{\partial y^2}=2\,\overline{\varphi'(z)}+2\varphi'(z)-\bar{z}\,\varphi''(z)-z\,\overline{\varphi''(z)}-\chi''(z)-\overline{\chi''(z)},\\ 2\dfrac{\partial^2 U}{\partial x\partial y}=\mathrm{i}\left[\bar{z}\,\varphi''(z)-z\,\overline{\varphi''(z)}+\chi''(z)-\overline{\chi''(z)}\right].\end{cases}$$

为了方便,记

$$\Phi(z)=\varphi'(z),\quad \Psi(z)=\psi'(z),\quad \psi(z)=\chi'(z),\tag{2.7}$$

就有

$$\begin{cases}\sigma_x=\dfrac{\partial^2 U}{\partial y^2}=2\mathrm{Re}\Phi(z)-\mathrm{Re}[\bar{z}\,\Phi'(z)+\Psi(z)],\\ \sigma_y=\dfrac{\partial^2 U}{\partial x^2}=2\mathrm{Re}\Phi(z)+\mathrm{Re}[\bar{z}\,\Phi'(z)+\Psi(z)],\\ \tau_{xy}=-\dfrac{\partial^2 U}{\partial x\partial y}=\mathrm{Im}\,[\bar{z}\,\Phi'(z)+\Psi(z)].\end{cases}\tag{2.8}$$

上式也可改写成如下常用形式:

$$\begin{cases}\sigma_x+\sigma_y=4\mathrm{Re}\Phi(z),\\ \sigma_y-\sigma_x+2\mathrm{i}\tau_{xy}=2[\bar{z}\,\Phi'(z)+\Psi(z)].\end{cases}\tag{2.9}$$

上式就是应力的复变表达式,它最早是由 Колосов[201] 导出.

2.3 位移的复变表示

对于平面应力状态,利用 Hooke 定律和 Airy 应力函数,以及(2.1)和(2.3)式,可得

$$\begin{aligned}\frac{\partial u}{\partial x}&=\varepsilon_x=\frac{1}{E}(\sigma_x-\nu\sigma_y)=\frac{1}{E}\frac{\partial^2 U}{\partial y^2}-\frac{\nu}{E}\frac{\partial^2 U}{\partial x^2}\\&=\frac{1}{E}\nabla^2 U-\frac{1+\nu}{E}\frac{\partial^2 U}{\partial x^2}=\frac{1}{E}P-\frac{1+\nu}{E}\frac{\partial^2 U}{\partial x^2}\\&=-\frac{1+\nu}{E}\frac{\partial^2 U}{\partial x^2}+\frac{4}{E}\frac{\partial p}{\partial x};\end{aligned}$$

同理,有

$$\frac{\partial v}{\partial y}=-\frac{1+\nu}{E}\frac{\partial^2 U}{\partial y^2}+\frac{4}{E}\frac{\partial q}{\partial y};$$

还可得

$$\frac{\partial u}{\partial y}+\frac{\partial v}{\partial x}=\frac{2(1+\nu)}{E}\tau_{xy}=-\frac{2(1+\nu)}{E}\frac{\partial^2 U}{\partial x\partial y}.$$

从上面三式,再利用第二章引理 6.1, 如果不计刚体位移,可以知道位移场为

$$\begin{cases}u=-\dfrac{1+\nu}{E}\dfrac{\partial U}{\partial x}+\dfrac{4}{E}p,\\[2ex]v=-\dfrac{1+\nu}{E}\dfrac{\partial U}{\partial y}+\dfrac{4}{E}q,\end{cases}\tag{2.10}$$

上式还可以改写成

$$2\mu(u+\mathrm{i}v)=-\left(\frac{\partial U}{\partial x}+\mathrm{i}\frac{\partial U}{\partial y}\right)+\frac{4}{1+\nu}(p+\mathrm{i}q).$$

利用(2.2)和(2.6)式,可将上式写成

$$2\mu(u+\mathrm{i}v)=\kappa\varphi(z)-z\overline{\varphi'(z)}-\overline{\psi(z)},\tag{2.11}$$

其中

$$\kappa=(3-\nu)/(1+\nu).$$

对于平面应变问题,可将上式中的 ν 换成 $\nu/(1-\nu)$,于是 κ 将为 $\kappa=3-4\nu$.

公式(2.11)就是平面弹性力学的位移复变表达式.

2.4　沿弧的合力和合力矩

设在弹性区域中有一条曲线 L, 点 P_0 为其上弧长的起算点, 曲线上任意点 P 的弧长为 s,曲线上的法向为 $\boldsymbol{n}$,切向为 $\boldsymbol{s}$,并总认为 $\boldsymbol{n}$ 与 $\boldsymbol{s}$ 所构成的定向与 Oxy 坐标轴的定向一致(图 9.5).曲线正侧对曲线负侧的应力矢量记为 (X_n,Y_n),利用 Airy 应力函数,可知

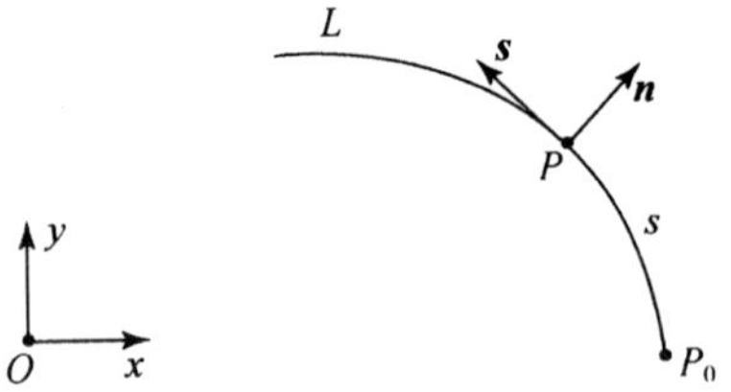

图 9.5

$$\begin{cases} X_n = \sigma_x \cos(\boldsymbol{n}, \boldsymbol{e}_x) + \tau_{yx} \cos(\boldsymbol{n}, \boldsymbol{e}_y) \\ \quad = \dfrac{\partial^2 U}{\partial y^2} \dfrac{\mathrm{d}y}{\mathrm{d}s} + \dfrac{\partial^2 U}{\partial x \partial y} \dfrac{\mathrm{d}x}{\mathrm{d}s} = \dfrac{\mathrm{d}}{\mathrm{d}s} \dfrac{\partial U}{\partial y}, \\ Y_n = \tau_{xy} \cos(\boldsymbol{n}, \boldsymbol{e}_x) + \sigma_y \cos(\boldsymbol{n}, \boldsymbol{e}_y) \\ \quad = -\dfrac{\partial^2 U}{\partial x \partial y} \dfrac{\mathrm{d}y}{\mathrm{d}s} - \dfrac{\partial^2 U}{\partial x^2} \dfrac{\mathrm{d}x}{\mathrm{d}s} = -\dfrac{\mathrm{d}}{\mathrm{d}s} \dfrac{\partial U}{\partial x}. \end{cases} \tag{2.12}$$

若记 F_x 和 F_y 为 X_n 和 Y_n 在弧$\widehat{P_0P}$上的合力,就有

$$\begin{aligned} F_x + \mathrm{i}F_y &= \int_{P_0}^{P} (X_n + \mathrm{i}Y_n)\mathrm{d}s \\ &= \int_{P_0}^{P} \frac{\mathrm{d}}{\mathrm{d}s}\left(\frac{\partial U}{\partial y} - \mathrm{i}\frac{\partial U}{\partial x}\right)\mathrm{d}s \\ &= \left(\frac{\partial U}{\partial y} - \mathrm{i}\frac{\partial U}{\partial x}\right)_{P_0}^{P} = -\mathrm{i}\left(\frac{\partial U}{\partial x} + \mathrm{i}\frac{\partial U}{\partial y}\right)_{P_0}^{P}. \end{aligned}$$

将(2.6)式代入上式,得

$$F_x + \mathrm{i}F_y = -\mathrm{i}\left[\varphi(z) + z\overline{\varphi'(z)} + \overline{\psi(z)}\right]_{P_0}^{P}, \tag{2.13}$$

上式就是在弧$\widehat{P_0P}$上的合力复变表达式.

再来算弧$\widehat{P_0P}$上的合力矩 M,

$$M = \int_{P_0}^{P} (xY_n - yX_n)\mathrm{d}s. \tag{2.14}$$

在上式中,利用(2.12)式,再进行分部积分,可算出

$$\begin{aligned} M &= -\int_{P_0}^{P} \left(x\frac{\mathrm{d}}{\mathrm{d}s}\frac{\partial U}{\partial x} + y\frac{\mathrm{d}}{\mathrm{d}s}\frac{\partial U}{\partial y}\right)\mathrm{d}s \\ &= -\left(x\frac{\partial U}{\partial x} + y\frac{\partial U}{\partial y}\right)_{P_0}^{P} + \int_{P_0}^{P}\left(\frac{\partial U}{\partial x}\frac{\mathrm{d}x}{\mathrm{d}s} + \frac{\partial U}{\partial y}\frac{\mathrm{d}y}{\mathrm{d}s}\right)\mathrm{d}s \\ &= -\mathrm{Re}\left[z\left(\frac{\partial U}{\partial x} - \mathrm{i}\frac{\partial U}{\partial y}\right)\right]_{P_0}^{P} + U\Big|_{P_0}^{P}. \end{aligned}$$

将(2.5)和(2.6)式代入上式,得到沿弧合力矩的复变表达式

$$M=\operatorname{Re}[\chi(z)-z\psi(z)-z\bar{z}\varphi'(z)]_{P_0}^{P}. \tag{2.15}$$

2.5　极坐标下位移和应力的复变表示

极坐标下的位移(u_r, u_θ)与直角坐标下的位移(u, v)有坐标变换关系

$$u_r=u\cos\theta+v\sin\theta,\quad u_\theta=-u\sin\theta+v\cos\theta.$$

由上式组成复变函数

$$u_r+\mathrm{i}u_\theta=(u+\mathrm{i}v)\mathrm{e}^{-\mathrm{i}\theta},$$

再将直角坐标下位移的复变表示式(2.11)代入上式,即得到极坐标下位移的复变表示

$$2\mu(u_r+\mathrm{i}u_\theta)=\mathrm{e}^{-\mathrm{i}\theta}[\kappa\varphi(z)-z\overline{\varphi'(z)}-\overline{\psi(z)}]. \tag{2.16}$$

极坐标和直角坐标下的应力分量之间有下述关系:

$$\begin{cases}\sigma_r=\sigma_x\cos^2\theta+\sigma_y\sin^2\theta+\tau_{xy}\sin 2\theta,\\ \sigma_\theta=\sigma_x\sin^2\theta+\sigma_y\cos^2\theta-\tau_{xy}\sin 2\theta,\\ \tau_{r\theta}=\dfrac{\sigma_y-\sigma_x}{2}\sin 2\theta+\tau_{xy}\cos 2\theta.\end{cases}$$

从上式得

$$\begin{cases}\sigma_r+\sigma_\theta=\sigma_x+\sigma_y,\\ \sigma_\theta-\sigma_r+\mathrm{i}2\tau_{r\theta}=\mathrm{e}^{\mathrm{i}2\theta}(\sigma_y-\sigma_x+\mathrm{i}2\tau_{xy}).\end{cases}$$

利用(2.9)式,得到极坐标下应力分量的表示

$$\begin{cases}\sigma_r+\sigma_\theta=4\operatorname{Re}\Phi(z),\\ \sigma_\theta-\sigma_r+\mathrm{i}2\tau_{r\theta}=2\mathrm{e}^{\mathrm{i}2\theta}[\bar{z}\,\Phi'(z)+\Psi(z)].\end{cases} \tag{2.17}$$

附注　本节所述的双调和函数、位移和应力复变表示的公式还可以用其他方法导出,如 England[94],长谷川久夫[3]和王敏中[50]等给出的方法.

§3　φ 和 ψ 等函数的确定程度

3.1　给定应力的情况

对于应力给定的情况,我们来考查应力的复变表达式(2.9)的确定程度.设除 Φ 和 Ψ 外,尚有 Φ_1 和 Ψ_1 使(2.9)式成立,即

$$\begin{cases}\sigma_x+\sigma_y=4\operatorname{Re}\Phi_1(z),\\ \sigma_y-\sigma_x+2\mathrm{i}\tau_{xy}=2[\bar{z}\,\Phi'_1(z)+\Psi_1(z)].\end{cases} \tag{3.1}$$

将(3.1)和(2.9)两式相应的方程相减,得

$$0=4\operatorname{Re}[\Phi_1-\Phi],\quad 0=\bar{z}[\Phi'_1-\Phi']+\Psi_1-\Psi,$$

由此不难得出

$$\Phi_1 - \Phi = \mathrm{i}C, \quad \Psi_1 - \Psi = 0, \tag{3.2}$$

其中 C 为实数.设 $\varphi_1' = \Phi_1$，$\psi_1' = \Psi_1$，对(3.2)式积分，得

$$\varphi_1 - \varphi = \mathrm{i}Cz + \gamma, \quad \psi_1 - \psi = \gamma', \tag{3.3}$$

其中 γ, γ' 为复数.也就是说，下列两组函数

$$\varphi,\ \psi; \quad \varphi + \mathrm{i}Cz + \gamma,\ \psi + \gamma' \tag{3.4}$$

按(2.9)式给出同样的应力分量.因此，对于给定应力的情况，可以预先假定

$$\varphi(0) = 0, \quad \mathrm{Im}\varphi'(0) = 0, \quad \psi(0) = 0. \tag{3.5}$$

当然这时需假定坐标原点在弹性区域内.

3.2 给定位移的情况

对于位移给定的情况，设位移也有两种表示：一种是(2.11)式，另一种是

$$2\mu(u + \mathrm{i}v) = \kappa\varphi_1(z) - z\overline{\varphi'_1(z)} - \overline{\psi_1(z)}. \tag{3.6}$$

将(3.6)和(2.11)两式相减，得

$$0 = \kappa[\varphi_1(z) - \varphi(z)] - z\left[\overline{\varphi'_1(z) - \varphi'(z)}\right] - \left[\overline{\psi_1(z) - \psi(z)}\right].$$

我们知道，当位移场给定时应力场就确定，于是 φ_1, ψ_1 和 φ, ψ 之间的任意程度为(3.4)式.那么上式成为

$$(\kappa + 1)\mathrm{i}Cz + (\kappa\gamma - \overline{\gamma'}) = 0.$$

因此

$$C = 0, \quad \kappa\gamma - \overline{\gamma'} = 0. \tag{3.7}$$

这样，两组函数

$$\varphi,\ \psi; \quad \varphi + \gamma,\ \psi + \gamma' \ (\kappa\gamma = \overline{\gamma'}) \tag{3.8}$$

给出相同的位移场.通常，给定位移场时，可假定

$$\varphi(0) = 0 \quad \text{或} \quad \psi(0) = 0. \tag{3.9}$$

3.3 给定应力和沿弧上合力的情况

这时除应力分量给定，沿弧的合力还给定下式：

$$\varphi(z) + z\overline{\varphi'(z)} + \overline{\psi(z)} = \mathrm{i}(F_x + \mathrm{i}F_y). \tag{3.10}$$

那么(3.4)中的两组函数都应使(3.10)式成立，这就得到

$$\gamma + \overline{\gamma'} = 0. \tag{3.11}$$

因此在给定应力和沿弧的合力时，通常可假定

$$\varphi(0) = 0, \quad \mathrm{Im}\,\varphi'(0) = 0 \tag{3.12}$$

或者

$$\psi(0)=0,\quad \operatorname{Im}\varphi'(0)=0. \tag{3.13}$$

§4　多连通域中的 φ 和 ψ

4.1　有界多连通区域

§3 中考虑的是单连通区域 G,本节考虑多连通区域,这里先考虑有界区域.图 9.6 显示了一个 $m+1$ 连通的区域 G,其外边界为 L_0,内边界为 $L_1,\cdots,L_m$. L_k 所围成的区域记为 G_k, L_k' 为 G 内仅包含 G_k 的围线, z_k 为 G_k 内的某固定点($k=1,\cdots,m$).

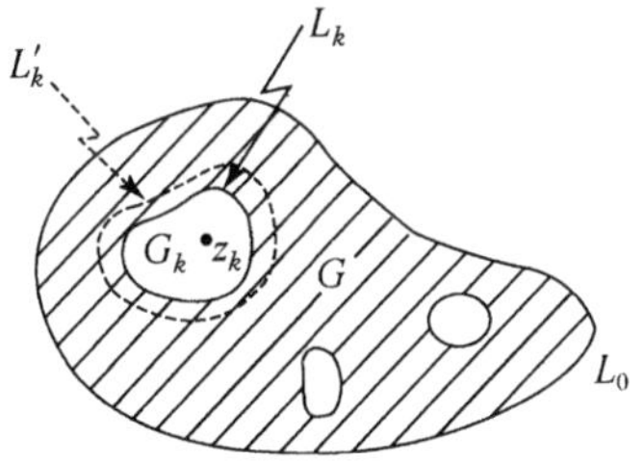

图　9.6

按照力学要求,应力和位移都应是单值的,那么从

$$\sigma_x+\sigma_y=4\operatorname{Re}\Phi(z)$$

知,$\Phi(z)$的实部是单值的. $\Phi(z)$的虚部可能多值,设 z 沿逆时针方向绕 L_k'一周,$\Phi(z)$增加 $2\pi \mathrm{i}A_k(k=1,\cdots,m)$,这里 A_k 为实常数. 令

$$\Phi^*(z)=\Phi(z)-\sum_{k=1}^{m}A_k\ln(z-z_k),$$

则 $\Phi^*(z)$为单值函数.改写上式为

$$\Phi(z)=\sum_{k=1}^{m}A_k\ln(z-z_k)+\Phi^*(z). \tag{4.1}$$

积分(4.1)式,可求得 $\varphi(z)$:

$$\begin{aligned}\varphi(z)&=\int_{z_0}^{z}\Phi(z)\mathrm{d}z+\text{常数}\\&=\sum_{k=1}^{m}A_k[(z-z_k)\ln(z-z_k)-(z-z_k)]\\&\quad+\int_{z_0}^{z}\Phi^*(z)\mathrm{d}z+\text{常数},\end{aligned} \tag{4.2}$$

其中 z_0 为 G 中某定点.由于单值函数的积分可以是多值函数,设上式中积分的

项绕 L'_k 一周增加 $2\pi i c_k$，此处 c_k 为复常数，即设

$$\int_{z_0}^{z} \Phi^*(z)\,dz = \sum_{k=1}^{m} c_k \ln(z - z_k) + \text{单值函数}. \tag{4.3}$$

将上式代入(4.2)式，合并相同的项，得到

$$\varphi(z) = z\sum_{k=1}^{m} A_k \ln(z - z_k) + \sum_{k=1}^{m} \eta_k \ln(z - z_k) + \varphi^*(z), \tag{4.4}$$

其中 φ^* 在 G 内单值，$\eta_k\ (k=1,\cdots,m)$ 为复常数.再考虑应力表示式

$$\sigma_y - \sigma_x + i2\tau_{xy} = 2[\bar{z}\,\Phi'(z) + \Psi(z)]. \tag{4.5}$$

按照(4.1)式，$\Phi'(z)$ 为单值函数，那么从(4.5)式得出 $\Psi(z)$ 为单值函数，再类似上面的推导，又得

$$\psi(z) = \int \Psi(z)\,dz = \sum_{k=1}^{m} \eta'_k \ln(z - z_k) + \psi^*(z), \tag{4.6}$$

其中 $\eta'_k\ (k=1,\cdots,m)$ 为复常数，$\psi^*(z)$ 为单值函数.进一步，

$$\begin{aligned}\chi(z) &= \int \psi(z)\,dz \\ &= z\sum_{k=1}^{m} \eta'_k \ln(z - z_k) + \sum_{k=1}^{m} \eta''_k \ln(z - z_k) + \chi^*(z),\end{aligned} \tag{4.7}$$

这里 $\eta''_k\ (k=1,\cdots,m)$ 为复常数，χ^* 为单值解析函数.

还需考虑多连通区域中位移单值性条件，我们有

$$2\mu(u + iv) = \kappa\varphi(z) - z\,\overline{\varphi'(z)} - \overline{\psi(z)}. \tag{4.8}$$

将(4.4)和(4.6)式中的 φ 和 ψ 代入上式，沿 L'_k 绕行一周，得

$$2\mu[u + iv]_{L'_k} = 2\pi i\,[(\kappa + 1)zA_k + \kappa\eta_k + \overline{\eta'_k}\,]_{L'_k}. \tag{4.9}$$

由于 u 和 v 为单值函数，上式等号左边为零，于是

$$A_k = 0, \quad \kappa\eta_k + \overline{\eta'_k} = 0. \tag{4.10}$$

现在指出 η_k 和 η'_k 可以用 L_k 上外力的合力 $F_x^{(k)}$ 与 $F_y^{(k)}$ 来表示.按照(3.10)式，有

$$F_x^{(k)} + iF_y^{(k)} = -i\Big[\varphi(z) + z\,\overline{\varphi'(z)} + \overline{\psi(z)}\Big]_{L_k}, \tag{4.11}$$

式中 L_k 的绕行方向是顺时针的.将 $\varphi(z)$ 和 $\psi(z)$ 的表示式(4.4)和(4.6)代入(4.11)式，得

$$F_x^{(k)} + iF_y^{(k)} = -2\pi(\eta_k - \overline{\eta'_k}). \tag{4.12}$$

从(4.10)和(4.12)式，求出

$$\eta_k = -\frac{F_x^{(k)} + iF_y^{(k)}}{2\pi(1 + \kappa)}, \quad \eta'_k = \frac{\kappa(F_x^{(k)} - iF_y^{(k)})}{2\pi(1 + \kappa)}. \tag{4.13}$$

由于 $A_k = 0$，在有界多连通区域中，$\varphi(z)$ 和 $\psi(z)$ 有表示式

$$\begin{cases}\varphi(z)=-\dfrac{1}{2\pi(1+\kappa)}\displaystyle\sum_{k=1}^{m}(F_x^{(k)}+\mathrm{i}F_y^{(k)})\ln(z-z_k)+\varphi^*(z),\\ \psi(z)=\dfrac{\kappa}{2\pi(1+\kappa)}\displaystyle\sum_{k=1}^{m}(F_x^{(k)}-\mathrm{i}F_y^{(k)})\ln(z-z_k)+\psi^*(z),\end{cases}\tag{4.14}$$

这里 $\varphi^*(z)$和 $\psi^*(z)$为全纯函数.

4.2　无界多连通区域

我们仅限于考虑无穷平面上具有孔的无界多连通区域.这种区域可以认为是有界多连通区域中外边界 $L_0\to\infty$的情形.于是在任意有限部分内,(4.14)式都成立,因此只需考虑 $z\to\infty$时 φ 和 ψ 的渐近性态.取以坐标原点为圆心、半径足够大的圆周 L_R,使所有 $L_k(k=1,\cdots,m)$皆在 L_R 之内.在 L_R 之外,由于 $|z|>|z_k|$,有

$$\ln(z-z_k)=\ln z+\ln\left(1-\frac{z_k}{z}\right).\tag{4.15}$$

因为上式等号右端第二项在 L_R 之外为全纯函数,将上式代入(4.14)式,当 z 在 L_R 外时,

$$\begin{cases}\varphi(z)=-\dfrac{F_x+\mathrm{i}F_y}{2\pi(1+\kappa)}\ln z+\varphi^{**}(z),\\ \psi(z)=\dfrac{\kappa(F_x-\mathrm{i}F_y)}{2\pi(1+\kappa)}\ln z+\psi^{**}(z),\end{cases}\tag{4.16}$$

这里 $F_x=\sum_{k=1}^{m}F_x^{(k)}$,$F_y=\sum_{k=1}^{m}F_y^{(k)}$,$\varphi^{**}(z)$ 和 $\psi^{**}(z)$ 都是 L_R 外的全纯函数.

将 $\varphi^{**}(z)$和 $\psi^{**}(z)$在 L_R 外展成 Laurent 级数:

$$\varphi^{**}(z)=\sum_{n=-\infty}^{+\infty}a'_nz^n,\quad \psi^{**}(z)=\sum_{n=-\infty}^{+\infty}b'_nz^n,\tag{4.17}$$

其中 a_n'和 b_n'为复常数.在弹性力学问题中,通常假定在无穷远处应力有界,由此推出

$$a'_n=b'_n=0\quad(n\geqslant 2).\tag{4.18}$$

于是(4.17)式可写成

$$\begin{cases}\varphi^{**}(z)=\varphi_0(z)+a_0+\Gamma z,\\ \psi^{**}(z)=\psi_0(z)+b_0+\Gamma' z,\end{cases}\tag{4.19}$$

式中

$$\varphi_0(z)=\frac{a_1}{z}+\frac{a_2}{z^2}+\cdots,\quad \psi_0(z)=\frac{b_1}{z}+\frac{b_2}{z^2}+\cdots,\tag{4.20}$$

$$\Gamma=B+\mathrm{i}C,\quad \Gamma'=B'+\mathrm{i}C'.\tag{4.21}$$

我们知道 a_0,b_0 和实数 C 不产生应力,故可设

$$a_0=b_0=0,\quad C=0. \tag{4.22}$$

为了说明实常数 B,B'和C'的物理意义,在公式

$$\begin{cases}\sigma_x+\sigma_y=2\left[\varphi'(z)+\overline{\varphi'(z)}\right],\\ \sigma_y-\sigma_x+\mathrm{i}2\tau_{xy}=2[\bar{z}\,\varphi''(z)+\psi'(z)]\end{cases} \tag{4.23}$$

中,令 $z\to\infty$,由于(4.16)和(4.19)~(4.22)式,得

$$\begin{cases}\sigma_x^{(\infty)}+\sigma_y^{(\infty)}=4B,\\ \sigma_y^{(\infty)}-\sigma_x^{(\infty)}+\mathrm{i}2\tau_{xy}^{(\infty)}=2(B'+\mathrm{i}C'),\end{cases}$$

亦即

$$B=\frac{\sigma_x^{(\infty)}+\sigma_y^{(\infty)}}{4},\quad B'=\frac{\sigma_y^{(\infty)}-\sigma_x^{(\infty)}}{2},\quad C'=\tau_{xy}^{(\infty)}. \tag{4.24}$$

最后得到具有孔的无穷区域中 φ 和 ψ 的表达式

$$\begin{cases}\varphi(z)=-\dfrac{F_x+\mathrm{i}F_y}{2\pi(1+\kappa)}\ln z+\Gamma z+\varphi_0(z),\\ \psi(z)=\dfrac{\kappa(F_x-\mathrm{i}F_y)}{2\pi(1+\kappa)}\ln z+\Gamma' z+\psi_0(z),\end{cases} \tag{4.25}$$

其中 F_x 和 F_y 为所有孔周上所受外力合力之和,Γ 和 Γ' 如(4.21),(4.22)和(4.24)式所示,$\varphi_0(z)$和 $\psi_0(z)$仅含 z 的负幂项,如(4.20)式所示.

§5 弹性力学平面问题的复变函数论表述

一个完整的弹性力学问题是在给定的边界条件下,求满足方程的解.前面几节导出了应力和位移的复变表示,在这种表示下,应力和位移已满足弹性力学平面问题的全部方程式,尚需考虑的是边界条件.

首先,如果在区域 G 的边界 L 上给定外力 X_n 和 Y_n,那么沿 L 从点 P_0 至 P 的外力之合力为

$$F_x(t)+\mathrm{i}F_y(t)=\int_{t_0}^{t}[X_n(s)+\mathrm{i}Y_n(s)]\mathrm{d}s,$$

其中 t_0 和 t 分别为点 P_0 和 P 的复数表示.将上式代入合力公式(2.13),得到

$$\varphi(t)+t\,\overline{\varphi'(t)}+\overline{\psi(t)}=f(t)+\text{const.}\quad(t\in L), \tag{5.1}$$

其中

$$f(t)=\mathrm{i}[F_x(t)+\mathrm{i}F_y(t)]. \tag{5.2}$$

其次,如果在区域 G 的边界 L 上给定位移 u 和 v,按照位移复变表示式(2.11),有

$$\kappa\varphi(t)-t\,\overline{\varphi'(t)}-\overline{\psi(t)}=g(t)\quad(t\in L), \tag{5.3}$$

其中

$$g(t)=2\mu[u(t)+\mathrm{i}v(t)]. \tag{5.4}$$

现在,我们可以用复变函数论的语言来叙述弹性力学的平面问题.

应力边值问题 当边界上的函数 $f(t)$给定时,在区域 G 内求两个解析函数 $\varphi(z)$和 $\psi(z)$,使得在其边界 L 上满足应力边界条件(5.1).

位移边值问题 当边界上的函数 $g(t)$给定时,在区域 G 内求两个解析函数 $\varphi(z)$和$\psi(z)$,使得在其边界 L 上满足位移边界条件(5.3).

从力学上看,应力边值问题和位移边值问题完全是两个性质不同问题. 但是从复变函数论的观点来看,如果在(5.3)式中取 $\kappa=-1$,那么这两个问题几乎等同了.

关于在复变函数论提法下边值问题的求解,有所谓 Мусхелишвили 复变解法[31],它包含如下三种:幂级数解法、Cauchy 型积分解法和 Riemann-Hilbert 连接问题的解法.下面以几个典型的例子分别介绍这三种解法.关于应力边值问题和位移边值问题在复变函数论表述下的存在唯一性,以及混合边值问题的相关研究,在参考文献[31]中也有详尽、严谨的证明.

§6 幂级数解法,圆孔

用幂级数方法求解与圆域有关的问题是方便的,本节以具圆孔的无限平面问题为例来说明这种解法.对于圆域,采用极坐标下应力分量的表示可能更直接一些.

设坐标原点取在半径为 R 的圆孔的中心上.将表示式(2.17)中两式相减,得

$$\Phi(z)+\overline{\Phi(z)}-\mathrm{e}^{\mathrm{i}2\theta}[\bar{z}\,\Phi'(z)+\Psi(z)]=\sigma_r-\mathrm{i}\tau_{r\theta}. \tag{6.1}$$

如果在圆孔的周边上,给定法向应力 $N(t)$和切向应力 $T(t)$,这里 $t=R\mathrm{e}^{\mathrm{i}\theta}$,法向指向圆心,切向为顺时针方向.那么,应力边界条件为

$$\Phi(t)+\overline{\Phi(t)}-\mathrm{e}^{\mathrm{i}2\theta}[\bar{t}\,\Phi'(t)+\Psi(t)]=N(t)-\mathrm{i}T(t). \tag{6.2}$$

按照 4.2 小节所述,在圆孔之外,有展开式

$$\Phi(z)=\sum_{n=0}^{\infty}\frac{a_n}{z^n},\quad \Psi(z)=\sum_{n=0}^{\infty}\frac{b_n}{z^n}, \tag{6.3}$$

其中

$$\begin{cases}a_0=\dfrac{\sigma_x^{(\infty)}+\sigma_y^{(\infty)}}{4}, & b_0=\dfrac{\sigma_y^{(\infty)}-\sigma_x^{(\infty)}}{2}+\mathrm{i}\tau_{xy}^{(\infty)},\\[2ex] a_1=-\dfrac{F_x+\mathrm{i}F_y}{2\pi(1+\kappa)}, & b_1=\dfrac{\kappa(F_x-\mathrm{i}F_y)}{2\pi(1+\kappa)},\end{cases} \tag{6.4}$$

这里 F_x 和 F_y 为圆孔上所受外力之合力,当 $n\geqslant 2$ 时 a_n 和 b_n 为待定复常数.将

(6.3)式代入(6.2)式得

$$\sum_{n=0}^{\infty}\frac{1+n}{R^n}a_n\mathrm{e}^{-\mathrm{i}n\theta}+\sum_{n=0}^{\infty}\frac{1}{R^n}\bar{a}_n\mathrm{e}^{\mathrm{i}n\theta}-b_0\mathrm{e}^{\mathrm{i}2\theta}-\frac{b_1}{R}\mathrm{e}^{\mathrm{i}\theta}-\sum_{n=0}^{\infty}\frac{b_{n+2}}{R^{n+2}}\mathrm{e}^{-\mathrm{i}n\theta}$$
$$=N(t)-\mathrm{i}T(t). \tag{6.5}$$

我们把边界上的外力 $N-\mathrm{i}T$ 展成复 Fourier 级数

$$N-\mathrm{i}T=\sum_{n=-\infty}^{+\infty}A_n\mathrm{e}^{\mathrm{i}n\theta}, \tag{6.6}$$

式中 A_n 为已知的复常数.将上式代入(6.5)式,比较 $\mathrm{e}^{\mathrm{i}n\theta}$ 相同各项的系数,得到方程

$$\begin{cases}2a_0-\dfrac{b_2}{R^2}=A_0, \quad \dfrac{\bar{a}_1}{R}-\dfrac{b_1}{R}=A_1, \quad \dfrac{\bar{a}_2}{R^2}-b_0=A_2,\\ \dfrac{\bar{a}_n}{R^n}=A_n \qquad\qquad (n\geqslant 3),\\ \dfrac{1+n}{R^n}a_n-\dfrac{b_{n+2}}{R^{n+2}}=A_{-n} \quad (n\geqslant 1).\end{cases} \tag{6.7}$$

从上式求出

$$\begin{cases}a_2=\bar{b}_0R^2+\overline{A}_2R^2, \quad b_2=2a_0R^2-A_0R^2,\\ a_n=\overline{A}_nR^n, \qquad\qquad b_n=(n-1)a_{n-2}R^2-A_{-n+2}R^n \quad (n\geqslant 3).\end{cases} \tag{6.8}$$

上式和(6.4)式给出了展开式(6.3)的全部系数,于是 $\Phi(z)$ 和 $\Psi(z)$ 已求出,可以认为含圆孔无限大板的问题获得解决.

尚需指出,(6.4)式中的 a_1 和 b_1 自动满足(6.7b)式.事实上,

$$A_1=\frac{1}{2\pi}\int_0^{2\pi}(N-\mathrm{i}T)\mathrm{e}^{-\mathrm{i}\theta}\,\mathrm{d}\theta$$
$$=\frac{1}{2\pi}\int_0^{2\pi}[(N\cos\theta-T\sin\theta)-\mathrm{i}(N\sin\theta+T\cos\theta)]\mathrm{d}\theta. \tag{6.9}$$

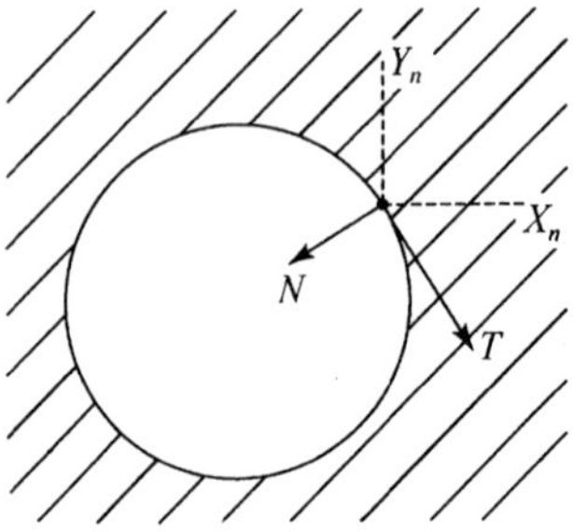

图 9.7

而从图 9.7 看出

$$\begin{cases} F_x = \int_0^{2\pi} X_n R \, d\theta = -R\int_0^{2\pi} (N\cos\theta - T\sin\theta) d\theta, \\ F_y = \int_0^{2\pi} Y_n R \, d\theta = -R\int_0^{2\pi} (N\sin\theta + T\cos\theta) d\theta. \end{cases} \tag{6.10}$$

将上式代入(6.9)式，得

$$A_1 = \frac{-F_x + iF_y}{2\pi R}. \tag{6.11}$$

上式与将(6.4)式的 a_1 和 b_1 代入(6.7b)式所得结果完全一致.

例如，具圆孔的无限大板，孔边上不受外力，在无限远处受 x 向拉力，即

$$\sigma_x^{(\infty)} = p, \quad \sigma_y^{(\infty)} = \tau_{xy}^{(\infty)} = 0. \tag{6.12}$$

按照(6.4)和(6.8)式，求得

$$a_0 = \frac{p}{4}, \quad b_0 = -\frac{p}{2}, \quad a_1 = b_1 = 0,$$

$$a_2 = -\frac{p}{2}R^2, \quad b_2 = \frac{p}{2}R^2, \quad b_3 = 0, \quad b_4 = -\frac{3p}{2}R^4,$$

其余 a_n, b_n 均为零. $\Phi(z)$ 和 $\Psi(z)$ 的表达式为

$$\Phi(z) = \frac{p}{4}\left(1 - \frac{2R^2}{z^2}\right), \quad \Psi(z) = -\frac{p}{2}\left(1 - \frac{R^2}{z^2} + \frac{3R^4}{z^4}\right). \tag{6.13}$$

由此可算出应力分量表达式，将与第八章§5中(5.15)式相同.

又如，集中力作用于无限大的平面内，其时在无限远处应力为零，并认为作用于圆孔周界上的外力为

$$X_n = \frac{P}{2\pi R}, \quad Y_n = \frac{Q}{2\pi R}, \tag{6.14}$$

这里 P 和 Q 为给定的 x 向和 y 向的集中力. 法向应力 N 和切向应力 T 与 X_n 和 Y_n 的关系是

$$\begin{cases} N = -(X_n \cos\theta + Y_n \sin\theta) = -\frac{1}{2\pi R}(P\cos\theta + Q\sin\theta), \\ T = -(-X_n \sin\theta + Y_n \cos\theta) = -\frac{1}{2\pi R}(-P\sin\theta + Q\cos\theta), \end{cases} \tag{6.15}$$

那么

$$N - iT = -\frac{P - iQ}{2\pi R} e^{i\theta}.$$

于是，展开式(6.6)中，仅系数 $A_1 \neq 0$，因此

$$a_1 = -\frac{P + iQ}{2\pi(1+\kappa)}, \quad b_1 = \kappa \frac{P - iQ}{2\pi(1+\kappa)}, \quad b_3 = -\frac{P + iQ}{\pi(1+\kappa)}R^2,$$

其余的 a_n, b_n 都为零. 由此算出 Φ, Ψ 为

$$\begin{cases}\Phi=-\dfrac{P+\mathrm{i}Q}{2\pi(1+\kappa)}\dfrac{1}{z},\\[2ex]\Psi=\dfrac{\kappa(P-\mathrm{i}Q)}{2\pi(1+\kappa)}\dfrac{1}{z}-\dfrac{P+\mathrm{i}Q}{\pi(1+\kappa)}\dfrac{R^2}{z^3}.\end{cases}\tag{6.16}$$

现在令 $R\to0$,虽然(6.14)式中的 X_n 和 Y_n 无限增大,但其合力大小不变,依然是 P 和 Q,这样(6.16)式将成为

$$\begin{cases}\Phi=-\dfrac{P+\mathrm{i}Q}{2\pi(1+\kappa)}\dfrac{1}{z},\\[2ex]\Psi=\dfrac{\kappa(P-\mathrm{i}Q)}{2\pi(1+\kappa)}\dfrac{1}{z},\end{cases}\tag{6.17}$$

上式是集中力情况下的 Φ 和 Ψ.按(6.17)式算出的位移场将与第八章§7中的(7.13)和(7.14)式一致,此即 Kelvin 基本解.

附注 对于作用于无限大平面内的集中力,实际上是假设分布力为关系式(6.15)时的极限.显然,对于不同假设下的分布力,虽然其合力都是 P 和 Q,但将得到不同于(6.17)式的 Φ 和 Ψ.因此,为了得到 Kelvin 基本解,仅假定合力是不够的,还必须增加另外的假定,例如(6.14)式就可以认为是一种假定.关于此点也可见本书第八章§7的附注.

§7 Cauchy 型积分解法,椭圆孔

本节以椭圆孔为例,来说明弹性力学平面问题中的 Cauchy 型积分解法.设椭圆孔的周界为

$$\frac{x^2}{a^2}+\frac{y^2}{b^2}=1,\tag{7.1}$$

并设 $a\geqslant b$,椭圆孔边界上不受外力,在无限远处有与 x 轴成 α 角的拉应力 p(图 9.8).

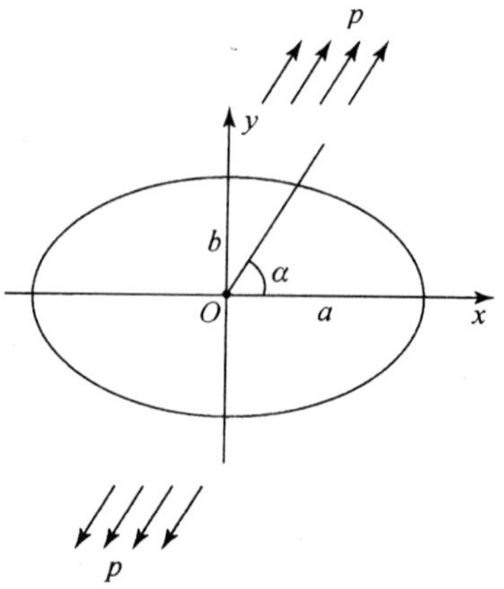

图 9.8

作保角映射

$$z=\omega(\zeta)=R\left(\zeta+\frac{m}{\zeta}\right), \tag{7.2}$$

其中

$$R=\frac{a+b}{2},\quad 0\leqslant m=\frac{a-b}{a+b}<1. \tag{7.3}$$

如本章1.3小节所述,保角映射(7.2)将 z 平面上椭圆孔外的区域变为 ζ 平面上单位圆外的区域.

在保角映射(7.2)之下,$\varphi(z)$,$\psi(z)$和 $\varphi'(z)$变为

$$\begin{cases}\varphi(z)=\varphi[\omega(\zeta)]=\varphi_1(\zeta),\\ \psi(z)=\psi[\omega(\zeta)]=\psi_1(\zeta),\\ \varphi'(z)=\dfrac{\mathrm{d}\varphi_1}{\mathrm{d}\zeta}\dfrac{\mathrm{d}\zeta}{\mathrm{d}z}=\varphi'_1(\zeta)\dfrac{1}{\omega'(\zeta)}.\end{cases} \tag{7.4}$$

而应力边界条件

$$\varphi(t)+t\,\overline{\varphi'(t)}+\overline{\psi(t)}=f(t)$$

将变为

$$\varphi_1(\sigma)+\frac{\omega(\sigma)}{\overline{\omega'(\sigma)}}\overline{\varphi'_1(\sigma)}+\overline{\psi_1(\sigma)}=f_1(\sigma), \tag{7.5}$$

其中 $f_1(\sigma)=f[\omega(\sigma)]$,$\sigma=\mathrm{e}^{\mathrm{i}\theta}$,$0\leqslant\theta<2\pi$.将保角映射(7.2)代入上式,得

$$\varphi(\sigma)+\frac{\sigma^2+m}{\sigma(1-m\sigma^2)}\overline{\varphi'(\sigma)}+\overline{\psi(\sigma)}=f(\sigma), \tag{7.6}$$

为方便起见,在上式中,我们仍将 $\varphi_1(\sigma)$,$\psi_1(\sigma)$和 $f_1(\sigma)$分别记为 $\varphi(\sigma)$,$\psi(\sigma)$和 $f(\sigma)$.一般而言,这种记法不至于产生误解.

在本问题中,椭圆孔的边界不受外力,因此

$$f(\sigma)=0. \tag{7.7}$$

又按(4.25)式,$\varphi(z)$和 $\psi(z)$在无穷远处有展开式

$$\begin{cases}\varphi(z)=\Gamma z+\dfrac{a_1}{z}+\dfrac{a_2}{z^2}+\cdots,\\ \psi(z)=\Gamma' z+\dfrac{b_1}{z}+\dfrac{b_2}{z^2}+\cdots,\end{cases} \tag{7.8}$$

其中

$$\Gamma=\frac{p}{4},\quad \Gamma'=-\frac{1}{2}p\mathrm{e}^{-2\mathrm{i}\alpha}.$$

将保角映射(7.2)代入上式,得

$$\varphi(\zeta)=\Gamma R\zeta+\varphi_0(\zeta),\quad \psi(\zeta)=\Gamma' R\zeta+\psi_0(\zeta). \tag{7.9}$$

由于 $\varphi(\zeta)$和 $\psi(\zeta)$在单位圆外解析,那么从上式可看出,$\varphi_0(\zeta)$和 $\psi_0(\zeta)$在单位

圆外也解析,而且 φ_0 和 ψ_0 在无穷远处应趋于零. 故在单位圆外,有

$$\begin{cases}\varphi_0(\zeta)=\dfrac{\alpha_1}{\zeta}+\dfrac{\alpha_2}{\zeta^2}+\cdots,\\ \psi_0(\zeta)=\dfrac{\beta_1}{\zeta}+\dfrac{\beta_2}{\zeta^2}+\cdots\end{cases}\quad(|\zeta|\geqslant 1),\tag{7.10}$$

其中 α_n 和 $\beta_n(n=1,2,\cdots)$ 为待定复常数.将(7.7)和(7.9)式代入应力边界条件(7.6),得

$$\varphi_0(\sigma)+\frac{\sigma^2+m}{\sigma(1-m\sigma^2)}\overline{\varphi_0'(\sigma)}+\overline{\psi_0(\sigma)}=f_0(\sigma),\tag{7.11}$$

其中

$$f_0(\sigma)=-\frac{pR}{4}\left[\sigma+\frac{\sigma^2+m}{\sigma(1-m\sigma^2)}-\frac{2}{\sigma}e^{i2\alpha}\right],\tag{7.12}$$

这里 $\sigma=e^{i\theta}$.用 $2\pi i(\sigma-\zeta)$ 除以(7.11)式,其中 ζ 为单位圆外的任意一点.然后沿单位圆周按逆时针方向积分一周,就构成以 Cauchy 积分或 Cauchy 型积分所组成的方程

$$\frac{1}{2\pi i}\oint_{|\sigma|=1}\frac{\varphi_0(\sigma)}{\sigma-\zeta}d\sigma+\frac{1}{2\pi i}\oint_{|\sigma|=1}\frac{\sigma^2+m}{\sigma(1-m\sigma^2)}\frac{\overline{\varphi_0'(\sigma)}}{\sigma-\zeta}d\sigma$$
$$+\frac{1}{2\pi i}\oint_{|\sigma|=1}\frac{\overline{\psi_0(\sigma)}}{\sigma-\zeta}d\sigma=\frac{1}{2\pi i}\oint_{|\sigma|=1}\frac{f_0(\sigma)}{\sigma-\zeta}d\sigma,\quad |\zeta|>1.\tag{7.13}$$

上式中,$f_0(\sigma)$为单位圆上的已知连续函数,而 $\varphi_0(\zeta)$和 $\psi_0(\zeta)$分别是未知的单位圆外的解析函数.将(7.13)式中的 4 个积分从左到右分别记为 I_1,I_2,I_3 和 I_4,其中 I_1 为 Cauchy 积分,而 I_2,I_3 和 I_4 一般来说也都是 Cauchy 型积分.以下逐个计算它们.

首先,我们来计算第一个积分:

$$I_1=\frac{1}{2\pi i}\oint_{|\sigma|=1}\frac{\varphi_0(\sigma)}{\sigma-\zeta}d\sigma$$
$$=\frac{1}{2\pi i}\oint_{|\sigma|=1}\frac{1}{\sigma-\zeta}\left(\sum_{n=1}^{\infty}\alpha_n\frac{1}{\sigma^n}\right)d\sigma,\quad |\zeta|>1,\tag{7.14}$$

有部分分式

$$\frac{1}{(\sigma-\zeta)\sigma^n}=\frac{A}{\sigma-\zeta}+\frac{B_1}{\sigma}+\frac{B_2}{\sigma^2}+\cdots+\frac{B_n}{\sigma^n},\tag{7.15}$$

用 σ^n 乘上式,得

$$\frac{1}{\sigma-\zeta}=\frac{A}{\sigma-\zeta}\sigma^n+B_1\sigma^{n-1}+B_2\sigma^{n-2}+\cdots+B_n.\tag{7.16}$$

对上式关于 σ 求 $n-1$ 次微商,再令 $\sigma=0$,算出

$$B_1=-\frac{1}{\zeta^n}. \tag{7.17}$$

再按 Cauchy 定理和残数定理或直接计算,得

$$\frac{1}{2\pi\mathrm{i}}\oint_{|\sigma|=1}\frac{\mathrm{d}\sigma}{\sigma-\zeta}=0,\quad |\zeta|>1, \tag{7.18}$$

$$\frac{1}{2\pi\mathrm{i}}\oint_{|\sigma|=1}\frac{\mathrm{d}\sigma}{\sigma^n}=\begin{cases}1, & n=1,\\ 0, & n\geqslant 2.\end{cases} \tag{7.19}$$

综合(7.15)～(7.19)式,求出 I_1 为

$$I_1=-\sum_{n=1}^{\infty}\alpha_n\frac{1}{\zeta^n}=-\varphi_0(\zeta), \tag{7.20}$$

上式为无穷远区域的 Cauchy 积分公式.如果积分的方向改为顺时针方向,也就是沿积分方向,单位圆外的区域始终在其左侧,那么(7.20)式中的负号将改为正号.

再来计算第二个积分:

$$I_2=\frac{1}{2\pi\mathrm{i}}\oint_{|\sigma|=1}\frac{\sigma^2+m}{\sigma(1-m\sigma^2)}\frac{1}{\sigma-\zeta}\left[\sum_{n=1}^{\infty}(-n)\,\bar{\alpha}_n\frac{1}{\sigma^{n+1}}\right]\mathrm{d}\sigma,$$

注意到 $\bar{\sigma}=\mathrm{e}^{-\mathrm{i}\theta}=1/\sigma$,$I_2$ 将为

$$I_2=\frac{1}{2\pi\mathrm{i}}\oint_{|\sigma|=1}\frac{\sigma^2+m}{m\left(\dfrac{1}{m}-\sigma^2\right)}\frac{1}{\sigma-\zeta}\left[\sum_{n=1}^{\infty}(-n)\,\bar{\alpha}_n\sigma^n\right]\mathrm{d}\sigma=0. \tag{7.21}$$

上式为零是由于 ζ 在单位圆外,$1/m$ 也在单位圆外,即在单位圆内无奇点,按 Cauchy 定理的(1.12)式,(7.21)式成立.

类似地,第三个积分 I_3 为

$$I_3=\frac{1}{2\pi\mathrm{i}}\oint_{|\sigma|=1}\frac{\overline{\psi_0(\sigma)}}{\sigma-\zeta}\mathrm{d}\sigma=\frac{1}{2\pi\mathrm{i}}\oint_{|\sigma|=1}\frac{1}{\sigma-\zeta}\left(\sum_{n=1}^{\infty}\bar{\beta}_n\sigma^n\right)\mathrm{d}\sigma=0. \tag{7.22}$$

现在计算 I_4:

$$\begin{aligned}I_4&=\frac{1}{2\pi\mathrm{i}}\oint_{|\sigma|=1}\frac{f_0(\sigma)}{\sigma-\zeta}\mathrm{d}\sigma\\&=\frac{1}{2\pi\mathrm{i}}\oint_{|\sigma|=1}\frac{1}{\sigma-\zeta}\left(-\frac{pR}{4}\right)\left[\sigma+\frac{\sigma^2+m}{(1-m\sigma^2)\sigma}-\frac{2\mathrm{e}^{\mathrm{i}2\alpha}}{\sigma}\right]\mathrm{d}\sigma\\&=-\frac{pR}{4}\frac{1}{2\pi\mathrm{i}}\oint_{|\sigma|=1}\left[\sigma-\frac{(1+m^2)\sigma}{1-m\sigma^2}+\frac{m-2\mathrm{e}^{\mathrm{i}2\alpha}}{\sigma}\right]\frac{\mathrm{d}\sigma}{\sigma-\zeta}\\&=\frac{pR}{4}\frac{m-2\mathrm{e}^{\mathrm{i}2\alpha}}{\zeta}.\end{aligned} \tag{7.23}$$

将上面求出的 $I_i\ (i=1,2,3,4)$ 4 个积分结果代入(7.13)式,就求出了 $\varphi_0(\zeta)$ 的表达式

$$\varphi_0(\zeta)=\frac{pR}{4}\frac{2\mathrm{e}^{\mathrm{i}2\alpha}-m}{\zeta}. \tag{7.24}$$

为求另一个解析函数 $\psi(z)$,我们将边界条件(7.11)取共轭,除以 $2\pi\mathrm{i}(\sigma-\zeta)$,这里 $|\zeta|>1$,再沿单位圆周按逆时针方向积分一周,即得

$$\frac{1}{2\pi\mathrm{i}}\oint_{|\sigma|=1}\frac{\overline{\varphi_0(\sigma)}}{\sigma-\zeta}\mathrm{d}\sigma+\frac{1}{2\pi\mathrm{i}}\oint_{|\sigma|=1}\sigma\frac{1+m\sigma^2}{\sigma^2-m}\frac{\overline{\varphi_0'(\sigma)}}{\sigma-\zeta}\mathrm{d}\sigma$$
$$+\frac{1}{2\pi\mathrm{i}}\oint_{|\sigma|=1}\frac{\psi_0(\sigma)}{\sigma-\zeta}\mathrm{d}\sigma=\frac{1}{2\pi\mathrm{i}}\oint_{|\sigma|=1}\frac{\overline{f_0(\sigma)}}{\sigma-\zeta}\mathrm{d}\sigma,\quad |\zeta|>1, \tag{7.25}$$

上式中的 4 个积分,从左到右分别记为 J_1,J_2,J_3 和 J_4.类似于 I_3 可算出 J_1,类似于 I_1 可算出 J_2 和 J_3,它们分别为

$$\begin{cases}J_1=\dfrac{1}{2\pi\mathrm{i}}\displaystyle\oint_{|\sigma|=1}\dfrac{\overline{\varphi_0(\sigma)}}{\sigma-\zeta}\mathrm{d}\sigma=0,\\ J_2=\dfrac{1}{2\pi\mathrm{i}}\displaystyle\oint_{|\sigma|=1}\sigma\dfrac{1+m\sigma^2}{\sigma^2-m}\dfrac{\overline{\varphi_0'(\sigma)}}{\sigma-\zeta}\mathrm{d}\sigma=-\zeta\dfrac{1+m\zeta^2}{\zeta^2-m}\overline{\varphi}_0'(\zeta),\\ J_3=\dfrac{1}{2\pi\mathrm{i}}\displaystyle\oint_{|\sigma|=1}\dfrac{\psi_0(\sigma)}{\sigma-\zeta}\mathrm{d}\sigma=-\psi_0(\zeta).\end{cases} \tag{7.26}$$

最后来算 J_4:

$$J_4=\frac{1}{2\pi\mathrm{i}}\oint_{|\sigma|=1}\frac{\overline{f_0(\sigma)}}{\sigma-\zeta}\mathrm{d}\sigma$$
$$=-\frac{pR}{4}\frac{1}{2\pi\mathrm{i}}\oint_{|\sigma|=1}\left(\frac{1}{\sigma}+\sigma\frac{1+m\sigma^2}{\sigma^2-m}-2\sigma\mathrm{e}^{-\mathrm{i}2\alpha}\right)\frac{\mathrm{d}\sigma}{\sigma-\zeta}.$$

上式第二个等号右端的积分中共有三项:第一项积分后为 $-1/\zeta$,第三项积分后为零,第二项先分解为部分分式然后再积分.于是就有

$$J_4=\frac{pR}{4}\left(\frac{1}{\zeta}+\frac{1+m^2}{\zeta^2-m}\zeta\right). \tag{7.27}$$

将(7.26)和(7.27)式代入(7.25)式,并利用(7.24)式,得到

$$\psi_0=-\frac{pR}{4}\left[\frac{2\mathrm{e}^{\mathrm{i}2\alpha}}{m}\frac{1}{\zeta}+2\frac{(m-\mathrm{e}^{\mathrm{i}2\alpha})(1+m^2)}{m}\frac{\zeta}{\zeta^2-m}\right]. \tag{7.28}$$

我们把(7.24)和(7.28)式代入(7.9)式,这样就得到了 φ 和 ψ 的表达式

$$\begin{cases}\varphi(\zeta)=\dfrac{pR}{4}\left(\zeta+\dfrac{2\mathrm{e}^{\mathrm{i}2\alpha}-m}{\zeta}\right),\\ \psi(\zeta)=-\dfrac{pR}{2}\left[\mathrm{e}^{-\mathrm{i}2\alpha}\zeta+\dfrac{\mathrm{e}^{\mathrm{i}2\alpha}}{m\zeta}+\dfrac{(m-\mathrm{e}^{\mathrm{i}2\alpha})(1+m^2)}{m}\dfrac{\zeta}{\zeta^2-m}\right].\end{cases}\tag{7.29}$$

当 $\alpha=\pi/2$ 时,也就是当无限远处拉力 p 垂直 x 轴时,φ 和 ψ 的(7.29)式成为

$$\begin{cases}\varphi(\zeta)=\dfrac{pR}{4}\left(\zeta-\dfrac{m+2}{\zeta}\right),\\ \psi(\zeta)=\dfrac{pR}{2}\left[\zeta+\dfrac{1}{m\zeta}-\dfrac{(1+m)(1+m^2)}{m}\dfrac{\zeta}{\zeta^2-m}\right].\end{cases}\tag{7.30}$$

现在利用(7.30)式来计算椭圆边界上的应力分量.我们知道

$$\begin{aligned}\sigma_x+\sigma_y&=4\mathrm{Re}\,\varphi'(z)=4\mathrm{Re}\,\frac{\varphi'(\zeta)}{\omega'(\zeta)}\\&=\mathrm{Re}\,\frac{\zeta^2+m+2}{\zeta^2-m}p.\end{aligned}$$

设 σ_n 和 σ_t 分别为椭圆边界上的法向和切向正应力分量,在极坐标下,有

$$\begin{aligned}\sigma_n+\sigma_t&=\sigma_x+\sigma_y\\&=p\,\frac{\rho^4+2\rho^2\cos 2\theta-m^2-2m}{\rho^4-2m\rho^2\cos 2\theta+m^2},\end{aligned}$$

由于在边界 $\rho=1$ 上法向正应力为零,上式成为

$$\sigma_t\big|_{\rho=1}=p\,\frac{1-2m-m^2+2\cos 2\theta}{1+m^2-2m\cos 2\theta}.\tag{7.31}$$

σ_t 的最大值,显然在 $\theta=0,\pi$ 达到,即在椭圆长轴的两端达到,其值为

$$(\sigma_t)_{\max}=p\,\frac{3+m}{1-m}=p\left(1+2\,\frac{a}{b}\right),\tag{7.32}$$

此时的应力集中系数 k 为

$$k=\frac{(\sigma_t)_{\max}}{p}=1+2\,\frac{a}{b}.\tag{7.33}$$

我们转而讨论椭圆孔的一种极限情形.当短半轴 b 趋于零时,即 $m\to 1$ 时,椭圆孔退化成一个全平面上长为 $2a$ 的裂纹.我们考虑具有裂纹的平板拉伸问题,并假定裂纹上无外力作用.当 $m\to 1$ 时,保角映射(7.2)成为

$$z=\frac{a}{2}\left(\zeta+\frac{1}{\zeta}\right).\tag{7.34}$$

在 $m\to 1$ 时,拉力垂直 x 轴时的 φ 和 ψ 成为

$$\begin{cases}\varphi(\zeta)=\dfrac{pa}{8}\left(\zeta-\dfrac{3}{\zeta}\right),\\ \psi(\zeta)=\dfrac{pa}{4}\left(\zeta+\dfrac{1}{\zeta}-\dfrac{4\zeta}{\zeta^2-1}\right).\end{cases}\tag{7.35}$$

为便于求得 z 平面上的应力分量,将(7.34)式中的 ζ 用 z 来表示,即

$$\zeta=\frac{z}{a}\pm\sqrt{\frac{z^2}{a^2}-1}.\tag{7.36}$$

由于保角映射将椭圆外变到单位圆外,即 $z\to\infty$ 时,也应有 $\zeta\to\infty$,故(7.36)式应取正号,舍弃负号.将具有正号的(7.36)式代入(7.35)式,得

$$\begin{cases}\varphi(z)=\dfrac{p}{4}(2\sqrt{z^2-a^2}-z),\\ \psi(z)=\dfrac{p}{2}\left(z-\dfrac{a^2}{\sqrt{z^2-a^2}}\right).\end{cases}\tag{7.37}$$

然后,按照(2.9)式就可求出应力分量:

$$\begin{cases}\sigma_x+\sigma_y=p\left[2\mathrm{Re}\dfrac{z}{\sqrt{z^2-a^2}}-1\right],\\ \sigma_y-\sigma_x+2\mathrm{i}\tau_{xy}=p\left[\dfrac{2\mathrm{i}a^2y}{(z^2-a^2)^{3/2}}+1\right].\end{cases}\tag{7.38}$$

在裂纹问题中,最关心的是裂纹尖端附近的应力渐近分布.为此在裂纹右端点建立极坐标系(图 9.9),将关系式

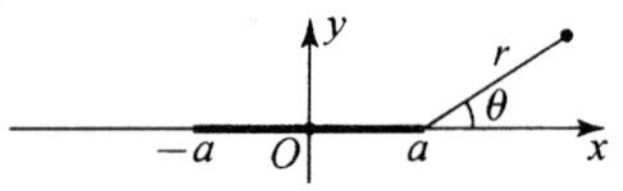

图 9.9

$$z=a+r\cos\theta+\mathrm{i}r\sin\theta\tag{7.39}$$

代入(7.38)式,就得到以 r,θ 表示的应力场.由于尖端附近 $r\ll a$,将得出的表示式按 $\dfrac{r}{a}$ 的幂次展开,其主项为

$$\begin{cases}\sigma_x+\sigma_y=p\sqrt{\dfrac{2a}{r}}\cos\dfrac{\theta}{2},\\ \sigma_y-\sigma_x+\mathrm{i}2\tau_{xy}=p\sqrt{\dfrac{2a}{r}}\sin\dfrac{\theta}{2}\cos\dfrac{\theta}{2}\left(\sin\dfrac{3}{2}\theta+\mathrm{i}\cos\dfrac{3}{2}\theta\right)\end{cases}\tag{7.40}$$

或者

$$\begin{cases}\sigma_x=\dfrac{K_{\mathrm{I}}}{\sqrt{2\pi r}}\cos\dfrac{\theta}{2}\left(1-\sin\dfrac{\theta}{2}\sin\dfrac{3}{2}\theta\right),\\ \sigma_y=\dfrac{K_{\mathrm{I}}}{\sqrt{2\pi r}}\cos\dfrac{\theta}{2}\left(1+\sin\dfrac{\theta}{2}\sin\dfrac{3}{2}\theta\right),\\ \tau_{xy}=\dfrac{K_{\mathrm{I}}}{\sqrt{2\pi r}}\cos\dfrac{\theta}{2}\sin\dfrac{\theta}{2}\cos\dfrac{3}{2}\theta,\end{cases}\tag{7.41}$$

其中 K_{I} 称为 I 型格里菲思(Griffith)裂纹的应力强度因子,此时

$$K_{\mathrm{I}}=p\sqrt{\pi a}.$$

在线弹性断裂力学中已经证明，尽管裂纹的形式多种多样，受力状况也不尽相同，但是裂纹尖端的应力值都与 $r^{1/2}$ 成反比. 这样，应力强度因子就成为表征裂纹尖端附近应力场的一个特征参数. 应当指出,在(7.41)式中，当 $r\to 0$ 时，应力趋于无限大，严格来说，这时已超出弹性范围. 因此,对于裂纹问题应进行弹塑性分析. 不过,许多实际问题都表明，线弹性断裂分析已有足够的精度. 关于孔口附近的应力集中问题,可参见萨文的著作[38].

本节的方法可应用于通过有理保角映射成为单位圆的区域.在 Мусхелишвили 的著作[31]中,还有许多利用保角映射求解的例子.

§8　Riemann-Hilbert 连接问题的应用,直线裂纹

本节考虑有直线裂纹的全平面，以此为例,来说明 Riemann-Hilbert 连接问题在弹性力学问题中的应用.设在 x 轴上有 n 个裂纹 $l_k=(a_k,b_k)(k=1,\cdots,n)$,且从左到右分布,其集合记为 L.考虑 L 以外的全平面,将应力分量的复变表示(2.9)的两式相加,得

$$\sigma_y+\mathrm{i}\tau_{xy}=\Phi(z)+\overline{\Phi(z)}+\bar{z}\,\Phi'(z)+\Psi(z).\tag{8.1}$$

引入一个新的解析函数

$$\overline{\Omega}(z)=\Phi(z)+z\Phi'(z)+\Psi(z),\tag{8.2}$$

与 $\overline{\Omega}(z)$ 相应的有解析函数 $\Omega(z)$,将 $\Omega(z)$ 中所有参数取共轭就是 $\overline{\Omega}(z)$.值得注意的是,$\overline{\Omega}(z)$ 与 $\overline{\Omega(z)}$ 是不同的,$\overline{\Omega}(z)$ 是解析函数,而 $\overline{\Omega(z)}$ 却不是解析函数,但它们之间有如下关系：

$$\overline{\Omega(z)}=\overline{\Omega}(\bar{z}).$$

利用(8.2)式,把(8.1)式写成

$$\sigma_y+\mathrm{i}\tau_{xy}=\overline{\Phi(z)}+\overline{\Omega}(z)+(\bar{z}-z)\Phi'(z),\tag{8.3}$$

对上式取共轭,得

$$\sigma_y-\mathrm{i}\tau_{xy}=\Phi(z)+\Omega(\bar{z})+(z-\bar{z})\,\overline{\Phi'(z)}.\tag{8.4}$$

在(8.4)式中,设 $z=t+\mathrm{i}y$,其中 $t\in L$.令 y 分别从 x 轴的上方和下方趋于零,得

$$\begin{cases}\sigma_y^+ - \mathrm{i}\tau_{xy}^+ = \Phi^+(t) + \Omega^-(t), \\ \sigma_y^- - \mathrm{i}\tau_{xy}^- = \Phi^-(t) + \Omega^+(t),\end{cases} \tag{8.5}$$

其中有上标"+"和"-"的量,分别表示当 $y>0$ 和 $y<0$ 时 $y\to 0$ 所取的极限值.将(8.5)式的两式相加和相减,得到如下两式:

$$\begin{cases}[\Phi(t)+\Omega(t)]^+ + [\Phi(t)+\Omega(t)]^- = 2p(t), \\ [\Phi(t)-\Omega(t)]^+ - [\Phi(t)-\Omega(t)]^- = 2q(t),\end{cases} \tag{8.6}$$

其中裂纹上给定的外力 $p(t)$ 和 $q(t)$ 分别为

$$\begin{cases}p(t) = \dfrac{\sigma_y^+(t)+\sigma_y^-(t)}{2} - \mathrm{i}\,\dfrac{\tau_{xy}^+(t)+\tau_{xy}^-(t)}{2}, \\ q(t) = \dfrac{\sigma_y^+(t)-\sigma_y^-(t)}{2} - \mathrm{i}\,\dfrac{\tau_{xy}^+(t)-\tau_{xy}^-(t)}{2}.\end{cases} \tag{8.7}$$

对(8.6a)和(8.6b)式按照连接问题和 Plemelj 公式,在去掉 L 外的全平面上,有解为

$$\begin{cases}\Phi(z)+\Omega(z) = \dfrac{1}{\pi\mathrm{i}X(z)}\displaystyle\int_L \dfrac{X^+(t)p(t)}{t-z}\mathrm{d}t + \dfrac{2P_n(z)}{X(z)}, \\ \Phi(z)-\Omega(z) = \dfrac{1}{\pi\mathrm{i}}\displaystyle\int_L \dfrac{q(t)}{t-z}\mathrm{d}t - \overline{\Gamma'},\end{cases} \tag{8.8}$$

这里

$$X(z) = \prod_{k=1}^{n}\sqrt{(z-a_k)(z-b_k)}, \tag{8.9}$$

$$P_n(z) = C_0 z^n + C_1 z^{n-1} + \cdots + C_n. \tag{8.10}$$

(8.8b)式中出现常量是由于 $\Phi(\infty)-\Omega(\infty)=-\overline{\Gamma'}$ 之故.从(8.8)式得

$$\begin{cases}\Phi(z) = \Phi_0(z) + \dfrac{P_n(z)}{X(z)} - \dfrac{1}{2}\overline{\Gamma'}, \\ \Omega(z) = \Omega_0(z) + \dfrac{P_n(z)}{X(z)} + \dfrac{1}{2}\overline{\Gamma'},\end{cases} \tag{8.11}$$

式中

$$\begin{cases}\Phi_0(z) = \dfrac{1}{2\pi\mathrm{i}X(z)}\displaystyle\int_L \dfrac{X^+(t)p(t)}{t-z}\mathrm{d}t + \dfrac{1}{2\pi\mathrm{i}}\displaystyle\int_L \dfrac{q(t)}{t-z}\mathrm{d}t, \\ \Omega_0(z) = \dfrac{1}{2\pi\mathrm{i}X(z)}\displaystyle\int_L \dfrac{X^+(t)p(t)}{t-z}\mathrm{d}t - \dfrac{1}{2\pi\mathrm{i}}\displaystyle\int_L \dfrac{q(t)}{t-z}\mathrm{d}t,\end{cases} \tag{8.12}$$

多项式 $P_n(z)$ 中有 $n+1$ 个系数需确定.从(8.11a)式,令 $z\to\infty$,可得

$$C_0 = \Gamma + \frac{1}{2}\overline{\Gamma'}. \tag{8.13}$$

为了确定 $P_n(z)$ 中其余系数,需要考虑位移单值性条件.将 $\varphi'=\Phi$ 和 $\psi'=\Psi$ 代入(8.2)式得

$$\overline{\Omega}(z)=\varphi'(z)+z\varphi''(z)+\psi'(z)=[\,\overline{\omega}(z)]', \tag{8.14}$$

其中

$$\overline{\omega}(z)=z\varphi'(z)+\psi(z). \tag{8.15}$$

利用 $\overline{\omega}(z)$,位移的复变表达式(2.11)可以改写为

$$\begin{aligned}2\mu(u+\mathrm{i}v)&=\kappa\varphi(z)-z\,\overline{\varphi'(z)}-\overline{\psi(z)}\\&=\kappa\varphi(z)-\omega(\bar{z})-(z-\bar{z})\,\overline{\varphi'(z)}.\end{aligned} \tag{8.16}$$

根据(8.16)式,当点绕仅包含 $l_k=(a_k,b_k)$ 的闭曲线 Λ_k 一周时,$\kappa\varphi(z)-\omega(\bar{z})$ 必须回归原值;当 Λ_k 收缩到 l_k 时,位移单值性条件为

$$\kappa\int_{l_k}[\Phi^+(t)-\Phi^-(t)]\mathrm{d}t-\int_{l_k}[\Omega^-(t)-\Omega^+(t)]\mathrm{d}t=0. \tag{8.17}$$

将(8.11)式代入(8.17)式,当 $k=1,2,\cdots,n$ 时,有

$$\begin{aligned}2(\kappa+1)\int_{l_k}\frac{P_n(t)}{X^+(t)}\mathrm{d}t+\kappa\int_{l_k}[\Phi_0^+(t)-\Phi_0^-(t)]\mathrm{d}t&\\+\int_{l_k}[\Omega_0^+(t)-\Omega_0^-(t)]\mathrm{d}t=0.&\end{aligned} \tag{8.18}$$

从上式中的 n 个方程可求出 $P_n(z)$ 中待定的 n 个常数.至此,具有直线裂纹的问题已完满解决.

例如,在实轴上仅有一个裂纹 $(-a,a)$,其表面不受力,无穷远处受力.此时 $\Phi_0=\Omega_0=0$,(8.18)式成为

$$\int_{-a}^{+a}\frac{C_0t+C_1}{\sqrt{t^2-a^2}}\mathrm{d}t=0. \tag{8.19}$$

由此给出 $C_1=0$,于是得到与(7.37)式一致的公式

$$\Phi(z)=\frac{\Gamma+\frac{1}{2}\overline{\Gamma'}}{\sqrt{z^2-a^2}}z-\frac{1}{2}\overline{\Gamma'},\quad \Omega(z)=\frac{\Gamma+\frac{1}{2}\overline{\Gamma'}}{\sqrt{z^2-a^2}}z+\frac{1}{2}\overline{\Gamma'}.$$

又如,在实轴上仅有一个裂纹 $(-a,a)$,在裂纹的中点施加对称的拉力 P,在无限远处无外力(图 9.10).此时

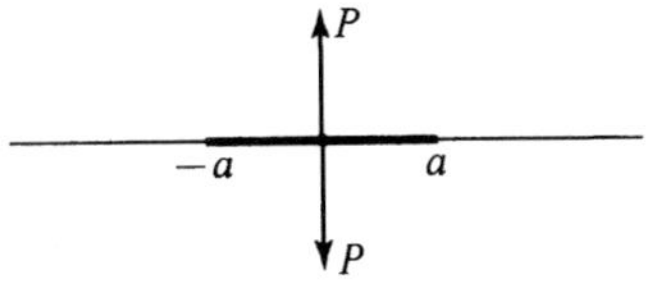

图　9.10

$$\Gamma=\Gamma'=0,\quad p(t)=-P\delta(t). \tag{8.20}$$

于是

$$\Phi_0(z)=\Omega_0(z)=\frac{-P}{2\pi\mathrm{i}\sqrt{z^2-a^2}}\int_{-a}^{+a}\frac{\sqrt{t^2-a^2}}{t-z}\delta(t)\mathrm{d}t=\frac{Pa}{2\pi z\sqrt{z^2-a^2}}. \tag{8.21}$$

对于多项式 $P_1=C_0z+C_1$,按(8.13)和(8.20)式,有 $C_0=0$;而决定 C_1 的方程(8.18)为

$$\int_{-a}^{+a}\frac{C_1\mathrm{d}t}{\sqrt{t^2-a^2}}+\int_{-a}^{+a}\frac{Pa\,\mathrm{d}t}{2\pi t\sqrt{t^2-a^2}}=0, \tag{8.22}$$

上式等号右端第二个积分,在 Cauchy 主值的意义下为零,即

$$\int_{-a}^{+a}\frac{\mathrm{d}t}{t\sqrt{t^2-a^2}}=\lim_{\delta\to0+}\left\{\int_{-a}^{-\delta}\frac{\mathrm{d}t}{t\sqrt{t^2-a^2}}+\int_{\delta}^{a}\frac{\mathrm{d}t}{t\sqrt{t^2-a^2}}\right\}=0,$$

于是(8.22)式给出 $C_1=0$.这样

$$\Phi(z)=\Omega(z)=\frac{Pa}{2\pi z\sqrt{z^2-a^2}}. \tag{8.23}$$

利用 Riemann-Hilbert 连接问题,许多线弹性断裂力学问题都已得到解答,例如,直线上多个裂纹的问题、周期裂纹的问题、平行裂纹的问题、交叉裂纹的问题、沿圆弧分布的裂纹问题,以及半平面上的裂纹问题等.关于这些课题,请参考 Мусхелишвили 的著作[31]及相关的断裂力学书籍.

§9 Melan 问题

9.1 坐标平移

本节需要考查坐标平移时函数 Φ 和 Ψ 的变化.设旧坐标为 z,新坐标为 z_1,z_1 关于 z 有平移 z_0,即设

$$z=x+\mathrm{i}y,\quad z_1=x_1+\mathrm{i}y_1,\quad z_1=z-z_0, \tag{9.1}$$

其中

$$z_0=x_0+\mathrm{i}y_0. \tag{9.2}$$

在新旧坐标系下,应力分量有如下表示

$$\begin{cases}\sigma_x+\sigma_y=4\mathrm{Re}\,\Phi_1(z_1),\\ \sigma_y-\sigma_x+\mathrm{i}2\tau_{xy}=2[\bar{z}_1\Phi'_1(z_1)+\Psi_1(z_1)];\end{cases} \tag{9.3}$$

$$\begin{cases}\sigma_x+\sigma_y=4\mathrm{Re}\,\Phi(z),\\ \sigma_y-\sigma_x+\mathrm{i}2\tau_{xy}=2[\bar{z}\,\Phi'(z)+\Psi(z)].\end{cases} \tag{9.4}$$

由于在新、旧坐标系下，应力分量总相同，将(9.3)和(9.4)式所相应的式子相减，得

$$\begin{cases}\operatorname{Re}\Phi_1(z_1)-\operatorname{Re}\Phi(z)=0,\\ \bar{z}_1\Phi'_1(z_1)+\Psi_1(z_1)-\bar{z}\,\Phi'(z)-\Psi(z)=0,\end{cases} \tag{9.5}$$

从(9.5a)式可得

$$\operatorname{Re}\Phi_1(z_1)=\operatorname{Re}\Phi(z). \tag{9.6}$$

由于解析函数的实部相同时，虚部仅差一常数，而虚部常数又不影响应力，可以略去不计，因而从(9.6)式得

$$\Phi_1(z_1)=\Phi(z). \tag{9.7}$$

再将上式代入(9.5b)式，得

$$\Psi_1(z_1)=\Psi(z)+\bar{z}_0\Phi'(z). \tag{9.8}$$

(9.7)和(9.8)式表明，在坐标架平移时，$\Phi(z)$不变，而$\Psi(z)$发生了变化.

9.2　集中力作用于半平面内

设有 $y\geqslant0$ 的半平面，在点 $z_0=\mathrm{i}b(b>0)$上作用有 x 向集中力 P 和 y 向集中力 Q，在边界 $y=0$ 上无外力(图 9.11).我们将点力(P,Q)在全平面所产生应力场的复变表示函数记为 $\Phi_0(z)$和 $\Psi_0(z)$.由(6.17)，(9.7)和(9.8)式，有

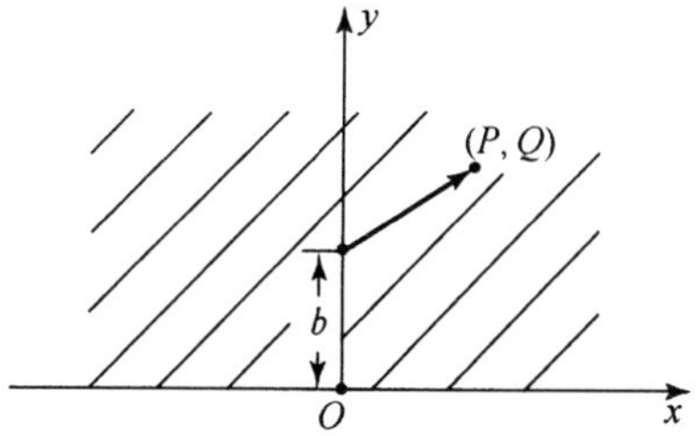

图　9.11

$$\Phi_0(z)=\frac{M}{z-b\mathrm{i}},\quad \Psi_0(z)=\frac{N}{z-b\mathrm{i}}-b\mathrm{i}\,\frac{M}{(z-b\mathrm{i})^2}, \tag{9.9}$$

其中

$$M=-\frac{P+\mathrm{i}Q}{2\pi(1+\kappa)},\quad N=\frac{\kappa(P-\mathrm{i}Q)}{2\pi(1+\kappa)}. \tag{9.10}$$

将半平面作用集中力(P,Q)所相应的函数记为$\Phi(z)$和$\Omega(z)$，并设

$$\Phi(z)=\Phi_0(z)+\Phi_*(z),\quad \Psi(z)=\Psi_0(z)+\Psi_*(z), \tag{9.11}$$

其中$\Phi_0(z)$和$\Psi_0(z)$如(9.9)式所示，而$\Phi_*(z)$和$\Psi_*(z)$是在 $y\geqslant0$ 内无奇点

的解析函数,并使 $\Phi(z)$ 和 $\Psi(z)$ 在 $y=0$ 上具有无应力的条件.为此引入解析函数

$$\overline{\Omega}(z)=\overline{\Omega}_0(z)+\overline{\Omega}_*(z), \tag{9.12}$$

其中

$$\begin{cases}\overline{\Omega}_0(z)=\Phi_0(z)+z\Phi'_0(z)+\Psi_0(z),\\ \overline{\Omega}_*(z)=\Phi_*(z)+z\Phi'_*(z)+\Psi_*(z).\end{cases} \tag{9.13}$$

由(9.9)式,可得

$$\overline{\Omega}_0(z)=\frac{N}{z-b\mathrm{i}}-\frac{2bM\mathrm{i}}{(z-b\mathrm{i})^2}, \tag{9.14}$$

那么

$$\Omega_0(\bar{z})=\overline{\overline{\Omega}_0(z)}=\frac{\overline{N}}{\bar{z}+b\mathrm{i}}+\frac{2b\overline{M}\mathrm{i}}{(\bar{z}+b\mathrm{i})^2}. \tag{9.15}$$

现在用 Φ 和 Ω 来表示 $y=0$ 上无外力的条件,对§8 中的(8.4)式,令 z 从上半平面趋于实轴上的 t,得

$$\Phi^+(t)+\Omega^-(t)=0. \tag{9.16}$$

我们利用(9.11a)和(9.12)式,以及 Φ_0 和 Ω_0 的表达式(9.9a)和(9.15),得到

$$\Phi_*^+(t)+\Omega_*^-(t)+\frac{M}{t-b\mathrm{i}}+\frac{\overline{N}}{t+b\mathrm{i}}+\frac{2b\mathrm{i}\overline{M}}{(t+b\mathrm{i})^2}=0. \tag{9.17}$$

由于 $\Phi_*(z)$ 是上半平面的解析函数,$\Omega_*(z)$ 则是下半平面的解析函数,故有

$$\begin{cases}\Phi_*(z)=-\dfrac{\overline{N}}{z+b\mathrm{i}}-\dfrac{2b\mathrm{i}\overline{M}}{(z+b\mathrm{i})^2},\\ \Omega_*(z)=-M/(z-b\mathrm{i}),\\ \overline{\Omega}_*(z)=-\overline{M}/(z+b\mathrm{i}).\end{cases} \tag{9.18}$$

因此,本问题的 $\Phi(z)$ 和 $\overline{\Omega}(z)$ 分别为

$$\begin{cases}\Phi(z)=\Phi_0(z)+\Phi_*(z)=\dfrac{M}{z-b\mathrm{i}}-\dfrac{\overline{N}}{z+b\mathrm{i}}-\dfrac{2b\mathrm{i}\overline{M}}{(z+b\mathrm{i})^2},\\ \overline{\Omega}(z)=\overline{\Omega}_0(z)+\overline{\Omega}_*(z)=\dfrac{N}{z-b\mathrm{i}}-\dfrac{2b\mathrm{i}M}{(z-b\mathrm{i})^2}-\dfrac{\overline{M}}{z+b\mathrm{i}}.\end{cases} \tag{9.19}$$

9.3 位移场

采用(8.16)的公式

$$2\mu(u+\mathrm{i}v)=\kappa\,\varphi(z)-\omega(\bar{z})-(z-\bar{z})\,\overline{\varphi'(z)}, \tag{9.20}$$

其中 φ 和 ω 可由(9.19)式积分得出.我们有

$$\begin{cases}\varphi(z)=M\ln(z-b\mathrm{i})-\overline{N}\ln(z+b\mathrm{i})+\dfrac{2b\mathrm{i}\,\overline{M}}{z+b\mathrm{i}},\\ \overline{\omega}(z)=N\ln(z-b\mathrm{i})+\dfrac{2b\mathrm{i}\,M}{z-b\mathrm{i}}-\overline{M}\ln(z+b\mathrm{i}),\\ \omega(\bar{z})=\overline{N}\ln(\bar{z}+b\mathrm{i})-\dfrac{2b\mathrm{i}\,\overline{M}}{\bar{z}+b\mathrm{i}}-M\ln(\bar{z}-b\mathrm{i}).\end{cases}\tag{9.21}$$

将上式代入(9.20)式,得

$$\begin{aligned}2\mu(u+\mathrm{i}v)=&\kappa M\ln(z-b\mathrm{i})-\kappa\overline{N}\ln(z+b\mathrm{i})+\frac{2\kappa b\mathrm{i}\,\overline{M}}{z+b\mathrm{i}}\\&-\overline{N}\ln(\bar{z}+b\mathrm{i})+\frac{2b\mathrm{i}\,\overline{M}}{\bar{z}+b\mathrm{i}}+M\ln(\bar{z}-b\mathrm{i})\\&-2y\mathrm{i}\left[\frac{\overline{M}}{\bar{z}+b\mathrm{i}}-\frac{N}{\bar{z}-b\mathrm{i}}+\frac{2b\mathrm{i}\,M}{(\bar{z}-b\mathrm{i})^2}\right].\end{aligned}\tag{9.22}$$

今考虑 $P=0,Q\neq0$ 且为平面应变的情形,此时

$$M=-\frac{Q\mathrm{i}}{8\pi(1-\nu)},\quad N=-\frac{(3-4\nu)Q\mathrm{i}}{8\pi(1-\nu)},\tag{9.23}$$

那么(9.22)式为

$$\begin{aligned}2\mu(u+\mathrm{i}v)=\frac{-Q}{8\pi(1-\nu)}\Big\{&(3-4\nu)\mathrm{i}\ln[(z-b\mathrm{i})(\bar{z}+b\mathrm{i})]\\&+(3-4\nu)^2\mathrm{i}\ln(z+b\mathrm{i})+\mathrm{i}\ln(\bar{z}-b\mathrm{i})\\&+\frac{2b}{\bar{z}+b\mathrm{i}}+\frac{2(3-4\nu)b}{z+b\mathrm{i}}\\&-2y\mathrm{i}\left[\frac{-\mathrm{i}}{\bar{z}+b\mathrm{i}}-\frac{(3-4\nu)\mathrm{i}}{\bar{z}-b\mathrm{i}}-\frac{2b}{(\bar{z}-b\mathrm{i})^2}\right]\Big\}.\end{aligned}\tag{9.24}$$

令

$$\begin{cases}r=\sqrt{x^2+(y-b)^2},\\ \tilde{r}=\sqrt{x^2+(y+b)^2},\\ \theta=\arctan\dfrac{y+b}{x},\end{cases}\tag{9.25}$$

就有

$$(z-b\mathrm{i})(\bar{z}+b\mathrm{i})=r^2,\quad z+b\mathrm{i}=\tilde{r}\mathrm{e}^{\mathrm{i}\theta},\quad \bar{z}-b\mathrm{i}=\tilde{r}\mathrm{e}^{-\mathrm{i}\theta}.\tag{9.26}$$

于是(9.24)式成为

$$\begin{aligned}u+\mathrm{i}v=\frac{-Q}{8\pi\mu(1-\nu)}\Big\{&(3-4\nu)\mathrm{i}\ln r+[4(1-\nu)(1-2\nu)+1]\mathrm{i}\ln\tilde{r}\\&-4(1-\nu)(1-2\nu)\theta+\frac{b(z-b\mathrm{i})}{r^2}+\frac{(3-4\nu)b(\bar{z}-b\mathrm{i})}{\tilde{r}^2}\end{aligned}$$

$$-y\left[\frac{z-b\mathrm{i}}{r^2}+\frac{(3-4\nu)(z+b\mathrm{i})}{\tilde{r}^2}-\frac{2b\mathrm{i}(z+b\mathrm{i})^2}{\tilde{r}^4}\right]\Bigg\}. \tag{9.27}$$

分解上式的实部和虚部,得

$$\begin{cases} u=\dfrac{Q}{8\pi\mu(1-\nu)}\Bigg[\dfrac{x(y-b)}{r^2}+(3-4\nu)\dfrac{x(y-b)}{\tilde{r}^2} \\ \qquad -4(1-\nu)(1-2\nu)\arctan\dfrac{x}{y+b}+\dfrac{4bxy(y+b)}{\tilde{r}^4}\Bigg], \\ v=\dfrac{Q}{8\pi\mu(1-\nu)}\Bigg[-(3-4\nu)\ln r \\ \qquad -[4(1-\nu)(1-2\nu)+1]\ln\tilde{r}+\dfrac{(y-b)^2}{r^2} \\ \qquad +\dfrac{(3-4\nu)(y+b)^2-2by}{\tilde{r}^2}+\dfrac{4by(y+b)^2}{\tilde{r}^4}\Bigg]. \end{cases} \tag{9.28}$$

如果在(9.28)式中,令 $b\to 0$,得

$$\begin{cases} u=\dfrac{Q}{2\pi\mu}\left[\dfrac{xy}{r^2}-(1-2\nu)\arctan\dfrac{x}{y}\right], \\ v=\dfrac{Q}{2\pi\mu}\left[\dfrac{y^2}{r^2}-2(1-\nu)\ln r\right], \end{cases} \tag{9.29}$$

其中 $r=\sqrt{x^2+y^2}$.不难看出,(9.29)式与第八章的(9.5)式一致,只是第八章的(9.5)式是以 P 而不是 Q 表示法向外力,另外坐标 x 和 y 需互换.于是,半平面边界上受集中力的 Boussinesq 问题可以看成半平面内部受集中力的 Melan 问题之特殊情形.

半平面内受力的问题最早由 Melan[134] 解决,本节解法系综合森口繁一[39]和 Мусхелишвили[31] 的方法获得.

§10 椭圆夹杂

在第八章§6 中,利用极坐标研究了圆形夹杂问题. 在本节中,我们将借助复变函数这一工具来求解椭圆夹杂问题. 这个问题在复合材料细观力学中有着广泛的应用.

设坐标原点取在椭圆的中心,x 轴和 y 轴分别沿椭圆的长轴与短轴,而椭圆的长短半轴的长度分别记为 a 和 b. 椭圆内的区域记为 G^+,椭圆外的区域记为 G^-,它们的共同边界记为 ∂G. 椭圆内介质的弹性常数为 E^*,ν^*,椭圆外介质的弹性常数为 E,ν. 我们仅考虑完善连接的情形,此时在椭圆的边界上的应力与位移都连续.

需要求解的问题是：当无限远处作用有外力 $\sigma_x^{(\infty)}$，$\sigma_y^{(\infty)}$ 和 $\tau_{xy}^{(\infty)}$ 时，试求椭圆内、外的应力场和位移场. 以下用复变函数的方法来求解这个问题.

设椭圆内的应力 σ_x^*，σ_y^*，τ_{xy}^* 为常量，即

$$\sigma_x^* = \sigma_1, \quad \sigma_y^* = \sigma_2, \quad \tau_{xy}^* = s, \tag{10.1}$$

其中 σ_1，σ_2 和 s 为待定常数.

应力的复变表示式(2.9)为

$$\begin{cases} \sigma_x^* + \sigma_y^* = 4\mathrm{Re}\,\Phi^*(z), \\ \sigma_y^* - \sigma_x^* + 2\mathrm{i}\tau_{xy}^* = 2[\bar{z}\Phi^{*\prime}(z) + \Psi^*(z)], \end{cases} \tag{10.2}$$

其中 $\Phi^*(z)$ 和 $\Psi^*(z)$ 是椭圆内区域 G^+ 中的复势. 从(10.1)和(10.2)式，可知

$$\Phi^*(z) = C_1, \quad \Psi^*(z) = C_2, \tag{10.3}$$

其中

$$C_1 = \frac{1}{4}(\sigma_1 + \sigma_2) + \mathrm{i}\tau, \quad C_2 = \frac{\sigma_2 - \sigma_1}{2} + \mathrm{i}s. \tag{10.4}$$

上式中的 τ 是一个待定常数. 从(10.3)式，可知

$$\varphi^*(z) = C_1 z, \quad \psi^*(z) = C_2 z. \tag{10.5}$$

在导出上式时，利用了(3.5)式，即假定 $\varphi^*(0)=0$，$\psi^*(0)=0$.

从(10.5)式，可知在椭圆的边界上，即当 $z\in\partial G$ 时，有

$$\begin{cases} \varphi^*(z) + z\overline{\varphi^{*\prime}(z)} + \overline{\psi^*(z)} = (C_1 + \bar{C}_1)z + \bar{C}_2\,\bar{z}, \\ \kappa^*\varphi^*(z) - z\overline{\varphi^{*\prime}(z)} - \overline{\psi^*(z)} = (\kappa^* C_1 - \bar{C}_1)z - \bar{C}_2\,\bar{z} \end{cases} \quad (z \in \partial G). \tag{10.6}$$

当基体与核完善连接时，从上式，可将椭圆的边界上的应力与位移都连续的条件写为

$$\begin{cases} \varphi(z) + z\overline{\varphi'(z)} + \overline{\psi(z)} = (C_1 + \bar{C}_1)z + \bar{C}_2\,\bar{z} \\ \kappa\varphi'(z) - z\overline{\varphi'(z)} - \overline{\psi(z)} = \dfrac{\mu}{\mu^*}\left[(\kappa^* C_1 - \bar{C}_1)z - \bar{C}_2\,\bar{z}\right] \end{cases} \quad (z \in \partial G), \tag{10.7}$$

其中 $\varphi(z)$ 和 $\psi(z)$ 是基体区域 G^- 中的复势.

我们知道，从椭圆外到单位圆外的保角映射为

$$z = \omega(\zeta) = R\left(\zeta + \frac{m}{\zeta}\right), \tag{10.8}$$

其中

$$R = \frac{a+b}{2}, \quad 0 \leqslant m = \frac{a-b}{a+b} < 1.$$

将(10.8)式代入(10.7)式，可得

$$\begin{cases}\varphi(\sigma)+\dfrac{\sigma^2+m}{\sigma(1-m\sigma^2)}\overline{\varphi'(\sigma)}+\overline{\psi(\sigma)}=A_1\sigma+A_2\dfrac{1}{\sigma},\\ \kappa\varphi(\sigma)-\dfrac{\sigma^2+m}{\sigma(1-m\sigma^2)}\overline{\varphi'(\sigma)}-\overline{\psi(\sigma)}=A_3\sigma+A_4\dfrac{1}{\sigma},\end{cases}\tag{10.9}$$

其中将 $\varphi[\omega(\zeta)]$ 和 $\psi[\omega(\zeta)]$ 仍记为 $\varphi(\zeta)$ 和 $\psi(\zeta)$,而

$$\begin{cases}A_1=R(C_1+\bar{C}_1+\bar{C}_2m),\\ A_2=R[(C_1+\bar{C}_1)m+\bar{C}_2],\\ A_3=R\dfrac{\mu}{\mu^*}(\kappa^*C_1-\bar{C}_1-\bar{C}_2m),\\ A_4=R\dfrac{\mu}{\mu^*}[(\kappa^*C_1-\bar{C}_1)m-\bar{C}_2].\end{cases}\tag{10.10}$$

我们知道,当 $\zeta\to\infty$ 时,有

$$\varphi(\zeta)=\Gamma R\zeta+\varphi_0(\zeta),\quad \psi(\zeta)=\Gamma' R\zeta+\psi_0(\zeta),\tag{10.11}$$

其中 $\varphi_0(\zeta)$ 和 $\psi_0(\zeta)$ 是单位圆外的全纯函数,而

$$\Gamma=\frac{\sigma_x^{(\infty)}+\sigma_y^{(\infty)}}{4},\quad \Gamma'=\frac{\sigma_y^{(\infty)}-\sigma_x^{(\infty)}}{2}+\mathrm{i}\tau_{xy}^{(\infty)}\tag{10.12}$$

将(10.11)式代入(10.9)式,得

$$\begin{cases}\varphi_0(\sigma)+\dfrac{\sigma^2+m}{\sigma(1-m\sigma^2)}\overline{\varphi_0'(\sigma)}+\overline{\psi_0(\sigma)}\\ \quad =A_1\sigma+A_2\dfrac{1}{\sigma}-\Gamma R\left[\sigma+\dfrac{\sigma^2+m}{\sigma(1-m\sigma^2)}\right]-\overline{\Gamma'}R\dfrac{1}{\sigma},\\ \kappa\varphi_0(\sigma)-\dfrac{\sigma^2+m}{\sigma(1-m\sigma^2)}\overline{\varphi_0'(\sigma)}-\overline{\psi_0(\sigma)}\\ \quad =A_3\sigma+A_4\dfrac{1}{\sigma}-\Gamma R\left[\kappa\sigma-\dfrac{\sigma^2+m}{\sigma(1-m\sigma^2)}\right]+\overline{\Gamma'}R\dfrac{1}{\sigma}.\end{cases}\tag{10.13}$$

在单位圆外,$\varphi_0(\zeta)$ 和 $\psi_0(\zeta)$ 可展成

$$\varphi_0(\zeta)=\frac{a_1}{\zeta}+\frac{a_2}{\zeta^2}+\cdots,\quad \psi_0(\zeta)=\frac{b_1}{\zeta}+\frac{b_2}{\zeta^2}+\cdots.\tag{10.14}$$

将(10.13)的两式相加,得

$$(\kappa+1)\varphi_0(\sigma)=[A_1+A_3-(\kappa+1)\Gamma R]\sigma+(A_2+A_4)\frac{1}{\sigma}.\tag{10.15}$$

比较上式与(10.14a)式,可得

$$A_1+A_3=(\kappa+1)\Gamma R,\quad \varphi_0(\zeta)=\frac{A_2+A_4}{\kappa+1}\frac{1}{\zeta}.\tag{10.16}$$

上式的第 1 式是确定 4 个待定实常数 σ_1,σ_2,s 和 τ 的第 1 个复数方程.

将(10.16b)代入(10.13a)式,再取共轭,得

$$\frac{\overline{A}_2+\overline{A}_4}{\kappa+1}\sigma-\sigma\frac{1+m\sigma^2}{\sigma^2-m}\frac{\overline{A}_2+\overline{A}_4}{\kappa+1}+\psi_0(\sigma)$$
$$=\overline{A}_1\frac{1}{\sigma}+\overline{A}_2\sigma-\Gamma R\left[\frac{1}{\sigma}+\sigma\frac{1+m\sigma^2}{\sigma^2-m}\right]-\Gamma' R\sigma.$$

从上式,得出

$$\begin{cases}(1-m)\dfrac{\overline{A}_2+\overline{A}_4}{\kappa+1}=\overline{A}_2-\Gamma Rm-\Gamma' R,\\ \psi_0(\sigma)=(\overline{A}_1-\Gamma R)\dfrac{1}{\sigma}+(1+m^2)\left(\dfrac{\overline{A}_2+\overline{A}_4}{\kappa+1}-\Gamma R\right)\dfrac{\sigma}{\sigma^2-m}.\end{cases}\tag{10.17}$$

上式的(10.17a)式是一个复数方程,它与(10.16a)式联合,这两个复数方程可决定 4 个待定常数 σ_1,σ_2,s 和 τ. 当 σ_1,σ_2 和 s 已知后,函数 $\varphi_0(z)$ 和 $\psi_0(z)$ 分别由(10.16b)和(10.17b)两式给出,再从(10.11)式得到基体区域 G^- 中的复势 $\varphi(z)$ 和 $\psi(z)$,由此可得椭圆外的应力场和位移场. 至此,椭圆夹杂问题已获得解决.

以下考虑一些特殊情形.

首先考虑圆形夹杂在无限远处 y 方向作用有单向拉力 p 的情况,即有

$$a=b,\quad \sigma_x^{(\infty)}=0,\quad \sigma_y^{(\infty)}=p,\quad \tau_{xy}^{(\infty)}=0.\tag{10.18}$$

从上式可知(10.8),(10.11)和(10.10)式中的常数为

$$R=a,\quad m=0,\quad \Gamma=\frac{p}{4},\quad \Gamma'=\frac{p}{2},\tag{10.19}$$

$$\begin{cases}A_1=(C_1+\overline{C}_1)a,\\ A_2=\overline{C}_2a,\\ A_3=(\kappa^*C_1-\overline{C}_1)a\dfrac{\mu}{\mu^*},\\ A_4=-\overline{C}_2a\dfrac{\mu}{\mu^*}.\end{cases}\tag{10.20}$$

将上述两式代入(10.16a)和(10.17a),得 $\tau=0$,且

$$\begin{cases}\left[2+(\kappa^*-1)\dfrac{\mu}{\mu^*}\right]\dfrac{\sigma_1+\sigma_2}{4}=(\kappa+1)\Gamma,\\ \dfrac{1}{\kappa+1}\left[1-\dfrac{\mu}{\mu^*}\right]\overline{C}_2=\overline{C}_2-\Gamma'.\end{cases}\tag{10.21}$$

由上式可知

$$
\begin{cases}
\sigma_1+\sigma_2=\dfrac{1}{\dfrac{1+\nu}{E}+\dfrac{1-\nu^*}{E^*}}\dfrac{2}{E}p, \\
\sigma_2-\sigma_1=\dfrac{1}{\dfrac{3-\nu}{E}+\dfrac{1+\nu^*}{E^*}}\dfrac{4}{E}p, \\
s=0,
\end{cases} \tag{10.22}
$$

或者

$$
\begin{cases}
\sigma_1=\left(\dfrac{1}{\dfrac{1+\nu}{E}+\dfrac{1-\nu^*}{E^*}}-\dfrac{2}{\dfrac{3-\nu}{E}+\dfrac{1+\nu^*}{E^*}}\right)\dfrac{p}{E}, \\
\sigma_2=\left(\dfrac{1}{\dfrac{1+\nu}{E}+\dfrac{1-\nu^*}{E^*}}+\dfrac{2}{\dfrac{3-\nu}{E}+\dfrac{1+\nu^*}{E^*}}\right)\dfrac{p}{E}, \\
s=0.
\end{cases} \tag{10.23}
$$

再考虑圆形夹杂在无限远处 x 向作用有单向拉力 p 的情况,设圆核内的应力为

$$
\tilde{\sigma}_x^*=\tilde{\sigma}_1,\quad \tilde{\sigma}_y^*=\tilde{\sigma}_2,\quad \tilde{\tau}_{xy}^*=\tilde{s}, \tag{10.24}
$$

其中 $\tilde{\sigma}_1,\tilde{\sigma}_2$ 和 $\tilde{s}$ 为常数. 那么相应于(10.23)式,我们得到圆形夹杂外的应力场为

$$
\begin{cases}
\tilde{\sigma}_1=\left(\dfrac{1}{\dfrac{1+\nu}{E}+\dfrac{1-\nu^*}{E^*}}+\dfrac{2}{\dfrac{3-\nu}{E}+\dfrac{1+\nu^*}{E^*}}\right)\dfrac{p}{E}, \\
\tilde{\sigma}_2=\left(\dfrac{1}{\dfrac{1+\nu}{E}+\dfrac{1-\nu^*}{E^*}}-\dfrac{2}{\dfrac{3-\nu}{E}+\dfrac{1+\nu^*}{E^*}}\right)\dfrac{p}{E}, \\
\tilde{s}=0.
\end{cases} \tag{10.25}
$$

对于圆形夹杂在无限远处作用有双向拉力 p 的情况,这时圆核内的应力为

$$
\sigma_1+\tilde{\sigma}_1,\quad \sigma_2+\tilde{\sigma}_2,\quad s+\tilde{s}. \tag{10.26}
$$

将(10.23)与(10.25)两式相应的式子相加,即可到第八章的(6.4)和(6.8)式.

对于圆形夹杂在无限远处 x 方向作用有单向压力 p 的情况,设圆核内的应力为

$$
\bar{\sigma}_x^*=\check{\sigma}_1,\quad \bar{\sigma}_y^*=\check{\sigma}_2,\quad \bar{\tau}_{xy}^*=\check{s}. \tag{10.27}
$$

将(10.25)式中的 p 换成 $-p$,即可得到 $\check{\sigma}_1,\check{\sigma}_2,\check{s}$.

对于圆形夹杂在无限远处 y 方向作用有拉力 p,且 x 方向作用有压力 p 的情况,其圆核内的应力为

$$\sigma_1+\check{\sigma}_1,\quad \sigma_2+\check{\sigma}_2,\quad s+\check{s}, \tag{10.28}$$

由此得到

$$\begin{cases}\sigma_1+\check{\sigma}_1=-\dfrac{4}{\dfrac{3-\nu}{E}+\dfrac{1+\nu^*}{E^*}}\dfrac{p}{E},\\[2ex] \sigma_2+\check{\sigma}_2=\dfrac{4}{\dfrac{3-\nu}{E}+\dfrac{1+\nu^*}{E^*}}\dfrac{p}{E},\\[2ex] s+\check{s}=0.\end{cases} \tag{10.29}$$

如果我们将坐标轴逆时针旋转$\dfrac{\pi}{4}$,那么在新坐标系中,上式将成为

$$\hat{\sigma}_1=\hat{\sigma}_2=0,\quad \hat{s}=\frac{4}{\dfrac{3-\nu}{E}+\dfrac{1+\nu^*}{E^*}}\frac{p}{E}, \tag{10.30}$$

其中$\hat{\sigma}_1$,$\hat{\sigma}_2$,$\hat{s}$为新坐标系中的应力分量. 上式表示在无限远处作用有剪切力p,在圆形夹杂内所产生的应力场,此与第八章的(6.13)与(6.22)式一致.

附注1　本节求解椭圆夹杂问题的过程中,关于椭圆内应力场预先假定的(10.1)式是关键所在. 不作预先假定的研究请参见参考文献[96-98,141],这些文献中考虑空间中的椭球夹杂问题,而本节的平面椭圆夹杂问题是其特殊情形.

附注2　本节中(10.1)式假定了椭圆内应力场为常量,而对于非椭圆夹杂这个假定不成立,其证明请见参考文献[159]. 对于三维问题,在无限远作用均匀载荷,椭球夹杂内的内应力场也为常量;但在非椭球夹杂问题中,上述结论也不成立,其证明请见参考文献[129].

附注3　虽然非椭圆夹杂内应力场不为常量,但对于N-旋转对称夹杂,在夹杂区域内任意N个对称点上的算术平均值却总为常量,其证明请见参考文献[186,187,191].对于空间正多面体情形的证明请见参考文献[195].

附注4　复变函数论方法已有许多推广,较完善的有:空间旋转体轴对称问题和非轴对称问题的复变解法[122,197],各向异性弹性力学二维问题的复变解法[171],另外,还有三维问题的复变解法[148]等.

习　题　九

1. 试求下述双调和函数的复变表达式:

(1) x^2-y^2;　　(2) x^2;　　(3) $y\arctan\dfrac{y}{x}$.

2. 证明:设

$$\nabla^{2n}U=0,$$

其中n为正整数,则存在n个解析函数$f_j(z)$,$j=1,2,\cdots,n$,使$U(x,y)$表示成:

$$U=\mathrm{Re}[f_1(z)+\bar{z}\,f_2(z)+\cdots+\bar{z}^{n-1}f_n(z)].$$

3. 试用复变方法证明应力边值问题解的唯一性[31].

提示：利用线积分

$$I=\oint_L\left[\left(Q\frac{\partial U}{\partial x}-P\frac{\partial U}{\partial y}\right)\mathrm{d}x+\left(P\frac{\partial U}{\partial x}+Q\frac{\partial U}{\partial y}\right)\mathrm{d}y\right],$$

这里 $P=\nabla^2U$，Q 与 P 共轭.

4. 试用复变方法证明位移边值问题解的唯一性[31].

提示：利用线积分

$$J=\oint_L[(Qu-Pv)\mathrm{d}x+(Pu+Qv)\mathrm{d}y].$$

5. 若复变函数 $\varphi(z)=Az$，$\chi(z)=B\ \ln z$，A，B 为复常数，求内径为 a，外径为 b 的厚壁筒，在内压 P_a 及外压 P_b 作用下的应力分量，不计体力.

6. 若复变函数 $\varphi(z)=0$，$\chi(z)=A\ln z$，A 为复常数. 设有 $a\leqslant r\leqslant b$ 的圆环，在其内外边界上受由剪应力组成的大小相等而方向相反的力偶 M 作用，试求应力和位移分量.

7. 图示薄圆盘半径为 R，圆周上作用有集中力 P，试用复变方法求应力场.

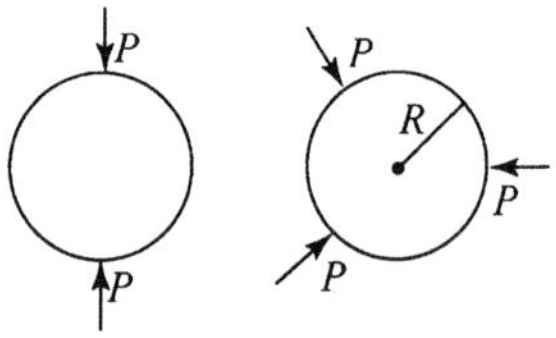

第 7 题图

8. 试求具有椭圆孔无限大板双向均匀拉伸的应力集中系数.

9. 试求具有裂纹的无限大板在双向均匀拉伸时的应力强度因子.

* 10. 图示为具有椭圆孔 $\dfrac{x^2}{a^2}+\dfrac{y^2}{b^2}=1$ 的无限大板，孔边自由，有集中力(P_1，P_2)作用在椭圆孔外的点(x_0，y_0)上，试求应力的复变表示(参见参考文献[39]).

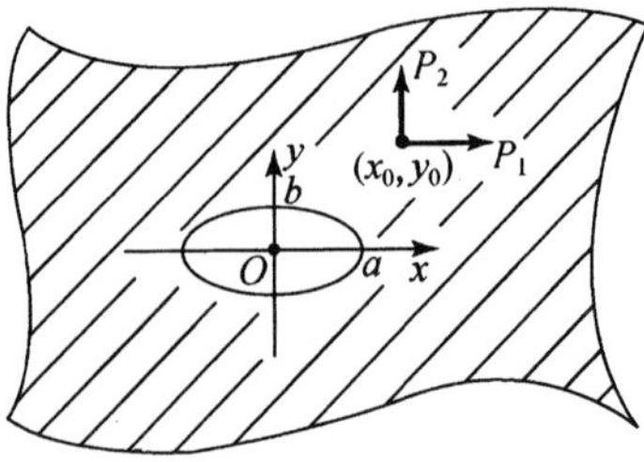

第 10 题图

第十章　Michell 问题

本章我们将研究 Michell 问题，它是一个空间问题，但是这个空间问题可以通过逐步求解 Saint-Venant 问题和平面应变问题而获得解答.

§1　问题的提出

Michell 问题所研究的对象是弹性的长柱体.设柱长为 l,坐标原点取在一个底面的形心上,z 轴平行于柱体的母线并指向另一个底面,x 轴与 y 轴分别为截面的惯性主轴,并与 z 轴构成笛卡儿右手坐标系(图 10.1).柱体除在两端受有外力外,在侧面上还受有垂直于母线与坐标 z 无关的外力,并考虑垂直于母线且与坐标 z 无关的体力.

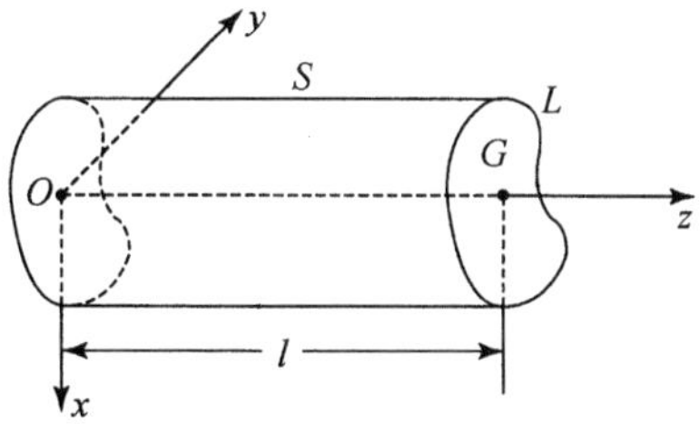

图　10.1

所谓 Michell 问题，即长柱体在上述受力状况下的弹性平衡问题. 很明显，Michell 问题是 Saint-Venant 问题的推广，Saint-Venant 问题不考虑侧面外力和体力. 我们以 Ω 表示弹性柱体,S 表示弹性柱体的侧面,G 表示 Ω 的正截面,L 表示 G 的周界.在直角坐标系中,平衡方程为

$$\begin{cases}\dfrac{\partial\sigma_x}{\partial x}+\dfrac{\partial\tau_{yx}}{\partial y}+\dfrac{\partial\tau_{zx}}{\partial z}+f_x=0,\\ \dfrac{\partial\tau_{xy}}{\partial x}+\dfrac{\partial\sigma_y}{\partial y}+\dfrac{\partial\tau_{zy}}{\partial z}+f_y=0,\\ \dfrac{\partial\tau_{xz}}{\partial x}+\dfrac{\partial\tau_{yz}}{\partial y}+\dfrac{\partial\sigma_z}{\partial z}=0,\end{cases}\tag{1.1}$$

其中 $\sigma_x,\tau_{xy},\cdots$表示应力分量,这里体力 f_x 和 f_y 仅是 x,y 的函数,且 z 向无体力.应力应变关系为

$$\sigma_{ij}=\lambda\theta\delta_{ij}+2\mu\gamma_{ij},\tag{1.2}$$

其中

$$\sigma_{11}=\sigma_x,\quad \sigma_{12}=\sigma_{xy},\quad \cdots,$$

而 $\gamma_{11}=\varepsilon_x$，$\gamma_{12}=\gamma_{xy}$，… 表示应变分量，$\theta=\gamma_{ii}$，$\lambda$ 和 μ 为 Lamé 常数. 应变协调方程为

$$\begin{cases}\dfrac{\partial^2\varepsilon_x}{\partial y^2}+\dfrac{\partial^2\varepsilon_y}{\partial x^2}-2\dfrac{\partial^2\gamma_{xy}}{\partial x\partial y}=0,\\[2ex] \dfrac{\partial^2\varepsilon_y}{\partial z^2}+\dfrac{\partial^2\varepsilon_z}{\partial y^2}-2\dfrac{\partial^2\gamma_{yz}}{\partial y\partial z}=0,\\[2ex] \dfrac{\partial^2\varepsilon_z}{\partial x^2}+\dfrac{\partial^2\varepsilon_x}{\partial z^2}-2\dfrac{\partial^2\gamma_{zx}}{\partial z\partial x}=0;\end{cases}\tag{1.3}$$

$$\begin{cases}\dfrac{\partial}{\partial x}\left(-\dfrac{\partial\gamma_{yz}}{\partial x}+\dfrac{\partial\gamma_{zx}}{\partial y}+\dfrac{\partial\gamma_{xy}}{\partial z}\right)-\dfrac{\partial^2\varepsilon_x}{\partial y\partial z}=0,\\[2ex] \dfrac{\partial}{\partial y}\left(-\dfrac{\partial\gamma_{zx}}{\partial y}+\dfrac{\partial\gamma_{xy}}{\partial z}+\dfrac{\partial\gamma_{yz}}{\partial x}\right)-\dfrac{\partial^2\varepsilon_y}{\partial z\partial x}=0,\\[2ex] \dfrac{\partial}{\partial z}\left(-\dfrac{\partial\gamma_{xy}}{\partial z}+\dfrac{\partial\gamma_{yz}}{\partial x}+\dfrac{\partial\gamma_{zx}}{\partial y}\right)-\dfrac{\partial^2\varepsilon_z}{\partial x\partial y}=0.\end{cases}\tag{1.4}$$

侧面边界条件为

$$\begin{cases}\sigma_x\cos(\boldsymbol{n},\boldsymbol{e}_x)+\tau_{xy}\cos(\boldsymbol{n},\boldsymbol{e}_y)=X,\\ \tau_{xy}\cos(\boldsymbol{n},\boldsymbol{e}_x)+\sigma_y\cos(\boldsymbol{n},\boldsymbol{e}_y)=Y,\\ \tau_{xz}\cos(\boldsymbol{n},\boldsymbol{e}_x)+\tau_{yz}\cos(\boldsymbol{n},\boldsymbol{e}_y)=0,\end{cases}\tag{1.5}$$

其中 $\boldsymbol{n}$ 为侧面 S 上的单位外法向，面力 $(X,Y,0)$ 与坐标 z 无关. 在两端仅要求满足 Saint-Venant 放松条件，即在 $z=0$ 时，有

$$\begin{cases}-\displaystyle\iint_G\tau_{xz}\,\mathrm{d}x\,\mathrm{d}y=R_x,\\ -\displaystyle\iint_G\tau_{yz}\,\mathrm{d}x\,\mathrm{d}y=R_y,\\ -\displaystyle\iint_G\sigma_z\,\mathrm{d}x\,\mathrm{d}y=R_z;\end{cases}\tag{1.6}$$

$$\begin{cases}-\displaystyle\iint_G y\sigma_z\,\mathrm{d}x\,\mathrm{d}y=M_x,\\ \displaystyle\iint_G x\sigma_z\,\mathrm{d}x\,\mathrm{d}y=M_y,\\ -\displaystyle\iint_G(x\tau_{yz}-y\tau_{xz})\,\mathrm{d}x\,\mathrm{d}y=M_z.\end{cases}\tag{1.7}$$

这里，在 $z=0$ 端上给定的外力的合力和合力矩分别记为 (R_x, R_y, R_z) 和 (M_x, M_y, M_z).

放松条件后的边值问题(1.1)～(1.7)是 Michell 问题的数学表述.显然，Michell 问题与 Saint-Venant 问题一样，有无穷多个解，但按 Saint-Venant 原理，这无穷多个解，在梁的中部是十分相近的.还应该指出，Michell 问题与平面应变问题是有区别的.虽然，平面应变问题中，侧面外力和体力也有形式 $(X, Y, 0)$ 和 $(f_x, f_y, 0)$，但还要求在 Oxy 平面上，它们构成一个平衡力系. 而在 Michell 问题中并不需这一要求.当然，如果侧面外力和体力果真构成了平衡力系，那么 Michell 问题就退化成一个平面应变问题了.Michell 最先研究过该问题，后来 Love[130] 也对此做过改进，下面来介绍他们的解法.

§2　问题的解法

我们假定应力和应变都是坐标 z 的二次函数，即设

$$\begin{cases}\sigma_{ij}=\dfrac{1}{2}z^2\sigma_{ij}^{(2)}+z\sigma_{ij}^{(1)}+\sigma_{ij}^{(0)},\\ \gamma_{ij}=\dfrac{1}{2}z^2\gamma_{ij}^{(2)}+z\gamma_{ij}^{(1)}+\gamma_{ij}^{(0)}\end{cases}\quad (i,j=1,2,3), \tag{2.1}$$

其中 $\sigma_{ij}^{(k)}$ 和 $\gamma_{ij}^{(k)}$ $(i,j=1,2,3,k=0,1,2)$ 都仅仅是 x 和 y 的函数.将(2.1)式代入(1.1)和(1.3)～(1.5)式，再按 z 的同幂次集项.关于 z 的二次项为：

$$\frac{\partial\sigma_x^{(2)}}{\partial x}+\frac{\partial\tau_{xy}^{(2)}}{\partial y}=0,\quad \frac{\partial\tau_{xy}^{(2)}}{\partial x}+\frac{\partial\sigma_y^{(2)}}{\partial y}=0,\quad \frac{\partial\tau_{xz}^{(2)}}{\partial x}+\frac{\partial\tau_{yz}^{(2)}}{\partial y}=0; \tag{2.2}$$

$$\frac{\partial^2\varepsilon_x^{(2)}}{\partial y^2}+\frac{\partial^2\varepsilon_y^{(2)}}{\partial x^2}-2\frac{\partial^2\gamma_{xy}^{(2)}}{\partial x\partial y}=0,\quad \frac{\partial^2\varepsilon_z^{(2)}}{\partial y^2}=0,\quad \frac{\partial^2\varepsilon_z^{(2)}}{\partial x^2}=0; \tag{2.3}$$

$$\begin{cases}-\dfrac{\partial^2\gamma_{yz}^{(2)}}{\partial x^2}+\dfrac{\partial^2\gamma_{zx}^{(2)}}{\partial x\partial y}=0,\\ \dfrac{\partial^2\gamma_{yz}^{(2)}}{\partial x\partial y}-\dfrac{\partial^2\gamma_{zx}^{(2)}}{\partial y^2}=0,\\ -\dfrac{\partial^2\varepsilon_z^{(2)}}{\partial x\partial y}=0;\end{cases} \tag{2.4}$$

$$\begin{cases}\sigma_x^{(2)}\cos(\boldsymbol{n},\boldsymbol{e}_x)+\tau_{xy}^{(2)}\cos(\boldsymbol{n},\boldsymbol{e}_y)=0,\\ \tau_{xy}^{(2)}\cos(\boldsymbol{n},\boldsymbol{e}_x)+\sigma_y^{(2)}\cos(\boldsymbol{n},\boldsymbol{e}_y)=0,\\ \tau_{xz}^{(2)}\cos(\boldsymbol{n},\boldsymbol{e}_x)+\tau_{yz}^{(2)}\cos(\boldsymbol{n},\boldsymbol{e}_y)=0.\end{cases} \tag{2.5}$$

关于 z 的一次项为:

$$\begin{cases}\dfrac{\partial\sigma_x^{(1)}}{\partial x}+\dfrac{\partial\tau_{xy}^{(1)}}{\partial y}+\tau_{xz}^{(2)}=0,\\ \dfrac{\partial\tau_{xy}^{(1)}}{\partial x}+\dfrac{\partial\sigma_y^{(1)}}{\partial y}+\tau_{yz}^{(2)}=0,\\ \dfrac{\partial\tau_{xz}^{(1)}}{\partial x}+\dfrac{\partial\tau_{yz}^{(1)}}{\partial y}+\sigma_z^{(2)}=0;\end{cases}\tag{2.6}$$

$$\begin{cases}\dfrac{\partial^2\varepsilon_x^{(1)}}{\partial y^2}+\dfrac{\partial^2\varepsilon_y^{(1)}}{\partial x^2}-2\dfrac{\partial^2\gamma_{xy}^{(1)}}{\partial x\partial y}=0,\\ \dfrac{\partial^2\varepsilon_z^{(1)}}{\partial y^2}-2\dfrac{\partial\gamma_{yz}^{(2)}}{\partial y}=0,\\ \dfrac{\partial^2\varepsilon_z^{(1)}}{\partial x^2}-2\dfrac{\partial\gamma_{xz}^{(2)}}{\partial x}=0;\end{cases}\tag{2.7}$$

$$\begin{cases}-\dfrac{\partial^2\gamma_{yz}^{(1)}}{\partial x^2}+\dfrac{\partial^2\gamma_{zx}^{(1)}}{\partial x\partial y}+\dfrac{\partial\gamma_{xy}^{(2)}}{\partial x}-\dfrac{\partial\varepsilon_x^{(2)}}{\partial y}=0,\\ \dfrac{\partial^2\gamma_{yz}^{(1)}}{\partial x\partial y}-\dfrac{\partial^2\gamma_{zx}^{(1)}}{\partial y^2}+\dfrac{\partial\gamma_{xy}^{(2)}}{\partial y}-\dfrac{\partial\varepsilon_y^{(2)}}{\partial x}=0,\\ \dfrac{\partial\gamma_{yz}^{(2)}}{\partial x}+\dfrac{\partial\gamma_{zx}^{(2)}}{\partial y}-\dfrac{\partial^2\varepsilon_z^{(1)}}{\partial x\partial y}=0;\end{cases}\tag{2.8}$$

$$\begin{cases}\sigma_x^{(1)}\cos(\boldsymbol{n},\boldsymbol{e}_x)+\tau_{xy}^{(1)}\cos(\boldsymbol{n},\boldsymbol{e}_y)=0,\\ \tau_{xy}^{(1)}\cos(\boldsymbol{n},\boldsymbol{e}_x)+\sigma_y^{(1)}\cos(\boldsymbol{n},\boldsymbol{e}_y)=0,\\ \tau_{xz}^{(1)}\cos(\boldsymbol{n},\boldsymbol{e}_x)+\tau_{yz}^{(1)}\cos(\boldsymbol{n},\boldsymbol{e}_y)=0.\end{cases}\tag{2.9}$$

与 z 无关的项为:

$$\begin{cases}\dfrac{\partial\sigma_x^{(0)}}{\partial x}+\dfrac{\partial\tau_{xy}^{(0)}}{\partial y}+\tau_{xz}^{(1)}+f_x(x,y)=0,\\ \dfrac{\partial\tau_{xy}^{(0)}}{\partial x}+\dfrac{\partial\sigma_y^{(0)}}{\partial y}+\tau_{yz}^{(1)}+f_y(x,y)=0,\\ \dfrac{\partial\tau_{xz}^{(0)}}{\partial x}+\dfrac{\partial\tau_{yz}^{(0)}}{\partial y}+\sigma_z^{(1)}=0;\end{cases}\tag{2.10}$$

$$\begin{cases}\dfrac{\partial^2\varepsilon_x^{(0)}}{\partial y^2}+\dfrac{\partial^2\varepsilon_y^{(0)}}{\partial x^2}-2\dfrac{\partial^2\gamma_{xy}^{(0)}}{\partial x\partial y}=0,\\ \dfrac{\partial^2\varepsilon_z^{(0)}}{\partial y^2}+\varepsilon_y^{(2)}-2\dfrac{\partial\gamma_{yz}^{(1)}}{\partial y}=0,\\ \dfrac{\partial^2\varepsilon_z^{(0)}}{\partial x^2}+\varepsilon_x^{(2)}-2\dfrac{\partial\gamma_{xz}^{(1)}}{\partial x}=0;\end{cases}\tag{2.11}$$

$$\begin{cases}-\dfrac{\partial^2\gamma_{yz}^{(0)}}{\partial x^2}+\dfrac{\partial^2\gamma_{zx}^{(0)}}{\partial x\partial y}+\dfrac{\partial\gamma_{xy}^{(1)}}{\partial x}-\dfrac{\partial\varepsilon_x^{(1)}}{\partial y}=0,\\ \dfrac{\partial^2\gamma_{yz}^{(0)}}{\partial x\partial y}-\dfrac{\partial^2\gamma_{zx}^{(0)}}{\partial y^2}+\dfrac{\partial\gamma_{xy}^{(1)}}{\partial y}-\dfrac{\partial\varepsilon_y^{(1)}}{\partial x}=0,\\ \dfrac{\partial\gamma_{yz}^{(1)}}{\partial x}+\dfrac{\partial\gamma_{zx}^{(1)}}{\partial y}-\gamma_{xy}^{(2)}-\dfrac{\partial^2\varepsilon_z^{(0)}}{\partial x\partial y}=0;\end{cases}\tag{2.12}$$

$$\begin{cases}\sigma_x^{(0)}\cos(\boldsymbol{n},\boldsymbol{e}_x)+\tau_{xy}^{(0)}\cos(\boldsymbol{n},\boldsymbol{e}_y)=X,\\ \tau_{xy}^{(0)}\cos(\boldsymbol{n},\boldsymbol{e}_x)+\sigma_y^{(0)}\cos(\boldsymbol{n},\boldsymbol{e}_y)=Y,\\ \tau_{xz}^{(0)}\cos(\boldsymbol{n},\boldsymbol{e}_x)+\tau_{yz}^{(0)}\cos(\boldsymbol{n},\boldsymbol{e}_y)=0.\end{cases}\tag{2.13}$$

另外，将 Hooke 定律(1.2)按 z 的幂次展开，得

$$\sigma_{ij}^{(k)}=\lambda\theta^{(k)}\delta_{ij}+2\mu\gamma_{ij}^{(k)}\quad(i,j=1,2,3;k=0,1,2),\tag{2.14}$$

其中 $\theta^{(k)}=\varepsilon_x^{(k)}+\varepsilon_y^{(k)}+\varepsilon_z^{(k)}$.以下，我们将逐步求解 $\sigma_{ij}^{(k)}$.

§3 $\sigma_{ij}^{(2)}$ 的解

当 $k=2$ 时，不难看出，(2.2c)，(2.4a)，(2.4b)和(2.5c)式构成柱体的扭转问题，于是有解

$$\gamma_{xz}^{(2)}=\tau_2\left(\frac{\partial\varphi}{\partial x}-y\right),\quad \gamma_{yz}^{(2)}=\tau_2\left(\frac{\partial\varphi}{\partial y}+x\right),\tag{3.1}$$

其中 τ_2 为待定常数，φ 为截面 G 的扭转函数. 也就是说，φ 为下述 Neumann 问题

$$\begin{cases}\nabla^2\varphi=0\quad(\text{在 } G \text{ 内}),\\ \left.\dfrac{\mathrm{d}\varphi}{\mathrm{d}n}\right|_L=y\ \cos(\boldsymbol{n},\boldsymbol{e}_x)-x\ \cos(\boldsymbol{n},\boldsymbol{e}_y)\end{cases}\tag{3.2}$$

的解.

我们指出，

$$\tau_2=0.\tag{3.3}$$

实际上，逐步利用(2.6a)，(2.6b)，(2.9a)和(2.9b)式，可得

$$\begin{aligned}&\iint_G(x\tau_{yz}^{(2)}-y\tau_{xz}^{(2)})\mathrm{d}x\mathrm{d}y\\ &=-\iint_G\left[x\left(\frac{\partial\tau_{xy}^{(1)}}{\partial x}+\frac{\partial\sigma_y^{(1)}}{\partial y}\right)-y\left(\frac{\partial\sigma_x^{(1)}}{\partial x}+\frac{\partial\tau_{xy}^{(1)}}{\partial y}\right)\right]\mathrm{d}x\mathrm{d}y\\ &=-\oint_L\{x[\tau_{xy}^{(1)}\cos(\boldsymbol{n},\boldsymbol{e}_x)+\sigma_y^{(1)}\cos(\boldsymbol{n},\boldsymbol{e}_y)]\\ &\qquad-y[\sigma_x^{(1)}\cos(\boldsymbol{n},\boldsymbol{e}_x)+\tau_{xy}^{(1)}\cos(\boldsymbol{n},\boldsymbol{e}_y)]\}\mathrm{d}s\\ &=0.\end{aligned}\tag{3.4}$$

利用应力应变关系,将(3.1)式代入(3.4)式的左端,得到

$$2\mu\tau_2 D=0, \tag{3.5}$$

其中 D 为截面 G 的扭转刚度,即

$$D=\iint_G\left[x\left(\frac{\partial\varphi}{\partial y}+x\right)-y\left(\frac{\partial\varphi}{\partial x}-y\right)\right]\mathrm{d}x\,\mathrm{d}y.$$

我们知道 $D\neq 0$,故从(3.5)式,得 $\tau_2=0$,于是(3.1)式给出了

$$\tau_{xz}^{(2)}=\tau_{yz}^{(2)}=0. \tag{3.6}$$

下面来求 $\varepsilon_z^{(2)}$.从(2.3b),(2.3c)和(2.4c)式,可得

$$\varepsilon_z^{(2)}=\varepsilon_2-k_2x-k_2'y, \tag{3.7}$$

其中 ε_2,k_2 和 k_2' 为三个待定常数.

现在证明

$$\sigma_x^{(2)}=\sigma_y^{(2)}=\tau_{xy}^{(2)}=0. \tag{3.8}$$

从(2.14)式可得

$$\begin{cases}\sigma_x^{(2)}=\lambda[\varepsilon_x^{(2)}+\varepsilon_y^{(2)}]+2\mu\varepsilon_x^{(2)}+\lambda\varepsilon_z^{(2)},\\ \sigma_y^{(2)}=\lambda[\varepsilon_x^{(2)}+\varepsilon_y^{(2)}]+2\mu\varepsilon_y^{(2)}+\lambda\varepsilon_z^{(2)}.\end{cases} \tag{3.9}$$

由上式解得

$$\begin{cases}\varepsilon_x^{(2)}=\dfrac{1-\nu^2}{E}\sigma_x^{(2)}-\dfrac{\nu(1+\nu)}{E}\sigma_y^{(2)}-\nu\varepsilon_z^{(2)},\\[2ex] \varepsilon_y^{(2)}=\dfrac{1-\nu^2}{E}\sigma_y^{(2)}-\dfrac{\nu(1+\nu)}{E}\sigma_x^{(2)}-\nu\varepsilon_z^{(2)},\end{cases} \tag{3.10}$$

其中 ν 为泊松比.将上式代入协调方程(2.3a),考虑到(3.7)式与平衡方程(2.2a)和(2.2b),就可推出

$$\nabla^2(\sigma_x^{(2)}+\sigma_y^{(2)})=0. \tag{3.11}$$

这样(2.2a),(2.2b),(3.11),(2.5a)和(2.5b)式构成了无体力无外力的平面问题,按平面问题解的唯一性,可知(3.8)式成立.

现在我们再来证明,(3.7)式中的 $\varepsilon_2=0$.事实上,由(2.6c)和(2.9c)式有

$$\begin{aligned}\iint_G\sigma_z^{(2)}\,\mathrm{d}x\,\mathrm{d}y&=-\iint_G\left(\frac{\partial\tau_{xz}^{(1)}}{\partial x}+\frac{\partial\tau_{yz}^{(1)}}{\partial y}\right)\mathrm{d}x\,\mathrm{d}y\\ &=-\oint_L[\tau_{xz}^{(1)}\cos(\boldsymbol{n},\boldsymbol{e}_x)+\tau_{yz}^{(1)}\cos(\boldsymbol{n},\boldsymbol{e}_y)]\mathrm{d}s\\ &=0.\end{aligned} \tag{3.12}$$

由(3.8)式,有 $\sigma_x^{(2)}=\sigma_y^{(2)}=0$,这样(3.10)式成为

$$\varepsilon_x^{(2)}=\varepsilon_y^{(2)}=-\nu\varepsilon_z^{(2)},$$

那么

$$\sigma_z^{(2)}=\lambda(\varepsilon_x^{(2)}+\varepsilon_y^{(2)}+\varepsilon_z^{(2)})+2\mu\varepsilon_z^{(2)}=E\varepsilon_z^{(2)}, \tag{3.13}$$

其中 E 为 Young 氏模量.将上式代入(3.12)式,得

$$E\varepsilon_2 A = 0, \tag{3.14}$$

其中 A 为截面 G 的面积.从(3.14)式可得 $\varepsilon_2 = 0$.于是(3.7)式成为

$$\varepsilon_z^{(2)} = -k_2 x - k_2' y. \tag{3.15}$$

综上所述,我们得到 $k=2$ 时,应力分量和应变分量为

$$\begin{cases} \sigma_x^{(2)} = \sigma_y^{(2)} = \tau_{xy}^{(2)} = 0, \\ \gamma_{xz}^{(2)} = \gamma_{yz}^{(2)} = 0, \\ \varepsilon_z^{(2)} = -k_2 x - k_2' y. \end{cases} \tag{3.16}$$

§4 $\sigma_{ij}^{(1)}$ 的解

当 $k=1$ 时, 我们利用(3.16)式及应力应变关系, 将(2.6c),(2.8a),(2.8b)和(2.9c)式重新写成:

$$\begin{cases} \dfrac{\partial \tau_{xz}^{(1)}}{\partial x} + \dfrac{\partial \tau_{yz}^{(1)}}{\partial y} - Ek_2 x - Ek_2' y = 0, \\ -\dfrac{\partial^2 \gamma_{yz}^{(1)}}{\partial x^2} + \dfrac{\partial^2 \gamma_{zx}^{(1)}}{\partial x \partial y} - \nu k_2' = 0, \\ \dfrac{\partial^2 \gamma_{yz}^{(1)}}{\partial x \partial y} - \dfrac{\partial^2 \gamma_{zx}^{(1)}}{\partial y^2} - \nu k_2 = 0, \\ \tau_{xz}^{(1)} \cos(\boldsymbol{n}, \boldsymbol{e}_x) + \tau_{yz}^{(1)} \cos(\boldsymbol{n}, \boldsymbol{e}_y) = 0. \end{cases} \tag{4.1}$$

这实际上是一个横向载荷作用下的弯曲问题. 按照第六章中的(15.27)式,有

$$\begin{cases} \gamma_{xz}^{(1)} = \tau_1 \left(\dfrac{\partial \varphi}{\partial x} - y \right) - \dfrac{k_2}{2} \left[\dfrac{\partial \varphi_1}{\partial x} - (1+\nu) x^2 + \nu y^2 \right] - \dfrac{k_2'}{2} \dfrac{\partial \varphi_2}{\partial x}, \\ \gamma_{yz}^{(1)} = \tau_1 \left(\dfrac{\partial \varphi}{\partial y} + x \right) - \dfrac{k_2}{2} \dfrac{\partial \varphi_1}{\partial y} - \dfrac{k_2'}{2} \left[\dfrac{\partial \varphi_2}{\partial y} - (1+\nu) y^2 + \nu x^2 \right], \end{cases} \tag{4.2}$$

其中 τ_1 为待定常数,而 φ_1 和 φ_2 是截面 G 的弯曲函数,从第六章中的(15.25)和(15.26)两式可知它们分别为下述 Neumann 问题:

$$\begin{cases} \nabla^2 \varphi_1 = 0 \quad (\text{在 } G \text{ 内}), \\ \left. \dfrac{\mathrm{d}\varphi_1}{\mathrm{d}n} \right|_L = [(1+\nu)x^2 - \nu y^2] \cos(\boldsymbol{n}, \boldsymbol{e}_x); \end{cases} \tag{4.3}$$

$$\begin{cases} \nabla^2 \varphi_2 = 0 \quad (\text{在 } G \text{ 内}), \\ \left. \dfrac{\mathrm{d}\varphi_2}{\mathrm{d}n} \right|_L = [(1+\nu)y^2 - \nu x^2] \cos(\boldsymbol{n}, \boldsymbol{e}_y) \end{cases} \tag{4.4}$$

的解.

另外,与 $k=2$ 时类似,可求出

$$\begin{cases}\sigma_x^{(1)}=\sigma_y^{(1)}=\tau_{xy}^{(1)}=0,\\ \varepsilon_z^{(1)}=-k_1x-k'_1y,\end{cases}\tag{4.5}$$

其中 k_1 和 k'_1 为待定常数.综上所述,我们得到 $k=1$ 时,应力分量和应变分量的解是(4.2)和(4.5)式.

§5 $\sigma_{ij}^{(0)}$ 的解

当 $k=0$ 时,与 $k=1$ 时相似,可求出

$$\begin{cases}\gamma_{xz}^{(0)}=\tau_0\left(\dfrac{\partial\varphi}{\partial x}-y\right)-\dfrac{k_1}{2}\left[\dfrac{\partial\varphi_1}{\partial x}-(1+\nu)x^2+\nu y^2\right]-\dfrac{k'_1}{2}\dfrac{\partial\varphi_2}{\partial x},\\ \gamma_{yz}^{(0)}=\tau_0\left(\dfrac{\partial\varphi}{\partial y}+x\right)-\dfrac{k_1}{2}\dfrac{\partial\varphi_1}{\partial y}-\dfrac{k'_1}{2}\left[\dfrac{\partial\varphi_2}{\partial y}-(1+\nu)y^2+\nu x^2\right],\end{cases}\tag{5.1}$$

其中 τ_0 为待定常数, φ 是由(3.2)式所定义的扭转函数, 而 φ_1 和 φ_2 是由(4.3)和(4.4)式所定义的弯曲函数.我们为了计算 $\varepsilon_z^{(0)}$,将(2.11b),(2.11c)和(2.12c)式重新写成

$$\begin{cases}\dfrac{\partial^2\varepsilon_z^{(0)}}{\partial y^2}+\nu(k_2x+k'_2y)=2\dfrac{\partial\gamma_{yz}^{(1)}}{\partial y},\\ \dfrac{\partial^2\varepsilon_z^{(0)}}{\partial x^2}+\nu(k_2x+k'_2y)=2\dfrac{\partial\gamma_{xz}^{(1)}}{\partial x},\\ \dfrac{\partial^2\varepsilon_z^{(0)}}{\partial x\partial y}=\dfrac{\partial\gamma_{xz}^{(1)}}{\partial y}+\dfrac{\partial\gamma_{yz}^{(1)}}{\partial x}.\end{cases}\tag{5.2}$$

积分上式可得

$$\begin{aligned}\varepsilon_z^{(0)}=&\varepsilon_0-k_0x-k'_0y+2\tau_1\varphi\\ &-k_2\left[\varphi_1-\left(\frac{1}{3}+\frac{\nu}{6}\right)x^3+\frac{\nu}{2}xy^2\right]\\ &-k'_2\left[\varphi_2-\left(\frac{1}{3}+\frac{\nu}{6}\right)y^3+\frac{\nu}{2}x^2y\right],\end{aligned}\tag{5.3}$$

其中 ε_0,k_0,k'_0 为待定常数.

再来求解 $\sigma_x^{(0)},\sigma_y^{(0)}$ 和 $\tau_{xy}^{(0)}$.令

$$\begin{cases}\sigma_x^{(0)}=\tilde{\sigma}_x-p_x,\\ \sigma_y^{(0)}=\tilde{\sigma}_y-p_y,\\ \tau_{xy}^{(0)}=\tilde{\tau}_{xy},\end{cases}\tag{5.4}$$

式中

$$\begin{cases}p_x=2\mu\tau_1(\varphi-xy)-k_2\mu\left[\varphi_1-\dfrac{1}{3}(1+\nu)x^3+\nu xy^2\right]-k_2'\mu\varphi_2,\\ p_y=2\mu\tau_1(\varphi+xy)-k_2\mu\varphi_1-k_2'\mu\left[\varphi_2-\dfrac{1}{3}(1+\nu)y^3+\nu x^2y\right].\end{cases}\tag{5.5}$$

显然有

$$\frac{\partial p_x}{\partial x}=\tau_{xz}^{(1)},\quad \frac{\partial p_y}{\partial y}=\tau_{yz}^{(1)}.\tag{5.6}$$

将(5.4)式代入平衡方程(2.10a)和(2.10b)，可得

$$\begin{cases}\dfrac{\partial\tilde{\sigma}_x}{\partial x}+\dfrac{\partial\tilde{\tau}_{xy}}{\partial y}+f_x=0,\\ \dfrac{\partial\tilde{\tau}_{xy}}{\partial x}+\dfrac{\partial\tilde{\sigma}_y}{\partial y}+f_y=0.\end{cases}\tag{5.7}$$

再考虑应力应变关系，有

$$\begin{cases}\tilde{\sigma}_x=\lambda(\varepsilon_x^{(0)}+\varepsilon_y^{(0)})+2\mu\varepsilon_x^{(0)}+\lambda\varepsilon_z^{(0)}+p_x,\\ \tilde{\sigma}_y=\lambda(\varepsilon_x^{(0)}+\varepsilon_y^{(0)})+2\mu\varepsilon_y^{(0)}+\lambda\varepsilon_z^{(0)}+p_y.\end{cases}\tag{5.8}$$

从上式可解出

$$\begin{cases}\varepsilon_x^{(0)}=\dfrac{1-\nu^2}{E}\tilde{\sigma}_x-\dfrac{\nu(1+\nu)}{E}\tilde{\sigma}_y-\dfrac{1-\nu^2}{E}p_x+\dfrac{\nu(1+\nu)}{E}p_y-\nu\varepsilon_z^{(0)},\\ \varepsilon_y^{(0)}=\dfrac{1-\nu^2}{E}\tilde{\sigma}_y-\dfrac{\nu(1+\nu)}{E}\tilde{\sigma}_x-\dfrac{1-\nu^2}{E}p_y+\dfrac{\nu(1+\nu)}{E}p_x-\nu\varepsilon_z^{(0)}.\end{cases}\tag{5.9}$$

将(5.9)式代入应变协调方程(2.11a)，得

$$\begin{aligned}&(1-\nu)\nabla^2(\tilde{\sigma}_x+\tilde{\sigma}_y)+\frac{\partial f_x}{\partial x}+\frac{\partial f_y}{\partial y}\\ &\quad=(1-\nu)\frac{\partial^2 p_x}{\partial y^2}-\nu\frac{\partial^2 p_y}{\partial y^2}+(1-\nu)\frac{\partial^2 p_y}{\partial x^2}\\ &\qquad-\nu\frac{\partial^2 p_x}{\partial x^2}+\frac{\nu}{1+\nu}E\,\nabla^2\varepsilon_z^{(0)}.\end{aligned}\tag{5.10}$$

将 p_x，p_y 和 $\varepsilon_z^{(0)}$ 的表达式(5.5)和(5.3)代入上式，可得

$$\nabla^2(\tilde{\sigma}_x+\tilde{\sigma}_y)+\frac{1}{1-\nu}\left(\frac{\partial f_x}{\partial x}+\frac{\partial f_y}{\partial y}\right)=0.\tag{5.11}$$

另外，将(5.4)式代入边界条件(2.13a)和(2.13b)，得

$$\begin{cases}\tilde{\sigma}_x\cos(\boldsymbol{n},\boldsymbol{e}_x)+\tilde{\tau}_{xy}\cos(\boldsymbol{n},\boldsymbol{e}_y)=X+p_x\cos(\boldsymbol{n},\boldsymbol{e}_x),\\ \tilde{\tau}_{xy}\cos(\boldsymbol{n},\boldsymbol{e}_x)+\tilde{\sigma}_y\cos(\boldsymbol{n},\boldsymbol{e}_y)=Y+p_y\cos(\boldsymbol{n},\boldsymbol{e}_y).\end{cases}\tag{5.12}$$

为了把 $\tilde{\sigma}_x$，$\tilde{\sigma}_y$ 和 $\tilde{\tau}_{xy}$ 看成一个由(5.7)，(5.11)和(5.12)式所组成的平面问题的解，必须满足平面问题的条件. 即在 Oxy 平面内，周边上的外力和体力构成平衡力系，也就是合力和合力矩应为零. x 向合力为零的条件是

$$\iint_G f_x \,\mathrm{d}x\mathrm{d}y + \oint_L [X + p_x \cos(\boldsymbol{n},\boldsymbol{e}_x)]\mathrm{d}s = 0. \tag{5.13}$$

令

$$W \equiv \iint_G f_x \,\mathrm{d}x\mathrm{d}y + \oint_L X\mathrm{d}s. \tag{5.14}$$

显然,W 是已知的.由(5.6a)式,可得

$$\oint_L p_x \cos(\boldsymbol{n},\boldsymbol{e}_x)\mathrm{d}s = \iint_G \tau_{xz}^{(1)} \mathrm{d}x\mathrm{d}y.$$

考虑到(2.9c)和(2.6c)式,以及 x 轴和 y 轴是惯性主轴,可将上式化为

$$\begin{aligned}
&\oint_L p_x \cos(\boldsymbol{n},\boldsymbol{e}_x)\mathrm{d}s \\
&= \iint_G \left[\frac{\partial}{\partial x}(x\tau_{xz}^{(1)}) + \frac{\partial}{\partial y}(x\tau_{yz}^{(1)}) - x\left(\frac{\partial \tau_{xz}^{(1)}}{\partial x} + \frac{\partial \tau_{yz}^{(1)}}{\partial y}\right)\right]\mathrm{d}x\mathrm{d}y \\
&= \oint_L x[\tau_{xz}^{(1)}\cos(\boldsymbol{n},\boldsymbol{e}_x) + \tau_{yz}^{(1)}\cos(\boldsymbol{n},\boldsymbol{e}_y)]\mathrm{d}s + \iint_G x\sigma_z^{(2)}\mathrm{d}x\mathrm{d}y \\
&= -E\iint_G x(k_2 x + k_2' y)\mathrm{d}x\mathrm{d}y = -Ek_2 I_y,
\end{aligned} \tag{5.15}$$

上式中 I_y 是截面 G 关于 y 轴的转动惯量.同时,由(5.13),(5.14)和(5.15)式可得

$$W = Ek_2 I_y. \tag{5.16}$$

同理,y 向合力为零的条件为

$$W' = Ek_2' I_x, \tag{5.17}$$

其中 I_x 是截面 G 关于 x 轴的转动惯量,而 W' 由下式定义:

$$W' \equiv \iint_G f_y \,\mathrm{d}x\mathrm{d}y + \oint_L Y\mathrm{d}s. \tag{5.18}$$

现在来考虑合力矩为零的条件,即

$$\begin{aligned}
&\iint_G (xf_y - yf_x)\mathrm{d}x\mathrm{d}y + \oint_L [x(Y + p_y \cos(\boldsymbol{n},\boldsymbol{e}_y)) \\
&\quad - y(X + p_x \cos(\boldsymbol{n},\boldsymbol{e}_x))]\mathrm{d}s = 0.
\end{aligned} \tag{5.19}$$

我们令

$$M \equiv \iint_G (xf_y - yf_x)\mathrm{d}x\mathrm{d}y + \oint_L (xY - yX)\mathrm{d}s. \tag{5.20}$$

由(5.6)式,有

$$\begin{aligned}
&\oint_L [xp_y \cos(\boldsymbol{n},\boldsymbol{e}_y) - yp_x \cos(\boldsymbol{n},\boldsymbol{e}_x)]\mathrm{d}s \\
&= \iint_G (x\tau_{yz}^{(1)} - y\tau_{xz}^{(1)})\mathrm{d}x\mathrm{d}y.
\end{aligned} \tag{5.21}$$

将(5.20)和(5.21)代入(5.19)式,得

$$M=-\iint_G(x\tau_{yz}^{(1)}-y\tau_{xz}^{(1)})\mathrm{d}x\mathrm{d}y. \tag{5.22}$$

考虑到应力应变关系,将(4.2)式代入上式,可得

$$M=-2\mu D\tau_1+\mu k_2J_1+\mu k'_2J_2, \tag{5.23}$$

其中 D 为扭转刚度,而 J_1 和 J_2 分别为

$$\begin{cases}J_1=\displaystyle\iint_G\left[x\frac{\partial\varphi_1}{\partial y}-y\frac{\partial\varphi_1}{\partial x}+(1+\nu)x^2y-\nu y^3\right]\mathrm{d}x\mathrm{d}y,\\ J_2=\displaystyle\iint_G\left[x\frac{\partial\varphi_2}{\partial y}-y\frac{\partial\varphi_2}{\partial x}-(1+\nu)xy^2+\nu x^3\right]\mathrm{d}x\mathrm{d}y.\end{cases} \tag{5.24}$$

上式中的 J_1 和 J_2 与第六章(15.28)式的 J_x 和 J_y 有下述关系:

$$J_1=-2(1+\nu)J_x,\quad J_2=2(1+\nu)J_y. \tag{5.25}$$

我们注意到,若 x 轴是 G 的对称轴,那么 φ_1 是 y 的偶函数,于是 $J_1=0$.同理,若 y 轴是 G 的对称轴,则有 $J_2=0$.因此,如果无扭矩 M,且截面有两根对称轴,则由(5.23)式可知 $\tau_1=0$.这样,当待定常数 k_2,k'_2 和 τ_1 分别满足方程(5.16),(5.17)和(5.23),则边值问题(5.7),(5.11)和(5.12)可看成平面问题.于是 $\tilde{\sigma}_x,\tilde{\sigma}_y$ 和 $\tilde{\tau}_{xy}$ 可由平面问题的解法求出,那么 $\sigma_x^{(0)},\sigma_y^{(0)}$ 和 $\tau_{xy}^{(1)}$ 也就可求出.以下,我们将具体地求出各个常数.

§6　常数的确定

前面,我们求出了所有的 $\sigma_{ij}^{(k)}$ 和 $\gamma_{ij}^{(k)}(i,j=1,2,3;k=0,1,2)$,那么总的应变和应力为

$$\begin{cases}\gamma_{xz}=(\tau_0+\tau_1z)\left(\dfrac{\partial\varphi}{\partial x}-y\right)\\ \qquad-\dfrac{1}{2}(k_1+k_2z)\left[\dfrac{\partial\varphi_1}{\partial x}-(1+\nu)x^2+\nu y^2\right]\\ \qquad-\dfrac{1}{2}(k'_1+k'_2z)\dfrac{\partial\varphi_2}{\partial x},\\ \gamma_{yz}=(\tau_0+\tau_1z)\left(\dfrac{\partial\varphi}{\partial y}-x\right)-\dfrac{1}{2}(k_1+k_2z)\dfrac{\partial\varphi_1}{\partial y}\\ \qquad-\dfrac{1}{2}(k'_1+k'_2z)\left[\dfrac{\partial\varphi_2}{\partial y}-(1+\nu)y^2+\nu x^2\right],\\ \varepsilon_z=\varepsilon_0-\left(k_0+k_1z+\dfrac{1}{2}k_2z^2\right)x-\left(k'_0+k'_1z+\dfrac{1}{2}k'_2z^2\right)y\\ \qquad+2\tau_1\varphi-k_2\left[\varphi_1-\left(\dfrac{1}{3}+\dfrac{\nu}{6}\right)x^3+\dfrac{\nu}{2}xy^2\right]\\ \qquad-k'_2\left[\varphi_2-\left(\dfrac{1}{3}+\dfrac{\nu}{6}\right)y^3+\dfrac{\nu}{2}x^2y\right];\end{cases} \tag{6.1}$$

$$\begin{cases}\sigma_x=\tilde{\sigma}_x-p_x,\\ \sigma_y=\tilde{\sigma}_y-p_y,\\ \tau_{xy}=\tilde{\tau}_{xy}.\end{cases}\tag{6.2}$$

从上面的解答可以看出 γ_{xz},γ_{yz} 和 ε_z 可以从 Saint-Venant 问题求出,σ_x,σ_y 和 τ_{xy} 可从一个平面问题求出.因此,Michell 问题的求解归结于解一个 Saint-Venant 问题和一个平面问题,而这两个问题都已有了较完善的解法.在解答(6.1)和(6.2)中,包含了 9 个待定常数,其中 3 个常数 k_2,k_2',τ_1 可分别由条件(5.16),(5.17)和(5.23)来确定,它们乃是 $\tilde{\sigma}_x$,$\tilde{\sigma}_y$ 和 $\tilde{\tau}_{xy}$ 成为一个平面问题所要求的;其余 6 个待定常数 k_1,k_1',ε_0,τ_0,k_0,k_0' 可由 Saint-Venant 放松边界条件,即由端部的合力和合力矩条件(1.6)和(1.7)来决定.以下我们来逐个确定这 6 个常数.

由(1.6a)和(1.6b)式可确定 k_1 和 k_1':

$$\begin{aligned}R_x&=-\iint_G\tau_{xz}^{(0)}\,\mathrm{d}x\,\mathrm{d}y\\&=-\iint_G\left[\frac{\partial}{\partial x}(x\tau_{xz}^{(0)})+\frac{\partial}{\partial y}(x\tau_{yz}^{(0)})-x\left(\frac{\partial\tau_{xz}^{(0)}}{\partial x}+\frac{\partial\tau_{yz}^{(0)}}{\partial y}\right)\right]\mathrm{d}x\,\mathrm{d}y\\&=-\oint_L x[\tau_{xz}^{(0)}\cos(\boldsymbol{n},\boldsymbol{e}_x)+\tau_{yz}^{(0)}\cos(\boldsymbol{n},\boldsymbol{e}_y)]\mathrm{d}s-\iint_G x\sigma_z^{(1)}\,\mathrm{d}x\,\mathrm{d}y\\&=EI_yk_1,\end{aligned}\tag{6.3}$$

由此定常数 k_1.对于常数 k_1' 有类似的等式

$$R_y=EI_xk_1'.\tag{6.4}$$

由(1.7c)式,并利用(5.1)式,有

$$M_z=-\iint_G(x\tau_{yz}^{(0)}-y\tau_{xz}^{(0)})\mathrm{d}x\,\mathrm{d}y=\mu k_1J_1+\mu k_1'J_2-2\mu\tau_0D,\tag{6.5}$$

其中 D 为扭转刚度,J_1 和 J_2 由(5.24)式定义.因而,从(6.5)式可确定常数 τ_0.

由(1.6c)式,有

$$R_z=-\iint_G\sigma_z^{(0)}\,\mathrm{d}x\,\mathrm{d}y=-\iint_G[E\varepsilon_z^{(0)}+\nu(\sigma_x^{(0)}+\sigma_y^{(0)})]\mathrm{d}x\,\mathrm{d}y.\tag{6.6}$$

利用(2.10a)式,可得

$$\begin{aligned}&\iint_G\sigma_x^{(0)}\,\mathrm{d}x\,\mathrm{d}y\\&\quad=\iint_G\left[\frac{\partial}{\partial x}(x\sigma_x^{(0)})+\frac{\partial}{\partial y}(x\tau_{xy}^{(0)})-x\left(\frac{\partial\sigma_x^{(0)}}{\partial x}+\frac{\tau_{xy}^{(0)}}{\partial y}\right)\right]\mathrm{d}x\,\mathrm{d}y\\&\quad=\oint_L x\left[\sigma_x^{(0)}\cos(\boldsymbol{n},\boldsymbol{e}_x)+\tau_{xy}^{(0)}\cos(\boldsymbol{n},\boldsymbol{e}_y)\right]\mathrm{d}s\end{aligned}$$

$$+\iint_G x(\tau_{xz}^{(1)}+f_x)\mathrm{d}x\mathrm{d}y; \tag{6.7}$$

同理，有

$$\iint_G \sigma_y^{(0)}\mathrm{d}x\mathrm{d}y=\oint_L y\left[\tau_{xy}^{(0)}\cos(\boldsymbol{n},\boldsymbol{e}_x)+\sigma_y^{(0)}\cos(\boldsymbol{n},\boldsymbol{e}_y)\right]\mathrm{d}s$$
$$+\iint_G y(\tau_{yz}^{(1)}+f_y)\mathrm{d}x\mathrm{d}y. \tag{6.8}$$

将(6.7)和(6.8)式代入(6.6)式，并利用(2.13a)和(2.13b)式，即得

$$R_z=-\iint_G[E\varepsilon_z^{(0)}+\nu x(\tau_{xz}^{(1)}+f_x)+\nu y(\tau_{yz}^{(1)}+f_y)]\mathrm{d}x\mathrm{d}y$$
$$-\nu\oint_L(xX+yY)\mathrm{d}s. \tag{6.9}$$

从(6.9)式即可确定关于 $\varepsilon_z^{(0)}$ 的(5.3)式中的常数 ε_0.

另外

$$M_y=\iint_G x\sigma_z^{(0)}\mathrm{d}x\mathrm{d}y=\iint_G x[E\varepsilon_z^{(0)}+\nu(\sigma_x^{(0)}+\sigma_y^{(0)})]\mathrm{d}x\mathrm{d}y, \tag{6.10}$$

我们有恒等式

$$\iint_G x(\sigma_x^{(0)}+\sigma_y^{(0)})\mathrm{d}x\mathrm{d}y$$
$$=\iint_G\left\{\frac{\partial}{\partial x}\left[\frac{1}{2}(x^2-y^2)\sigma_x^{(0)}+xy\tau_{xy}^{(0)}\right]\right.$$
$$+\frac{\partial}{\partial y}\left[\frac{1}{2}(x^2-y^2)\tau_{xy}^{(0)}+xy\sigma_y^{(0)}\right]$$
$$\left.-\frac{1}{2}(x^2-y^2)\left(\frac{\partial\sigma_x^{(0)}}{\partial x}+\frac{\partial\tau_{xy}^{(0)}}{\partial y}\right)-xy\left(\frac{\partial\tau_{xy}^{(0)}}{\partial x}+\frac{\partial\sigma_y^{(0)}}{\partial y}\right)\right\}\mathrm{d}x\mathrm{d}y. \tag{6.11}$$

将上式代入(6.10)式，并利用(2.10a)和(2.10b)式，有

$$M_y=\iint_G Ex\varepsilon_z^{(0)}\mathrm{d}x\mathrm{d}y$$
$$+\nu\iint_G\left[\frac{1}{2}(x^2-y^2)(\tau_{xz}^{(1)}+f_x)+xy(\tau_{yz}^{(1)}+f_y)\right]\mathrm{d}x\mathrm{d}y$$
$$+\nu\oint_L\left[\frac{1}{2}(x^2-y^2)X+xyY\right]\mathrm{d}s. \tag{6.12}$$

这样，利用(6.12)式就可决定常数 k_0.

同理，k_0'也可以用相似的方法，由下式得到：

$$
\begin{aligned}
M_x = & -\iint_G E y \varepsilon_z^{(0)} \mathrm{d}x \mathrm{d}y \\
& -\nu \iint_G \left[\frac{1}{2}(y^2 - x^2)(\tau_{yz}^{(1)} + f_y) + x y (\tau_{xz}^{(1)} + f_x) \right] \mathrm{d}x \mathrm{d}y \\
& -\nu \oint_L \left[\frac{1}{2}(y^2 - x^2) Y + x y X \right] \mathrm{d}s.
\end{aligned} \tag{6.13}
$$

§7 中心线的弯曲和伸长

上面几节,我们研究了 Michell 问题的解法. 本节我们将通过几个具体的实例来说明 Michell 问题解的一些性质及其应用. 首先,我们来讨论梁中心线的弯曲和伸长. 所谓中心线,即图 10.1 中 $x=y=0$ 的直线,设梁变形后,其中心线在 Oxz 平面上投影的曲率半径为 ρ,我们有

$$
\frac{1}{\rho} = \frac{\partial^2 u}{\partial z^2}\bigg|_{x=y=0} = \left[2\frac{\partial \gamma_{xz}}{\partial z} - \frac{\partial \varepsilon_z}{\partial x} \right]_{x=y=0}. \tag{7.1}
$$

将解答(6.1a)和(6.1c)代入上式,得到

$$
\frac{1}{\rho} = k_0 + k_1 z + \frac{1}{2} k_2 z^2. \tag{7.2}
$$

我们知道,材料力学中,中心线的曲率应为 M_y/EI_y.但从(7.2)和(6.12)式可看出,对 Michell 问题而言,按弹性力学的解答,其中心线的曲率并不等于 M_y/EI_y,即使弯矩 M_y 为零时,中心线在横向载荷的作用下,也发生弯曲.今举两例如下.

例如,假设有一不计体力的梁,其两端不受外力,而其侧面外力为

$$
X = 0,\quad Y = E\alpha x \cos(\boldsymbol{n}, \boldsymbol{e}_y),\quad Z = 0, \tag{7.3}
$$

其中 α 为非零常数.由前面所述方法,可解得其位移场为

$$
\begin{cases}
u = -\alpha(\nu x^2 + y^2 - \nu z^2)/2, \\
v = \alpha x y, \\
w = -\nu \alpha x z.
\end{cases} \tag{7.4}
$$

在此例中,弯矩 M_y 虽然为零,但其中心线却有曲率 $\nu\alpha$.

又如,对于中心线的拉伸有类似的结论. 从(6.9)式看出,即使梁的两端拉力为零,中心线在横向载荷作用下,也会伸长或缩短. 如有一不计体力的梁,两端不受外力,其侧面外力为

$$
X = 0,\quad Y = E\alpha \cos(\boldsymbol{n}, \boldsymbol{e}_y),\quad Z = 0, \tag{7.5}
$$

其中 α 为非零常数.其位移场为

$$
u = -\nu \alpha x,\quad \nu = \alpha y,\quad w = -\nu \alpha z. \tag{7.6}
$$

虽然其两端无拉力,但 $\varepsilon_x=-\nu\alpha$,不为零.

以上 7 节内容,请参见参考文献[130].

§8 自重作用下的圆管

本节以自重作用下的圆管为例,解一个 Michell 问题.设圆管的轴线与 z 轴重合,体力和面力为

$$f_x=\rho g,\quad f_y=0;\quad X=Y=0,\tag{8.1}$$

其中 ρ 为密度,g 为重力加速度.从(5.16),(5.17)和(5.23)式,可得

$$\rho g=\frac{1}{2}k_2\mu(1+\nu)(a^2+b^2),\quad k_2'=0,\quad \tau_1=0,\tag{8.2}$$

其中 a 和 b 为圆管的外半径和内半径. 由(5.7)和(5.11)式, 可以令

$$\begin{cases}\tilde{\sigma}_x=\dfrac{\partial^2U}{\partial y^2}-\rho gx,\\[2ex] \tilde{\sigma}_y=\dfrac{\partial^2U}{\partial x^2},\\[2ex] \tilde{\tau}_{xy}=-\dfrac{\partial^2U}{\partial x\partial y},\end{cases}\tag{8.3}$$

其中 U 满足双调和方程

$$\nabla^4U=0.\tag{8.4}$$

圆管的弯曲函数[66]为

$$\varphi_1=\frac{1+2\nu}{12}(x^3-3xy^2)+\frac{3+2\nu}{4}\left[(a^2+b^2)x+a^2b^2\frac{x}{r^2}\right],\tag{8.5}$$

其中 $r^2=x^2+y^2$. 将(8.1)～(8.5)式代入边界条件(5.12),得

$$\frac{\partial}{\partial\theta}\frac{\partial U}{\partial y}=\begin{cases}k_2\mu\left(\dfrac{\nu}{6}a^4\cos3\theta-\dfrac{2+\nu}{2}a^2b^2\cos\theta\right)\cos\theta,\quad r=a,\\[2ex] k_2\mu\left(\dfrac{\nu}{6}b^4\cos3\theta-\dfrac{2+\nu}{2}a^2b^2\cos\theta\right)\cos\theta,\quad r=b;\end{cases}\tag{8.6}$$

$$\frac{\partial}{\partial\theta}\frac{\partial U}{\partial x}=\begin{cases}k_2\mu\Big[\dfrac{1+2\nu}{12}a^4\cos3\theta\\[2ex] \qquad+\dfrac{3+2\nu}{4}(a^4+2a^2b^2)\cos\theta\Big]\sin\theta,\quad r=a,\\[2ex] k_2\mu\Big[\dfrac{1+2\nu}{12}b^4\cos3\theta\\[2ex] \qquad+\dfrac{3+2\nu}{4}(b^4+2a^2b^2)\cos\theta\Big]\sin\theta,\quad r=b,\end{cases}\tag{8.7}$$

其中 $\theta=\arctan\dfrac{y}{x}$.对以上两式关于 θ 积分,可得

$$\frac{\partial U}{\partial y}=\begin{cases}k_2\mu\Big[\dfrac{\nu}{48}a^4\sin4\theta+\dfrac{\nu}{24}a^4\sin2\theta \\ \qquad -\dfrac{2+\nu}{4}a^2b^2\Big(\theta+\dfrac{\sin2\theta}{2}\Big)\Big]+\beta_1, \quad r=a, \\ k_2\mu\Big[\dfrac{\nu}{48}b^4\sin4\theta+\dfrac{\nu}{24}b^4\sin2\theta \\ \qquad -\dfrac{2+\nu}{4}a^2b^2\Big(\theta+\dfrac{\sin2\theta}{2}\Big)\Big]+\beta_2, \quad r=b;\end{cases} \tag{8.8}$$

$$\frac{\partial U}{\partial x}=\begin{cases}-k_2\mu\Big(\dfrac{1+2\nu}{96}a^4\cos4\theta+\dfrac{8+4\nu}{48}a^4\cos2\theta \\ \qquad +\dfrac{3+2\nu}{8}a^2b^2\cos2\theta\Big)+\alpha_1, \quad r=a, \\ -k_2\mu\Big[\dfrac{1+2\nu}{96}b^4\cos4\theta+\dfrac{8+4\nu}{48}b^4\cos2\theta \\ \qquad +\dfrac{3+2\nu}{8}a^2b^2\cos2\theta\Big)+\alpha_2, \quad r=b,\end{cases} \tag{8.9}$$

其中 α_1,α_2 和 β_1,β_2 均为任意常数. 改写(8.8a)和(8.9a)式,可将 $r=a$ 时的边界条件转化为

$$\begin{aligned}\frac{\partial U}{\partial r}=&-k_2\mu\Big(\frac{1+4\nu}{192}a^4\cos5\theta+\frac{17+12\nu}{192}a^4\cos3\theta+\frac{4+\nu}{48}a^4\cos\theta \\ &+\frac{2+\nu}{4}a^2b^2\theta\sin\theta+\frac{1+\nu}{16}a^2b^2\cos3\theta \\ &+\frac{5+3\nu}{16}a^2b^2\cos\theta\Big)+\alpha_1\cos\theta+\beta_1\sin\theta;\end{aligned} \tag{8.10}$$

$$\begin{aligned}\frac{\partial U}{\partial \theta}=&k_2\mu\Big(\frac{1+4\nu}{192}a^5\sin5\theta+\frac{15+12\nu}{192}a^5\sin3\theta-\frac{4+\nu}{48}a^5\sin\theta \\ &-\frac{2+\nu}{4}a^3b^2\theta\cos\theta+\frac{1+\nu}{16}a^3b^2\sin3\theta \\ &-\frac{5+3\nu}{16}a^3b^2\sin\theta\Big)-\alpha_1a\sin\theta+\beta_1a\cos\theta.\end{aligned} \tag{8.11}$$

将(8.10)和(8.11)两式中的 a,b 互换,同时,α_1,β_1 换为 α_2,β_2,可得 $r=b$ 时的边界条件.考虑到边界条件,同时,注意到 U 为双调和函数,我们令

$$\begin{aligned}U=&k_2\mu[c_1r^5\cos5\theta+c_2r^5\cos3\theta+c_3(a^2+b^2)r^3\cos3\theta \\ &+c_4(a^2+b^2)r^3\cos\theta+c_5(a^4+b^4)r\cos\theta \\ &+c_6a^2b^2r\cos\theta+c_7a^2b^2r\cos\theta\ln r+c_8a^2b^2r\theta\sin\theta],\end{aligned} \tag{8.12}$$

其中 $c_i(i=1,2,\cdots,8)$ 为待定常数. 将(8.12)式代入边界条件(8.10)和(8.11)，以及 $r=b$ 的边界条件，可得

$$
\begin{aligned}
c_1 &= -\frac{1}{5}\frac{1+4\nu}{192}, & c_2 &= -\frac{1}{192},\\
c_3 &= -\frac{1+\nu}{48}, & c_4 &= -\frac{4+\nu}{48},\\
c_5 &= \frac{4+\nu}{24}, & c_6 &= -\frac{5+2\nu}{48},\\
c_7 &= \frac{1-2\nu}{24}, & c_8 &= -\frac{2+\nu}{4}.
\end{aligned}
$$

将上述常数值代入 U 的表达式(8.12)，并化为直角坐标的形式，且因与 c_5 和 c_6 相关的项并不产生应力，故略去，得

$$
\begin{aligned}
U = k_2\mu\Big[& -\frac{1}{5}\frac{3+2\nu}{96}x^5 + \frac{1+2\nu}{48}x^3y^2 + \frac{1-2\nu}{96}xy^4\\
& -\frac{5+2\nu}{48}(a^2+b^2)x^3 - \frac{1-2\nu}{48}(a^2+b^2)xy^2\\
& +\frac{1-2\nu}{24}a^2b^2x\ \ln\sqrt{x^2+y^2} - \frac{2+\nu}{4}a^2b^2y\ \arctan\frac{y}{x}\Big].
\end{aligned} \tag{8.13}
$$

由(8.13)，(8.3)和(5.4)式，得

$$
\begin{cases}
\sigma_x = \dfrac{\partial^2 U}{\partial y^2} - \rho g x + k_2\mu\left(\varphi_1 - \dfrac{1+\nu}{3}x^3 + \nu x y^2\right),\\
\sigma_y = \dfrac{\partial^2 U}{\partial x^2} + k_2\mu\varphi_1,\\
\tau_{xy} = -\dfrac{\partial^2 U}{\partial x\partial y},
\end{cases} \tag{8.14}
$$

具体算出为

$$
\begin{cases}
\sigma_x = \dfrac{k_2\mu}{24}x\Big[(5+2\nu)\left(a^2+b^2-x^2-\dfrac{a^2b^2}{x^2+y^2}\right)\\
\qquad -3(1-2\nu)y^2 + 2(11+8\nu)\dfrac{a^2b^2}{(x^2+y^2)^2}y^2\Big],\\
\sigma_y = \dfrac{k_2\mu}{24}x\Big[3(1+2\nu)\left(a^2+b^2-y^2-\dfrac{a^2b^2}{x^2+y^2}\right)\\
\qquad -(1-2\nu)x^2 + 2(11+8\nu)\dfrac{a^2b^2}{(x^2+y^2)^2}x^2\Big],\\
\tau_{xy} = \dfrac{k_2\mu}{24}y\Big[(1-2\nu)\left(a^2+b^2-y^2-\dfrac{a^2b^2}{x^2+y^2}\right)\\
\qquad -3(1+2\nu)x^2 - 2(11+8\nu)\dfrac{a^2b^2}{(x^2+y^2)^2}x^2\Big].
\end{cases} \tag{8.15}
$$

将(8.5)式代入(6.1)式,可得

$$\begin{cases}\tau_{xz}=\mu(k_1+k_2z)\Big[-\dfrac{3+2\nu}{4}\Big(a^2+b^2-x^2\\ \qquad\qquad -a^2b^2\dfrac{x^2-y^2}{(x^2+y^2)^2}\Big)+\dfrac{1-2\nu}{4}y^2\Big],\\ \tau_{yz}=\mu(k_1+k_2z)\Big[\Big(\dfrac{3}{2}+\nu\Big)\dfrac{a^2b^2}{(x^2+y^2)^2}+\dfrac{1}{2}+\nu\Big]xy,\\ \sigma_z=-E\Big(k_0+k_1z+\dfrac{1}{2}k_2z^2\Big)x+\mu k_2x\Big[-\dfrac{9+13\nu+4\nu^2}{6}(a^2+b^2)\\ \qquad +\Big(1+\dfrac{\nu}{2}\Big)(x^2+y^2)-\dfrac{18+23\nu+8\nu^2}{12}\dfrac{a^2b^2}{x^2+y^2}\Big].\end{cases}\tag{8.16}$$

对于 $z=0$ 端固支,而 $z=l$ 端自由的悬臂圆管,由(6.3)和(6.12)式可得

$$\begin{cases}k_0=\dfrac{1}{2}k_2\Big[l^2-\dfrac{7+12\nu+4\nu^2}{6(1+\nu)}(a^2+b^2)\\ \qquad\qquad -\dfrac{10+12\nu+4\nu^2}{3(1+\nu)}\dfrac{a^2b^2}{a^2+b^2}\Big],\\ k_1=-k_2l.\end{cases}\tag{8.17}$$

按照曲率公式(7.2),对于悬臂圆管,有

$$\begin{aligned}\frac{1}{\rho}=\frac{1}{2EI}M_{xy}l^2\Big[\Big(1-\frac{z}{l}\Big)^2-\frac{7+12\nu+4\nu^2}{6(1+\nu)}\Big(\frac{a^2}{l^2}+\frac{b^2}{l^2}\Big)\\ -\frac{10+12\nu+4\nu^2}{3(1+\nu)}\frac{ab}{a^2+b^2}\frac{ab}{l^2}\Big],\end{aligned}\tag{8.18}$$

其中,$I=\dfrac{1}{4}\pi(a^4-b^4)$为圆对直径的转动惯量,而 $M_{xy}=\rho g\pi(a^2-b^2)$.

与材料力学公式相比较,公式(8.18)中多出后两项.可以看出,当圆管的内外径比管长小得多时,这两项是很小的.在本节的公式中,令 $b=0$,可以得到圆截面梁在自重下的弯曲解.

本节内容由本书第一作者完成.

附注 1 在§2中,关于 Michell 问题的解,曾假定应力为 z 的二次函数.这个条件可以减弱,其中一个较弱的条件是

$$\frac{\partial^m\tau_{xz}}{\partial z^m}=\frac{\partial^m\tau_{yz}}{\partial z^m}=0\quad(m\geqslant 2).$$

附注 2 关于圆截面梁和椭圆截面梁受均匀分布外力作用下的弯曲问题,已被 Pearson[147] 和 Риз[208] 讨论过.

附注 3 狭长矩形梁和矩形薄板在均布载荷作用下的弯曲可以看作 Michell 问题的退化情形.

附注 4 Michell 问题可做推广.假定柱体的侧面载荷和体力都是 z 的 $n\geqslant 1$ 次多项式,此问题也可用类似的方式解出.

第十一章　弹性力学的空间问题

本章考虑弹性力学的空间问题，导出其通解，证明它们的完备性.然后利用通解的形式求出具有体力的特解，并给出弹性半空间边值问题的一些解答.在最后一节中，简要介绍了弹性通解和应力函数的"算子理论".

§1　Boussinesq-Galerkin 通解

无体力时，以位移 $\boldsymbol{u}$ 表示的弹性力学方程式为

$$\mathscr{L}\boldsymbol{u}=\boldsymbol{0}, \tag{1.1}$$

式中 $\mathscr{L}$ 是微分算子，它的定义如下：

$$\mathscr{L}\boldsymbol{u}\equiv\nabla^2\boldsymbol{u}+\frac{1}{1-2\nu}\nabla(\nabla\cdot\boldsymbol{u}). \tag{1.2}$$

对于方程(1.1)，Boussinesq[82] 和 Галёркин[198] 给出了如下形式的解：

$$\boldsymbol{u}=\nabla^2\boldsymbol{g}-\frac{1}{2(1-\nu)}\nabla(\nabla\cdot\boldsymbol{g}),\quad \nabla^2\nabla^2\boldsymbol{g}=\boldsymbol{0}, \tag{1.3}$$

这里 $\boldsymbol{g}$ 是双调和矢量.解(1.3)表示弹性力学位移场可通过双调和矢量场表出.解(1.3)称为布西内斯克-伽辽金(Boussinesq-Galerkin)解，或简称为 B-G 解.首先，我们来验证如下定理.

定理 1.1　(1.3)式是方程(1.1)的解.

证明　将(1.3)的第一式代入(1.2)式，可得

$$\begin{aligned}\mathscr{L}\boldsymbol{u}=&\nabla^2\nabla^2\boldsymbol{g}-\frac{1}{2(1-\nu)}\nabla^2\ \nabla(\nabla\cdot\boldsymbol{g})\\&+\frac{1}{1-2\nu}\nabla\left[\nabla\cdot(\nabla^2\boldsymbol{g})-\frac{1}{2(1-\nu)}\nabla^2(\nabla\cdot\boldsymbol{g})\right],\end{aligned} \tag{1.4}$$

进而得

$$\mathscr{L}\boldsymbol{u}=\nabla^2\nabla^2\boldsymbol{g}; \tag{1.5}$$

再由(1.3)的第二式，可知(1.5)式等号右边为零，即(1.3)式满足方程(1.1).证毕.

以下，我们来研究反问题：方程(1.1)的任意一个解能否表成解(1.3)的形式？即形式为(1.3)的解是否包括了方程(1.1)的全部解？这就是解的完备性问题，此问题十分重要，实际应用中，不完备的解是受限制的.Mindlin[136] 利用矢

量的 Helmholtz 分解,首先证明了 B-G 解的完备性.Sternberg 和 Gurtin[166] 利用 Kelvin 特解的存在也证明了 B-G 解的完备性.下面的构造性证明见参考文献[54,180,185].

定理 1.2 (B-G 解的完备性) 对于方程(1.1)的任一解 $\boldsymbol{u}$,都存在一个双调和矢量 $\boldsymbol{g}$,使 $\boldsymbol{u}$ 可表成(1.3)式的形式.

证明 事实上,$\boldsymbol{g}$ 可如下给出:

$$\boldsymbol{g}=\mathscr{F}(\boldsymbol{u})+\frac{1}{1-2\nu}\nabla\{\nabla\cdot\mathscr{F}[\mathscr{F}(\boldsymbol{u})]\},\tag{1.6}$$

其中

$$\begin{aligned}&\mathscr{F}(\boldsymbol{u})=-\frac{1}{4\pi}\iiint_{\Omega}\frac{\boldsymbol{u}(\xi,\eta,\zeta)}{\rho}\mathrm{d}\xi\mathrm{d}\eta\mathrm{d}\zeta,\\&\rho=\sqrt{(x-\xi)^2+(y-\eta)^2+(z-\zeta)^2}.\end{aligned}\tag{1.7}$$

按照 Newton 位势,有

$$\nabla^2\mathscr{F}(\boldsymbol{u})=\boldsymbol{u}.\tag{1.8}$$

我们来验证(1.6)式中的 $\boldsymbol{g}$ 满足定理的要求.对(1.6)式分别取三维 Laplace 算子∇^2 和散度,得

$$\nabla^2\boldsymbol{g}=\boldsymbol{u}+\frac{1}{1-2\nu}\nabla[\nabla\cdot\mathscr{F}(\boldsymbol{u})],\tag{1.9}$$

$$\nabla\cdot\boldsymbol{g}=\frac{2(1-\nu)}{1-2\nu}\nabla\cdot\mathscr{F}(\boldsymbol{u}),\tag{1.10}$$

在上面两式中消去 $\nabla\cdot\mathscr{F}(\boldsymbol{u})$,即得(1.3)的第一式.对(1.9)式再取一次三维 Laplace 算子∇^2,得

$$\nabla^2\nabla^2\boldsymbol{g}=\nabla^2\boldsymbol{u}+\frac{1}{1-2\nu}\nabla(\nabla\cdot\boldsymbol{u}).$$

由于 $\boldsymbol{u}$ 满足方程(1.1),从上式即知 $\boldsymbol{g}$ 为双调和矢量.证毕.

完备的解常称为通解.从定理 1.1 和定理 1.2,我们可以称由(1.3)式所给出的解为弹性力学问题的通解,即 B-G 通解.

§2 Papkovich-Neuber 通解

对于不受体力作用且以位移 $\boldsymbol{u}$ 表示的弹性力学方程(1.1),Папкович[206] 和 Neuber[143] 都给出下述形式的解:

$$\begin{cases}\boldsymbol{u}=\boldsymbol{p}-\dfrac{1}{4(1-\nu)}\nabla(P_0+\boldsymbol{r}\cdot\boldsymbol{p}),\\\nabla^2\boldsymbol{p}=\boldsymbol{0},\qquad\nabla^2P_0=0,\end{cases}\tag{2.1}$$

其中 $\boldsymbol{r}=x\boldsymbol{i}+y\boldsymbol{j}+z\boldsymbol{k}$，$\boldsymbol{p}$ 是矢量函数，P_0 是标量函数. 解(2.1)称为帕普科维奇-诺依贝尔(Papkovich-Neuber)通解，或简称为 P-N 通解. P-N 解用调和函数，而不是用双调和函数表示位移场，这是与 B-G 通解不同之处.由于调和函数比双调和函数相对简单些，因而 P-N 通解的应用比较广泛.

定理 2.1　(2.1)式满足方程(1.1).

证明　将(2.1)第一式代入方程(1.1)，得

$$\begin{aligned}\mathscr{L}\boldsymbol{u}=&\nabla^2\boldsymbol{p}-\frac{1}{4(1-\nu)}\nabla^2\nabla(P_0+\boldsymbol{r}\cdot\boldsymbol{p})\\&+\frac{1}{1-2\nu}\nabla\left[\nabla\cdot\boldsymbol{p}-\frac{1}{4(1-\nu)}\nabla^2(P_0+\boldsymbol{r}\cdot\boldsymbol{p})\right].\end{aligned}\tag{2.2}$$

注意到恒等式

$$\nabla^2(\boldsymbol{r}\cdot\boldsymbol{p})=\boldsymbol{r}\cdot\nabla^2\boldsymbol{p}+2\nabla\cdot\boldsymbol{p},\tag{2.3}$$

(2.2)式成为

$$\mathscr{L}\boldsymbol{u}=\nabla^2\boldsymbol{p}-\frac{1}{2(1-2\nu)}\nabla(\nabla^2P_0+\boldsymbol{r}\cdot\nabla^2\boldsymbol{p}).\tag{2.4}$$

既然 $\boldsymbol{p}$ 和 P_0 是调和的，可知(2.4)式右边为零，即(2.1)式是方程(1.1)的解.证毕.

关于 P-N 解的完备性有很多种证明，例如，Слободянский[209]，王林生和王斌兵[46]都曾给出证明.下面的构造性证明请见参考文献[54,185].

定理 2.2 (P-N 解的完备性)　对于方程(1.1)的任一解 $\boldsymbol{u}$，都存在调和矢量 $\boldsymbol{p}$ 和调和函数 P_0，使(2.1)式成立.

证明　事实上，$\boldsymbol{p}$ 和 P_0 可如下给定：

$$\boldsymbol{p}=\boldsymbol{u}+\frac{1}{1-2\nu}\nabla\nabla\cdot\mathscr{F}(\boldsymbol{u}),\tag{2.5}$$

$$P_0=\frac{4(1-\nu)}{1-2\nu}\nabla\cdot\mathscr{F}(\boldsymbol{u})-\boldsymbol{r}\cdot\boldsymbol{p}.\tag{2.6}$$

将(2.6)式的 $\nabla\cdot\mathscr{F}(\boldsymbol{u})$ 代入(2.5)式，再移项即得方程组(2.1)的第一式.为了证明 $\boldsymbol{p}$ 是调和矢量，对(2.5)式取三维 Laplace 算子∇^2，得

$$\nabla^2\boldsymbol{p}=\nabla^2\boldsymbol{u}+\frac{1}{1-2\nu}\nabla\nabla\cdot\boldsymbol{u}.$$

由于 $\boldsymbol{u}$ 满足方程(1.1)，上式给出$\nabla^2\boldsymbol{p}=0$.

我们再来证明 P_0 是调和函数.对(2.5)式取散度，对(2.6)式取 Laplace 算子，得

$$\nabla\cdot\boldsymbol{p}=\frac{2(1-\nu)}{1-2\nu}\nabla\cdot\boldsymbol{u},\tag{2.7}$$

$$\nabla^2 P_0 = \frac{4(1-\nu)}{1-2\nu}\nabla\cdot\boldsymbol{u} - \boldsymbol{r}\cdot\nabla^2\boldsymbol{p} - 2\nabla\cdot\boldsymbol{p}. \tag{2.8}$$

将(2.7)式代入(2.8)式,考虑到 $\boldsymbol{p}$ 的调和性,即得 $\nabla^2 P_0=0$.证毕.

关于通解的进展,请参见王敏中等人的综述文章[185,59].

§3 Kelvin 特解

现在我们来求有体力方程的特解.具有体力 $\boldsymbol{f}$ 的弹性力学方程式为

$$\mathscr{L}\boldsymbol{u} = -\frac{1}{\mu}\boldsymbol{f}. \tag{3.1}$$

设上述方程的特解具有 P-N 形式,即

$$\boldsymbol{u} = \boldsymbol{\psi} - \frac{1}{4(1-\nu)}\nabla(\psi_0 + \boldsymbol{r}\cdot\boldsymbol{\psi}), \tag{3.2}$$

但是 $\boldsymbol{\psi}$ 和 ψ_0 并不调和,而分别是待定矢量和待定函数.将(3.2)式代入(3.1)式,重复(2.2)~(2.4)式的计算过程,得

$$\nabla^2\boldsymbol{\psi} - \frac{1}{2(1-2\nu)}\nabla(\nabla^2\psi_0 + \boldsymbol{r}\cdot\nabla^2\boldsymbol{\psi}) = -\frac{1}{\mu}\boldsymbol{f}. \tag{3.3}$$

设 $\boldsymbol{\psi}$ 和 ψ_0 分别满足下列方程:

$$\nabla^2\boldsymbol{\psi} = -\frac{1}{\mu}\boldsymbol{f}, \quad \nabla^2\psi_0 = \frac{1}{\mu}\boldsymbol{r}\cdot\boldsymbol{f}. \tag{3.4}$$

显然,如果上式成立,则(3.3)式成立.方程(3.4)的一个解为

$$\begin{cases} \boldsymbol{\psi} = \dfrac{1}{4\pi\mu}\displaystyle\iiint_\Omega \frac{\boldsymbol{f}(\xi,\eta,\zeta)}{\rho}\,\mathrm{d}\xi\,\mathrm{d}\eta\,\mathrm{d}\zeta, \\ \psi_0 = -\dfrac{1}{4\pi\mu}\displaystyle\iiint_\Omega \frac{\boldsymbol{\xi}\cdot\boldsymbol{f}(\xi,\eta,\zeta)}{\rho}\,\mathrm{d}\xi\,\mathrm{d}\eta\,\mathrm{d}\zeta, \end{cases} \tag{3.5}$$

其中 $\rho=\sqrt{(x-\xi)^2+(y-\eta)^2+(z-\zeta)^2}$, $\boldsymbol{\xi}=\xi\boldsymbol{i}+\eta\boldsymbol{j}+\zeta\boldsymbol{k}$. 再将(3.5)式代入(3.2)式,得到方程(3.1)的一个解为

$$\boldsymbol{u} = \frac{1}{16\pi\mu(1-\nu)}\left[(3-4\nu)\iiint_\Omega \frac{\boldsymbol{f}}{\rho}\mathrm{d}\tau_\xi + \iiint_\Omega \frac{\boldsymbol{\rho}\cdot\boldsymbol{f}}{\rho^3}\boldsymbol{\rho}\,\mathrm{d}\tau_\xi\right], \tag{3.6}$$

这里 $\boldsymbol{\rho}=\boldsymbol{r}-\boldsymbol{\xi}=(x-\xi)\boldsymbol{i}+(y-\eta)\boldsymbol{j}+(z-\zeta)\boldsymbol{k}$, $\mathrm{d}\tau_\xi=\mathrm{d}\xi\,\mathrm{d}\eta\,\mathrm{d}\zeta$. 解(3.6)称为具有体力时弹性力学问题的 Kelvin[123] 特解.

如果体力 $\boldsymbol{f}$ 为集中力,记为 $\boldsymbol{F}$,其作用点在 $\boldsymbol{r}_0=(x_0,y_0,z_0)$ 处,那么(3.5)和(3.6)式分别为

$$\boldsymbol{\psi} = \frac{1}{4\pi\mu}\frac{\boldsymbol{F}}{R}, \quad \psi_0 = -\frac{1}{4\pi\mu}\frac{\boldsymbol{r}_0\cdot\boldsymbol{F}}{R}, \tag{3.7}$$

$$\boldsymbol{u}=\frac{1}{16\pi\mu(1-\nu)}\left[(3-4\nu)\frac{\boldsymbol{F}}{R}+\frac{\boldsymbol{R}\cdot\boldsymbol{F}}{R^3}\boldsymbol{R}\right],\tag{3.8}$$

式中

$$\boldsymbol{R}=\boldsymbol{r}-\boldsymbol{r}_0=(x-x_0)\boldsymbol{i}+(y-y_0)\boldsymbol{j}+(z-z_0)\boldsymbol{k}.$$

(3.8)式称为弹性力学问题的基本解.

§4　半空间问题

设有 $z\geqslant 0$ 的半空间,为解其上的弹性力学边值问题,在 P-N 通解中,令

$$\begin{cases}\boldsymbol{p}=\dfrac{\partial\boldsymbol{b}}{\partial z}+\alpha\boldsymbol{k}\,\nabla\cdot\boldsymbol{b},\\ P_0=4(1-\nu)\varphi+(1+\alpha)z\,\nabla\cdot\boldsymbol{b}-\boldsymbol{r}\cdot\boldsymbol{p},\end{cases}\tag{4.1}$$

这里 α 为待定常数,$\boldsymbol{b}$ 为调和矢量,φ 为调和函数.将上式代入(2.1)式,得到 P-N 通解的变形

$$\boldsymbol{u}=\frac{\partial\boldsymbol{b}}{\partial z}+\alpha\boldsymbol{k}\,\nabla\cdot\boldsymbol{b}-\frac{1+\alpha}{4(1-\nu)}\nabla(z\,\nabla\cdot\boldsymbol{b})-\nabla\varphi.\tag{4.2}$$

不难看出,若 $\boldsymbol{b}$ 和 φ 是调和的,则由(4.1)式所定义的 $\boldsymbol{p}$ 和 P_0 也是调和的.反之,如果区域关于 z 是凸的,对调和矢量 $\boldsymbol{p}$,总可求得调和矢量 $\boldsymbol{b}$,使(4.1a)式成立;且当 P_0 调和,则由(4.1b)式所定义的 φ 也是调和的.因此,对于 z 向凸的区域,(4.2)式是完备的[55].(4.2)式的分量式为

$$\begin{cases}u=b_{1,3}-\dfrac{1+\alpha}{4(1-\nu)}z(\nabla\cdot\boldsymbol{b})_{,1}-\varphi_{,1},\\ v=b_{2,3}-\dfrac{1+\alpha}{4(1-\nu)}z(\nabla\cdot\boldsymbol{b})_{,2}-\varphi_{,2},\\ w=b_{3,3}+\left[\alpha-\dfrac{1+\alpha}{4(1-\nu)}\right]\nabla\cdot\boldsymbol{b}\\ \qquad-\dfrac{1+\alpha}{4(1-\nu)}z(\nabla\cdot\boldsymbol{b})_{,3}-\varphi_{,3}.\end{cases}\tag{4.3}$$

利用 Hooke 定律,从上式可求出应力分量,今写出 $z=0$ 时的 τ_{zx},τ_{zy} 和 σ_z:

$$\begin{cases}\dfrac{1}{\mu}\tau_{zx}=b_{1,33}+b_{3,31}+\left[\alpha-\dfrac{1+\alpha}{2(1-\nu)}\right](\nabla\cdot\boldsymbol{b})_{,1}-2\varphi_{,31},\\ \dfrac{1}{\mu}\tau_{zy}=b_{2,33}+b_{3,32}+\left[\alpha-\dfrac{1+\alpha}{2(1-\nu)}\right](\nabla\cdot\boldsymbol{b})_{,2}-2\varphi_{,32},\\ \dfrac{1}{\mu}\sigma_z=b_{3,33}+b_{3,33}-(1-\alpha)(\nabla\cdot\boldsymbol{b})_{,3}-2\varphi_{,33}\end{cases}$$

$$(z=0).\tag{4.4}$$

位移边值问题 在 $z=0$ 的边界上给定位移,即

$$z=0: \quad \boldsymbol{u}=\overline{\boldsymbol{u}}, \tag{4.5}$$

其中 $\overline{\boldsymbol{u}}$ 为已知的矢量.

将(4.2)式代入(4.5)式,得

$$\frac{\partial \boldsymbol{b}}{\partial z}+\boldsymbol{k}\left(\alpha-\frac{1+\alpha}{4(1-\nu)}\right)\nabla\cdot\boldsymbol{b}-\nabla\varphi=\overline{\boldsymbol{u}} \quad (z=0). \tag{4.6}$$

不难看出,设

$$\begin{cases}\alpha=\dfrac{1}{3-4\nu}, \quad \varphi=0, \\ \boldsymbol{b}=-\dfrac{1}{2\pi}\displaystyle\iint_G\frac{\overline{\boldsymbol{u}}(\xi,\eta)}{\rho}\mathrm{d}\xi\mathrm{d}\eta,\end{cases} \tag{4.7}$$

则边界条件(4.6)可满足(包含结论:当 $z=0$ 时,$\partial\boldsymbol{b}/\partial z=\overline{\boldsymbol{u}}$,可参见文献[24]或[74]),其中 $\rho=\sqrt{(x-\xi)^2+(y-\eta)^2+z^2}$.于是位移边值问题的解为

$$\boldsymbol{u}=\frac{\partial\boldsymbol{b}}{\partial z}-\frac{1}{3-4\nu}z\nabla\nabla\cdot\boldsymbol{b}, \tag{4.8}$$

其中 $\boldsymbol{b}$ 由(4.7)式给出.

应力边值问题(Boussinesq 问题) 在 $z=0$ 的边界上给定面力,即

$$z=0: \quad \tau_{xz}=-X_n, \quad \tau_{yz}=-Y_n, \quad \sigma_z=-Z_n, \tag{4.9}$$

其中 X_n, Y_n, Z_n 为 x, y 的已知函数.

将(4.4)式代入(4.9)式,再令

$$\varphi=\frac{1}{2}b_3+\beta\psi,$$

这里 β 为待定常数,ψ 为调和函数,它满足如下方程:

$$\frac{\partial\psi}{\partial z}=\nabla\cdot\boldsymbol{b}.$$

于是,边界条件(4.9)成为

$$\begin{cases}b_{1,33}+\left[\alpha-\dfrac{1+\alpha}{2(1-\nu)}-2\beta\right](\nabla\cdot\boldsymbol{b})_{,1}=-\dfrac{1}{\mu}X_n, \\ b_{2,33}+\left[\alpha-\dfrac{1+\alpha}{2(1-\nu)}-2\beta\right](\nabla\cdot\boldsymbol{b})_{,2}=-\dfrac{1}{\mu}Y_n, \quad (z=0). \\ b_{3,33}-(1-\alpha+2\beta)(\nabla\cdot\boldsymbol{b})_{,3}=-\dfrac{1}{\mu}Z_n\end{cases} \tag{4.10}$$

在上式中,设

$$\alpha-\frac{1+\alpha}{2(1-\nu)}-2\beta=0, \quad 1-\alpha+2\beta=0,$$

即设

$$\alpha = 1 - 2\nu, \quad \beta = -\nu.$$

那么,可将(4.10)式写成矢量方程

$$\frac{\partial^2 \boldsymbol{b}}{\partial z^2} = -\frac{1}{\mu}\boldsymbol{t}, \tag{4.11}$$

式中

$$\boldsymbol{t} = X_n \boldsymbol{i} + Y_n \boldsymbol{j} + Z_n \boldsymbol{k}.$$

方程(4.10)的解为

$$\boldsymbol{b} = \frac{1}{2\pi\mu}\iint_G \boldsymbol{t}(\xi,\eta)\ln(z+\rho)\mathrm{d}\xi\mathrm{d}\eta. \tag{4.12}$$

此时,ψ 可取成

$$\psi = \frac{1}{2\pi\mu}\nabla\cdot\iint_G \boldsymbol{t}(\xi,\eta)[z\ \ln(z+\rho)-\rho]\mathrm{d}\xi\mathrm{d}\eta. \tag{4.13}$$

这样,应力边值问题的解为

$$\boldsymbol{u} = \frac{\partial \boldsymbol{b}}{\partial z} + \boldsymbol{k}(1-2\nu)\nabla\cdot\boldsymbol{b} - \frac{1}{2}\nabla(z\nabla\cdot\boldsymbol{b} - 2\nu\psi + b_3), \tag{4.14}$$

其中 $\boldsymbol{b}$,ψ 分别由(4.12)和(4.13)式给出.

例如,设 $X_n = Y_n = 0$,此时 $b_1 = b_2 = 0$,$\psi = b_3$. 令

$$A = \frac{1}{4\pi\mu}\iint_G \frac{Z_n(\xi,\eta)}{\rho}\mathrm{d}\xi\mathrm{d}\eta, \tag{4.15}$$

就有

$$\frac{\partial b_3}{\partial z} = 2A, \quad b_3 = -2\int_z^{\infty} A(x,y,z)\mathrm{d}z. \tag{4.16}$$

将条件 $X_n = Y_n = 0$,以及(4.15)和(4.16)式代入(4.14)式,得到

$$\begin{cases} u = (1-2\nu)\displaystyle\int_z^{\infty}\frac{\partial A}{\partial x}\mathrm{d}z - z\frac{\partial A}{\partial x}, \\ v = (1-2\nu)\displaystyle\int_z^{\infty}\frac{\partial A}{\partial y}\mathrm{d}z - z\frac{\partial A}{\partial y}, \\ w = 2(1-\nu)A - z\dfrac{\partial A}{\partial z}. \end{cases} \tag{4.17}$$

又如,设外载为作用在坐标原点的法向集中力 P,此时 $X_n = Y_n = 0$,而

$$A = \frac{P}{4\pi\mu}\frac{1}{r}, \quad r = \sqrt{x^2+y^2+z^2}. \tag{4.18}$$

将上式代入(4.17)式,注意到

$$\int_z^{\infty}\frac{\mathrm{d}z}{r^3} = \frac{z}{(x^2+y^2)r}\Bigg|_z^{\infty} = \frac{1}{r(z+r)},$$

得

$$
\begin{cases}
u = \dfrac{P}{4\pi\mu}\left[\dfrac{xz}{r^3} - (1-2\nu)\dfrac{x}{r(r+z)}\right], \\
v = \dfrac{P}{4\pi\mu}\left[\dfrac{yz}{r^3} - (1-2\nu)\dfrac{y}{r(r+z)}\right], \\
w = \dfrac{P}{4\pi\mu}\left[\dfrac{z^2}{r^3} + 2(1-\nu)\dfrac{1}{r}\right].
\end{cases}
\tag{4.19}
$$

解(4.19)有时称为 Boussinesq 解.

对于边界上仅给定切向力的情形,从(4.14)式也可得到解答,这种情形常称为 Cerruti 解. 本节解法取自参考文献[49]. 如果集中力作用于半空间内部,半空间边界自由,则称为明德林(Mindlin)问题[137],它也可利用弹性通解获得答案. Lur'e[131] 对弹性通解的应用进行了系统的研究,得到了弹性层、圆柱,以及球体的分析解.关于轴对称问题的通解,请见参考文献[182].

§5 弹性通解和应力函数的"算子矩阵"理论

5.1 Boussinesq-Galerkin 通解的"算子矩阵"理论

无体力时,以位移表示的弹性力学方程为

$$
\nabla^2 \boldsymbol{u} + \alpha \nabla (\nabla \cdot \boldsymbol{u}) = \boldsymbol{0}, \tag{5.1}
$$

其中 $\alpha = \dfrac{1}{1-2\nu}$. (5.1)式的分量形式为

$$
\begin{cases}
\nabla^2 u + \dfrac{1}{1-2\nu}\dfrac{\partial}{\partial x}\left(\dfrac{\partial u}{\partial x} + \dfrac{\partial v}{\partial y} + \dfrac{\partial w}{\partial z}\right) = 0, \\
\nabla^2 v + \dfrac{1}{1-2\nu}\dfrac{\partial}{\partial y}\left(\dfrac{\partial u}{\partial x} + \dfrac{\partial v}{\partial y} + \dfrac{\partial w}{\partial z}\right) = 0, \\
\nabla^2 w + \dfrac{1}{1-2\nu}\dfrac{\partial}{\partial z}\left(\dfrac{\partial u}{\partial x} + \dfrac{\partial v}{\partial y} + \dfrac{\partial w}{\partial z}\right) = 0.
\end{cases}
\tag{5.2}
$$

上式的"算子矩阵"形式为

$$
\begin{bmatrix}
\nabla^2 + \alpha\partial_1^2 & \alpha\partial_1\partial_2 & \alpha\partial_1\partial_3 \\
\alpha\partial_2\partial_1 & \nabla^2 + \alpha\partial_2^2 & \alpha\partial_2\partial_3 \\
\alpha\partial_3\partial_1 & \alpha\partial_3\partial_2 & \nabla^2 + \alpha\partial_3^2
\end{bmatrix}
\begin{bmatrix} u \\ v \\ w \end{bmatrix} = 0, \tag{5.3}
$$

其中

$$
\partial_i = \frac{\partial}{\partial x_i}, \quad \nabla^2 = \partial_j\partial_j \quad (i, j = 1, 2, 3).
$$

(5.3)式可写成如下"矩阵代数"形式:

$$
\boldsymbol{A}\boldsymbol{u} = \boldsymbol{0}, \tag{5.4}
$$

其中 $\boldsymbol{A}$ 为 3×3 的“算子矩阵”，$\boldsymbol{u}=(u,v,w)^{\mathrm{T}}$ 为 3×1 的列矢量.

$\boldsymbol{A}$ 的“伴随矩阵”为 $\boldsymbol{B}$，

$$\boldsymbol{B}=(1+\alpha)\nabla^2\begin{bmatrix}\nabla^2-\beta\partial_1^2 & -\beta\partial_1\partial_2 & -\beta\partial_1\partial_3\\ -\beta\partial_2\partial_1 & \nabla^2-\beta\partial_2^2 & -\beta\partial_2\partial_3\\ -\beta\partial_3\partial_1 & -\beta\partial_3\partial_2 & \nabla^2-\beta\partial_3^2\end{bmatrix}, \tag{5.5}$$

其中 $\beta=\dfrac{\alpha}{1+\alpha}=\dfrac{1}{2(1-\nu)}$.

我们知道

$$\boldsymbol{AB}=\boldsymbol{BA}=\mathscr{A}\boldsymbol{I}, \tag{5.6}$$

其中 $\mathscr{A}$ 为“算子矩阵”$\boldsymbol{A}$ 的行列式，其值为 $(1+\alpha)\nabla^6$，$\boldsymbol{I}$ 为单位矩阵.设

$$\boldsymbol{B}=(1+\alpha)\nabla^2\widetilde{\boldsymbol{B}},$$

就有

$$\boldsymbol{A}\widetilde{\boldsymbol{B}}=\widetilde{\boldsymbol{B}}\boldsymbol{A}=\nabla^4\boldsymbol{I}. \tag{5.7}$$

令

$$\boldsymbol{u}=\widetilde{\boldsymbol{B}}\boldsymbol{g}, \tag{5.8}$$

其中 $\boldsymbol{g}=(g_1,g_2,g_3)^{\mathrm{T}}$.利用(5.5)式，可将(5.8)式写成

$$\begin{bmatrix}u\\ v\\ w\end{bmatrix}=\begin{bmatrix}\nabla^2-\beta\partial_1^2 & -\beta\partial_1\partial_2 & -\beta\partial_1\partial_3\\ -\beta\partial_2\partial_1 & \nabla^2-\beta\partial_2^2 & -\beta\partial_2\partial_3\\ -\beta\partial_3\partial_1 & -\beta\partial_3\partial_2 & \nabla^2-\beta\partial_3^2\end{bmatrix}\begin{bmatrix}g_1\\ g_2\\ g_3\end{bmatrix} \tag{5.9}$$

或者

$$\boldsymbol{u}=\nabla^2\boldsymbol{g}-\frac{1}{2(1-\nu)}\nabla(\nabla\cdot\boldsymbol{g}). \tag{5.10}$$

将(5.10)式代入(5.1)式，得

$$\nabla^2\nabla^2\boldsymbol{g}=\boldsymbol{0}. \tag{5.11}$$

综上所述，我们就获得了 Boussinesq-Galerkin 通解，即有下述定理.

定理 5.1　如果矢量 $\boldsymbol{g}$ 满足方程(5.11)，即为双调和函数，则由(5.10)式给出的 $\boldsymbol{u}$ 就是以位移表示的弹性力学方程的一个解.

定理 5.1 与定理 1.1 的不同点是，定理 1.1 中解的表达式(1.3a)是先验给出的，而定理 5.1 中解的表达式(5.9)是通过计算“算子矩阵”之逆的方式求得的.

现在，利用“算子矩阵”来证明解(5.10)和(5.11)的完备性.

定理 5.2　对于方程(5.1)的任意一解 $\boldsymbol{u}$，总存在满足方程(5.11)的矢量场 $\boldsymbol{g}$，使得 $\boldsymbol{u}$ 可表成(5.10)式的形式.

证明　我们作一构造性的证明.对给定的 $\boldsymbol{u}$，设 $\boldsymbol{f}$ 是下述方程

$$\nabla^4\boldsymbol{f}=\boldsymbol{u} \tag{5.12}$$

的解.令

$$\boldsymbol{g}=\boldsymbol{A}\boldsymbol{f}, \tag{5.13}$$

即合所求.

事实上,从(5.13)式,有

$$\widetilde{\boldsymbol{B}}\boldsymbol{g}=\widetilde{\boldsymbol{B}}\boldsymbol{A}\boldsymbol{f}=\nabla^4\boldsymbol{f}=\boldsymbol{u}. \tag{5.14}$$

上式中第二和第三个等号分别用到了(5.13)和(5.7)式.(5.14)式指出,由(5.13)式给出的 $\boldsymbol{g}$ 将 $\boldsymbol{u}$ 表成了(5.10)式的形式.此外,从(5.13)式有

$$\nabla^4\boldsymbol{g}=\nabla^4\boldsymbol{A}\boldsymbol{f}=\boldsymbol{A}\nabla^4\boldsymbol{f}=\boldsymbol{A}\boldsymbol{u}=\boldsymbol{0}. \tag{5.15}$$

上面第三个等号就是 $\boldsymbol{f}$ 的定义(5.12)式,而第四个等号则是 $\boldsymbol{u}$ 为弹性力学问题(5.4)的解.(5.15)式指出,由(5.13)所定义的 $\boldsymbol{g}$ 满足方程(5.11).证毕.

5.2 Beltrami-Schaefer 应力函数的"算子矩阵"理论

无体力时,以应力表示的平衡方程为

$$\nabla\cdot\boldsymbol{T}=\boldsymbol{0}. \tag{5.16}$$

上式的分量形式为

$$\begin{cases}\dfrac{\partial\sigma_x}{\partial x}+\dfrac{\partial\tau_{yx}}{\partial y}+\dfrac{\partial\tau_{zx}}{\partial z}=0,\\[2mm] \dfrac{\partial\tau_{xy}}{\partial x}+\dfrac{\partial\sigma_y}{\partial y}+\dfrac{\partial\tau_{zy}}{\partial z}=0,\\[2mm] \dfrac{\partial\tau_{xz}}{\partial x}+\dfrac{\partial\tau_{yz}}{\partial y}+\dfrac{\partial\sigma_z}{\partial z}=0,\end{cases} \tag{5.17}$$

今将上式写成如下的算子形式:

$$\boldsymbol{P}\boldsymbol{\sigma}=\boldsymbol{0}, \tag{5.18}$$

其中 3×6 的矩阵 $\boldsymbol{P}$ 有如下形式:

$$\boldsymbol{P}=\begin{bmatrix}\partial_x & 0 & 0 & 0 & \partial_z & \partial_y\\ 0 & \partial_y & 0 & \partial_z & 0 & \partial_x\\ 0 & 0 & \partial_z & \partial_y & \partial_x & 0\end{bmatrix}; \tag{5.19}$$

而 $\boldsymbol{\sigma}$ 为 6×1 的列矢量,即

$$\boldsymbol{\sigma}=(\sigma_x,\sigma_y,\sigma_z,\tau_{yz},\tau_{zx},\tau_{xy})^{\mathrm{T}}. \tag{5.20}$$

方程(5.18)在结构上类似于(5.4)式,但二者有一个很大的差别.(5.4)式中的算子矩阵是方阵,因此可以利用"伴随矩阵"的概念,而(5.18)式中的算子矩阵 $\boldsymbol{P}$ 是长方阵,因而"伴随矩阵"的概念已不能利用了.为了把应力函数的理论,纳入 5.1 小节弹性通解的一般框架之中,我们将利用 Penrose-Moore 矩阵的广义逆[154]来构造(5.18)式的一般解.令

$$\boldsymbol{Q}=\begin{bmatrix}\partial_x & -\partial_y & -\partial_z\\ -\partial_x & \partial_y & -\partial_z\\ -\partial_x & -\partial_y & \partial_z\\ 0 & \partial_z & \partial_y\\ \partial_z & 0 & \partial_x\\ \partial_y & \partial_x & 0\end{bmatrix}. \tag{5.21}$$

从(5.19)和(5.21)两式得

$$\boldsymbol{PQ}=\begin{bmatrix}1&0&0\\0&1&0\\0&0&1\end{bmatrix}\nabla^2, \tag{5.22}$$

$$\boldsymbol{QP}=\boldsymbol{I}\,\nabla^2-\boldsymbol{M}, \tag{5.23}$$

其中 $\boldsymbol{I}$ 为 6×6 单位矩阵,而

$$\boldsymbol{M}=\begin{bmatrix}\partial_y^2+\partial_z^2 & \partial_y^2 & \partial_z^2 & 2\partial_y\partial_z & 0 & 0\\ \partial_x^2 & \partial_z^2+\partial_x^2 & \partial_z^2 & 0 & 2\partial_x\partial_z & 0\\ \partial_x^2 & \partial_y^2 & \partial_x^2+\partial_y^2 & 0 & 0 & 2\partial_x\partial_y\\ 0 & -\partial_y\partial_z & -\partial_y\partial_z & \partial_x^2 & -\partial_x\partial_y & -\partial_x\partial_z\\ -\partial_x\partial_z & 0 & -\partial_x\partial_z & -\partial_x\partial_y & \partial_y^2 & -\partial_y\partial_z\\ -\partial_x\partial_y & -\partial_x\partial_y & 0 & -\partial_x\partial_z & -\partial_y\partial_z & \partial_z^2\end{bmatrix}. \tag{5.24}$$

令

$$\boldsymbol{\psi}=\mathscr{F}(\boldsymbol{\sigma}), \tag{5.25}$$

$$\boldsymbol{h}=\boldsymbol{P}\boldsymbol{\psi}, \tag{5.26}$$

$$\boldsymbol{\sigma}^*=\boldsymbol{Q}\boldsymbol{h}, \tag{5.27}$$

其中 $\boldsymbol{\psi}=(\psi_{11},\psi_{22},\psi_{33},\psi_{23},\psi_{31},\psi_{12})^{\mathrm{T}}$,$\mathscr{F}(\boldsymbol{\sigma})$为 $\boldsymbol{\sigma}$ 的 Newton 位势[见第一章中(3.13)式],$\boldsymbol{h}=(h_1,h_2,h_3)^{\mathrm{T}}$.从(5.27),(5.26),(5.23)和(5.25)式,得

$$\boldsymbol{\sigma}^*=\boldsymbol{QP\psi}=\nabla^2\boldsymbol{\psi}-\boldsymbol{M}\boldsymbol{\psi}=\boldsymbol{\sigma}-\boldsymbol{M}\boldsymbol{\psi}, \tag{5.28}$$

将上式移项得

$$\boldsymbol{\sigma}=\boldsymbol{M}\boldsymbol{\psi}+\boldsymbol{\sigma}^*. \tag{5.29}$$

再将(5.20),(5.24)和(5.25)式代入(5.29)式,利用张量的写法,即得

$$\boldsymbol{T}=\nabla\times\boldsymbol{\Phi}\times\nabla+\boldsymbol{h}\,\nabla+\nabla\,\boldsymbol{h}-\boldsymbol{I}\,\nabla\cdot\boldsymbol{h}, \tag{5.30}$$

其中 $\boldsymbol{\Phi}=(\Phi_{ij})$为应力函数张量,$\boldsymbol{h}=(h_1,h_2,h_3)^{\mathrm{T}}$,$\boldsymbol{I}$ 为单位张量,而

$$\boldsymbol{\Phi}=\boldsymbol{\psi}-\boldsymbol{I}\,\mathrm{J}(\boldsymbol{\psi})=\mathscr{F}(\boldsymbol{T})-\mathscr{F}[\boldsymbol{I}\,\mathrm{J}(\boldsymbol{T})], \tag{5.31}$$

$$\boldsymbol{h}=\nabla\cdot\boldsymbol{\psi}=\nabla\cdot\mathscr{F}(\boldsymbol{T}). \tag{5.32}$$

式中 $\boldsymbol{T}=T_{ij}\boldsymbol{e}_i\boldsymbol{e}_j$,$\boldsymbol{\Phi}=\Phi_{ij}\boldsymbol{e}_i\boldsymbol{e}_j$,$\boldsymbol{\psi}=\boldsymbol{\psi}_{ij}\boldsymbol{e}_i\boldsymbol{e}_j$,$\boldsymbol{h}=h_i\boldsymbol{e}_i$,$\mathrm{J}(\boldsymbol{\psi})$为张量 $\boldsymbol{\psi}$ 的迹.

(5.30)式就是所谓的 Beltrami-Schaefer 解.由此,我们有下面两个定理.

定理 5.3　如果 $\boldsymbol{h}$ 是调和矢量场,则 Beltrami-Schaefer 表示式(5.30)就是平衡方程(5.16)的解.

证明　代入即得证.

定理 5.4(Beltrami-Schaefer 解的完备性)　任给平衡方程(5.16)的解 $\boldsymbol{T}$ 总存在对称张量场 $\boldsymbol{\Phi}$ 和调和矢量场 $\boldsymbol{h}$,使得 $\boldsymbol{T}$ 可表成(5.30)式的形式.

证明　(5.31)和(5.32)两式表示对称张量场 $\boldsymbol{\Phi}$ 和矢量场 $\boldsymbol{h}$ 是存在的.尚需要证明 $\boldsymbol{h}$ 是调和场.事实上,对(5.32)式取二维 Laplace 算子∇^2,得

$$\nabla^2 \boldsymbol{h} = \nabla \cdot \nabla^2 \mathscr{F}(\boldsymbol{T}) = \nabla \cdot \boldsymbol{T} = \boldsymbol{0}, \tag{5.33}$$

上式中最后一个等号是由于 $\boldsymbol{T}$ 满足平衡方程(5.16).证毕.

附注　Lur'e 于 1937 年曾利用"算子矩阵"研究弹性通解,并给出了定理 5.1.而在参考文献[55,59,185]中对弹性通解作了进一步的研究,获得了许多结果.例如:将弹性通解和应力函数的研究统一起来,此即定理 5.2～定理 5.4;还得到了各向异性弹性力学的一般解;借助于通解的不唯一性统一地获得了迄今所知的众多的著名的通解,如平面问题的 Мусхелишвили 复变解、轴对称问题的乐甫(Love)解、Boussinesq 解、廷佩尔(Timpe)解、Michell 解,横观各向同性弹性力学的列克尼茨基-胡-诺瓦茨基(Lekhnitskii-胡-Nowacki)通解、埃利奥特-洛奇(Elliott-Lodge)通解等;此外,还可得到热弹性力学、压电介质力学及多孔介质力学等领域中许多问题的通解.

习题十一

1. 验证无体力时,如下所给的位移矢量 $\boldsymbol{u}$ 总是以位移表示的平衡方程的解:

(1) $\boldsymbol{u} = \dfrac{1+\nu}{E}[\nabla \mathrm{J}_1(\boldsymbol{\Phi}) - 2\,\nabla \cdot \boldsymbol{\Phi}]$,这里 $\boldsymbol{\Phi}$ 称为 Maxwell 应力函数张量,且满足$(2-\nu)\nabla \cdot \nabla \boldsymbol{\Phi} - \boldsymbol{I}\,\nabla \cdot \nabla \cdot \boldsymbol{\Phi} = \boldsymbol{0}$;

(2) $\boldsymbol{u} = \boldsymbol{c} + \boldsymbol{r}\varphi$,其中 φ 与 $\boldsymbol{c}$ 是调和的,且满足

$$(5-4\nu)\varphi + \boldsymbol{r} \cdot \nabla \varphi + \nabla \cdot \boldsymbol{c} = \text{常数}; \qquad [\text{贝蒂(Betti)}]$$

(3) $\boldsymbol{u} = \boldsymbol{c} + \boldsymbol{b} \cdot \boldsymbol{r}\,\nabla \varphi$,式中 $\boldsymbol{c}$ 为矢量函数,φ 为标量函数,$\boldsymbol{b}$ 为常矢量,$\nabla^2 \boldsymbol{c} = \boldsymbol{0}$, $\nabla^2 \varphi = 0$,且

$$\nabla \cdot \boldsymbol{c} + (3-4\nu)\boldsymbol{b} \cdot \nabla \varphi = \text{常数}. \qquad (\text{Kelvin})$$

2. 试证:

$$\boldsymbol{u} = \boldsymbol{h} + \frac{1}{8\pi(1-\nu)} \nabla \iiint_{\infty} \frac{\nabla \cdot \boldsymbol{h}(\xi,\eta,\zeta)}{\rho} \mathrm{d}\xi \mathrm{d}\eta \mathrm{d}\zeta,$$

$$\nabla^2 \boldsymbol{h} = \boldsymbol{0}, \quad \rho = [(x-\xi)^2 + (y-\eta)^2 + (z-\zeta)^2]^{1/2}$$

是无体力时位移表示的平衡方程的通解(Naghdi-Hsu[142,181]).

3. 试证:

$$u=-\frac{\partial}{\partial x}\frac{\partial F}{\partial z}-\frac{\partial P}{\partial y},\quad v=-\frac{\partial}{\partial y}\frac{\partial F}{\partial z}+\frac{\partial P}{\partial x},$$

$$w=-\frac{\partial}{\partial z}\frac{\partial F}{\partial z}+2(1-\nu)\nabla^2 F$$

纳格迪-许是无体力时位移表示的平衡方程的解,其中 $\nabla^4 F=0$, $\nabla^2 P=0$.

4. 试从纳格迪-许(Naghdi-Hsu)通解出发推导:Boussinesq-Galerkin 通解和 Papkovich-Neuber 通解.

5. 试推导:柱坐标和球坐标下的 Papkovich-Neuber 通解.

6. 试推导:柱坐标和球坐标下的 Boussinesq-Galerkin 通解.

7. 弹性半空间 $z\geqslant 0$,无体力,边界 $z=0$ 有法向集中力作用于原点 O.计算柱坐标下的位移分量 u_r, u_θ, u_z 和应力分量 $\sigma_r, \sigma_\theta, \sigma_z, \tau_{rz}$.

8. 图示弹性半空间 $z\geqslant 0$,在原点 O 作用负 y 方向的集中力矩 $\boldsymbol{M}$,试确定 $z=0$ 面沿 z 向的位移 w.

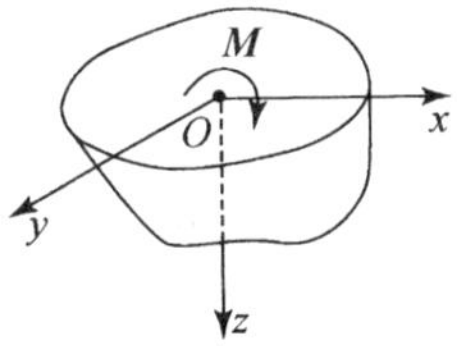

第 8 题图

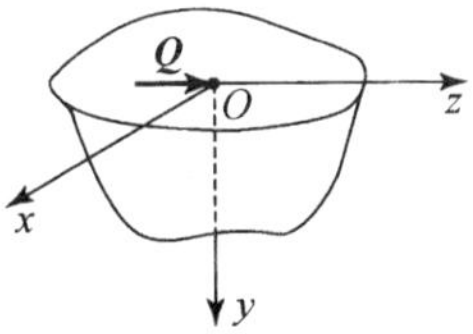

第 9 题图

9. 图示弹性半空间 $y\geqslant 0$,无体力,边界 $y=0$ 有 z 向集中力 $\boldsymbol{Q}$ 作用于原点 O,试求直角坐标下的位移分量和应力分量.

10. 弹性半空间 $z\geqslant 0$,在边界 $z=0$ 上,$r\leqslant a$ 的圆域上受有均布法向载荷 q.试求上述圆域中各点的沉陷,并求 $r=0$,$z=a$ 处的挠度 w.

11. 弹性半空间 $z\geqslant 0$,无体力,边界 $z=0$ 上给定位移 u,v 和面力 Z_n,试求位移场.

12. 弹性半空间 $z\geqslant 0$,无体力,边界 $z=0$ 上给定面力 X_n,Y_n 和位移 w,试求位移场.

* 13. 图示弹性半空间 $z\geqslant 0$,有集中力(P_1,P_2,P_3)作用在半空间的内点(0,0,c)上,$c>0$.试求下述情形时的位移场:

(1) 半空间边界固支;

(2) 半空间边界自由(Mindlin 问题).

* 14. 设圆锥顶角为 α,在顶部作用有集中力 $\boldsymbol{P}$(见下图).试求下述情形球坐

标(r,θ,φ)下的应力分量：

(1) 力沿圆锥轴向：$\boldsymbol{P}=P\boldsymbol{k}$；

(2) 力垂直于圆锥轴向：$\boldsymbol{P}=Q\boldsymbol{i}$.

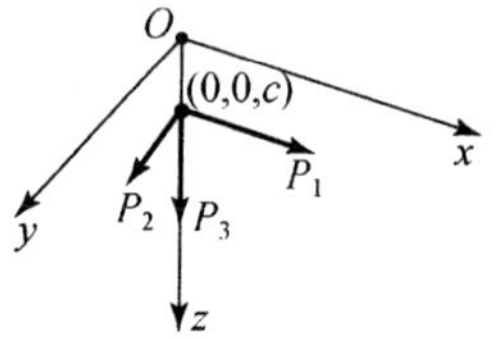

第 13 题图

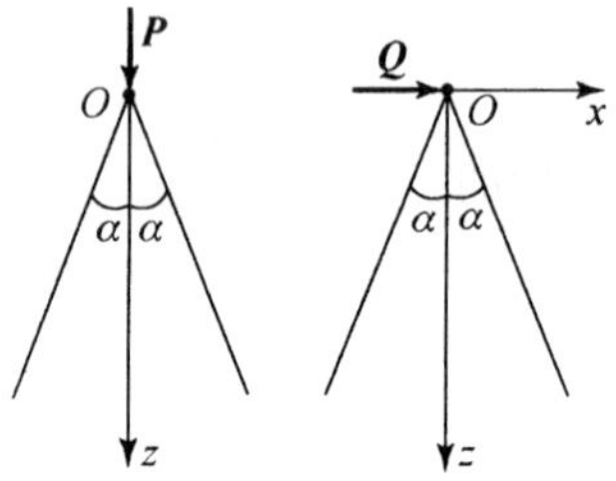

第 14 题图

15. 试由两球接触的计算公式写出：

(1) 半径为 R 的球与半空间接触的计算公式；

(2) 半径为 R_1 的球与半径为 R_2 的凹球面接触的计算公式；

并分别举例,应用上述公式计算出接触面半径 a 和接触面最大压应力 q_0.

* 16. 设球体的半径为 R,若在球面 $r=R$ 处给定位移边界条件：

$$u=\sum_{k=0}^{\infty}A_k,\quad v=\sum_{k=0}^{\infty}B_k,\quad w=\sum_{k=0}^{\infty}C_k,$$

其中 A_k,B_k,C_k 为 k 次球面调和函数,试确定整个球体的位移场.

* 17. 无限弹性空间,其内含椭球核

$$\frac{x_1^2}{a_1^2}+\frac{x_2^2}{a_2^2}+\frac{x_3^2}{a_3^2}\leqslant 1.$$

设 C_{ijmn} 和 C_{ijmn}^* 分别为无限大弹性空间和椭球核的弹性常数，若无限远处的应变场为 $\varepsilon_{mn}^{\infty}$,试确定椭球核内的应变场[额舍耳比(Eshelby)问题].

* 18. 试从二维的 Papkovich-Neuber 通解导出平面问题位移的复变表达式.

* 19. 试从二维的 Papkovich-Neuber 通解导出平面问题的 Kelvin 特解和 Melan 问题的解.

附录A 影响弹性力学发展的几位重要人物[①]

1687年牛顿的《自然哲学的数学原理》著作的出版标志着经典力学的建立.但是过了一百多年,至19世纪初弹性力学才诞生.

弹性力学的早期理论是法国桥梁道路学院的三个人所建立的.他们是曾在该院求学的柯西和在那里任教的纳维,以及纳维的学生圣维南.前两位是弹性力学一般理论的奠基人,而后者则提供大量经典弹性问题的解.

到19世纪末和20世纪初,还应当提到另外两个人:一位是英国人乐甫,他是总结到他那时全部弹性力学成果的一位大师,并且奠定了薄壳理论的基础,以及系统地将弹性力学成功地应用于地球物理学的第一人;另一位是苏联学者穆斯赫利什维利,他终生致力于用复变函数求解弹性力学问题.本附录将介绍纳维、柯西、圣维南、乐甫和穆斯海利什维利的工作,也将介绍对弹性力学做出贡献的泊松、瑞利等学者的工作.

§1 纳　　维

纳维(Navier, Claude-Louis-Marie-Henri, 1785.2.15—1836.8.21)为法国力学家.他于1807年在法国桥梁道路学会支持下整理他外祖父的有关工程建筑方面的学术手稿.从1819年起,他在桥梁道路学院讲授应用力学,但直到1830年才正式被聘任.1830年,他又到巴黎综合工科学校替代柯西任微积分和力学教授.纳维于1824年当选为法国科学院院士.

纳维(Navier)

纳维在力学上最重要的贡献是,他为连续介质力学的先驱者.1821年5月14日他向法国科学院提交了《弹性固体的平衡和运动法则》的研究报告,于次年他还提交了《关于流体运动法则的研究报告》.这两篇报告都是由分子假设出发

① 本附录选自本书作者之一——武际可著《力学史》[65].

分别导出弹性体和黏性流体的运动方程，它们是有关连续介质运动方程方面开创性的工作.纳维对弹性固体的研究要点是：假定有两个力系作用在弹性固体各质点上，其中$\sum F$是自平衡的，代表没有外力时的分子力；$\sum F_1$是由于有外力时产生的新的分子力，它与分子之间的距离有关.

令u,v,w为一个质点的位移，$u+\Delta u,v+\Delta v,w+\Delta w$为相邻质点位移，从而得到$\delta r=|\boldsymbol{r}_1-\boldsymbol{r}|=\alpha\Delta u+\beta\Delta v+\gamma\Delta w$，并由此可算出相应的$F_1=f(\boldsymbol{r})\delta r$.

利用分析计算质点受邻近质点作用的全部力，通过三个方向的积分可以得到：

$$\sum\alpha F_1=C\left(3\frac{\partial^2 u}{\partial x^2}+\frac{\partial^2 u}{\partial y^2}+\frac{\partial^2 u}{\partial z^2}+2\frac{\partial^2 v}{\partial x\partial y}+2\frac{\partial^2 w}{\partial x\partial z}\right);$$

同样可得另外两个投影.若令

$$\theta=\nabla\cdot(u,v,w),\quad \Delta=\frac{\partial^2}{\partial x^2}+\frac{\partial^2}{\partial y^2}+\frac{\partial^2}{\partial z^2},$$

可得

$$C\left(\Delta u+2\frac{\partial\theta}{\partial x}\right)+X=0,\quad C\left(\Delta v+2\frac{\partial\theta}{\partial y}\right)+Y=0,$$
$$C\left(\Delta w+2\frac{\partial\theta}{\partial z}\right)+Z=0,$$

其中(X,Y,Z)为外力.这就是纳维导出的各向同性弹性力学的平衡方程，利用惯性力的概念还可以得到运动方程.纳维也推导了物体表面上单位面积所受作用力的三个分量通过位移分量表示的表达式.不过，在以上纳维的工作中还有含混不清的地方，如他的弹性常数只有一个.之后，他在弹性方面的问题由柯西改正而形成严密的弹性力学理论.

纳维继热尔曼(Germain)、拉格朗日和泊松之后曾研究过板的弯曲，他导出了板的弯曲方程(只含一个弹性常数)，并且对于四边简支情形给了双三角级数解，至今称为纳维解.此外他还研究了受压板屈曲问题.在工程设计中，纳维建议采用许用应力校核以取代以往的破坏载荷校核.纳维还研究了扭转问题和梁的弯曲问题，并且正确提出了解决超静定问题的位移法.

总之，纳维在力学上的贡献是多方面的.他长期从事教学活动，曾著有《力学在结构和机械方面的应用》一书，该书在他在世时出版了两版.之后他的学生圣维南进行了扩充并于1864年出版了第三版，新版中圣维南加入了许多注解和附篇，使该书的篇幅增为原书的10倍.这本书影响很大.纳维在教学之余，还从事设计工作.1830年法国波旁王朝被推翻后，纳维曾任政府的技术顾问.他曾就控制道路的运输载重、修路与道路网问题向政府提出过政策报告.这些报告表现了他多方面的才能.

§2 泊　松

泊松(Poisson, Simeon-Denis, 1781.6.21—1840.4.25)为法国数学家、力学家、物理学家.他出生在巴黎附近的一个贫穷家庭,15 岁以前没有受过正规教育.1796 年被送到舅父家,之后才开始了数学学习.1798 年由于学习成绩为全班第一,泊松被特别准予进入巴黎综合工科学校学习,并且为当时在该校任教的拉格朗日与拉普拉斯所赏识.1800 年毕业任数学教师.

泊松的研究工作主要特点是利用数学方法去处理复杂的力学与物理问题. 其主要贡献有:在偏微分方程上求解 $\Delta v=-4\pi\rho$,即位势函数及其在引力场与静电学的应用问题;提出概率方法的普遍适用性,并得到了泊松分布律;在分析力学中引进了泊松括号;在弹性力学中引进了 Poisson 比.

泊松(Poisson)

泊松对弹性力学的兴趣是由纳维的原始工作引起的.他在 1829 年发表了题为《弹性体平衡和运动》的研究报告,文中也是用分子间相互作用的理论导出弹性体的运动方程,并且发现在弹性介质中可以传播纵波与横波.他还从理论上推演出各向同性弹性杆在纵向拉伸时,横向收缩应变与纵向伸长之比是一个常数,其值为 1/4,但这一值与实验有差距.1848 年,维尔泰姆(Wertheim)进行实验认为是 1/3.泊松引进的这个比例常数后人称为 Poisson 比.

泊松第一次得到了板的挠曲方程

$$D\Delta^2 w=q,\quad D=\frac{Eh^3}{12(1-\nu^2)},$$

其中 E 为 Young 氏模量,泊松取 $\nu=0.25$.在求解这个方程时他主张附加三个边界条件:剪力、扭矩和弯矩.边条件的这种提法是不正确的,后来纳维给出了正确的边条件提法:两个条件,并给出了边界为简支时的解.他求解了许多具有实际应用价值的圆板的振动问题.

§3 柯　西

柯西(Cauchy, Augustin-Louis, 1789.8.21—1857.5.23)为法国数学家和力

学家.他出生于巴黎，是六个孩子中的老大.其父路易-弗朗索瓦(Louis-Fransois)是一位地方官，与当时法国大数学家拉普拉斯(Laplace)和拉格朗日(Lagrange)交往较多，所以柯西从幼年时期就得以同这两位数学大师接触.也可能因此他从小就喜爱数学.

柯西(Cauchy)

1807—1810年，柯西先后在法国巴黎综合工科学校和桥梁道路学院学习.1810年年初，他任拿破仑港工程的工程师，至年底被授予二级道桥工程师职务.不过他在工作之余还是沉迷于数学爱好.到1812年前后，他向法国科学院递交过两篇论文，并且得到勒让德(Legendre)的赏识，不久他被吸收为爱好科学协会的通信会员.在1815年年底，他以关于无限深流体表面波浪传播的论文获科学院数学大奖.1816年3月他被任命为法兰西科学院力学部院士，同年9月他被聘为法国巴黎综合工科学校分析和力学的正式教授.

1830—1837年，柯西在意大利都灵大学任教授，1837年回到巴黎任巴黎综合工科学校教授.柯西的科学贡献是多方面的，他是勤奋多产的，他一生发表的论文有800多篇，著作有7本.从1826年起，他独自编辑发行了每年12期的数学杂志《数学演习》达十年之久，这本杂志大多登载他的论文.在世人的心目中他是以一位数学家的身份而闻名的.他在数学上的贡献，其中最重要的可列举如下：

他是数学分析严格化的大师.在极限和连续性的表述中他开辟了 ε-δ 的说法.微积分自17世纪由牛顿(Newton)和莱布尼茨(Leibniz)发明后，在理论基础上一直是模糊不清的，所以争论了一百多年.柯西的严格化表述最后统一了数学界的认识.

他是复变函数理论的奠基人.他引入了复变函数的积分，并证明了积分和路径无关性，至今被称为柯西-黎曼条件.他引进了无穷函数积分主值定义以及关于复变函数级数和残数的计算等.柯西在常微分方程和偏微分方程理论上亦有很多建树，至今有一类相当广泛的问题被称为柯西初值问题.

柯西在群论方面系统地进行了置换群理论的研究，随后又发展为有限群理论.这个理论后来不仅对数学产生了深远的影响，而且对力学、量子力学和化学等领域也产生了巨大影响.此外，柯西在数论、微分几何、数值分析等方面都有重要工作，在光学和天文学方面的工作也是值得称道的.

在这里我们要特别强调的是，柯西可以毫无愧色地被誉为弹性理论的奠基者.1821 年法国人纳维向科学院提出了《弹性固体的平衡和运动法则》的研究报告,在该文中纳维成功地用分子模型假设导出了以位移为未知量的各向同性弹性体平衡方程.不过这个方程还不能认为是最后的,因为第一,在方程中只包含一个弹性常数;第二,在推导中还没有准确的应力和应变的概念.纳维的研究引起了柯西的重视,从 1822 年起他发表了一系列的论文讨论弹性力学问题,这些论文的主要点是:

1. 引进了应变的概念,并建立了应变和位移的关系,讨论了主应变与应变二次曲面.

2. 引进了应力张量和主应力的概念.对各向同性弹性体,他从主应变与主应力应当重合,推论出在这一情形下弹性常数应当有两个.

3. 推论出了应变张量与应力张量的关系,后来被称为广义 Hooke 定律;并论证了在最一般条件下应当有 36 个弹性常数.

4. 得到了以位移表示的弹性体平衡方程和边条件.

上述这些结果便是当今线性弹性力学的主要内容.同时,他还研究了弹性柱体的扭转,并特别地指出,在矩形截面杆的扭转中,平截面将不再保持.这个结论后来为圣维南所发展.

柯西的一生充满了矛盾.他所处的时代正是法国大革命的时代.1789 年他出生时正是法国大革命爆发的那一年,之后又有波旁王朝复辟和 1830 年波旁王朝重又被推翻的波折.这中间,柯西在政治态度上表现为忠诚的保皇党,而当革命势力胜利后,他曾有一段侨居瑞士、意大利等国.柯西从小信教,是一位虔诚的天主教徒.他曾多次在科学院院士会上颂扬宗教,于 1839 年参加天主教学院,并于 1842 年担任该院秘书,因而他被称为法兰西研究院穿短袍的耶稣会士.

柯西在巴黎综合工科学校教学生涯中,写下了许多教材,这些教材以科学严格性著称,但却不易阅读,为此甚至受到了校方和学生们的指责.他的讲课由于经常突然从一个想法跳入另一个想法,被学生认为是"杂乱无章"的.不过仍然有许多学生从他身上学到很多,后来成为出名的数学家.

柯西平常不喜欢交往,加以他政治保守与到处宣扬宗教,他晚年越来越不受同事们的欢迎和谅解,而陷于落落寡合的孤独之中.不过他除关心数学之外,毕生还致力于慈善事业.1857 年,在他得了重感冒转为肺炎,于 5 月 23 日去世的当天,还在同巴黎大主教讨论慈善事业.他最后的一句话是对大主教说:"人们去了,但是他们的功绩留下了."

§4　圣　维　南

圣维南(Saint-Venant, Adhémar Jean Claude Barré.de, 1797.8.23—1886.

1.6)为法国力学家.他的父亲是法国一位颇有名气的农村经济学家,在他的细心

圣维南(Saint-Venant)

教导下,圣维南从小就爱好数学,并表现出突出的才能.圣维南稍大,就到布鲁日公立学校上学,1813 年他 16 岁时通过选拔考试进入巴黎综合工科学校.在该校他表现出卓越的才能,学习成绩名列全班第一.然而一场政治动乱对他的一生产生了巨大影响.1814 年反法联盟军队逼近巴黎,学校动员学生为巴黎的防御工事运送武器,圣维南拒绝参加,被学校除名.此后 8 年,他一直在火药工厂工作.1823 年法国政府批准他免试进入法国桥梁道路学院,两年后他以全班第一名的成绩毕业.

1825—1830 年,他先后在尼韦奈运河和阿登运河上从事工程设计工作.其间, 他利用业余时间研究力学理论. 1834 年,他向法国科学院提交了两篇关于理论力学和流体力学的论文,并因此在科学界出了名. 1837 年,桥梁道路学院请圣维南讲授材料强度理论.当时关于材料力学的最新讲义是圣维南的老师纳维编写的《力学在结构和机械方面的应用》(1826).该书以纳维在桥梁道路学院讲授应用力学的讲义为基础整理而成.虽然纳维建立了弹性力学的基本方程,但他在讲义中并未涉及它们,仍然采用平面假定求解问题.圣维南则首先试图把弹性理论的最近进展介绍给他的学生,他对固体的分子结构和分子间的作用力的假设进行讨论,并用这一假设解释了应力概念.1864 年圣维南对该书进行第三版修订时,在书中增加了大量的注释和附篇,使纳维的原著的篇幅只占全书的十分之一.他在授课中还讲授了剪应力和剪应变,由此算出主应力.圣维南在教学中提出的一些问题成为他日后进行科研的课题,他的讲义用石印印出,其原稿现在藏于桥梁道路学院的图书馆.

圣维南在桥梁道路学院任教时,还在巴黎市政府兼任一些实际工作.此外,他很早就对水力学及其在农业上的应用感兴趣,并发表过若干篇论文,为此他获得了法国农学会的金质奖章,1850—1852 年还在凡尔赛农学院讲授过力学.然而,这些并未影响他在弹性理论方面的研究.1847 年发表了他关于扭转的第一篇论文.1855 年和 1856 年他发表的两篇著名论文系统地阐述了扭转和弯曲问题.1868 年以后,圣维南又研究塑性动力学,提出塑性流动的基本假设和基本方程.圣维南一直工作到生命的最后几天,1886 年 1 月 2 日,他的最后一篇论文发表在法国科学院学报上.1 月 6 日他以 88 岁高龄去世.

圣维南的研究领域主要集中于固体力学和流体力学,特别是在材料力学和弹性力学方面做出很大贡献.圣维南第一个验证了弯曲基本假设的精确性.所谓基本假设是:梁变形时横截面保持平面;梁的纵向纤维在弯曲时相互之间无应

力. 基于对梁的纯弯曲研究，圣维南于 1855 年给出了圣维南原理的最早提法. 即：只有当作用于梁两端的外力分布在其端截面上的情况与在梁中央各截面上的应力分布情况相同时，所得到的应力分布才与准确解相符.

圣维南提出和发展了求解弹性力学的半逆解法.1853 年他关于弹性柱体扭转的报告，得到了由柯西、拉梅(Lamé)和彭色列(Poncelet)等组成的法国科学院委员会的很高评价.该文中首次提出了半逆解法.由于半逆解法的论文，弹性理论的基本方程才逐步被引入有关材料强度的工程书籍中.1883 年圣维南翻译克莱伯什的德文著作《固体弹性理论》一书出版.他在书中的注释是原书篇幅的三倍，其中最重要的是关于杆的振动和碰撞理论.

由于圣维南取得了大量创造性的研究成果，1868 年他以力学权威的身份被选为法国科学院院士.他一生重视研究成果应用于工程实际，认为只有理论与实际相结合，才能促进理论研究和工程进步.

§5 乐　　甫

乐甫(Love)

乐甫(Love, Augustus Edward Hough, 1863.4.17—1940.6.5)为英国力学家.他的父亲约翰·亨利(John Henry)是一名外科医生，有四个儿子，乐甫是次子.1874 年，11 岁的乐甫进入英国伍尔弗汉普顿中学读书.1882 年进入剑桥大学约翰学院，1885 年以优异成绩毕业. 1886—1899 年成为该学院研究员.从 1899 年起他在牛津大学主持赛德利自然哲学讲座.1894 年当选英国皇家学会会员.他担任伦敦数学学会秘书达 15 年之久，1912—1913 年任该会主席.

乐甫的主要贡献在变形介质力学方面，在固体力学、流体力学和地球物理学等方面也都有重要工作.此外，他在电磁波理论、弹道学、理论力学，以及微积分方面也有论著.

乐甫在弹性理论方面最著名的研究工作是他对薄壳弯曲所做的系统研究，1888 年他推广了薄板理论中的基尔霍夫(Kirchhoff)假设，对薄壳提出了直法线假设，这就是基尔霍夫-乐甫假设，它是至今仍然被广泛使用的薄壳理论的基础. 应用这一成果，他证明了瑞利(Rayleigh)关于弯曲振动的假设不能严格满足边条件.乐甫在弹性力学方面最重要贡献是，他在 1892—1893 年分两卷出版的著作《弹性的数学理论教程》(*A Treatise on the Mathematical Theory of Elasticity*),这部书总结了20世纪以前弹性力学的全部成果,精练而严谨地论述了弹性理论方面的成就.乐甫在书中精辟地分析了20世纪以前弹性力学的发展历史,认为弹性力学的发展对于认识物质结构和光的本性,对推动解析数学、地质学、宇宙物理学的发展起了非常重要的作用.该书初版时写得比较抽象,到第二版(1906),以及第三版(1920)和第四版(1927)时,做了很大的修改,致力于使其内容对工程师更有用.该书有德文、俄文等译本,成为经典弹性理论中影响最大的一本专著.

1903年乐甫发展了弹性无限体中的点源基本理论.斯托克斯(Stokes)于1849年最先求得在弹性无限介质中单力所引起的位移场的精确解,它是地震震源的第一个数学模式.1903年11月12日,乐甫在伦敦数学学会宣读的论文中把斯托克斯的结果推广到了任意初始扰动和包含一大类体力的情形,为后来发展地震震源的数学模式所应用.

乐甫将弹性理论应用于地球物理方面的工作集中反映在他的另一本专著《地球动力学的若干问题》(*Some Problems of Geodynamics*)中,该书获1911年剑桥亚当斯奖.书中写进了他的许多创造性研究成果:关于地壳均衡、固体潮、纬度变化、地球的可压缩性效应、重力不稳定性,以及可压缩有重力星球的自由振荡理论等.其中许多成果是现今地球物理研究的基础,特别是以其姓氏命名的乐甫波和乐甫数,它们分别对地震和固体潮理论尤其重要.

乐甫波理论的发展可能是乐甫的最大的贡献.在他之前,弹性体中的波传播有三种:有泊松在1829年发现的伸缩(纵)波,因其在地震中首先达到被称为P波;由斯托克斯于1899年证明的等容畸变(横)波,因其随后到达被称为S波,以上两种为体内传播的体波.第三种是在界面附近只能沿界面传播,而在垂直于界面的方向不传播的面波,这是1885年由瑞利导出、而后在地震记录中得到证实的.瑞利是在均匀各向同性的弹性半空间中讨论的,然而在这些条件下,唯一可能的表面波中缺少水平偏振横波(SH)分量的质点运动,即缺少在表面内而垂直于波传播方向的运动,而且它对任何初扰动不产生频散效应.在1900年以后的一段时间里,对实际地震记录的分析结果与上述理论不符,有人认为这是由于地壳造成的.乐甫对此进行了理论探讨.他考虑的模型是在瑞利的均匀介质上覆盖一个不同弹性性质和密度的均匀层,当上层的横波速度小于下层时,在分界面以下可以存在有SH分量而且是频散的面波,其传播速度介于上、下层两个横波速度之间,这就是地震中的乐甫波.若能测得各种频率的乐甫波的传播速度,就可以对地下的成层结构做出推断,因而在地球物理学中有重要意义.

乐甫在地球物理学中的另一重要贡献是固体潮理论中的乐甫数.他在1909年引进了两个表征地球弹性常数的参数 h 和 k,后来日本的志田顺(Toshi

Shida)于 1912 年引入第三个参数 l,这三个常数统称为乐甫数.其中 k 为弹性地球变形后产生的附加引力位与相应的原引潮力位之比,h 为弹性地球表面在引潮力作用下产生的径向位移(固体潮高)与其对应点的平衡潮高之比,l 为产生的水平位移(固体潮水平位移)与其相应点的平衡潮水平位移之比,它们能反映出地球内部的结构状况.若知道地球内部的密度和弹性系数的分布,则可从理论上算出乐甫数.反过来,固体潮的实测 h,k,l 值是反演地球内部结构的重要标准.乐甫还著有两本教科书:《理论力学》(*Theoretical Mechanics*)和《微积分初步》(*Elements of the Differential and Integral Calculus*).

乐甫终生未娶;他喜欢旅游,爱好音乐和打槌球.他以作风朴实、谦虚、思维敏捷和严密著称于学术界.

§6 穆斯赫利什维利

穆斯赫利什维利(Мусхелишвили,Никлай Иванович, 1891.2.16—1976.7.15)为苏联力学家.他是俄国第比利斯人,其父是军事工程师.1901—1909 年他在第比利斯第二中学学习,中学毕业后到彼得堡大学物理数学系深造.从 1914—1920 年他先后在彼得堡大学等校教授数学和力学,从 1920 年起,他先后在第比利斯大学、苏联科学院格鲁吉亚分院工作,并于 1939 年被选为苏联科学院院士.

穆斯赫利什维利

(Мушхелишвили)

穆斯赫利什维利的主要成就集中反映在两本专著中,即《数学弹性力学的几个基本问题》和《奇异积分方程》.

1909 年穆斯赫利什维利的老师科洛索夫(Колосов)给出了应力和位移的复变函数表达式以解决弹性力学平面问题.随后穆斯赫利什维利就这一方向进行了系统的研究、论证,并解决了一系列技术问题,使一般平面问题都可以借助于复变函数求解.他得到了本书第九章中的应力和位移的复变函数表示.穆斯赫利什维利还发展了将复变函数中的保角映射应用于单位圆来求解各向同性单连通平面弹性问题,之后他又借助于积分方程发展了求解多连通区域上的平面弹性问题.他的这些成果极大地增广了线性弹性力学平面问题的解题范围.在 20 世纪 60 年代有限元方法普遍使用之前,这是当时解决实际问题的首选方法.他的这些工作以及之后他的学生们在弹性力学方面的工作都集中地反映在《数学弹性力学的几个基本问题》一书中,从 1933 年至 1966 年这本书共出版了5个版本.每版都增加了一些新的内容.

穆斯赫利什维利关于奇异积分方程的研究是适应求解弹性力学边值问题要求更深一步的工作,在这方面取得了一系列重要成果.他的工作不仅推进了弹性力学,同时对流体力学、势论、电磁学,以及解析函数和广义解析函数论的研究都起了很大的推动作用.

§7 瑞　　利

瑞利(Reyleigh)

瑞利(Rayleigh, John William Strutt, 1842.11.12—1919.6.30)为英国力学家和物理学家,原名为约翰·威廉·斯特拉特(John William Strutt).他在31岁的时候继承了父亲的爵位,因此人们通常称他为瑞利勋爵.1865年他以全班第一名的优异成绩毕业于剑桥大学,1873年被选入英国皇家学会,1879年继麦克斯韦任剑桥大学卡文迪什实验室主任.他在卡文迪什实验室工作的前后,他自己已有一个相当好的自费实验室.他的许多重要发现就是在其自己的实验室中完成的.

瑞利最为著名的研究工作是在化学方面,他利用从各种不同的途径制备的氮经过测量比较,发现从空气中制备的氮的密度要大.这个实验导致了稀有气体氩的发现,并为此而得到了1904年的诺贝尔物理学奖.瑞利研究工作的主要兴趣集中在各种波动上.在电磁波方面,他得到了光的色散随波长变化的方程,并且证实了前人关于天空呈现蓝色是由于光被大气尘埃散射的观点.瑞利还求出了对应于黑体辐射波长分布的方程.此外他在研究声波、水波与地震波上都取得了重要的成果.在计算振动频率中他提出了一种依据简化假定,将复杂问题化为单自由度问题的方法,此方法后来于1909年由里兹加以改进成为基于能量的近似计算方法,现在被称为瑞利-里兹法.1877—1878年间,瑞利发表了他的最重要的著作《声学理论》,总结了至他为止的这方面的研究结果.他第一次指出弹性体的表面波的存在,后人称为瑞利波.这本著作影响很大,它与乐甫的《弹性的数学理论教程》,成为弹性力学方面的互为补充的两本经典著作:前者是关于弹性动力学的,后者是关于弹性静力学的.

附录 B　从三维弹性理论观察材料力学中梁的弯曲理论

在实际应用中，材料力学的梁的弯曲理论是很有价值的.本附录的目的是从弹性力学的观点来考查这种梁的弯曲理论的近似程度.

§1　材料力学的方程

设有图 B.1 所示的正柱体形状的梁 Ω，其长为 l，截面 G 可为任意的有界区域. 取直角坐标系，其坐标原点 O 在梁的左端面上，x 轴为梁的中心线，y 轴铅直向下. 沿 x 轴受有 y 向的分布力 $q(x)$，两端分别受有图示的轴向压力 P 和外力矩 M_0，M_l，以及 y 向剪力 Q_0，Q_l.

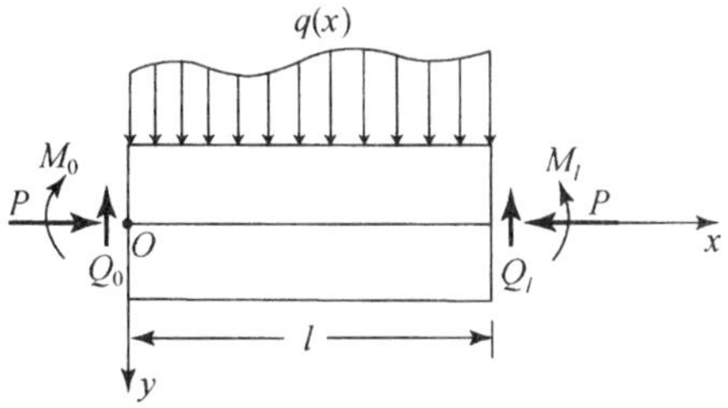

图　B.1

按照材料力学的理论[73]，平衡方程为

$$\begin{cases} \dfrac{\mathrm{d}Q}{\mathrm{d}x} = -q(x), \\ \dfrac{\mathrm{d}M}{\mathrm{d}x} = Q + P\ \dfrac{\mathrm{d}v}{\mathrm{d}x}, \end{cases} \tag{1.1}$$

其中 $Q(x)$，$M(x)$ 和 $v(x)$ 分别为梁中的剪力、弯矩和挠度.

几何方程为

$$\varepsilon = \frac{y\,\mathrm{d}\theta}{\mathrm{d}x} = \frac{y}{\rho} = -y\ \frac{\mathrm{d}^2 v}{\mathrm{d}x^2}, \tag{1.2}$$

这里 ε 为 x 向的应变，ρ 为挠度曲线的曲率(图 B.2).

本构关系为

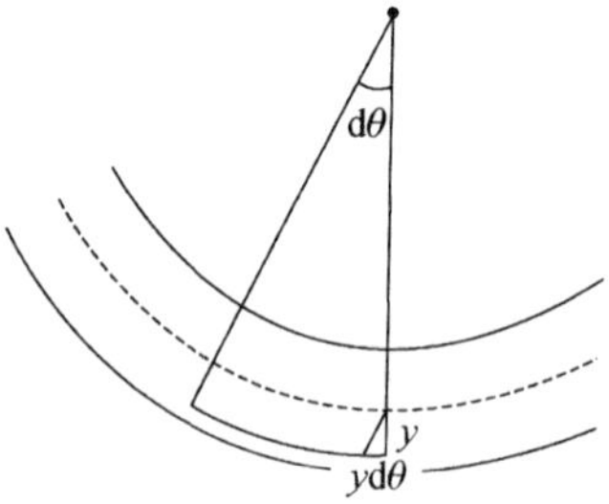

图 B.2

$$\sigma = E\varepsilon, \tag{1.3}$$

式中 σ 为 x 向的应力，E 为 Young 氏模量.

从(1.2)和(1.3)式可以得到弯矩 $M(x)$ 与挠度 $v(x)$ 的关系

$$M = \iint_G y\sigma \mathrm{d}y\mathrm{d}z = -EI_z \frac{\mathrm{d}^2 v}{\mathrm{d}x^2}, \tag{1.4}$$

这里 $I_z = \iint_G y^2 \mathrm{d}y\mathrm{d}z$ 为截面关于 z 轴的转动惯量，积分在整个截面 G 上进行.由(1.1)和(1.4)式，就得到挠度 $v(x)$ 的微分方程

$$EI_z \frac{\mathrm{d}^4 v}{\mathrm{d}x^4} + P\frac{\mathrm{d}^2 v}{\mathrm{d}x^2} = q. \tag{1.5}$$

§2 材料力学方程(1.1)的弹性力学导出

假定图 B.1 所示的梁仅受有 y 向的体力 $f_y(x,y,z)$ 和面力 $Y_n(x,y,z)$，那么平衡方程和柱的侧面 S 上的边界条件分别为

$$\begin{cases} \dfrac{\partial \sigma_x}{\partial x} + \dfrac{\partial \tau_{yx}}{\partial y} + \dfrac{\partial \tau_{zx}}{\partial z} = 0, \\ \dfrac{\partial \tau_{xy}}{\partial x} + \dfrac{\partial \sigma_y}{\partial y} + \dfrac{\partial \tau_{zy}}{\partial z} + f_y = 0, \\ \dfrac{\partial \tau_{xz}}{\partial x} + \dfrac{\partial \tau_{yz}}{\partial y} + \dfrac{\partial \sigma_z}{\partial z} = 0; \end{cases} \tag{2.1}$$

$$\begin{cases} \tau_{yx}\cos(\boldsymbol{n},\boldsymbol{e}_y) + \tau_{zx}\cos(\boldsymbol{n},\boldsymbol{e}_z) = 0, \\ \sigma_y\cos(\boldsymbol{n},\boldsymbol{e}_y) + \tau_{zy}\cos(\boldsymbol{n},\boldsymbol{e}_z) = Y_n, \quad (x,y,z) \in S, \\ \tau_{yz}\cos(\boldsymbol{n},\boldsymbol{e}_y) + \sigma_z\cos(\boldsymbol{n},\boldsymbol{e}_z) = 0 \end{cases} \tag{2.2}$$

其中 S 为柱体的侧面，$\boldsymbol{n}$ 为 S 上的单位外法向矢量，它垂直于中心线 x 轴.

1. 将方程(2.1a)在截面 G 上积分，利用 Green 公式，有

$$0=\iint_G\left(\frac{\partial\sigma_x}{\partial x}+\frac{\partial\tau_{yx}}{\partial y}+\frac{\partial\tau_{zx}}{\partial z}\right)\mathrm{d}y\,\mathrm{d}z$$

$$=\frac{\partial}{\partial x}\iint_G\sigma_x\,\mathrm{d}y\,\mathrm{d}z+\oint_L[\tau_{yx}\cos(\boldsymbol{n},\boldsymbol{e}_y)+\tau_{zx}\cos(\boldsymbol{n},\boldsymbol{e}_z)]\mathrm{d}s.$$

利用边界条件(2.2a),从上式得

$$\frac{\mathrm{d}}{\mathrm{d}x}\iint_G\sigma_x\,\mathrm{d}y\,\mathrm{d}z=0.$$

由于在 $x=0$ 的端面上,受有压力 P,因此得到

$$\iint_G\sigma_x\,\mathrm{d}y\,\mathrm{d}z=-P. \tag{2.3}$$

2. 类似于 1 的步骤,将方程(2.1b)在截面 G 上积分,利用 Green 公式和边界条件(2.2b),有

$$0=\iint_G\left(\frac{\partial\tau_{xy}}{\partial x}+\frac{\partial\sigma_y}{\partial y}+\frac{\partial\tau_{zy}}{\partial z}+f_y\right)\mathrm{d}y\,\mathrm{d}z$$

$$=\frac{\partial}{\partial x}\iint_G\tau_{xy}\,\mathrm{d}y\,\mathrm{d}z+\iint_G f_y\,\mathrm{d}y\,\mathrm{d}z+\oint_L Y_n\,\mathrm{d}s.$$

由此,得到

$$\frac{\mathrm{d}Q}{\mathrm{d}x}=-q(x), \tag{2.4}$$

其中

$$Q=\iint_G\tau_{xy}\,\mathrm{d}y\,\mathrm{d}z,\quad q(x)=\iint_G f_y\,\mathrm{d}y\,\mathrm{d}z+\oint_L Y_n\,\mathrm{d}s. \tag{2.5}$$

3. 将方程(2.1c)在截面 G 上积分,利用 Green 公式和边界条件(2.2c),有

$$0=\iint_G\left(\frac{\partial\tau_{xz}}{\partial x}+\frac{\partial\tau_{yz}}{\partial y}+\frac{\partial\sigma_z}{\partial z}\right)\mathrm{d}y\,\mathrm{d}z=\frac{\mathrm{d}}{\mathrm{d}x}\iint_G\tau_{xz}\,\mathrm{d}y\,\mathrm{d}z.$$

由于端部不受 z 向剪力,从上式,得

$$\iint_G\tau_{xz}\,\mathrm{d}y\,\mathrm{d}z=0. \tag{2.6}$$

4. 将方程(2.1c)乘以 y,方程(2.1b)乘以 z,再相减,并在截面 G 上积分,有

$$\iint_G\left[y\left(\frac{\partial\tau_{xz}}{\partial x}+\frac{\partial\tau_{yz}}{\partial y}+\frac{\partial\sigma_z}{\partial z}\right)\right.$$

$$\left.-z\left(\frac{\partial\tau_{xy}}{\partial x}+\frac{\partial\sigma_y}{\partial y}+\frac{\partial\tau_{zy}}{\partial z}+f_y\right)\right]\mathrm{d}y\,\mathrm{d}z=0.$$

改写上式为

$$\frac{\mathrm{d}}{\mathrm{d}x}\iint_G (y\tau_{xz}-z\tau_{xy})\mathrm{d}y\mathrm{d}z+\iint_G\Big[\frac{\partial}{\partial y}(y\tau_{yz})$$

$$+\frac{\partial}{\partial z}(y\sigma_z)-\frac{\partial}{\partial y}(z\sigma_y)-\frac{\partial}{\partial z}(z\tau_{zy})-zf_y\Big]\mathrm{d}y\mathrm{d}z=0,$$

利用 Green 公式和边界条件(2.2b)和(2.2c),得

$$\frac{\mathrm{d}}{\mathrm{d}x}\iint_G (y\tau_{xz}-z\tau_{xy})\mathrm{d}y\mathrm{d}z-\oint_L zY_n\,\mathrm{d}s-\iint_G zf_y\,\mathrm{d}y\mathrm{d}z=0. \tag{2.7}$$

我们假定体力 f_y 和面力 Y_n 不产生 x 方向的扭矩,再考虑到端部也无扭矩,(2.7)式给出

$$\iint_G (y\tau_{xz}-z\tau_{xy})\mathrm{d}y\,\mathrm{d}z=0, \tag{2.8}$$

即应力场也不产生扭矩.

5. 将方程(2.1a)乘以 z,在截面 G 上积分,有

$$\begin{aligned}0&=\iint_G z\left(\frac{\partial\sigma_x}{\partial x}+\frac{\partial\tau_{yx}}{\partial y}+\frac{\partial\tau_{zx}}{\partial z}\right)\mathrm{d}y\mathrm{d}z\\&=\frac{\mathrm{d}}{\mathrm{d}x}\iint_G z\sigma_x\mathrm{d}y\mathrm{d}z+\iint_G\left[\frac{\partial}{\partial y}(z\tau_{yx})+\frac{\partial}{\partial z}(z\tau_{zx})-\tau_{zx}\right]\mathrm{d}y\mathrm{d}z\\&=\frac{\mathrm{d}}{\mathrm{d}x}\iint_G z\sigma_x\mathrm{d}y\mathrm{d}z+\oint_L z[\tau_{yx}\cos(\boldsymbol{n},\boldsymbol{e}_y)+\tau_{zx}\cos(\boldsymbol{n},\boldsymbol{e}_z)]\mathrm{d}s\\&\quad-\iint_G\tau_{zx}\mathrm{d}y\mathrm{d}z.\end{aligned}$$

从边界条件(2.2a),(2.6)式,以及端部无 y 方向力矩的条件,上式给出

$$\iint_G z\sigma_x\mathrm{d}y\mathrm{d}z=0. \tag{2.9}$$

6. 将方程(2.1a)乘以 y,在截面 G 上积分,利用 Green 公式和边界条件(2.2a),得

$$\begin{aligned}0&=\iint_G y\left(\frac{\partial\sigma_x}{\partial x}+\frac{\partial\tau_{yx}}{\partial y}+\frac{\partial\tau_{zx}}{\partial z}\right)\mathrm{d}y\mathrm{d}z\\&=\frac{\mathrm{d}}{\mathrm{d}x}\iint_G y\sigma_x\mathrm{d}y\mathrm{d}z+\iint_G\left[\frac{\partial}{\partial y}(y\tau_{yx})+\frac{\partial}{\partial z}(y\tau_{zx})-\tau_{yx}\right]\mathrm{d}y\mathrm{d}z\\&=\frac{\mathrm{d}}{\mathrm{d}x}\iint_G y\sigma_x\mathrm{d}y\mathrm{d}z-\iint_G\tau_{yx}\,\mathrm{d}y\mathrm{d}z.\end{aligned} \tag{2.10}$$

我们将关于形心的矩记为 M,即

$$M = \iint_G (y - v)\sigma_x \mathrm{d}y\mathrm{d}z, \tag{2.11}$$

其中 v 表示 y 方向位移.从(2.11)和(2.3)式,得

$$\iint_G y\sigma_x \mathrm{d}y\mathrm{d}z = M + v\iint_G \sigma_x \mathrm{d}y\mathrm{d}z = M - Pv,$$

再将上式代入(2.10)式,考虑到(2.5)式,导出了

$$\frac{\mathrm{d}M}{\mathrm{d}x} = Q + P\frac{\mathrm{d}v}{\mathrm{d}x}. \tag{2.12}$$

综上所述,我们从弹性力学平衡方程的合力、合力矩导出了(2.4)和(2.12)式,而它们就是我们所熟悉的材料力学的平衡方程(1.1).

§3 材料力学方程(1.2)的弹性力学导出

弹性力学的几何关系为

$$\begin{cases} \varepsilon_x = \dfrac{\partial u}{\partial x}, \\ \varepsilon_y = \dfrac{\partial v}{\partial y}, \\ \varepsilon_z = \dfrac{\partial w}{\partial z}; \\ \gamma_{xy} = \dfrac{1}{2}\left(\dfrac{\partial u}{\partial y} + \dfrac{\partial v}{\partial x}\right), \\ \gamma_{yz} = \dfrac{1}{2}\left(\dfrac{\partial v}{\partial z} + \dfrac{\partial w}{\partial y}\right), \\ \gamma_{zx} = \dfrac{1}{2}\left(\dfrac{\partial w}{\partial x} + \dfrac{\partial u}{\partial z}\right), \end{cases} \tag{3.1}$$

其中 u,v,w 为位移分量,$\varepsilon_x,\varepsilon_y,\varepsilon_z,\gamma_{xy},\gamma_{yz},\gamma_{zx}$ 为应变分量.设

$$u = -y\frac{\mathrm{d}v}{\mathrm{d}x}, \quad v = v(x), \quad w = 0. \tag{3.2}$$

将上式代入(3.1)式,得到

$$\varepsilon_x = -y\frac{\mathrm{d}^2 v}{\mathrm{d}x^2}, \quad \varepsilon_y = \varepsilon_z = \gamma_{xy} = \gamma_{yz} = \gamma_{zx} = 0, \tag{3.3}$$

这样,(3.3a)式就是材料力学的几何方程(1.2).

§4 材料力学方程(1.3)的弹性力学导出

弹性力学的本构关系为

$$\begin{cases}\sigma_x = \lambda\theta + 2\mu\varepsilon_x, \\ \sigma_y = \lambda\theta + 2\mu\varepsilon_y, \\ \sigma_z = \lambda\theta + 2\mu\varepsilon_z; \\ \tau_{xy} = 2\mu\gamma_{xy}, \\ \tau_{yz} = 2\mu\gamma_{yz}, \\ \tau_{zx} = 2\mu\gamma_{zx}, \end{cases} \tag{4.1}$$

其中 λ, μ 为 Lamé 常数,$\theta=\varepsilon_x+\varepsilon_y+\varepsilon_z$.将(3.3)式代入上式,得到

$$\begin{cases}\sigma_x = \dfrac{1-\nu}{(1+\nu)(1-2\nu)}E\varepsilon_x, \\ \sigma_y = \dfrac{\nu}{(1+\nu)(1-2\nu)}E\varepsilon_x, \\ \sigma_z = \dfrac{\nu}{(1+\nu)(1-2\nu)}E\varepsilon_x, \\ \tau_{xy} = 2\mu\gamma_{xy}, \\ \tau_{yz} = \tau_{zx} = 0. \end{cases} \tag{4.2}$$

如果,认为 $\nu=0$,从(4.2a)式即可得到

$$\sigma_x = E\varepsilon_x. \tag{4.3}$$

此外,认为 $\mu\to\infty$,即便 γ_{xy} 为零,仍可认为 τ_{xy} 不为零.那么,(2.5a)所定义的剪力 Q 也不为零.(4.3)式就是材料力学的本构关系(1.3).

综上所述,从弹性力学观点来看,材料力学的几何方程为精确地满足,平衡方程是平均地成立,本构关系符合程度最低.

附注 1 从力矩 M 的定义(2.11),由于其取矩的点不是变形前的形心,而是变形后的形心,因此对于考虑轴向压力 P 的问题,例如压杆稳定的一类问题,本质上已成为非线性问题.参考文献[43]的第一章第 6 节和[41]的第二章第 4 节中也有类似的说明.

附注 2 这里所讨论的柱形杆的问题,显然,可以推广到变截面杆的弯曲问题.本附录是从弹性力学来考查梁的经典理论,而从弹性力学的观点来考查铁摩辛柯(Timoshenko)梁以及各种阶次的高阶梁理论,也有不少研究论文.例如,可参见参考文献[103].

附录 C　常用坐标系下的弹性力学方程式

§1　直角坐标 x,y,z

几何方程为

$$\begin{cases} \varepsilon_x = \dfrac{\partial u}{\partial x}, \quad \varepsilon_y = \dfrac{\partial v}{\partial y}, \quad \varepsilon_z = \dfrac{\partial w}{\partial z}, \\ \gamma_{yz} = \dfrac{1}{2}\left(\dfrac{\partial v}{\partial z} + \dfrac{\partial w}{\partial y}\right), \\ \gamma_{zx} = \dfrac{1}{2}\left(\dfrac{\partial w}{\partial x} + \dfrac{\partial u}{\partial z}\right), \\ \gamma_{xy} = \dfrac{1}{2}\left(\dfrac{\partial u}{\partial y} + \dfrac{\partial v}{\partial x}\right). \end{cases}$$

平衡方程为

$$\begin{cases} \dfrac{\partial \sigma_x}{\partial x} + \dfrac{\partial \tau_{yx}}{\partial y} + \dfrac{\partial \tau_{zx}}{\partial z} + f_x = 0, \\ \dfrac{\partial \tau_{xy}}{\partial x} + \dfrac{\partial \sigma_y}{\partial y} + \dfrac{\partial \tau_{zy}}{\partial z} + f_y = 0, \\ \dfrac{\partial \tau_{xz}}{\partial x} + \dfrac{\partial \tau_{yz}}{\partial y} + \dfrac{\partial \sigma_z}{\partial z} + f_z = 0. \end{cases}$$

应变协调方程为

$$\begin{cases} 2\dfrac{\partial^2 \gamma_{yz}}{\partial y \partial z} - \dfrac{\partial^2 \varepsilon_y}{\partial z^2} - \dfrac{\partial^2 \varepsilon_z}{\partial y^2} = 0, \\ 2\dfrac{\partial^2 \gamma_{zx}}{\partial z \partial x} - \dfrac{\partial^2 \varepsilon_z}{\partial x^2} - \dfrac{\partial^2 \varepsilon_x}{\partial z^2} = 0, \\ 2\dfrac{\partial^2 \gamma_{xy}}{\partial x \partial y} - \dfrac{\partial^2 \varepsilon_x}{\partial y^2} - \dfrac{\partial^2 \varepsilon_y}{\partial x^2} = 0, \\ \dfrac{\partial^2 \varepsilon_x}{\partial y \partial z} - \dfrac{\partial}{\partial x}\left(-\dfrac{\partial \gamma_{yz}}{\partial x} + \dfrac{\partial \gamma_{zx}}{\partial y} + \dfrac{\partial \gamma_{xy}}{\partial z}\right) = 0, \\ \dfrac{\partial^2 \varepsilon_y}{\partial z \partial x} - \dfrac{\partial}{\partial y}\left(-\dfrac{\partial \gamma_{zx}}{\partial y} + \dfrac{\partial \gamma_{xy}}{\partial z} + \dfrac{\partial \gamma_{yz}}{\partial x}\right) = 0, \\ \dfrac{\partial^2 \varepsilon_z}{\partial x \partial y} - \dfrac{\partial}{\partial z}\left(-\dfrac{\partial \gamma_{xy}}{\partial z} + \dfrac{\partial \gamma_{yz}}{\partial x} + \dfrac{\partial \gamma_{zx}}{\partial y}\right) = 0. \end{cases}$$

Beltrami-Michell 应力协调方程(无体力)为

$$\begin{cases}\nabla^2\sigma_x+\dfrac{1}{1+\nu}\Theta_{,xx}=0, & \nabla^2\tau_{yz}+\dfrac{1}{1+\nu}\Theta_{,yz}=0,\\ \nabla^2\sigma_y+\dfrac{1}{1+\nu}\Theta_{,yy}=0, & \nabla^2\tau_{zx}+\dfrac{1}{1+\nu}\Theta_{,zx}=0,\\ \nabla^2\sigma_z+\dfrac{1}{1+\nu}\Theta_{,zz}=0, & \nabla^2\tau_{xy}+\dfrac{1}{1+\nu}\Theta_{,xy}=0,\end{cases}$$

其中 $\Theta=\sigma_x+\sigma_y+\sigma_z$.

以位移表示的弹性力学方程式为

$$\begin{cases}\nabla^2 u+\dfrac{1}{1-2\nu}\dfrac{\partial}{\partial x}\left(\dfrac{\partial u}{\partial x}+\dfrac{\partial v}{\partial y}+\dfrac{\partial w}{\partial z}\right)+\dfrac{1}{\mu}f_x=0,\\ \nabla^2 v+\dfrac{1}{1-2\nu}\dfrac{\partial}{\partial y}\left(\dfrac{\partial u}{\partial x}+\dfrac{\partial v}{\partial y}+\dfrac{\partial w}{\partial z}\right)+\dfrac{1}{\mu}f_y=0,\\ \nabla^2 w+\dfrac{1}{1-2\nu}\dfrac{\partial}{\partial z}\left(\dfrac{\partial u}{\partial x}+\dfrac{\partial v}{\partial y}+\dfrac{\partial w}{\partial z}\right)+\dfrac{1}{\mu}f_z=0.\end{cases}$$

Papkovich-Neuber 通解(无体力)为

$$\begin{cases}u=P_1-\dfrac{1}{4(1-\nu)}\dfrac{\partial}{\partial x}(P_0+xP_1+yP_2+zP_3),\\ v=P_2-\dfrac{1}{4(1-\nu)}\dfrac{\partial}{\partial y}(P_0+xP_1+yP_2+zP_3),\\ w=P_3-\dfrac{1}{4(1-\nu)}\dfrac{\partial}{\partial z}(P_0+xP_1+yP_2+zP_3),\end{cases}$$

其中 $\nabla^2 P_i=0\ (i=0,1,2,3)$.

§2 柱坐标 r,φ,z

单位矢量及其微商：

$$\boldsymbol{r}^0=\cos\varphi\,\boldsymbol{i}+\sin\varphi\,\boldsymbol{j},\quad \boldsymbol{\varphi}^0=-\sin\varphi\,\boldsymbol{i}+\cos\varphi\,\boldsymbol{j};$$

$$\frac{\partial\boldsymbol{r}^0}{\partial r}=\boldsymbol{0},\quad \frac{\partial\boldsymbol{r}^0}{\partial\varphi}=\boldsymbol{\varphi}^0,\quad \frac{\partial\boldsymbol{\varphi}^0}{\partial r}=\boldsymbol{0},\quad \frac{\partial\boldsymbol{\varphi}^0}{\partial\varphi}=-\boldsymbol{r}^0.$$

基本关系(图 C.1)：

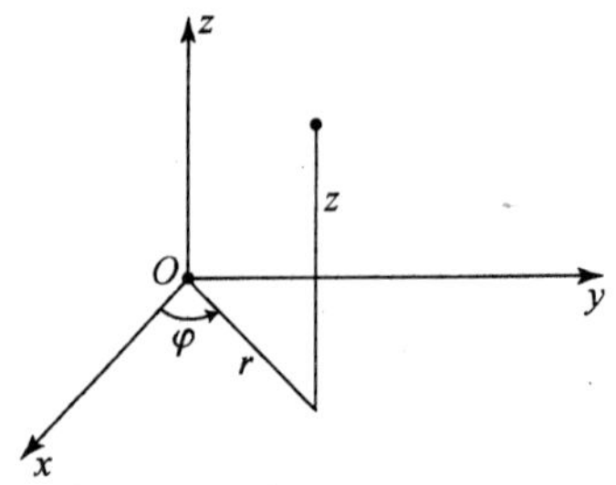

图 C.1

$$x=r\cos\varphi,\quad y=r\sin\varphi,\quad z=z;$$

$$\begin{cases}u_r=u_x\cos\varphi+u_y\sin\varphi,\\ u_\theta=-u_x\sin\varphi+u_y\cos\varphi,\\ u_z=u_z.\end{cases}$$

几何方程和平衡方程分别为

$$\begin{cases}\varepsilon_r=\dfrac{\partial u_r}{\partial r},\quad \varepsilon_\varphi=\dfrac{1}{r}\dfrac{\partial u_\varphi}{\partial\varphi}+\dfrac{u_r}{r},\quad \varepsilon_z=\dfrac{\partial u_z}{\partial z},\\ \gamma_{r\varphi}=\dfrac{1}{2}\left(\dfrac{1}{r}\dfrac{\partial u_r}{\partial\varphi}+\dfrac{\partial u_\varphi}{\partial r}-\dfrac{u_\varphi}{r}\right),\\ \gamma_{rz}=\dfrac{1}{2}\left(\dfrac{\partial u_r}{\partial z}+\dfrac{\partial u_z}{\partial r}\right),\\ \gamma_{\varphi z}=\dfrac{1}{2}\left(\dfrac{\partial u_\varphi}{\partial z}+\dfrac{1}{r}\dfrac{\partial u_z}{\partial\varphi}\right);\end{cases}$$

$$\begin{cases}\dfrac{\partial\sigma_r}{\partial r}+\dfrac{1}{r}\dfrac{\partial\tau_{\varphi r}}{\partial\varphi}+\dfrac{\partial\tau_{zr}}{\partial z}+\dfrac{\sigma_r-\sigma_\varphi}{r}+f_r=0,\\ \dfrac{\partial\tau_{r\varphi}}{\partial r}+\dfrac{1}{r}\dfrac{\partial\sigma_\varphi}{\partial\varphi}+\dfrac{\partial\tau_{z\varphi}}{\partial z}+\dfrac{2\tau_{r\varphi}}{r}+f_\varphi=0,\\ \dfrac{\partial\tau_{rz}}{\partial r}+\dfrac{1}{r}\dfrac{\partial\tau_{\varphi z}}{\partial\varphi}+\dfrac{\partial\sigma_z}{\partial z}+\dfrac{\tau_{rz}}{r}+f_z=0.\end{cases}$$

应变协调方程为

$$\begin{cases}\dfrac{2}{r}\dfrac{\partial^2\gamma_{\varphi z}}{\partial\varphi\,\partial z}+\dfrac{2}{r}\dfrac{\partial\gamma_{zr}}{\partial z}-\dfrac{\partial^2\varepsilon_\varphi}{\partial z^2}-\dfrac{1}{r^2}\dfrac{\partial^2\varepsilon_z}{\partial^2\varphi}-\dfrac{1}{r}\dfrac{\partial\varepsilon_z}{\partial r}=0,\\ 2\dfrac{\partial\gamma_{rz}}{\partial r\partial z}-\dfrac{\partial^2\varepsilon_z}{\partial r^2}-\dfrac{\partial^2\varepsilon_r}{\partial z^2}=0,\\ \dfrac{2}{r^2}\dfrac{\partial}{\partial r}\left(r\dfrac{\partial\gamma_{r\varphi}}{\partial\varphi}\right)-\left(\dfrac{1}{r^2}\dfrac{\partial^2}{\partial\varphi^2}-\dfrac{1}{r}\dfrac{\partial}{\partial r}\right)\varepsilon_r-\dfrac{1}{r^2}\dfrac{\partial}{\partial r}\left(r^2\dfrac{\partial\varepsilon_\varphi}{\partial r}\right)=0,\\ \dfrac{1}{r}\dfrac{\partial^2\varepsilon_r}{\partial\varphi\,\partial z}+\dfrac{\partial}{\partial r}\left[\dfrac{1}{r}\dfrac{\partial}{\partial r}(r\gamma_{\varphi z})\right]-\dfrac{\partial}{\partial r}\left(\dfrac{1}{r}\dfrac{\partial\gamma_{zr}}{\partial\varphi}\right)\\ \qquad\qquad-\dfrac{1}{r^2}\dfrac{\partial}{\partial r}\left(r^2\dfrac{\partial\gamma_{\varphi r}}{\partial z}\right)=0,\\ \dfrac{1}{r}\dfrac{\partial}{\partial r}\left(r\dfrac{\partial\varepsilon_\varphi}{\partial z}\right)-\dfrac{1}{r}\dfrac{\partial\varepsilon_r}{\partial z}-\dfrac{1}{r^2}\dfrac{\partial}{\partial r}\left(r\dfrac{\partial\gamma_{z\varphi}}{\partial\varphi}\right)+\dfrac{1}{r^2}\dfrac{\partial^2\gamma_{zr}}{\partial\varphi^2}\\ \qquad\qquad-\dfrac{1}{r}\dfrac{\partial^2\gamma_{\varphi r}}{\partial\varphi\,\partial z}=0,\\ \dfrac{\partial}{\partial r}\left(\dfrac{1}{r}\dfrac{\partial\varepsilon_z}{\partial\varphi}\right)-r\dfrac{\partial}{\partial r}\left(\dfrac{1}{r}\dfrac{\partial\gamma_{z\varphi}}{\partial z}\right)-\dfrac{1}{r}\dfrac{\partial^2\gamma_{zr}}{\partial\varphi\,\partial z}+\dfrac{\partial^2\gamma_{r\varphi}}{\partial z^2}=0.\end{cases}$$

Beltrami-Michell 应力协调方程(无体力)为

$$\begin{cases}\nabla^2\sigma_r+2\dfrac{\sigma_\varphi-\sigma_r}{r^2}-\dfrac{4}{r^2}\dfrac{\partial\tau_{r\varphi}}{\partial\varphi}+\dfrac{1}{1+\nu}\dfrac{\partial^2\Theta}{\partial r^2}=0,\\ \nabla^2\sigma_\varphi-2\dfrac{\sigma_\varphi-\sigma_r}{r^2}+\dfrac{4}{r^2}\dfrac{\partial\tau_{\varphi r}}{\partial\varphi}+\dfrac{1}{1+\nu}\left(\dfrac{1}{r^2}\dfrac{\partial^2\Theta}{\partial\varphi^2}+\dfrac{1}{r}\dfrac{\partial\Theta}{\partial r}\right)=0,\\ \nabla^2\sigma_z+\dfrac{1}{1+\nu}\dfrac{\partial^2\Theta}{\partial z^2}=0,\\ \nabla^2\tau_{\varphi z}-\dfrac{\tau_{\varphi z}}{r^2}+\dfrac{2}{r^2}\dfrac{\partial\tau_{rz}}{\partial\varphi}+\dfrac{1}{1+\nu}\dfrac{1}{r}\dfrac{\partial^2\Theta}{\partial z\partial\varphi}=0,\\ \nabla^2\tau_{zr}-\dfrac{\tau_{zr}}{r^2}-\dfrac{2}{r^2}\dfrac{\partial\tau_{\varphi z}}{\partial\varphi}+\dfrac{1}{1+\nu}\dfrac{\partial^2\Theta}{\partial r\partial z}=0,\\ \nabla^2\tau_{r\varphi}-\dfrac{4\tau_{r\varphi}}{r^2}-\dfrac{2}{r^2}\dfrac{\partial}{\partial\varphi}(\sigma_\varphi-\sigma_r)+\dfrac{1}{1+\nu}\dfrac{\partial}{\partial r}\left(\dfrac{1}{r}\dfrac{\partial\Theta}{\partial\varphi}\right)=0,\end{cases}$$

其中

$$\Theta=\sigma_r+\sigma_\varphi+\sigma_z,$$

$$\nabla^2=\boldsymbol{\nabla}\cdot\boldsymbol{\nabla}=\frac{\partial^2}{\partial r^2}+\frac{1}{r}\frac{\partial}{\partial r}+\frac{1}{r^2}\frac{\partial^2}{\partial\varphi^2}+\frac{\partial^2}{\partial z^2},$$

$$\boldsymbol{\nabla}=\frac{\partial}{\partial r}\boldsymbol{r}^0+\frac{1}{r}\frac{\partial}{\partial\theta}\boldsymbol{\varphi}^0+\frac{\partial}{\partial z}\boldsymbol{k}^0.$$

以位移表示的无体力弹性力学方程式为

$$\begin{cases}\nabla^2u_r-\dfrac{2}{r^2}\dfrac{\partial u_\varphi}{\partial\varphi}-\dfrac{u_r}{r^2}\\ \qquad+\dfrac{1}{1-2\nu}\dfrac{\partial}{\partial r}\left(\dfrac{\partial u_r}{\partial r}+\dfrac{u_r}{r}+\dfrac{1}{r}\dfrac{\partial u_\varphi}{\partial\varphi}+\dfrac{\partial u_z}{\partial z}\right)=0,\\ \nabla^2u_\varphi+\dfrac{2}{r^2}\dfrac{\partial u_r}{\partial\varphi}-\dfrac{u_\varphi}{r^2}\\ \qquad+\dfrac{1}{1-2\nu}\dfrac{1}{r}\dfrac{\partial}{\partial\varphi}\left(\dfrac{\partial u_r}{\partial r}+\dfrac{u_r}{r}+\dfrac{1}{r}\dfrac{\partial u_\varphi}{\partial\varphi}+\dfrac{\partial u_z}{\partial z}\right)=0,\\ \nabla^2u_z+\dfrac{1}{1-2\nu}\dfrac{\partial}{\partial z}\left(\dfrac{\partial u_r}{\partial r}+\dfrac{u_r}{r}+\dfrac{1}{r}\dfrac{\partial u_\varphi}{\partial\varphi}+\dfrac{\partial u_z}{\partial z}\right)=0.\end{cases}$$

Papkovich-Neuber 通解(无体力)为

$$\begin{cases}u_r=P_r-\dfrac{1}{4(1-\nu)}\dfrac{\partial}{\partial r}(P_0+rP_r+zP_z),\\ u_\varphi=P_\varphi-\dfrac{1}{4(1-\nu)}\dfrac{1}{r}\dfrac{\partial}{\partial\varphi}(P_0+rP_r+zP_z),\\ u_z=P_z-\dfrac{1}{4(1-\nu)}\dfrac{\partial}{\partial z}(P_0+rP_r+zP_z),\end{cases}$$

其中

$$\nabla^2 P_r - \frac{2}{r^2}\frac{\partial P_\varphi}{\partial \varphi} - \frac{P_r}{r^2} = 0, \quad \nabla^2 P_\varphi + \frac{2}{r^2}\frac{\partial P_r}{\partial \varphi} - \frac{P_\varphi}{r^2} = 0,$$

$$\nabla^2 P_z = 0, \quad \nabla^2 P_0 = 0.$$

§3　球坐标 r,θ,φ

单位矢量(图 C.2)及其微商：

$$\begin{cases} \boldsymbol{r}^0 = \sin\theta\cos\varphi\,\boldsymbol{i} + \sin\theta\sin\varphi\,\boldsymbol{j} + \cos\theta\,\boldsymbol{k}, \\ \boldsymbol{\theta}^0 = \cos\theta\cos\varphi\,\boldsymbol{i} + \cos\theta\sin\varphi\,\boldsymbol{j} - \sin\theta\,\boldsymbol{k}, \\ \boldsymbol{\varphi}^0 = -\sin\varphi\,\boldsymbol{i} + \cos\varphi\,\boldsymbol{j}; \end{cases}$$

$$\begin{cases} \dfrac{\partial \boldsymbol{r}^0}{\partial \theta} = \boldsymbol{\theta}^0, \\ \dfrac{\partial \boldsymbol{r}^0}{\partial \varphi} = \sin\theta\,\boldsymbol{\varphi}^0, \\ \dfrac{\partial \boldsymbol{\theta}^0}{\partial \theta} = -\boldsymbol{r}^0, \\ \dfrac{\partial \boldsymbol{\theta}^0}{\partial \varphi} = \cos\theta\,\boldsymbol{\varphi}^0, \\ \dfrac{\partial \boldsymbol{\varphi}^0}{\partial \theta} = \boldsymbol{0}, \\ \dfrac{\partial \boldsymbol{\varphi}^0}{\partial \varphi} = -\sin\theta\,\boldsymbol{r}^0 - \cos\theta\,\boldsymbol{\theta}^0. \end{cases}$$

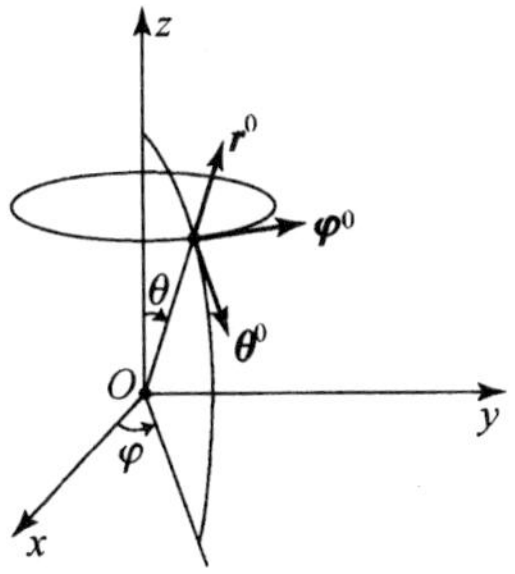

图　C.2

基本关系(图 C.2)：

$$x = r\sin\theta\cos\varphi, \quad y = r\sin\theta\sin\varphi, \quad z = r\cos\theta;$$

$$\begin{cases} u_r = u_x\sin\theta\cos\varphi + u_y\sin\theta\sin\varphi + u_z\cos\theta, \\ u_\theta = u_x\cos\theta\cos\varphi + u_y\cos\theta\sin\varphi - u_z\sin\theta, \\ u_\varphi = -u_x\sin\varphi + u_y\cos\varphi. \end{cases}$$

几何方程为

$$\begin{cases}\varepsilon_r=\dfrac{\partial u_r}{\partial r},\\[2mm] \varepsilon_\theta=\dfrac{1}{r}\dfrac{\partial u_\theta}{\partial\theta}+\dfrac{u_r}{r},\\[2mm] \varepsilon_\varphi=\dfrac{1}{r\ \sin\theta}\dfrac{\partial u_\varphi}{\partial\varphi}+\dfrac{\cot\theta}{r}u_\theta+\dfrac{u_r}{r},\\[2mm] \gamma_{r\theta}=\dfrac{1}{2}\left(\dfrac{1}{r}\dfrac{\partial u_r}{\partial\theta}+\dfrac{\partial u_\theta}{\partial r}-\dfrac{u_\theta}{r}\right),\\[2mm] \gamma_{\theta\varphi}=\dfrac{1}{2}\left(\dfrac{1}{r\ \sin\theta}\dfrac{\partial u_\theta}{\partial\varphi}+\dfrac{1}{r}\dfrac{\partial u_\varphi}{\partial\theta}-\dfrac{\cot\theta}{r}u_\varphi\right),\\[2mm] \gamma_{\varphi r}=\dfrac{1}{2}\left(\dfrac{1}{r\ \sin\theta}\dfrac{\partial u_r}{\partial\varphi}+\dfrac{\partial u_\varphi}{\partial r}-\dfrac{u_\varphi}{r}\right).\end{cases}$$

平衡方程为

$$\begin{cases}\dfrac{\partial\sigma_r}{\partial r}+\dfrac{1}{r}\dfrac{\partial\tau_{\theta r}}{\partial\theta}+\dfrac{1}{r\ \sin\theta}\dfrac{\partial\tau_{\varphi r}}{\partial\varphi}+\dfrac{\cot\theta}{r}\tau_{\theta r}\\[2mm] \qquad\qquad+\dfrac{2\sigma_r-\sigma_\theta-\sigma_\varphi}{r}+f_r=0,\\[2mm] \dfrac{\partial\tau_{r\theta}}{\partial r}+\dfrac{1}{r}\dfrac{\partial\sigma_\theta}{\partial\theta}+\dfrac{1}{r\ \sin\theta}\dfrac{\partial\tau_{\varphi\theta}}{\partial\varphi}+\dfrac{3\tau_{r\theta}}{r}\\[2mm] \qquad\qquad+\dfrac{\cot\theta}{r}(\sigma_\theta-\sigma_\varphi)+f_\theta=0,\\[2mm] \dfrac{\partial\tau_{r\varphi}}{\partial r}+\dfrac{1}{r}\dfrac{\partial\tau_{\theta\varphi}}{\partial\theta}+\dfrac{1}{r\ \sin\theta}\dfrac{\partial\sigma_\varphi}{\partial\varphi}+\dfrac{3\tau_{r\varphi}}{r}+2\ \dfrac{\cot\theta}{r}\tau_{\theta\varphi}+f_\varphi=0.\end{cases}$$

应变协调方程为

$$\begin{cases}\dfrac{2}{r^2\sin^2\theta}\dfrac{\partial^2}{\partial\theta\partial\varphi}(\gamma_{\theta\varphi}\ \sin\theta)+\dfrac{2}{r^2\sin\theta}\dfrac{\partial}{\partial\theta}(\gamma_{r\theta}\ \sin\theta)+\dfrac{2}{r^2\sin\theta}\dfrac{\partial\gamma_{r\varphi}}{\partial\varphi}\\[2mm] \qquad-\dfrac{1}{r^2\sin^2\theta}\dfrac{\partial^2\varepsilon_\theta}{\partial\varphi^2}-\dfrac{1}{r^3}\dfrac{\partial}{\partial r}(r^2\varepsilon_\theta)\\[2mm] \qquad+\dfrac{\cot\theta}{r^2}\dfrac{\partial\varepsilon_\theta}{\partial\theta}-\dfrac{1}{r^2\sin^2\theta}\dfrac{\partial}{\partial\theta}\left(\sin^2\theta\dfrac{\partial\varepsilon_\varphi}{\partial\theta}\right)\\[2mm] \qquad-\dfrac{1}{r}\dfrac{\partial\varepsilon_\varphi}{\partial r}+\dfrac{2}{r^2}\varepsilon_r=0,\\[2mm] \dfrac{2}{r^2\sin\theta}\dfrac{\partial^2}{\partial r\partial\varphi}(r\gamma_{r\varphi})+\dfrac{2\cot\theta}{r^2}\dfrac{\partial}{\partial r}(r\gamma_{r\theta})-\dfrac{1}{r^2}\dfrac{\partial}{\partial r}\left(r^2\dfrac{\partial\varepsilon_\varphi}{\partial r}\right)\\[2mm] \qquad-\dfrac{1}{r^2\sin^2\theta}\dfrac{\partial^2\varepsilon_r}{\partial\varphi^2}+\dfrac{1}{r}\dfrac{\partial\varepsilon_r}{\partial r}-\dfrac{\cot\theta}{r^2}\dfrac{\partial\varepsilon_r}{\partial\theta}=0,\end{cases}$$

$$
\begin{cases}
\dfrac{2}{r^2}\dfrac{\partial^2}{\partial r\partial\theta}(r\gamma_{r\theta})-\dfrac{1}{r^2}\dfrac{\partial^2\varepsilon_r}{\partial\theta^2}+\dfrac{1}{r}\dfrac{\partial\varepsilon_r}{\partial r}-\dfrac{1}{r^2}\dfrac{\partial}{\partial r}\left(r^2\dfrac{\partial\varepsilon_\theta}{\partial r}\right)=0, \\
\dfrac{1}{r^2}\dfrac{\partial^2}{\partial\varphi\,\partial\theta}\left(\dfrac{\varepsilon_r}{\sin\theta}\right)+\dfrac{1}{r^2}\dfrac{\partial}{\partial r}\left(r^2\dfrac{\partial\gamma_{\theta\varphi}}{\partial r}\right) \\
\qquad -\dfrac{\sin\theta}{r^2}\dfrac{\partial^2}{\partial r\partial\theta}\left(r\dfrac{\gamma_{r\varphi}}{\sin\theta}\right)-\dfrac{1}{r^2\sin\theta}\dfrac{\partial^2}{\partial r\partial\varphi}(r\gamma_{r\theta})=0, \\
\dfrac{1}{r\sin\theta}\dfrac{\partial^2\varepsilon_\theta}{\partial r\partial\varphi}-\dfrac{1}{r^2\sin\theta}\dfrac{\partial\varepsilon_r}{\partial\varphi}-\dfrac{1}{r\sin^2\theta}\dfrac{\partial^2}{\partial r\partial\theta}(\gamma_{\theta\varphi}\sin^2\theta) \\
\qquad +\dfrac{1}{r^2\sin\theta}\dfrac{\partial}{\partial\theta}\left(\sin\theta\dfrac{\partial\gamma_{r\varphi}}{\partial\theta}\right)-\dfrac{\cos2\theta}{r^2\sin^2\theta}\gamma_{r\varphi} \\
\qquad -\dfrac{1}{r^2}\dfrac{\partial^2}{\partial\varphi\,\partial\theta}\left(\dfrac{\gamma_{r\theta}}{\sin\theta}\right)=0, \\
\dfrac{1}{r\sin\theta}\dfrac{\partial^2}{\partial r\partial\theta}(\varepsilon_\varphi\sin\theta)-\dfrac{1}{r^2}\dfrac{\partial\varepsilon_r}{\partial\theta}-\dfrac{\cot\theta}{r}\dfrac{\partial\varepsilon_\theta}{\partial r} \\
\qquad -\dfrac{1}{r\sin\theta}\dfrac{\partial^2\gamma_{\theta\varphi}}{\partial r\partial\varphi}-\dfrac{1}{r^2\sin^2\theta}\dfrac{\partial^2}{\partial\varphi\partial\theta}(\gamma_{r\varphi}\sin\theta) \\
\qquad +\dfrac{1}{r^2\sin^2\theta}\dfrac{\partial^2\gamma_{r\theta}}{\partial\varphi^2}+\dfrac{2}{r^2}\gamma_{r\theta}=0.
\end{cases}
$$

Beltrami-Michell 应力协调方程(无体力)为

$$
\begin{cases}
\nabla^2\sigma_r-2\dfrac{2\sigma_r-\sigma_\theta-\sigma_\varphi}{r^2}-\dfrac{4}{r^2}\dfrac{\partial\tau_{r\theta}}{\partial\theta}-\dfrac{4}{r^2\sin\theta}\dfrac{\partial\tau_{r\varphi}}{\partial\varphi} \\
\qquad -\dfrac{4}{r^2}\tau_{r\theta}\cot\theta+\dfrac{1}{1+\nu}\dfrac{\partial^2\Theta}{\partial r^2}=0, \\
\nabla^2\sigma_\theta-2\dfrac{\sigma_\theta-\sigma_r\sin^2\theta-\sigma_\varphi\cos^2\theta}{r^2\sin^2\theta}+\dfrac{4}{r^2}\dfrac{\partial\tau_{r\theta}}{\partial\theta} \\
\qquad -\dfrac{4\cos\theta}{r^2\sin^2\theta}\dfrac{\partial\tau_{\theta\varphi}}{\partial\varphi}+\dfrac{1}{1+\nu}\left(\dfrac{1}{r^2}\dfrac{\partial^2\Theta}{\partial\theta^2}+\dfrac{1}{r}\dfrac{\partial\Theta}{\partial r}\right)=0, \\
\nabla^2\sigma_\varphi-2\dfrac{\sigma_\varphi-\sigma_r\sin^2\theta-\sigma_\theta\cos^2\theta}{r^2\sin^2\theta}+\dfrac{4}{r^2\sin\theta}\dfrac{\partial\tau_{r\varphi}}{\partial\varphi} \\
\qquad +\dfrac{4\cos\theta}{r^2\sin^2\theta}\dfrac{\partial\tau_{\theta\varphi}}{\partial\varphi}+\dfrac{4\cos\theta}{r^2\sin\theta}\tau_{r\theta} \\
\qquad +\dfrac{1}{1+\nu}\left(\dfrac{1}{r^2\sin^2\theta}\dfrac{\partial^2\Theta}{\partial\varphi^2}+\dfrac{1}{r}\dfrac{\partial\Theta}{\partial r}+\dfrac{\cot\theta}{r^2}\dfrac{\partial\Theta}{\partial\theta}\right)=0,
\end{cases}
$$

$$
\left\{
\begin{aligned}
&\nabla^2\tau_{\theta\varphi}-2\,\frac{(1+\cos^2\theta)\tau_{\theta\varphi}+\tau_{r\varphi}\sin\theta\cos\theta}{r^2\sin^2\theta}\\
&\quad+\frac{2\cos\theta}{r^2\sin^2\theta}\frac{\partial}{\partial\varphi}(\sigma_\theta-\sigma_\varphi)+\frac{2}{r^2}\frac{\partial\tau_{r\varphi}}{\partial\theta}+\frac{2}{r^2\sin\theta}\frac{\partial\tau_{r\theta}}{\partial\varphi}\\
&\quad+\frac{1}{1+\nu}\left(\frac{1}{r^2\sin\theta}\frac{\partial^2\Theta}{\partial\varphi\,\partial\theta}-\frac{\cos\theta}{r^2\sin^2\theta}\frac{\partial\Theta}{\partial\varphi}\right)=0,\\
&\nabla^2\tau_{r\varphi}-\frac{1}{r^2}\left(4+\frac{1}{\sin^2\theta}\right)\tau_{r\varphi}-\frac{4\cot\theta}{r^2}\tau_{\theta\varphi}\\
&\quad+\frac{2}{r^2\sin\theta}\frac{\partial}{\partial\varphi}(\sigma_r-\sigma_\varphi)+\frac{2\cos\theta}{r^2\sin^2\theta}\frac{\partial\tau_{r\theta}}{\partial\varphi}-\frac{2}{r^2}\frac{\partial\tau_{\theta\varphi}}{\partial\theta}\\
&\quad+\frac{1}{1+\nu}\left(\frac{1}{r\sin\theta}\frac{\partial^2\Theta}{\partial r\partial\varphi}-\frac{1}{r^2\sin\theta}\frac{\partial\Theta}{\partial\varphi}\right)=0,\\
&\nabla^2\tau_{r\theta}-\frac{1}{r^2}\left(4+\frac{1}{\sin^2\theta}\right)\tau_{r\theta}+\frac{2\cot\theta}{r^2}(\sigma_\varphi-\sigma_\theta)\\
&\quad-\frac{2}{r^2}\frac{\partial\sigma_\theta}{\partial\theta}+\frac{2}{r^2}\frac{\partial\sigma_r}{\partial\theta}-\frac{2}{r^2\sin\theta}\frac{\partial\tau_{\varphi\theta}}{\partial\varphi}-\frac{2\cos\theta}{r^2\sin^2\theta}\frac{\partial\tau_{r\varphi}}{\partial\varphi}\\
&\quad+\frac{1}{1+\nu}\left(\frac{1}{r}\frac{\partial^2\Theta}{\partial r\partial\theta}-\frac{1}{r^2}\frac{\partial\Theta}{\partial\theta}\right)=0,
\end{aligned}
\right.
$$

其中

$$\Theta=\sigma_r+\sigma_\theta+\sigma_\varphi,$$

$$\nabla^2=\nabla\cdot\nabla=\frac{\partial^2}{\partial r^2}+\frac{2}{r}\frac{\partial}{\partial r}+\frac{1}{r^2}\frac{\partial^2}{\partial\theta^2}+\frac{\cos\theta}{r^2\sin\theta}\frac{\partial}{\partial\theta}+\frac{1}{r^2\sin^2\theta}\frac{\partial^2}{\partial\varphi^2};$$

又

$$\nabla=\frac{\partial}{\partial r}\boldsymbol{r}^0+\frac{1}{r}\frac{\partial}{\partial\theta}\boldsymbol{\theta}^0+\frac{1}{r\sin\theta}\frac{\partial}{\partial\varphi}\boldsymbol{\varphi}^0.$$

以位移表示的无体力弹性力学方程式为

$$
\left\{
\begin{aligned}
&\nabla^2u_r-\frac{2}{r^2}\frac{\partial u_\theta}{\partial\theta}-\frac{2}{r^2\sin\theta}\frac{\partial u_\varphi}{\partial\varphi}-\frac{2}{r^2}u_r-\frac{2\cos\theta}{r^2\sin\theta}u_\theta\\
&\qquad\qquad+\frac{1}{1-2\nu}\frac{\partial K}{\partial r}=0,\\
&\nabla^2u_\theta-\frac{2\cos\theta}{r^2\sin^2\theta}\frac{\partial u_\varphi}{\partial\varphi}+\frac{2}{r^2}\frac{\partial u_r}{\partial\theta}-\frac{1}{r^2\sin^2\theta}u_\theta\\
&\qquad\qquad+\frac{1}{1-2\nu}\frac{1}{r}\frac{\partial K}{\partial\theta}=0,\\
&\nabla^2u_\varphi+\frac{2}{r^2\sin\theta}\frac{\partial u_r}{\partial\varphi}+\frac{2\cos\theta}{r^2\sin^2\theta}\frac{\partial u_\theta}{\partial\varphi}-\frac{1}{r^2\sin^2\theta}u_\varphi\\
&\qquad\qquad+\frac{1}{1-2\nu}\frac{1}{r\sin\theta}\frac{\partial K}{\partial\varphi}=0,
\end{aligned}
\right.
$$

其中 $$K=\frac{\partial u_r}{\partial r}+\frac{2}{r}u_r+\frac{1}{r}\frac{\partial u_\theta}{\partial\theta}+\frac{\cot\theta}{r}u_\theta+\frac{1}{r\ \sin\theta}\frac{\partial u_\varphi}{\partial\varphi}.$$

Papkovich-Neuber 通解(无体力)为

$$\begin{cases}u_r=P_r-\dfrac{1}{4(1-\nu)}\dfrac{\partial}{\partial r}(P_0+rP_r),\\ u_\theta=P_\theta-\dfrac{1}{4(1-\nu)}\dfrac{\partial}{r\partial\theta}(P_0+rP_r),\\ u_\varphi=P_\varphi-\dfrac{1}{4(1-\nu)}\dfrac{\partial}{r\ \sin\theta}\dfrac{\partial}{\partial\varphi}(P_0+rP_r),\end{cases}$$

其中 P_0 为调和函数,而 P_r, P_θ, P_φ 分别满足下述方程:

$$\begin{cases}\nabla^2P_r-\dfrac{2}{r^2}\dfrac{\partial P_\theta}{\partial\theta}-\dfrac{2}{r^2\sin\theta}\dfrac{\partial P_\varphi}{\partial\varphi}-\dfrac{2}{r^2}P_r-\dfrac{2\ \cos\theta}{r^2\sin\theta}P_\theta=0,\\ \nabla^2P_\theta-\dfrac{2\ \cos\theta}{r^2\sin^2\theta}\dfrac{\partial P_\varphi}{\partial\varphi}+\dfrac{2}{r^2}\dfrac{\partial P_r}{\partial\theta}-\dfrac{1}{r^2\sin^2\theta}P_\theta=0,\\ \nabla^2P_\varphi+\dfrac{2}{r^2\sin\theta}\dfrac{\partial P_r}{\partial\varphi}+\dfrac{2\ \cos\theta}{r^2\sin^2\theta}\dfrac{\partial P_\theta}{\partial\varphi}-\dfrac{1}{r^2\sin^2\theta}P_\varphi=0.\end{cases}$$

(致谢:黄克服老师曾提供了全书、特别是附录 C 的勘误表,特在此表示衷心的感谢.)

参考文献

[1] A. C. 爱林根.连续统力学.程昌钧,俞焕然,译.北京:科学出版社,1991.

[2] 柴维斯,顾赫林,张湘伟.纯剪应力状态的 Euler 角表示.西南师范大学学报:自然科学版,2009,34(4):163-167.

[3] 长谷川久夫.二次元弹性问题の变位関数のあろ性质.日本机械学会论文集,1975,41(352):3494-3496.

[4] 陈绍汀.弹性力学的几个新概念及其一种应用.力学学报,1984,16(3):259-274.

[5] 程昌钧,朱媛媛.弹性力学(修订版).上海:上海大学出版社,2005.

[6] 程天锦.正交曲线坐标系下弹性力学的应变张量:Jacobi 矩阵的一个应用.力学与实践,2001,23(6):56-57.

[7] 丁皓江,彭南陵,李育.受 r^n 次分布载荷的楔:佯谬的解决.力学学报,1997,29(1):62-72.

[8] 杜庆华,余寿文,姚振汉.弹性理论.北京:科学出版社,1986.

[9] 范天佑.准晶数学弹性理论.北京:北京理工大学出版社,1999.

[10] Г. M.菲赫金哥尔茨.微积分学教程(一至三卷).8 版.叶彦谦,等,译.北京:高等教育出版社,2005~2007.

[11] 盖秉政.极坐标中应力与应力函数之间的关系.力学与实践,1999,21(3):63.

[12] 郭仲衡.非线性弹性理论.北京:科学出版社,2016.

[13] 郭仲衡.张量(理论和应用).北京:科学出版社,1988.

[14] 郭仲衡,梁浩云.变形体非协调理论.重庆:重庆出版社,1989.

[15] 胡海昌.横观各向同性的弹性力学的空间问题.物理学报,1953,9(2):130-147.

[16] 胡海昌.弹性力学的变分原理及其应用.北京:科学出版社,2016.

[17] 黄克服,王敏中.关于应力表示的弹性力学边值问题.力学学报,1988,20(4):325-334.

[18] 黄克智,薛明德,陆明万.张量分析.3 版.北京:清华大学出版社,2020.

[19] 黄文彬.平面弹性悬臂梁剪切挠度问题.力学与实践,1997,19(2):61.

[20] 黄筑平.连续介质力学基础.2 版.北京:高等教育出版社,2012.

[21] 加林.弹性理论的接触问题.王君健,译.北京:科学出版社,1958.

[22] 鹫津久一郎.弹性和塑性力学中的变分法.老亮,郝松林,译.北京:科学出版社,2016.

[23] 卡兹.弹性理论.王知民,译.北京:人民教育出版社,1961.

[24] R. 柯朗,D. 希尔伯特. 数学物理方法(卷Ⅱ). 熊振翔,杨应辰,译. 北京:科学出版社,2012.

[25] 克里斯坦森.粘弹性力学引论.郝松林,老亮,译.北京:科学出版社,1990.

[26] Л.Д.朗道,E.M.栗弗席兹. 理论物理学教程(第七卷):弹性理论.5 版.武际可,刘寄星,译.北京:高等教育出版社,2011.

[27] 老亮.中国古代材料力学史.北京:国防科技大学出版社,1991.
[28] 列宾逊.弹性力学问题的变分解法.叶开沅,卢文达,译.北京:科学出版社,1958.
[29] 陆明万,罗学富.弹性理论基础.北京:清华大学出版社,1990.
[30] Н.И.穆斯海里什维里.奇异积分方程.朱季讷,译.上海:上海科学技术出版社,1966.
[31] 恩·伊·穆斯海里什维里.数学弹性理论的几个基本问题.赵惠元,范天佶,王成,译.北京:科学出版社,2018.
[32] 诺埃伯.应力集中.赵旭生,译.北京:科学出版社,1958.
[33] 钱伟长.圣维南扭转问题的物理假定.物理学报,1953,9:215-220.
[34] 钱伟长,林鸿荪,胡海昌,等.弹性柱体的扭转理论.北京:科学出版社,1956.
[35] 钱伟长,叶开沅.弹性力学.北京:科学出版社,1980.
[36] 钱伟长.变分法及有限元(上册).北京:科学出版社,1980.
[37] 任鑫,张相玉,谢亿民.负泊松比材料和结构的研究进展.力学学报,2019,51(3):656-687.
[38] 萨文.孔附近的应力集中.卢鼎霍,译.北京:科学出版社,1965.
[39] 森口繁一.平面弹性论.刘亦珩,译.上海:上海科学技术出版社,1962.
[40] 唐玉花,王鑫伟.关于"平面弹性悬臂梁剪切挠度问题"的进一步研究.力学与实践,2008,30(4):97-99.
[41] 铁摩辛柯.材料力学.汪一麟,译.北京:科学出版社,1978.
[42] 铁摩辛柯,盖尔.材料力学.胡人礼,译.北京:科学出版社,1978.
[43] 铁摩辛柯,古地尔.弹性理论.3 版.徐芝纶,译.北京:高等教育出版社,2013.
[44] 王炜.Airy 应力函数在狭长矩形梁问题中的解.力学与实践,1985,7(3):15-19.
[45] 王炜,徐新生,王敏中.横观各向同性弹性弹性体轴对称问题的通解及其完备性.中国科学:A 辑,1994,24(6):586-598.
[46] 王林生,王斌兵.Papkovich-Neuber 通解的互逆公式及其他.力学学报,1991,23(6):755-758.
[47] 王龙甫.弹性力学.北京:科学出版社,1979.
[48] 王洪纲.热弹性力学概论.北京:清华大学出版社,1989.
[49] 王敏中.弹性半空间几个边值问题的解.北京大学学报:自然科学版,1980,16(4):36-42.
[50] 王敏中.平面弹性复变公式的一种推导.北京大学学报:自然科学版,1980,16(4):43-46.
[51] 王敏中.柱体平衡圣维南解的一个弱假设.力学学报,1981,13(特刊):275-280.
[52] 王敏中.受一般载荷的楔:佯谬的解决.力学学报,1986,18(3):242-252.
[53] 王敏中.广义弹性理论.中国科学:A 辑,1988,31(4):376-383.
[54] 王敏中.弹性力学通解的构造和完备性.北京大学学报:自然科学版,1991,27(1):26-29.
[55] 王敏中.高等弹性力学.2 版.北京:北京大学出版社,2022.
[56] 王敏中.关于"平面弹性悬臂梁剪切挠度问题".力学与实践,2004,26(6):66-68.

[57] 王敏中.极坐标中应力与应力函数关系式的直接推导.力学与实践,2010,32(2):112-113.

[58] 王敏中,青春炳.协调方程和应力函数的注记 .力学学报,1980,(4):428-430.

[59] 王敏中,胥柏香,高存法.弹性通解的研究和应用的进展.中国力学文摘,2009,23(1):1-29.

[60] 王佩纶.等腰三角形截面杆的弯曲.南京工学院学报,1981,(3):79-84.

[61] 王竹溪,郭敦仁.特殊函数概论.北京:北京大学出版社,2012.

[62] 王自强.理性力学基础.北京:科学出版社,2000.

[63] 吴家龙.弹性力学.3 版.北京:高等教育出版社,2016.

[64] 武际可.关于位移边值问题的注记.固体力学学报,1982,(2),309-310.

[65] 武际可.力学史.2 版.上海:上海辞书出版社,2010.

[66] 武际可,王敏中,王炜.弹性力学引论.修订版.北京:北京大学出版社,2001.

[67] 谢贻权,林钟祥,丁皓江.弹性力学.杭州:浙江大学出版社,1988.

[68] 胥柏香,王敏中.构造极坐标中 Airy 应力函数的观察法.力学与实践,2004,26(5):46-48.

[69] 徐芝纶.弹性力学.5 版.北京:高等教育出版社,2016.

[70] 杨桂通.弹性力学.3 版.北京:高等教育出版社,2018.

[71] 杨顺华,丁棣华.晶体位错理论基础(第一、二卷).北京:科学出版社,1998.

[72] 杨挺青.粘弹性力学.武汉:华中理工大学出版社,1990.

[73] 殷有泉,励争.材料力学.3 版.北京:北京大学出版社,2017.

[74] 赵福垚.Neumann 边界条件的半空间调和方程基于广义函数的求解.力学与实践,2021,43(2):302-305.

[75] 钟万勰.弹性力学求解新体系.大连:大连理工大学出版社,1995.

[76] 周继根."各向同性"的一个等价性质.力学与实践,1985,(3):42-43.

[77] 周又和,郑晓静.电磁固体结构力学.北京:科学出版社,1999.

[78] Abbasi M M. Simple solutions of Saint-Venant torison problem by Tchebycheff polynomials. Q. Appl. Math., 1956,14(2): 75-81.

[79] Belik P, Fosdick R. The state of pure shear. J. Elasticity, 1998, 52(1), 91-98.

[80] Beltrami E. Osservazioni sulla nota precedente. Atti. Accad. Lincei Rend., 1892, 1: 141-142.

[81] Biot M A. Thermoelasticity and irreversible thermodynamics. J. Appl. Phys., 1956, 27(3): 240-253.

[82] Boussinesq J. Application des potentiels a l'equilibre et des mouvements des solides elastiques. Paris: Gauthier-Villars, 1885.

[83] Carlson D E. On the completeness of the Beltrami stress functions in continuum mechanics. J. Math. Anal. Appl., 1966, 15, 311-315.

[84] Cheng S. Elasticity theory of plates and a refined theory. J. Appl. Mech., 1979, 46(2): 644-650.

[85] Clebsch A. Théorie de l'élasticitédes corps solids. Paris, 1883.

[86] Day W A. Generalized torsion: the solution of a problem of Truesdell's. Arch. Rat. Mech. Anal., 1981, 76(3): 283-288.

[87] Dempsey J P. The wedge subjected to tractions: a paradox reselved. J. Elasticity, 1981, 11(1): 1-10.

[88] Ding H J, Chen W Q. Three dimensional problems of piezoelasticity. New York: Nova, 2001.

[89] Ding H J, Chen W Q, Zhang L C. Elasticity of tranversely isotropic materials. Netherlands: Springer, 2006.

[90] Ding H J, Peng N L. The wedge subjected to tractions propotional to r^n: a paradox resolved. Int. J. Solids Structures, 1998, 35(20): 2695-2714.

[91] Dougall J. Trans. Royal Soc. Edinburgh, 1913, 49: 895-978.

[92] Duan H L, Jiao Y, Huang Z P, Wang J. Solutions of inhomogeneity problems with graded shell and application to core shell nanoparticles and composites. J. Mech. Phys. Solids, 2006, 54: 1401-1425.

[93] Durelli A J, Phillips E A, Tsao C H. Introduction to the theoretical and experimental analysis of stress and strain. New York: McGraw-Hill, 1958: 126-131.

[94] England A H. Complex variable methods in elasticity. London, New York: Wiley, 1971.

[95] Eringen A C. Edge dislocatin in non-local elasticity. Int. J. Engng. Sci., 1957, 15: 177-183.

[96] Eshelby J D. The determination of the elastic field of an ellipsoidal inclusion and related problems. Proc. Roc. Soc., 1957, A241: 376-396.

[97] Eshelby J D. The elastic field outside an ellipsoidal inclusion. Proc. Roc. Soc., 1959, A252: 561-569.

[98] Eshelby J D. Elastic inclusion and inhomogeneities // Sneddon I N, Hill R. Progress in solid mechanics 2. Amsterdam: North-Holland, 1961: 222-246.

[99] Fadle J. Die Selbstspannungs-Eigenwertfunkitionen der quadratischen Scheibe. Ing. Archiv., 1941, Band 11: 125-149.

[100] Fichera G. Existence theorems in elasticity // Flugge S. Encyclopedia of physics. Vol. VI a/2. Berlin, New York: Springer, 1972.

[101] Fosdick R, Simmonds J, Steigmann D, Warnc D P. In recognition of the sixtieth birthday of Cornelius O. Horgan. J. Elasticity, 2004, 74(1): 1-3.

[102] Gao C F, Wang M Z. An easy method for calculation the energy release rate of cracked piezoelectric media. Mech. Res. Comm., 1999, 26(4): 433-436.

[103] Gao Y, Wang M Z. A refined beam theory based on the refined plate theory. Acta Mechanica, 2005, 177 (1-4): 191-197.

[104] Gladwell G M L.经典弹性理论中的接触问题.范天佑,译.北京:北京理工大学出版

社,1991.

[105] Goodier J N. A general proof of Saint-Venant's principle. Phil. Mag., 1937, 23: 607-609.

[106] Goodier J N. The characteristic property of Saint-Venant's solutions for the problems of torsion and bending in elastic rods by a set of physically plausible assumptions. Phil. Mag., 1937, 23: 186-190.

[107] Goursat É. Sur l'équation $\Delta\Delta u = 0$. Bull. de la Soc. Math.de France, 1898, 20: 236.

[108] Gregory R D. Green's functions, bi-linear forms, and completeness of the eigenfunctions for the elastostatic strip and wedge. J. Elasticity, 1979, 9(3): 283-309.

[109] Gregory R D. The traction boundary value problem for the elastostatic semi-infinite strip; existence of solution, and completeness of the Papkovich-Fadle eigenfunctions. J.Elasticity,1980, 10(3): 295-327.

[110] Gregory R D. The general form of the Three-dimensional elastic field inside an isotropic plate with free faces. J. Elasticity, 1992, 28(1): 1-28.

[111] Gregory R D, Wan F Y M. On plate theories and Saint-Venant's principle. Int. J. Solids Structures, 1985, 21(10): 1005-1024.

[112] Gurtin M E. The linear theory of elasticity // Flugge S. Encyclopedia of physics. Vol. VI a/2. Berlin, New York: Springer, 1972.

[113] Hashin Z. The spherical inclusion with imperfect interface. ASME J. Appl. Mech., 1991, 58: 444-449.

[114] Hashin Z. The interphase/imperfect interface in elasticity with application to cotaed fiber composites. J. Mech. Phys. Solids, 2002,50: 2509-2537.

[115] Horgan C O, Knowles J K. Recent developments concerning Saint-Venant's principle. Adv. Appl. Mech., 1983, 23: 180-269.

[116] Horgan C O. Recent developments concerning Saint-Venant's principle: an update. Appl. Mech. Rev., 1989, 42(11): 295-303.

[117] Horgan C O. Recent developments concerning Saint-Venant's principle: a second update. Appl. Mech. Rev., 1996, 49(10): 8101-8111.

[118] Huang K F, Wang M Z. Complete solution of the linear magnetoelasticity and the magnetic fields in a magnetized elastic half space. J. Appl. Mech., 1995, 62(4): 930-934.

[119] Iesan D. On Saint-Venant's Problem. Arch. Rat. Mech. Anal., 1986, 91: 363-373.

[120] Johnson K L.接触力学.徐秉业,等,译.北京:高等教育出版社,1992.

[121] Johnson M W, Little R W. The semi-infinite elastic strip. Q.Appl.Math., 1965, 22: 335-344.

[122] Kazumi T.Special invited exposition: stroh formalism and Rayleigh wava.J.Elasticity, 2007,89,1-154.

[123] Kelvin L. Note on the integration of the equations of equilibrium of an elastic solid .

Mathematical and physical papers 1.Cambridge: Cambridge University Press, 1882: 97-98.

[124] Knops R J, Payne L E. Uniqueness theorems in linear elasticity New York: Springer, 1971.

[125] Knowles J K. On Saint-Venant's principle in the two-dimensional linear theory of elasticity. Arch. Rat. Mech. Anal., 1966, 21: 1-22.

[126] Kupradze V D. Three-dimensional problems of the mathematical of elasticity and thermoelasticity. New York: North-Holland, 1979.

[127] Lakes R. Experimental micromechanics methods for conventional and negative Poisson's ratio cellulas solids as Cosserat continua. J. Eng. Mat. Tech., 1991, 113: 148-155.

[128] Leipholz H. Theory of elasticity. Netherlands: Noordhoff, 1974.

[129] Liu L P. Solutions to the Eshelby conjectures. Proc. Roy. Soc. Lond., 2008, A464: 573-594.

[130] Love A E H. A treatise on the mathematical theory of elasticity. 4th ed. New York: Dover, 1927.

[131] Lur'e A I. Three-dimensional problems in the theory of elasticity. New York: Interscience, 1964.

[132] Mahzoon M, Razavi H. A simple proof of the generalized Cauchy ' s theorem, J. Elasticity,2012,106,189-201.

[133] Maxwell J C. On reciprocal diagrams in space, and their relation to Airy's function of stress. Proc. Lond. Math. Soc. (1) 2 (1865-1969), 58-60 = Scientific Papers 2, 102-104, (1868).

[134] Melan E. Der spannungszustand der druch eine einxelkroft in beanspruchten halbscheibe. Z. angew. Math. Mech., 1932,12: 343-346.

[135] Mentrasti L. Shear-torsion of large curvature beams. Part Ⅰ, Ⅱ. Int. J. Mech. Sci., 1996, 38(7): 709-722, 723-733.

[136] Mindlin R. Note on the Galerkin and Papkovich stress functions. Bull. Amer. Math. Soc., 1936, 42: 373-376.

[137] Mindlin R D. Force at a point in the interior of a semi-infinite solid. Proc. First Midwestern Conf., 1953: 56-59.

[138] Mindlin R D, Tiersten H F. Effects of couple-stresses unlinear elasticity. Arch. Rat. Mech. Anal., 1962, 11(5).

[139] Mises R von. On Saint-Venant's principle. Bull. Amer. Math. Soc., 1945, 51: 555-562.

[140] Morera G. Soluzione generale delle equazioni indefinite dell'equillbrio di un corpo continuo. Atti. Accad. Lincei Rend., 1892, 1: 137-141.

[141] Mura T. Micromechanics of defects in solids. Dordrecht: Martinus Nijhoff, 1987.

[142] Naghdi P M, Hsu C S. On a representation of displacements in linear elasticity in terms of three stress functions. J. Math.Mech., 1961, 10(2): 233-245.

[143] Neuber H. Ein neuer Ansatz zur Lösung räumlicher Probleme der Elastizitätstheorie. Z. Angew. Math. Mech., 1934, 14(4): 203-212.

[144] Pao Y H, Yeh C S. A linear theory for soft ferromagnetic elastic solids. Int. J. Eng. Sci, 1973, 11: 415-436.

[145] Parton V Z, Kudryavtsev A. Electromagnetoelasticity, piezoelectrics and electrically conductive solids. Gordon and Breach Science, 1988.

[146] Payne L E, Wheeler L T. On the cross section of minimum stress concentration in the Saint-Venant theory of torsion. J. Elasticity,1984, 14(1): 15-18.

[147] Pearson K, Silon L N G. Q. J. Math., 1900, 31.

[148] Piltner R. The use of complex vauled functions for the solution of three-dimensional elasticity problems. J. Elasticity, 1987, 18(3): 191-225.

[149] Pólya G. Torsional rigidity, principal frequency, electostatic capacity and symmetrization. Q. Appl. Math., 1948, 6: 267-277.

[150] Pólya G, Weinstein A. On the torsional rigidity of multi-connected cross sections. Ann. Math., 1950, 52(2): 154-163.

[151] Podio-Guidugli P. Saint-Venant formulae for generalized Saint-Venant problems. Arch. Rat. Mech. Anal., 1983, 81: 13-20.

[152] Purser F. Trans. Roy. Irish Acad., 1902, A32: 31-60.

[153] Ramaswamy M. On a counterexample to a conjecture of Saint-Venant. J. Elasticity, 1992, 27(2): 183-192.

[154] Rao C R, Mitra S K. Generalized inverse of matrices and its applications. New York: Wiley, 1974.

[155] Robert M, Keer L M. An elastic circular cylinder with displacement prescribed at the ends: Axially symmetric case,and asymmertric case. Q. J. Mech. Appl.Math., 1987, 40(3): 339-364, 365-381.

[156] Rostamian R. The completeness of Maxwell's stress function representation. J. Elasticity, 1979, 9(4): 349-356.

[157] Saint-Venant B de. Mémoire sur la torsion des prismes, etc. Paris: Mém. des Savants E'trangers, t. XIV, 1855: 233-560.

[158] Schaefer H. Die Spannungsfunktionen des dreidimensionalen Kontinuums und des elastischen Körpers. Z. Angew. Math. Mech., 1953, 33(10-11): 356-362.

[159] Sendeckyi G P. Elastic inclusion problems in plane elastostatics. Int. J. Sol. Struct. 1970, 6: 1535-1543.

[160] Sokolnikoff I S. Mathematical theory of elasticity. 2nd ed. New York: McGraw-Hill, 1956.

[161] Stephen N G, Wang M Z. Simple illustration of the Papkovich-Neuber solution in

elastostatics. Int. J. Mech. Eng. Edu., 1991, 18(3): 193-199.

[162] Stephen N G, Wang M Z. Decay rates for the hollow circular cylinder. J. Appl. Mech., 1992, 59(12): 747-753.

[163] Sternberg E. On Saint-Venant's principle. Q. Appl. Math., 1954, 11: 393-402.

[164] Sternberg E. On Saint-Venant torsion and the plane problem of elastostatics for multiply connected domains. Arch. Mech. Anal., 1984, 85(4): 295-310.

[165] Sternberg E, Eubanks R A. On the concept of concentrated loads and an extension of the uniqueness theorem in the linear theory of elasticity. J. Rat. Mech. Anal., 1955, 4: 135-168.

[166] Sternberg E,Gurtin M E. On the completeness of certain stress functions in the linear theory of elasticity. Proc. Fourth U.S. Nat. Cong. Appl. Mech., 1962: 793-797.

[167] Sternberg, E, Koiter W T. The wedge under a concentrated couple: a paradox in the two-dimensional theory of elasticity. J. Appl. Mech., 1958, 25(12): 575-581.

[168] Stevenson A F. Note on the existence and determination of a vector potential. Q. Appl. Math., 1954, 12(2): 194-198.

[169] Synge J L. The problem of Saint-Venant for a cylinder with free sides. Q. Appl. Math., 1945, 2(4): 307-317.

[170] Ting T C T. A paradox on the elastic wedge subjected to a concentrated couple and on the Jeffery-Hamel viscous flow problem. ZAMM, 1985, 65: 168-190.

[171] Ting T C T. Anisotropic elasticity: theory and applications. Oxford:Oxford University Press, 1996.

[172] Ting T C T. Further study on pure shear. J. Elasticity, 2006, 83(1): 95-104.

[173] Toupin R A. Saint-Venant' principle. Arch. Rat. Mech. Anal., 1965, 18: 83-96.

[174] Turteltaub M J, Sternberg E. On concentrated loads and Green's functions in elastostatics. Arch. Rat. Mech. Anal., 1968, 29: 193-240.

[175] Truesdell C. The rational mechanics of materials: past, present, future. Appl. Mech. Rev., 1959, 12: 75-80.

[176] Unger D J, Aifantis E C. Completeness of solutions in the double porosity theiry. Acta Mech., 1988, 75(1-4): 269-274.

[177] Voiget W. Theoretische Studien über die Elasticitätsverhaltnise der Krystalle. Abh. Ges. Wiss. Göttingen, 1887.

[178] Volterra V. Sur l'équilibre des corpsélastiques multiplement connexes. Ann. école Norm., 1907, 24: 401-517.

[179] Wang W, Shi M X. On the general solutions of transversely isotropic elasticity. Int. J. Solids Structures, 1998, 35(25): 3283-3297.

[180] Wang W, Wang M Z. Constructivity and completeness of the general solutions in elastodynamics. Acta Mech., 1992, 91(3-4): 209-214.

[181] Wang M Z. The Naghdi-Hsu solution and the Naghdi-Hsu transformation. J.

Elasticity, 1985, 15(1): 103-108.

[182] Wang M Z. On the completeness of solutions of Boussinesq, Timpe, Love and Michell in axisymmetric elasticity. J. Elasticity, 1988, 19(1): 85-92.

[183] Wang M Z. On the assuption of Saint-Venant's problem. The Adv. Appl. Math. Mech. in China, 1987, 1: 224-239.

[184] Wang M Z, Zhao B S. The decomposed form of the three-dimensional elastic plate. Acta Mechanica, 2003, 166: 207-216.

[185] Wang M Z, Xu B X, Gao C F. Recent general solutions in linear elasticity and their applications. Appl. Mech. Rev., 2008, 61 (3): 1-20.

[186] Wang M Z, Xu B X. The arithmetic mean theorem of Eshelby tensor for a rotational symmetrical inclusion. J. Elasticity, 2004, 77(1): 13-23.

[187] Wang M Z, Xu B X. The arithmetic mean theorem of Eshelby tensor for exterior points outside the rotational symmetrical inclusion. AMSE J. Appl. Mech., 2006, 73 (7): 672-678.

[188] Wang M Z, Xu B X, Zhao B S. On the generalized plane stress problem, the gregory decomposition and the Filon mean method. Journal of Elasticity, 2012, 108(1): 1-28.

[189] Wang M Z, Xu B X, Gao Y. On the assumptions of the generalized plane stress problem and the Filon average. Acta Mechanica, 2014, 225(4-5): 1419-1427.

[190] Washizu K. A note on the conditions of compatibility. J. Math. Phys, 1958, 36(4): 306-312.

[191] Xu B X, Wang M Z. The quasi Eshelby property for rotational symmetrical inclusions of uniform eigencurvatures within an infinite plate. Proc. Roy. Soc., 2005, A461: 2899-2910.

[192] Yu H Y. A new dislocation-like model for imperfect interfaces and their effect on load transer. Composites, 1998, A29: 1057-1062.

[193] Zhao F Y, Song E X, Yang J. Stress analysis of rotary vibration of rigid friction pile and stress general solution of central symmetry plane elastic problem. Math. Probl. Eng., 2015(10): 1-12.

[194] Zhao Y T, Wang M Z. The ellipsoidal inhomogeneity with imperfect interface. 北京大学学报:自然科学版, 2004, 40(5): 712-721.

[195] Zheng Q S, Zhao Z H, Du D X. Irredecible structures, symmetry and average Eshelby's tensor fields in isotropicelastivity. J. Mech. Phys. Solids, 2006, 54: 368-383.

[196] Zhong Z, Meguid S A. On the imperfect boneded spherical inclusion problem. ASME J. Appl. Mech., 1999, 66: 839-846.

[197] Александров А Я, Соловьев Ю И. Пространственные эадачи теории упругости, Москва: Наука, 1978.

[198] Галёркин Б Г. К вопросу об исследовании напряжении и дефоммаии в упругом

изотропном теле. ДАН . сер . А ., 1930：353-358.

[199] Галин А А. Контакттные задачи теории упругости и вязкопругости. Москва：Наука，1980.

[200] Демидов. 弹性力学.杨桂通,蔡中民,译.北京:高等教育出版社,1992.

[201] Колосов Г В. Об одном приложении теории функции комплексного пёременного к плоской задаче математической теории упругости. Юрбеъ，1909.

[202] Крутков Ю А. Тензор функций напряжений и общения в статике теории упругости. Москва：Наука，1949.

[203] Мусхелишвили Н И. Sur l'intégration de l'équation biharmonique. Изв. Росс. Акад. Наука.，1919：663-686.

[204] Новожилов В В. Теория упругости. Ленинград：ГСИСП，1958.

[205] Новожилов В В. О центре изгиба. ПММ，1957，21：281-284.

[206] Папкович П Ф . Выражение общего интеграла основных упрвнении теории упругости через гармонические функции. Изв. А Н СССР сер. Матем. и естеств. Наука，1932，10：1425-1435.

[207] Папкович П Ф. Теория упругости. Ленинград и Москва：СИОГ，1939.

[208] Риз П М. К вопросу о кручении призматического стержня сипами，распределенными по его боговой поверхности.ПММ，1940，4：121-122.

[209] Слободянский М Г. Общие формы решении уравнений упругости для односвязных и многосвязных областей，выраженные через гармонические Функции，ПММ.，1954，18：55-74.

名词索引